BMW 3er-Serie und compact Baujahre 1991 bis 1997

1 Allgemeines

1.1 Einleitung

Die vorliegende Reparaturanleitung befasst sich in der Hauptsache mit der Ende Dezember 1993 vorgestellten Compact-Ausführung der 3er-Serie von BMW, behandelt aber auch andere Modelle in der genannten Serie mit eingebautem Vierzylindermotor.
Je nach Modellausführung ist ein Motor mit unterschiedlichem Zylinderinhalt eingebaut. Um bei der Beschreibung von Arbeiten am Motor Verwechslungen und Unklarheiten zu ersparen, halten wir uns an die von BMW zugeteilten Kennzeichnungen der Motoren, welche immer mit dem Buchstaben "M" beginnen, d.h. z.B. M40, M42, M43, M44. Aus der Kennzeichnung werden Sie selbst erfahren, um welchen Motor es sich handelt.
Alle Vierzylindermotoren haben eine obenliegende Nockenwelle, sind in Längsrichtung des Fahrzeuges eingebaut und haben das Getriebe an der Rückseite angeflanscht. Verschiedene Motoren wurden seit Baubeginn eingebaut und wir versuchen auf die Unterschiede einzugehen.
Alle Modelle sind mit einem Fünfganggetriebe mit Knüppelschaltung ausgerüstet, jedoch wurden unterschiedliche Antriebsuntersetzungen für den eingebauten Motor ausgewählt. Die Fahrzeuge können auch mit einer Getriebeautomatik versehen sein.
Das Fahrgestell besteht aus einer selbsttragenden Karosserie mit Einzelradaufhängung der Räder ringsherum. Vorn sind Federbeine mit Dreieckslenkern und serienmässig eingebautem Kurvenstabilisator eingebaut. Hinten werden Schräglenker mit Schraubenfedern in der Compact- und Z3-Serie verwendet. Bei anderen Modellen wird man untere Querlenker mit Längsschwingen, obere Querlenker und Schraubenfedern vorfinden. Ein Kurvenstabilisator kann ebenfalls eingebaut sein. Hydraulische Teleskop-Stossdämpfer vervollständigen die Hinterradaufhängung.
Die Hauptteile der Bremsanlage sind Scheibenbremsen an den Vorderrädern und Trommelbremsen an den Hinterrädern oder Scheibenbremsen ringsherum. Je nach Ausführung sind die vorderen Bremsscheiben entweder aus Festmaterial hergestellt oder sind belüftet. Die Handbremse wirkt auf die Hinterräder. ABS kann entweder auf Sonderwunsch eingebaut werden oder ist serienmässig eingebaut.
Auch die eingebaute Zahnstangenlenkung ist entweder auf Sonderwunsch oder serienmässig mit Servounterstützung versehen. Der zum Betrieb der hydraulischen Anlage erforderliche Druck wird durch eine getrennte Lenkhilfspumpe hergestellt.
Falls im Abschnitt "Motor" keine spezifischen Hinweise auf einen bestimmten Motor gegeben sind, bedeutet dies, dass die Anweisungen für alle Motoren gelten. Andernfalls wird auf den Motortyp hingewiesen.

Hinweis: Der Motor M44 entspricht dem im Text beschriebenen Motor M43, hat aber einen grösseren Zylinderinhalt.

Abklemmen der Batterie

Bei allen mit der elektrischen Anlage verbundenen Arbeiten muss man die Batterie abklemmen. Im modernen Automobilbau ist dies jedoch mit ei-

***Achtung:** Vor Durchführung irgendwelcher Arbeiten am Fahrzeug die nebenstehenden Anweisungen über die Batterie durchlesen. Wir halten dies für sehr wichtig.*

nigen Vorsichtsmassnahmen verbunden, um elektronische Bauteile nicht zu stören. Bei jeglichen Arbeiten ist deshalb zu beachten:

- Die Plus- und Minusleitung der Batterie sind von gleicher Farbe. Im Zweifelsfall die Polarität bis zur Batterie verfolgen und die Leitung kennzeichnen.
- Als erstes das Minuskabel der Batterie abschrauben. Sitzt die Batterie unter der Rücksitzbank, die Abdeckung am hinteren Sitzkasten rechts unten abnehmen und das Minuskabel vom Masse-Stützpunkt lösen. Durch das Abklemmen werden die Fehlerspeicher der Steuergeräte gelöscht, d.h. falls irgendwelche Störungen im System ausgespeichert wurden, sind diese für immer verloren (es sei denn, dass sie nach dem Anklemmen der Batterie wieder aufgezeichnet werden).
- Falls ein Autoradio mit Diebstahl-Code eingebaut ist, sollten Sie den Code zur Hand haben, ehe die Batterie abgeklemmt wird. Der zum Betrieb des Radios wichtige Code wird durch das Abklemmen der Batterie gelöscht und muss neu eingegeben werden. Denken Sie ebenfalls daran, dass gespeicherte Sender nach Wiederanschliessen der Batterie neu abgespeichert werden müssen.
- Bestimmte Alarmeinrichtungen ertönen beim Abklemmen der Batterie. Aus diesem Grund sollten Sie wissen, wie man den Alarm neutralisieren kann, ehe man bei irgendwelchen Arbeiten die Batterie aus dem Stromkreis nimmt.
- Ein eingebauter Bord-Computer und die Zeituhr verlieren ihre Daten.
- Bei mit Infrarot-Sender bedienbarer Schliessanlage müssen alle verfügbaren Schlüssel neu codiert werden. Wenden Sie sich damit an eine Werkstatt.
- Nach Wiederanklemmen der Batterie müssen Sie daran denken, dass der Einklemmschutz einer elektrischen Fensterbetätigung nicht mehr funktioniert. Dieser muss neu in Gang gesetzt werden. Auch hier empfehlen wir eine Werkstatt.

1.2 Fahrzeugkennzeichnung und Erkennung

Das Typenschild des Fahrzeuges enthält alle wichtigen Angaben, welche man beim Bestellen von Ersatzteilen, Korrespondenz oder anderen Gelegenheiten braucht, um das vorliegende Fahrzeug zu identifizieren. Ihre Betriebsanleitung gibt Ihnen die Lage der Fahrgestellnummer und Motornummer an. Das Typenschild kann man im Motorraum finden. Wichtig ist auch die Fahrgestellnummer. Diese ist ebenfalls im Motorraum zu finden, an der Stirnwand unterhalb der Windschutzscheibe, in der Nähe eines der Scheibenwischerlager. Änderungen werden laufend am Fahrzeug vorgenommen und nur das Ersatzteillager oder die Reparaturannahme wissen darüber Bescheid. Falls Sie jedoch Ihre Fahrgestellnummer beim Bezug von irgendwelchen Teilen angeben, wird Ihre BMW-Auslieferungsstelle in der Lage sein, anhand der vorliegenden Unterlagen schnell festzustellen, ob das von Ihnen gewünschte Teil seit Baubeginn abgeändert, verbessert oder durch ein Neuteil ersetzt wurde.

Im Kraftfahrzeugbrief oder Zulassungsschein sind die besagten Nummern ebenfalls angegeben.

Die Motornummer gibt Ihnen genau Aufschluss über den eingebauten Motor. Die Nummer ist in die linke Zylinderblockfläche in der Nähe der Einsteckstelle für den Ölmessstab eingeschlagen. Auch diese Nummer ist in Ihren Zulassungspapieren vermerkt.

1.3 Allgemeine Anweisungen bei Reparaturen

Die Beschreibungen in dieser Reparaturanleitung sind in einfacher Weise und allgemein verständlich gehalten. Wenn dem Text und den Abbildungen bei der Arbeit Schritt für Schritt gefolgt wird, dürften keine Schwierigkeiten auftreten.

Die Mass- und Einstelltabelle am Ende des Buches ist hierbei ein wichtiger Teil und muss bei allen Reparaturarbeiten am Fahrzeug hinzugezogen werden. Innerhalb der einzelnen Anleitungen werden die notwendigen Massangaben oder Einstellwerte nicht immer angeführt, weshalb in der genannten Tabelle nachzuschlagen ist. Es sei besonders darauf hingewiesen, dass man unter dem in Frage kommenden Modell nachlesen muss, um jegliche Fehler zu vermeiden.

Einfache Handgriffe, wie z.B. "Motorhaube öffnen" vor Arbeiten im Motorraum, oder "Radmuttern lösen" vor Arbeiten an den Radbremsen, werden nicht immer erwähnt, da diese als selbstverständlich vorausgesetzt werden.

Dagegen befasst sich der Text ausführlich mit schwierigen Arbeiten, die in allen Einzelheiten so gut wie möglich beschrieben sind. Eine Reihe wichtiger Hinweise, die bei jeder Reparaturarbeit beachtet werden sollten, werden im folgenden Text angegeben:

- Schrauben und Muttern sind in sauberem Zustand und leicht eingeölt zu verwenden. Mutternflächen und Gewindegänge immer auf Beschädigung untersuchen und vorhandene Grate entfernen. Im Zweifelsfall neue Schrauben oder

Muttern verwenden. Einmal gelöste, selbstsichernde Muttern sollten immer erneuert werden. Auf keinen Fall dürfen Muttern und Schrauben entfettet werden.

- Stets die in der Anzugsdrehmoment-Tabelle angeführten Anzugsdrehmomente beachten. Diese Werte sind nahezu in den gleichen Gruppen zusammengefasst, die auch die Kapitel dieser Reparaturanleitung bilden und lassen sich somit leicht auffinden.
- Alle Dichtscheiben, Dichtungen, Sicherungsbleche, Sicherungsscheiben, Splinte und 'O' - Dichtringe (Rundschnurringe) sind beim Zusammenbau zu erneuern. Öldichtringe (Radialdichtringe, Simmerringe) sollten ebenfalls erneuert werden, sofern die Welle aus dem Dichtring genommen wurde. Die Lippe eines Dichtringes ist vor dem Zusammenbau mit Fett einzuschmieren. Man muss darauf achten, dass sie beim Einbau in die Richtung weist, aus welcher Öl oder Fett austreten kann.
- Bei Hinweisen auf die linke oder rechte Seite des Fahrzeuges wird angenommen, dass man aus der Fahrtrichtung bei Vorwärtsfahrt die Seitenbezeichnung ableiten kann, analog der Begriffe "vorn" und "hinten". Im Zweifelsfall wird im Text nochmals eine Erläuterung gegeben.
- Ganz besonders ist darauf zu achten, dass zu Arbeiten an den Bremsen, an der Radaufhängung oder allgemein an der Unterseite des Fahrzeuges für eine sichere Abstützung des hochgebockten Wagens gesorgt ist. Der Bordwagenheber ist nur zum Radwechsel für unterwegs vorgesehen. Falls er dennoch bei Reparaturen zur Hilfe genommen wird, ist lediglich der Wagen damit anzuheben und dann auf geeignete Montageböcke abzulassen. Derartige, dreibeinige Unterstellböcke sollen zur Sicherheit auch unter dem Fahrzeug plaziert werden, wenn ein Garagenwagenheber zur Verfügung steht. Ziegelsteine sollten zum Unterbauen nicht verwendet werden, allenfalls Hohlblocksteine wegen ihren grösseren Auflageflächen, doch sind dann zwischen Fahrzeug und Steine noch genügend starke Holzbretter zu legen.
- Fette, Öle, Unterbodenschutz und alle mineralischen Substanzen wirken auf die Gummiteile des Fahrwerks und der Bremsanlage aggressiv. Besonders von Teilen der hydraulischen Anlage sind solche Mittel, zu denen auch Kraftstoff gehört, fernzuhalten. Für Reinigungsarbeiten an der Bremsanlage soll nur Bremsflüssigkeit oder Spiritus verwendet werden. Hierbei sei aber darauf verwiesen, dass Bremsflüssigkeit giftig ist und z.B. auf lackierte Flächen ätzend wirkt, d.h. Lackschäden könnten leicht die Folge sein.
- Zur Erzielung der besten Reparaturergebnisse ist die Verwendung von Original-Ersatzteilen Voraussetzung. Um späteren Schwierigkeiten aus dem Wege zu gehen, muss der Einbau irgendwelcher Fremdprodukte unterbleiben. Ausnahmen sind nur bei Teilen der elektrischen Anlage gegeben oder falls das Herstellerwerk dementsprechende Freigaben macht.
- Bei Bestellungen von Ersatz- und Austauschteilen müssen die genaue Modellbezeichnung mit Fahrgestellnummer, gegebenenfalls die Motornummer und das Baujahr angegeben werden. Damit beschleunigt man die Bestellung und das Beziehen von falschen Teilen wird verhindert. Besonders bei der Hinterradaufhängung muss aufgrund der unterschiedlichen Bauweise der Einzelradaufhängung der Räder das Baujahr des Fahrzeuges angegeben werden (Compact, verglichen mit anderen Modellen).
- Alle Arbeiten am Auto, besonders solche an der Bremsanlage und an der Lenkung sowie Radaufhängung, sind mit Sorgfalt und Umsicht durchzuführen. Die Verkehrssicherheit des Fahrzeuges muss nach jeder Reparatur ohne Ausnahme gewährleistet sein. Keine Arbeiten durchführen, wenn man nicht vollkommen vertraut mit der Baugruppe ist.

1.4 Arbeitsbedingungen und Werkzeuge

Um Reparaturarbeiten durchzuführen, benötigt man einen sauberen, gut beleuchteten Arbeitsplatz, der mit einer Werkbank und Schraubstock versehen ist. Es soll auch genügend Raum vorhanden sein, um die verschiedenen Teile auszulegen und zu ordnen, ohne dass man sie immer wieder wegräumen muss. In einer gut ausgerüsteten Werkstatt lässt sich gemütlich und ohne Hast arbeiten, die Maschine kann in einer sauberen Umgebung zerlegt und wieder zusammengebaut werden. Leider verfügt aber nicht jeder über einen solchen idealen Arbeitsplatz und dementsprechend muss auch da und dort improvisiert werden. Um diesen Nachteil auszugleichen, muss besonders viel Zeit und Sorgfalt aufgewendet werden.

Als weiteres benötigt man unbedingt einen möglichst vollständigen Satz Qualitätswerkzeuge. Qualität ist hier oberstes Gebot, da billiges Werkzeug auf lange Sicht eher teuer werden kann, falls man damit abrutscht oder es zerbricht und dabei teuren Schrott baut. Ein gutes Qualitätswerkzeug wird sich lange verwenden lassen und rechtfertigt in jedem Falle die Anschaffungskosten. Die Grundlage des Werkzeugsatzes ist ein Satz Gabelschlüssel, die sich an jedem gut zu-

gänglichen Teil des Fahrzeuges ansetzen lassen. Ein Ringgabelschlüssel eignet sich besonders bei festsitzenden Schrauben und Muttern oder wo die Platzverhältnisse ungünstig sind.
Um die Kosten tief zu halten, kann man sich auch mit einem Satz kombinierter Ringgabelschlüssel behelfen, diese tragen an einem Ende eine Gabelöffnung und am anderen einen Ring von der gleichen Weite. Bild 1 zeigt derartige

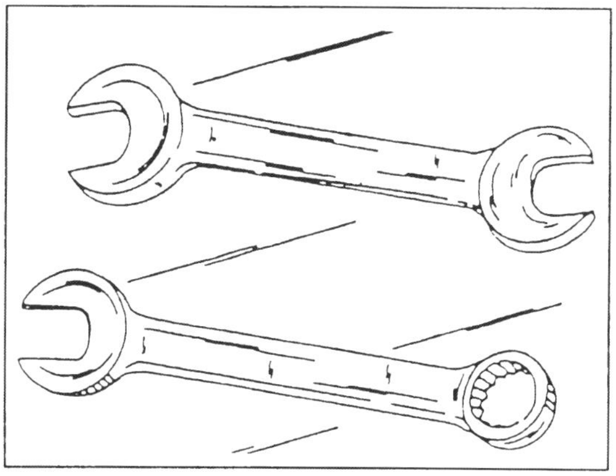

Bild 1
Ansicht eines doppelseitigen Gabelschlüssels (oben) und eines Ringgabelschlüssels (unten). Immer darauf achten, dass die Schlüsselweite der Grösse der Mutter oder des Schraubenkopfes entspricht.

Schlüssel. Stecknüsse (-einsätze) stellen ebenfalls eine lobenswerte Investition dar. Vorausgesetzt, dass der Aussendurchmesser der Nüsse nicht allzugross ist, können auch sehr versteckt oder in Vertiefungen sitzende Muttern und Schrauben gelöst werden.
Weitere benötigte Werkzeuge sind ein Satz Kreuzschlitzschraubenzieher, Zangen und ein Hammer.

Zusätzlich zur Grundausrüstung kann man sich noch ein paar speziellere Werkzeuge beschaffen, die sich meistens als unschätzbare Hilfe erweisen, besonders wenn man gewisse Reparaturen immer wieder durchführen muss. Damit lässt sich also recht viel Zeit ersparen. Als Beispiel sei hier einmal der Schlagschraubenzieher erwähnt, ohne den sich die maschinell angezogenen Kreuzschlitzschrauben kaum lösen lassen, ohne dass man sie dabei beschädigt. Selbstverständlich kann er auch zum Anziehen verwendet werden, um einen öl- und gasdichten Sitz zu gewährleisten.
Ebenfalls oft benötigt werden Seegerringzangen, da Getrieberäder, Wellen und ähnliche Teile meist durch Sicherungsringe gehalten werden, die sich mit einem Schraubenzieher nur schwer entfernen lassen. Es sind zwei Typen von Seegerringzangen erhältlich, einer für die Aussensicherungsringe und einer für Innensicherungsringe. Sie sind mit geraden oder abgewinkelten Klauen erhältlich. Eines der nützlichsten Werkzeuge ist der Drehmomentschlüssel, eigentlich eine Art Schraubenschlüssel, der so eingestellt werden kann, dass er durchrutscht, wenn ein gewisses Anzugsdrehmoment einer Schraube oder Mutter erreicht ist. Derartige Schlüssel sind ebenfalls mit einem Zeiger erhältlich, welcher das erreichte Drehmoment anzeigt. Anzugsdrehmomente werden in jedem modernen Werkstatthandbuch oder jeder Reparaturanleitung aufgeführt, so dass auch besonders komplexe Baugruppen oder Komponenten, wie z.B. ein Zy-

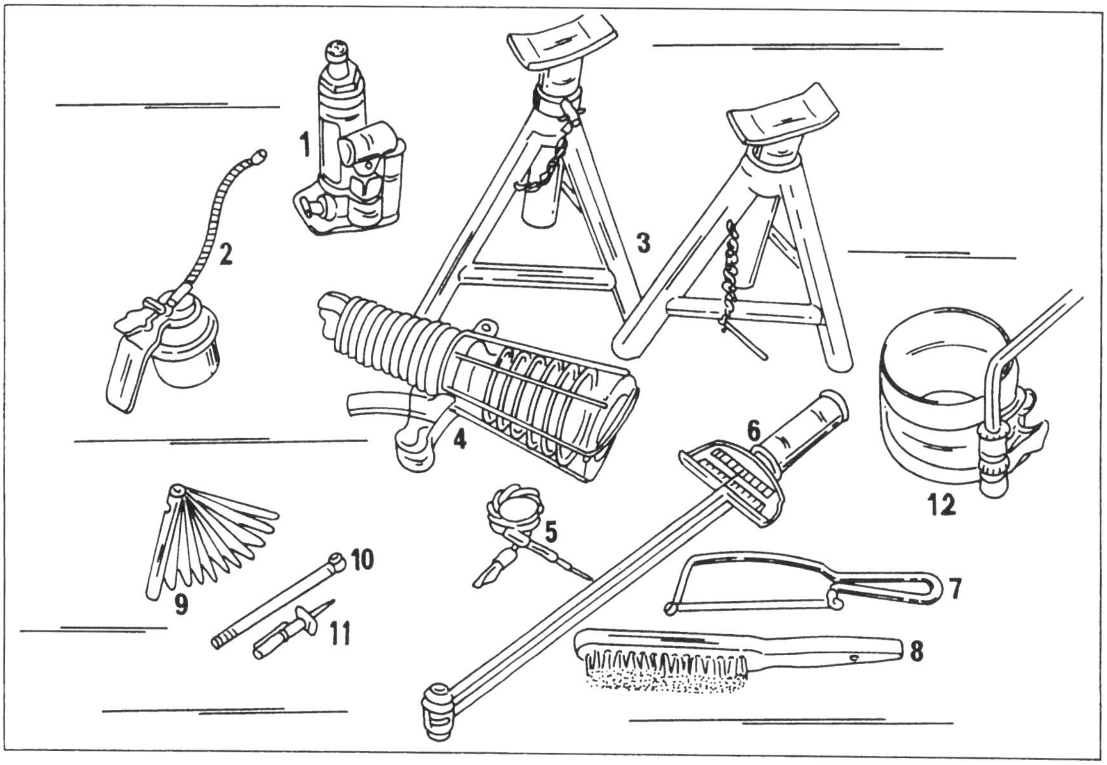

Bild 2
Vorgeschlagene Werkzeuge und Hilfswerkzeuge zur Pflege und Reparatur Ihres Fahrzeuges.
1 Hydraulischer Heber
2 Ölkanne
3 Unterstellböcke
4 Elektrische Handlampe
5 Prüflampe (12 Volt)
6 Drehmomentschlüssel
7 Mini-Säge
8 Drahtbürste
9 Blattfühlerlehren
10 Reifendruckfühler
11 Reifenprofilmesser
12 Kolbenringspannband

linderkopf, angezogen werden können, ohne dass man Beschädigungen oder Lecks infolge Verzugs befürchten muss. Falls Sie das erste Mal am Auto arbeiten, können Sie anhand von Bild 2 sehen, wie ein solcher Drehmomentschlüssel aussieht.
Je höher entwickelt ein Automodell ist, desto mehr Werkzeuge benötigt man, um es im Do-it-yourself-Verfahren immer im bestmöglichen Zustand zu halten. Leider lassen sich aber einige ganz spezielle Arbeiten nicht ohne die richtige Ausrüstung durchführen, für die man meist tief in die Tasche greifen muss, wenn man diese Arbeiten nicht einem Spezialisten gegen ein gewisses Entgelt übergeben will. Hier ist auch eine gewisse Vorsicht am Platze, es gibt nun einfach verschiedene Arbeiten, die man am besten einem Fachmann überlässt. Obwohl ein Vielfachmessgerät zum Aufspüren von elektrischen Schäden eine grosse Hilfe darstellt, kann es in ungeübten Händen grossen Schaden anrichten.
Obschon in dieser Reparaturanleitung gezeigt wird, wie sich verschiedene Komponenten auch ohne Spezialwerkzeuge aus- und wieder einbauen lassen (falls nicht unbedingt nötig) empfiehlt es sich, die Anschaffung der gebräuchlichsten Spezialwerkzeuge in Betracht zu ziehen. Dies wird sich besonders dann lohnen, wenn man das Auto über längere Zeit behalten will. In Bild 2 sind einige der gebräuchlichsten Werkzeuge und Hilfswerkzeuge gezeigt, die man immer wieder brauchen wird. Man sollte sich diese im Laufe der Zeit anschaffen, wenn man die Absicht hat sein Auto selbst zu pflegen.

Auch mit den vorgeschlagenen, improvisierten Methoden und Werkzeugen lassen sich verschiedene Teile ohne Gefahr von Beschädigung aus- und einbauen. In jedem Fall lässt sich mit den Spezialwerkzeugen, die vom Hersteller produziert und verkauft werden, eine Menge Zeit (und Ärger) sparen.
Ehe man irgendwelche Arbeiten an einem Fahrzeug durchführt, raten wir Ihnen, die folgenden Hinweise gründlichst durchzulesen und vielleicht einzuprägen, damit Sie vor allen Verletzungen, gleich welcher Art, bewahrt werden:

- Auf einen einzelnen Wagenheber kann man sich nie hundertprozentig verlassen. Immer zusätzliche Böcke unterstellen. Zwei übereinandergelegte, abgeschraubte Räder kann man z.B. auf der Seite der Reparatur entweder vorn oder hinten unterlegen, falls keine Böcke zur Verfügung stehen. Ein abrutschender Wagen wird dann wenigstens auf den Rädern landen.
- Niemals die Räder oder Achsmuttern anziehen, wenn das Fahrzeug aufgebockt ist.
- Niemals den Verschluss der Kühlanlage bei heissem Motor öffnen. Falls es unumgänglich ist, einen dicken Lappen um den Deckel legen und diesen bis zur ersten Raste lösen, damit der Dampf entweichen kann.
- Niemals das Motoröl ablassen, wenn das Fahrzeug bis zum letzten Moment gefahren wurde. Motoröl nur entsprechend der geltenden Vorschriften entsorgen, auf keinen Fall einfach wegschütten.
- Keine Bremsflüssigkeit oder Frostschutzmittel auf Lackstellen tropfen lassen. Die hinterlassenen Flecke lassen sich nur schwer oder nicht entfernen.
- Keinen Bremsstaub einatmen. Obwohl Beläge und Bremsklotzmaterial jetzt meistens asbestfrei hergestellt sind, schadet dies trotzdem Ihrer Gesundheit. Falls Sie Pressluft zum Ausblasen von Bremsen benutzen, kann man den Kopf von der Staubstelle wegdrehen.
- Öl- oder Fettreste sofort vom Boden abwischen, ehe Sie selbst oder andere Leute darauf ausrutschen.
- Keine Schlüssel falscher Schlüsselweite oder ausgeweitete Schlüssel zum Lösen von festsitzenden Muttern oder Schrauben benutzen. Ein Abrutschen bedeutet in den meisten Fällen eine Verletzung. Offene Wunden auf jeden Fall "verpflastern" lassen, ehe Schmutz oder Öl usw. eindringen kann.
- Niemals ein sehr schweres Teil des Fahrzeuges allein heben — erbitten Sie sich Hilfe.
- Kinder oder Haustiere auf keinen Fall in Wagennähe lassen, wenn an diesem eine Reparatur durchgeführt wird.
- Falls Arbeiten am Auspuff durchgeführt werden sollen, muss man ihn vorher abkühlen lassen.
- Schutzbrillen sind bei Arbeiten mit elektrisch betriebenen Geräten, wie z.B. Bohr- oder Schleifmaschinen, zu tragen. Eine solche Brille wäre auch nicht am falschen Platze, wenn man sich zum Arbeiten unter das Fahrzeug legen muss.
- Besorgen Sie sich eine gute Handschutzcreme, um die Hände vor schmutzigen Arbeiten einzureiben. Abgesehen von leichterer Reinigung bietet sie einen bestimmten Schutz gegen Altöl oder andere korrosive Mittel.
- Krawatten haben bei Arbeiten am Auto keinen Platz. Ebenfalls lange Hemdsärmel oder andere lose Kleidungsstücke fern von sich bewegenden Teilen halten. Lange Haare während der Arbeit festbinden. Fingerringe und Armbanduhren am besten abziehen. Abgesehen davon, dass man daran hängenbleiben kann, bieten sie auch einen Leiter für die elektrische Anlage.
- Den Arbeitsplatz von unnötigen Teilen befreien. Ein Stolpern wird dadurch offensichtlich

Hinweis: Bitte nehmen Sie sich die Zeit, die auf dieser Seite angegebenen Vorsichtsmassnahmen zu lesen, ehe irgendwelche Arbeiten am Fahrzeug vorgenommen werden. Sie schützen damit sich selbst, andere Personen sowie das Fahrzeug.

weitgehend verringert.

- Falls es möglich ist, arbeiten Sie niemals allein an einem Fahrzeug. Familie, Freunde oder Bekannte können öfters mal kurz nachschauen, ob alles in Ordnung ist.

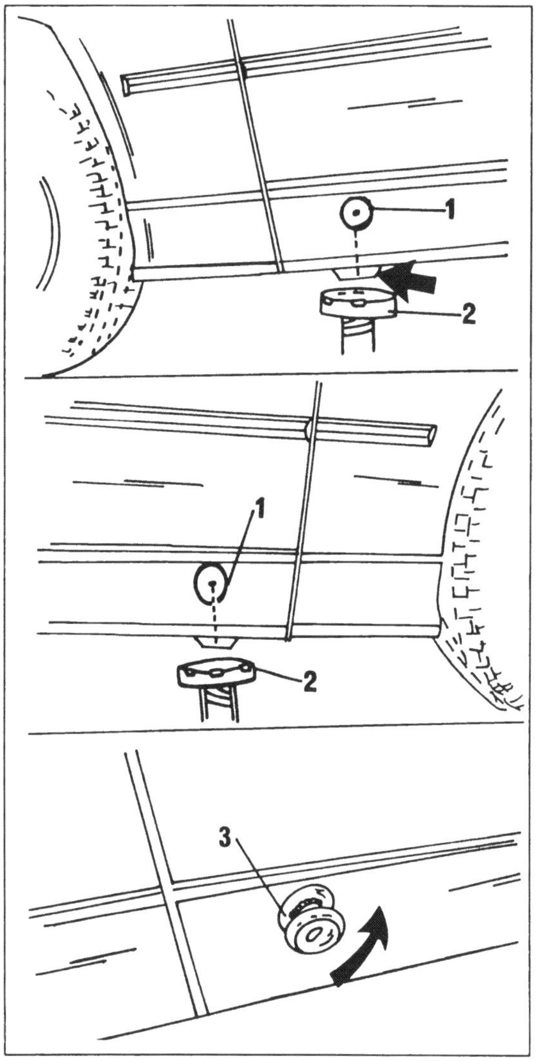

Bild 3
Ansatzstellen eines Wagenhebers. Vorn (oben) und hinten (Mitte) wird der Wagenheberteller unter dem Gummipolster (2) angesetzt, unterhalb der Öffnung (1) für den Bordwagenheber. Der Drehverschluss (3) ist zu entfernen, um den Bordwagenheber anzusetzen.

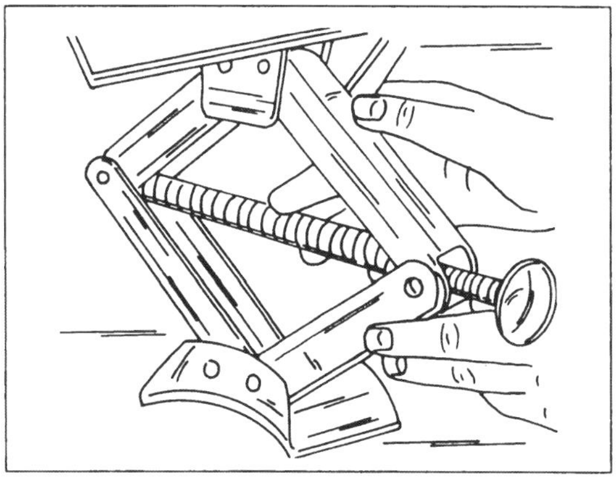

Bild 4
Ein Scherenwagenheber kann zum Anheben benutzt werden, solange man ihn unfallsicher ansetzt.

- Niemals versuchen eine Arbeit überhastet zu Ende zu führen. Viele Radmuttern wurden lose gelassen, um das Fahrzeug wieder schnell zum Fahren zu bringen.
- Niemals in der Nähe des Fahrzeuges rauchen oder andere rauchende Personen in die Nähe lassen. Ebenfalls aus diesem Grund sollte man die Batterie abklemmen, wenn Kraftstoffleitungen abgeschlossen werden. Mit Metallgegenständen hergestellte Kurzschlüsse könnten zu Funkenbildung führen. Sicherheitshalber sollten Sie einen Handfeuerlöscher bereit haben.
- Eine Handlampe niemals auf den Motor auflegen, um besser zu sehen. Bestimmte Handlampen entwickeln grosse Wärme und könnten Teile am Motor verbrennen.

Falls Sie die angeführten Hinweise sorgfältig beachten, sollten bei den im Buch beschriebenen Arbeiten keine Verletzungen Ihrer Person, anderer Personen oder Beschädigung des Fahrzeuges auftreten.

1.5 Aufbocken des Fahrzeuges

Um keine Schäden an der Unterseite des Fahrzeuges anzurichten, dürfen ein Wagenheber sowie die zum Aufbocken verwendeten Dreieckböcke nur an den dafür bestimmten Stellen angesetzt werden. Um Beschädigungen des Unterbodenschutzes, des Unterholmes oder des Unterbodens zu vermeiden, ist unbedingt eine Zwischenlage aus Gummi, Holz oder Kunststoff zu verwenden. Auf keinen Fall darf ein Wagenheber unter die Aufhängungsarme der Vorderräder oder andere empfindliche Teile des Fahrzeuges untergesetzt werden.

Im allgemeinen gilt, dass die in der Werkstatt bei der Verwendung der Hebebühne benutzten Ansatzstellen auch für den Ihnen mehr zugänglichen Rollwagenheber oder Rangierwagenheber zuständig sind. In Bild 3 sind die Ansatzstellen für den Wagenheber vorn und hinten gezeigt. Kleine Gummipolster, unmittelbar unter den Ansatzstellen für den Bordwagenheber, nehmen den Druck des Wagenhebers auf.

Beim Anheben des Fahrzeuges an der Vorderseite muss man aus diesem Grund zwischen den Ansatzstellen für einen Bordwagenheber und einen Rollwagenheber unterscheiden. Ihre Betriebsanleitung wird Ihnen die Ansatzstellen für den Bordwagenheber geben, jedoch haben Erfahrungen gezeigt, dass beim Erstehen eines Fahrzeuges aus zweiter Hand die Betriebsanleitung manchmal fehlt. Hier hilft Ihnen die untere Ansicht von Bild 3. Die in den oberen Ansichten gezeigten Aufnahmelöcher (1) sind mit einem Drehverschluss versehen. Nach dessen Entfernung lässt sich der Hebearm des Bordwagenhebers einführen.

Falls man keinen Rollwagenheber besitzt, kann man einen Scherenwagenheber, wie einer in Bild 4 zu sehen ist, benutzen. Der Kopf eines solchen Hebers hat meistens einen Einschnitt, welcher über die Gummipolster gesetzt werden kann.
Zum Anheben der Vorderseite mit einem Rollwagenheber (Rangierwagenheber) einen Holzklotz auf den Heberteller auflegen und das Fahrzeug auf einer Seite unter der gezeigten Stelle anheben. Darauf achten, dass man dabei keinen Lackschaden anrichtet. Falls man einen hydraulischen Wagenheber benutzt, stellt man den Kopf unter die Ansatzstelle (2) unter der Karosserie (Bild 3). Zuerst eine Seite anheben, einen Unterstellbock unter die Karosserie setzen und danach die andere Seite anheben. Denken Sie jedoch daran, dass das Fahrzeug dabei nicht das beste Gleichgewicht hat, d.h. ein Helfer sollte vielleicht das Anheben gut "überwachen".
Beim Anheben der Rückseite des Fahrzeuges mit dem Bordwagenheber oder einem hydraulischen Heber ebenfalls entsprechend Bild 3 vorgehen.
Vor dem Aufbocken der Vorderseite des Fahrzeuges den Rückwärtsgang oder den ersten Gang einlegen. Beim Anheben der Vorderseite des Wagens die Handbremse anziehen. Die Hinterräder sicherheitshalber durch beiderseitiges Unterlegen von Bremskeilen verkeilen.
Unbedingt darauf achten, dass die Bodenfläche, auf welcher das Fahrzeug aufgebockt werden soll, nicht zu weich ist, damit der Wagenheber oder die Böcke nicht in den Boden einsinken können. Ein breites Stück Holz, unter die Räder eines Rollwagenhebers (Rangierwagenhebers) untergelegt, wird diese Gefahr weitgehend verringern. Das gleiche trifft auf den Bordwagenheber zu. Manchmal sieht der Boden fest aus, bis man feststellt, dass die Räder des Wagenhebers langsam einsinken.
Unterstellböcke können nur unter die Seite der Karosserie untergesetzt werden, jedoch sind diese entsprechend zu polstern, damit sie die Karosserie nicht beschädigen können. Ein Stück alter Autoreifen eignet sich vortrefflich zum Einlegen zwischen Unterstellbock und Karosserie. Nur vorschriftsmässige, dreibeinige Unterstellböcke verwenden, wie man sie in Bild 5 sehen kann. Hier sei ein Wort der Warnung gegeben. Das Fahrzeug ist ziemlich schwer, d.h. der zur Höhenverstellung benutzte Bolzen muss eine ausreichende Festigkeit haben. Es hat Fälle gegeben, dass der Bolzen abschert, mit den entsprechenden Folgen.
Rampen sind die besten Auffahrmöglichkeiten für ein Fahrzeug, da man sich einen Wagenheber ersparen kann. Falls Sie diese Rampen noch niemals benutzt haben, können Sie aus Bild 6 ersehen, wie man die Räder auffährt. Beim Auffahren natürlich darauf achten, dass man die Rampen genau vor die Räder stellt, um die genaue Richtungstreuigkeit zu erhalten. Zur zusätzlichen Sicherheit sollten die Rampen eine Mulde für die Räder in der Standfläche haben.

Hinweis: Unterschiedliche Motoröle werden jetzt im Handel angeboten. Wir raten Ihnen, dass Sie sich an die Empfehlungen von BMW halten.

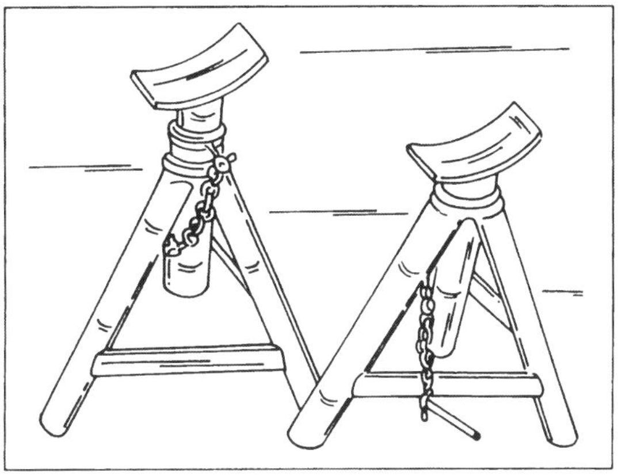

Bild 5
Dreibeinige Unterstellböcke müssen immer zur Absicherung des Fahrzeuges unter die Karosserie untergesetzt werden, ehe man sich unter das Fahrzeug legt.

Bild 6
Ein Rad auf einer Auffahrrampe aufgesetzt. Es muss gut in der Mulde sitzen.

1.6 Wartungs- und Pflegearbeiten

Die meisten der Wartungsarbeiten können selbst durchgeführt werden. Manchmal ist es jedoch zweckmässiger, die Wartung in einer BMW-Werkstatt durchführen zu lassen, d.h. es fehlen die notwendigen Einrichtungen oder Erfahrungen, Messgeräte sind erforderlich oder die Werkstatt kann die Arbeit einfach schneller durchführen. Besonders durch den Einbau der verschiedenen elektronischen Steuersysteme wird es manchmal schwer eine bestimmte Arbeit selbst durchzuführen.
Vor allem wichtig sind die regelmässigen Inspektionen und Kontrollen, welche zur Werterhaltung Ihres Fahrzeuges beitragen. Einige davon sind untenstehend angeführt. Nach einer bestimmten Motorleistung oder nach Ablauf einer gewissen Zeit durchzuführende Wartungsarbeiten werden in den entsprechenden Kapiteln beschrieben. Ihr

Warnung: Ehe man sich unter das Fahrzeug legt, immer davon überzeugen, dass es gut abgesichert ist. — Unfallgefahr !

Wartungsscheckheft wird Ihnen die Zeitabstände angeben, bei welchen bestimmte Arbeiten durchzuführen sind.

1.6.1 Motorölstand kontrollieren

Der Stand des Motoröls sollte etwa alle 600 km, mindestens aber einmal in der Woche, kontrol-

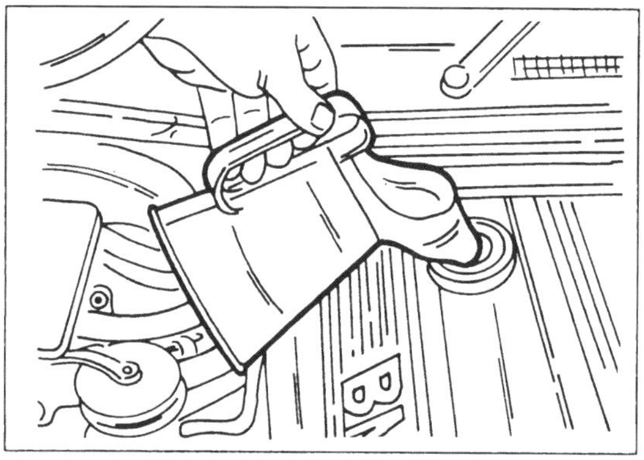

Bild 7
Zum Einfüllen von Motoröl eignet sich am besten eine Kanne mit Einfülltrichter.

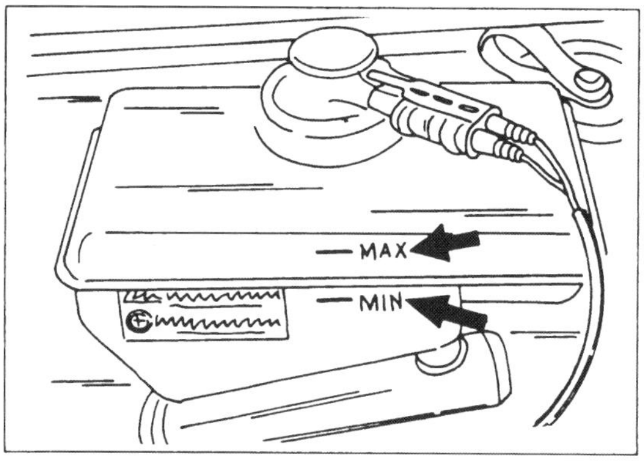

Bild 8
Ansicht des Vorratsbehälters für den Hauptbremszylinder. Die Flüssigkeit muss zwischen den beiden Marken stehen.

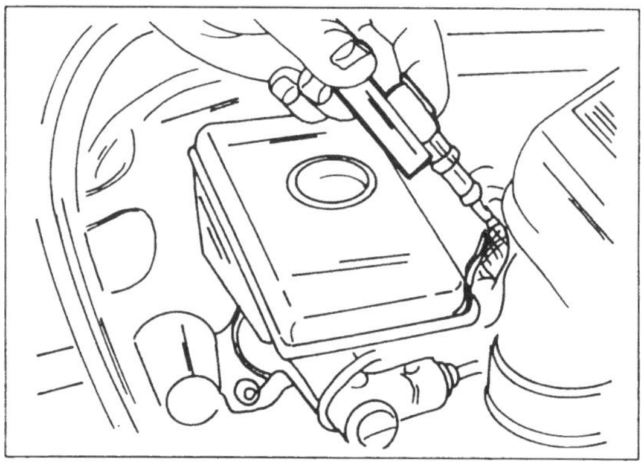

Bild 9
Beim Abschrauben des Einfüllverschlusses des Vorratsbehälters nicht die Kabel knicken oder abreissen.

liert werden. Das Fahrzeug muss auf einer ebenen Fläche abgestellt und der Motor muss warm sein. Zur Kontrolle den Ölmessstab herausziehen und mit einem sauberen Lappen abwischen. Bei allen Motoren sitzt der Ölmessstab, von vorn gesehen, hinten rechts, unmittelbar neben der Batterie. Das Ende des Ölmessstabs ist zur leichten Erkennung farbig gezeichnet. Den Messstab nochmals hineinschieben und ihn wieder herausziehen. Das Öl muss zwischen der oberen und unteren Markierung liegen. Der Ölmessstab hat zwei Kerben (mit MIN und MAX gezeichnet), um den Ölstand anzugeben. Liegt der Ölstand an der unteren Markierung, muss Öl nachgefüllt werden. Die Ölmenge zwischen den beiden Markierungen liegt zwischen 1,0 und 1,5 Liter, so dass Sie daraus schliessen können, wieviel Öl fehlt. Falls der Einfüllverschluss schmutzig aussieht, sollte man ihn vor dem Abschrauben reinigen. Um Verschmutzungen beim Nachfüllen von Öl zu vermeiden, einen kleinen Trichter benutzen, es sei denn, man benutzt einen Ölbehälter mit eingebauter Eingusshilfe oder eine spezielle Ölkanne, wie man sie in Bild 7 sehen kann. Auf keinen Fall den Motor überfüllen, d.h. das Öl darf nicht über die obere Marke steigen.

1.6.2 Bremsflüssigkeitsstand kontrollieren

Der Behälter für die Bremsflüssigkeit sitzt im Motorraum auf der linken Seite auf dem Hauptbremszylinder und hat das in Bild 8 gezeigte Aussehen. Der Vorratsbehälter ist durchsichtig, d.h. der Stand der Flüssigkeit kann an der Aussenseite gut gesehen werden. Falls die Flüssigkeit nicht innerhalb der beiden Marken "Min" und "Max" steht, die Verschraubung abdrehen, ohne dabei die Kabel unter Spannung zu setzen (Bild 9) und Flüssigkeit nachfüllen. Nur frische Bremsflüssigkeit nachfüllen, die der von BMW vorgeschriebenen Norm entsprechen muss. Stark verschmutzte Verschlussdeckel und/oder Vorratsbehälter müssen vorher einwandfrei gereinigt werden. Den Deckel nach Nachfüllen der Flüssigkeit bis zum Anschlag aufschrauben.

Hinweis: Ein stark abgesunkener Flüssigkeitsspiegel ist meistens eine gute Anzeige, dass die Bremsklötze der Scheibenbremsen oder die Beläge eingebauter Trommelbremsen sich der Verschleissgrenze genähert haben. Diese sollten deshalb umgehend kontrolliert werden.

1.6.3 Bremsleuchten überprüfen

Die Arbeitsweise der Bremsleuchten kann mit Hilfe einer zweiten Person oder auch allein kontrolliert werden. Bei der ersten Methode auf die Bremse treten, während die zweite Person das Aufleuchten der Lampen kontrolliert. Sind Sie allein, rückwärts vor die Garagentür fahren und auf die Bremse treten. Die Lampen scheinen rot gegen die Garagentür. Falls eine Lampe nicht aufleuchtet, die Glühbirne ersetzen; leuchten beide Lampen nicht auf, könnte der Bremslichtschalter defekt sein, da es nur selten ist, dass beide Glühbirnen durchgebrannt sind.

1.6.4 Beleuchtung kontrollieren

Alle Beleuchtungskörper (einschliesslich der Hupe und Warnblinkanlage) der Reihe nach durchschalten und deren Funktion kontrollieren. Rücklichter und Rückfahrscheinwerfer können am besten im Dunkeln vor der Garagentür kontrolliert werden, ohne dass Sie aus dem Fahrzeug aussteigen.

1.6.5 Reifendruck kontrollieren

Den Reifendruck an einer Tankstelle kontrollieren, es sei denn, Ihnen stehen ein Reifendruckprüfer und ein kleiner Luftkompressor zur Verfügung (den man in der Dose für den Zigarrenanzünder anschliessen kann). Falls Sie den Druck nicht kennen, können Sie anhand der Tabellen an Tankstellen leicht feststellen, welcher Druck für Ihr Fahrzeug erforderlich ist. Ebenfalls sind die Drücke in der Betriebsanleitung angegeben. Je nach gefahrenen Reifen ist der Druck unterschiedlich. Werden die Reifendrücke im warmen Zustand kontrolliert, kann der Druck 0,2 bis 0,3 bar höher liegen. Auf keinen Fall Luft herauslassen, um den Druck zu senken.
Nach einer gewissen Kilometerleistung sollte man die verbleibende Profiltiefe des Reifens kontrollieren. Von Reifenherstellern werden dazu kleine Messlehren hergestellt, die in Bild 2 gezeigt wurde (Pos. 11) und wie in Bild 10 gezeigt auf den Reifen aufgesetzt wird. Aus der Anzeige kann man die Tiefe des Reifenprofils erhalten, welche laut Gesetz nicht weniger als 1,6 mm betragen darf. Man kann gut annehmen, dass sich die Reifenprofile nach 1 bis 2 Jahren auf diese Tiefe abgenutzt haben.

1.6.6 Kühlmittelstand kontrollieren

Das kalte Kühlmittel muss zwischen den Markierungen am Ausgleichsbehälter stehen. Dieser ist mit einer "Kalt"-Markierung gezeichnet, d.h. das Kühlmittel muss im kalten Zustand bis zu dieser Markierung stehen. Falls erforderlich abwarten, bis das Kühlmittel abgekühlt ist und zusätzliches Frostschutzmittel einfüllen. Ist der Motor heiss, den Verschlussdeckel bis zur ersten Raste lösen und abwarten, bis der Druck abgefallen ist. Danach den Deckel vollkommen abschrauben. Das von BMW empfohlene Frostschutzmittel verwenden, da dieses speziell für die BMW-Motoren entwickelt wurde. Je nach eingebauter Version ist entweder ein separater Ausgleichsbehälter oder ein in den Kühler integrierter Ausgleichsbehälter in der Kühlanlage eingebaut. Wo man den Kühlmittelstand bei einem integrierten Ausgleichsbehälter sehen kann zeigt Ihnen Bild 11.

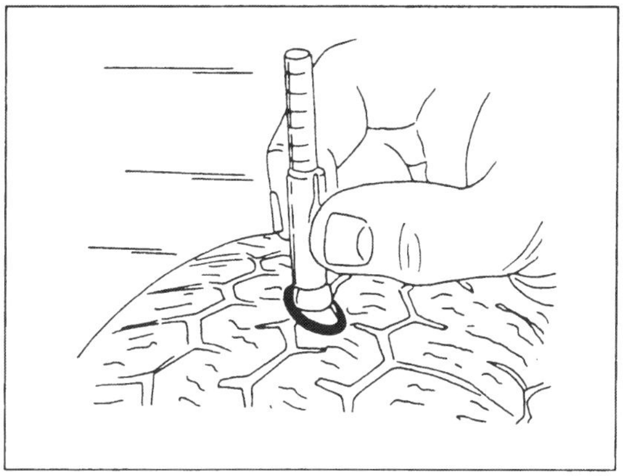

Bild 10
Kontrolle der Profiltiefe der Reifen mit der Messlehre.

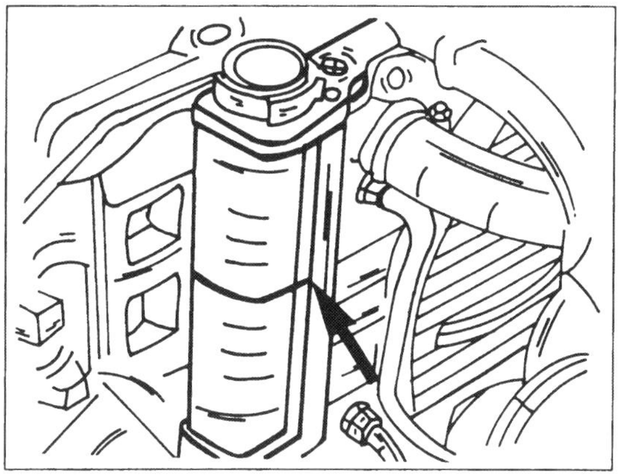

Bild 11
Flüssigkeitsstand an der Aussenseite des Ausgleichsbehälters. Die Behältermarkierung zeigt den Stand bei einer Temperatur von 20° C an.

1.6.7 Luftfiltereinsatz

Der Luftfiltereinsatz sollte mindestens alle zwei Jahre erneuert werden. In staubigen Gegenden sind die Intervalle entsprechend zu verringern. Das Auswechseln des Filtereinsatzes wird im Zusammenhang mit der Kraftstoffanlage beschrieben.

1.6.8 Flüssigkeitsstand — Servolenkung

Der Behälter für die Flüssigkeit der Servolenkungsanlage befindet sich an der Vorderseite des Motorraums. Der Verschlussdeckel ist mit einem Messstab versehen. Zur Kontrolle die Kappe abschrauben und den Motor anlassen. Die Kappe wieder auf die Öffnung aufsetzen (ohne sie festzuschrauben) und wieder herausziehen. Die Flüssigkeit muss zwischen der "MIN"- und "MAX"-Marke stehen. Falls man feststellt, dass bei einer Kontrolle mehr Flüssigkeit als bei früheren Kontrollen fehlt, muss man die Anlage auf Leckstellen kontrollieren. Nur empfohlene Flüssigkeit nachfüllen. Den Behälter nicht überfüllen. Die Kappe fest aufschrauben.

1.6.9 Alle nicht genannten Wartungsarbeiten

Auf die folgenden, ebenfalls zu den regelmässigen Wartungsarbeiten gehörenden Inspektionen, wird in den dafür zuständigen Abschnitten eingegangen: Motoröl- und Filterwechsel, Antriebsriemen der Aggregate, Kontrolle der Bremsbelag- bzw. Bremsbackenbelagstärke, Einstellung der Handbremse, Scheinwerfereinstellung, Zündkerzenwechsel, Öl- oder Flüssigkeitswechsel im Getriebe, Ölwechsel in der Hinterachse und Erneuerung des Kraftstoffilters.

1.7 Schmiermittel, Dichtungsmasse, "Loctite", etc.

Jeder Autohersteller empfiehlt die Verwendung von bestimmten Schmiermitteln, die während der Produktion auf das Fahrzeug abgestimmt wurden. Dies trifft ebenfalls auf BMW zu und aus diesem Grund halten wir uns bei Reparaturen an die von BMW angegebenen Schmieröle, Fette und dergleichen.
Oft wird "Loctite" erwähnt. Bei diesem handelt es sich um eine Sicherungsflüssigkeit für Muttern- und Schraubengewinde, die ein Lösen von angezogenen Verbindungen verhindern. Obwohl im Text nur auf "Loctite" eingegangen wird, sollten Sie wissen, dass verschiedene Ausführungen zur Verfügung stehen. Ihr BMW-Ersatzteillager wird Sie über die Erhältlichkeit dieser Sicherungsmittel unterrichten.
Oftmals kommt es jedoch vor, dass andere ebenfalls geeignete Mittel zum Sichern von Gewindeverbindungen benutzt werden. Auch hier sollten Sie in der Lage sein, dies in der Werkstatt zu erfahren.
Das gleiche trifft auch auf Graphit-Fett und Dichtungsmasse zu. Erkundigen Sie sich welche Fettart und Dichtungsmasse verwendet wird, um zu gewährleisten, dass die Arbeiten einwandfrei durchgeführt werden können.

1.8 Umgang mit Gewinden, Schrauben, Muttern, usw.

Bei einem ziemlich neuen Fahrzeug, bzw. Motor wird man keine Schwierigkeiten mit dem Lösen von Schrauben, Muttern, Stiftschrauben, usw. haben. Ist das Fahrzeug jedoch älter, kommen schon mal Probleme beim Lösen von Gewindeverbindungen vor, vor allem wenn die Teile längere Zeit dem Strassenschmutz ausgesetzt sind. Die folgenden Hinweise sollten Ihnen helfen, diese Probleme aus dem Weg zu räumen.

- Beim Lösen von Muttern auf Stiftschrauben immer das herausstehende Gewinde mit einer Drahtbürste reinigen, um Schmutz oder auch Rost zu entfernen. Man erspart sich dadurch, dass die Mutter über die Schmutzstellen geschraubt werden muss. Die Verbindungsstelle jetzt mit einem Rostlösesprühmittel behandeln. Hier gibt es verschiedene Produkte, d.h. man muss den Gebrauchsanweisungen folgen.
- Falls eine in eine Schweissmutter eingedrehte Schraube gelöst werden soll (meistens in der Karosserie), möglichst die Gewindestelle von der Rückseite mit dem Rostlösemittel einsprühen. Schraubenköpfe derartiger Verbindungen reissen gern ab oder man löst die Schweissmutter.
- Schrauben mit Schlitz- oder Kreuzschlitzköpfen lassen sich manchmal nur sehr schwer lösen. Kreuzschlitzschraubenzieher rutschen gern aus dem Kreuzschlitz heraus und beschädigen diesen dabei. Um diesem vorzubeugen, kann man einen Schraubenzieher oder Kreuzschlitzschraubenzieher mit einem durchgehenden Schaft an der Schraube ansetzen und durch einen kurzen Schlag mit einem Hammer "behandeln". In den meisten Fällen löst sich der Schraubenkopf von der Verbindung und die Schraube kann leicht herausgedreht werden.
- Im modernen Automobilbau werden mehr und mehr Schrauben mit Spezialköpfen verwendet, die ähnlich wie Kreuzschlitzköpfe aussehen aber keine sind. Diese als "Torx"-Kopf bezeichneten Schraubenköpfe werden mit speziellen Einsätzen gelöst, die man in einem Satz erstehen kann. Auf diese "Torx"-Stecknüsse kann man dann in normaler Weise eine Ratsche, Verlängerung, usw. ansetzen.
- Innensechskantschrauben (der bekannte "Inbuskopf") oder Schrauben mit "Polygon"-Kopf (Vielverzahnung, meistens 12 Ecken) können ebenfalls Schwierigkeiten beim Lösen bringen. Als erstes gilt, dass man die Öffnung des Innensechskants einwandfrei reinigt (mit einem kleinen Schraubenzieher zum Beispiel), um den Innensechskantschlüssel oder Vielzahnschlüssel anzusetzen. Falls möglich sollte man hier auch einen Steckeinsatz benutzen. Vor Lösen der Schrauben kann man einen Hammerschlag auf den Steckeinsatz geben, um das Beharrungsvermögen der Schraube zu lösen.

Manchmal ist jedoch ein abgewinkelter Inbusschlüssel erforderlich. Durch dessen Winkelstellung wird das Lösen manchmal zum Problem. Wir schlagen vor: Den Schlüssel in die Schraube einsetzen und einen kleinen Ringschlüssel über das lange Ende des Inbusschlüssels schieben. Den Schlüssel jetzt gut gerade halten und die Schraube durch Druck auf den Ringschlüssel lösen. Dadurch vermeidet man, dass sich der Winkelschlüssel bei festsitzenden Schrauben innerlich verdreht.
Kleine, jedoch zugängliche Inbusschraubenköpfe kann man auch mit einer Gripzange erfassen, deren Form in Bild 12 gezeigt ist, und auf diese Weise die Schraube herausdrehen, vor allem, wenn das Innensechskant abgerundete Kanten erhalten hat. Beim Zusammendrücken der Gripzange nicht die Finger einquetschen.

- Schwierigkeiten können auch manchmal beim Lösen von Muttern oder Schrauben auftreten, deren Kanten bereits durch unvorschriftsmässige Verwendung der falschen Schlüsselgrösse abgerundet sind (aus Erfahrung gesprochen bei Zweithandwagen manchmal anzutreffen). Mit der bereits erwähnten Gripzange kann man versuchen die Mutter oder Schraube zu lösen. Je nach Lage der Mutter kann man diese auch aufmeisseln oder am Gewinde entlang aufsägen. In diesem Zusammenhang möchten wir auch den Mutternspalter erwähnen, falls man zu dessen Benutzung genügend Arbeitsraum hat. Das Werkzeug arbeitet in der in Bild 13 gezeigten Weise, d.h. man zieht die Schraube an, bis die Mutter platzt. Ein Vorteil ist dabei, dass man das Gewinde der Schraube nicht beschädigt.
- Im Text werden oftmals selbstsichernde Muttern erwähnt. Wie der Name besagt, werden diese durch ihre eigene Sicherungsfähigkeit gesichert, welche nach dem Lösen meistens zerstört wird. Wenn selbstsichernde Muttern erwähnt werden, sollte man diese immer erneuern.
- Manchmal passiert es und eine Schraube reisst am Kopf ab. Um das verbleibende Gewindestück aus der Bohrung zu bekommen, bohrt man ein Loch in der Mitte der "Schraube" und benutzt einen sogenannten "Linksgewindezieher". Diese sind in Autozubehörgeschäften erhältlich und werden wie eine Schraube in das gebohrte Loch eingesetzt. Durch Anziehen schneidet sich das Werkzeug in das Schraubenstück ein und hoffnungsvoll zieht man es heraus. Bild 14 zeigt wie diese Gewindeauszieher aussehen. Die einzige andere Lösung ist ein Aufbohren auf den ungefähren Gewindedurchmesser der Schraube (etwas weniger) und das Nachschneiden mit einem Gewindeschneider.
- Stehbolzen werden mit zwei gegeneinander gekonterten Muttern herausgedreht. Beim Herausdrehen den Schlüssel an der inneren Mutter ansetzen, zum Hineinschrauben den Schlüssel an der äusseren Mutter ansetzen.

Hinweis: Durch die Benutzung guter Werkzeuge lässt sich eine Beschädigung von Muttern- und Schraubenkopfflächen vermeiden.

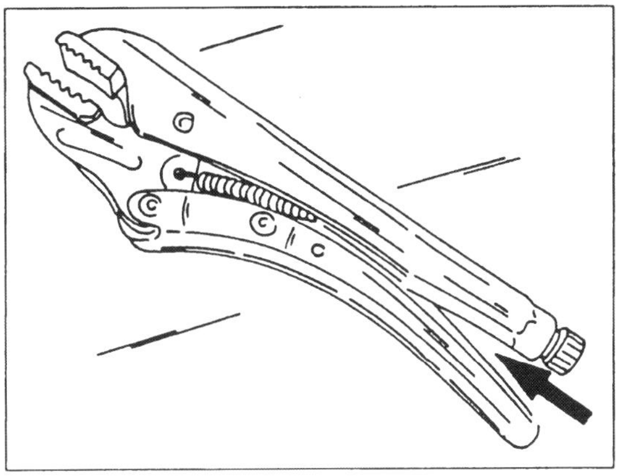

Bild 12
Benutzung einer Gripzange. Die Finger beim Schliessen der Zange aus der mit dem Pfeil gezeigten Gegend fernhalten.

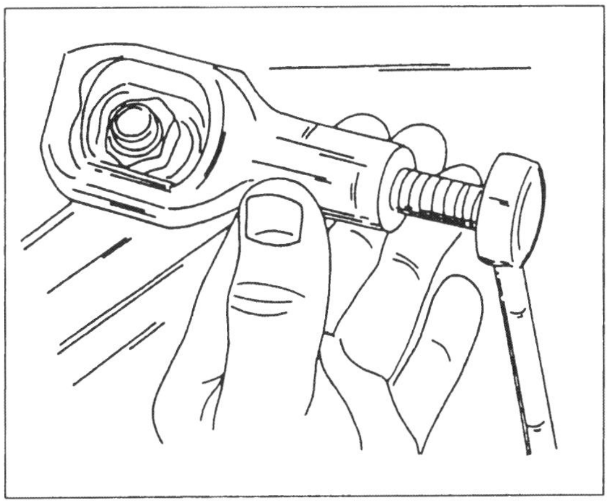

Bild 13
Benutzung eines Mutternspalters. Durch Anziehen der Schraube wird die Mutter in zwei Teile gespalten und kann abgenommen werden.

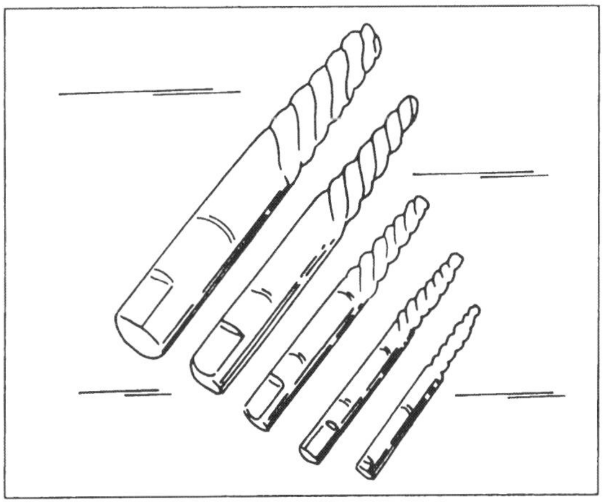

Bild 14
Ansicht von "Linksgewindeausziehern" zum Entfernen von abgescherten Schrauben oder Stehbolzen.

- In Aluminiumteile eingearbeitete Gewinde werden manchmal beim Anziehen von Schrauben beschädigt. In Ihrer Werkstatt werden Sie Gewindeeinsätze unter der Markenbezeichnung "Heli-Coil" erhalten. Diese können entsprechend den Anweisungen in der Schachtel in das alte Gewindeloch eingezogen werden oder man bringt das beschädigte Teil zur Erneuerung des Gewindes in eine Werkstatt.

Anzugsdrehmomente

Die Anzugsdrehmomente werden für die Schrauben und Muttern der wichtigsten Teile angegeben. Um die Anzugsdrehmomente einzuhalten, muss man eine Stecknuss der passenden Schlüsselweite sowie einen Drehmomentschlüssel, manchmal mit einer Verlängerung, benutzen. In vielen Fällen ist es aber einfach nicht möglich an eine Schraube oder Mutter heranzukommen, um einen Drehmomentschlüssel anzusetzen oder das Drehmoment ist zu klein, um es am Drehmomentschlüssel abzulesen. Hier heisst es, dass man das Drehmoment schätzen muss. Unter Berücksichtigung des Gewindedurchmessers der Schraubenverbindung heisst dies in der Mechanikersprache "gut anziehen", wobei Gefühl eine wichtige Rolle spielt, besonders bei Gewindedurchmessern von 6 oder 7 mm.

2.1 Arbeiten bei eingebautem Motor

Die folgenden Arbeiten können durchgeführt werden, ohne dass man den Motor aus dem Fahrzeug ausbaut:

- Aus- und Einbau der Zylinderkopfhaube und des Zylinderkopfes
- Aus- und Einbau des Steuerzahnriemens oder der Steuerkette und Kettenräder
- Aus- und Einbau der Nockenwelle(n)
- Aus- und Einbau der Ölwanne
- Aus- und Einbau der Ölpumpe (siehe getrennter Abschnitt)
- Aus- und Einbau der Motor- und Getriebeaufhängungen
- Aus- und Einbau des Schwungrades und der Antriebsscheibe einer Getriebeautomatik

Abgesehen von den angegebenen Arbeiten kann man auch die Kolben und Pleuelstangen bei eingebautem Motor erneuern, jedoch ist dies eine Arbeit für die Werkstatt, die dazu besser ausgerüstet ist. Für den Heimwerker empfehlen wir, dass man den Motor dazu ausbaut.

2.1.1 Zylinderkompression prüfen

Achtung: Hochspannung — Lebensgefahr
Die Stromversorgung der Zündspulen muss unterbrochen werden, ehe man die Kompression der Zylinder kontrolliert.

Falls man feststellen kann, dass die Leistung des Motors nachlässt und der Fehler kann nicht auf die Arbeitsweise der Zündung oder die Kraftstoffeinspritzung zurückgeführt werden, kann man die Kompression der einzelnen Zylinder kontrollieren, um Aufschluss über deren Abdichtung zu erhalten. Voraussetzung sind ein betriebswarmer Motor und eine voll geladene Batterie. Ein Helfer muss bereitstehen.
Zur Kontrolle der Kompression muss man einen Kompressionprüfer haben, welchen man mit einem Schlauchanschluss in die ziemlich schwer zugängige Kerzenbohrung drehen kann.

- Die Zünd- und Einspritzanlage ausser Betrieb setzen, indem man das DME-Hauptrelais und das Relais der Kraftstoffpumpe herauszieht. Die beiden Steckrelais sitzen in der Elektronik-Box in der linken Ecke des Motorraums. In der oberen Reihe der Relaisanordnung wird man drei Relais sehen. Herauszuziehen sind das erste und das zweite von links. Das Relais wird erfasst und herausgezogen.

Hinweis: Die Abkürzung "DME" wird im Verlauf der Beschreibungen öfters auftreten. Sie bedeutet "Digitale Motorelektronik", d.h. die Gesamteinheit zur Steuerung des elektronischen Betriebs des Motors.

- Die Zündkerzen ausschrauben, wie es im betreffenden Kapitel beschrieben ist.
- Den Kompressionsdruckprüfer jetzt entsprechend Bild 15 in die erste Kerzenbohrung schrauben. Unbedingt kontrollieren, dass der Prüfer gut durch einen Dichtring abgedichtet ist.

Bild 15
Kontrolle des Kompressionsdrucks mit den Spezialwerkzeugen von BMW. Ein beliebiger Tester kann benutzt werden, jedoch muss das Anschlussstück in die Kerzenbohrung eingeschraubt werden.
1 Kompressionsprüfer (11 0 224)
2 Anschlussstück (11 0 226)

- Das Fahrpedal vom Helfer auf den Boden durchtreten lassen und den Anlasser betätigen lassen, bis die Anzeige am Kompressionsdruckprüfer nicht weiter ansteigt.
- Die gleiche Prüfung an den anderen Zylindern wiederholen.
- Aus den vier Druckbildern kann man jetzt den Zustand der Zylinder auswerten. Ein Unterschied von mehr als 2 bar innerhalb der vier Anzeigen weist auf einen schlechten Zylinder hin. Steigt die Kompression am Anfang langsam und "klettert" dann nach oben, nimmt man an, dass meistens die Kolbenringe verschlissen sind. Eine niedrige Kompression, welche auch niedrig bleibt, kann man auf verschlissene Ventile, eine ausgebrannte Zylinderkopfdichtung oder Kohlerückstände an der Unterseite der Ventilteller zurückführen. Erhält man eine Kompression von weniger als 10 bis 11 bar, stimmt irgendetwas nicht im betreffenden Zylinder.

Einige weitere Hinweise könnten Ihnen zusätzlich bei der Zustandsbestimmung der Zylinder helfen:

- Einen Teelöffel Öl in einen "schlechten" Zylinder einfüllen und die Prüfung wiederholen. Ist die Anzeige jetzt höher, schliesst man auf Verschleiss der Kolbenringe. Bleibt sie gleich, sind die Ventile zuständig.

Hinweis: Falls auf einen Abschnitt verwiesen wird, bedeutet dies, dass es sich um die Hauptgruppe handelt. Wird auf ein Kapitel verwiesen, kann man die eigentliche Arbeitsbeschreibung finden.

● Ist die Anzeige zwei nebeneinanderliegender Zylinder niedrig, wird die Zylinderkopfdichtung durchgebrannt sein. Ein Nachschauen im Kühlmittel kann dies bestätigen. Sieht dieses emulsionsartig aus, braucht man nicht weitersuchen.
● Eine sehr hohe Kompressionsdruckanzeige liegt an der Verkohlung der Verbrennungskammern. Den Zylinderkopf zur Abhilfe ausbauen und überholen.
Nach der Kontrolle alle Teile wieder in ursprünglicher Lage montieren. Vor Einschrauben der Zündkerzen überprüft man diese.

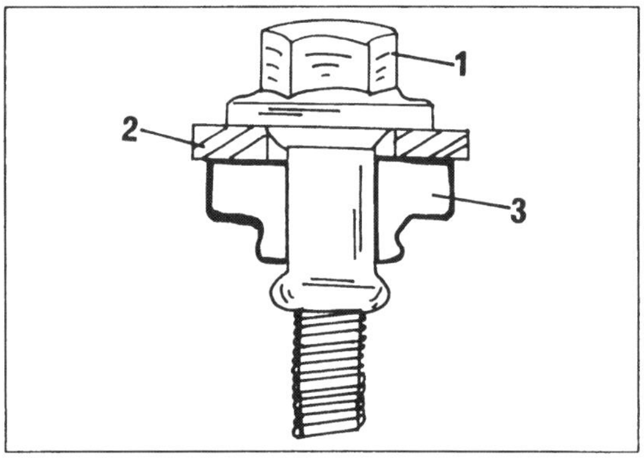

Bild 16
Anordnung der Schrauben für die Zylinderkopfhaube (M43).
1 Schraube
2 Scheibe
3 Gummiunterlage

Bild 17
Die Lage der Haubenschrauben (M43).

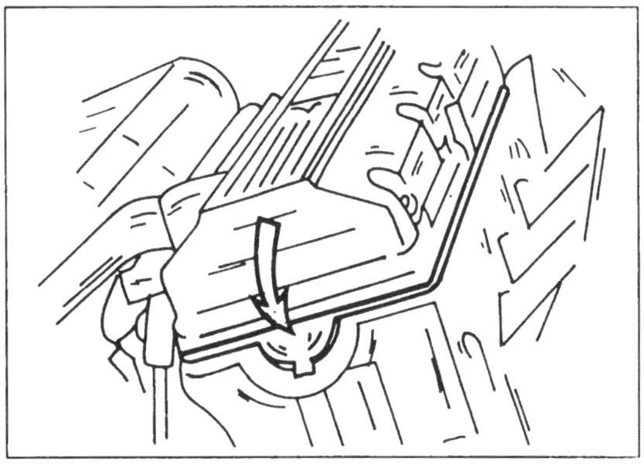

Bild 18
An der Rückseite der Zylinderkopfhaube sitzt der Dichteinsatz. Darauf achten, dass er wie gezeigt eingreift.

2.1.2 Aus- und Einbau der Zylinderkopfhaube

Bei einem M43-Motor
Hinweis: Eine neue Dichtung und ein neuer Dichteinsatz an der Rückseite der Dichtung müssen höchstwahrscheinlich verwendet werden, es sei denn, dass sie noch gut aussehen.

Zu beachten ist, dass die Zylinderkopfhaube durch Gummilager und Dichtungen schwingungstechnisch vom Zylinderkopf getrennt ist. Beim Einbau müssen die Teile entsprechend Bild 16 angeordnet werden.
● Die an den Pfeilstellen von Bild 17 sitzenden Schrauben entfernen und die Zylinderkopfhaube abnehmen.
● Die Dichtflächen von Haube und Zylinderkopf einwandfrei reinigen. Dichtung und Gummieinsatz an der Rückseite kontrollieren. Der Gummieinsatz wird in die Haube vormontiert.
● Die Stossflächen der Trennebene zwischen Zylinderkopf und Steuerkettendeckel mit Dichtungsmasse bestreichen und die Haube aufsetzen. Kontrollieren, dass der Gummi an der Rückseite laut Bild 18 sitzt.
● Die Schrauben einsetzen und die Zylinderkopfhaube ausrichten. Alle Haubenschrauben ohne Vorspannung anlegen und von innen nach aussen mit dem gültigen Anzugsdrehmoment anziehen.

Bei einem M40-Motor
Hinweis: Eine neue Dichtung könnte gebraucht werden.
● Die Abdeckung der Verteilerkappe entfernen und die Zündkabelführung vorsichtig mit einem Schraubenzieher aus der Zylinderkopfhaube drücken.
● Schlauchschelle lösen und den Belüftungsschlauch von der Haube abziehen.
● Alle Schrauben lösen und die Haube herunterheben.
Der Einbau geschieht in umgekehrter Reihenfolge. Die Dichtflächen gut reinigen. Eventuell die Dichtung erneuern.

Bei einem M42-Motor
Hinweis: Neue Dichtungen und Dichtringe könnten gebraucht werden.
● Die Befestigungsschrauben entfernen und die Abdeckung über den Zündkerzen aus der Mitte der Zylinderkopfhaube ausbauen.
● Stecker von den Kerzen abziehen.
● Die Schrauben der Halterungen der Kerzenkabel von der Haube abschrauben, das Wärmeschutzblech abnehmen und die gesamte Einheit Kabel/Gehäuse/Führung von der Haube herunterheben.
● Den Belüftungsschlauch an der Seite der Zylinderkopfhaube abschliessen.

● Die Schrauben ringsherum lösen und die Haube herunterheben. Die Dichtungen abnehmen. In der Mitte sind die getrennten Dichtungen für die Zündkerzenöffnungen angeordnet.
● Alle Dichtflächen einwandfrei reinigen. Dichtungen und Dichteinlagen kontrollieren, evtl. erneuern. Die Schrauben sind mit Scheiben und Gummidichtringen versehen, welche man einwandfrei anordnen muss.
● Die Dichteinlagen der Zündkerzenöffnungen richtig auflegen.
● Die Zylinderkopfhaube aufsetzen. Die "Nasen" der Dichtungen müssen in die Aussparungen an der Rückseite des Zylinderkopfes kommen. Alle Schrauben mit dem gültigen Anzugsdrehmoment anziehen.
● Alle anderen Arbeiten in umgekehrter Reihenfolge durchführen.

2.1.3 Zylinderkopf aus- und einbauen

Die Arbeiten werden getrennt in Kapitel 2.5 unter der betreffenden Überschrift beschrieben.

2.1.4 Schwingungsdämpfer aus- und einbauen oder Nabe ersetzen (M43)

Bei einem M40-Motor
● Um besser an die Teile heranzukommen den Visko-Lüfter und die Lüfterverkleidung ausbauen. Die Antriebsriemen der Aggregate entsprechend der späteren Beschreibung ausbauen.
● Die Schrauben lösen und den Schwingungsdämpfer mit der Riemenscheibe von der Nabe abschrauben. Falls sich die Kurbelwelle durchdrehen sollte, kann man einen Ringschlüssel an der Schraube der Nabe ansetzen, um die Welle gegenzuhalten. Den Schwingungsdämpfer abnehmen.
Der Einbau geschieht in umgekehrter Reihenfolge wie der Ausbau. Der Dämpfer kann nur in einer Stellung aufgesetzt werden, da er durch einen Passstift geführt wird. Die Schrauben mit 22 Nm anziehen. Antriebsriemen, Visko-Lüfter und Lüfterverkleidung wieder einbauen.

Bei einem M42-Motor
Hinweis: Eine neue Schraube wird für die Befestigung des Dämpfers gebraucht, ebenfalls ein Drehmomentschlüssel mit einem Bereich bis 330 Nm. Die Kurbelwelle muss beim Lösen der Schraube gegengehalten werden (siehe Bild).
● Visko-Lüfter, Lüfterverkleidung und Antriebsriemen ausbauen (siehe getrenntes Kapitel).

Die Schrauben des Schwingungsdämpfers mit der Riemenscheibe lösen. Falls nur der Dämpfer ausgebaut wird, kann man die Kurbelwelle an der Schraube der Nabe gegenhalten. Den Schwingungsdämpfer herunterziehen.
● Um die Nabe auszubauen, muss die grosse Schraube gelöst werden. Diese sitzt sehr fest und die Kurbelwelle muss gegengehalten werden. Wie dies in der Werkstatt durchgeführt wird, zeigt Bild 19, d.h. einen ähnlichen Gegenhalter muss man benutzen. Eine Stecknuss mit Verlängerung und einem aufgeschobenen Rohr wird bestimmt erforderlich sein, um die Schraube zu lösen.

Bild 19
Ein Gegenhalter ist in der gezeigten Weise an den Löchern der Riemenscheibe anzuschrauben, um die Schraube in der Kurbelwelle zu lösen oder anzuziehen.

● Die Schraube herausdrehen. Die Schraube sofort wegwerfen. Die Scheibe kann man wieder verwenden.
● Die Nabe von der Welle herunterziehen, evtl. mit einem Abzieher. Kontrollieren, dass die Scheibenfeder noch fest in der Welle sitzt.
Der Einbau hängt davon ab, was ausgebaut wurde.
● Die Nabe mit der Keilnut über die Scheibenfeder führen und mit einem Rohrstück aufschlagen.
● Die Scheibe auf die neue Schraube aufstecken. Der Bund der Scheibe kommt zur Nabe.
● Die Nabe in der in Bild 19 gezeigten Weise gegenhalten und die Schraube auf 330 Nm anziehen.
● Schwingungsdämpfer/Riemenscheibe mit dem Passstift in das Loch der Nabe einsetzen und die Schrauben mit 22 Nm festziehen. Die Welle dieses Mal durch Ansetzen eines Ringschlüssels an der Schraube der Nabe gegenhalten.
● Alle anderen ausgebauten Teile wieder einbauen.

Bei einem M43-Motor
Hinweis: Die Schraube der Nabe muss bei Ausbau erneuert werden. Drehmoment 330 Nm.

Hinweis: M42- und M43-Motor: Bei ausgebauter Nabe oder der Einheit Schwingungsdämpfer/Nabe (M43) sollte man vorsichtshalber den Dichtring im Steuerräderdeckel erneuern.

Bei diesem Motor kann der Schwingungsdämpfer und die Nabe aus zwei Teilen bestehen, während bei anderen Motoren eine Einheit Schwingungsdämpfer/Nabe verwendet wird. Der Aus- und Einbau ist dadurch unterschiedlich.

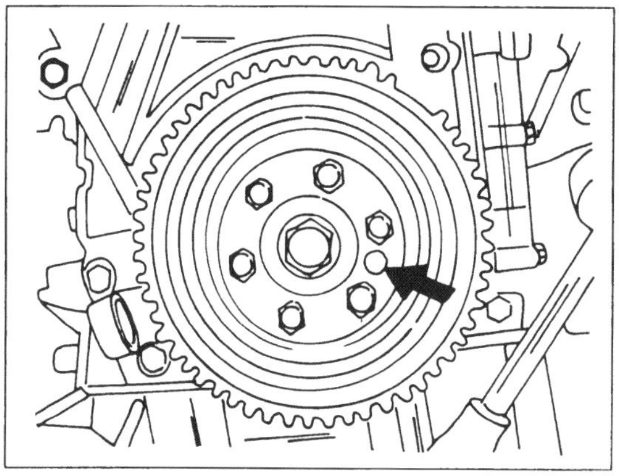

Bild 20
Ansicht der Riemenscheibe bei einem M43-Motor. Der Pfeil zeigt auf die Lage des Passstiftes (zweiteilige Ausführung).

Bild 21
Keilnut (Pfeil) und Scheibenfeder müssen in eine Linie kommen (einteilige Ausführung).

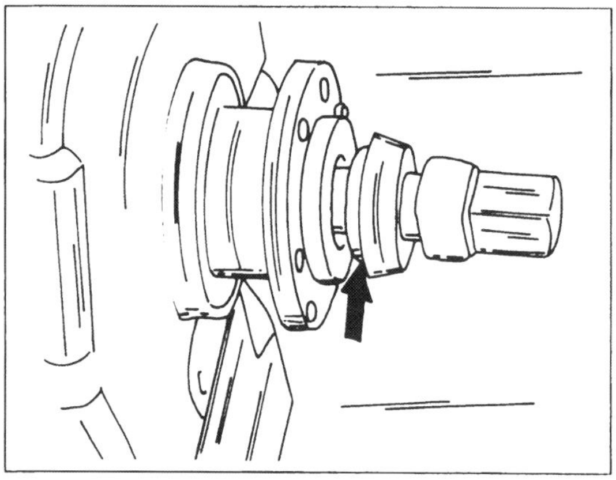

Bild 22
Die unter der Schraube liegende Scheibe muss mit dem Ansatz nach innen weisen.

- Bei getrennter Teilezusammensetzung die in Bild 20 gezeigten Schrauben entfernen. Die Schrauben müssen immer erneuert werden. An der im Bild gezeigten Stelle sitzt ein Passstift, welcher Dämpfer/Riemenscheibe führt. Die Kurbelwelle durch Ansetzen eines Ringschlüssels an der Mittelschraube gegenhalten. Dämpfer/Riemenscheibe herunternehmen. Der Einbau geschieht in umgekehrter Reihenfolge wie der Ausbau. Die neuen Schrauben mit 22 Nm anziehen.
- Bei Dämpfer/Nabeneinheit die Nabe gegenhalten, wie man es in Bild 19 sehen kann und die Teile herunterziehen, evtl. mit einem Abzieher. Der Einbau geschieht in umgekehrter Reihenfolge wie der Ausbau. Unbedingt kontrollieren, dass die Scheibenfeder richtig in Eingriff mit der in Bild 21 gezeigten Nut der Nabe kommt. Der Einbau geschieht in der beim M42-Motor beschriebenen Weise. Nicht vergessen, dass man eine neue Schraube verwenden muss. Vor dem Aufstecken der Unterlegscheibe muss man sich Bild 22 betrachten. Diese ist mit einem Ansatz versehen, welche Richtung Nabe weisen muss. Siehe Hinweis auf vorheriger Seite zwecks Erneuerung des Öldichtringes.

2.1.5 Steuerriemenschutzdeckel (M40)

Zwei Deckel sind vorhanden, welche getrennt ausgebaut werden können.

Oberer Deckel

- Um mehr Arbeitsraum zu schaffen, den Visko-Lüfter und die Lüfterverkleidung ausbauen.
- Verteilerkappe abnehmen und den Läufer abziehen.
- Das aus Kunststoff bestehende Läuferarmgehäuse vom Schutzdeckel abziehen.
- Alle Kabelstränge vom Deckel lösen (auf genaue Verlegung achten). Auch der Sensor für die Kurbelwellenstellung muss ausgebaut werden.
- Die Schrauben lösen und den Deckel abnehmen. Der Deckel wird durch Passhülsen geführt, muss also vorsichtig abgedrückt werden. Der Einbau geschieht in umgekehrter Reihenfolge. Auf guten Eingriff der Passstifte achten.

Unterer Deckel

- Visko-Lüfter und Lüfterverkleidung sowie die Antriebsriemen der Aggregate ausbauen, um an den Deckel heranzukommen.
- Oberen Deckel ausbauen, wie es oben beschrieben wurde.
- Schwingungsdämpfer der Kurbelwelle mit Riemenscheibe ausbauen, wie es in Kapitel 2.1.4 beschrieben wurde.
- Kabelstränge, wo angebracht, vom Deckel freimachen (auf Verlegung achten) und den Sensor für die Kurbelwellenstellung ausbauen.
- Den Schutzdeckel abschrauben und herausnehmen.

Vor Einbau, in umgekehrter Reihenfolge wie der Ausbau, den Zustand der Deckeldichtung kontrollieren. Dichtung falls erforderlich erneuern. Die Schrauben einsetzen und anziehen. Auf das Anzugsdrehmoment achten.

2.1.6 Steuerräderdeckel aus- und einbauen (M42)

Hinweis: Verschiedene Arbeiten müssen unter Bezug auf das betreffende Kapitel durchgeführt werden. Beim Einbau neue Dichtungen verwenden. Dichtungsmasse ist erforderlich.

- Kühlanlage ablassen (Abschnitt 4).
- Visko-Lüfter und Kühlerverkleidung ausbauen (Abschnitt 4).
- Zylinderkopfhaube ausbauen (Kapitel 2.1.2).
- Positionssensor der Nockenwelle vom Deckel ausbauen (Kapitel 5).
- Thermostat ausbauen (Abschnitt 4).
- Die in Bild 23 gezeigten Schrauben lösen und den Deckel vom Motor abziehen. Die untergelegten Dichtungen abnehmen und wegwerfen. Sofort die Dichtflächen des oberen Deckels, des Steuerrädergehäuses und die Anlagestellen der Verbindung zwischen dem oberen und unteren Deckel gut reinigen.
- Neue Dichtungen mit etwas Fett am Steuerrädergehäuse und auf den unteren Deckel auflegen. Die Trennstellen zwischen der unteren Deckeldichtung, dem Steuerrädergehäuse und dem unteren Deckel mit einem Klecks Dichtungsmasse einschmieren und den oberen Deckel ansetzen. Einstweilen mit der mittleren Schraube auf jeder Aussenseite "anheften".
- Einen Schraubenzieher unter der Schraube des Nockenwellenrades ansetzen, wie man es in Bild 24 sehen kann, und den Deckel nach unten drücken, bis die Fläche des Deckels genau bündig mit der Zylinderkopffläche abschneidet. Die beiden eingesetzten Schrauben jetzt anziehen, damit der Deckel gehalten wird.
- Die verbleibenden Deckelschrauben einsetzen und auf das vorgeschriebene Anzugsdrehmoment anziehen.
- Alle anderen Arbeiten in umgekehrter Reihenfolge durchführen.

Unterer Deckel

Hinweis: Eine neue Deckeldichtung und ein neuer Kurbelwellenöldichtring werden gebraucht.

- Den oberen Deckel ausbauen (siehe oben). Ebenfalls den Visko-Lüfter, die Kühlerverkleidung und die Antriebsriemen ausbauen.
- Die Riemenscheibe der Wasserpumpe ausbauen. Die Riemenscheibe muss dabei gegen Mitdrehen gehalten werden.
- Sensor der Kurbelwellenstellung vom Halter lösen und zur Seite schieben oder den Sensor ausbauen (falls man die Arbeit das erste Mal durchführt, raten wir den Ausbau).
- Alle Kabelstränge vom Deckel lösen.
- Schwingungsdämpfer/Riemenscheibe ausbauen (Kapitel 2.1.4).

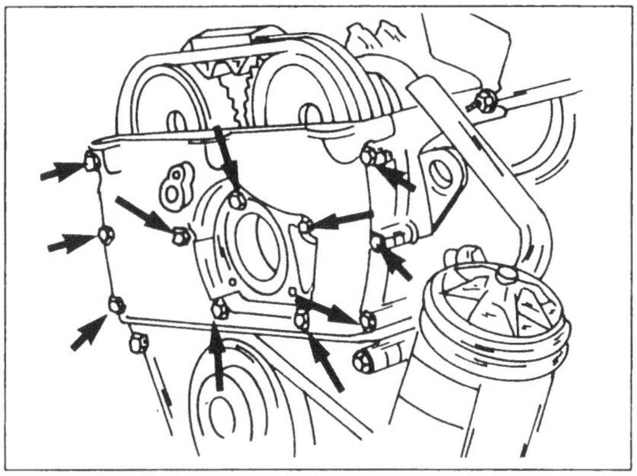

Bild 23
Die Pfeile weisen auf die Befestigungsschrauben des oberen Deckels (M42).

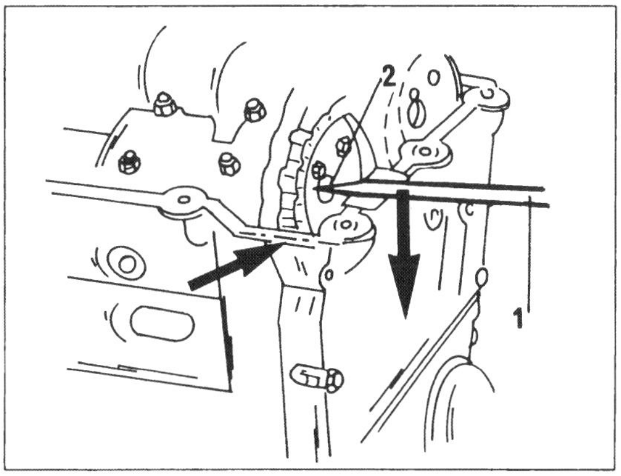

Bild 24
Den Deckel in der gezeigten Weise nach unten drücken, bis die Flächen bündig abschneiden.
1 Schraubenzieher
2 Schraube des Nockenwellenrades

- Die Deckelschrauben lösen und den Deckel abnehmen. Schrauben sind ringsherum an den Aussenseiten, in der Mitte und oben eingesetzt. Man sollte die Schrauben vielleicht in ihrer Ausbaureihenfolge ablegen, um später keine Fehler zu machen. Die Dichtung abnehmen. Sofort die Flächen des oberen Deckels, des Steuerrädergehäuses und der Verbindungsstelle am unteren Deckel gut reinigen.
- Im Deckel sitzt der Radialdichtring, welcher auf eine bestimmte Tiefe eingeschlagen ist. Die Tiefe ausmessen und aufschreiben und den alten Dichtring ausschlagen.
- Aufnahmebohrung gut reinigen und den neuen Dichtring mit einem passenden Rohrstück einschlagen (nicht beschädigen), bis er wieder die ursprüngliche Tiefe einnimmt.
- Die neue Dichtung über die Passstifte im Steuerrädergehäuse auflegen und den Deckel aufsetzen. Die Schrauben nacheinander in die ursprüngliche Bohrung eindrehen und festziehen.
- Alle anderen Arbeiten in umgekehrter Reihenfolge durchführen.

2.1.7 Steuerräderdeckel aus- und einbauen (M43)

Auch bei diesem Motor werden zwei Deckel,d.h.

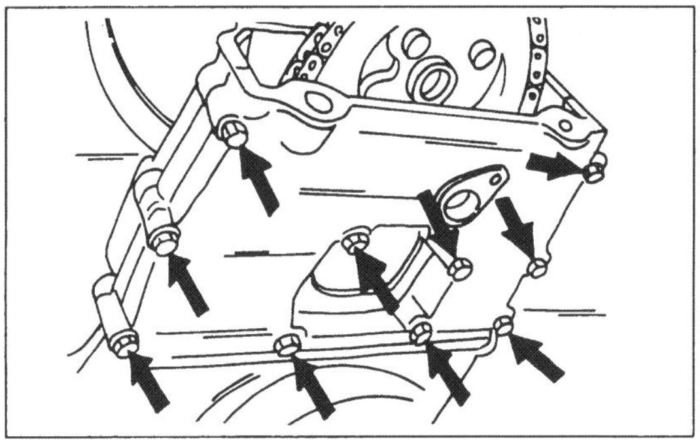

Bild 25
Die Befestigungsschrauben des oberen Deckels sitzen an den Pfeilstellen (M43).

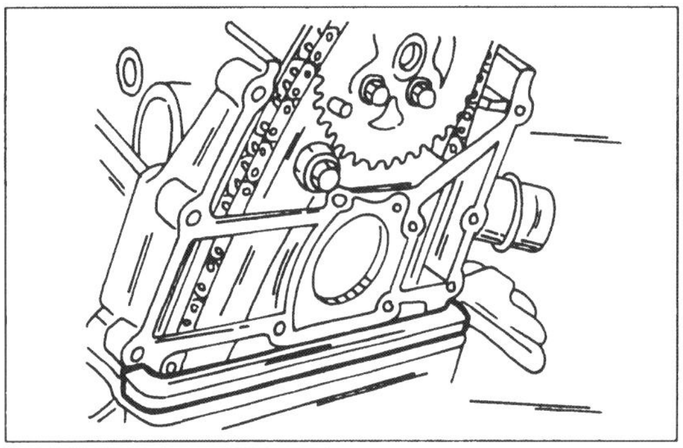

Bild 26
Die Gummiprofildichtung sitzt in einer Nut im unteren Deckel.

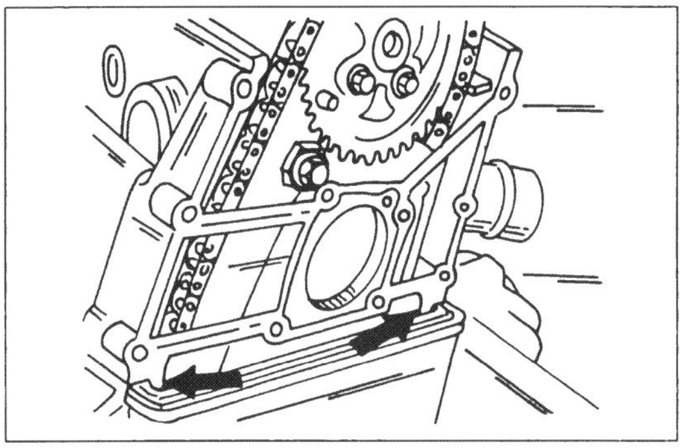

Bild 27
Die einteilige Dichtung von innen nach aussen an den Pfeilstellen abschneiden. (M43).

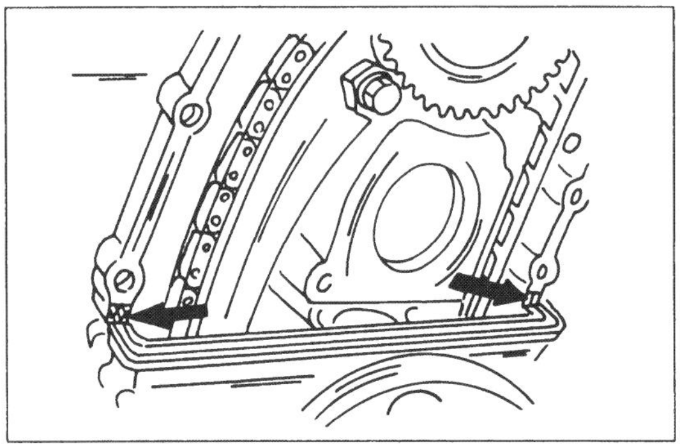

Bild 28
Die beiden gezeigten Stellen werden mit Dichtungsmasse eingestrichen (M43).

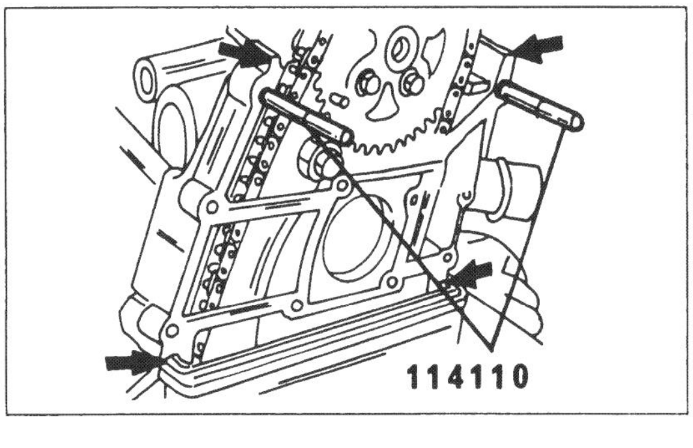

Bild 29
Die aufgelegte Dichtung an den Pfeilstellen mit einem Klecks Dichtungsmasse einstreichen. Die beiden Stiftschrauben (Nr. 11 4 110) werden zur Führung des Deckels benutzt (M43).

ein oberer und ein unterer Deckel verwendet, welche in der Mitte gegeneinander anliegen.

Oberer Deckel

Hinweis: Eine neue Dichtung, eine neue Gummiprofildichtung und Dichtungsmasse werden zum Einbau gebraucht. Zur Führung des Dekkels beim Einbau benötigt man zwei Stiftschrauben.

- Zylinderkopfhaube ausbauen (Kapitel 2.1.1).
- Kühlwasser-Thermostat ausbauen (Abschnitt 4).
- Geber der Kurbelwellenstellung (Zylindererkennung) ausbauen (Abschnitt 5).
- Die in Bild 25 mit den Pfeilen gezeigten Schrauben lösen. Die Einbaulage der einzelnen Schrauben am besten vermerken.
- Die Gummiprofildichtung von der Oberseite des unteren Deckels abnehmen. Dies ist die in Bild 26 gezeigte Dichtung (erneuern). In diesem Zusammenhang muss man sich auch Bild 27 ansehen. Während der Produktion wird eine einteilige Dichtung zwischen den beiden Deckeln und dem Steuerrädergehäuse verwendet. Falls der untere Deckel nicht ausgebaut wird, kann man eine getrennte Dichtung für den oberen Deckel beziehen. In diesem Fall muss man die alte Dichtung mit einem scharfem Messer von innen nach aussen entsprechend den Pfeilrichtung abschneiden. Die freigelegte Dichtfläche am Gehäuse sowie die Deckelfläche gut reinigen. Ebenfalls die Nut für die Gummiprofildichtung.
- Die Dichtflächen an den Verbindungsstellen zwischen Zylinderkopf, Steuerrädergehäuse und unterem Deckel mit Dichtungsmasse einstreichen (nur an den äusseren Ecken, wie man es in Bild 28 sehen kann).
- Die neue Dichtung auflegen. Die Dichtung oben und unten mit Dichtungsmasse an den in Bild 29 gezeigten Stellen bestreichen.
- Die Enden der Aufnahmerille für die Gummiprofildichtung mit einem Klecks Dichtungsmasse bestreichen und die neue Profildichtung in die Nut drücken.
- Um zu gewährleisten, dass die Gummiprofildichtung einwandfrei gegen den oberen Deckel drückt, werden in der Werkstatt zwei Führungsbolzen benutzt, die man an den in Bild 29 gezeigten Stellen einschraubt. Man muss sich also zwei Stiftschrauben herstellen, die man anstelle der Spezialbolzen einschraubt. Andernfalls muss man gewährleisten, dass der obere Deckel gut gegen die Dichtung drückt, wenn er angezogen wird.
- Den oberen Deckel über die Stiftschrauben setzen, den Deckel gut andrücken und die vier unteren, äusseren Schrauben eindrehen und

handfest anziehen, damit er in seiner Lage bleibt. Wichtig ist, dass der Deckel unten gut gegen den Profilgummi drückt.

- Zylinderkopfhaube ohne Dichtung aufsetzen und zwei M6-Schrauben mit grossen Unterlegscheiben in die beiden vorderen Löcher der Haubenbefestigung eindrehen, jedoch nicht in die Gewindebohrungen, die mit dem Deckel verbunden sind. Die beiden Schrauben werden jetzt angezogen, bis die Oberfläche des Deckels bündig mit der Oberfläche des Zylinderkopfes abschneidet.
- Die vorher eingesetzten Deckelschrauben jetzt auf das vorgeschriebene Drehmoment anziehen. Die Stiftschrauben können jetzt ausgeschraubt und durch die Deckelschrauben ersetzt werden. Alle Schrauben gleichmässig anziehen. Die beiden in der Haube eingesetzten Schrauben eindrehen und die Haube wieder abnehmen.
- Der weitere Einbau geschieht in umgekehrter Reihenfolge wie der Ausbau.

Unterer Deckel
Hinweis: Den Anweisungen für den unteren Deckel des M42-Motors auf Seite 17 folgen, bis der Deckel abgeschraubt wurde. Unterschiedlich ist jedoch die Lage der Befestigungsschrauben, welche man Bild 30 entnehmen kann. Der Deckel wird auf Passhülsen geführt, muss also vielleicht abgedrückt werden. Zum Ausbau von Schwingungsdämpfer/Nabe in Kapitel 2.1.4 unter dem M43-Motor nachlesen. Eine neue Dichtung sowie Dichtungsmasse werden gebraucht. Erwähnt werden soll jedoch die einteilige oder zweiteilige Deckeldichtung:

- Da der obere Deckel ausgebaut werden musste, kann man eine einteilige Dichtung verwenden. Diese ist an den beiden Endstücken vorne und hinten dünn mit Dichtungsmasse zu bestreichen.
- Beim Einbau einer einteiligen Dichtung entfällt die beim Einbau des oberen Deckels benutzte Verwendung der Stiftschrauben/Führungsschrauben. Der obere Deckel muss jedoch entsprechend den beschriebenen Anweisungen für den M43-Motor montiert werden, d.h. Aufsetzen und Anziehen der Zylinderkopfhaube, um den Deckel in die richtige Lage zu ziehen.
- Alle weiteren Einbauarbeiten sind gleich wie beim M42-Motor.

2.1.8 Steuerkette ersetzen (M42 und M43)

Hinweis: Der Motor muss in OT-Stellung blokkiert werden, ehe man die Steuerkette ausbauen kann. Diese Arbeit muss also zuerst durchgeführt werden, d.h. Kurbelwelle und Nockenwelle(n) müssen festgestellt werden, damit sie bei ausgebauter Kette in ihrer Lage verbleiben. Bei der Kurbelwelle wird dazu ein Arretierbolzen benutzt, welchen man notfalls selbst herstellen kann. Bei der Nockenwelle wird eine Sperre benutzt. Da man diese bestimmt nicht besitzt, muss man darauf bedacht sein, dass die Nokkenwelle(n) nach Ausbau der Steuerkette nicht verdreht werden darf.

Bei einem M42-Motor

- Die Zylinderkopfhaube ausbauen (siehe Kapitel 2.1.2).
- Eine Stecknuss oder einen Ringschlüssel an der Zentralschraube der Kurbelwelle ansetzen und die Kurbelwelle nach rechts durchdrehen, bis die Steuerzeichen in den Steuerrädern der Nockenwelle senkrecht nach oben stehen, wie man es in Bild 31 sehen kann. Die Spitzen der Nocken des ersten Zylinders müssen gegeneinander weisen.

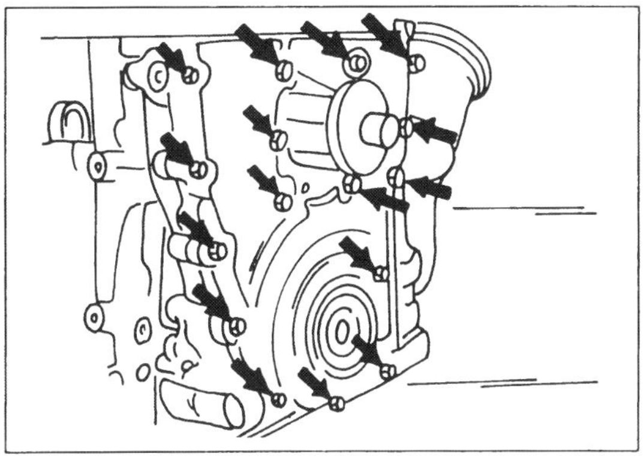

Bild 30
Die Befestigungsschrauben des unteren Steuerrädergehäusedeckels beim M43-Motor.

Bild 31
Bei einem Motor mit zwei Nockenwellen die Kurbelwelle durchdrehen, bis die Steuerzeichen ausgerichtet sind.

- Den Verschlussstopfen aus der Öffnung in der linken, hinteren Ecke des Zylinderblocks herausziehen und einen Arretierbolzen einschieben. In der Werkstatt wird dazu der Bolzen 11 2 300 benutzt (siehe späteres Bild beim M43-Motor). Der Bolzen muss am Ende einen Durchmesser von 8 mm haben. Mit den Nockenwellenrädern wie gezeigt ausgerichtet, wird der Bolzen in die Bohrung der Kurbelwelle rutschen.

● Die Nockenwellen muss man als Heimwerker jetzt in geeigneter Weise gegen Verdrehung sperren. Wichtig ist, dass die Nockenwellen, wie bereits erwähnt, sich nicht verdrehen können.

Bei einem M42-Motor

Hinweis: Der Kettenspanner muss vor dem Einbau vorgespannt werden. Dies ist eine ziemlich schwierige Arbeit, die bei Fehlern zu Motorschäden führen kann. Aus diesem Grund müssen Sie sich überlegen, ob Sie den Spanner in einer Werkstatt vorspannen lassen können. Er kann dann vorgespannt eingebaut und wie im Text beschrieben entsperrt werden.

● Oberen und unteren Steuerrädergehäusedeckel ausbauen, wie es für diesen Motor beschrieben wurde.

● Auf der rechten Seite des Motors einen Stopfen herausdrehen. Darunter sitzt der Kettenspanner, welchen man jetzt herausziehen kann.

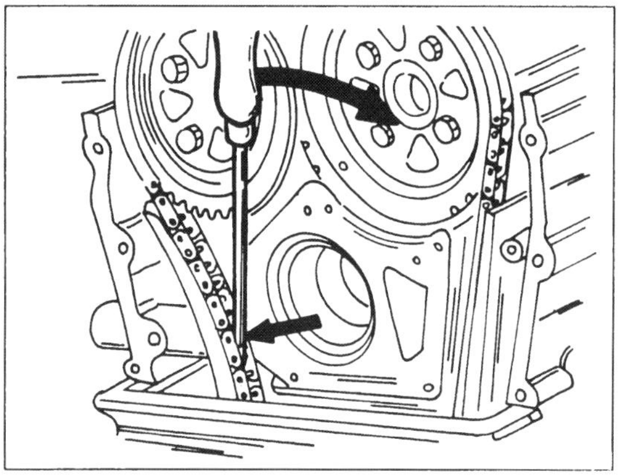

Bild 32
Zum Entsperren des Kettenspanners den angesetzten Schraubenzieher in Richtung der Pfeile drücken.

● Die obere Kettenführung vom Zylinderkopf abschrauben (2 Schrauben, von oben eingesetzt).

● Eine Schraube aus der linken Kettenführung herausdrehen (mit Innensechskantschlüssel).

● Die Schrauben der Steuerkettenräder lösen. Jetzt muss man darauf achten, dass sich die Nockenwellen nicht verdrehen können. In der Mitte der Wellen ist eine Schlüsselfläche, an welcher man einen 27 mm-Gabelschlüssel ansetzen kann (zwischen dem 5. und 6. Nocken).

● Die Kettenräder herunterziehen und aus dem Eingriff mit der Kette bringen. Auf die Aufsteckrichtung der Kettenräder achten.

● Die beiden Schrauben der unteren Kettenführung lösen (Inbusschlüssel) und die Kette von den verbleibenden Kettenrädern abheben. Ebenfalls ausgebaut werden können die Spannschiene (Clip-Befestigung am unteren Drehzapfen) und die linke Kettenführung (verbleibende Schraube).

Alle ausgebauten Teile auf Verschleiss kontrollieren. Verschleiss kann an den Kettenräderzähnen, an den Gleitflächen der Kettenführungen oder Spannschiene oder an den Rollen der Kette gefunden werden.

Beim folgenden Einbau wird angenommen, dass alle Teile ausgebaut wurden.

● Spannschiene und linke Kettenführung montieren. Die beiden unteren Schrauben der Kettenführung einschrauben, ohne sie anzuziehen. Obere Schraube im Moment noch nicht eindrehen.

● Steuerkette mit dem Kettenrad der Kurbelwelle in Eingriff bringen, die untere Kettenführung anschrauben und die Schrauben festziehen.

● Die Kette um die linke Kettenführung und die Spannschiene legen.

● Die beiden Kettenräder der Nockenwelle entsprechend verdrehen, bis die Steuerzeichen wieder oben sitzen und die Räder in Eingriff mit der Kette bringen. Darauf achten, dass die richtige Seite zur Nockenwelle weist.

● Kettenräder auf die Nockenwellen aufschieben und die Steuerzeichen nochmals kontrollieren.

● Die Schrauben in die Steuerräder einschrauben und festziehen. Die Nockenwellen wieder an der Fläche in der Mitte gegenhalten.

● Die obere Schraube in die linke Kettenführung einschrauben, ohne sie festzuziehen.

● Die obere Kettenführung einbauen. Dieses Mal die Schrauben festziehen.

Der Steuerkettenspanner wird jetzt eingebaut. Bei einem neuen Spanner ist dies leicht, da dieser bereits vorgespannt angeliefert wird. Ein ausgebauter Kettenspanner muss vorgespannt werden. Diese Arbeit ist jetzt, wie im obigen Hinweis erwähnt, in der Werkstatt durchführen zu lassen.

● Den vorgespannten Kettenspanner in die Bohrung einsetzen und den Stopfen mit neuem Dichtring einschrauben und mit 50 Nm anziehen.

● Der Kettenspanner muss jetzt entlastet werden. Dazu einen Schraubenzieher in der in Bild 32 gezeigten Weise ansetzen und die Spannschiene gegen den Kettenspanner drücken, bis der Spanner aus der Sperrung befreit wird und gegen die Kette anliegt. Die Schrauben der linken Kettenführung können jetzt angezogen werden. Der Abstand zwischen der Kette und jeder Seite der Führung muss gleich sein, d.h. man muss mit Blattfühlerlehren messen, ehe man die Schrauben anzieht.

● Die Steuerräderdeckel oben und unten anschrauben.

● Den Arretierbolzen aus dem Zylinderblock herausziehen — **Wichtig.**

● Zylinderkopfhaube wieder montieren und alle anderen Arbeiten in umgekehrter Reihenfolge durchführen. Die bereits angegebenen Anweisungen werden dabei helfen.

- Den Motor jetzt anlassen, ihn aber nicht sofort beschleunigen. Falls man jetzt ein Klappergeräusch hört, liegt dies daran, dass der Kettenspanner noch nicht mit Öl gefüllt ist. Nach einer Weile wird das Geräusch verschwinden. Ein Beschleunigen des Motors sollte für eine Weile in kleinen Stufen vorgenommen werden.

Bei einem M43-Motor

- Den Steuerräderdeckel oben ausbauen, wie es beschrieben wurde.
- Die Zündkerzen ausschrauben (Abschnitt 6).
- Schwingungsdämpfer ausbauen und die Nabe für den Schwingungsdämpfer lockern (Kapitel 2.1.4).
- Die Kurbelwelle und die Nockenwelle auf OT im Zündzeitpunkt setzen, wie es beim M42-Motor beschrieben wurde. Den Motor an der gelockerten Zentralschraube in Drehrichtung durchdrehen, bis die beiden in Bild 33 gezeigten Markierungsbohrungen nach oben weisen.
- Den Staubschutzdeckel aus der Absteckbohrung herausziehen und den bereits erwähnten Arretierbolzen an der in Bild 34 gezeigten Stelle in den Zylinderblock einschieben. Dabei wird die Kurbelwelle in Zünd-OT-Stellung fixiert. Die Nockenwelle muss jetzt ebenfalls fixiert werden, damit sie sich nicht verdrehen kann.
- Die Nabe des Schwingungsdämpfers ausbauen, gefolgt vom unteren Steuerräderkastendeckel. Siehe betreffende Beschreibung.
- Nockenwellenkettenrad und Steuerkette an gegenüberliegenden Stellen mit Farbe kennzeichnen (falls die alte Kette wieder eingebaut werden soll, siehe Bild 35) und die Schrauben des Kettenrades lösen. Die Nockenwelle dabei gegen Mitdrehen gegenhalten.
- Die Spannschiene am Sechskant in Bild 36 zurückdrücken und die Kette entlasten. Das Kettenrad abnehmen und aus dem Eingriff bringen.
- Die Unterseite der Spannschiene zurückdrücken, bis die Nut im Hydraulikkolben und die Verriegelungsbohrung in einer Linie liegen, wie man es in Bild 37 sehen kann und den Kettenspanner durch Einschieben eines Schaftdorns oder Spiralbohrers sperren. Nebenbei gesagt, in der Werkstatt wird das Verriegelwerkzeug 11 4 120 dazu benutzt. Ein neuer Kettenspanner ist mit einer sogenannten Transportsicherung versehen. Diese oder den Verriegelstift erst nach Einbau des Kettenspanners montieren.

Warnung: Kettenspanner nicht zerlegen. Kolben, die so weit ausgefahren sind, dass der Spannring freiliegt, lassen sich nur mit einem

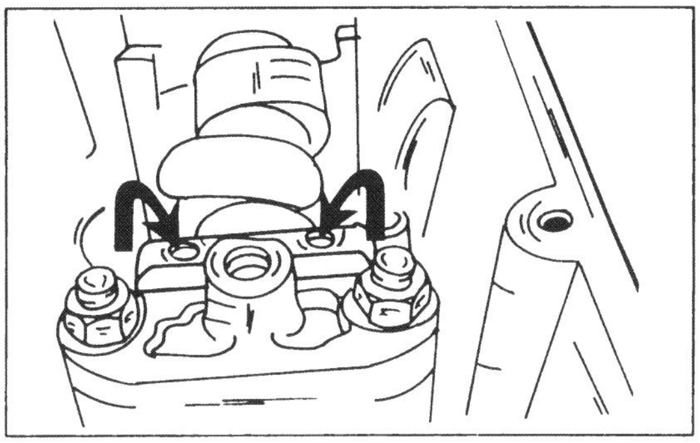

Bild 33
Wenn die beiden Markierungsbohrungen nach oben zeigen, steht der 1. Zylinder in Zünd-OT-Stellung (M43).

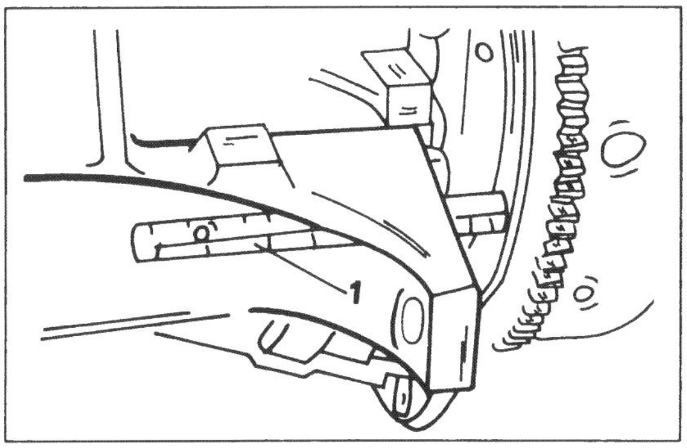

Bild 34
Der Arretierbolzen (1) wird an gezeigter Stelle eingeschoben (Werkzeugnummer 11 2 300).

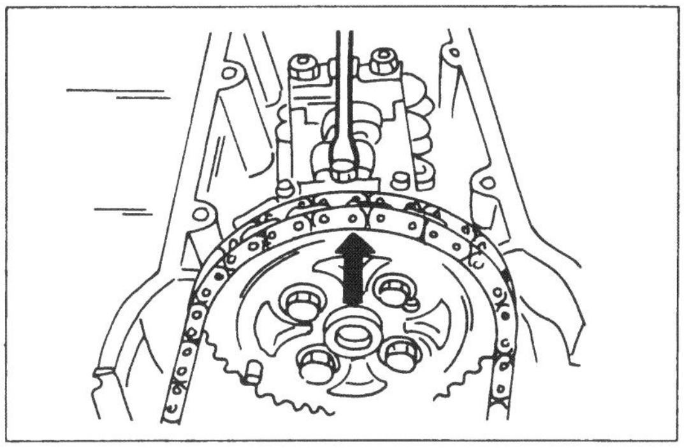

Bild 35
Das Nockenwellenkettenrad und die Kette an der Pfeilstelle mit Farbe anzeichnen.

Bild 36
Spannschiene am Seckant (Pfeil) zurückdrücken, um die Kette zu entlasten.

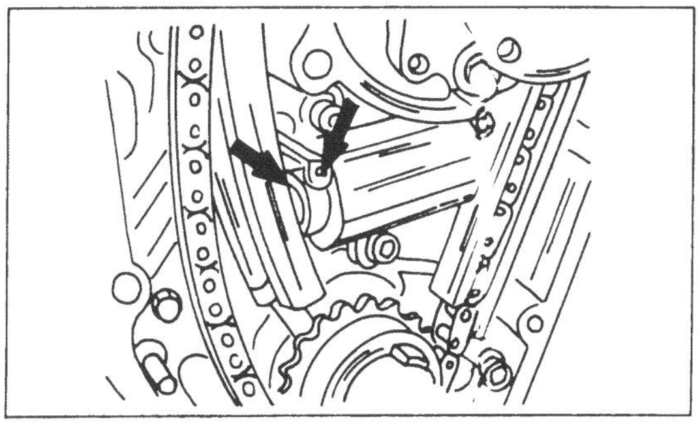

Bild 37
Die Spannschiene zurückdrücken, bis die Nut im Kolben und die Verriegelungsbohrung gegenüber liegen und den Kolben in dieser Stellung fixieren.

Spezialwerkzeug wieder zusammenbauen — **Werkstattarbeit.**

● Den hydraulischen Kettenspanner jetzt abschrauben (drei Inbusschrauben) und die Kette zusammen mit dem Kettenrad der Kurbelwelle herunternehmen. Kontrollieren, dass die Scheibenfeder noch in der Kurbelwelle sitzt.

● Falls erforderlich können Spannschiene und Kettenführung ausgebaut werden. Man sollte sich merken, wie sie eingebaut sind.

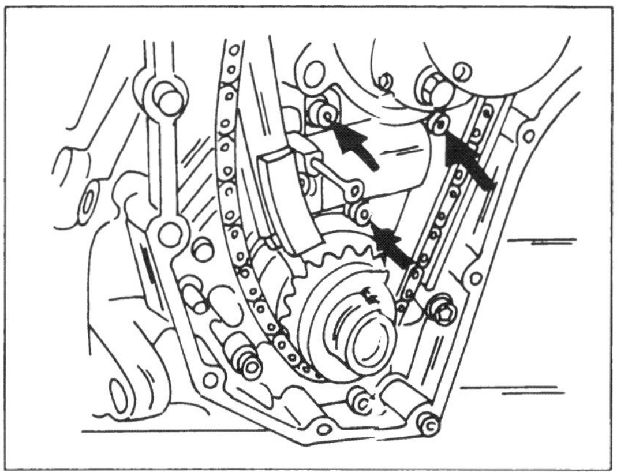

Bild 38
Die Pfeile weisen auf die Befestigungsschrauben des hydraulischen Kettenspanners.

Die Teile überprüfen, wie es auf Seite 20 links unten und rechts oben beschrieben wurde. Beim Einbau folgendermassen vorgehen. Der Motor muss natürlich immer noch auf OT stehen:

● Falls ausgebaut, die Kettenführung und die Spannschiene wieder in ursprünglicher Lage anschrauben. Kontrollieren, dass die Scheibenfeder in der Kurbelwelle sitzt.

● Steuerkette um das Kettenrad der Kurbelwelle legen und das Kettenrad auf die Kurbelwelle schieben (Scheibenfeder in Eingriff). Die Kette jetzt um die Kettenführung und die Spannschiene führen.

● Falls der Kettenspanner ausgebaut wurde, ihn wieder mit den drei in Bild 38 gezeigten Schrauben anschrauben.

● Die Oberseite der Spannschiene wieder zurückstossen, wie es beim Ausbau beschrieben wurde, um das Steuerrad der Nockenwelle einzusetzen. Das Kettenrad in Eingriff bringen und auf die Welle aufsetzen. Kontrollieren, dass die in Bild 35 gezeigten Farbmarkierungen zusammenkommen. Bei einem neuen Kettenrad ist die Steuermarke senkrecht an der Oberseite zu finden und muss entsprechend ausgefluchtet werden. Die Schrauben einsetzen und handfest festziehen. Die Schrauben müssen in die Mitte der Langlöcher kommen.

● Das obere Ende der Spannschiene zurücklassen und die Schrauben anziehen (Drehmoment beachten).

● Den Verriegelbolzen aus dem Kettenspanner herausziehen.

● Den Arretierbolzen aus dem Zylinderblock herausziehen und die Steuerdeckel wieder montieren. Alle anderen Arbeiten in umgekehrter Reihenfolge durchführen.

2.1.9 Steuerräder ersetzen (M42)

Das Steuerrad der Nockenwelle und der Kettenspanner werden entsprechend den Anweisungen bei der Erneuerung der Steuerkette aus- und eingebaut. Auch die Erneuerung des Steuerrades der Kurbelwelle geschieht nach Ausbau der Steukette. Bei diesem Motor ist jedoch ein Zwischenrad eingebaut, welches man bei ausgebauter Steuerkette erneuern kann. Das Kettenrad ist am Steuerrädergehäuse angeschraubt. Vor Abnehmen des Kettenrades die Aufsteckweise beachten. Unter der Schraube sitzt eine Scheibe.

2.1.10 Steuerräder, Kettenspanner (M43)

Alle Kettenräder werden laut Anweisung bei der Erneuerung der Steuerkette aus- und eingebaut. Auch der Kettenspanner kann anhand der Anweisungen im gleichen Kapitel erneuert werden, mit dem Unterschied, dass man die Kette nicht ausbauen braucht. Wir raten Ihnen Seite 21 durchzulesen, um alles wichtige über den Kettenspanner zu erfahren. Ebenfalls gültig sind Bilder 36, 37 und 38.

2.1.11 Steuerkettengehäuse

Bei einem M42-Motor

Hinweis: Eine neue Gehäusedichtung wird zum Einbau gebraucht. Eine Ölfiltergehäusedichtung könnte ebenfalls erforderlich sein.

● Steuerkette, Spannschiene und Kettenführungen ausbauen, wie es bei diesem Motor beschrieben wurde (Kapitel 2.1.8, Seite 21).

● Steuerrad der Kurbelwelle abmontieren und das Zwischenrad ausbauen.

● Zylinderkopf ausbauen (Kapitel 2.5.1).

● Ölwanne ausbauen (Abschnitt 3).

● Generator ausbauen.

● Das Kabel vom Öldruckschalter abziehen.

● Das Ölfiltergehäuse von der Seite des Steuergehäuses abschrauben. Etwas Öl wird dabei herauslaufen. Die Dichtung und den "O"-Dichtring abnehmen.

● Das Gehäuse von der Stirnseite des Motors abschrauben. Auf die Lage der einzelnen Schrauben achten (markieren, besonders die

Lage der beiden Inbusschrauben). Die Dichtung abnehmen.

- Alle freigelegten Dichtflächen gründlich reinigen. Im Zylinderblock sitzen Passstifte, diese dürfen sich nicht im Gehäuse befinden.
- Eine neue Dichtung auf den Zylinderblock auflegen und das Gehäuse ansetzen. Erinnerungsstütze: Die beiden Inbusschrauben sitzen von vorn gesehen oben rechts, ausserdem hat eine Gewindebohrung keine Schraube. Die Schraube mit dem vorgeschriebenen Drehmoment anziehen.
- Alle anderen Arbeiten in umgekehrter Reihenfolge durchführen. Über den Einbau der Steuerteile unter der entsprechenden Überschrift (M42) nachlesen.

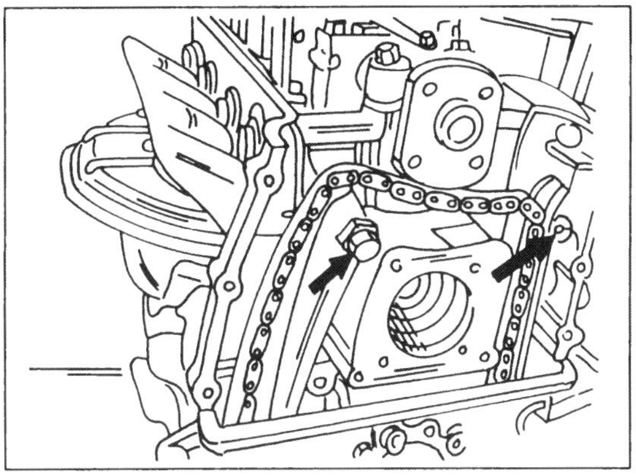

Bild 39
Die Gleitschiene der Steuerkette ist an den Pfeilstellen verschraubt (M43).

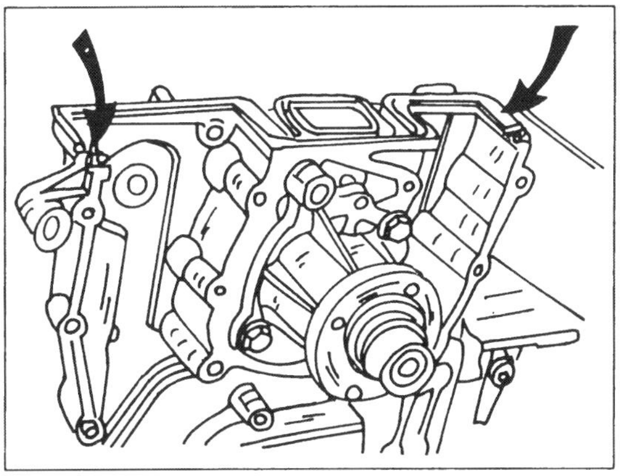

Bild 40
Beim Einbau des Steuerrädergehäuses die gezeigten Stellen mit Dichtungsmasse einschmieren.

2.1.12 Steuerkettengehäuse (M43)

Seite 18, rechts oben, gibt unter dem Hinweis zu beachtende Voraussetzungen.

- Steuerkette, Kettenräder, Spannschiene, hydraulischen Kettenspanner und die Kettenführungen ausbauen, wie es unter der betreffenden Überschrift (Seite 21) beschrieben wurde. Die Spannschiene an den in Bild 39 gezeigten Stellen abschrauben und die Gleitschiene vom Räderkasten und Zylinderkopf lösen.
- Generator ausbauen und den Generatorträger ausbauen.
- Das Ölfiltergehäuse von der Seite des Steuerkettengehäuses abschrauben. Dabei wird Öl auslaufen. Dichtung und "O"-Dichtring entfernen.
- Die Ölwanne ausbauen (Kapitel 3).
- Die Lage der einzelnen Schrauben vermerken und den Deckel von der Vorderseite des Motors abschrauben. Sofort alle freigelegten Dichtflächen gründlich reinigen. Führungspassstifte für das Gehäuse sitzen an der Unterseite des Zylinderblocks. Kontrollieren, dass sie nicht mit dem Gehäuse herausgekommen sind.
- Dichtungsmasse auf die obere Verbindungsfläche des Steuerkettengehäuses auftragen, wo das Gehäuse an den Zylinderkopf ansitzt, die Nutenden damit bestreichen und eine neue Gummiprofildichtung in die Nute eindrücken. Bild 40 zeigt wo die Dichtungsmasse aufzutragen ist.
- Eine neue Dichtung für das Gehäuse auflegen und das Gehäuse auf die Passstifte aufsetzen. Das Gehäuse fest nach oben drücken und die Schrauben anziehen.
- Alle anderen Arbeiten in umgekehrter Reihenfolge durchführen. Die Teile der Steuerung entsprechend den bereits beschriebenen Anweisungen einbauen.

2.1.13 Nockenwelle(n) aus- und einbauen (M42 und M43)

Bei einem M42-Motor

Warnung: Zum Ausbau der Nockenwellen ist ein BMW-Spezialwerkzeug (Nr. 11 3 260) erforderlich. Ohne dieses Werkzeug kann man die Nockenwellen nicht in Heimarbeit ausbauen. Ausserdem muss man den Hinweis auf Seite 20, links oben, durchlesen, um den Kettenspanner vor dem Einbau zu versorgen, es sei denn, man entscheidet sich einen neuen Kettenspanner einzubauen. Der folgende Text gibt die Beschreibung unter Benutzung des angegebenen Werkzeuges. Beim Ausbau folgendermassen vorgehen:

- Oberen Steuergehäusedeckel ausbauen (Kapitel 2.1.6).
- Den Kolben des ersten Zylinders in die Zünd-OT-Stellung setzen, wie es in Kapitel 2.1.8 für den M42-Motor beschrieben wurde, d.h. die Kurbelwelle muss mit dem Arretierbolzen fixiert werden. Ebenfalls die Nockenwellen gegen Verdrehung sperren.
- Den Stopfen für den Kettenspanner aus der rechten Seite des Zylinderblocks herausdrehen, den Dichtring abnehmen und den Kettenspanner aus der Bohrung ziehen.

● Die Schrauben lösen und die obere Kettenführung vom Zylinderkopf abnehmen. Ebenfalls die oberen Schrauben der linken Kettenführung entfernen.

● Schrauben der beiden Kettenräder von den Nockenwellen lösen. Die Nockenwellen dabei an der Fläche zwischen Nocken Nr. 5 und Nr. 6 mit einem 27 mm-Schlüssel gegenhalten. Die Wellen auf keinen Fall verdrehen. Die Kettenräder können jetzt von den Wellen abgenommen und aus

Bild 41
Das BMW-Werkzeug 11 3 260 wird in der gezeigten Weise aufmontiert. Die mit den Pfeilen gezeigten Schrauben kommen in die Zündkerzenbohrungen.

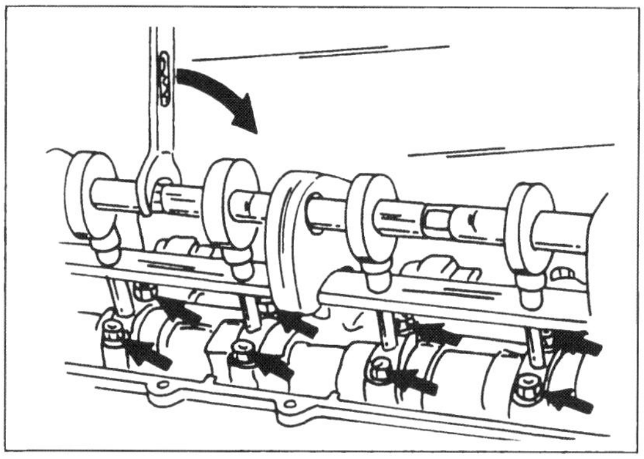

Bild 42
Durch Verdrehen der Vorspannungswelle des Werkzeuges werden die Lagerdeckel nach unten gedrückt. Die Deckelschrauben sind mit den Pfeilen gezeigt.

dem Eingriff mit der Kette gebracht werden. Da die Kette dabei in den Kettenkasten fallen kann, muss man sie stramm nach oben ziehen und mit Draht zusammenbinden.

● Die Kurbelwelle muss jetzt um eine Viertelumdrehung nach rechts verdreht werden (Arretierbolzen dazu herausziehen), damit keiner der Kolben auf OT stehen kann.

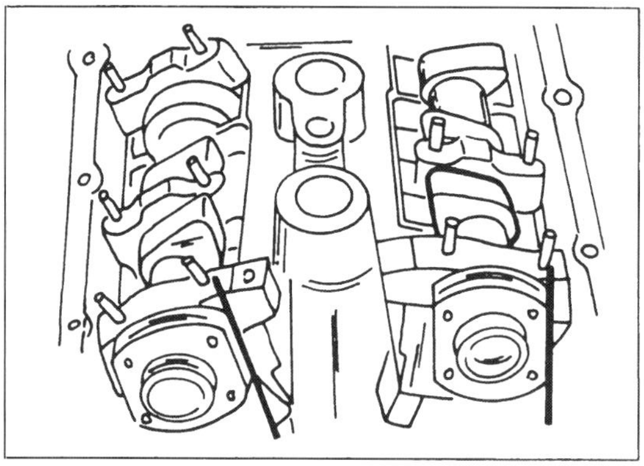

Bild 43
Richtige Stellung der Nocken beim Einbau der Nockenwellen. Die flachen Seiten der Flansche müssen rechtwinklig zur Zylinderkopffläche stehen. ***Hier darf man keine Fehler machen !***

● Zündkerzen ausschrauben.

● Das genannte Spezialwerkzeug auf den Zylinderkopf aufsetzen und die Schrauben in die Gewinde der Zündkerzen einschrauben. Beim richtigen Aufsetzen des Werkzeuges sitzen die Druckstücke gegen die entsprechenden Lagerdeckel der Auslass- und Einlasswellen an. Das Werkzeug ist in Bild **41** in aufgesetztem Zustand gezeigt.

● Die Lagerdeckel der Nockenwellen von der Auslasseite des Motors aus betrachten. Auf dieser Seite sind die Deckel numeriert. Die Numerierung beginnt von der Steuerseite aus. Deckel der Auslasswelle sind von "A1" bis "A5", Deckel der Einlasswelle von "E1" bis "E5" gezeichnet.

● Einen Gabelschlüssel an der Vorspannungswelle des Werkzeuges ansetzen, wie man es in Bild 42 sehen kann und die Welle verdrehen, bis die Lagerdeckel unter Druck kommen. Die im gleichen Bild mit den Pfeilen gezeigten Muttern können jetzt gelöst werden. Den Druck auf die Lagerdeckel entlasten, das Werkzeug abmontieren und die Lagerdeckel der Reihe nach herunterheben und in Einbaureihenfolge ablegen. Die Nockenwellen können jetzt ebenfalls herausgenommen werden.

● Falls erforderlich, das Nockenwellenlagergehäuse jetzt vom Zylinderkopf abnehmen. Diese Arbeit langsam durchführen, da die Nockenstössel dabei herausfallen können. Da sie wieder in die ursprüngliche Bohrung kommen müssen, ist dies unter allen Umständen zu vermeiden. Normalerweise sollten sie im Zylinderkopf verbleiben und können aus diesem herausgezogen werden.

● Die Nockenstössel jetzt der Reihe nach aus den Bohrungen ziehen und in Einbaureihenfolge hinsichtlich Einlass- und Auslasseite ***aufrecht*** in einen mit Öl gefüllten Behälter stellen.

Beim Einbau der genannten Teile in folgender Weise vorgehen:

● Falls die Nockenwellenlagergehäuse ausgebaut wurden, die Dichtflächen von Gehäuse und Zylinderkopf einwandfrei reinigen. In die Kopffläche sind Passstifte eingesetzt.

● Die Nockenstössel der Reihe nach in die Bohrungen einsetzen und die Gehäuse entsprechend den Kennzeichnungen "E" (Einlasseite) und "A" (Auslasseite) auf den Zylinderkopf aufsetzen. Beide eingestanzten Buchstaben müssen sich nach Einbau der Gehäuse auf der Steuerseite gegenüberstehen.

● Die Nockenwellen jetzt einbauen. Dazu ist Bild 43 hinzuzuziehen. Die Lagerflächen für die Nockenwellen gut einölen und die Nockenwellen in die Bohrungen einlegen. Auch die Wellen sind gezeichnet, wiederum mit "A" oder "E" (am hinteren Flansch). Es wird angenommen, dass der Motor nicht durchgedreht wurde. Die Nokkenwellen müssen so in den Zylinderkopf eingelegt werden, dass die Nockenspitzen der beiden vorderen Nocken in der Mitte gegeneinander weisen. Um die genaue Richtung zu erhalten, sieht man sich die hinteren Flansche an. Die Nockenspitzen stehen richtig, wenn die geraden Seiten der Vierkantflansche genau im 90°-Winkel zur Oberfläche des Zylinderkopfes stehen. Bild 43 veranschaulicht die Nockenstellung. ***Es ist wichtig, dass die Nockenwellen in der richtigen Lage stehen, da man normalerweise eine Lehre dazu braucht.***

- Die Nockenwellenlagerdeckel entsprechend den Kennzeichnungen auf Einlass- und Auslasswelle aufsetzen und leicht anschlagen.
- Das Vorspannungswerkzeug wieder aufmontieren (Bild 41) und die Vorspannungswelle verdrehen (Bild 42), bis alle Lagerdeckel unter Druck stehen. Die Deckelmuttern der Reihe nach handfest anziehen.
- Alle Deckelmuttern jetzt über Kreuz auf das angegebene Anzugsdrehmoment anziehen. Das Vorspannungswerkzeug kann jetzt wieder abmontiert werden.
- Die Kurbelwelle ist jetzt wieder auf Zünd-OT-Punkt zurückzustellen (Arretierbolzen einschieben), jedoch muss hier ein Wort der Warnung gegeben werden:

Warnung: Wenn die Nockenstössel nicht unter Druck stehen, können sie sich ausdehnen. Durch das eingeschlossene Öl dauert es eine Weile, ehe sie sich auf die richtige Länge setzen können. Aus diesem Grund sollte man nach Einbau der Nockenwellen eine Weile warten, ehe man die Kurbelwelle verdreht. Bei Raumtemperatur rechnet man mit ca. 5 Minuten. Zwischen 10° und 20° C schlagen wir 15 Minuten vor.

Nichtbefolgung der Wartezeit: Es könnte vorkommen, dass ein geschlossenes Ventil durch einen "noch gestreckten" Stössel geöffnet wird und dabei gegen den Kolbenboden anstösst.

- Die beiden Nockenwellenkettenräder in die Steuerkette einsetzen, mit den Steuerzeichen senkrecht an der Oberseite, und mit den Schrauben befestigen. Die Nockenwellen wieder an der Fläche in der Mitte der Welle gegenhalten.
- Die gelöste Schraube der linken Kettenführung einschrauben, die obere Kettenführung montieren.
- Den Kettenspanner jetzt unter Beachtung der bereits gegebenen Anweisungen einbauen. Der Kolben des Spanners muss gegen die Spannschiene ansitzen. Den Stopfen mit einem neuen Dichtring einschrauben. Nach dem Einbau mit einem Schraubenzieher gegen die Kette und die Spannschiene drücken, bis der Kolben des Kettenspanners aus der Gleithülse austritt und die Kette spannt.
- Alle anderen Arbeiten in umgekehrter Reihenfolge durchführen. ***Nicht den Arretierbolzen im Zylinderblock vergessen.***
- Ehe man den Motor startet, sollte man noch eine Weile warten, damit sich die Stössel auf die richtige Länge setzen können. Bei normalen Temperaturen, sagen wir 20° C, mindestens 10 Minuten warten, bei kälteren Temperaturen entsprechend länger. Nach dem Anlassen den Motor eine Weile mit niedrigen Drehzahlen laufen lassen, ehe man ihn beschleunigt.

Bei einem M43-Motor

Hinweis: In der Werkstatt wird ein Niederhalter für die Ventilfedern benutzt, um die Schlepphebel vor dem Ausbau der Nockenwelle herauszunehmen. Wir erlauben uns jedoch zu erwähnen, ohne Gewähr versteht sich, dass man diesem Übel beikommen kann, wenn man die Muttern der Nockenwellenlagerdeckel stückweise lockert, bis sie alle locker genug sind, um sie mit der Hand abzuschrauben.

- Zylinderkopfhaube ausbauen, wie es für den Motor beschrieben wurde.
- Motor an der Zentralschraube der Kurbelwelle drehen, bis die Nockenwelle am vierten Zylinder in Zünd-OT-Stellung steht. Bemerken Sie, dass wir den vierten Zylinder nennen, nicht den ersten, wie Sie vielleicht erwarten. Das Nockenwellenrad erscheint jetzt in der in Bild 44 gezeigten Lage. Die beiden mit den Pfeilen gezeigten Schrauben lösen und herausdrehen.

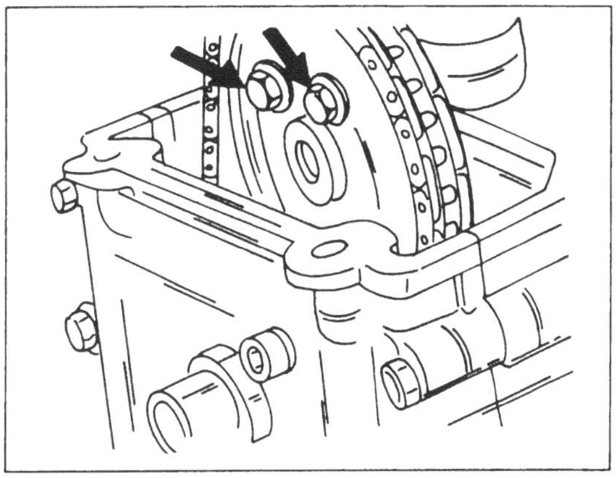

Bild 44
Aufgrund des eingebauten oberen Steuerräderdeckels können nur jeweils zwei der Schrauben des Kettenrades gelöst werden.

- Motor wieder an der Zentralschraube drehen, bis der erste Zylinder (dieses Mal ist es der erste Zylinder) in Zünd-OT-Stellung steht. Die beiden Markierungsbohrungen müssen, wie in

Bild 33, nach oben weisen.

- Staubschutzdeckel aus der Absteckbohrung herausziehen und die Kurbelwelle mit dem Arretierbolzen fixieren, wie es bereits in Bild 34 gezeigt wurde. Die Nockenwelle darf nach Durchführung der folgenden Arbeiten nicht mehr verdreht werden.
- Die Kette und das Kettenrad oben senkrecht mit Farbe zeichnen (siehe Bild 35, das Steuerzeichen wird man an der Oberseite sehen) und die beiden verbleibenden Schrauben des Kettenrades herausdrehen.
- Die Spannschiene laut Bild 37 am Sechskant zurückdrücken (im vorliegenden Fall ist jedoch der obere Steuerräderdeckel montiert), bis die Kette locker ist und zusammen mit dem Kettenrad von der Nockenwelle abgenommen werden kann.
- Die Ölleitung zur Nockenwellenschmierung abbauen (3 Befestigungsschrauben an den Lagerdeckeln). Die Dichtringe müssen erneuert werden.

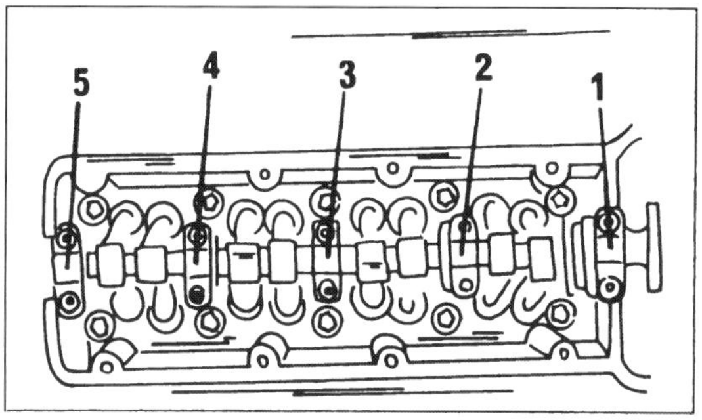

Bild 45
Reihenfolge zum Lockern der Lagerdeckelmuttern für die Nockenwelle. Laut unserer Beschreibung muss ausserdem jede Mutter stückweise gelöst werden.

- Die Lagerdeckel entsprechend der Reihenfolge von Bild 45 lockern. Jede Mutter wird nur stückweise gelockert, bis alle Muttern einfach abgeschraubt werden können. Keinen ungleichmässigen Druck durch die Nockenwelle auf die Schlepphebel erlauben. Nach Abnehmen der einzelnen Deckel die Nockenwelle herausnehmen. Die Deckel sind von 2 bis 5 gezeichnet, nur der Deckel an der Kettenseite hat keine Zahl. Die Deckel später entsprechend einbauen. Die Schlepphebel jetzt der Reihe nach abnehmen und in Einbauposition ablegen.
- Die Stössel können jetzt herausgezogen werden. Stössel werden aufrecht stehend in Öl aufbewahrt und müssen ausserdem nach Einbauposition gehalten werden. Die Druckstücke der Stössel ebenfalls mit jedem Stössel zusammenhalten.

Beim Einbau der Teile folgendermassen vorgehen:

- Die Stösselbohrungen im Zylinderkopf einölen und die Stössel in die entsprechenden Bohrungen einsetzen. Stössel während der gesamten Einbauphase aufrecht halten. Die Druckstücke und die Schlepphebel wieder in die Originallage zurückbringen.
- Lagerflächen der Nockenwelle gut einölen und die Welle einlegen. Es wird vorausgesetzt, dass die Ventile des ersten Zylinders noch geschlossen sind. Die Seiten des hinteren Nockenwellenflansches müssen ähnlich wie in Bild 43 gezeigt, rechtwinklig ausgerichtet sein (nur dass dieses Mal nur eine Welle vorhanden ist).
- Die Lagerflächen der Deckel einölen und die Deckel entsprechend der Numerierung aufsetzen. Die Muttern aufschrauben und entgegengesetzt der Reihenfolge von Bild 45 Stück für Stück bis zum endgültigen Drehmoment anziehen. Dabei darauf achten, dass sich die Schlepphebel nicht verschieben können.
- Neue Dichtringe verwenden und die Ölleitung wieder montieren.
- Die Oberseite der Kettenspannschiene wie beim Ausbau wieder zurückdrücken (Bild 37) und das Kettenrad in die Kette einlegen. Auf die Farbmarkierungen achten, welche ebenfalls die OT-Stellung herstellt.
- Das Kettenrad an der Nockenwelle anschrauben, d.h. die beiden oberen Schrauben. Die Schrauben in die Mitte der Langlöcher bringen und handfest anziehen. Die Kettenspannschiene jetzt zurücklassen und die beiden eingeschraubten Schrauben auf das vorgeschriebene Anzugsdrehmoment anziehen.
- Den Arretierbolzen aus dem Zylinderblock herausziehen und den Motor mit der Zentralschraube um eine Viertelumdrehung durchdrehen. Die beiden oberen Schrauben jetzt eindrehen und festziehen (siehe Bild 44).
- Die Zylinderkopfhaube jetzt montieren und alle anderen Arbeiten in umgekehrter Reihenfolge durchführen.

Bei einem M40-Motor

Die Arbeiten bei diesem Motor werden im Zusammenhang mit der Zerlegung des Zylinderkopfes in Kapitel 2.5.2 beschrieben.

2.1.14 Steuerung — M40-Motor

In diesem Kapitel werden der Zahnriemen und andere Teile der Steuerung behandelt. Verschiedene Kapitel wiesen bereits auf am M40-Motor durchzuführende Arbeiten hin, die man bei der nächsten Beschreibung durchlesen muss.

Für den Zahnriemen liegt eine Empfehlung des Fahrzeugherstellers vor, welche besagt, dass man den Riemen immer erneuern muss, wenn die Spannrolle gelockert wurde.

Weitere Hinweise unter den betreffenden Überschriften müssen ebenfalls beachtet werden.

Steuerriemen ersetzen

Hinweis: Zur vorschriftsmässigen Spannung wird das von BMW verwendete Spezialwerkzeug 11 2 080 oder 11 2 170 benutzt. In der folgenden Beschreibung werden Sie zwar eine Ausgleichslösung finden, für deren Erfolg wir jedoch keine Gewähr übernehmen können, wenn den Anweisungen nicht auf den Punkt genau gefolgt wird.

- Den oberen und unteren Riemenschutzdeckel ausbauen, wie es in Kapitel 2.1.5 beschrieben wurde.
- Die Kurbelwelle und die Nockenwelle auf Zünd-OT-Stellung des ersten Zylinders setzen. Dazu wird wieder der bereits bei den anderen Motoren erwähnte Arretierbolzen in die Kurbelwelle eingeschoben. Wir raten Ihnen die Beschreibungen auf Seite 19 links unten und rechts unten sowie Seite 20 oben links durchzulesen, falls Sie die Arbeit das erste Mal druchführen. ***Wichtig ist, dass man weder Kurbelwelle noch Nockenwelle bei ausgebautem Zahnriemen verdrehen darf.*** Zur Sicherheit das Nokkenwellensteuerrad und das Zahnriemengehäuse mit Farbe kennzeichnen, damit die Teile wieder vorschriftsmässig zusammenkommen können.
- Kühlmittelthermostat ausbauen (Abschnitt 4).
- Die Schraube des Nockenwellensteuerrades lösen ohne dabei die Welle zu verdrehen. Eine zweite Person kann dabei zum Beispiel die Zentralschraube der Kurbelwelle gegenhalten. Das Steuerrad noch auf der Welle lassen. Zu beachten ist, dass sich das Steuerrad der Nockenwelle nach Lockern der Schraube in der Führungsnut bewegen kann.
- Die Schraube der Riemenspannrolle jetzt lösen und die Rolle nach aussen verdrehen. Dazu setzt man einen Inbusschlüssel passender Grösse ein. Wenn die Rolle weit genug vom Zahnriemen absteht, die Schraube wieder anziehen.
- Den Zahnriemen jetzt vom Steuerrad der Nockenwelle und Kurbelwelle abnehmen.

Beim Einbau und Spannen des Zahnriemens folgendermassen vorgehen. Wie bereits erwähnt, muss unabhängig von der Laufzeit ein neuer Riemen eingebaut werden.

- Das Nockenwellenrad montieren und einstweilen mit 3 Nm anziehen.
- Den Zahnriemen der Reihe nach über Steuerrad der Kurbelwelle, Nockenwelle, Laufrolle und Spannrolle legen. Das Zugstrumm muss dabei stramm sein, der Zahnriemen muss mittig aufliegen. Kurbelwelle und Nockenwelle müssen noch unverändert stehen.

Der Zahnriemen muss jetzt gespannt werden, d.h. die eigentlichen Schwierigkeiten treten jetzt auf. In der Beschreibung beziehen wir uns auf die offiziellen Arbeitsgänge und eine Ausweichmöglichkeit.

Um die richtige Spannung herzustellen, wird das Spezialwerkzeug, bildlich gesehen, in der in Bild 46 gezeigten Weise am Zahnriemen angesetzt. Ausserdem wird vorgeschrieben, dass die Aussentemperatur des Motors nicht weniger als 20° C betragen darf, also unbedingt als eine kritische Arbeit anzusehen ist. Ausserdem müssen die Rollen des Messgeräts am Rücken des Zahnriemens anliegen. Vorausgesetzt, dass Werkzeug und Temperatur stimmen und alle anderen Bedingungen erfüllt sind, löst man die Schraube der Spannrolle und verdreht die Rolle mit dem Inbusschlüssel, bis die Anzeige am Messgerät 32 ± 2 Einheiten beträgt. In dieser Einstellung die Schraube der Spannrolle anziehen.

Die folgende Beschreibung gibt die Ausweichmöglichkeit, die jedoch, wie bereits erwähnt, ohne Gewähr gegeben ist. Man braucht eine Federwage mit Kilogrammanzeige und einen Inbusschlüssel, welcher einen Schenkel von mindestens 90 mm hat.

Wichtiger Hinweis: Überlegen Sie sich gut, ob Sie den Zahnriemen selbst erneuern. Wir empfehlen Ihnen, die Arbeit in einer Werkstatt durchführen zu lassen. Einem versierten Mechaniker wollen wir die Anweisungen nicht vorenthalten.

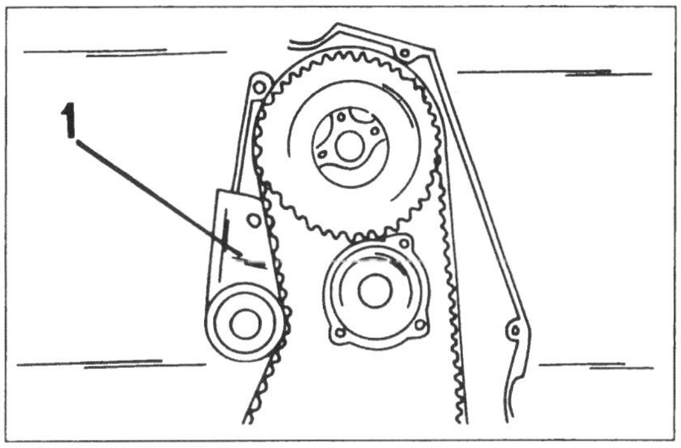

Bild 46
Messgerät für die Riemenspannung am Riemen angesetzt. Das Werkzeug (1) trägt die Nummer 11 2 080 oder 11 2 170.

- Am Inbusschlüssel eine Markierung einzeichnen, welche von der Mitte des abgewinkelten Endes bis zur Ansatzstelle der Federwaage genau 85 mm beträgt. Das Mass in Bild 47 ist

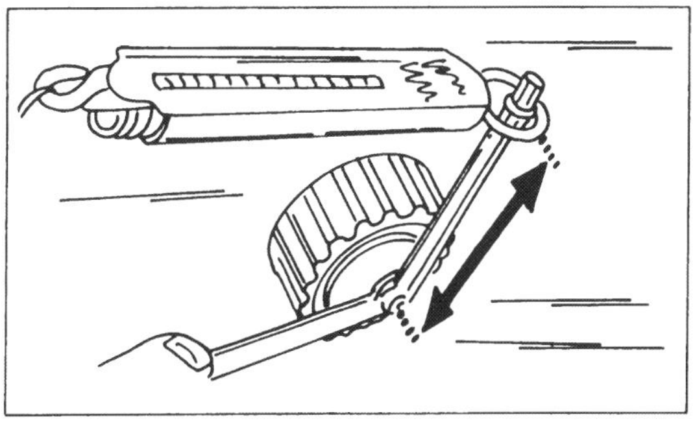

Bild 47
Inbusschlüssel, Federwaage und Ringschlüssel an der Spannrolle des Zahnriemens angesetzt. Das Mass zwischen den Pfeilen muss unbedingt auf 85 mm gebracht werden.

besonders wichtig, da die Einstellarbeiten davon abhängig sind. Der Inbusschlüssel wird jetzt in die Spannrolle eingesetzt, so dass der Schenkel senkrecht nach oben weist. Gleichzeitig setzt man einen Ringschlüssel über die Schraube der Spannrolle (welche im Moment noch locker ist).

● Die Federwaage jetzt an der markierten Stelle des Inbusschlüssels ansetzen und die Rolle langsam nach aussen ziehen, bis eine Anzeige von 2,0 kg zustandekommt. In dieser Zugstellung der Federwaage die Schraube der Spannrolle einstweilen anziehen. Wir sind uns bewusst, dass dabei Schwierigkeiten auftreten können, d.h. der Inbusschlüssel kann herausfallen, man kann die Anzeige der Federwaage schlecht sehen oder die Federwaage rutscht von der richtigen Stelle ab. Sicher ist, dass man die Arbeit mit Geschick durchführen kann.

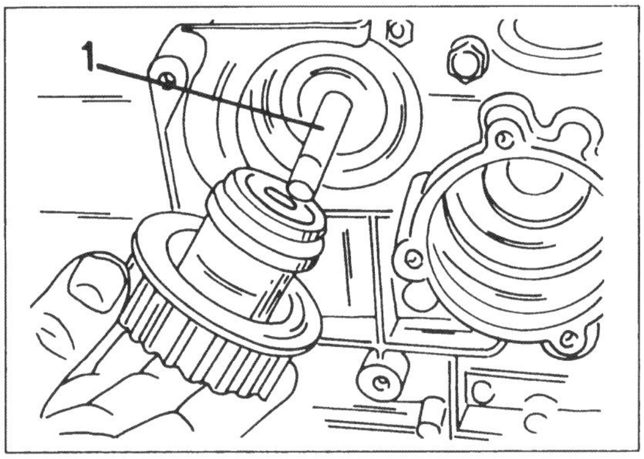

Bild 48
Abnehmen der Spannrolle für den Zahnriemen. Der als Lagerwelle dienende Stehbolzen (1) muss vor Ausbau des Stirndeckels ausgeschraubt werden.

● Die Schraube der Spannrolle jetzt mit 22 Nm anziehen. Die Schraube des Nockenwellenrades kann ebenfalls angezogen werden (65 Nm). Das Rad muss dabei gegengehalten werden.

● Den Arretierbolzen aus dem Zylinderkopf ziehen und den Motor zwei Umdrehungen in Laufrichtung durchdrehen. Den Bolzen wieder einschieben. Die Spannung des Riemens muss jetzt erneut durchgeführt werden. In den meisten Fällen wird man feststellen, dass Nachstellungen erforderlich sind, da sich der Riemen etwas gestreckt haben wird. Nach fertiger Arbeit muss

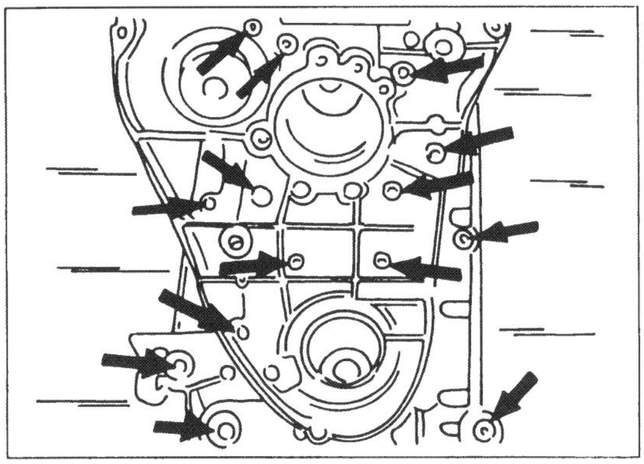

Bild 49
Die Pfeile weisen auf die Befestigungsstellen des Stirndeckels.

die Farbmarkierung an Nockenwellenrad und Zahnriemengehäuse immer noch in einer Linie liegen, andernfalls stimmt etwas nicht.

● Alle anderen Arbeiten in umgekehrter Reihenfolge durchführen.

Nockenwellensteuerrad ersetzen

Der Aus- und Einbau des Steuerrades geht aus der vorgehenden Beschreibung hervor. Erwähnt werden soll, dass das Steuerrad nicht durch eine Scheibenfeder geführt wird. Eine Nut im Ende der Nockenwelle ermöglicht ein seitliches Kippen des Rades. Beim Anziehen der Schraube (65 Nm) wird das Nockenwellenrad auf einen Konus gedrückt.

Kurbelwellensteuerrad ersetzen

Nach Ausbau des Zahnriemens kommt man an das Steuerrad. Die Schraube ist sehr fest angezogen, d.h. das Steuerrad muss gut gegengehalten werden. Bild 19 zeigte bereits einen Gegenhalter, welchen man am Steuerrad anschrauben kann. Ein festsitzendes Steuerrad kann mit einem Zweiklauenabzieher heruntergezogen werden. Darauf achten, dass die Scheibenfeder nicht herausfällt.

Eine neue Schraube muss beim Einbau benutzt werden. Die Scheibe auf der Schraube kommt mit dem Ansatz der Welle. Ausserdem ist zu beachten, dass die Scheibenfeder beim Aufschlagen des Steuerrades nicht herausgedrückt wird. Die Schraube wird mit 310 Nm angezogen. Die Welle dabei wieder gegenhalten.

Stirndeckel ersetzen

Hinweis: Eine neue Stirndeckeldichtung, ein neuer Kurbelwellendichtring und ein neuer "O"-Dichtring für die Kurbelwelle werden beim Einbau gebraucht. Bestimmte Arbeitsbeschreibungen sind anderen Kapiteln zu entnehmen.

● Zylinderkopf ausbauen.

● Ölwanne ausbauen.

● Steuerrad der Kurbelwelle, Spannrolle des Zahnriemens und Laufrolle nach Ausbau des Zahnriemens ausbauen. Den Stehbolzen für die Spannrolle aus dem Zylinderblock ausschrauben (zwei Muttern aufdrehen, gegeneinander kontern und Gabelschlüssel an der unteren Mutter zum Ausschrauben ansetzen — beim Einschrauben Schlüssel an der oberen Mutter ansetzen). In Bild 49 kann man die Einbaulage der Spannrolle sehen. Bei diesem Motor ist sie mit Zähnen versehen. Ebenfalls die Scheibenfeder aus der Kurbelwelle nehmen (Seitenschneider).

● Abstandsring von der Vorderseite der Kurbelwelle abnehmen (dies ist der Laufring für den Kurbelwellendichtring).

● Die Schrauben des Stirndeckels unter Bezug auf Bild 48 lösen. Da zwei verschiedene Gewindegrössen benutzt werden, markiert man sich deren Einbaulage. Den Deckel abnehmen und die Dichtung entfernen.
● In der Kurbelwelle sitzt ein "O"-Dichtring, welchen man mit einem kleinen Schraubenzieher heraushebeln kann.
● Alle Dichtflächen einwandfrei reinigen. Um den Dichtring zu erneuern, muss man zuerst dessen Einbautiefe ausmessen. Einen neuen Dichtring mit einem passenden Rohrstück auf die ursprüngliche Tiefe einschlagen. Ein neuer "O"-Dichtring kommt in die Rille der Kurbelwelle.
● Eine neue Dichtung mit etwas Fett am Zylinderblock ankleben und den Stirndeckel am Block ansetzen. Er muss mit den Passstiften eingreifen. Die Schrauben entsprechend ihrer Grösse eindrehen und gleichmässig festziehen.
● Den Laufring auf die Vorderseite der Kurbelwelle schieben, ohne dabei den Öldichtring zu beschädigen. Die Scheibenfeder danach einschlagen.
● Alle anderen Arbeiten in umgekehrter Reihenfolge wie beim Ausbau durchführen.

2.1.15 Vorderen Kurbelwellendichtring ersetzen

M40-Motor
Bei diesem Motor kann der Dichtring nach Ausbau des Steuerrades der Kurbelwelle ausgebaut werden. An die Schwierigkeiten beim Einbau des Zahnriemens denken (Seite 27).
Die Einbautiefe des Dichtringes ausmessen und den Ring mit einem Hakenwerkzeug oder zwei eingedrehten Blechschrauben und einer Zange herausziehen. Der Laufring muss vorher abgezogen werden.
Einen neuen Dichtring in Öl eintauchen und wieder auf die ursprüngliche Einbautiefe einschlagen (Rohrstück). Beim Aufstecken des Laufringes nicht den Dichtring beschädigen.
● Alle Teile in umgekehrter Reihenfolge wieder einbauen. Dazu gehört natürlich der Zahnriemen.

M42- und M43-Motor
Obwohl der Dichtring bei eingebautem Steuerräderdeckel erneuert werden kann, braucht man Spezialwerkzeuge zum Ausziehen und Einziehen. Aus diesem Grund empfehlen wir den unteren Steuerräderdeckel auszubauen, um den Dichtring zu erneuern. Die Arbeitsbeschreibung findet man in Kapitel 2.1.6 bzw. 2.1.7.

2.1.16 Hinteren Kurbelwellenring ersetzen

Die Erneuerung findet bei allen Motoren in ähnlicher Weise statt. Eine neue Dichtung wird für den Flansch gebraucht. Das Getriebe muss zur Erneuerung ausgebaut werden. Der Abschlussdeckel wird im Satz mit Radialdichtring angeboten, andernfalls muss man den Dichtring ausschlagen und einen neuen einschlagen.
● Motoröl ablassen.
● Das Schwungrad ausbauen (oder die Antriebsscheibe des Drehmomentwandlers).
● An der Unterseite des Abschlussdeckels die beiden Schrauben lösen, die den Deckel an der Ölwanne halten. Diese sind in Bild 50 gezeigt. Beim M43-Motor auf jeden Fall die Ölwanne lockern, bei den anderen Motoren nach Bedarf.

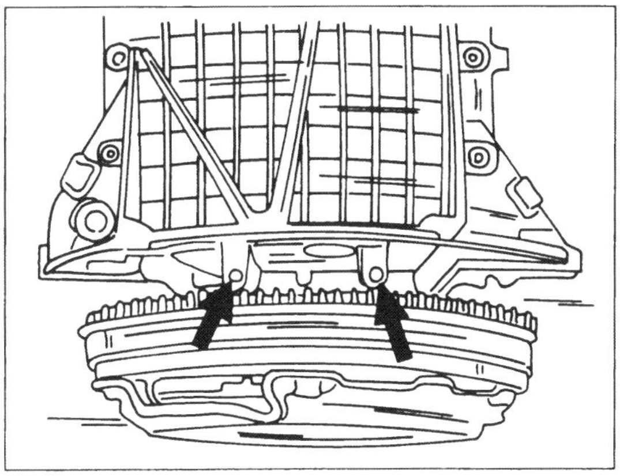

Bild 50
Die beiden Schrauben müssen an den gezeigten Stellen aus der Ölwanne geschraubt werden.

● Den Schraubenkranz des Abschlussdeckels lösen (Bild 51), die Ölwannendichtung vorsichtig vom Deckel lösen. Den Deckel abnehmen. Falls der Deckel festklebt, kann man ein Messer zwischen Deckel und Dichtung einschieben, um die Verbindung zu trennen. Der Deckel kann jetzt vom Block abgenommen werden. Einen festsitzenden Deckel mit einem Hammer lösen.

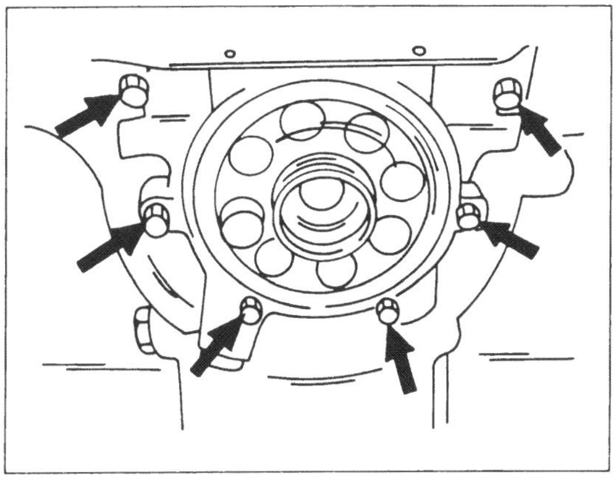

Bild 51
Die Pfeile weisen auf die von aussen eingesetzten Schrauben des Abschlussflansches.

● Alte Reste der Dichtung und Dichtungsmasse von Deckel und Zylinderblock entfernen. Dabei nicht die Dichtung beschädigen.

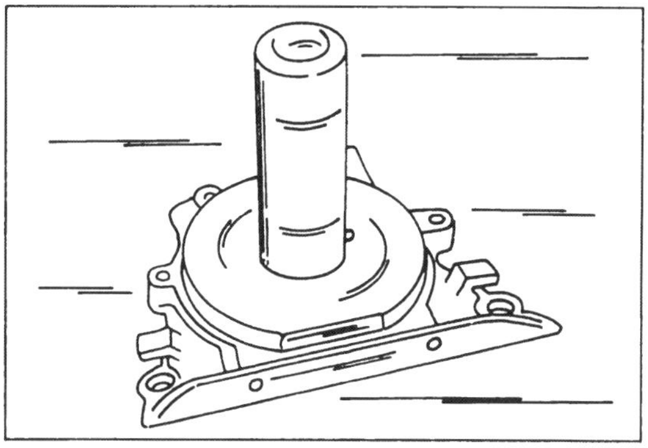

Bild 52
Ein hinterer Kurbelwellendichtring wird in der gezeigten Weise eingeschlagen.

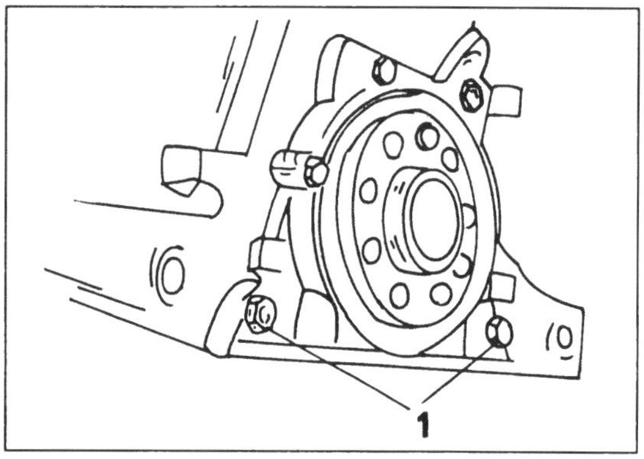

Bild 53
Die Schrauben (1) sind, je nach Ausführung, unterschiedlich (siehe Text).

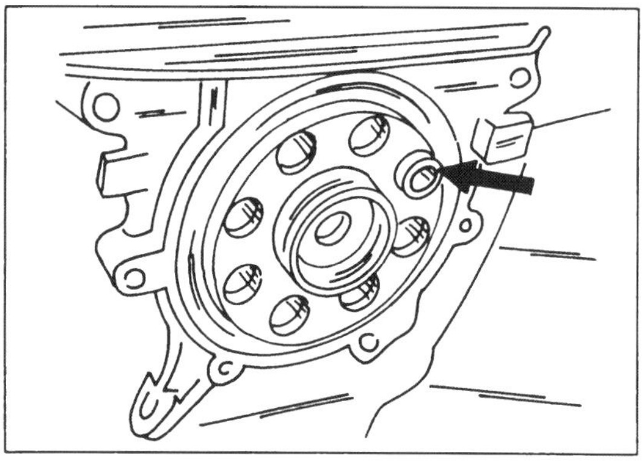

Bild 54
Die Passhülse für das Schwungrad muss vor Einbau im Flansch der Kurbelwelle sitzen.

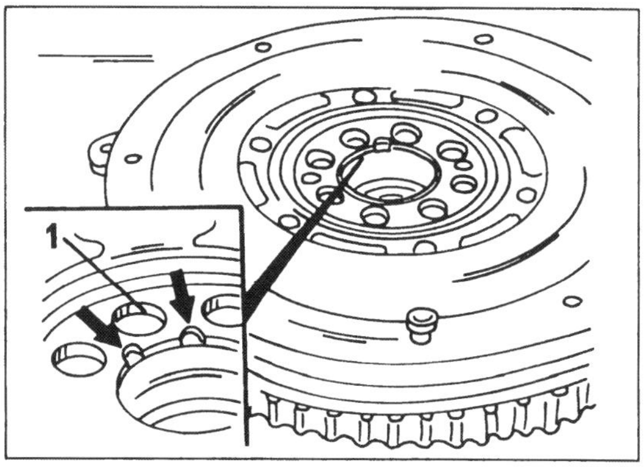

Bild 55
Die Lage der Passhülse (1) wird bei einem Zweimassenschwungrad durch zwei eingezeichnete Kerben angegeben.

● Den alten Dichtring von innen nach aussen ausschlagen (falls er erneuert werden soll), den neuen Dichtring entsprechend Bild 52 von aussen nach innen einschlagen. Die gezeigten Schlagwerkzeuge können beliebig ersetzt werden. Aussenseite des Ringes einfetten. Ebenfalls die Dichtlippe innen einfetten.

● Kontrollieren, dass die beiden Passstifte oben links und rechts im Block sitzen und eine neue Dichtung auflegen. Die Stossecken der Trennebene zur Ölwanne dünn und gleichmässig mit Dichtungsmasse bestreichen.

● Den Abschlussdeckel am Zylinderblock ansetzen, ohne dabei den Dichtring zu beschädigen, und anschlagen. Die Schrauben von aussen einschrauben und anziehen und die beiden Schrauben von unten einschrauben und ansetzen. Die gelösten Ölwannenschrauben wieder anziehen. Beim Anziehen der Schrauben muss man bei einem M43-Motor folgendes beachten:

— Sind die Bohrungen der Schrauben (1) in Bild 53 zum Ölraum durchgebohrt, muss man neue Schrauben benutzen und die Gewinde mit Dichtungsmasse einschmieren.

— Bei Sacklöchern oder Durchgangsbohrungen sind die Schrauben (1) unterschiedlich lang. Richtige Schrauben auswählen.

● Alle anderen Arbeiten in umgekehrter Reihenfolge durchführen.

2.1.17 Schwungrad/Antriebsscheibe

Hinweis: Neue, mikroverkapselte Schrauben werden beim Einbau gebraucht.

● Das betreffende Getriebe ausbauen, bei einem Schaltgetriebe ebenfalls die Kupplung.

● Das Schwungrad oder die Antriebsscheibe mit einem Gegenhalter blockieren. Wir zeigen Ihnen in Bild 101, wie ein solcher aussieht und wie man ihn anschraubt. Andernfalls muss man versuchen einen kräftigen Schraubenzieher in die Zähne einzusetzen.

● Die Schrauben (8) der Reihe nach lösen und das Schwungrad abnehmen. In der Kurbelwellenfläche sitzt eine Passhülse an der in Bild 54 gezeigten Stelle. Das Schwungrad kann nach Ausschrauben der letzten Schraube herunterfallen — Vorsicht.

Der Einbau geschieht in umgekehrter Reihenfolge. Das Schwungrad auf die Passhülse aufsetzen. Die Schrauben gleichmässig ringsherum mit 110 - 130 Nm anziehen. Das Schwungrad dabei wieder gegenhalten. Alle anderen Arbeiten in umgekehrter Reihenfolge durchführen.

Hinweis: Der M43-Motor kann auch mit einem sogenannten Zweimassenschwungrad versehen sein. Bei diesem ist zu beachten, dass die Lage der Passhülse durch zwei Kerben neben der betreffenden Verschraubungsbohrung gekennzeichnet ist, um den Einbau zu erleichtern. Bild 55 zeigt näheres darüber.

Führungslager in der Kurbelwelle: Bei ausgebautem Schwungrad kann man das bei eingebautem Schaltgetriebe im Ende der Welle eingesetzte Kugellager erneuern (dient zur Führung der Kupplungswelle). Das alte Lager wird mit einem Abzieher mit Innenklauen ausgezogen, das neue Lager wird bis zum Anschlag eingeschlagen.

2.2 Aus- und Einbau des Motors

Der Aus- und Einbau des Motors ist eine umfangreiche Arbeit. Ehe Sie daran denken, raten wir Ihnen, dass Sie die Arbeitsanweisungen vollkommen durchlesen, damit Sie nicht mitten im Ausbau über nicht durchführbare Arbeitsgänge "stolpern". Im allgemeinen gilt, dass man ein kräftiges Hebezeug und einen Wagenheber zur Verfügung hat. Alle abzuschliessenden Leitungen, Kabel, Schläuche sowie kleine Haltewinkel, Schellen oder andere Befestigungsteile sind in geeigneter Weise zu zeichnen, damit man sie wieder in der ursprünglichen Weise befestigen kann.
Der Aus- und Einbau wird für alle Motoren beschrieben. Am Ende dieses Kapitels sind besondere, bei einem M42- oder M43-Motor geltende Anweisungen angeführt. Das Getriebe muss in allen Fällen ausgebaut werden, wie es im betreffenden Abschnitt beschrieben ist.

- Den Druck aus der Kraftstoffanlage entlasten (Abschnitt 5) und die Batterie abklemmen.
- Die Kühlanlage ablassen (Abschnitt 4).
- Motoröl ablassen.
- Das Getriebe jetzt ausbauen.
- Die Kühlmittelschläuche lösen.
- Den Frischluftschacht ausbauen. Dazu das Gitter von der Oberseite des Schachtes abheben und durch die Oberseite des Schachtes die Schrauben des Kabelstranges lösen. Das Halteblech rechts abschrauben, eine Schraube links lösen und den Frischluftkanal herausnehmen.
- Die Lüfterkupplung mit Lüfterrad und Lüfterzarge ausbauen und den Kühler aus dem Fahrzeug demontieren.
- Die Antriebsriemen der Aggregate ausbauen.
- Die Lenkhilfspumpe vom Motor abnehmen. Die Hydraulik bleibt angeschlossen. Die Pumpe hochbinden.
- Wo vorhanden, den Klimakompressor vom Motor abschrauben. Der Kühlkreis bleibt angeschlossen. Den Kompressor hochbinden.
- Den Vorratsbehälter der Lenkhilfe abschrauben, Hydraulik bleibt angeschlossen, und zur Seite binden.
- Das Massekabel abschliessen (wo angeschlossen).
- Den Luftmengenmesser mit dem Luftfilter und dem Luftzufuhrschlauch demontieren.
- Die Heizungsschläuche von den Anschlüssen der Heizung und dem Heizungsregelventil an der Stirnwand abschliessen, verbleibende Schläuche vom Motor abschliessen und die Schlaucheinheit herausnehmen. Beachten, wie die Schläuche angeschlossen sind.
- Den Gaszug ausbauen, wie es im betreffenden Kapitel beschrieben wird (Abschnitt 5).
- Die Kraftstoffschläuche von den Leitungen unterhalb des Ansaugsammelrohres abschliessen und von den Halterungen befreien. Auf die genaue Anschlussweise achten. Da dabei Kraftstoff auslaufen kann, muss man die notwendigen Vorsichtsmassnahmen treffen — Feuergefahr. Offene Enden der Schläuche und Leitungen auf jeden Fall verschliessen.
- Unterdruckschlauch vom Bremskraftverstärker abschliessen.
- Den Kabelbaum vom Motor trennen. Dazu das Kabel von der Plusklemme der Batterie abschrauben.
- Kabel von der Zündspule abklemmen. Ebenfalls die Kabel von den folgenden Teilen abschliessen: Drehstromlichtmaschine, Positionsensor für Nockenwelle (Zylindererkennung) und Kurbelwelle, Leerlaufsteller, Öldruckschalter, Drosselklappensteller, Temperaturgeber, Einspritzventile und Magnetschalterventil des Aktivkohlefiltersystems. Den gesamten Motor auf weitere angeschlossene Kabel, Leitungen, usw. überprüfen, da wir nicht unbedingt alle genannt haben.
- Den Leerlaufsteller aus seiner Gummihalterung herausziehen.
- Den Halter der Kraftstoffleitungen abschrauben.
- Die Stütze des Sammelrohres abschrauben (Muttern und Schrauben).
- Den Kabelschacht von der Rückseite des Motors abschrauben und zur Seite legen, damit er aus dem Weg ist.
- Nochmals kontrollieren, dass keine weiteren Anschlüsse zwischen dem Motor und der Karosserie verblieben sind, ehe man das eigentliche Herausheben des Motors vornimmt.
- Den Motor jetzt mit Seilen oder Ketten an das Hebezeug hängen. Hebeösen sitzen an der Rückseite des Zylinderblocks und an der Vorderseite des Zylinderkopfes. Den Motor anheben, bis die Aufhängungen soeben unter Spannung kommen.
- Die Befestigungsmuttern vom rechten und linken Motorlager entfernen. Am rechten Lager wird man ein Massekabel vorfinden. Die Motor-

Bild 56
Die beiden Schrauben halten die Kompaktzündspule.

Bild 57
Den Primäranschluss (1) der Zündspule durch Drehen in Pfeilrichtung abschrauben und abziehen.

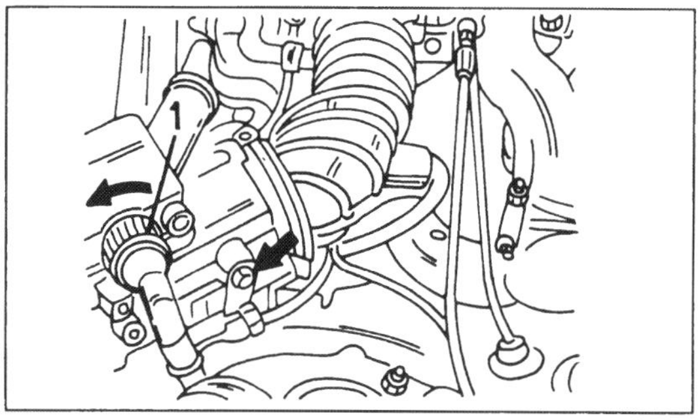

Bild 58
Den Mehrfachstecker (1) am Luftfilter abschrauben und die mit dem Pfeil gezeigte Schraube der Aktivkohlefilterleitung lösen.

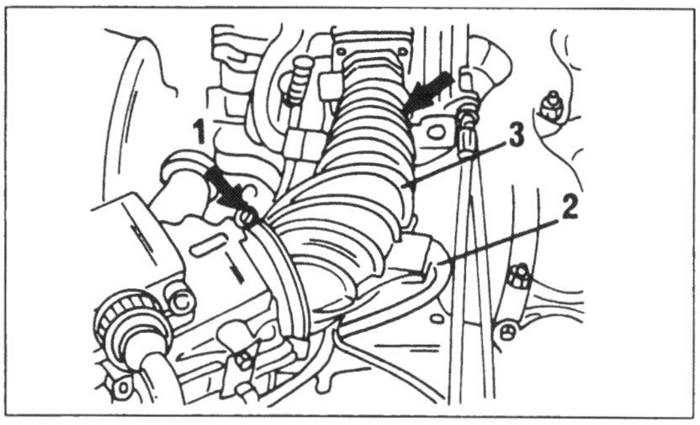

Bild 59
Schlauchschellen an den Pfeilstellen lockern. Schläuche (1) und (2) abziehen. Den Faltenbalg ausbauen.

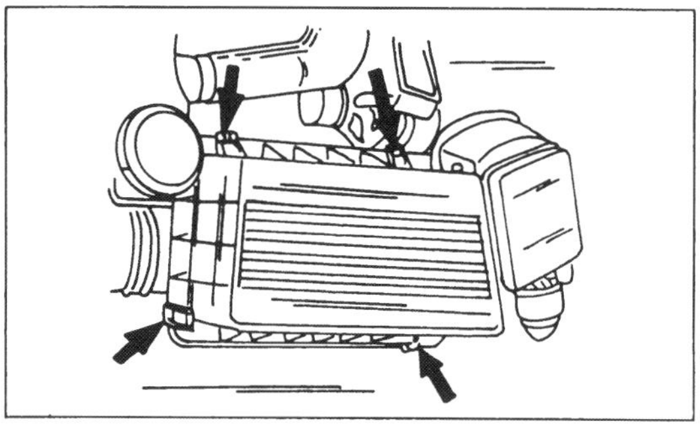

Bild 60
Das Filteroberteil ist an den Pfeilstellen mit Klammern gehalten.

träger sollten komplett abgeschraubt werden.

- Den Motor jetzt aus dem Motorraum heben. Wir empfehlen, dass ein Helfer das Hebezeug betätigt, so dass man den Motor gut überwachen und führen kann. Sobald der Motor hängen bleibt, muss man die Ursache dafür herausfinden.

Der Einbau des Motors geschieht in umgekehrter Reihenfolge. Wichtig ist, dass alle Leitungen, Kabel, usw. wieder an die gleiche Anschlussstelle kommen. Abschliessend den Motor mit Öl und die Kühlanlage mit Frostschutz füllen.

Unterschiede beim M42- und M43-Motor
Abgesehen von den beschriebenen Arbeiten:

- Die Zündspule ausbauen. Auf diese Arbeit soll näher eingegangen werden, da sie vielleicht öfters vorkommt. Die beiden in Bild 56 gezeigten Schrauben lösen und den Primäranschluss (1) in Bild 57 von der sogenannten Kompaktzündspule trennen. Die Zündspule kann jetzt herausgenommen werden.

Das Ansaugfiltergehäuse muss ausgebaut werden:

- Den Mehrfachstecker (1) in Bild 58 in Pfeilrichtung verdrehen und abziehen. Die Schraube der Aktivkohlefilterleitung lösen.
- Die Schlauchschellen (Pfeile in Bild 59) öffnen und die Schläuche (1) und (2) abziehen. Den Faltenbalg (3) abbauen.
- Vier Klammern an den in Bild 60 gezeigten Stellen öffnen. Bei den zuletzt gebauten Motoren vier Klammern lösen, einen Steckverbinder trennen und eine Schlauchschelle öffnen. Das Ansaugfilter-Gehäuseoberteil abnehmen.
- Das Luftfiltergehäuse-Oberteil mit dem Luftmengenmesser und dem Faltenbalg nach oben herausnehmen. Darauf achten, wie der Kabelbaum befestigt ist.
- Zum Ausbau des Gehäuse-Unterteils dieses ausclipsen und herausziehen. Beim Einbau den Ansaugschnorchel einsetzen und das Unterteil in die Gummiauflage einsetzen.
- Die Lüfterkupplung mit dem Lüfterrad und die Lüfterzarge werden in Abschnitt 4 behandelt. Ebenso der Aus- und Einbau des Kühlers.

2.3 Zerlegung des Motors

Vor Beginn der Arbeiten sind alle Aussenflächen des Motors gründlich zu reinigen. Alle Öffnungen des Motors vorher mit einem sauberen Putzlappen abdecken, damit keine Fremdkörper in die Innenseite des Motors gelangen können.

Das Zerlegen des Motors in ausgebautem Zustand wird in Einzelheiten weiter hinten beschrieben und wird unter der Überschrift "Reparatur und Überholung" zusammengefasst. Auf diese

Weise können wir zwischen Arbeiten bei eingebautem und ausgebautem Motor unterscheiden. Falls eine komplette Zerlegung durchgeführt werden soll, braucht man nur die einzelnen Arbeitsgänge miteinander zu kombinieren, indem man die einzelnen Arbeitsgänge in Kapitel 2.1 und den dazugehörigen Unterkapiteln verfolgt.

Im allgemeinen sollte man beim Zerlegen daran denken, dass alle sich bewegenden oder gleitenden Teile vor dem Ausbau zu zeichnen sind, um sie wieder in der ursprünglichen Lage einzubauen, falls sie wieder verwendet werden. Dies ist besonders bei Kolben, Ventilen, Lagerdeckeln und Lagerschalen wichtig. Teile so ablegen, dass man sie nicht durcheinander bringen kann. Die Lager- und Dichtflächen auf keinen Fall mit einer Reissnadel oder gar Schlagzahlen zeichnen. Farbe eignet sich am besten zur Kennzeichnung. Ventile lassen sich am besten durch den Boden einer umgekehrten Pappschachtel stossen, so dass man die Ventilnummer daneben schreiben kann.

Aus Aluminium hergestellte Teile sind dementsprechend zu behandeln. Falls Hammerschläge zum Trennen bestimmter Teile erforderlich sind, nur einen Gummi- oder Hauthammer verwenden.

Falls ein vorschriftsmässiger Montagestand nicht zur Verfügung steht, ist es am besten, wenn man sich geeignete Holzblöcke zurechtschneidet, auf welche der Motor so aufgesetzt werden kann, dass man Zugang zur Ober- und Unterseite des Motors erhält. Wird ein Montagestand benutzt, schraubt man den Auspuffkrümmer ab und befestigt den Motor mit den Stiftschrauben am Stand.

Der Zylinderkopf kann nach dem Ausbau mit einem Metallbügel, an den Stiftschrauben des Ansaugkrümmers angeschraubt, in einen Schraubstock eingespannt werden.

Eine strikte Zerlegungsreihenfolge wollen wir Ihnen nicht vorschreiben, da sich der Umfang der Arbeiten auf den Reparaturzustand des Motors bezieht.

Der Zylinderkopf kann bei eingebautem Motor ausgebaut werden.

2.4 Zusammenbau des Motors

Wie das Zerlegen wird auch der Zusammenbau des ausgebauten Motors unter getrennten Überschriften beschrieben. Die in Kapitel 2.1 und den dazugehörigen Kapiteln beschriebenen Arbeiten müssen in Arbeitsreihenfolge befolgt werden, wobei man jedoch die Vorarbeiten übersieht.

Die folgenden Allgemeinhinweise sollte man jedoch bei jedem Zusammenbau beachten:

- Kontrollieren, ob alle Teile sauber und frei von Fremdkörpern sind, ehe sie zusammengebaut werden.
- Einen Ölschmierfilm an alle Teile, die sich drehen oder die gleiten, auftragen. Dies ist vor dem Zusammenbau durchzuführen und nicht nachdem die Teile bereits zusammengebaut sind, da sonst das Öl nicht an die eigentlichen Lagerstellen heran kann. Es ist besonders wichtig, dass Kolben, Kolbenringe und Zylinderwandungen vor dem Zusammenbau reichlich mit Motoröl geschmiert werden.
- Alle Teile des Zylinderblocks gründlich reinigen, wenn der Motor vollkommen zerlegt wurde. Bei teilweiser Zerlegung darauf achten, dass keine Fremdkörper in die nicht zerlegten Teile des Motors, oder in Hohlräume, fallen können. Alle Öffnungen entweder abkleben oder mit Lappen abdecken, um dies zu vermeiden.
- Ölkanäle und -bohrungen am besten mit Pressluft ausblasen. Falls keine Luft zur Verfügung steht, die Kanäle oder Bohrungen mit einem Stück Holz durchstossen, niemals mit Metallgegenständen. Dichtringe, Dichtungen, usw. sollten immer erneuert werden. Auf keinen Fall an diesen Teilen sparen und ursprünglich beschädigte Teile wieder verwenden.
- In der Mass- und Einstelltabelle sind die Verschleissgrenzen der meisten sich bewegenden Teile angegeben. Falls Zweifel über ein Teil bestehen, oder die Verschleissgrenze ist bald erreicht, ist es vielleicht besser, wenn man das Teil erneuert, um sich eine baldige Wiederzerlegung zu ersparen.
- Alle Ersatzteile nur von einer BMW-Vertretung beziehen, wobei die Motornummer anzugeben ist. Da Teile ständig verbessert und dadurch geändert werden, ist Ihr BMW-Lieferant in der Lage, Ihnen das richtige Teil zu verkaufen.

2.5 Zylinderkopf und Ventile

2.5.1 Ausbau/Einbau des Zylinderkopfes (Motor eingebaut)

Der Zylinderkopf kann bei eingebautem Motor ausgebaut werden und diese Arbeit wird in der nächsten Beschreibung behandelt. Falls der Motor bereits ausgebaut ist, kann man sich die Vorarbeiten ersparen.

Der Ausbau des Zylinderkopfes bei eingebautem Motor ist zum Beispiel zum Erneuern der Zylinderkopfdichtung oder zum Einschleifen der Ventile erforderlich. Der Zylinderkopf darf nur ausgebaut werden, wenn der Motor kalt ist (Raumtemperatur). Aufgrund der Unterschiede werden die Motoren getrennt behandelt.

M40-Motor

Hinweis: Den ausgebauten Zylinderkopf aufrecht auf die Dichtfläche aufsetzen (weiche Unterlage). Andernfalls entleeren sich die eingebauten Hydrostössel und werden unbrauchbar. Neue Zylinderkopfschrauben und eine neue Dichtung sind zum Einbau erforderlich. Ebenfalls muss man an das Spannen des Zahnriemens denken, welches mit einigen Schwierigkeiten verbunden ist (siehe Seite 27).
Der Ausbau ist in Stichworten beschrieben, d.h. bestimmte Kapitel müssen durchgelesen werden, wenn man nicht sicher ist.

- Den Druck in der Kraftstoffanlage entlasten.
- Massekabel der Batterie abklemmen.
- Kühlanlage ablassen.
- Den Luftfilter und den Luftströmungsmesser ausbauen.
- Oberteil und Unterteil des Sammelrohres (Ansaugkrümmer) ausbauen.
- Den vorderen Abschnitt des Auspuffs vom Anschluss am Auspuffkrümmer abschrauben.

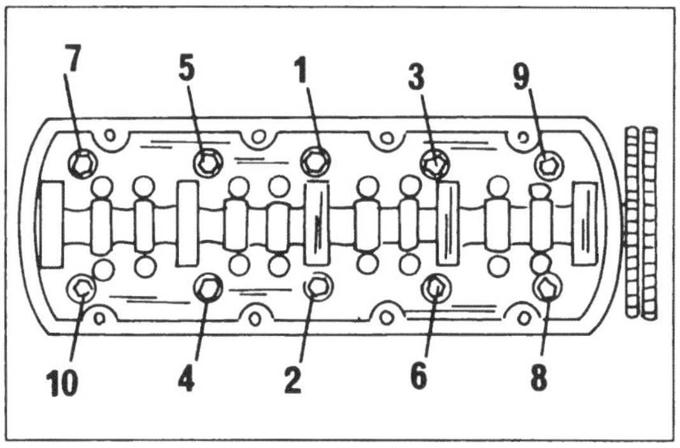

Bild 61
Anzugsreihenfolge der Zylinderkopfschrauben (M40). Die Schrauben in umgekehrter Reihenfolge lösen.

- Kühlmittelschlauch vom Zylinderkopf abschliessen.
- Zahnriemen ausbauen und den Deckel vom Zylinderkopf lösen. Denken Sie daran, dass mit den uns zur Verfügung stehenden Werkzeugen die genaue Stellung der Nockenwelle festgelegt werden muss, welche beim Einbau wichtig ist.
- Alle nicht durch die bereits durchgeführten Arbeiten abgeschlossenen Kabel oder Leitungen nach Kennzeichnung abschliessen. Dazu gehört auf jeden Fall ein am Zylinderkopf aufgestecktes Kabel für den Temperaturfühler. Ebenfalls noch angeschlossene Schläuche abschliessen.
- Die Zylinderkopfschrauben von der Mitte nach aussen vorgehend entgegengesetzt der in Bild 61 gezeigten Zahlenreihenfolge in mehreren Durchgängen lockern, bis sie locker sind und herausgezogen werden können. Den Kopf jetzt erfassen und hin- und herwackeln, bis er sich von den Passstiften löst und heruntergehoben werden kann. Die Zylinderkopfdichtung abnehmen.

Die Dichtflächen von Zylinderblock und Zylinderkopf müssen jetzt einwandfrei gereinigt werden. Die Reinigung kann mit einem Dreikantschaber erfolgen, jedoch:

- Beim Reinigen der Zylinderkopffläche die Kolben der Reihe nach nach unten drehen und einen Lappen in die entsprechende Bohrung stossen. Die umliegende Fläche danach reinigen. Wird der Kolben wieder nach oben gebracht, kann man den Lappen herausziehen. Öffnungen im Zylinderblock kann man mit Klebband abdecken. Wichtig ist, dass keine Fremdkörper in die Zylinderbohrungen fallen. Die Gewindebohrungen der Zylinderkopfschrauben müssen ebenfalls sauber gehalten werden. Sehr verkohlte Kolbenböden kann man ebenfalls abkratzen, jedoch kein Aluminium abspanen.
- Beim Reinigen des Zylinderkopfes daran denken, dass er aus Leichtmetall hergestellt ist, d.h. beim Abkratzen von Dichtungsteilen kein Metall abspanen.
- Den Zylinderkopf vor dem Einbau entsprechend den Anweisungen im nächsten Kapitel überholen, falls dies vorgesehen ist, zumindest aber die Dichtfläche auf Verzug kontrollieren.

Beim Einbau des Kopfes folgendermassen vorgehen:

- Beide Dichtflächen nochmals auf Sauberkeit kontrollieren. Man tut gut daran die neuen Schrauben in die Gewinde einzudrehen, um zu gewährleisten, dass diese in Ordnung sind. Ebenfalls kontrollieren, dass die Passstifte im Zylinderblock sitzen.
- Eine neue Zylinderkopfdichtung auf die Passstifte auflegen.
- Kontrollieren, dass die Nockenwelle in richtiger Stellung steht (anhand der Nocken) und den Kopf auf den Block setzen, mit den Passstiften in Eingriff. Die neuen Zylinderkopfschrauben eindrehen und soweit wie möglich mit der Hand anziehen.
- Alle Schrauben jetzt laut Anzugsdiagramm von Bild 61 folgendermassen anziehen:
  — Alle Schrauben in Reihenfolge mit einem Anzugsdrehmoment von 30 Nm anziehen.
  — In Reihenfolge des Diagramms alle Schrauben im Winkelanzug von 90° nachziehen. Normalerweise wird dazu eine Gradscheibe benutzt. Andernfalls die Stecknuss ohne Drehmomentschlüssel ansetzen und den Knebel rechtwinklig zum Zylinderkopf einsetzen. Die Schraube jetzt anziehen, bis der Knebel längs des Zylinderkopfes steht.

— Den gleichen Vorgang nochmals in Reihenfolge der Zahlen wiederholen.

● Die weiteren Arbeiten in umgekehrter Reihenfolge durchführen. Die Beschreibung bestimmter Arbeiten ist den betreffenden Kapiteln zu entnehmen, dazu gehören Zahnriemen, Sammelrohr, Luftfilter, usw.

● Abschliessend die Kühlanlage füllen. Beim ersten Anlassen des Motors könnte man Klappergeräusche hören, die von den Hydrostösseln stammen. Den Motor nicht mit mehr als 2000/min laufen lassen, bis die Geräusche verschwinden.

M42-Motor

Hinweis: Abgesehen von einer neuen Zylinderkopfdichtung müssen neue Zylinderkopfschrauben verwendet werden. Bei der folgenden Beschreibung wird auf den bereits gegebenen Text zurückgegriffen.

● Die auf Seite 34 beschriebenen Arbeiten durchführen, bis der Luftfilter ausgebaut ist.

● Auspuffkrümmer ausbauen.

● Kühlmittelschlauch vom Zylinderkopf abschliessen.

● Oberen Steuerräderdeckel ausbauen.

● Kurbelwelle an der Zentralschraube durchdrehen, bis der Kolben des 1. Zylinders auf Zünd-OT-Punkt steht und die Kurbelwelle durch Einschieben des Arretierbolzens fixieren (Kapitel 2.1.8, Seite 19).

● Stopfen des Kettenspanners aus der rechten Seite des Motors ausschrauben und den Kettenspanner herausziehen (siehe Hinweis, links oben auf Seite 20 betreffs Kettenspanner).

● Die Schrauben der oberen Kettenführung von oben vom Zylinderkopf abschrauben und die obere Schraube der linken Kettenführung entfernen.

● Die Schrauben der beiden Kettenräder der Nockenwellen unter Beachtung der Vorsichtsmassnahmen lösen. Wir raten Ihnen Kapitel 2.1.8 dazu durchzulesen, da man jetzt keine Fehler machen darf. Die beiden Kettenräder jetzt abnehmen und aus dem Eingriff mit der Kette bringen. Die Kette wird dabei locker, d.h. man muss sie oben zusammenbinden, damit sie nicht in den Kettenkasten fallen kann.

● Alle noch nicht abgeschlossenen Kabel, Leitungen, Schläuche, usw. vom Zylinderkopf abschliessen.

● Den Zylinderkopf jetzt abschrauben, wie es beim M40-Motor beschrieben wurde, mit dem Unterschied, dass das Diagramm in Bild 62 gilt. Die Schrauben könnten lose Scheiben haben. Diese abnehmen.

Die freigelegten Teile reinigen, wie es auf Seite 34 rechts oben beschrieben wurde.

Beim Einbau des Zylinderkopfes folgendermassen vorgehen, jedoch sollten Sie sich als erstes die Warnung auf Seite 25 durchlesen, ehe irgendwelche Arbeiten durchgeführt werden.

● Die Zentralschraube der Kurbelwelle verdrehen (Arretierbolzen vorher herausziehen), bis alle Kolben in der Mitte stehen (Viertelumdrehung der Kurbelwelle). Dadurch wird ein Anschlagen der Kolben gegen die Ventile beim Aufsetzen des Kopfes vermieden.

● Beide Dichtflächen nochmals auf Sauberkeit kontrollieren. Man tut gut daran die neuen Schrauben in die Gewinde einzudrehen, um zu gewährleisten, dass diese in Ordnung sind. Ebenfalls kontrollieren, dass die Passstifte im Zylinderblock sitzen.

● Eine neue Zylinderkopfdichtung auf die Passstifte auflegen.

● Kontrollieren, dass die Nockenwelle in richtiger Stellung steht (anhand der Nocken) und den Kopf auf den Block setzen, mit den Passstiften in Eingriff. Die neuen Zylinderkopfschrauben eindrehen und soweit wie möglich mit der Hand anziehen. Zu beachten ist, dass der Kopf bereits Unterlegscheiben haben könnte; bei anderen Schrauben muss man Scheiben auf die Schrauben schieben.

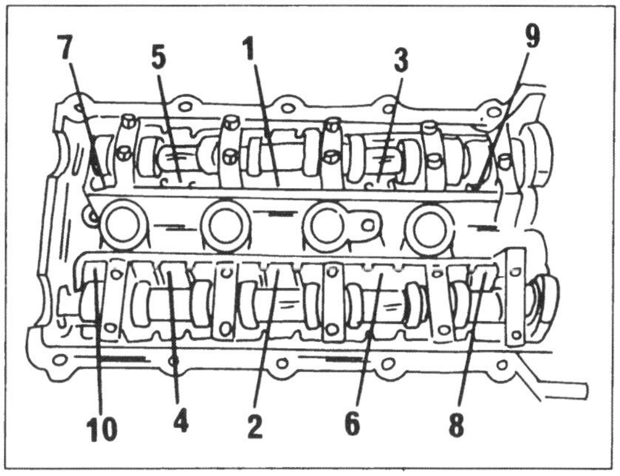

Bild 62
Reihenfolge zum Anziehen der Zylinderkopfschrauben (M42). Die Schrauben in umgekehrter Reihenfolge lösen.

● Alle Schrauben jetzt laut Anzugsdiagramm von Bild 62 folgendermassen anziehen:

— Alle Schrauben in Reihenfolge mit einem Anzugsdrehmoment von 30 Nm anziehen.

— In Reihenfolge des Diagramms alle Schrauben im Winkelanzug von 90° nachziehen. Normalerweise wird dazu eine Gradscheibe benutzt. Andernfalls die Stecknuss ohne Drehmomentschlüssel ansetzen und den Knebel rechtwinklig zum Zylinderkopf einsetzen. Die Schraube jetzt anziehen, bis der Knebel längs des Zylinderkopfes steht.

● Die Kurbelwelle wieder zurückdrehen, um den Kolben des 1. Zylinders auf OT zu bringen.

Der Arretierbolzen muss sich wieder in den Zylinderblock und die Kurbelwelle einsetzen lassen.

- Die Nockenwellenräder verdrehen, bis die Steuerzeichen senkrecht an der Oberseite stehen und in die wieder gelöste Kette einsetzen. Kettenräder an die Nockenwellen ansetzen und sofort kontrollieren, dass die Steuerzeichen stimmen. Die Schrauben unter Gegenhaltung der Nockenwellen (Fläche in der Mitte) anziehen.
- Die Kettenführungen wieder festschrauben bzw. montieren.
- Den Kettenspanner wieder einbauen. Dazu den Hinweis auf Seite 20, links oben durchlesen. Ein neuer Kettenspanner kann eingebaut werden, da er bereits vorgespannt kommt. Den Kettenspanner einsetzen, mit dem Kolben gegen die Spannschiene, und den Stopfen mit einem neuen Dichtring eindrehen.
- Mit einem Schraubenzieher die Steuerkette und die Spannschiene gegen den Kettenspanner drücken, bis der Kolben aus der Laufbüchse austritt und die Kette spannt.
- Den weiteren Einbau in umgekehrter Reihenfolge durchführen. Beim ersten Starten des Motors eine Drehzahl von ca. 3500/min nicht überschreiten, damit sich der Kettenspanner mit Öl füllen kann.

M43-Motor

Hinweis: Ausser einer Zylinderkopfdichtung müssen neue Zylinderkopfschrauben verwendet werden.

- Alle beim M40-Motor beschriebenen Arbeiten durchführen, bis der obere Kühlerschlauch abgeschlossen wurde.
- Den oberen Steuerräderdeckel ausbauen.
- Die Zündspule ausbauen (Seite 32, rechts oben, siehe ebenfalls Bilder 56 und 57).
- Zündkerzen ausschrauben.
- Alle angeschlossenen Leitungen, Kabel, Schläuche, usw. kennzeichnen und abschliessen.
- Das Auspuffrohr vom Auspuffkrümmer abschrauben.
- Schläuche der Heizung an der Stirnwand und vom Heizungsregelventil abschliessen.
- Ansaugfiltergehäuse-Oberteil mit Luftmassenmesser ausbauen.
- Sammler-Unterteil ausbauen.
- Kurbelwelle an der Zentralschraube in Drehrichtung drehen, bis der erste Zylinder in Zünd-OT-Punkt steht. Dies am Steuerrad der Nockenwelle kontrollieren (Steuermarke oben). Die beiden Markierungsbohrungen in der Nokkenwelle stehen nach oben (Bild 33). Das Nokkenwellenrad und die Kette entsprechend Bild 35 kennzeichnen. Die Kurbelwelle in dieser Stellung fixieren, indem man den Arretierbolzen wie in Bild 34 gezeigt in den Zylinderblock einschiebt.
- Die Schrauben des Steuerrades der Nokkenwelle lockern.
- Die Schrauben des Kettenrades der Nockenwelle entfernen.
- Die Spannschiene laut Bild 37 am Sechskant zurückdrücken (im vorliegenden Fall ist jedoch der obere Steuerräderdeckel montiert), bis die Kette locker ist und zusammen mit dem Kettenrad von der Nockenwelle abgenommen werden kann. Die Kette wird dabei locker und muss oben zusammengebunden werden, damit sie nicht in den Kettenkasten fallen kann.
- Die Schrauben der Kettenspannschiene und Kettenführungsschiene entfernen.
- Den Zylinderkopf jetzt abschrauben, wie es beim M40-Motor beschrieben wurde. Die Reihenfolge zum Lösen der Schrauben entspricht Bild 61. Das Herunterheben ist mit einigen Schwierigkeiten verbunden, da man verhindern muss, dass die Kette dabei in den unteren Kettenkasten fällt. Wir empfehlen:
  - Den Zylinderkopf hin- und herwackeln, bis man fühlen kann, dass er locker ist.
  - Eine Drahtschlinge um die Kette legen und damit die Kette von einem Helfer nach oben ziehen lassen, um sie stramm zu halten.
  - Den Zylinderkopf jetzt soweit wie möglich abheben (wie dies Drahtschlinge und Kette erlauben). Da der Kopf ziemlich schwer ist, kann ein zweiter Helfer zum Abheben hinzugezogen werden.
  - Der Helfer mit der Drahtschlinge erfasst jetzt die Kette zwischen zwischen Kopf und Zylinderblock und drückt sie zusammen, so dass sie unten wieder stramm sitzt.
  - Den Kopf jetzt vollkommen herunterheben. Die Kette wird schliesslich mit der Drahtschlinge über dem Zylinderblock zusammengebunden, damit sie in ihrer Lage verbleibt.
- Die Zylinderkopfdichtung abnehmen. Ebenfalls zu entfernen sind die Gummiprofildichtungen von der Oberseite des Kettengehäuses und dem unteren Steuerräderdeckel.

Die Teile reinigen, bzw. überpüfen, wie es beim M40-Motor beschrieben wurde (Seite 34, rechts oben).

Beim Einbau folgendermassen vorgehen:

- Die Zentralschraube der Kurbelwelle verdrehen (Arretierbolzen vorher herausziehen), bis alle Kolben in der Mitte stehen (Viertelumdrehung der Kurbelwelle). Dadurch wird ein Anschlagen der Kolben gegen die Ventile beim Aufsetzen des Kopfes vermieden.
- Beide Dichtflächen nochmals auf Sauberkeit

kontrollieren. Man tut gut daran die neuen Schrauben in die Gewinde einzudrehen, um zu gewährleisten, dass diese in Ordnung sind. Ebenfalls kontrollieren, dass die Passstifte im Zylinderblock sitzen.

● Eine neue Zylinderkopfdichtung auf die Passstifte auflegen.

● Eine neue Gummiprofildichtung auf die Oberseite des Steuerkettengehäuses auflegen, die Dichtung des unteren Deckels wird im Moment nicht eingebaut.

● Kontrollieren, dass die Nockenwelle in richtiger Stellung steht (anhand der Nocken) und den Kopf auf den Block setzen, mit den Passstiften in Eingriff. Die Steuerkette muss man wieder entsprechend manipulieren, ähnlich wie es beim Ausbau beschrieben wurde. Ausserdem muss man die Kettenspannschiene von der Mitte des Motors nach aussen drücken, damit der Kopf daran vorbeikommt. Die Zylinderkopfschrauben einsetzen und soweit wie möglich mit der Hand anziehen.

● Alle Schrauben jetzt laut Anzugsdiagramm von Bild 61 (M40 und M43 haben das gleiche Anzugsdiagramm) folgendermassen anziehen:

— Alle Schrauben in Reihenfolge mit einem Anzugsdrehmoment von 30 Nm anziehen.
— In Reihenfolge des Diagramms alle Schrauben im Winkelanzug von 90° nachziehen. Normalerweise wird dazu eine Gradscheibe benutzt. Andernfalls die Stecknuss ohne Drehmomentschlüssel ansetzen und den Knebel rechtwinklig zum Zylinderkopf einsetzen. Die Schraube jetzt anziehen, bis der Knebel längs des Zylinderkopfes steht.

● Die Kurbelwelle wieder zurückdrehen, um den Kolben des 1. Zylinders auf OT zu bringen. Der Arretierbolzen muss sich wieder in den Zylinderblock und die Kurbelwelle einsetzen lassen.

● Die Kettenführungsschiene und die Spannschiene am Zylinderkopf anschrauben (Bild 39).

● Die Oberseite der Kettenspannschiene wie beim Ausbau zurückdrücken. Das Nockenwellenrad verdrehen, bis das Steuerzeichen senkrecht an der Oberseite steht (Farbmarkierungen sind ausgerichtet) und in die wieder gelöste Kette einsetzen. Kettenrad an der Nockenwelle ansetzen und sofort kontrollieren, dass das Steuerzeichen stimmt. Die Schrauben unter Gegenhaltung der Nockenwelle nur handfest anziehen. Die Schrauben kommen in die Mitte der Langlöcher, müssen sich aber noch bewegen lassen.

● Das obere Ende der Spannschiene zurücklassen. Diese drückt dabei gegen die Kette und bringt die Schrauben in die richtige Lage. Die Schrauben werden jetzt angezogen.

● Den weiteren Einbau in umgekehrter Reihenfolge durchführen. Beim ersten Starten des Motors eine Drehzahl von ca. 3500/min nicht überschreiten, damit sich der Kettenspanner mit Öl füllen kann.

Hinweis: Bei einem Motor, bei welchem die Enden der Ventile in Vertiefungen des Zylinderkopfes sitzen (z.B. M43-Motor), muss man einen Ventilheber verwenden, welcher die auf Seite 43 gezeigte Arbeitsweise hat.

2.5.2 Zerlegung des Zylinderkopfes

Obwohl der Aufbau des Zylinderkopfes der einzelnen Motoren unterschiedlich ist, werden die Arbeiten zusammengefasst.

● Ansaugsammelrohr und Auspuffkrümmer abschrauben, soweit sie noch montiert sind.

● Falls es möglich ist, dass man die Ventile wieder einbauen sollte, sind die Tellerflächen mit einer Zahl zu versehen.

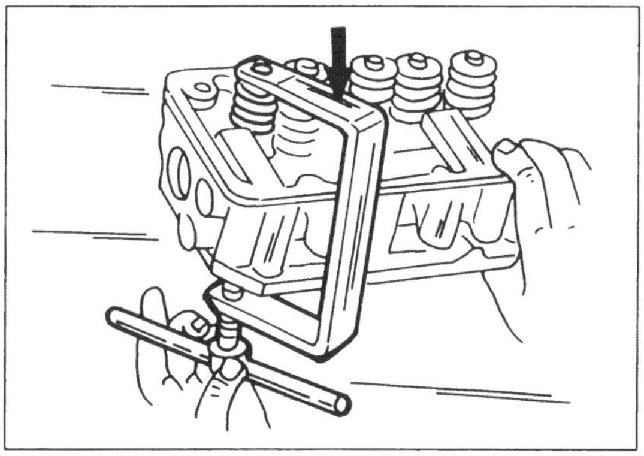

Bild 63
Verwendung eines Ventilhebers, auch als Ventilfederzange bekannt.

● Zum einwandfreien Ausbau der Ventile einen Ventilheber benutzen. Das Werkzeug wird am Zylinderkopf angesetzt, wie es in Bild 63 dargestellt ist. Den Hebel des Werkzeuges herunterdrücken. Dabei werden die Ventilfedern zusammengedrückt und die Ventilkegelhälften, Ventilfedern, Federsitzringe und die Ventildichtringe können jetzt entfernt werden. Die Ventile aus den Führungen ziehen. Falls die Ventilkegelstücke festsitzen, kann man mit einem Hammer kurz auf das Ende des Ventils schlagen. Die Kegelstücke werden seitlich herausgenommen, wie es Bild 64 zeigt.

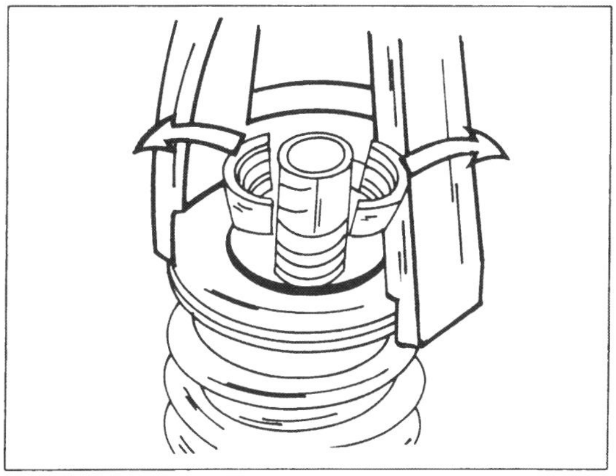

Bild 64
Die beiden Ventilkegelstücke seitlich herausnehmen. Links und rechts sind die Stege des Ventilhebers auf dem oberen Teller angesetzt.

● Die Ventile der Reihe nach herausziehen und durch den Boden einer umgekehrten Pappschachtel stossen. Noch besser ist es, wenn man alle zu einem Ventil gehörenden Teile in kleinen Kunststoffbeuteln mit der entsprechenden Ventilnummer aufbewahrt. Wir gehen davon

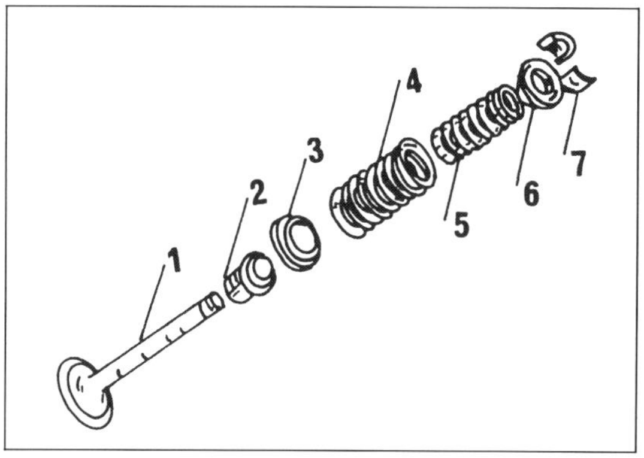

Bild 65
Die Einzelteile eines Ventils.
1 Ventil
2 Ventilschaftabdichtung
3 Federteller, unten
4 Aussenventilfeder
5 Innenventilfeder
6 Federteller, oben
7 Ventilkeile

Bild 66
Die Hydrostössel werden in gezeigter Weise ausgebaut und eingebaut. Sie müssen in der gezeigten Aufrechtstellung aufbewahrt werden.

aus, dass Nr. 1 auf der Steuerseite sitzt. Bild 65 zeigt die zu jedem Ventil gehörenden Teile.

● Bei einem M43-Motor die Nockenwelle, Schlepphebel, Druckstücke und Hydrostössel ausbauen, wie es bereits in Kapitel 2.1.12 auf Seite 26 beschrieben wurde. Auch der Einbau wird in diesem Kapitel beschrieben.

● Bei einem M42-Motor die Nockenwellen und anderen Teile ausbauen, wie es in Kapitel 2.1.12 auf den Seiten 23 bis 25 beschrieben ist, unter Beachtung der besonderen Hinweise.

● Bei einem M40-Motor den folgenden Anweisungen zum Aus- und Einbau der Nockenwelle folgen.

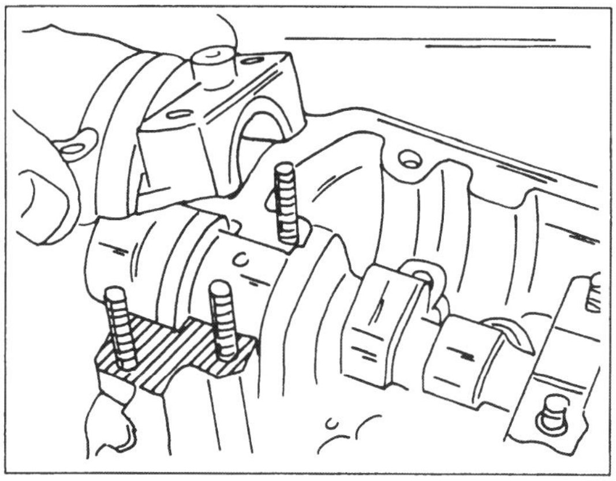

Bild 67
Vor Aufsetzen des vorderen Lagerdeckels die am Kopf gezeigte Stelle mit Dichtungsmasse einschmieren. Ebenfalls auf der gegenüberliegenden Seite. Hier sitzt der Öldichtring.

M40-Motor, Nockenwelle, Schlepphebel, usw.

Hinweis: Die Nockenwelle hat einen Öldichtring, welcher beim Einbau erneuert werden muss. Ausserdem die Dichtringe der eingebauten Ölspritzdüsen ersetzen.

● Die Ölleitung zur Nockenwellenschmierung abbauen (3 Schrauben an den Lagerdeckeln). Die Dichtringe abnehmen (wegwerfen, neue einbauen).

● Die Lagerdeckel entsprechend der Reihenfolge von Bild 45 lockern. Jede Mutter wird nur stückweise gelockert, bis alle Muttern einfach abgeschraubt werden können. Keinen ungleichmässigen Druck durch die Nockenwelle auf die Schlepphebel erlauben. Nach Abnehmen der einzelnen Deckel die Nockenwelle herausnehmen. Die Deckel sind von 2 bis 5 gezeichnet, nur der Deckel an der Riemenseite hat keine Zahl. Anstelle ist der Buchstabe "F" eingeschlagen. Die Deckel später entsprechend einbauen. Die Schlepphebel jetzt der Reihe nach abnehmen und in Einbauposition ablegen. Den Öldichtring von der Nockenwelle herunterziehen.

● Die Stössel können jetzt herausgezogen werden, wie es in Bild 66 zu sehen ist. Stössel werden aufrecht stehend in Öl aufbewahrt und müssen ausserdem nach Einbauposition gehalten werden. Die Kugelenden (in Bild 66 deutlich zu sehen) der Hydrostössel müssen bei Aufbewahrung nach oben stehen. Druckstücke der Stössel ebenfalls mit jedem Hydrostössel zusammenhalten.

Beim Einbau der Teile folgendermassen vorgehen:

● Die Stösselbohrungen im Zylinderkopf einölen und die Stössel in die entsprechenden Bohrungen einsetzen. Stössel während der gesamten Einbauphase aufrecht halten. Die Druckstücke und die Schlepphebel wieder in die Originallage zurückbringen.

● Lagerflächen der Nockenwelle gut einölen und die Welle einlegen. Es wird vorausgesetzt, dass die Ventile des ersten Zylinders noch geschlossen sind. Die Seiten des hinteren Nockenwellenflansches müssen ähnlich wie in Bild 43 gezeigt, rechtwinklig ausgerichtet sein (nur dass dieses Mal nur eine Welle vorhanden ist).

● Die Lagerflächen der Deckel einölen und die Deckel entsprechend der Numerierung aufsetzen. Die Auflageflächen des vorderen Dekkels, links und rechts, mit etwas Dichtungsmasse einschmieren (Bild 67). Die Muttern aufschrauben und entgegengesetzt der Reihenfolge von Bild 45 Stück für Stück bis zum endgültigen Drehmoment anziehen. Dabei darauf achten, dass sich die Schlepphebel nicht verschieben können.

- Neue Dichtringe verwenden und die Ölleitung wieder montieren.
- Etwas Klebband um das Ende der Nockenwelle wickeln, einen neuen Dichtring an der Lippe einölen und über die Nockenwelle und in den vorderen Deckel einschieben. Nachdem er gut sitzt, ihn mit einem passenden Rohrstück einschlagen, bis er richtig sitzt. Das Klebband wieder entfernen.

2.5.3 Zylinderkopf überholen

Ventilfedern: Zur einwandfreien Kontrolle der Ventilfedern sollte ein vorschriftsmässiges Federprüfgerät verwendet werden. Falls dieses nicht zur Verfügung steht:

- Eine gebrauchte Feder mit einer neuen Feder vergleichen. Dazu beide Federn in einen Schraubstock einspannen und diesen langsam schliessen. Falls beide Federn um den gleichen Wert zusammengedrückt werden, ist dies eine sichere Anzeige, dass sie ungefähr die gleiche Spannung haben.
- Lässt sich die alte Feder jedoch weitaus kürzer als die neue Feder zusammendrücken, so ist dies ein Zeichen von Ermüdung und die Federn sollten im Satz erneuert werden.
- Die Federn der Reihe nach so auf eine glatte Fläche aufstellen (Glasplatte). Einen Stahlwinkel neben der Feder aufsetzen. Den Spalt zwischen der Feder und dem Winkel an der Oberseite ausmessen, welcher nicht mehr als 2,0 mm betragen darf. Andernfalls ist die Feder verzogen.

Ventilführungen

- Die Ventilführungen reinigen, indem man einen in Benzin getränkten Lappen durch die Führungen hin- und herzieht. Ebenfalls die Ventilschäfte einwandfrei reinigen und danach der Reihe nach die Ventile in ihre entsprechenden Bohrungen einsetzen.
- Eine Messuhr mit einem geeigneten Halter an der Oberseite des Zylinderkopfes anbringen (Bild 68) und das Ventil aus der Bohrung herausdrücken, bis das Ende des Ventilschaftes bündig mit der Ventilführung auf der anderen Seite des Zylinderkopfes abschneidet.
- Den Ventilteller an der Oberseite hin- und herbewegen und die Anzeige an der Messuhr ablesen. Falls diese mehr als 0,5 mm bei Einlassventilen oder Auslassventilen beträgt, kann man annehmen, dass die Ventilführung meistens erneuert werden muss. Zum vorschriftsmässigen Ausmessen des Laufspiels der Ventilschäfte muss man ein Innen- und ein Aussenmikrometer zur Verfügung haben. Der Unterschied zwischen dem grössten Mass der Führung und des Ventils stellt das Laufspiel dar. Die Messung an mindestens drei Stellen des Schaftes und drei Tiefen der Bohrung vornehmen.

Bild 68
Das sogenannte "Kippspiel" der Ventile ausmessen. Höchstwert 0,50 mm.

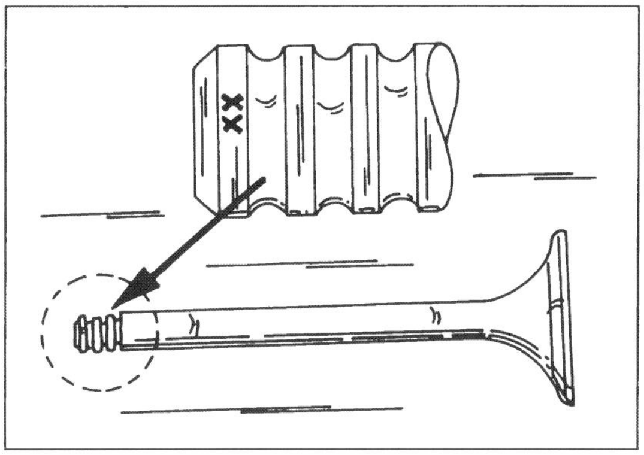

Bild 69
Ventile sind an der gezeigten Stelle gezeichnet (R1 oder R2 zum Beispiel), falls sie einen Übergrösse-Schaft haben.

Die folgenden Hinweise müssen beachtet werden, wenn man die Absicht hat die Ventilführungen zu erneuern:

- Die Ventilschäfte und damit die Ventilführungen haben nicht bei allen Motoren den gleichen Durchmesser.
- Falls eine Ventilführung ausgeschlagen ist, kann man sie auf die nächste Grösse aufreiben und Ventile mit Übergrösse-Schäften einbauen. Die Ventile sind in diesem Fall an der in Bild 69 gezeigten Stelle gezeichnet. Zwecks Präzision wäre es vielleicht besser, wenn man die Arbeit in einer Motorenwerkstatt durchführen lässt.

Warnung: Untaugbare Auslassventile von M40- und M42-Motoren nicht einfach wegwerfen. Darüber unter der Überschrift "Ventile" auf der nächsten Seite nachlesen. Ventile sind mit Sodium gefüllt.

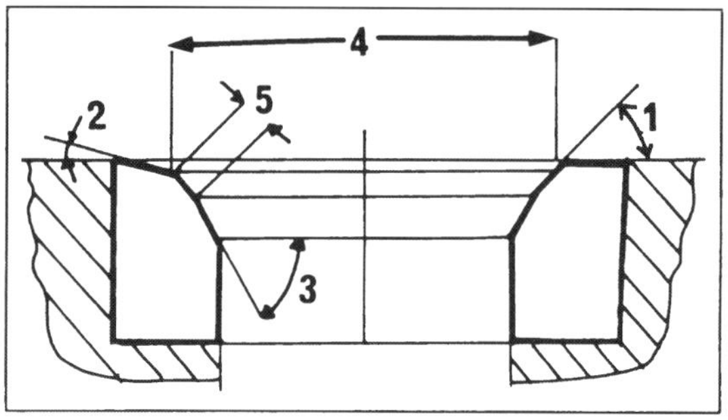

Bild 70
Die wichtigen Abmessungen der Ventilsitze.
1 Ventilsitzwinkel
2 Korrekturwinkel, aussen
3 Korrekturwinkel, innen
4 Aussendurchmesser der Sitzfläche
5 Ventilsitzbreite

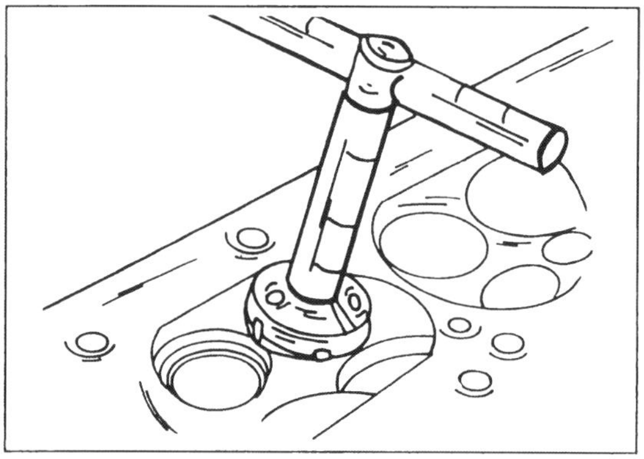

Bild 71
Ventilsitze werden mit einem Fräser nachgearbeitet, welcher den entsprechenden Winkel haben muss.

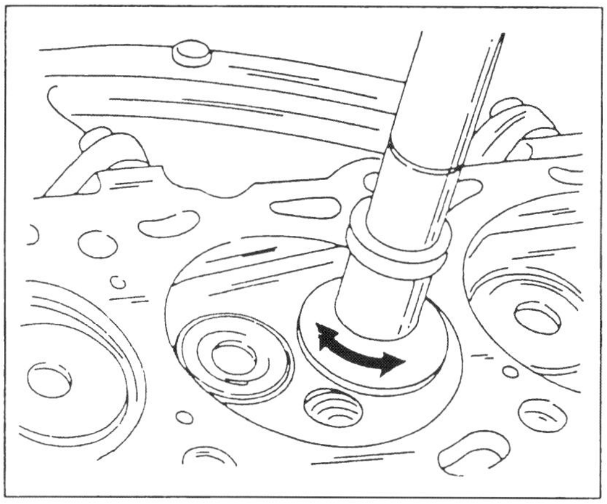

Bild 72
Einschleifen eines Ventils mit einem Sauger. Den Sauger in der Pfeilrichtung entsprechend den Anweisungen im Text bewegen.

- Den Allgemeinzustand des Zylinderkopfes überprüfen, ehe man eine Ventilführung erneuern lassen will. Wir sagen erneuern lassen, da die Ersatzführung auf —150° in Trockeneis abgekühlt werden muss. Da wir die Handhabung von Trockeneis als gefährlich betrachten, sollten Sie das Erneuern der Führungen einem Fachmann überlassen. Bringen Sie den Kopf in eine Motorenwerkstatt.
- Wenn die Ventilführungen erneuert werden, erneuert man die Ventile ebenfalls. Die Ventilsitze müssen dann nachgeschliffen werden.

Die Ventilsitze müssen nachgefräst werden, wenn eine Ventilführung erneuert wurde (siehe unter Überschrift "Ventilsitze"). Wird der Kopf zur Erneuerung von Führungen in eine Werkstatt gebracht, wird man dies bestimmt da durchführen.

Ventilsitze

Falls die Nockenwellenlager ausgeschlagen sind, muss man sich überlegen, ob man einen Austauschzylinderkopf einbauen sollte. In diesem Fall brauchen keinerlei Arbeiten an den Ventilsitzen durchgeführt werden.

- Alle Ventilsitze auf Zeichen von Verschleiss oder Narbenbildung kontrollieren. Leichte Verschleisserscheinungen können mit einem 45°-Fräser entfernt werden. Falls der Sitz jedoch bereits zu weit eingelaufen ist, müssen die Ventilsitze neu gefräst werden. Besonders möchten wir hier auf die Ventilsitzbreite hinweisen, welche in Bild 70 mit Position 5 angegeben ist. Falls diese bei den Einlassventilen nicht zwischen 1,4 bis 1,9 mm oder bei den Auslassventilen zwischen 1,75 bis 2,25 mm liegt, müssen die Sitze nachgearbeitet werden. Auch hier empfehlen wir, dass man den Kopf in eine Motorenwerkstatt bringt, um die Arbeit fachmännisch durchführen zu lassen.
- Die Ventilsitze müssen nachgefräst werden, wenn neue Ventilführungen eingezogen wurden. Dabei wie folgt vorgehen. Die Angaben werden nur für technisch versierte Leute gegeben:
  - Den 45°-Winkel fräsen (1, Bild 70). Bild 71 zeigt beim 16V-Motor, wie man einen Fräser im Ventilsitz ansetzt.
  - Die Unterkante mit einem 60°-Fräser (3) leicht bearbeiten, um die Breite des Ventilsitzes (5) zu verringern. Die Fräsarbeiten sind zu beenden, sobald der Sitz innerhalb der angegebenen Breite liegt.

Bei den Motoren können die Ventilsitzringe erneuert werden. Erkundigen Sie sich in Ihrer Werkstatt darüber.

- Nachgearbeitete Ventilsitze einschleifen. Dazu die Ventilsitzfläche mit etwas Schleifpaste einschmieren und das Ventil in den entsprechenden Sitz einsetzen. Einen Sauger am Ventil anbringen und das Ventil hin- und herbewegen (Bild 72). Ab und zu das Ventil mit dem Sauger anheben, es um eine Viertelumdrehung verdrehen und mit dem Einschleifen fortfahren.
- Nach dem Einschleifen alle Teile gründlich von Schmutz und Schleifpaste reinigen und den Ventilsitz an Ventilteller und Sitzring kontrollieren. Ein ununterbrochener, matter Ring muss an beiden Teilen sichtbar sein und gibt die Breite des Ventilsitzes an.
- Mit einem Bleistift einige Striche auf dem Ring am Ventilteller anzeichnen. Die Striche sollten ungefähr in Abständen von 1 mm ringsherum eingezeichnet werden. Danach das Ventil vorsichtig in die Führung und den Sitz fallen lassen und das Ventil um 90° verdrehen, wobei jedoch ein gewisser Druck auf das Ventil auszuüben ist.
- Das Ventil wieder herausnehmen und kon-

trollieren, ob die Bleistiftstriche vom Sitzring entfernt wurden. Falls sich die Ventilsitzbreiten innerhalb der angegebenen Werte befinden, kann der Kopf wieder eingebaut werden. Andernfalls die Ventilsitze nacharbeiten lassen oder in schlimmen Fällen einen Austauschkopf einbauen. Ihre Werkstatt wird am besten in der Lage sein Sie darüber zu beraten, ehe die Arbeiten begonnen werden.

Ventile

Kleinere Beschädigungen der Ventiltellerflächen können durch Einschleifen der Ventile in die Sitze des Zylinderkopfes berichtigt werden, wie es bereits oben beschrieben wurde.

- Ventile entsprechend den Angaben in Bild 73 ausmessen und alle nicht diesen Massen entsprechenden Ventile erneuern. Zu beachten sind die Unterschiede zwischen den Einlass- und den Auslassventilen sowie zwischen den einzelnen Motoren.
- Falls die Enden der Ventilschäfte Verschleiss aufweisen, müssen die Ventile erneuert werden, da man die Schaftenden nicht nachschleifen kann.
- Die Teller der Ventile können in einer Ventilschleifmaschine nachgeschliffen werden, jedoch ist dies nicht mehr als ein- oder zweimal möglich. Bei den Ventilen spricht man von einer Ventiltellerkante. Diese, in Bild 74 mit "A" angegeben, darf nach dem Nachschleifen nicht kleiner als 1,0 mm sein. Da dies jedoch wieder eine Arbeit für eine Werkstatt ist, müssen Sie vorher entscheiden, wie gross der Verschleiss ist,um zu schätzen, ob die Ventile noch innerhalb der Mindestgrenze an den Kanten gehalten werden können.

Schlechte Ventile können auch durch Einschleifen wieder verwendungsfähig gemacht werden oder man erneuert sie.

Die Durchmesser der Ventilschäfte im Zusammenhang mit den Innendurchmessern der Ventilführungen ausmessen und aus dem Ergebnis die notwendigen Schlüsse ziehen.

Warnung: Die Auslassventile bestimmter Motoren sind mit Sodium gefüllt. Diese müssen in vorgeschriebener Weise verschrottet werden lassen. Am besten bringen Sie sie in eine Werkstatt. Ventile werden bekannterweise gern als Schlagdorne benutzt. Auf keinen Fall diese Ventile dazu verwenden.

Zylinderkopf

Die Dichtflächen von Zylinderkopf und Zylinderblock einwandfrei reinigen und die Zylinderkopffläche auf Verzug kontrollieren. Dazu ein Messlineal auf den Kopf auflegen, ähnlich wie es in

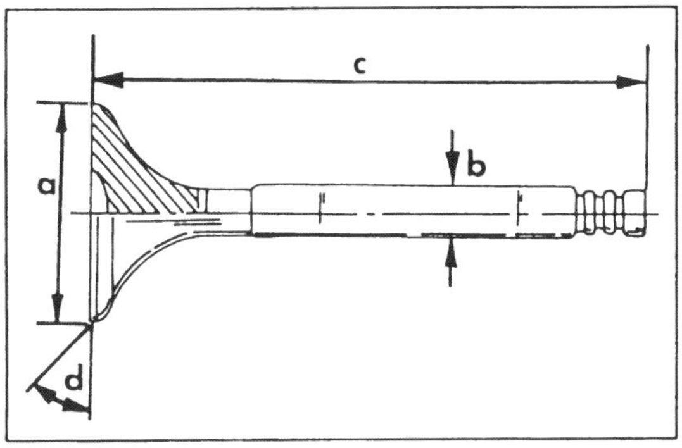

Bild 73
Die hauptsächlichsten Masse der Ventile (siehe Mass- und Einstelltabelle) sind an den gezeigten Stellen auszumessen;
a = Ventiltellerdurchmesser
b = Ventilschaftdurchmesser
c = Ventillänge

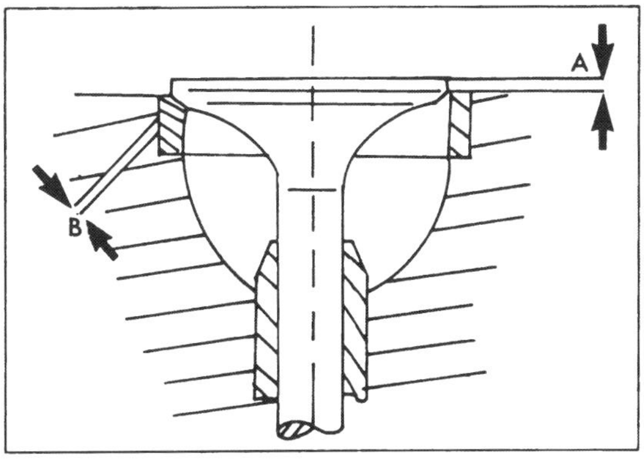

Bild 74
Die Ventiltellerkante (A) und die Ventilsitzbreite (B) an einem Ventil.

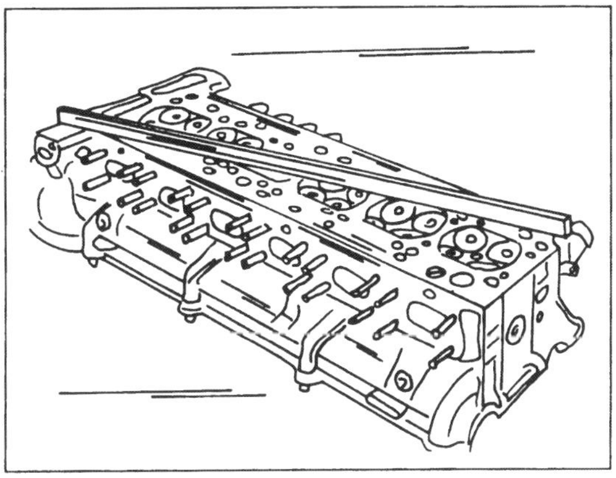

Bild 75
Den Zylinderkopf in der gezeigten Weise auf Verzug ausmessen. Weitere Messungen sind längs und quer zum Kopf durchzuführen.

Bild 75 gezeigt ist, und mit einer Fühlerlehre den Lichtspalt längs, quer und diagonal zur Zylinderkopffläche ermitteln. Falls sich eine Blattlehre von mehr als 0,05 mm Stärke (M40, M42) oder 0,03 mm (M43) einschieben lässt, kann man den Zylinderkopf planschleifen lassen. Ist der Spalt an irgendeiner Stelle grösser, muss der Kopf erneuert werden.

Der Zylinderkopf kann plangeschliffen werden, solange man die Mindesthöhe des Kopfes einhält (siehe Mass- und Einstelltabelle). Falls der Zylinderkopf in der Höhe niedriger ist, muss er erneuert werden.

Nockenwelle

Die Nockenwelle und alle damit verbundenen Ar-

beiten sind unter getrennter Überschrift zusammen mit der Steuerung beschrieben, entweder in den bereits beschriebenen Kapiteln oder auf Seite 38.
Folgende Überprüfungen können an der Nockenwelle vorgenommen werden:

- Das Axialspiel muss bei eingebauter Nockenwelle kontrolliert werden. Das Spiel muss entweder zwischen 0,065 bis 0,150 mm (M40 und M43) oder 0,15 bis 0,33 mm (M42) liegen. Falls es grösser ist, muss man den Kopf in eine Werkstatt bringen, um die Verschleissstellen feststellen zu lassen. Zur Kontrolle eine Messuhr an der Stirnseite des Kopfes anbringen, den Messfinger, auf Null gestellt, auf das Ende der Nockenwelle aufsetzen und die Welle hin- und herbewegen. Die Anzeige ist das Axialspiel.

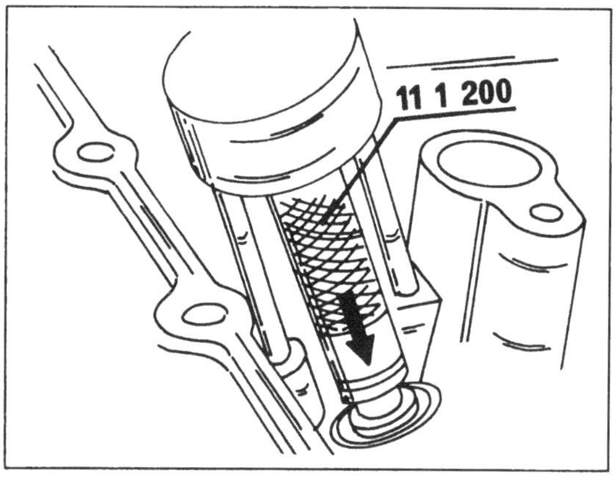

Bild 76
Aufdrücken einer Ventilschaftabdichtung. Gezeigt ist das Spezialwerkzeug. Ein ähnliches Druckstück muss benutzt werden.

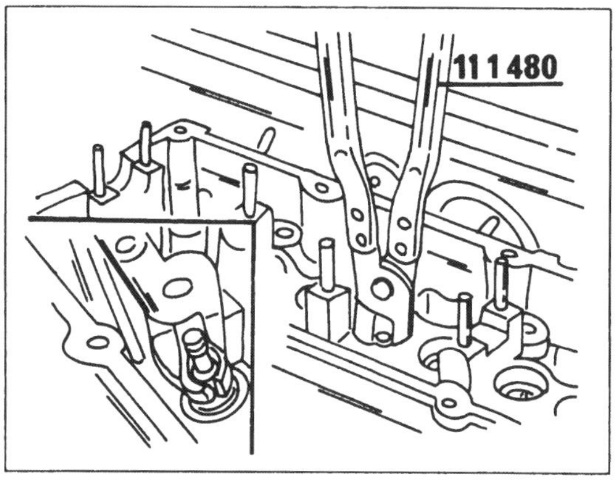

Bild 77
Benutzung der im Text genannten Spezialzange zum Ausbau der Ventilschaftdichtringe, wenn diese in Vertiefungen im Zylinderkopf sitzen.

- Das Laufspiel der Nockenwellenlager kann ausgemessen werden. Gemessen werden die Durchmesser der Lagerzapfen und die Innendurchmesser der Lagerbohrungen bei aufgeschraubten Lagerdeckeln. Der Unterschied ist das Lagerlaufspiel (siehe Masstabelle).

Ventilschaftabdichtungen
Diese sollen getrennt behandelt werden, wenn sie bei einem M43-Motor erneuert werden, da sie in den Vertiefungen des Zylinderkopfes sitzen. Bei den anderen Motoren können sie in ähnlicher Weise ausgebaut werden, jedoch eignet sich auch eine einfache Zange oder ein Schraubenzieher, da sie leichter zugänglich sind.
In Bild 76 kann man eine Zange sehen, mit welcher die Abdichtungen heruntergezogen werden. Beim Werkzeug handelt es sich um die Spezialzange 11 1 480, jedoch kann man aus dem Bild ersehen, wie die Zange aussieht und sich entsprechend helfen.
Der Einbau der Abdichtungen, welche immer erneuert werden müssen, wird untenstehend beschrieben.

2.5.4 Zylinderkopf zusammenbauen

Den Zylinderkopf entsprechend den nachfolgend angeführten Anweisungen und in umgekehrter Reihenfolge wie beim Zerlegen zusammenbauen:

Hinweis: Neue Ventilschaftabdichtungen müssen vorliegen. Ebenfalls ist ein Ventilheber (Ventilfederzange) erforderlich.

Falls ein neuer Zylinderkopf eingebaut werden soll, müssen die Stiftschrauben des Ansaugkrümmers und Auspuffkrümmers vom alten auf den neuen Kopf umgerüstet werden.

- Die Ventile (gut eingeölt) in die Bohrungen einsetzen und die Teile der Reihe nach auf jedes Ventil montieren.
- Die Ventilschaftabdichtung über den Ventilschaft schieben und auf die Ventilführung aufpressen. Die dem Dichtungssatz beiliegende Kunststoffschutzkappe über das Ende des Ventilschaftes schieben. Manchmal kommen die neuen Abdichtungen ohne Schutzkappen. In diesem Fall muss man die Enden der Ventile mit Klebband umwickeln, damit die Abdichtungen nicht durch die Nut im Schaftende beschädigt werden. Die Abdichtungen werden in der in Bild 77 gezeigten Weise aufgeschoben. Eine ähnliche Vorrichtung muss man benutzen (z.B. eine Stecknuss könnte sich eignen). Das Klebband danach wieder abziehen.
- Nach Aufsetzen der Ventilfedern und Ventilfederteller die Federn zusammendrücken und die beiden Ventilkegelhälften einsetzen. Die Innenseite der Kegelstücke mit etwas Fett einschmieren, damit sie sich ankleben können. Den Ventilheber langsam zurücklassen, während gleichzeitig kontrolliert wird, dass die Kegelstücke gut in die Nut des Ventilschaftes eingreifen. Mit einem Hammer auf das Ende jedes Ventils schlagen. Nicht sitzende Ventilkegelstücke fliegen dabei heraus — als Vor-

sichtsmassnahme einen Lappen darüberlegen.

- Der weitere Zusammenbau geschieht in umgekehrter Reihenfolge wie das Zerlegen. Die Nockenwelle(n) muss bzw. müssen eingebaut werden, wie es im betreffenden Kapitel beschrieben wurde. Beim M40-Motor wird der Einbau auf den Seiten 38 und 39 beschrieben, bei den anderen Motoren in Kapitel 2.1.12, Seiten 23 bis 26.

Ventile ausbauen, wenn Ventilenden in Vertiefungen des Zylinderkopfes sitzen
Bei bestimmten Motoren sitzen die Ventilenden in der Innenseite von Vertiefungen, d.h. der verwendete Ventilheber muss einen Stempel haben, der die Ventilfedern zusammendrücken kann. Dieser muss die in Bild 78 gezeigte Wirkungsweise haben. Herkömmliche Ventilfederzangen sind bei dieser Ausführung ungeeignet, da man nicht an die Ventilkeile heran kann.

2.6 Kolben und Pleuelstangen

2.6.1 Ausbau und Zerlegung

Achtung: Bei Motoren mit Ölspritzdüsen zur Kolbenkühlung (z.B. M43-Motor) sind diese an der Zylinderunterseite zwischen den Lagerstühlen eingebaut. Die Anordnung und die Form einer Düse kann in Bild 79 gesehen werden. Beim Ausbau der Kolben dürfen die Ölspritzdüsen nicht beschädigt werden. Normalerweise muss die Flucht der Spritzdüsen mit einem Spezialwerkzeug kontrolliert werden.

Kolben und Pleuelstangen können bei eingebautem Motor erneuert werden, falls man zum Beispiel nur einen Kolben oder ein Pleuellager erneuern will. In diesem Fall den Zylinderkopf und die Ölwanne ausbauen, wie es an anderer Stelle beschrieben ist. Ist eine grössere Reparatur angesagt, muss der Motor ausgebaut werden.
Die Kolben und Pleuelstangen werden mit einem Hammerstiel von der Innenseite des Zylinderblocks nach oben zu herausgestossen, nachdem die Pleuellagerdeckel und Lagerschalen abmontiert wurden. Vor der Durchführung dieser Arbeiten sind die nachstehenden Anweisungen betreffend Kennzeichnung, Einbaurichtung und Eigenarten zu beachten:

- Jeden Kolben und die dazugehörige Pleuelstange mit der Nummer des Zylinders versehen, aus welchem sie ausgebaut wurden. Dies kann man am besten durchführen, indem man die Zylindernummer mit Farbe auf den Kolbenboden aufzeichnet (Bild 80). Ebenfalls einen zur Vorderseite des Motors weisenden Pfeil in den Kolbenboden einzeichnen. Kolbenböden sind mit einem Pfeil gezeichnet, die man jedoch aufgrund der Ölkohle nicht sehen kann. Aus diesem Grund ist die Kennzeichnung erforderlich. Daran denken, dass man beim Abkratzen der Ölkohle die Kennzeichnung entfernen könnte.

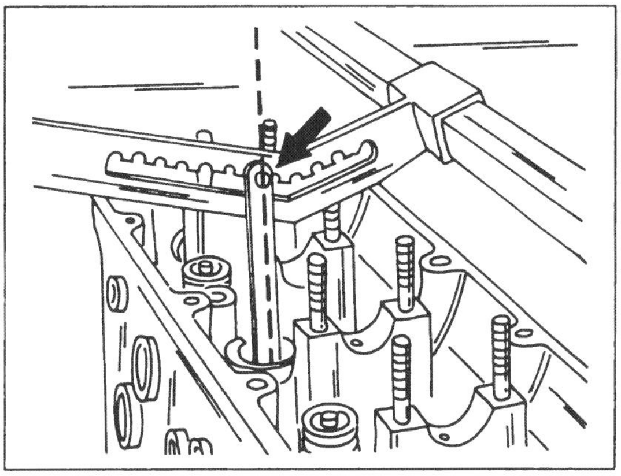

Bild 78
Benutzung eines Ventilhebers, dessen Stempel in die Vertiefungen des Zylinderkopfes eingreifen kann.

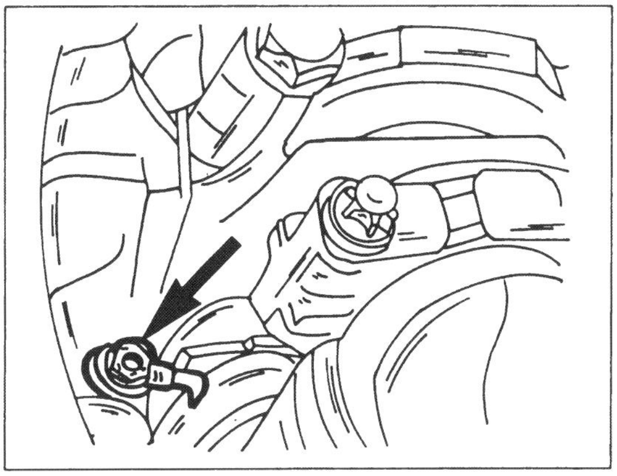

Bild 79
Die an der gezeigten Stelle sitzenden Teile sind die Ölspritzdüsen zur Kolbenkühlung.

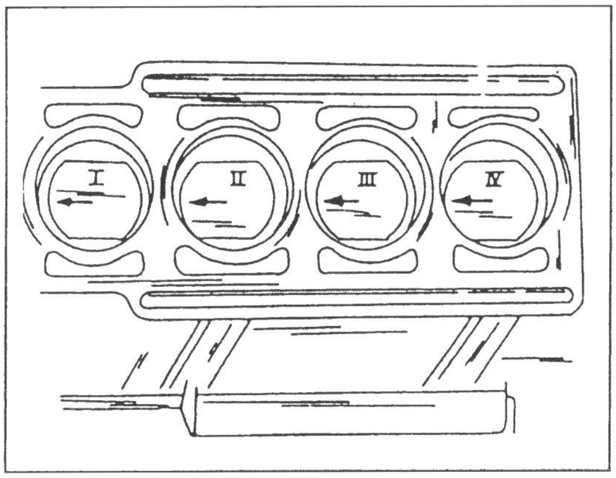

Bild 80
Kennzeichnen der Kolbenböden vor dem Ausbau der Kolben und Pleuelstangen. Tip: Nicht die Zahlen beim Abkratzen der Ölkohle entfernen.

- Beim Ausbau eines Kolbens mit der Pleuelstange die genaue Einbaurichtung des Pleuellagerdeckels beachten und vor dem Abschrauben eines Deckels den Pleuel und den Lagerdeckel auf einer Seite mit der Zylindernummer zeichnen. Normalerweise sind Pleuel und Lagerdeckel mit einer Paarungsnummer gezeich-

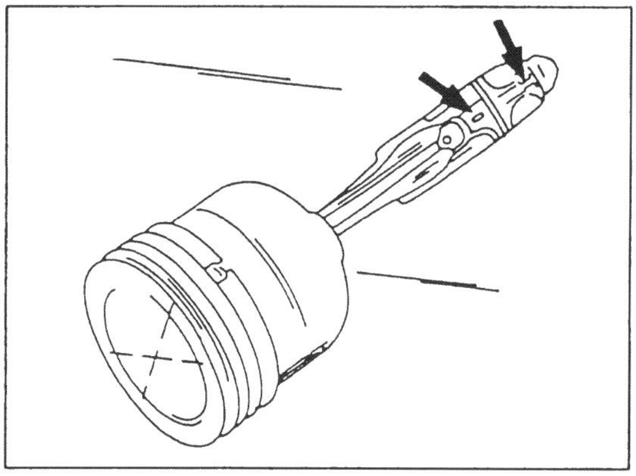

Bild 81
Pleuelstangen und Lagerdeckel können an gegenüberliegenden Stellen (Pfeile) mit der Zylindernummer gezeichnet werden.

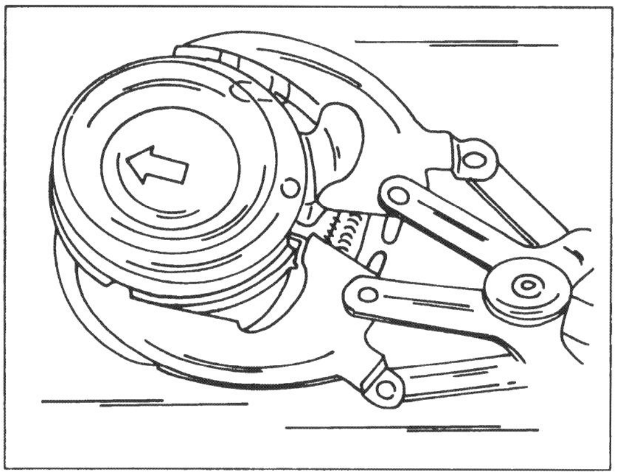

Bild 82
Abnehmen oder Aufsetzen der Kolbenringe mit einer Kolbenringzange. Der Ring wird mit den kleinen Klauen der Zange erfasst.

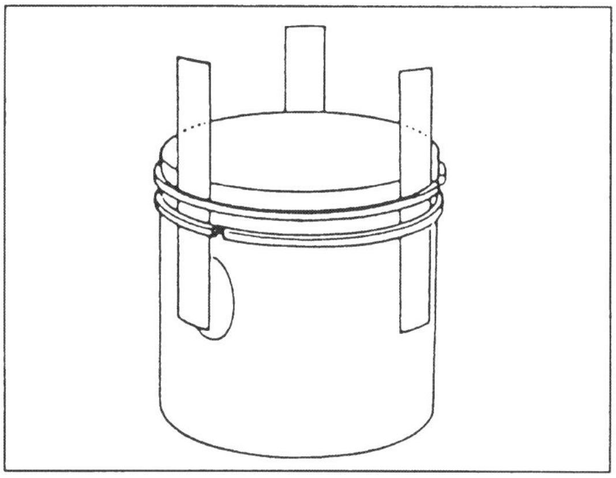

Bild 83
Benutzung von Metallstreifen zum Abnehmen von Kolbenringen.

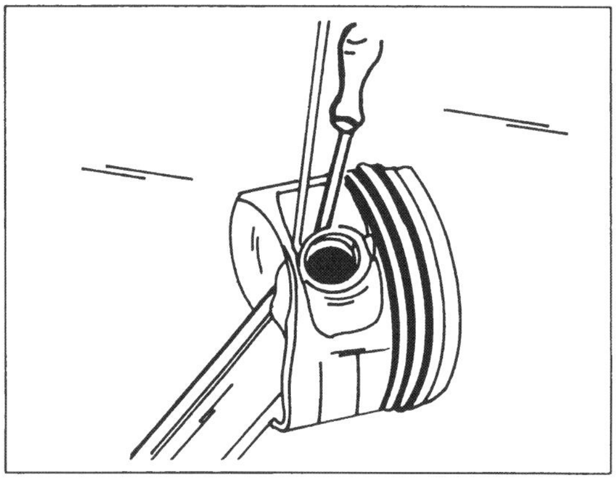

Bild 84
Ausbau eines Kolbenbolzen-Sicherungsringes. Mit einem kleinen Schraubenzieher den Ring aus der Nut heben, einen zweiten unter den Ring einsetzen und diesen aushebeln. Der Ring kann dabei wegspringen.

net, die man beim Zusammenbau nicht verwechseln darf. Ist die Nummer nicht sichtbar, lässt sich die Kennzeichnung am besten mit einem Körner durchführen (Zylinder Nr. 1 einen Körnerschlag, usw.), wie es Bild 81 zeigt. Beim Abnehmen der Pleuellagerdeckel wird man einen Buchstaben mit einer Zahl im Deckel sehen. Diese weist auf die Gewichtsgruppe hin. Innerhalb eines Motors dürfen nur Pleuel gleicher Gewichtsgruppe verwendet werden.

- Lagerschalen entsprechend der Pleuelstange und zum Lagerdeckel zeichnen. Ebenfalls die oberen und unteren Lagerschalen mit Farbe auf dem Rücken zeichnen.

Beim Ausbau der Kolben folgendermassen vorgehen, wobei angenommen wird, dass der Motor ausgebaut und Zylinderkopf, Ölwanne und andere versperrende Teile ausgebaut sind:

- Die Lagerdeckel und die Schalen entfernen und die Teile wie oben erwähnt herausstossen. Falls erforderlich, den Ölkohlering an der Oberseite der Zylinderbohrungen mit einem Schaber abkratzen. Je zwei der Kurbelkröpfungen sollten dabei an der Unterseite stehen. Danach den Motor durchdrehen, um an die beiden anderen zu kommen.
- Die Kolben/Pleuelstangeneinheit kontrollieren, wie es in Kapitel 2.6.3 beschrieben ist. Falls sich daraus ergibt, dass Verschleiss oder Schäden feststellbar sind, kann die gesamte Einheit weggeworfen und durch Neuteile ersetzt werden.
- Falls nur die Kolbenringe erneuert werden müssen, können sie mit einer Kolbenringzange der Reihe nach über den Kolbenboden abgenommen werden. Die Zange in der in Bild 82 gezeigten Weise am Kolbenring ansetzen und diesen ausdehnen, bis er aus der Nut genommen werden kann. Falls die Ringe wieder verwendet werden sollen, sind sie entsprechend zu zeichnen. Falls keine Kolbenringzange zur Verfügung steht, können Metallstreifen an gegenüberliegenden Seiten des Kolbens unter den Ring geschoben werden, wie es im Diagramm von Bild 83 gezeigt ist. Einen Streifen unbedingt unter das Ende des Ringes unterlegen, um Kratzer zu vermeiden. Kräftige Blattfühlerlehren können ebenfalls dazu benutzt werden.
- Zum Trennen des Kolbens von der Pleuelstange den Sicherungsring aus dem Kolbenauge aushebeln. Da der Sicherungsring keine Ösen hat, muss man ihn wie in Bild 84 gezeigt aus dem Kolbenauge entfernen. Den Kolbenbolzen herausdrücken. *Kolben und Kolbenbolzen sind gepaart, müssen also jeweils zusammengelassen werden.*
- Die Pleuellagerdeckel sofort wieder an der Pleuelstange anschrauben.

Der Zusammenbau von Kolben und Pleuelstangen wird unter getrennter Überschrift beschrieben.

2.6.2 Zylinderbohrungen ausmessen

Zum Ausmessen der Zylinderbohrungen ist eine Zylindermessuhr erforderlich, mit der es möglich ist, die Mitte und die Unterseite der Bohrung auszumessen. Falls eine Messuhr nicht vorhanden ist, können die folgenden Arbeiten nicht durchgeführt werden.
Die Messungen der Zylinderbohrungen sind in Längs- und Querrichtung durchzuführen (Bild 85). Ausserdem die Messungen 10 mm von der Oberkante, 10 mm von der Unterkante und einmal in der Mitte durchführen. Insgesamt sind also sechs Messungen pro Zylinderbohrung erforderlich. Alle gefundenen Werte aufschreiben und mit den Angaben in der Mass- und Einstelltabelle vergleichen, wobei auf die Unterschiede der Motoren zu achten ist, d.h. man muss unter dem vorliegenden Motor nachlesen.
Zu beachten ist, dass alle Zylinder nachgebohrt werden müssen, auch wenn nur einer der Zylinder nicht innerhalb der Massangaben liegt. Eine Abweichung von 0,04 mm von den Sollmassen ist zulässig. Übergrösse-Kolben sind in den in der Mass- und Einstelltabelle angegebenen Grössen erhältlich.
Das Endmass einer Zylinderbohrung wird bestimmt, indem man den Durchmesser des Kolbens im rechten Winkel zum Kolbenboden ausmisst und zu diesem Mass das Kolbenlaufspiel hinzurechnet. Ausserdem ist eine Zugabe von 0,02 mm für das abschliessende Aushonen der Zylinder zu berücksichtigen. Dies ist natürlich eine Arbeit für eine Zylinderwerkstatt, welche nur zur Information erwähnt wird.
Zum Prüfen des Kolbenlaufspiels den Kolben und die Zylinderbohrung wie beschrieben ausmessen und den Unterschied zwischen den Massen pro Zylinder errechnen. Falls das Ergebnis grösser als der Grenzwert ist, müssen die Zylinder ausgeschliffen werden, da die Verschleissgrenze erreicht ist.

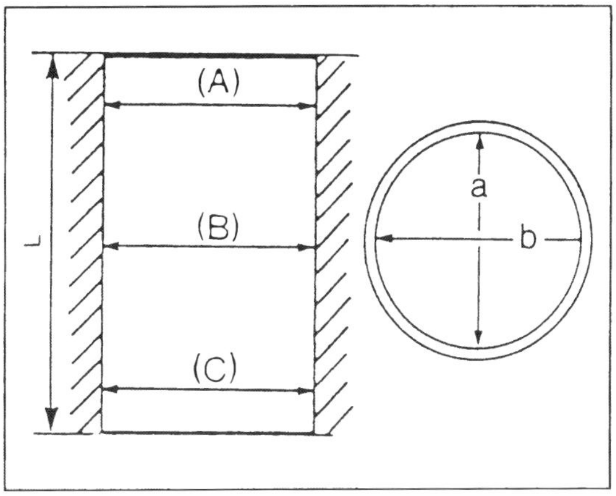

Bild 85
Messschema für die Zylinderbohrungen. Gemessen wird in den angegebenen Höhen und in Richtungen "a" und "b".

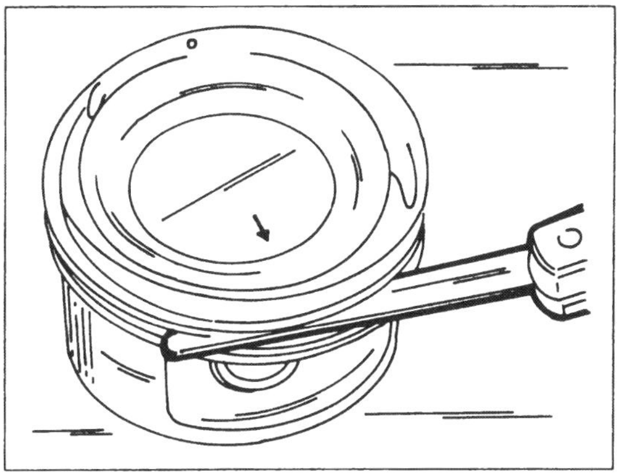

Bild 86
Ausmessen des Höhenspiels der Kolbenringe in den Nuten.

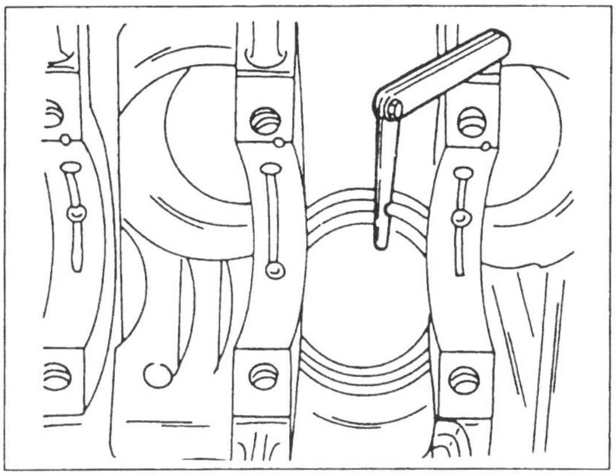

Bild 87
Kontrolle des Stossspiels von Kolbenringen.

2.6.3 Kolben und Pleuelstangen überprüfen

Alle Teile gründlich kontrollieren. Falls Teile Anzeichen von Fressern, Kratzern oder Verschleiss aufweisen, müssen sie erneuert werden. Die folgenden Prüfungen an den Kolben vornehmen:

- Das Höhenspiel der Kolbenringe, auch Axialspiel genannt, in den Nuten des Kolbens ausmessen, indem man die Kolbenringe der Reihe nach in die jeweilige Nut einsetzt (Bild 86). Mit einer Fühlerlehre den Spalt zwischen der Ringfläche und der Kolbennutfläche ermitteln. Falls der Spalt eines Ringes mehr als der in den Massen angegebene Wert beträgt, ist entweder der Ring oder der Kolben abgenutzt.
- Der Reihe nach alle Kolbenringe von der Oberseite des Kurbelgehäuses in die Zylinderbohrungen einsetzen. Mit einem umgekehrten Kolben die Ringe ca. 15 mm nach unten drükken. Dadurch sitzen sie gerade in der Bohrung.
- Eine Fühlerlehre in den Spalt zwischen den beiden Ringenden einschieben, um das Kolbenringstossspiel auszumessen (Bild 87). Das Spiel muss zwischen 0,2 bis 0,4 mm (0,2 bis 0,45 mm bei den Ölabstreifringen) liegen. Die Verschleissgrenze darf nicht überschritten werden.

Weisen neue Kolbenringe zu geringes Stossspiel auf, ist der Stoss anzupassen. Dazu eine Doppelschlichtfeile verwenden und beide Stossflä-

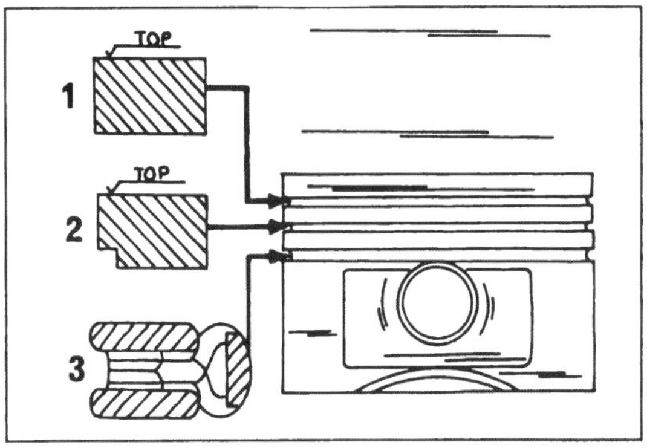

Bild 88
Schnitt durch Kolbenbolzen und Kolbenringe.
1 Rechteckring
2 Nasen-Minutenring (offizielle Bezeichnung)
3 Lamellenring mit Stützfeder (Ölabstreifring)

Bild 89
Einbau der Kolben mit einem Kolbenringspannband. Die Kolbenringe zuerst in die Nuten des Kolbens drücken und danach den Kolben einschieben, bis das Spannband abrutscht.

Achtung: Werden beim Einbau der Kolben neue Lagerschalen verwendet, muss man die Angaben rechts unten (letzter Absatz) auf Seite 50 durchlesen. Andernfalls die Schalen entsprechend den Kennzeichnungen einlegen.

chen eines Ringes gleichzeitig bearbeiten.

- Kolbenbolzen und Pleuelstangenauge auf Verschleiss oder Fressstellen (nur wenn Teile nach Zerlegung wieder verwendet werden können) kontrollieren. Falls auch nur eine Pleuelstange nicht mehr einwandfrei ist, muss der gesamte Satz erneuert werden.
- Die Pleuelstangen in einem Pleuelrichtgerät auf Verdrehung oder Verbiegung kontrollieren lassen.
- Die Pleuellagerschrauben immer erneuern. Nachdem diese einmal verwendet wurden, haben sie ihre Haltefähigkeit verloren.

2.6.4 Pleuellagerlaufspiel ausmessen

Diese Arbeit wird in Kapitel 2.8.2 zusammen mit der Kurbelwelle beschrieben.

2.6.5 Kolben und Pleuelstangen zusammenbauen

Falls die Kolben erneuert wurden, müssen sie alle die gleiche Grösse haben (siehe Masse). Ehe man mit dem Zusammenbau von Kolben und Pleuelstangen beginnt, muss man die Pleuelstangen und Lagerschalen einwandfrei ausrichten. Die Kennzeichnungen müssen auf der Auslasseite liegen.

- Die Pleuelstange in einen Schraubstock einspannen und den Kolben darüber setzen. Bei neuen Kolben einen der Sicherungsringe einsetzen.
- Den gut eingeölten Kolbenbolzen durch Kolben und Pleuelauge schieben, bis er gegen den Sicherungsring ansitzt und den zweiten Sicherungsring mit kleinen Schraubenziehern einsetzen und in die Nut drücken. Nach der Montage muss sich der Kolben leicht auf dem Pleuel bewegen lassen.
- Mit einer Kolbenringzange der Reihe nach die Kolbenringe in die Nuten einsetzen (siehe Bild 82). Die beiden Verdichtungsringe könnte man verwechseln und aus diesem Grund ist die eingezeichnete Kennzeichnung zu beachten. Die Kennzeichnungen müssen jeweils vom Kolbenboden aus lesbar sein (siehe nächstes Kapitel). Falls man nicht ganz sicher ist, kann man sich Bild 88 ansehen, um die Querschnitte der Ringe mit der Einbauposition am Kolben zu vergleichen.

2.6.6 Kolben und Pleuelstangen einbauen

- Zylinderbohrungen gut einölen.
- Alle Pleuel entsprechend den Zylindernummern und den oben gegebenen Anweisungen auslegen.
- Die Pfeile in den Kolbenböden müssen zur Vorderseite des Motors weisen.
- Kolbenringstösse der beiden Verdichtungsringe müssen um jeweils 120° an der Aussenseite des Kolbenumfangs angeordnet werden. Die Ringstösse jedoch nicht über dem Kolbenbolzenauge anordnen. Die Ringstösse durch Verdrehen der Ringe in die richtige Lage bringen.
- Ein Kolbenringspannband um die Kolbenringgegend legen, wie es in Bild 89 gezeigt ist, und die Kolbenringe in die Nuten drücken. Kontrollieren, dass sie einwandfrei eingedrückt sind.
- Kurbelwelle durchdrehen, bis zwei der Kurbelzapfen im unteren Totpunkt stehen.
- Pleuel von oben in die Bohrung einschieben. Den Motor dazu auf die Seite legen, damit die Pleuelstange auf den Lagerzapfen geführt werden kann und die Bohrung oder den Pleuelzapfen nicht zerkratzt. Die Pleuellagerschale sollte sich im Pleuel befinden, mit der Nase in der Aussparung — Bei neuen Lagerschalen bei der Kurbelwelle nachlesen.
- Die Kolben hineinschieben, bis die Ringe der Reihe nach in die Bohrung rutschen und der Pleuelfuss auf dem Kurbelzapfen aufsitzt. Sofort im Kolbenboden nachprüfen, ob der eingezeichnete oder eingestanzte Pfeil zur Steuerseite des Motors weist.
- Die zweite Lagerschale in den Lagerdeckel

einlegen, die Schale gut einölen, den Deckel auf die Pleuelstange drücken und leicht anschlagen. Unbedingt darauf achten, dass die beiden Kennzeichnungen an Pleuel und Lagerdeckel zusammenkommen, da man im letzten Moment noch einen Fehler machen kann.

- Neue Schrauben verwenden, diese einschrauben und abwechselnd mit einem Anzugsdrehmoment von 20 Nm anziehen. Aus dieser Stellung im Winkelanzug nochmals 70° nachziehen. Falls man sich eine Gradscheibe besorgen kann, erleichtert man sich natürlich die Arbeiten dementsprechend. Die Gradscheibe mit der Stecknuss und dem Knebel wird in diesem Fall gemäss Bild 90 angesetzt.

Hinweis: Man kann nur eine Paarungsnummer sehen, da die zweite in die Fläche des Deckels eingeschlagen ist, d.h. man muss den Deckel entsprechend Bild 91 aufsetzen und die beiden Zahlen vergleichen.

- Nach Einbau des Pleuels die Kurbelwelle einige Male durchdrehen, um Klemmer sofort festzustellen.
- Die beiden anderen Pleuel und Kolben in gleicher Weise montieren.
- Die Kennzeichnung aller Pleuel nochmals kontrollieren. Ebenfalls überprüfen, ob die Kolben in die richtige Richtung weisen. Dazu auf die Oberseite des Motors schauen (siehe Bild 80).
- Alle anderen Arbeiten in umgekehrter Reihenfolge wie beim Ausbau durchführen, d.h. Ölwanne, Zylinderkopf, usw.

2.7 Zylinderblock

Bei einer Ganzzerlegung den Zylinderblock einwandfrei reinigen und alle Fremdkörper aus Hohlräumen und Ölkanälen entfernen. Besonders auch darauf achten, dass Reinigungsflüssigkeiten vollkommen entfernt werden. Falls möglich mit Pressluft trockenblasen.
Um das Laufspiel der Kolben auszumessen, den Durchmesser der Kolben ausmessen. Bei allen Motoren geschieht dies an der Unterkante (ca. in der Höhe des Kolbenmantelbogens). Die Werte aller Durchmesser aufschreiben. Zur Bestimmung des Laufspiels ist jetzt der Bohrungsdurchmesser der Zylinder wie folgt auszumessen:

- Mit einer Zylindermessuhr den Durchmesser 10 mm von der Oberkante der Bohrung und danach 10 mm von der Unterkante der Bohrung ausmessen. Zusätzlich eine Messung in der Mitte durchführen.

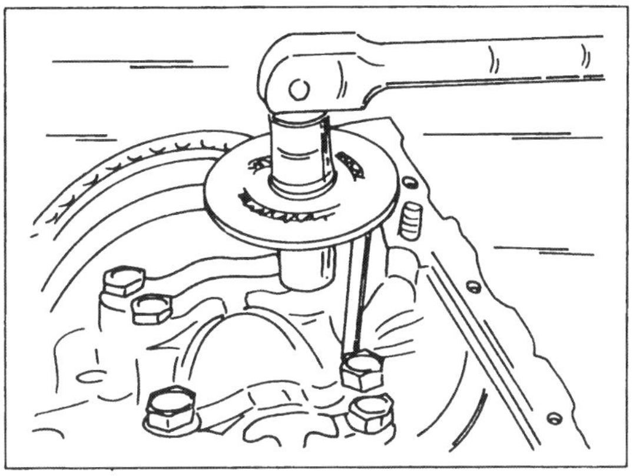

Bild 90
Anziehen der Pleuellagerdeckel mit einer Gradscheibe.

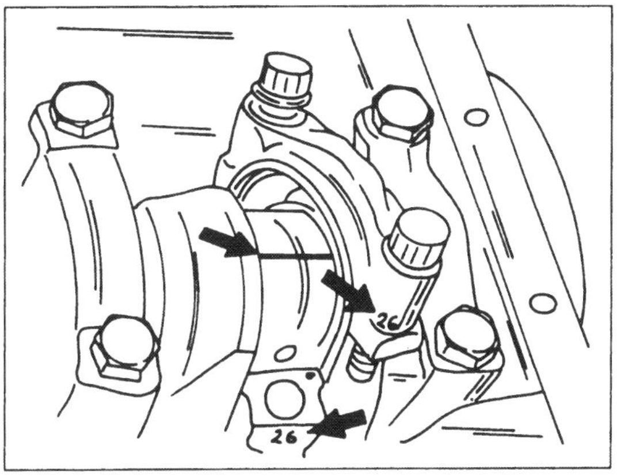

Bild 91
Pleuel und Pleuellagerdeckel sind an den gezeigten Stellen mit Paarungsnummern gezeichnet.

- Die obigen Messungen in Längsrichtung des Blocks durchführen und danach nochmals in den gleichen Tiefen in Querrichtung des Blocks vornehmen. Alle sechs Ergebnisse aufschreiben. Der Unterschied zwischen der oberen und unteren Messung gibt die Verjüngung an. Der Unterschied zwischen der Längsmessung und der Quermessung weist auf Ovalität (Unrundheit) hin. An keiner Stelle darf der Durchmesser mehr als das in der Mass- und Einstelltabelle für den betreffenden Motor angegebene Mass betragen. Verschiedene Übergrösse-Kolben stehen für die Motoren zur Verfügung und der Block ist jeweils auf die nächste Grösse nachschleifen zu lassen.

Die Zylinderblockfläche wird in ähnlicher Weise wie beim Zylinderkopf auf Verzug kontrolliert. Den Block in Längsrichtung, Querrichtung und Diagonalrichtung vermessen. Eine Fühlerlehre von mehr als 0,10 mm Stärke darf sich nicht einschieben lassen.

2.8 Kurbelwelle und Kurbelwellenlager

2.8.1 Kurbelwelle ausbauen

Zum Ausbau der Kurbelwelle muss der Motor

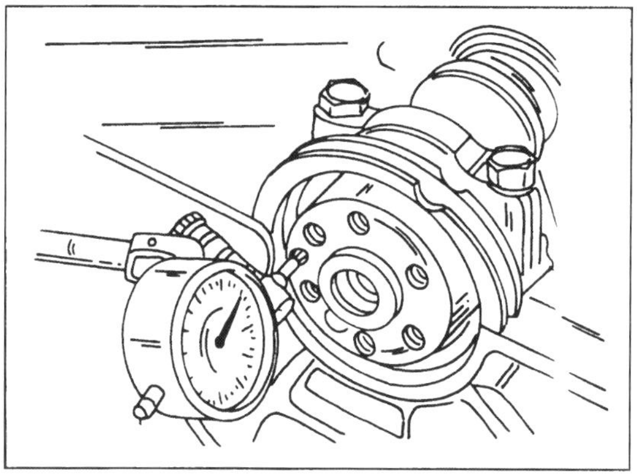

Bild 92
Kontrolle des Axialspiels der Kurbelwelle mit einer Messuhr.

ausgebaut sein. Die Lagerschalen der Hauptlager und Kurbelzapfen müssen beim Einbau bestimmt werden.

Hinweis: Ehe man eine Kurbelwelle ausbaut, sollte man wissen, dass die Schrauben der Hauptlagerdeckel nicht ein zweites Mal benutzt werden dürfen. Die Hauptlagerschalen und Pleuellagerschalen müssen erneuert werden, nachdem man die Kurbelwelle ausgebaut hat. Um die Lagerschalen zu beurteilen, ist es nützlich, wenn die Schalen in Einbaureihenfolge abgelegt werden.

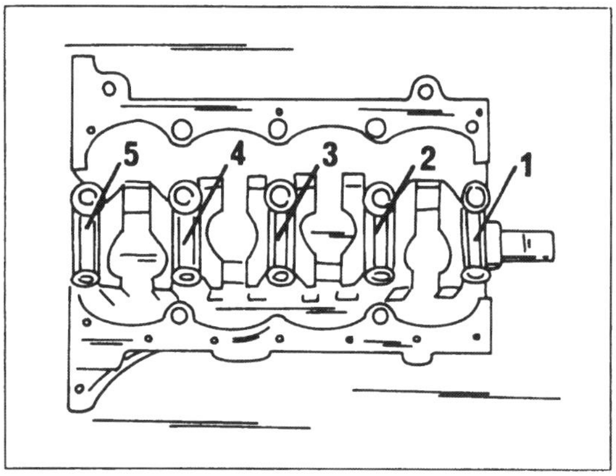

Bild 93
Reihenfolge zum Lösen der Hauptlagerdeckelschrauben. Beim Anziehen in umgekehrter Reihenfolge vorgehen.

Bei der folgenden Beschreibung wird angenommen, dass man die folgenden Teile oder Nebenteile entsprechend den gegebenen Beschreibungen bereits aus- oder abgebaut hat. Der Aus- und Einbau der Kurbelwelle findet bei allen behandelten Motoren in ähnlicher Weise statt.

- Falls noch nicht durchgeführt, das Motoröl nach Herausschrauben des Ablassstopfens aus der Ölwanne ablassen.
- Ölwanne ausbauen, wie es im betreffenden Kapitel beschrieben ist.
- Den Zahnkranz des Schwungrades mit einem Schraubenzieher gegenhalten und die Schrauben lösen. Die Schrauben lassen sich auch meistens mit einem Ringschlüssel lösen, ohne das Schwungrad gegenzuhalten. Dazu Ringschlüssel im rechten Winkel aufsetzen und mit der Hand auf das Ende des Schlüssels schlagen. Durch die Schlagwirkung lösen sich die Schrauben in den meisten Fällen. Zum Gegenhalten der Kupplung kann man ein Stück Flacheisen an zwei Stellen bohren und mit den Schwungradschrauben an der Kupplungsfläche befestigen. Den Motor gut abstützen und die Schrauben lösen. Die Schrauben können sofort weggeworfen werden, da man sie erneuern muss. Die Schrauben werden im Winkelanzug angezogen.
- Eine eingebaute Antriebsscheibe (Getriebeautomatik) in ähnlicher Weise abmontieren.
- Zahnriemen-/Kettensteuerung und den Zylinderkopf ausbauen (siehe getrennte Beschreibung für den betreffenden Motor).
- Falls nur die Kurbelwelle ausgebaut werden soll, können die Kolben und die Pleuelstangen im Zylinderblock verbleiben. Andernfalls die Kolben und Pleuelstangen ausbauen, wie es in Kapitel 2.6.1 beschrieben wurde. Falls die Pleuel und Kolben im Block verbleiben, der Reihe nach die Pleuellagerdeckel zeichnen und abnehmen und mit den Schalen zusammenhalten. Nicht vergessen, dass die Dehnschrauben erneuert werden müssen.
- Eine Messuhr mit einem Ständer so vor die Vorderseite des Zylinderblocks setzen, dass der Messfinger auf dem Endzapfen der Kurbelwelle aufsitzt, wie man es in Bild 92 sehen kann. Mit einem Schraubenzieher die Kurbelwelle nach einer Seite drücken, die Messuhr auf Null stellen und die Welle auf die andere Seite drücken. Die Anzeige der Uhr ist das Axialspiel der Kurbelwelle und ist für den späteren Zusammenbau aufzuschreiben. Falls es den Grenzwert überschreitet, muss dies bei der Montage berücksichtigt werden (neue Druckringe montieren).
Falls keine Messuhr vorhanden ist, kann man das Spiel auch am mittleren Lager zwischen dem Lagerflansch und der Kurbelwellenfläche mit einer Fühlerlehre messen.
- Abschlussdeckel an der Rückseite des Kurbelgehäuses abmontieren.
- Die Lagerdeckel der Kurbelwelle in geeigneter Weise im Verhältnis zur Lagerbohrung kennzeichnen und die Schrauben der Deckel gleichmässig in der in Bild 93 gezeigten Reihenfolge lösen und der Reihe nach abnehmen. Deckel herunternehmen und in Reihenfolge ablegen. Normalerweise sind die Deckel von der Steuerseite des Motors aus gekennzeichnet. Deckel Nr. 1 bis 3 sind mit Zahlen gezeichnet, Deckel Nr. 4 kann an den Bünden für die Druckscheiben erkannt werden, Deckel Nr. 5 hat keine Nummer. Kontrollieren, dass die Deckelnummern gut sichtbar sind.

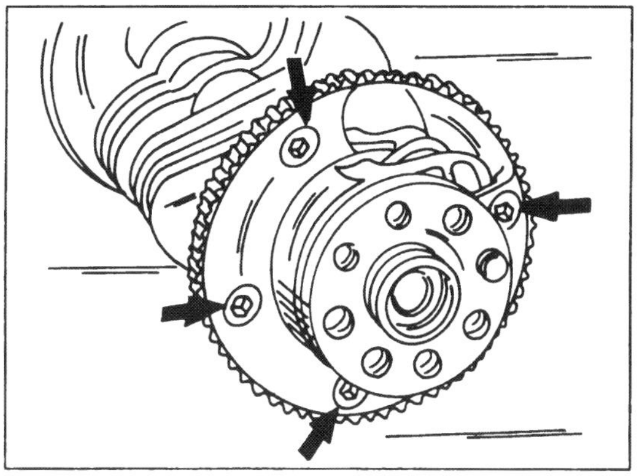

Bild 94
Das sogenannte Ingrementenrad ist mit den gezeigten Schrauben an der Kurbelwelle festgeschraubt. Beim Einbau neue Schrauben verwenden.

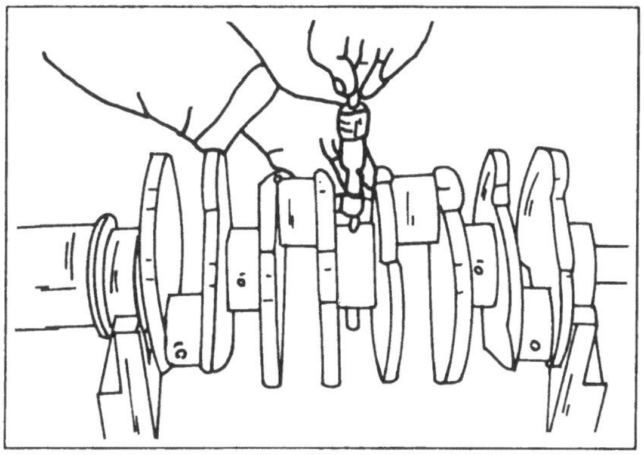

Bild 95
Ausmessen der Lagerzapfendurchmesser. Die Kurbelwelle ist in Prismen eingelegt.

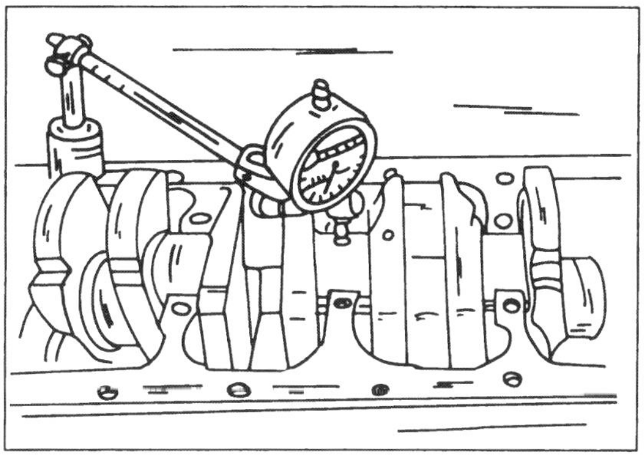

Bild 96
Ausmessen der Kurbelwelle auf Schlag am mittleren Lagerzapfen.

- Lagerschalen von den Lagerzapfen abnehmen und mit den entsprechenden Lagerdeckeln zusammenhalten.
- Von einem der Lager (Nr. 4) die Druckringe zur Regulierung des Axialspiels abnehmen.
- Kurbelwelle vorsichtig aus dem Zylinderblock herausheben. Dabei nicht die Zahnscheibe für den Drehzahlsensor beschädigen. Diese wird fachmännisch als "Ingrementenrad" bezeichnet und sitzt an der in Bild 94 gezeigten Stelle. Wird es abgeschraubt, müssen die Schrauben bei der Montage erneuert werden.
- Verbleibende Schalen aus dem Kurbelgehäuse herausnehmen und mit den anderen Schalen und Deckeln zusammenhalten. Die Einbaulage der einzelnen Lagerschalen kennzeichnen.

Achtung: Bei allen Motoren sind Ölspritzdüsen zur Kolbenkühlung eingebaut. Je nach Ausführung können diese in den Lagerstühlen (Lagerbohrungen) der Lager 2 bis 5 sitzen oder sind an der Zylinderunterseite zwischen den Lagerstühlen angebracht. Diese Anordnung wurde bereits in Bild 79 gezeigt. Die erstgenannte Ausführung kann aus den Lagerstühlen herausgezogen werden. Die andere Ausführung sollte man am besten in Position lassen, da sie mit einem Spezialwerkzeug neu eingestellt werden müssen. *Unbedingt darauf achten, dass diese nicht durch den Kolben oder Pleuel beschädigt werden.*

2.8.2 Teile der Kurbelwelle überprüfen

- Kurbelwelle sorgfältig auf Schäden kontrollieren und die Hauptlager- und Pleuellagerzapfen genau ausmessen. Kurbelwellenhauptlagerzapfen und Kurbelzapfen können einige Male nachgeschliffen werden, so dass die Welle mit Untergrösse-Lagerschalen eingebaut werden kann. Die Wahl der Lagerschalen ist jedoch aufgrund verschiedener Kennzeichnungen ziemlich kompliziert, so dass man diese Arbeit einer Schleifwerkstatt überlassen sollte, sobald man weiss, dass die Durchmesser nicht den Sollwerten in der Mass- und Einstelltabelle entsprechen. Wie man Hauptlagerzapfen und auch Kurbelzapfen ausmessen kann, zeigt Bild 95, d.h. man legt die Welle in Prismen ein. Dies erlaubt, dass man die Welle langsam durchdrehen kann, um die Messungen an mehreren Stellen des Umfangs vorzunehmen.
- Kurbelwelle zwischen die Spitzen einer Drehbank einspannen (oder die beiden äusseren Lagerzapfen in Prismen einlegen) und mit einer Messuhr am mittleren Lagerzapfen auf Schlag kontrollieren. Der Schlag darf nicht grösser als 0,03 mm sein. Andernfalls die Welle erneuern. Falls man keine Prismen zur Verfügung hat, kann man die Welle mit den gut gereinigten Lagerschalen in den Zylinderblock einlegen und den Schlag mit einer Messuhr am mittleren Lagerzapfen ausmessen, wie es in Bild 96 zu sehen ist. Eine Voraussetzung dazu sind einwandfreie Lagerzapfen und Lagerschalenflächen.
- Lagerlaufspiel der Hauptlager und Pleuellager ausmessen, wenn man damit Erfahrungen hat:
  - Lagerschalen gut reinigen und in die Lagerbohrungen des Zylinderblocks oder in die Pleuelstangen einlegen.
  - Ein Stück "Plastigage"-Kunststoffdraht auf alle Hauptlagerzapfen auflegen, wie es in Bild 97 gezeigt ist und die Hauptlagerdeckel mit

Bild 97
Ein Stück "Plastigage"-Streifen (Produkt der Firma "Perfect Circle") wie gezeigt auf die Lagerzapfen auflegen.

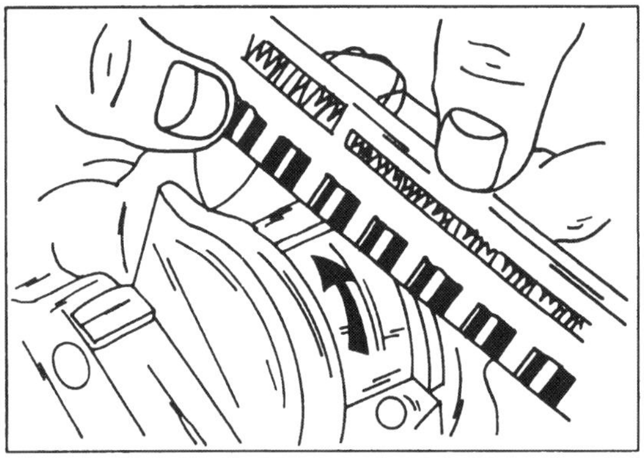

Bild 98
Ausmessen des breitgedrückten "Plastigage"-Streifens mit der im Satz mitgelieferten Messlehre.

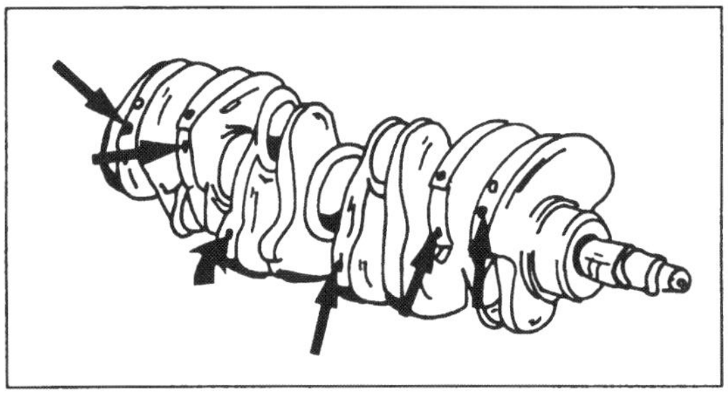

Bild 99
Die Kurbelwelle ist an den gezeigten Stellen mit Farbklecksen gezeichnet, die die Toleranz der Hauptlagerzapfen angeben.

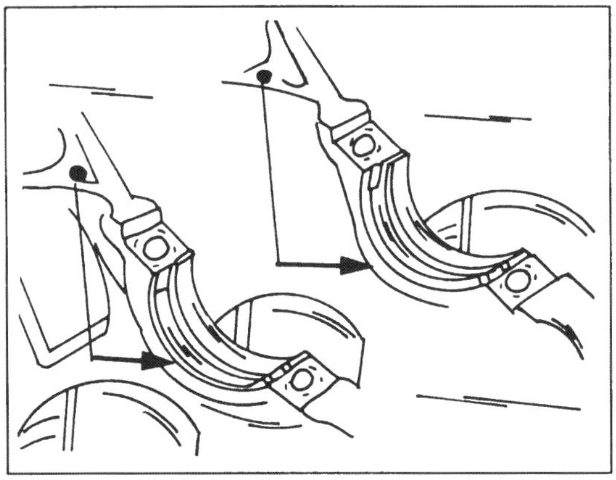

Bild 100
Lagerschalen sind an den Rändern mit Farbe gezeichnet.

den eingelegten Lagerschalen aufsetzen. Die Schrauben mit dem gültigen Anzugsdrehmoment anziehen. Die Welle darf danach nicht mehr durchgedreht werden.

— Zur Kontrolle des Pleuellagerlaufspiels den Pleuel gegen den Kurbelzapfen ansetzen und den "Plastigage"-Streifen auf die Oberseite des Kurbelzapfens auflegen. Den Lagerdeckel mit Schale aufsetzen und die Muttern mit dem gültigen Anzugsdrehmoment anziehen. Da die Welle nicht mehr durchgedreht werden darf, nimmt man jeweils die zwei im unteren Totpunkt stehenden Pleuellager vor.
— Bei den Hauptlagern die Deckel abschrauben; bei den Pleuellagern die beiden Deckel der Reihe nach abschrauben.
— Mit der im "Plastigage"-Satz mitgelieferten Lehre jetzt die breiteste Stelle des flachgedrückten Plastigage-Streifens ausmessen (Bild 98). Falls das Mass nicht innerhalb der angegebenen Werte für das Hauptlagerlaufspiel oder Pleuellagerlaufspiel für den betreffenden Motor liegt, sind neue Lagerschalen zu verwenden, wobei zu berücksichtigen ist, ob die Zapfen bereits zu einem früheren Zeitpunkt nachgeschliffen wurden.
— Falls das Laufspiel der Pleuellager kontrolliert wird, die Kurbelwelle durchdrehen und die beiden anderen Pleuellagerzapfen vornehmen und ausmessen, wie es oben beschrieben wurde.

Aus den Ergebnissen kann man den Zustand der Lagerzapfen feststellen. Eine Neulagerung der Kurbelwelle in einer Motorenwerkstatt vornehmen lassen. Die folgenden Hinweise sind nur als Richtlinie gegeben:

● Die Hauptlagerschalen sind an den Kanten mit gelber, grüner oder weisser Farbe gekennzeichnet. Bild 100 zeigt wie die Schalen im Block sitzen. Die Schalen brauchen nicht unbedingt die gleiche Stärke haben. Die Kurbelwelle ist an den in Bild 99 gezeigten Stellen mit Farbtupfen gezeichnet. Mit der gleichen Farbkennzeichnung versehene Lagerschalen kommen jeweils in die Hauptlagerdeckel.

● In der Innenseite des Kurbelgehäuses, neben den Lagerbohrungen, wird man ebenfalls Farbkennzeichnungen sehen. Mit der gleichen Farbkennzeichnung versehene Lagerschalen kommen in die Lagerstellen des Kurbelgehäuses.

● Beim Austausch der Hauptlagerschalen oder der Kurbelwelle ist für die Hauptlagerschalenzuordnung im Kurbelgehäuse die Klassifizierung aufgehoben. An den Kanten der Schalen mit gelber Farbe, an den in Bild 100 gezeigten Stellen, gezeichnete Lagerschalen werden in den Zylinderblock eingelegt.

● Als Axialführung für die Kurbelwelle wird nur eine einzelne Führungslagerschale an der Lagerstelle 4 eingebaut. Diese kommt in den Zylinderblock.

● Der Schaft jeder Pleuelstange hat eine Farbmarkierung. Werden neue Schalen eingebaut, baut man eine rote und eine blaue Lagerschale ein, unabhängig von der Farbmarkierung des Pleuels.

2.8.3 Kurbelwelle einbauen

● Bei einer neuen Kurbelwelle muss das hinten angebrachte Ingrementenrad angeschraubt werden.
● Das Führungslager im Ende der Kurbelwelle, falls erforderlich, bei eingebautem Schaltgetriebe erneuern.
● Grundbohrungen auswischen und die Lagerschalen entsprechend den Kennzeichnungen mit den Führungsnasen in die Aussparung der Grundbohrungen einlegen. Wurde der Block von der Schleifwerkstatt erhalten, muss man meistens die neu gelagerten Schalen vor Einbau der Kurbelwelle ausbauen. Auch diese müssen entsprechend gezeichnet werden. Die Schalen gut einölen. Baut man neue Schalen selbst ein, muss der Schutzfilm abgewaschen werden.
● Am betreffenden Lager die geflanschte Lagerschale einsetzen.
● Kurbelwelle vorsichtig in die Lagerschalen hineinheben. Falls sich die Pleuelstangen noch im Zylinderblock befinden, sind die Pleuellager auf die Kurbelzapfen zu führen.
● Untere Lagerschalen in die dazugehörigen Kurbelwellenlagerdeckel einlegen (Nasen in Aussparungen) und die Flächen gut einölen.

Hinweis: Zum Einölen der Lagerschalen keinen mit Öl benetzten Pinsel benutzen, da sich lösende Borsten in die Lagerflächen setzen könnten. Das Öl mit einer Ölkanne aufspritzen und mit den Fingern verreiben.

● Die Deckel auf das Kurbelgehäuse aufsetzen und mit einem Gummi- oder Kunststoffhammer anschlagen. Die Deckel sind gezeichnet und müssen entsprechend aufgesetzt werden.
● **Neue** Deckelschrauben von der Mitte nach aussen, in umgekehrter Reihenfolge zu Bild 93 vorgehend, in mehreren Stufen auf ein Anzugsdrehmoment von 20 Nm anziehen. Nachdem alle Schrauben auf dieses Drehmoment angezogen wurden, den Drehmomentschlüssel gegen einen Knebel tauschen und die Schrauben im Winkelanzug von 50° anziehen. Um die genauen Winkel einzuhalten, empfehlen wir die bereits in Bild 90 gezeigte Gradscheibe, besonders, da der Winkel etwas mehr als die Hälfte einer Viertelumdrehung beträgt. Der Winkelanzug ist wichtig, um die benutzten Dehnschrauben vorschriftsmässig "zu strecken".
● Die Kurbelwelle einige Male durchdrehen, um Klemmer bereits jetzt festzustellen.
● Axialspiel nochmals kontrollieren, wie es bereits beim Ausbau der Kurbelwelle in Kapitel 2.8.1 beschrieben wurde (siehe ebenfalls Bild 92).
● Kolben und Pleuelstangen montieren, wie es in Kapitel 2.6.6 beschrieben wurde.
● Den hinteren Kurbelwellendichtring einbauen (Kapitel 2.1.15, Seite 29).
● Schwungrad/Antriebsscheibe, Steuerungsteile, Ölwanne, Zylinderkopf, usw. montieren, wie es an getrennter Stelle beschrieben ist.
● Kupplung entsprechend der Kennzeichnung am Schwungrad montieren. Die Kupplungsmitnehmerscheibe muss dabei einwandfrei zentriert werden. Dazu schiebt man einen Zentrierdorn ein, wie es Bild 101 zeigt. Die Schrauben gleichmässig über Kreuz anziehen, während der Dorn laufend herausgezogen und wieder eingeschoben wird, damit er sich nicht verklemmen kann.

Bild 101
Sperrklinge zum Gegenhalten des Schwungrades.

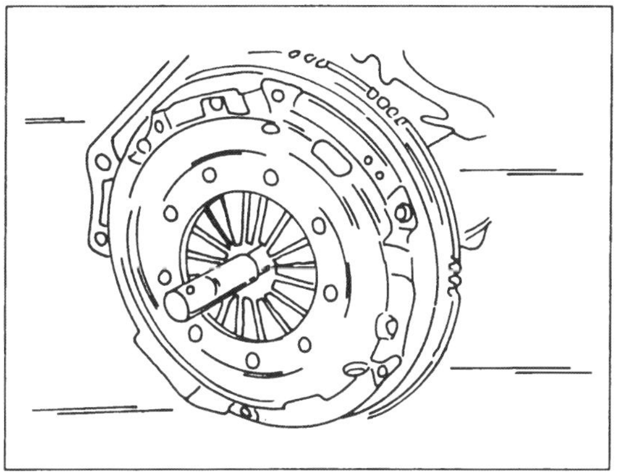

Bild 102
Einen Zentrierdorn in die Mitnehmerscheibe der Kupplung einschieben, ehe man die Schrauben festzieht.

● Die Ölwanne anbringen, den Ölablassstopfen einschrauben und anziehen.
Der Motor kann, falls erwünscht, sofort mit Öl gefüllt werden.
● Alle verbleibenden Arbeiten in umgekehrter Reihenfolge wie beim Ausbau durchführen.

2.8.4 Kurbelwellendichtringe

Der vordere und hintere Kurbelwellendichtring sollten bei jedem Ausbau der Kurbelwelle erneuert werden. Die Arbeiten wurden bereits in Kapiteln 2.1.14 und 2.1.15 beschrieben.

Das Schmiersystem versorgt den Motor mit dem zum Betrieb notwendigen Öl.
Es besteht aus der Ölpumpe, der Ölwanne, dem Überdruckventil, dem Hauptstromölfilter mit By-Passventil und einem Geber für die Öldruckkontrolle sowie Öltemperatur.
Eine Innenzahnradpumpe im Frontdeckel wird bei allen Motoren verwendet. Über ein Ansaugrohr saugt die Pumpe das Öl aus der Ölwanne an und führt es über den Hauptstrom-Ölfilter den Lagerstellen zu. Der Hauptstromfilter sitzt seitlich in einem Gehäuse am Frontdeckel.

3.1 Aus- und Einbau der Ölwanne

Die Ölwanne kann bei eingebautem Motor ausgebaut werden, wenn man z.B. die Dichtung der Ölwanne erneuern muss. Zu beachten ist der Unterschied zwischen Motoren mit Zahnriemenantrieb der Steuerung und mit Kettenantrieb.

Wichtiger Hinweis: Zum Ausbau der Ölwanne muss bei einem Motor mit Kettenantrieb der Vorderachsträger abgesenkt werden. Bei einem M40-Motor muss die Motoraufhängung gelöst werden, um den Motor anzuheben. Bedenken Sie dies, ehe Sie sich vornehmen die Ölwanne auszubauen.

M40-Motor (Zahnriemenantrieb)
Bei diesem Motor besteht die Ölwanne aus zwei Teilen. Neue Dichtungen und Dichtungsmasse müssen zum Einbau zur Verfügung stehen.

- Falls eingebaut das Unterschutzblech unter dem Vorderwagen ausbauen.
- Einen flachen Behälter unterstellen und das Motoröl ablassen.
- Vorderen Abschnitt der Auspuffanlage ausbauen.
- Das Fahrzeug vorn auf Unterstellböcke stellen.
- Den Luftfilter mit dem Luftmengenmesser ausbauen (siehe Beschreibung beim Ausbau des Zylinderkopfes).
- Den Frischluftschacht ausbauen. Dazu das Gitter von der Oberseite des Schachtes abheben und durch die Oberseite des Schachtes die Schrauben des Kabelstranges lösen. Das Halteblech rechts abschrauben, eine Schraube links lösen und den Frischluftkanal herausnehmen.
- Die Lüfterkupplung mit Lüfterrad und Lüfterzarge ausbauen und den Kühler aus dem Fahrzeug demontieren.
- Die Schraube des Führungsrohres für den Ölmessstab lösen und den Messstab aus der Ölwanne herausziehen. Das Rohr zusammen mit dem daran angebrachten Halter sowie dem Leerlaufsteller (auch daran angebracht) zur Seite drücken. Eventuell das Kabel und den Schlauch abschliessen.
- Die Lenkhilfspumpe vom Motor abnehmen. Die Hydraulik bleibt angeschlossen. Die Pumpe hochbinden.
- Wo vorhanden, den Klimakompressor vom Motor abschrauben. Der Kühlkreis bleibt angeschlossen. Den Kompressor hochbinden.
- Den Vorratsbehälter der Lenkhilfe abschrauben, Hydraulik bleibt angeschlossen, und zur Seite binden.
- Massekabel abschliessen (wo angeschlossen, Motortragbügel).
- Nochmals kontrollieren, dass keine weiteren Anschlüsse zwischen dem Motor und der Karosserie verblieben sind, ehe man das eigentliche Anheben des Motors vornimmt.
- Den Motor jetzt mit Seilen oder Ketten an das Hebezeug hängen. Hebeösen sitzen an der Rückseite des Zylinderblocks und an der Vorderseite des Zylinderkopfes. Den Motor anheben, bis die Aufhängungen soeben unter Spannung kommen.
- Die Befestigungsmuttern vom rechten und linken Motorlager entfernen. Die Motorträger sollten komplett abgeschraubt werden, um den Motor besser anheben zu können.
- Den Motor jetzt aus dem Motorraum heben, aber darauf achten, dass keine der Teile im Motorraum dabei unter Spannung kommen oder gar beschädigt werden.
- Das Unterteil der Ölwanne von unten abschrauben und die Ölwanne herausnehmen. Eventuell dabei den Motor anheben oder absenken, um die Ölwannenhälfte herauszunehmen. Die Dichtung entfernen. Das Ansaugrohr abschrauben und mit Dichtung abnehmen.
- In ähnlicher Weise kann das Hauptteil abgeschraubt und herausgenommen werden. Dichtung wieder abnehmen.
- Die Dichtfläche des Kurbelgehäuses und der Ölwanne gut reinigen, ebenfalls die Flächen zwischen Ölwannenhälften.
- An den vier Ecken der Zylinderblockfläche etwas Dichtungsmasse auftragen. Das Ölansaugrohr wieder mit einem neuen Dichtring montieren.
- Eine neue Ölwannendichtung mit Fett am Kurbelgehäuse ankleben und die Hälfte der Ölwanne entsprechend montieren. Die Schrauben gleichmässig anziehen.
- Ölablassschraube einschrauben und den Motor wieder mit Öl füllen.

● Alle anderen Arbeiten in umgekehrter Reihenfolge durchführen.

Motoren mit Steuerkettenantrieb

● Motoröl ablassen. Das Öl in einem untergestellten Behälter auffangen.
● Fahrzeuge vorn auf Böcke setzen.
● Das Anschlussstück aus dem Bremskraftverstärker herausziehen (wo der Schlauch angeschlossen ist) und zur Seite drücken.
● Das Führungsrohr für den Ölmessstab lösen. Dieses wird an der in Bild 103 gezeigten Stelle gehalten. Das Führungsrohr herausziehen. Am Rohr ist ein Dichtring angebracht, den man vielleicht erneuern muss.
● Den Motor in geeigneter Weise mit Seilen/Ketten an ein Hebezeug hängen.
● Den Vorratsbehälter der Hydrolenkung (Servolenkung) lösen. Dazu die beiden in Bild 104 gezeigten Schrauben entfernen. Den Behälter zur Seite setzen. Die Leitungen bleiben angeschlossen.
● An den Motorträgern angeschlossene Massekabel abschrauben.
● Von der Unterseite des Fahrzeuges die rechte und linke Motoraufhängung vom Träger am Nebenrahmen lösen und den Motor ca. 5 mm aus den Aufhängungen heben.
● Wiederum von der Unterseite des Fahrzeuges die Befestigungsschrauben der unteren Querlenker von der Karosserie abschrauben.
● Einen Wagenheber unter die Mitte des Nebenrahmens untersetzen, die Befestigungsschrauben des Nebenrahmens auffinden und lösen und den Nebenrahmen langsam auf dem Wagenheber absenken. Die Lenkung verbleibt am Nebenrahmen.
● Falls vorhanden, an der Ölwanne angeclipste Leitungen, Kabel, usw. lösen und aus dem Weg drücken.
● Die Ölwannenschrauben können jetzt gelöst werden. Die drei unteren Schrauben zwischen Motor und Getriebe müssen ausgeschraubt werden, da sie durch die Ölwanne führen.
● Die Ölwanne absenken und zur Rückseite des Fahrzeuges zu herausnehmen. Der Wagenheber muss dabei vielleicht manipuliert werden, um die Wanne durch den vorhandenen Raum zu schieben. Auch das Ölansaugrohr kann abgeschraubt werden. Die Dichtung abnehmen und wegwerfen.
● Die Dichtflächen von Ölwanne und Kurbelgehäuse einwandfrei von alten Dichtungsresten reinigen. Die Stosskanten der Trennebene an den in Bild 105 gezeigten Stellen mit Dichtungsmasse einschmieren.
● Eine neue Dichtung auflegen. Falls erwünscht, kann sie mit einem Klecks Dichtungsmasse festgeklebt werden.
● Die Ölwanne ansetzen und lose festschrauben, ehe die Schrauben gleichmässig über Kreuz angezogen werden.

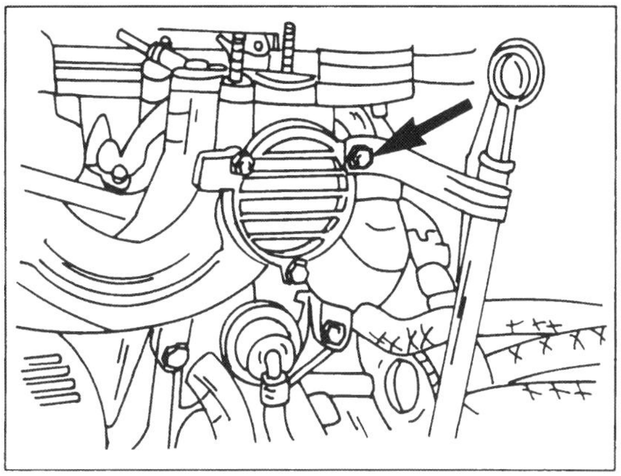

Bild 103
Der Pfeil weist auf die Befestigungsschraube des Führungsrohres für den Ölmessstab am Motor.

Hinweis: Falls die Arbeit bei ausgebautem Motor durchgeführt wird, muss man verhindern, dass bei späterem Anschrauben des Getriebes eine Verspannung zustandekommt. Aus diesem Grund die Ölwanne seitlich verschieben, bis die Ölwanne auf der Getriebeseite bündig mit dem Kurbelgehäuse abschneidet.

Bild 104
Der Vorratsbehälter der Servolenkung wird mit den beiden Schrauben gehalten.

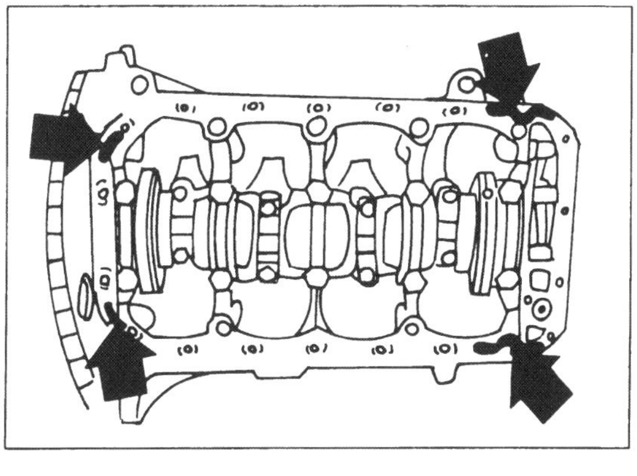

Bild 105
Dichtungsmasse wird an die mit Pfeilen bezeichneten Stellen aufgetragen.

● Die in den Zylinderblock eingesetzten Schrauben ebenfalls einsetzen und gleichmässig anziehen.

● Den Zustand des Dichtringes am Ölmessstabrohr kontrollieren, das Rohr einschieben und die Schraube festziehen.
● Gelöste Leitungen, etc. wieder festclipsen.
● Den Nebenrahmen mit dem Wagenheber anheben, bis man die Schrauben einsetzen kann und die Schrauben festziehen.
● Querlenker wieder am Nebenrahmen montieren.
● Motor absenken, bis die Aufhängungen auf dem Nebenrahmen aufsitzen, die Aufhängungen

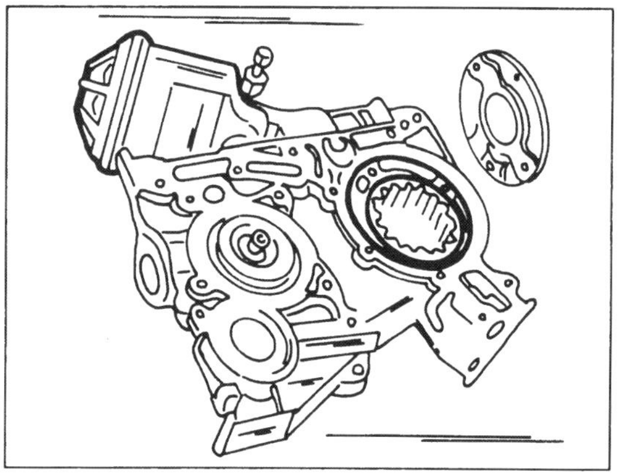

Bild 106
Ansicht des Frontdeckels. Der Deckel der Ölpumpe ist bereits abgeschraubt.

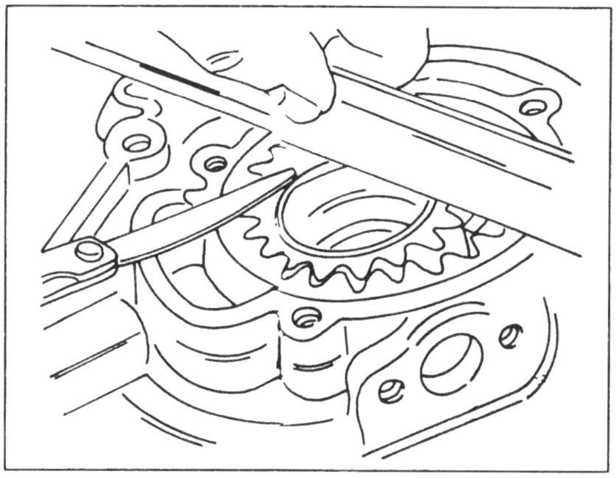

Bild 107
Kontrolle des Axialspiels der Pumpenräder. Unterschiedlich bei innerem und äusserem Zahnrad.

richtig in Eingriff bringen und die Muttern anziehen. Das Hebezeug kann jetzt wieder abgenommen werden.
● Alle anderen Arbeiten in umgekehrter Reihenfolge wie beim Ausbau durchführen. Abschliessend den Motor mit Öl füllen.

3.2 Ölpumpe

3.2.1 Aus- und Einbau

Bei allen Motoren sitzt die Ölpumpe im Frontdeckel und ist in ähnlicher Weise eingebaut. Bild 106 zeigt die Anordnung bei einem Motor mit Zahnriemenantrieb.
Zum Ausbau den Stirndeckel bei einem M40-Motor (Zahnriemen abmontieren) oder den Steuerkettenkasten bei den anderen Motoren ausbauen. Die Arbeiten wurden bereits in Abschnitt 2.1 unter der betreffenden Überschrift beschrieben. Die gültigen Hinweise bzw. Anweisungen sind dementsprechend zu beachten.
Der Einbau erfolgt ebenfalls entsprechend den gegebenen Anweisungen.

3.2.2 Reparatur der Ölpumpe

Bei der Ölpumpe handelt es sich um eine Innenzahnradpumpe, d.h. zwei Zahnräder befinden sich unter dem Deckel in der Innenseite der Pumpe. In eine Seite der Pumpe ist das Überdruckventil eingesetzt. Zum Ausbau den Sprengring entfernen und die Teile herausnehmen. Diese sind durch den Druck der eingebauten Feder unter Spannung, können also leicht davonfliegen, d.h. vorsichtig lösen. Der Ventilkolben und die Feder müssen abgenommen werden.
● Den Deckel von der Pumpe abschrauben und die beiden Zahnräder aus der Pumpe nehmen. Ein Inbusschlüssel wird gebraucht. Falls man die Zahnräder wieder einbauen will, muss man sie von aussen kennzeichnen (Körnerschlag).
● Alle Teile gründlich reinigen und durch Sichtprüfung vorhandene Abnützung feststellen. Schleifspuren am Deckel deuten meistens auf eine verschlissene Pumpe hin. Falls die Teile noch gut aussehen, kann man sie folgendermassen kontrollieren:
● Die Pumpenräder in das Gehäuse einsetzen und ein Stahllineal auf die Oberseite auflegen, wie es in Bild 107 gezeigt ist. Das Spiel zwischen Zahnrädern und Stahllineal mit einer Blattfühlerlehre ausmessen. Das hierbei ausgemessene Spiel muss zwischen 0,02 und 0,065 mm beim inneren Läufer oder 0,04 und 0,09 mm beim äusseren Läufer liegen. Andernfalls die Zahnräder oder die gesamte Pumpe erneuern.
● Eine Blattfühlerlehre zwischen dem äusseren Zahnrad und der Pumpenbohrung einführen, wie es in Bild 108 gezeigt ist. Dieses Spiel muss zwischen 0,12 und 0,20 mm liegen. Andernfalls die Zahnräder im Satz erneuern oder eine neue Pumpe einbauen.
● Der Schieber des Überdruckventils darf keine Verschleissspuren aufweisen. Die Feder wird noch in Ordnung sein. Man kann deren Länge ausmessen. Der Sollwert beträgt 84,1 mm.
Der Zusammenbau der Pumpe geschieht in umgekehrter Reihenfolge. Die Zahnräder vor dem Einsetzen gut einölen. Die Deckelschrauben mit Dichtungsmasse einschmieren. Beim Einsetzen des Überdruckventiles (in der Reihenfolge Feder,

Ventilschieber) die Teile nach innen drücken und mit dem Sprengring sichern.
Der Dichtring im Frontdeckel entweder jetzt montieren oder beim Einbau des Deckels.

3.3 Öldichtring der Ölpumpe

Falls man Ölleckstellen an der Vorderseite des Motors feststellen kann, kommen diese meistens von der Abdichtung der Kurbelwelle. Der Dichtring kann bei eingebautem Motor erneuert werden. Dazu den Anweisungen auf Seite 29 folgen.

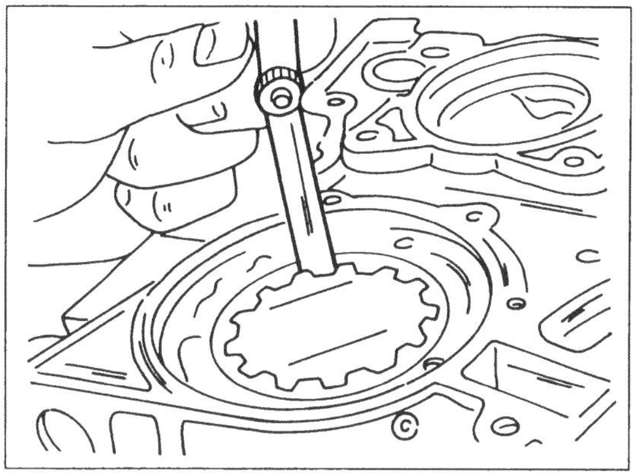

Bild 108
Ausmessen des Flankenspiels der Ölpumpenzahnräder.

3.4 Ölfilter

Der Filter sitzt auf der linken Seite des Motors, vor dem Ansaugkrümmer. Um Verschmutzungen zu vermeiden, sollte man die Unterseite des Filters durch Unterlegen von Putzlappen abdecken, obwohl durch Öffnen des Filters das Öl in die Ölwanne zurücklaufen kann.
Im Filtersockel befinden sich das By-Pass-Ventil und das Rückschlagventil. Sollte der Filter verstopft sein, öffnet sich das By-Pass-Ventil und der Motor wird trotzdem mit Öl versorgt. Zu einer guten Autopflege gehört jedoch, dass man diesen Fall nicht eintreten lässt. Das Rückschlagventil am Filtereingang verhindert ein Leerlaufen des Filters und der Ölpumpe bei Stillstand. Dadurch wird der Motor sofort nach dem Starten mit Öl versorgt. Folgende Anweisungen gelten bei einem Ölfilter:

- Das By-Pass-Ventil kann nach Abschrauben des Filtersockels entnommen werden.
- Das Rückschlagventil ist fest in das Gehäuse eingepresst und kann ohne Zerstörung nicht ausgebaut werden.

Beim Erneuern der Filterpatrone folgendermassen vorgehen:

- Die Schraube aus der Oberseite des Filters herausdrehen (Bild 109) und den Filter in der Richtung des Pfeils von Bild 110 nach oben herausnehmen. Wir möchten darauf hinweisen, dass bei zuletzt gebauten Motoren der Filterdeckel auch aufgeschraubt sein kann. In diesem Fall wird man die gezeigte Schraube nicht sehen.
- Im Deckel und an der Unterseite der Schraube sitzt ein Dichtring. Beide immer erneuern. Beim Schraubdeckel sitzt ein Dichtring unmittelbar über dem Gewinde und einer an der Unterseite des langen Bolzens.
- Die Dichtflächen von Filterdeckel und Gehäuse gut reinigen und den Filtereinsatz einschieben. Den Deckel aufsetzen und je nach Bauweise festziehen.

Hinweis: Nach Erneuerung eines Ölfilters immer den Ölstand kontrollieren, es sei denn, der Filterwechsel wurde im Rahmen des Ölwechsels durchgeführt. In diesem Fall den Motor mit der vorgeschriebenen Ölmenge füllen.

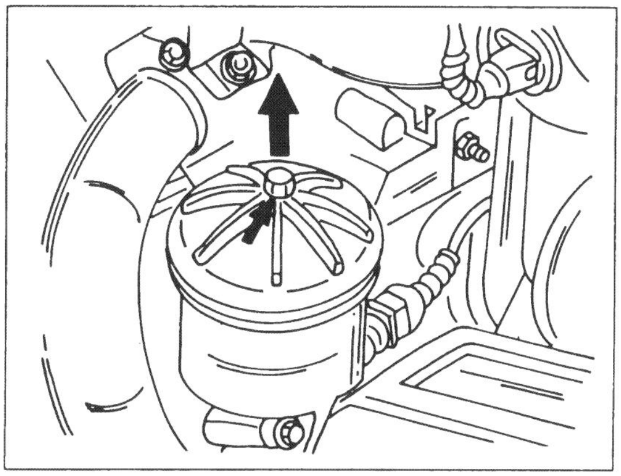

Bild 109
Die an der Oberseite des Filters sitzende Schraube lösen und den Deckel in Pfeilrichtung abnehmen. Öl kann dabei nicht auslaufen, jedoch ist ein Tropfen des Öls (vom Deckel) zu vermeiden. Bild 106 zeigt die Lage des Filters am Frontdeckel.

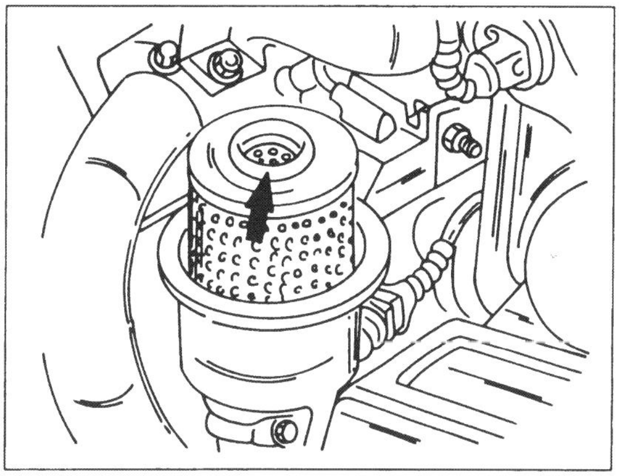

Bild 110
Herausziehen der Filterpatrone.

Hinweis: Falls man den Öldruck prüfen will, muss anstelle der langen Schraube in der Mitte des Ölfilters ein Manometer mit einem geeigneten Anschluss angeschraubt werden.

4 Die Kühlanlage

Das Kühlsystem hat die Aufgabe, die überschüssige Wärme des Motors an die Umgebungsluft abzuführen. Ein Teil der Verbrennungsenergie des Motors fällt in Form von Wärme an. Diese Wärme würde den Motor innerhalb kürzester Zeit so stark erhitzen, dass er nicht mehr funktionsfähig wäre. Ein Teil dieser Wärme wird zum Beheizen des Innenraums verwendet. Durch geeignete Anordnung der Kühlmittelleitungen, der Wärmeaustauscher (Kühler) und des Thermostaten wird eine kurze Anwärmzeit des Systems erreicht.

Bild 111 zeigt wie die einzelnen Bauteile der Kühlanlage zueinander stehen.

4.1 Kühlmittel

4.1.1 Ablassen und Auffüllen der Kühlanlage

Das Kühlmittel nur ablassen, wenn der Motor kalt oder zumindest abgekühlt ist.

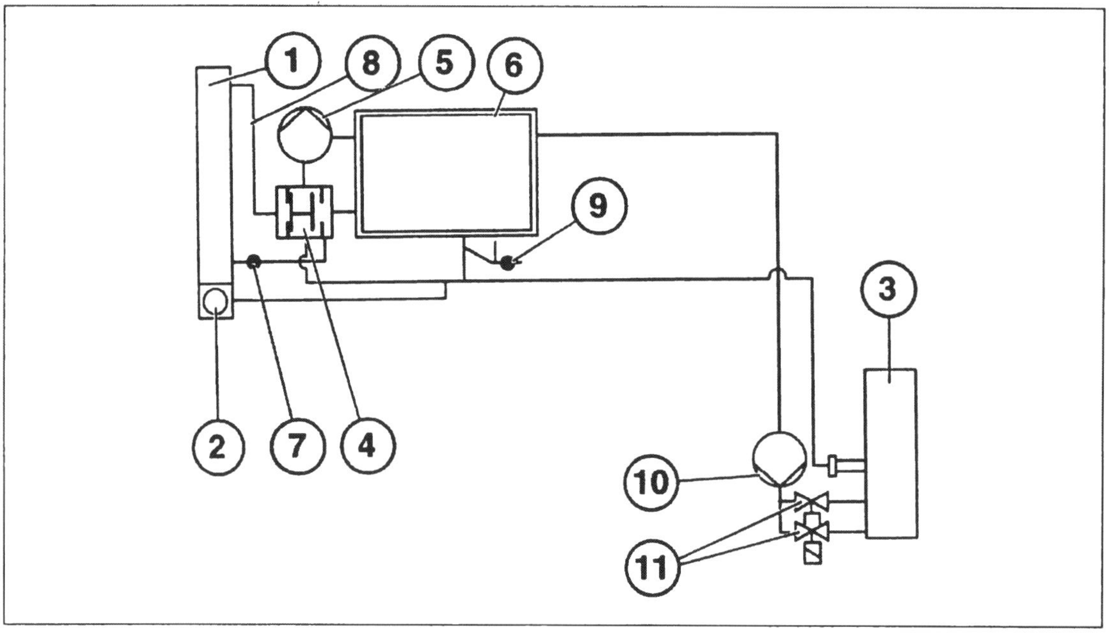

Bild 111
Kühlmittelkreislauf-Diagramm
1 Kühler
2 Integrierter Ausgleichsbehälter
3 Heizgerät
4 Thermostat
5 Wasserpumpe
6 Motorblock
7 Rücklauf
8 Vorlauf
9 Drosselklappenvorwärmung
10 Zusatzpumpe (bei Klimaanlage)
11 Heizungsventil

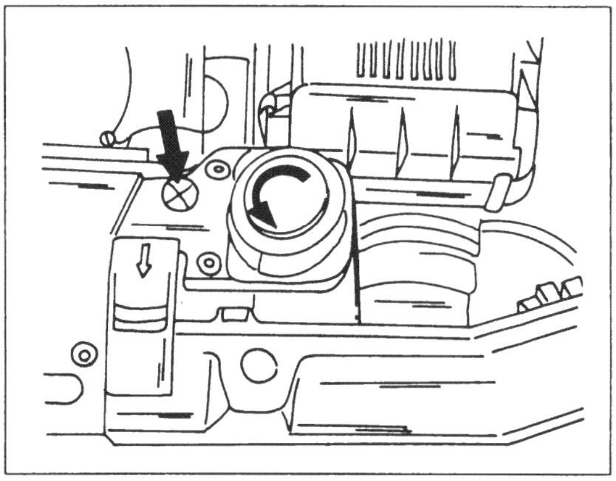

Bild 112
Der Verschlussdeckel des integrierten Ausgleichsbehälters. In Pfeilrichtung **bei abgekühltem** Motor abdrehen. Der Pfeil gibt an, wo die Entlüftungsschraube sitzt.

Der Thermostat bewirkt im kalten Zustand eine Zirkulation des Kühlmittels im Motor und Wärmeaustauscher der Innenheizung.
Ab einer bestimmten Temperatur schaltet der Thermostat den Kühler an der Wagenfront zu. Steigt die Kühlmitteltemperatur weiter an, schaltet sich der Lüfterflügel über den Thermoschalter im Kühler zu und fördert zusätzlich Luft durch den Kühler.

- Betätigungshebel der Heizung im Armaturenbrett auf "Heiss" stellen.
- Falls eingebaut, das Unterschutzblech abschrauben und herausnehmen.
- Verschlussdeckel des Ausgleichsbehälters abschrauben. Falls der Motor heiss ist, muss man eine Weile warten, um die Verschlussverschraubung zu öffnen. Je nach vorliegender Ausführung kann der Ausgleichsbehälter im Kühler integriert sein oder ein getrennter Behälter ist eingebaut. Im ersten Fall sitzt der Ausgleichsbehälter an der in Bild 112 gezeigten Stelle. Unmittelbar neben der Verschlussverschraubung sitzt eine Schraube (Pfeil). Dies ist eine Entlüftungsschraube, die man bereits jetzt lockern kann. Ebenfalls ist eine weitere Entlüftungsschraube in das Thermostatgehäuse eingesetzt (nur bei M40-Motor).
- Das Kühlmittel durch Lösen des Stopfens in der Unterseite des Kühlers herausschrauben (Bild 113) oder Abschliessen des unteren Wasserschlauches ablaufen lassen. Falls das Frostschutzmittel noch in gutem Zustand ist, d.h. es ist noch nicht

lange in der Anlage, kann es aufgefangen werden. Andernfalls muss das Frostschutzmittel aufgefangen und umweltfreundlich entsorgt werden.

- Um die Kühlanlage vollkommen zu entleeren ist auch der Zylinderblock zu entleeren. Zu diesem Zweck dient ein an der in Bild 114 gezeigten Stelle in den Zylinderblock eingeschraubter Ablassstopfen. Diesen herausschrauben. Wiederum das Kühlmittel auffangen und entsorgen.

Hinweis: Die Dichtringe der beiden Ablassstopfen müssen erneuert werden.

Um zu gewährleisten, dass die Kühlanlage ohne Luftpolster gefüllt wird, soll diese an sich einfache Arbeit beschrieben werden:

- Heizungshebel auf "Heiss" stellen.
- Unteren Schlauch am Kühler anschliessen (falls abgeschlossen). Die beiden Ablassstopfen wieder einschrauben.
- Ausgleichsbehälter bis zur Oberkante füllen, bis blasenfreies Kühlmittel aus der Öffnung der Entlüftungsschrauben austritt (bei integriertem Ausgleichsbehälter; bei getrenntem Behälter erfolgt die Entlüftung während der Befüllung). Die Entlüftungsschrauben wieder festziehen. Die beim M40-Motor eingesetzte Entlüftungsschraube des Thermostatgehäuses sitzt an der in Bild 115 gezeigten Stelle.
- Die Verschlussverschraubung wieder aufdrehen.
- Motor anlassen und laufen lassen, bis der Ventilator einschaltet. Idealerweise den Motor danach wieder vollkommen abkühlen lassen.
- Kühlmittelstand kontrollieren. Falls dieses nicht bis zur Markierung "MAX" am Ausgleichsbehälter steht (siehe Bild 11), muss zusätzliche Frostschutzmischung in die Anlage eingefüllt werden.

Ein Nachfüllen mit einfachem Wasser verdünnt die Mischung und sollte vermieden werden.

4.1.2 Frostschutzmittel

Die Kühlanlage wird werkseitig mit Frostschutzmittel gefüllt und dieses sollte während des ganzen Jahres in der Anlage gelassen werden. Falls Frostschutzmittel gemischt wird, sind die richtigen Mischungsverhältnisse zwischen Frostschutz und Wasser zu beachten. Wir empfehlen, das von BMW gehandelte Frostschutzmittel zu verwenden, da dessen chemische Zusammensetzung speziell für den Motor hergestellt wurde. Die Füllmengen der einzelnen Motoren sind in der Mass- und Einstelltabelle angegeben. Die Kühlanlage kann bis zu —50° C geschützt werden, wenn man halb Wasser und halb Frostschutzmittel einfüllt. Wird ein Drittel Frostschutz verwendet, erzielt man einen Schutz bis zu ca. —15° C.

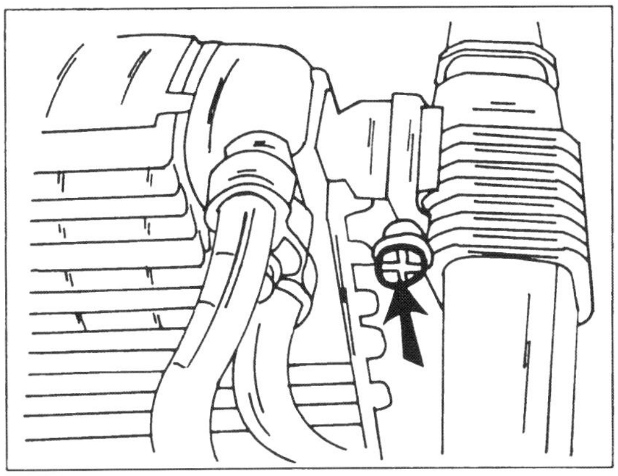

Bild 113
Der Pfeil weist auf die Ablassschraube an der Unterseite des Kühlers.

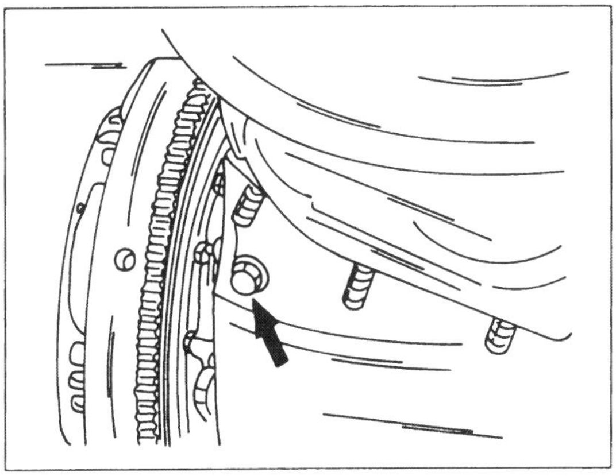

Bild 114
Der Pfeil gibt die Lage des Ablassstopfens im Zylinderblock an (Schwungradseite).

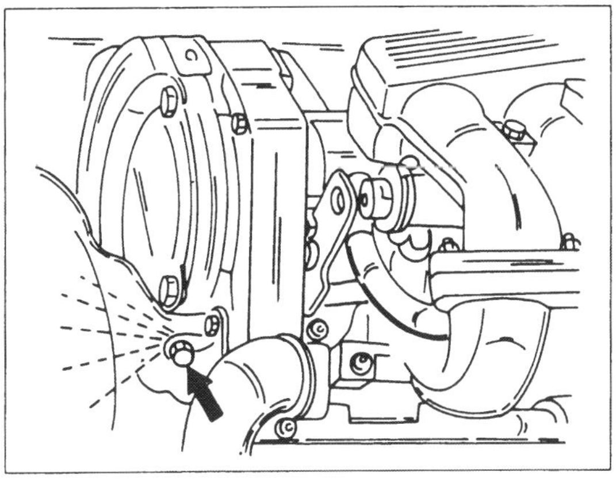

Bild 115
Bei einem M40-Motor ist eine zusätzliche Entlüftungsschraube in das Thermostatgehäuse eingesetzt.

4.2 Kühler und Ventilator

4.2.1 Kühlerverschlusskappe und Kühler prüfen

Die Kühlanlage arbeitet unter Druck. Der Verschlussdeckel des Ausgleichsbehälters ist mit einer Feder versehen, die so ausgewählt ist, dass eine Dichtung den Kühlungskreis abschliesst

und ihn öffnet, wenn der Druck auf ca. 1,4 bar ansteigt.
Aufgrund der Ausdehnung des Kühlmittels führt der zusätzliche Druck zur Erhöhung des Siedepunktes.
Zum Prüfen der Verschlusskappe ist eine Kühlerprüfpumpe erforderlich. Die Pumpe auf die Kappe schrauben und sie betätigen, bis das Ventil öffnet. Dies sollte innerhalb des oben angegebenen Drucks stattfinden. Falls dies nicht der Fall ist, muss die Verschraubung erneuert werden. Bild 116 zeigt wie eine derartige Druckprüfpumpe aussieht und wie sie angesetzt wird. Mit der gleichen Abdrückpumpe kann die Kühlanlage in gleicher Weise auf Leckstellen kontrolliert werden, indem man die Pumpe am Ausgleichsbehälter anbringt. Den Druck auf 1,0 atü. bringen und kontrollieren, dass der Druckmesser diesen Druck mindestens 2 Minuten lang hält. Falls dies nicht der Fall ist, befindet sich eine Leckstelle in der Kühlanlage, welche durch den im Kühler befindlichen Druck leichter herauszufinden ist (Auslaufen von Kühlmittel an der Leckstelle). Ein Druckabfall von max. 0,1 bar ist zulässig.

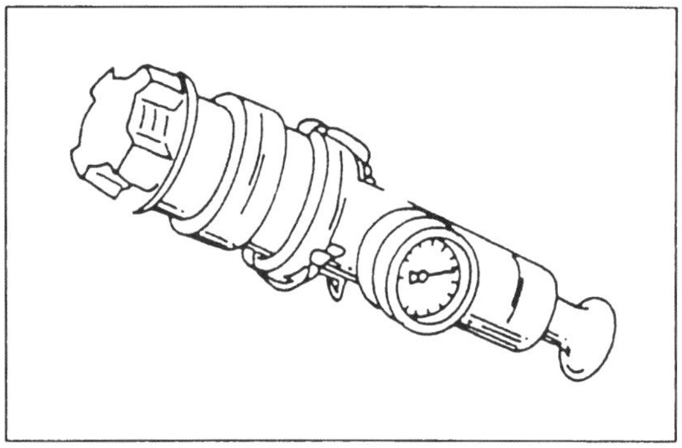

Bild 116
Ansetzen einer Druckpumpe am Verschlussdeckel des Ausgleichsbehälters.

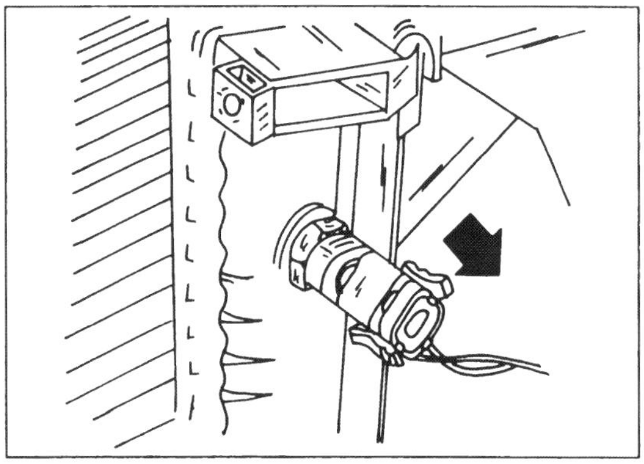

Bild 117
Bei eingebauter Klimaanlage sitzt eine Steckverbindung an der Seite des Kühlers.

Hinweis: Im Verschlussdeckel ist auch ein Unterdruckventil eingesetzt. Da dieses mit Hilfe einer Vakuumpumpe geprüft werden muss, raten wir Ihnen, dass Sie den Deckel kurz in einer Werkstatt überpüfen lassen, ehe Sie einen neuen Deckel kaufen.

4.2.2 Kühler aus- und einbauen

Vor Ausbau des Kühlers und ähnlichen Arbeiten die Batterie abklemmen. Die Lüfterzarge, d.h. die Verkleidung des Lüfters, muss ausgebaut werden, wie es später im Zusammenhang mit dem Visko-Lüfter beschrieben ist.

- Kühlanlage ablassen, wie es in Kapitel 4.1.1 beschrieben wurde. Den Verschlussdeckel des Ausgleichsbehälters abschrauben, damit das Wasser besser ablaufen kann.
- Kühlerzarge ausbauen, wie es später beschrieben ist. Unterschutzblech an der Unterseite des Vorderwagens abschrauben.
- Oberen und unteren Wasserschlauch nach Lösen der Schlauchschellen abziehen.
- Bei einem Fahrzeug mit Klimaanlage den Steckverbinder vom Temperaturschalter des Zusatzlüfters abziehen (in das Ende des Kühlers eingesetzt, siehe Bild 117).
- Leitungen von den Anschlussstiften des Thermoschalters (unten am Ausgleichsbehälter) abziehen.
- Bei eingebauter Getriebeautomatik die Ölkühlerleitungen vom Kühler abschrauben. Einen Behälter unter den Kühler untersetzen, um auslaufendes Öl nach Lösen der Überwurfmuttern aufzufangen. Neue Dichtringe werden beim Einbau empfohlen.
- Die Befestigung des Kühlers an den oberen Ecken lösen (zwei Sicherungsspangen). Dazu einen Schraubenzieher in den Spalt der Spange einsetzen und den Griff zum Motor hin drücken, bis die Spangen ausrasten.
- Den Kühler vorsichtig nach oben herausziehen. Der Kühler muss dabei vorsichtig gegen den Motor gedrückt werden, damit die oberen Befestigungen frei werden. Dabei darauf achten, dass die Kühlerwaben nicht beschädigt werden. Die zur Befestigung verwendeten Gummiteile abnehmen. Falls ein neuer Kühler eingebaut wird, müssen die Befestigungsteile auf den neuen Kühler umgerüstet werden.

Der Einbau des Kühlers geschieht in umgekehrter Reihenfolge. Die Kühlanlage auffüllen, wie es in Kapitel 4.1.1 beschrieben wurde. Darauf achten, dass der Kühler gut in die Gummilagerungen eingreift. Nachdem der Kühler einwandfrei sitzt, die Sicherungsspangen in die Aufnahmen einsetzen und durch Nachuntendrücken zum Einschnappen bringen.

4.2.3 Kühlungslüfter und Kühlerzarge

Beim Ausbau des Kühlers muss die Kühlerzarge folgendermassen ausgebaut werden:

- Die Abdeckung über dem Wasserkühler

(Kunststoff) ausbauen. Die oberen Befestigungsclips der Kühlerzarge lösen, indem man die mittleren Stifte der Kunststoffniete herauszieht. Die Zarge kann jetzt nach oben herausgehoben werden. Falls sie schlecht am Lüfter vorbeizubekommen ist, muss man diesen ausbauen.

Beim Ausbau der Lüfterkupplung folgendermassen vorgehen, jedoch ist ein Spezialschlüssel zum Lösen der Überwurfmutter an der Wasserpumpe gedacht. Dabei handelt es sich um einen Schlüssel mit grosser Schlüsselweite, welcher entsprechend abgekröpft ist, um an die Mutter zu kommen. ***Achtung***: Die Mutter hat Linksgewinde.

- Die Riemenscheibe der Wasserpumpe in geeigneter Weise gegenhalten und die Überwurfmutter *entgegengesetzt der normalen Richtung zum Lösen* abschrauben. Bild 118 zeigt eine Darstellung, wie das Abschrauben stattfindet.
- Lüfterrad mit der Lüfterkupplung von der Wasserpumpe abnehmen und mit der Lüfterzarge ausbauen.
- Falls der Lüfter abgeschraubt werden soll, die drei in der Stirnseite befindlichen Schrauben lösen.

Der Einbau geschieht in umgekehrter Reihenfolge wie der Ausbau. Das Anzugsdrehmoment der Überwurfmutter beträgt 40 Nm, muss aber geschätzt werden.
Nach Einbau den Motor anlassen und die Arbeitsweise des Lüfters kontrollieren.

4.3 Die Wasserpumpe

4.3.1 Aus- und Einbau

- Kühlanlage ablassen (Kapitel 4.1.1).
- Die Kühlerzarge und die Lüfterkupplung ausbauen, wie es im letzten Kapitel beschrieben wurde. Um mehr Arbeitsraum zu schaffen, kann man auch den Kühler ausbauen.
- Den Antriebsriemen für den Generator ausbauen.
- Die Riemenscheibe der Wasserpumpe in geeigneter Weise gegenhalten und die vier Schrauben lösen. Falls der Kühler ausgebaut wurde, kann man sich dies vielleicht ersparen.
- Die vier Schrauben der Pumpe herausdrehen und die Pumpe abnehmen. Falls die Pumpe sehr fest sitzt, keinen Schraubenzieher zum Abdrücken benutzen. Statt dessen zwei M6-Schrauben in die Gewinde der Wasserpumpe an den in Bild 119 gezeigten Stellen eindrehen und Schrauben gleichmässig anziehen, bis die Wasserpumpe vom Räderkasten oder Frontdeckel abgedrückt wird. Beim Herausziehen der Pumpe wird man einen Dichtring sehen. Diesen sofort abnehmen, da er erneuert werden muss.

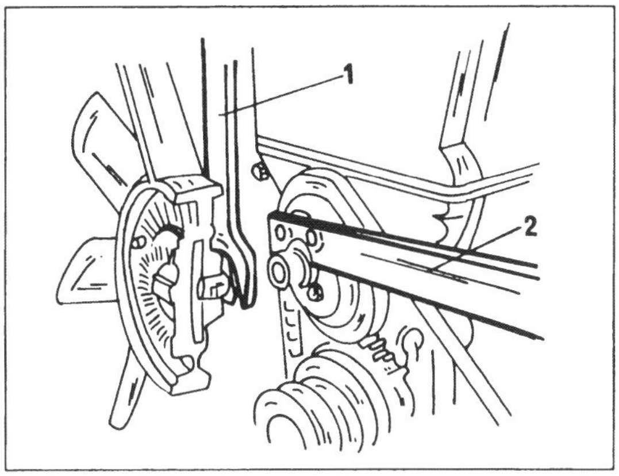

Bild 118
Vorschriftsmässiger Ausbau der Lüfterkupplung mit den Spezialwerkzeugen.
1 Spezialschlüssel 11 5 040
2 Gegenhalter 11 5 050

Bild 119
Falls eine Pumpe festsitzen sollte, kann man zwei 6 mm-Schrauben an den gezeigten Stellen zum Abdrücken benutzen (hier beim M43-Motor gezeigt).

Zum Einbau:

- Einen neuen Dichtring in die Rückseite der Pumpe einsetzen. Dichtring etwas einfetten (erleichtert den Einbau).
- Die Pumpe in die richtige Lage setzen und die Schrauben langsam ringsherum anziehen. Die Pumpe muss unbedingt gerade eingezogen werden.
- Riemenscheibe an der Pumpe anschrauben, den Antriebsriemen montieren und den Lüfter sowie die Kühlerzarge wieder einbauen. Abschliessend die Kühlanlage auffüllen (Kapitel 4.1.1) und die Anlage auf Leckstellen überprüfen.

4.3.2 Wasserpumpe reparieren

Die Wasserpumpe kann nicht repariert werden und ist im Schadensfalle zu erneuern. Die Pumpe nach dem Ausbau auf Zeichen von Leckstellen kontrollieren (meistens durch Roststellen angezeigt) und die Nabe durchdrehen, um das Lager zu überprüfen.

4.3.3 Antriebsriemen erneuern und Spannung einstellen

Bei den behandelten Motoren muss man zwischen einer Ausführung mit hydraulischem Antriebsriemenspanner und mechanischem Antriebsriemenspanner unterscheiden. Dazu kommt noch der Unterschied, dass beim M40- und M42-Motor ein Verstellbügel mit Zackenarretierung benutzt wird. Dieses Kapitel bezieht sich nur auf den mit der Wasserpumpe verbundenen Riemen, welcher natürlich auch andere Aggregate einschliesst. Getrennt angeordnete Riemen werden unter der betreffenden Überschrift behandelt.

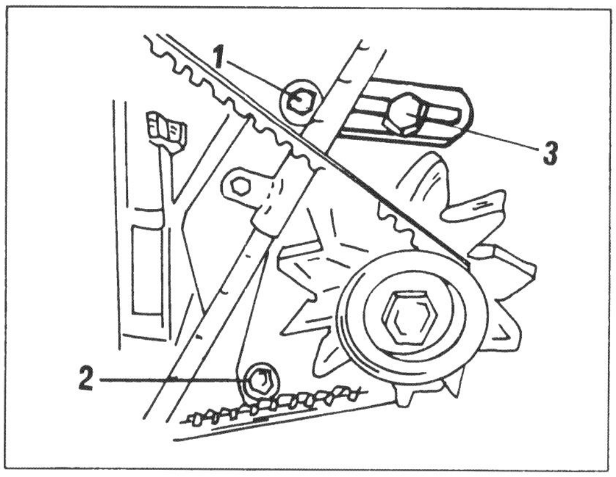

Bild 120
Befestigung des Generators. Die Spannschraube ist mit (3) gezeichnet.
1 Befestigung oben
2 Befestigung unten
3 Spannschraube

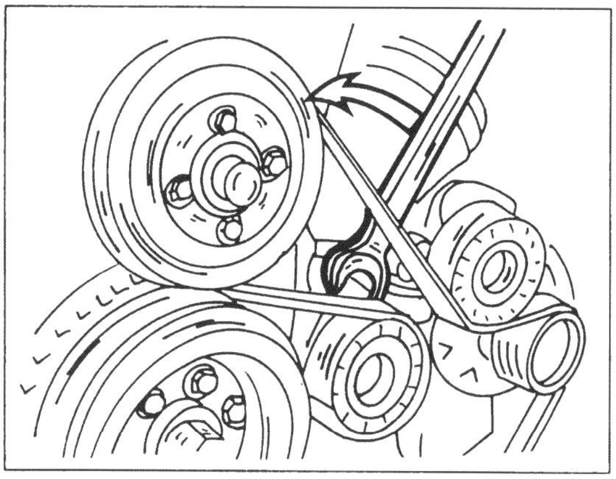

Bild 121
Antriebsriemenspanner in Pfeilrichtung verdrehen, um den Spanner zusammenzudrücken und den Riemen abnehmen.

M40- und M42-Motor
Bei diesem Motor treibt der Riemen die Riemenscheiben der Wasserpumpe und des Generators an. Die Spannung des Keilriemens wird in der bekannten Weise durch Versetzen der Drehstromlichtmaschine hergestellt. Der Riemen muss sich in der Mitte seiner längsten Laufstrecke ca. 8 - 12 mm durchdrücken lassen (mässiger Daumendruck). Um diesen Riemen zu erneuern, muss man vorher den Riemen des Kompressors oder der Servolenkung ausbauen. Falls der Riemen wieder verwendet werden soll, muss man die Laufrichtung in die Aussenseite einzeichnen (Filzstift). Kühlerzarge und Lüfterkupplung sollten ausgebaut werden, um mehr Arbeitsraum zu schaffen.

- Die Befestigungsschrauben der Lichtmaschine unter Bezug auf Bild 120 lockern, die Lichtmaschine nach innen drücken und den Antriebsriemen abnehmen.
- Den neuen Riemen in die Riemenscheibe einlegen. Falls der alte Riemen eingebaut wird, der gezeichneten Laufrichtung folgen. Die Lichtmaschine mit der Spannschraube nach aussen versetzen, bis die ungefähre Spannung hergestellt ist und die Spannschraube (3) festziehen. Spannung nachkontrollieren und die beiden Schrauben (1) und (2) festziehen.
- Alle anderen Arbeiten in umgekehrter Reihenfolge durchführen.

M43-Motor
Der Riemen ist einteilig und wird entweder automatisch oder durch Handeinstellung nachgespannt. Der Riemen treibt den Generator, die Wasserpumpe und die Lenkhilfspumpe an. Falls eine Klimaanlage eingebaut ist, treibt ein zusätzlicher Riemen den Kompressor.
Die oben beschriebenen Arbeiten sind durchzuführen, bis man an den freigelegten Riemenantrieb heran kann. Bei Wiedereinbau des alten Riemens die Laufrichtung auf der Aussenseite des Riemens aufzeichnen (Filzstift). Danach:

Mit hydraulischem Antriebsriemenspanner
- Einen Gabelschlüssel in der in Bild 121 gezeigten Weise am Antriebsriemenspanner ansetzen und den Schlüssel in Pfeilrichtung drücken, um den Spanner zusammenzudrücken. Schlüssel in dieser Stellung halten und den Riemen abnehmen.

Beim Einbau des Riemens in umgekehrter Weise vorgehen. Die folgenden Punkte beachten;
- Den Antriebsriemen auf Kühlmittel und Ölrückstände kontrollieren und ggf. ersetzen. Bei Verschmutzung mit Hydrauliköl ***muss*** der Riemen erneuert werden.
- Den Antriebsriemen in der in Bild 122 gezeigten Weise verlegen. Der Spanner wird dabei wieder wie in Bild 121 zusammengedrückt. Den Gabelschlüssel zurücklassen und gleichzeitig kontrollieren, dass der Riemen in der Mitte in allen Rillen der Riemenscheiben sitzt.
- Ausgebaute Teile wieder montieren. Ein Nachspannen ist nicht erforderlich.

Ausführung mit mechanischem Antriebsriemenspanner
Der Riemen treibt die oben angegebenen Teile und ist wie in Bild 122 gezeigt verlegt. Der Kom-

pressorriemen (falls vorhanden) sowie andere vor dem Riemen sitzende Teile ausbauen, um an den Riemen zu kommen.

- Die Staubschutzkappe aus der Mitte der Spannrolle herausdrücken (Bild 123).
- Die Laufrichtung des Riemens in der Aussenseite aufzeichnen (bei Einbau des gleichen Riemens).
- Den Riemenspanner an der Verschraubung der Umlenkrolle zurückdrücken. Dazu einen Inbusschlüsseleinsatz mit Ratsche an der Umlenkrolle ansetzen und diese in Pfeilrichtung von Bild 124 verdrehen. Den Riemen jetzt abnehmen.

Der Einbau des Riemens geschieht in umgekehrter Reihenfolge. Folgende Hinweise sind zu beachten:

- Der Antriebsriemenspanner steht unter hohem Federdruck, d.h. das Auflegen des Riemens ist nicht gerade einfach, kann jedoch vereinfacht werden. Dazu den Riemenspanner wie in Bild 124 vorspannen und an der in Bild 125 gezeigten Stelle mit einem Metallstab verriegeln. Der Riemen kann jetzt ungehindert aufgelegt werden. Darauf achten, dass er in der Mitte der Riemenscheiben und richtig in den Rillen sitzt.
- Den Metallstab wieder bei vorgespanntem Spanner herausziehen und den Spanner zurücklassen. Kontrollieren, dass der Riemen einwandfrei eingreift.
- Alle anderen Arbeiten in umgekehrter Reihenfolge durchführen.

4.3.4 Spannvorrichtung für Antriebsriemen ersetzen (M43-Motor)

Hinweis: Die Spannvorrichtung für den Antriebsriemen ist mit Öl befüllt und darf nur stehend gelagert werden. Wurde sie aus Versehen falsch gelagert, kann sie in der Regel durch mehrmaliges Zusammendrücken in die Einbaulage entlüftet werden.

Mit hydraulischem Riemenspanner

- Antriebsriemen ausbauen und das Riemenrad der Flügelpumpe ausbauen.
- Die Schutzkappen in der Stirnseite der beiden Rollen heraushebeln. In der Innenseite der oberen Rolle die Schraube lösen. Diese hat Linksgewinde und ist ausserdem verstemmt.
- Die in Bild 126 gezeigte Schraube lösen und danach die an der Unterseite befindliche Schraube herausdrehen. Wie aus dem Bild ersichtlich, ist das Teil mit TOP (oben) gezeichnet und muss auch so gelagert werden. Die Schrauben werden erneuert.

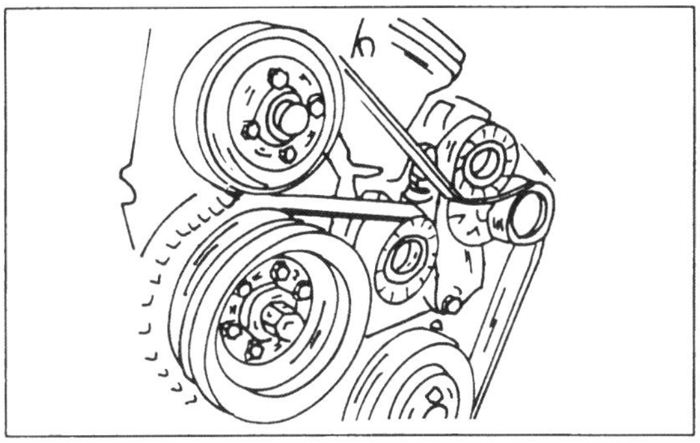

Bild 122
Verlegung des Antriebsriemens (M43)

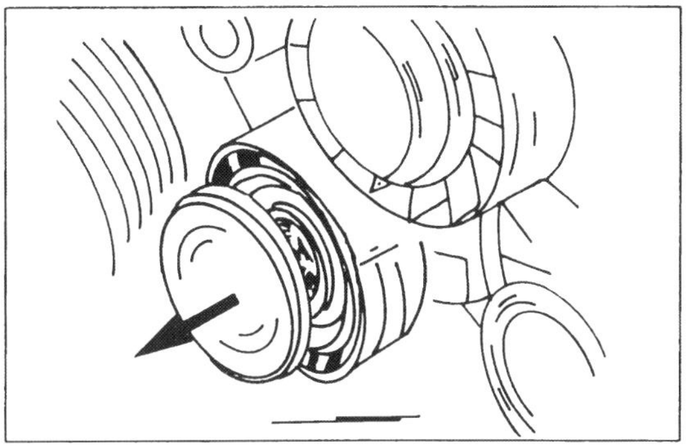

Bild 123
Die Staubschutzabdekkung in der Stirnfläche der Rollen wird mit einem kleinen Schraubenzieher ausgehebelt.

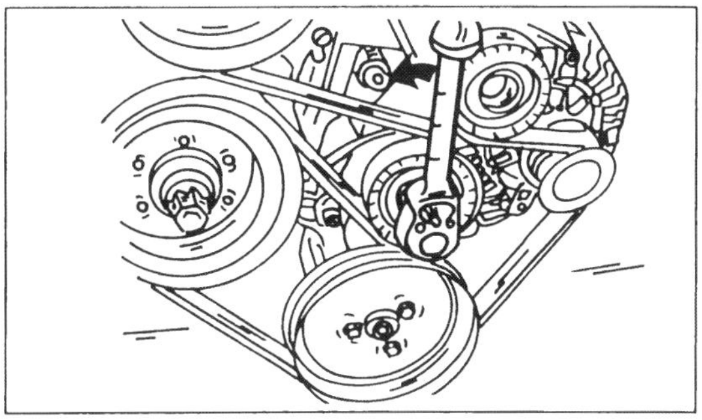

Bild 124
Den Antriebsriemenspanner in Pfeilrichtung zurückdrehen, um den Riemen zu entlasten (Inbusschlüsseleinsatz erforderlich).

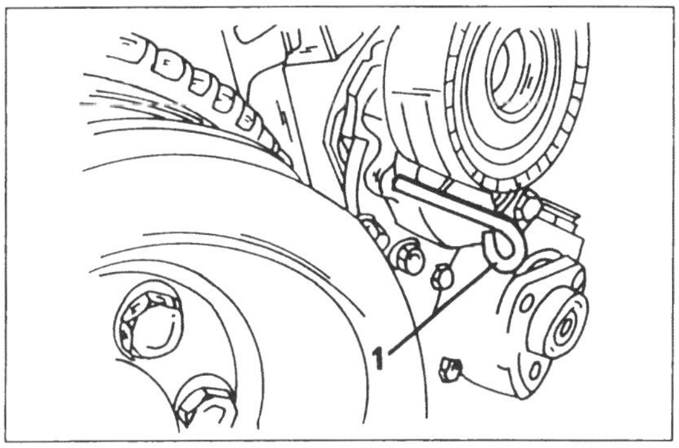

Bild 125
Der Riemenspanner kann in entspannter Stellung verriegelt werden, um den Riemeneinbau zu erleichtern.

Bild 126
Die Befestigungsschrauben des Antriebsriemenspanners an der Ober- und Unterseite. Die TOP-Kennzeichnung ist gut zu sehen.

Der Einbau geschieht in umgekehrter Reihenfolge wie der Ausbau. Die Schraube der Umlenkrolle nach dem Anziehen verstemmen. Nach Einbau den Riemen auflegen und spannen, wie es vorher beschrieben wurde.

Mit mechanischem Riemenspanner
Bild 127 zeigt Einzelheiten des Einbaus. Die in der Mitte der Umlenkrolle zur Spannvorrichtung für den Antriebsriemen liegende Schraube (4) hat Linksgewinde und ist verstemmt. Die Umlenkrolle nur in Verbindung mit der Spannvorrichtung tauschen.

Bild 127
Einzelheiten zum Aus- und Einbau des Antriebsriemenspanners bei mechanischer Nachstellung.
1 Schraube
2 Schraube
3 Nase
4 Schraube der Umlenkrolle

Beim Ausbau folgendermassen vorgehen:
- Die Schrauben (1) lösen, die Schrauben (2) lösen und mit der Spannvorrichtung für den Antriebsriemen ausbauen. Falls man schlecht an die Schraube (2) wegen der Nase (3) heran kann, muss man die Spannvorrichtung verriegeln, wie es bereits beschrieben und in Bild 125 gezeigt wurde.

Der Einbau geschieht in umgekehrter Reihenfolge wie der Ausbau. Die Schraube (4) nach Festziehen gegen Lockern verstemmen.

4.4 Thermostat und Thermostatgehäuse

Aus Garantiegründen wird der Thermostat bei den Motoren in Fahrzeugen der letzten Baujahre (z.B. M43-Motor) im Kühlwasser-Thermostatgehäuse integriert und kann nur komplett erneuert werden. Der Ausbau erfolgt bei allen Motoren in ähnlicher Weise.
- Massekabel der Batterie abklemmen und die Kühlanlage ablassen (Kapitel 4.1.1).
- Um Arbeitsraum zu schaffen, die Lüfterkupplung mit Lüfterrad und die Kühlerzarge ausbauen.
- Die Befestigung des Kühlerschlauchs lösen und den angeschlossenen Schlauch vom Thermostatgehäuse an der Vorderseite des Zylinderkopfes, bzw. Steuerräderkastens abschrauben.
- Schrauben des Thermostatgehäuses lösen und das Gehäuse abnehmen. Bei lose eingebautem Thermostaten diesen herausnehmen.

Der Einbau geschieht in umgekehrter Reihenfolge. Immer eine neue Dichtung verwenden.
Ein Thermostat kann nicht repariert werden und ist im Schadensfalle zu erneuern. Eine einfache Prüfung lässt sich folgendermassen bei einem lose sitzenden Thermostaten oder integriertem Thermostaten durchführen:
- Thermostat mit dem Wasserauslassgehäuse an einem Stück Draht in einen Behälter mit kaltem Wasser einhängen.
- Ein Thermometer in ähnlicher Weise einhängen.
- Das Wasser allmählich erhitzen und kontrollieren, ob der Thermostat bei der in der Mass- und Einstelltabelle angegebenen Temperatur zu öffnen beginnt, bzw. vollkommen geöffnet ist. Andernfalls den Thermostaten und den Stutzen zusammen erneuern (wie bereits erwähnt, können die Teile nicht getrennt erneuert werden) oder einen neuen Thermostaten einbauen.

4.5 Temperaturfühler

Der *Temperaturfühler für das Fernthermometer* ist in die linke Seite des Zylinderkopfes eingeschraubt. Man wird jedoch daneben einen zweiten Fühler sehen, welcher der *Temperartur-Fühler für die Kraftstoffeinspritzung* ist.
Bei einem Fernthermometer können zwei Störungen auftreten, einmal kann es laufend "kalt" anzeigen oder laufend "heiss". Im ersten Fall den Kabelstecker vom Fühler abziehen und die Leitung mit Masse verbinden. Schlägt die Nadel bei eingeschalteter Zündung aus, kann man annehmen, dass der Fühler erneuert werden muss. Im zweiten Fall wird höchstwahrscheinlich die Nadel in die Normalstellung zurückkehren, sobald man den Kabelstecker abzieht. In diesem Fall ebenfalls einen neuen Fühler einbauen.
Zum Erneuern muss man die Einbaustelle gut freilegen (Kabelschacht abschrauben). Die Kühlanlage ablassen, bis das Kühlmittel unter der Höhe des Fühlers liegt.
Den Kabelstecker abziehen und den Fühler ausschrauben. Den neuen Fühler mit dem Dichtring versehen und wieder einschrauben. Das Kabel wieder aufstecken, ausgebaute Teile montieren und die Kühlanlage auffüllen.
Der Temperaturfühler für die Einspritzanlage wird in der oben beschriebenen Weise erneuert. In einer Werkstatt prüfen lassen.

Eine integrierte Motorelektronik, die unter dem Namen DME (Digitale Motorelektronik) bekannt ist, wird bei allen Motoren eingebaut. Bei den meisten Motoren wird die von Bosch hergestellte Einspritzanlage "M1.7" verwendet. Die Motronic-Steuerung steuert gleichzeitig das Kennfeld der Zündung, da beide Funktionen voneinander abhängig sind. Bild 128 zeigt den prinzipiellen Aufbau des Systems mit den einzelnen, eingebauten Komponenten.

Im allgemeinen sollten keine Arbeiten an der Anlage durchgeführt werden. Der Leerlauf und der CO-Anteil des Kraftstoffgemischs können nicht eingestellt werden. Zur Überprüfung oder zum Auffinden einer Störung werden die in einer BMW- oder Bosch-Werkstatt benutzten Prüfgeräte gebraucht, die im Zusammenhang mit dem Störungsaufzeichnungssystem der Anlage arbeiten.

Massekabel der Batterie abklemmt. Um zu verhindern, dass es unbeabsichtigt wieder auf den Batteriepol zurückspringen kann, muss man es gut von der Batterie abdrücken.

- Falls die Batterie abgeklemmt wird, werden das Fehleraufzeichnungssystem, der Radio-Sicherheits-Code (bei eingebautem Radio dieser Bauart) und andere in der Anlage verwendete Speicher gelöscht. Im Fall des Radios muss der Code wieder eingegeben werden.
- Je nach eingebautem Diebstahlalarm ist es manchmal möglich, dass dieser beim Abklemmen der Batterie in Betrieb kommt. Die Anweisungen über den Alarm werden Ihnen nähere Auskünfte darüber geben. Informieren Sie sich darüber ehe die Batterie abgeklemmt wird.
- Niemals den Motor laufen lassen, wenn die Batterieklemmen nicht vollkommen angezogen sind.

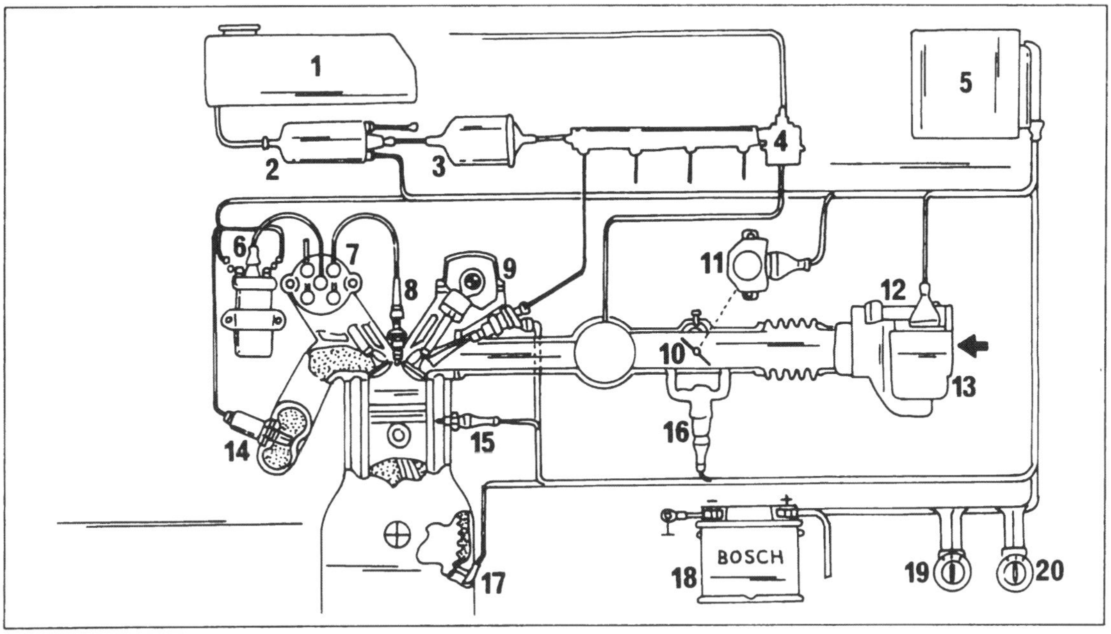

Bild 128
Aufbau der Motronic DME M1.7-Anlage
1 Kraftstoffbehälter
2 Kraftstoffpumpe
3 Filter
4 Druckregler
5 Steuergerät
6 Zündspule
7 Zündverteiler
8 Zündkerzen
9 Einspritzventil
10 Drosselklappe
11 Drosselklappenschalter
12 Luftmengenmesser
13 Lufttemperaturfühler
14 Lambda-Sonde
15 Motortemperaturfühler
16 Leerlauf-Stellglied
17 Drehzahlgeber
18 Batterie
19 Zündschalter
20 Klimaschalter

5.1 Vorsichtsmassnahmen bei Arbeiten an der Anlage

Falls irgendwelche Arbeiten am Motor durchgeführt werden, bei welchen Teile der Einspritzanlage betroffen werden, müssen die folgenden Punkte beachtet werden:

- Grundlegend gilt: Personen mit Herzschrittmacher sollten nicht an Einspritzanlagen und an der damit verbundenen Zündanlage arbeiten.
- Im allgemeinen gilt: Bei allen Arbeiten im Motorraum muss mindestens die Zündung ausgeschaltet sein. Besser ist es, wenn man das
- Niemals die Batterie abklemmen während der Motor läuft.
- Die Batterie abklemmen ehe sie nachgeladen wird.
- Niemals eine Batterie von mehr als 12 V benutzen, um den Motor anzulassen.
- Niemals das elektronische Steuergerät abklemmen, während die Zündung eingeschaltet ist.
- Vor dem Anschliessen eines Steckverbinders den Zustand der Klemmen kontrollieren und überprüfen, dass die Klemmen fest in den Steckverbindern sitzen. Ebenfalls kontrollieren, dass die Sicherungsfeder gut sitzt.
- Bei der Durchführung von elektrischen

Schweissarbeiten am Fahrzeug ausserhalb einer BWM-Werkstatt müssen Sie dem Schweisser folgende Anweisungen vorlegen:

— Die Batterie unter Bezug auf die Anweisungen auf den Seiten 1 und 2 abklemmen. Den Batterie-Minuspol von der Fahrzeugbatterie trennen. Minuspol abdecken.
— Wird in der Nähe der Batterie geschweisst, muss die Batterie ausgebaut werden.
— Die Rückstromzange der Schweissanlage so nah wie möglich an der Schweissstelle anbringen.
— Rückstromzange niemals an einem Massebolzen der Karosserie mit angeschraubten Masseleitungen anschliessen.

● Bei Kontrolle der Verdichtungsdrücke unbedingt das DME-Hauptrelais ausbauen, damit die Zündungsendstufen des DME-Steuergeräts die Zündspule nicht ansteuern — *Hochspannung — Lebensgefahr.*

● An der Klemme 1 der Zündspule darf kein Entstörstecker und keine Prüflampe angeschlossen werden. Ausserdem die Klemme 1 nicht mit Masse oder mit Batterie Plus verbinden.

● Bleibt das DME-Steuergerät länger als eine Stunde ohne Strom, dann verliert das sogenannte lernfähige System die gespeicherten Werte. Bei Wiederinbetriebnahme eines gelöschten oder bei Einbau eines neuen Steuergerätes muss sich das System die Eingangswerte des zugehörigen Motors als neue Grundwerte selbst einlesen und abspeichern. Dieser Vorgang kann nach dem Anlassen zu unrundem Motorlauf und Störungen im Schiebebetrieb führen. Je nach Motorbeschaffenheit kann es einige Zeit dauern, bis alle Werte mit dem Motorzustand abgeglichen sind. Bei Austausch oder Wiedereinbau eines Steuergeräts deshalb die folgenden Anweisungen beachten:

— Den Motor vor Austausch des Steuergeräts auf Betriebstemperatur bringen.
— Das Steuergerät danach ausbauen, das neue Steuergerät einbauen und das Fahrzeug fahren.

● Die Kraftstoffanlage steht konstant unter Druck. Die bedeutet, dass beim Abschliessen aller Kraftstoffleitungen usw. Benzin ausspritzen kann. Vor Beginn von irgendwelchen Arbeiten muss man den Druck in der Anlage entlasten, wie es untenstehend beschrieben ist. Unnötig zu sagen, dass Rauchen oder offene Flammen oder auch eine Inspektionslampe dabei fehl am Platz sind.

Druck in der Einspritzanlage entlasten

● Die Sicherung der Kraftstoffpumpe im Sicherungskasten entfernen. Die Sicherung befindet sich im Sicherungskasten im Motorraum und ist entsprechend am Deckel des Kastens gezeichnet.

● Motor anlassen und abwarten bis er abstellt.

● Tankdeckel abschrauben.

● Leitungen können jetzt abgeschraubt werden, jedoch sollte man einen dicken Lappen um die Verbindung legen, um verbleibenden Restkraftstoff aufzufangen.

● Nach Einsetzen der Sicherung eine Weile warten, damit die Pumpe wieder den Druck aufbauen kann. Danach die Zündung wieder ausschalten.

Hinweise zur Fremdstarthilfe

Zum Starten des Motors keine Starthilfesprays verwenden. Beim Starten mit einem Starthilfekabel ist folgendes zu beachten:

● Auf ausreichenden Leitungsquerschnitt der Starthilfekabel achten. Die Kabel müssen abgesichert sein.

● Prüfen, ob die stromspendende Batterie 12 V Spannung hat.

● Sollte die Starthilfe durch ein anderes Fahrzeug erfolgen, darauf achten, dass kein Kontakt zwischen den beiden Karosserien der Fahrzeuge besteht.

● Bei schwacher Batterie des stromspendenden Fahrzeuges, den Motor starten und im Leerlauf laufen lassen.

● Bei Automatik-Getriebe Fahrstufe "P" einlegen, Handbremse anziehen, bei Handschaltgetriebe Schalthebel in Leergang setzen, Handbremse anziehen.

● Darauf achten, dass die Starthilfekabel nicht in den Lüfter kommen können.

● Zuerst mit dem Starthilfekabel (rot) die beiden Pluspole der Batterien verbinden. Dann mit dem zweiten Starthilfekabel (schwarz) den Minuspol der stromspendenden Batterie und Motor- oder Karosseriemasse des zu startenden Fahrzeuges verbinden. Hier ist höchste Sicherheit zu beachten. — ***Niemals das zweite Starthilfekabel (schwarz) mit dem Minuspol des zu startenden Fahrzeuges verbinden. Entstehendes Knallgas könnte sich durch Funkenbildung entzünden.***

● Wenn der Motor angesprungen ist, zuerst das Kabel zwischen dem Minuspol und der Motor- oder Karosseriemasse trennen. Danach das Kabel von den Pluspolen abnehmen.

Ruhende Zündverteilung

Durch den Einbau der sogenannten ruhenden Zündverteilung sind die folgenden Vorsichtsmassnahmen zu beachten:

● Der Motor darf ohne angeschlossenen Sekundärkreis, also abgezogenen Kerzensteckern von der Zündkerze und Masseanschluss

(Klemme 4a), nicht gestartet werden.

- Gefährliche Spannungen können an den folgenden Stellen gefunden werden. Sie werden gewarnt: Zündleitung, Zündkerzenstecker, Zündkerze, Zündspule, Klemme 4. Für Wissbegierige: Die Spannung beträgt 40 kV. Die Leitung der Klemme 1 von der Zündspule zum Steuergerät trägt 350 kV.
- Die Batterie und die Leitungen am Generator und am Anlasser dürfen bei laufendem Motor nicht abgeklemmt werden.

5.2 Störungen an der Anlage

Alle durch elektronische Bauteile verursachten Störungen an der Einspritzanlage werden in einem Fehleraufzeichnungsprogramm der Motorelektronik aufgezeichnet. Durch Anschliessen des entsprechenden Instruments ist die Werkstatt in der Lage, den Fehler in den meisten Fällen schnellstens festzustellen. Aus diesem Grund sind alle Arbeiten an der Anlage einer BMW-Werkstatt zu überlassen oder man wendet sich an eine Spezialwerkstatt für Bosch-Einspritzanlagen.

5.3 Die Einspritzanlage

Obwohl, wie bereits gesagt, keine Arbeiten an der Anlage durchgeführt werden können, möchten wir kurz auf die eingebaute Anlage eingehen. Wir möchten jedoch darauf hinweisen, dass die auf den folgenden Seiten gegebenen Anweisungen nur befolgt werden sollten, falls man einige Erfahrungen mit elektronischen Einspritzanlagen und der damit verbundenen Zündanlage hat. Wir können keine Verantwortung für irgendwelche Schäden übernehmen, welche durch unvorschriftsmässige Behandlung von elektronischen Komponenten entstanden sind.

Wie bereits erwähnt, wird die Anlage zusammen mit der Zündung von einer gemeinsamen Motorelektronik gesteuert.
Der Kraftstoff wird durch eine im Kraftstoffbehälter sitzende Benzinpumpe durch einen Kraftstoffdruckregler zum Kraftstoffverteilerrohr gefördert. Vom Verteilerrohr gelangt der Kraftstoff zu den vier Einspritzventilen, die den Kraftstoff vor die Einlassventile in das Ansaugsammelrohr einspritzen. Bei diesem Motor erhalten die Einspritzventile bei jeder Umdrehung des Motors einen elektrischen Impuls, durch welchen alle vier Einspritzventile gleichmässig betätigt werden. Die Dauer des elektrischen Impulses bestimmt die Menge des eingespritzten Kraftstoffs. Diese Einspritzdauer wird durch die verschiedenen in die Anlage eingesetzten Geber und Sensoren bestimmt.

Die Kraftstoffpumpe arbeitet als Rollenzellenpumpe. Der Treibstoff fliesst direkt durch die Pumpe und kühlt sie dadurch. Der Förderdruck beträgt 3,0 bar und die Förderleistung bei 12 V Spannung mindestens 1,9 l/min. **Pumpenprüfung**: Die Pumpe wird folgendermassen geprüft: Die Zündung einschalten und die Stauklappe des Luftmengenmessers leicht bewegen. Die Pumpe muss hörbar laufen. Läuft die Pumpe nicht, prüfen ob am Kontakt der Pumpe eine Spannung von 12 V anliegt. Wenn Spannung anliegt und einwandfreie Masse besteht, die Pumpe ersetzen.

Bei der Anlage gelangt die Ansaugluft vom Luftfilter durch einen *Luftströmungsmesser* durch das Drosselklappenventil zu den Ansaugkanälen der Zylinder. Eine Klappe im Luftströmungsmesser bewegt sich entsprechend der einströmenden Ansaugluft und wandelt diese Bewegung in einen elektrischen Impuls um. Eine im Luftströmungsmesser eingesetzte Vorrichtung verändert die Bezugsspannung und teilt sie dem elektrischen Steuergerät mit.

Ein *Drosselklappenschalter* wird kurz vor dem Klemmen von der Anschlagschraube positioniert. Die Anschlagschraube wird so reguliert, dass die Klappe maximal schliesst, ohne zu klemmen.

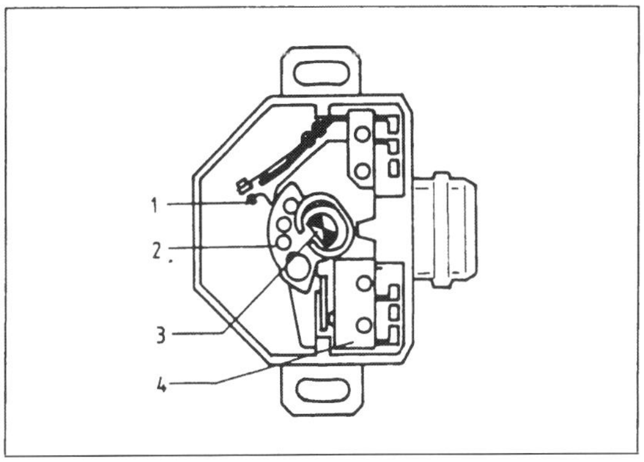

Bild 129
Ansicht des Drosselklappenschalters.
1 Vollastkontakt
2 Schaltkulisse
3 Drosselklappenwelle
4 Leerlaufkontakt

Der Gaszug ist so einzustellen, dass die Drosselklappe vollständig öffnet.
Ein Vollast-Kontakt im Drosselklappenschalter soll kurz vor Vollastanschlag schliessen (Bild 129).
Ebenfalls soll der *Drosselklappenstellungs-Sensor* erwähnt werden. Dieser ermöglicht dem Steuergerät die Stellung der Drosselklappe zu überwachen. Zusätzlicher Kraftstoff kann also

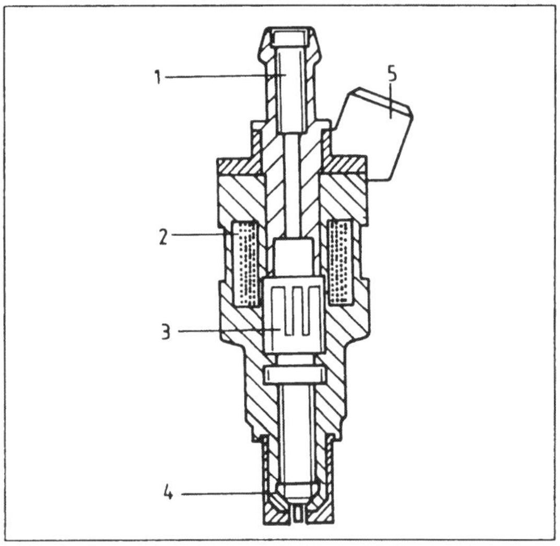

Bild 130
Schnitt durch ein Einspritzventil
1 Filter
2 Spule
3 Anker
4 Düsennadel
5 Elektroanschluss

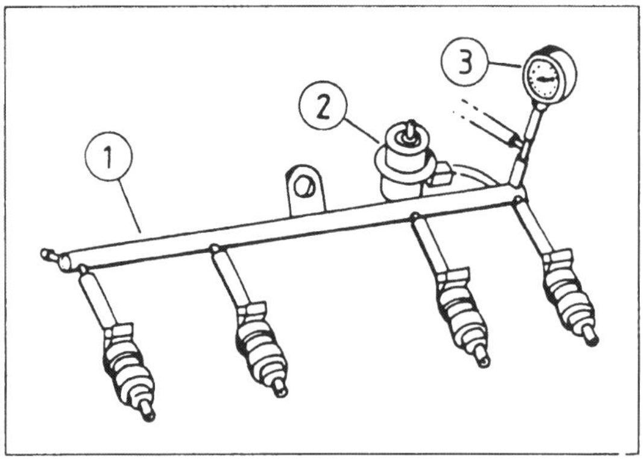

Bild 131
Lage des Kraftstoffdruckreglers, des Verteilerrohres und Anschlussweise eines Manometers.
1 Rohrverteiler
2 Druckregler
3 Manometer

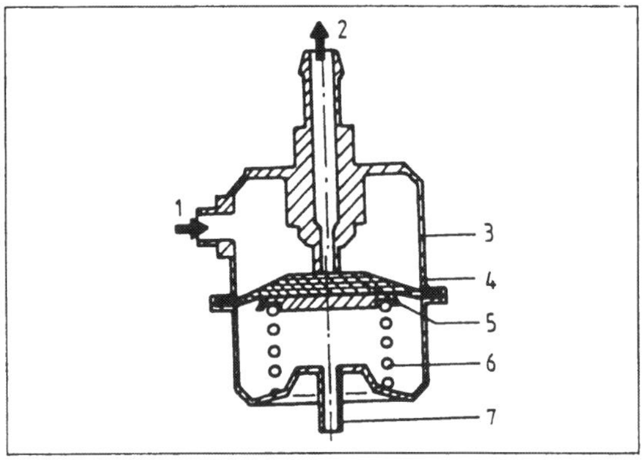

Bild 132
Schnitt durch den Druckregler
1 Kraftstoffanschluss
2 Rücklaufanschluss
3 Ventilplatte
4 Ventilkörper
5 Membrane
6 Druckfeder
7 Saugrohranschluss

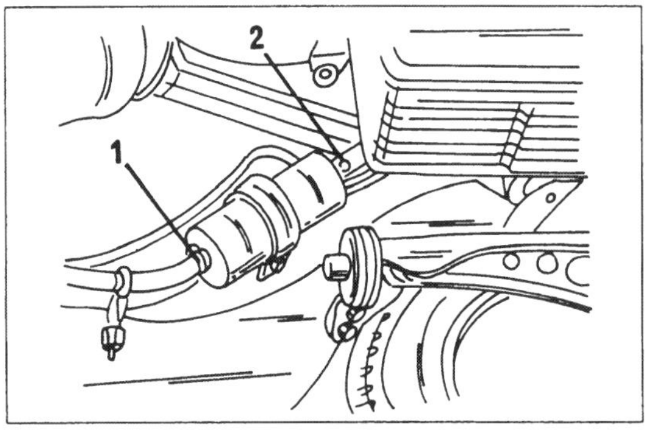

Bild 133
Einbaulage des Kraftstoffilters. Der Schlauch wird mit einer Klemme abgedrückt. Die beiden Schlauchklemmen (1) und (2) müssen gelöst werden.

den Zylindern zugeführt werden, wenn die Drosselklappe plötzlich geöffnet wird. Vom Drosselklappenstellungs-Sensor erhaltene Daten ermöglichen ebenfalls eine Unterbrechung der Kraftstoffzufuhr, wenn die Hinterräder den Motor "schieben" (Schiebebetrieb). Dadurch werden ausser der Verbessung des Kraftstoffverbrauchs auch die Abgasemission gesenkt.

Der Leerlauf wird durch ein *Leerlaufregelventil* reguliert. Der Leerlauf wird direkt vom Steuergerät reguliert, d.h. eine manuelle Einstellung ist nicht möglich. Der Leerlauf wird konstant gehalten und während der Warmlaufphase des Motors entsprechend erhöht. Der Leerlaufsteller befindet sich in der By-Pass-Leitung, welche die Drosselklappe umgeht.
Sollte die Drehzahl im Leerlauf nicht mehr dem Sollwert entsprechen, überprüft man alle Anschlüsse der Luftzufuhr auf Falschluft.
In Verbindung mit dem Leerlauf soll auch der CO-Anteil des Kraftstoffgemischs erwähnt werden. Für das Einstellen des CO-Wertes gilt das gleiche wie für den Leerlauf, d.h. er kann nicht eingestellt werden.

Die *Einspritzventile* werden elektrisch betätigt. Die Einspritzmenge wird durch Verändern der Einspritzdauer gesteuert. Alle Ventile sind parallel geschaltet. Bild 130 zeigt im Schnitt, wie ein Einspritzventil aufgebaut ist.

Der *Kraftstoffdruckregler* sitzt an der Zuleitung der Einspritzventile (Bild 131). Der Druckregler reguliert den Einspritzdruck auf genau 3,0 bar. Bild 132 zeigt einen Querschnitt durch den Regler. Der überschüssige Treibstoff gelangt über die Rücklaufleitung zurück in den Tank.
Der Kraftstoffdruck an den Einspritzventilen wird mit einem Manometer gemäss Bild 131 geprüft.

- Wird der Druck von 2,8 bis 3,0 bar unterschritten, die Rücklaufleitung abklemmen.
- Steigt der Druck über 4 bar an, muss der Regler ersetzt werden.
- Bleibt der Druck unter 4 bar, die Kraftstoffleitungen prüfen, ggf. den Filter erneuern.
- Wird der Druck von 2,8 bis 3,0 bar überschritten, ist die Rücklaufleitung verstopft oder geknickt oder der Druckregler ist defekt.

Der *Kraftstoffilter* der Einspritzanlage sitzt vorne links am Unterbau. Der Filter hat die Aufgabe, Schmutz von den empfindlichen Einspritzventilen fernzuhalten. Er filtert Teilchen aus dem Kraftstoff heraus. Der Pfeil auf dem Mantel zeigt die Durchflussrichtung des Kraftstoffs an. Bild 133 zeigt wie einige der Teile zueinander stehen. Beim Ersatz des Filters ist auf die am Gehäuse vermerkte Flussrichtung des Kraftstoffs zu achten.

Der eingebaute *Katalysator* in Verbindung mit der Lambda-Sonde fördert die Nachverbrennung von CO und HC zu ungefährlichen Kohlendioxyd und reduziert gleichzeitig die im Abgas enthaltenen Stickoxyde zu neutralem Stickstoff (N). Der eingebaute Dreiwegkatalysator besteht aus einem Röhrenteil aus Keramik, das mit Edelmetall (Platin oder Rhodium) beschichtet ist. Zum Betrieb des Motors darf nur bleifreies Benzin verwendet werden. Blei würde die Wirkung des Katalysators zerstören. Der Katalysator ist auf ein ideales stöchiometrisches Gemisch von Lambda 1,0 angewiesen, um mit hohem Wirkungsgrad arbeiten zu können (Bild 134).
Zur Regelung dieses Wertes ist die Lambda-Sonde in das Hosenrohr der Auspuffanlage eingebaut. Sie ermöglicht die direkte Einflussnahme auf die Einspritz-Elektronik (Bild 135).

Seilzug vorhanden. Auf der Drosselklappenwelle sitzt der Drosselklappenschalter.

Zu erwähnen wäre noch das *Aktivkohlefiltersystem*. Durch dieses werden Kraftstoffdämpfe aufgespeichert und, vom Steuergerät entsprechend reguliert, wieder der Verbrennung zugeführt.

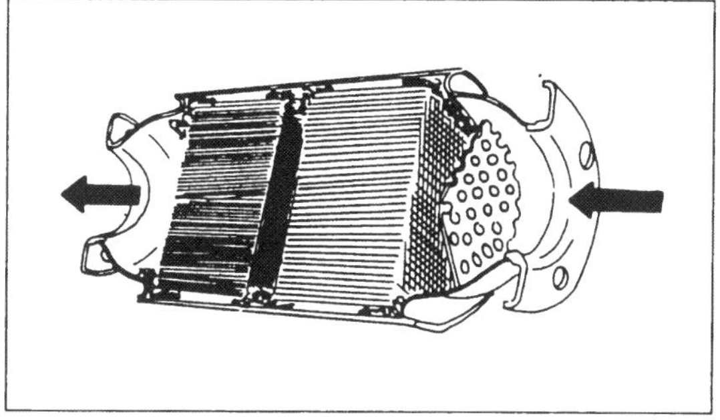

Bild 134
Der Katalysator. Die Strömungsrichtung wird durch die Pfeile gezeigt.

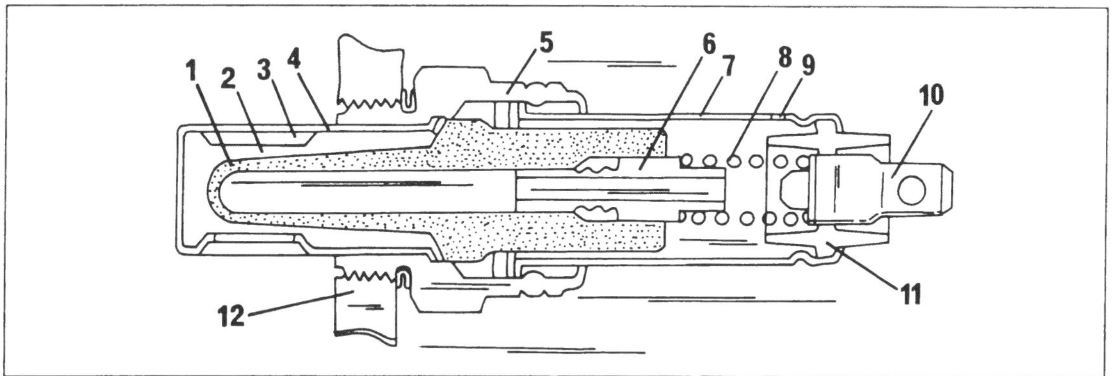

Bild 135
Schnitt durch die Lambda-Sonde.
1 Elektrode +
2 Elektrode —
3 Sonderkeramik
4 Schutzrohr
5 Gehäuse (—)
6 Kontaktbuchse
7 Schutzhülse
8 Kontaktfeder
9 Belüftungsöffnung
10 Eelektrischer Anschluss (+)
11 Isolierteil
12 Abgasrohrwand

Zwei Sensoren sind eingebaut, die die Stellung der Kurbelwelle (neben dem Schwingungsdämpfer an der Stirnseite) sowie die Zylindererkennung (stellt die Stellung der Nockenwelle fest) ermitteln. Der letzte sitzt nicht bei allen Motoren an gleicher Stelle. Siehe spätere Beschreibung.

Das *elektronische Steuergerät* befindet sich in einem Kasten hinter der Batterie. Bei Ersatz des Steuergeräts muss unbedingt ein neues Gerät mit der gleichen Bezeichnung eingebaut werden.

Weitere eingebaute Sensoren informieren das Steuergerät über *Kühlmitteltemperatur und Ansauglufttemperatur*.

Das Kraftstoffverteilerrohr, welches man in Bild 131 sehen kann, führt den Kraftstoff den Einspritzventilen zu und trägt über eine kurze Schlauchleitung den Druckregler.

Der Drosselklappenstutzen sitzt am Einlass des Ansaugsammelrohres und dient der Leistungsregulierung des Motors. Die Drosselklappe wird durch den Seilzug vom Gaspedal betätigt. Bei einer Automatikausführung ist ein zusätzlicher

5.4 Aus- und Einbau von Teilen

Bei den folgenden Anweisungen nehmen wir an, dass alle angegebenen Vorsichtsmassnahmen beachtet werden, um Schäden an der Anlage sowie Verletzungen, Unfälle, usw. zu vermeiden. Ebenfalls sind die unter der betreffenden Überschrift angeführten Hinweise ohne Ausnahme zu beachten.

Kraftstoffverteilerrohr und Einspritzventile

Hinweis: Neue "O"-Dichtringe müssen an den Einspritzventilen verwendet werden.

- Batterie unter Beachtung der Vorschriften abklemmen und den Druck in der Anlage entlasten (Seite 64).

M40-Motor

- Die Gummileiste beim Frischluftkanal abziehen und den Frischluftkanal ausbauen.
- Die Abdeckung über dem Drosselklappenstutzen abnehmen. Dazu eine Schraube lösen, die Abdeckung zurückklappen und die beiden

anderen jetzt zum Vorschein kommenden Schrauben herausdrehen.

- Den Verbindungsschlauch Luftmengenmesser/Ansaugstutzen demontieren.
- Die Saugrohrkammer mit Drosselklappenstutzen vom Ansaugkrümmer abschrauben. Dazu die Saugrohrkammer-Vorwärmung abbauen.
- Die Steckerleiste von den Einspritzventilen abziehen (Bild 136).
- Die Schlauchschellen lösen und Kraftstoffzulauf- und Rücklaufschlauch vom Rohrverteiler abziehen. Etwas Kraftstoff kann herausspritzen. Die Enden der Anschlüsse in geeigneter Weise verschliessen.
- Unterdruckschlauch vom Kraftstoffdruckregler abziehen.
- Die beiden Schrauben (1) in Bild 137 entfernen und den Rohrverteiler vorsichtig nach oben ziehen. Dabei kommen auch die Einspritzventile heraus (Bild 137).
- Um ein Einspritzventil vom Rohrverteiler zu lösen, die Sicherungsspange des Ventils mit einem Schraubenzieher ausdrücken und das Ventil aus dem Rohrverteiler herausziehen.

Beim Einbau:

- Alle Dichtringe der Einspritzventile erneuern. An der Unterseite muss eine Kunststoffscheibe über dem Dichtring sitzen. Die Dichtringe mit Motoröl benetzen.
- Einspritzventile in den Rohrverteiler eindrücken und mit den Sicherungsspangen befestigen. Darauf achten, dass diese einwandfrei sitzen.
- Den Rohrverteiler aufsetzen, wobei die Einspritzventile in die Zylinderöffnungen eingedrückt werden müssen.
- Der weitere Einbau geschieht in umgekehrter Reihenfolge wie der Ausbau. Bei einigen Teilen unter der betreffenden Überschrift nachlesen. Die Anlage wieder unter Druck setzen (Seite 64, oben rechts).

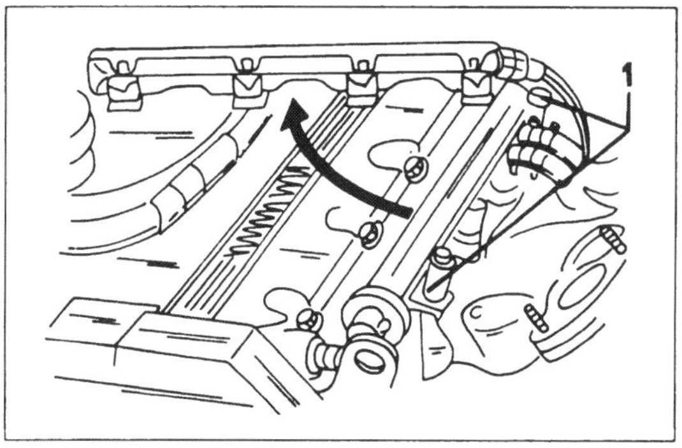

Bild 136
Steckerleiste der Einspritzventile abnehmen. Die Befestigungen sind mit (1) gezeichnet.

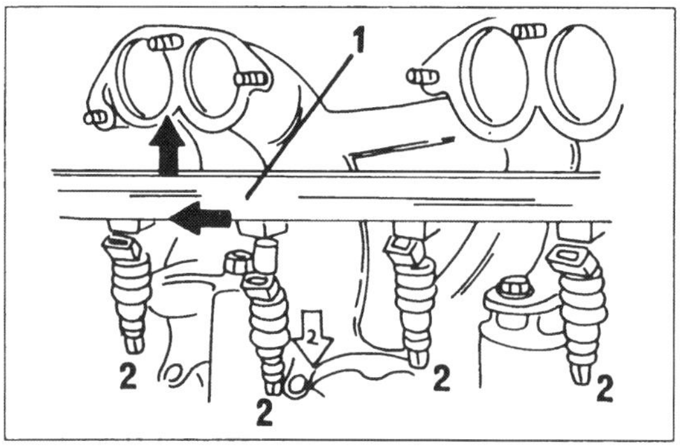

Bild 137
Das Verteilerrohr (1) zusammen mit den Einspritzventilen (2) nach oben herausziehen.

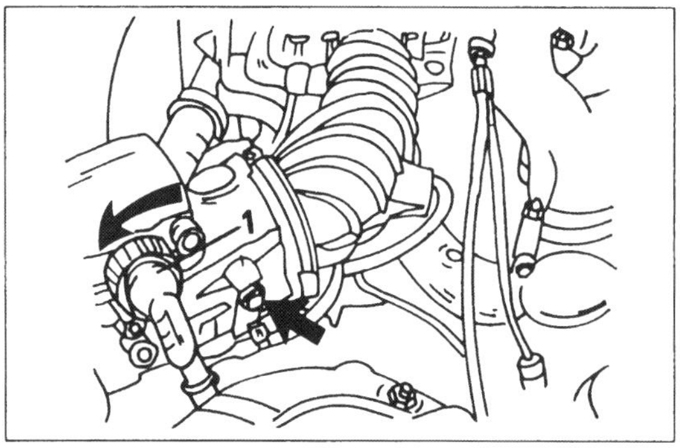

Bild 138
Beim M42- und M43-Motor den Mehrfachstecker (1) verdrehen und abziehen. Ebenfalls die Schraube (Pfeil) lösen.

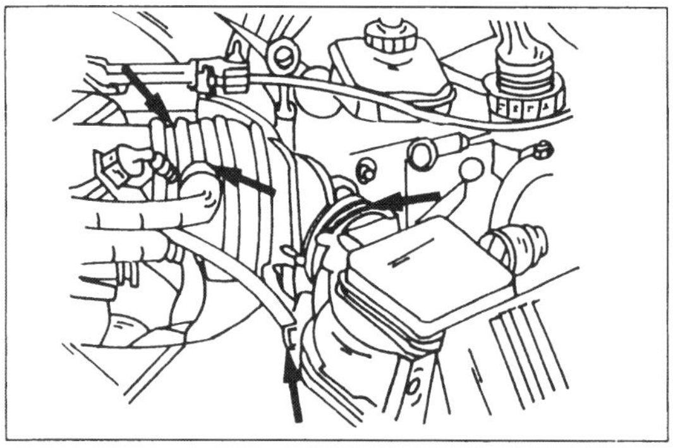

Bild 139
Die Pfeilstellen zeigen wo die Schläuche am Luftfiltergehäuse angeschlossen werden.

M42- und M43-Motor

Bei diesen Motoren ist der Aus- und Einbau etwas komplizierter.

- Druck in der Kraftstoffanlage entlasten (Seite 64).
- Den Mehrfachstecker in Bild 138 nach links verdrehen und abziehen. Ebenfalls die mit dem Pfeil gezeigte Schraube der Aktivkohlefilterleitung lösen.
- Schlauchbinder lösen und den Faltenbalg am Drosselklappenstutzen abziehen.
- Die vier Klammern des Luftfiltergehäuseoberteils lösen und das Oberteil mit dem Luft-

Bild 140

Bild 140 (rechts)
Die mit dem Pfeil gezeigte Mutter an Sammlerabstützung lösen.

mengenmesser und dem Faltenbalg herausnehmen. Beim Einbau die in Bild 139 gezeigten Schlauchanschlüsse befestigen.

- Drosselklappenstutzen komplett ausbauen.
- Die Sammlerabstützung an der in Bild 140 gezeigten Stelle vorne lösen.
- Den Anschluss des Unterdruckschlauchs aus dem Bremskraftverstärker herausziehen (Schraubenzieher hinter den Anschluss setzen).
- Die Sammlerabstützung an der in Bild 141 gezeigten Stelle lösen.
- Die in Bild 142 gezeigten Schrauben lösen und das Sammler-Oberteil ausbauen. Beim Einbau den Unterdruckschlauch (1) auf festen Sitz prüfen.
- Das Sammler-Oberteil anheben, bis der Stehbolzen an der Unterseite frei wird, danach nach links verdrehen und herunterheben. Beim Einbau müssen die Unterdruckleitungen am Sammler-Unterteil auf festen Sitz geprüft werden. Auf den Stehbolzen sitzen Passhülsen, welche man beim Einbau nicht vergessen darf. Bild 143 zeigt, wo diese aufgeschoben sind.
- Der weitere Ausbau geschieht in ähnlicher Weise, wie es beim M40-Motor beschrieben wurde.

Der Einbau geschieht in umgekehrter Reihenfolge unter Beachtung der bereits angeführten Hinweise.

Kraftstoffdruckregler ersetzen

Hinweis: Neue Dichtringe könnten beim Einbau erforderlich sein. Obwohl ähnlich, sind die Arbeiten nicht bei allen Motoren gleich.

- Druck in der Anlage entlasten (Seite 64).
- Unterdruckschlauch (1) und ggf. Schlauch (2) abschliessen (Bild 144). Der letztgenannte ist an der Vorderseite des Zylinderkopfes angeschlossen.
- Die Einbaulage des Stutzens für die Unterdruckzuleitung am Einspritzrohr markieren und den Schlauch abziehen.
- Ist der Druckregler mit einem Klemmring gesichert, die Schraube lösen und den Klemmring entfernen. Die Anlaufscheibe abnehmen.
- Ist der Druckregler mit einer Schraube gesichert, wie es Bild 145 zeigt, die Schrauben lösen und den Halter abnehmen. Danach eine Mutter lösen und den Spannbügel abnehmen. Bei Ausführung mit Sicherungsbügel den Bügel herausziehen. Um eine Beschädigung des Unterdruckschlauchs zu vermeiden, muss darauf geachtet werden, dass die Aussparung (1) mit dem Unterdruckanschluss (2) in Bild 146 fluchtet. Der Druckregler muss jetzt verdreht und herausgezogen werden. Ein kleiner und ein grosser Dicht-

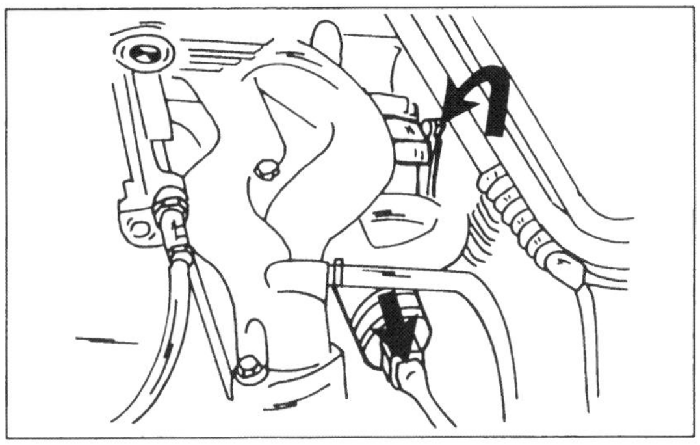

Bild 141
Sammlerabstützung hinten lösen.

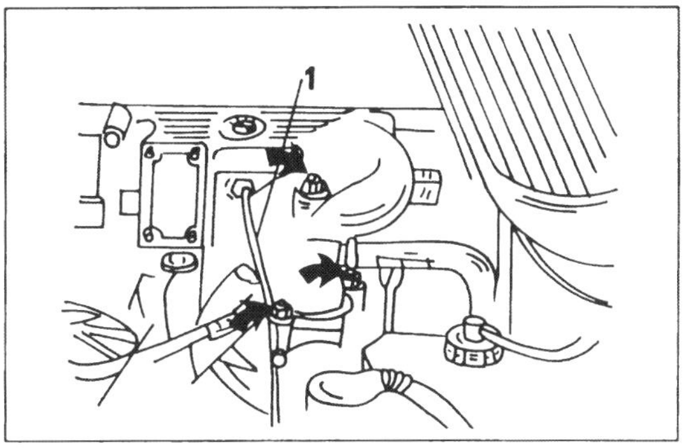

Bild 142
Nach Lösen der Schrauben (Pfeile) das Sammler-Oberteil abbauen. Den Schlauch (1) vor dem Einbau auf Festsitz kontrollieren.

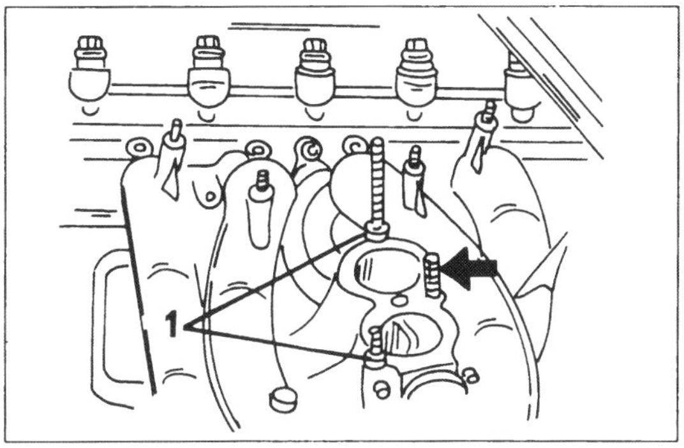

Bild 143
Auf den Stehbolzen sitzen die Passhülsen (1).

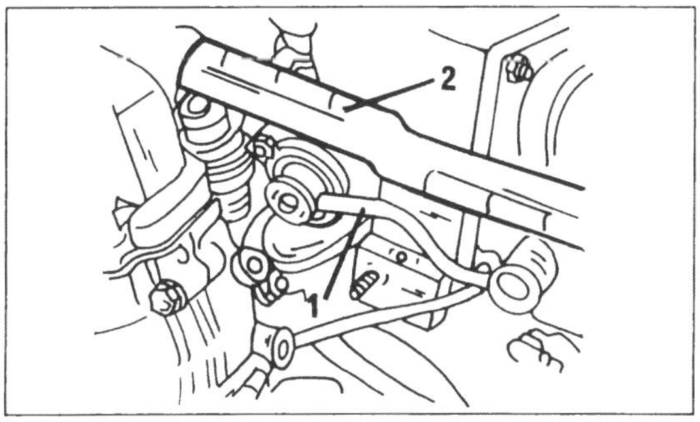

Bild 144
Unterdruckschlauch (1) und Belüftungsschlauch (2) beim Ausbau des Druckreglers ausbauen.

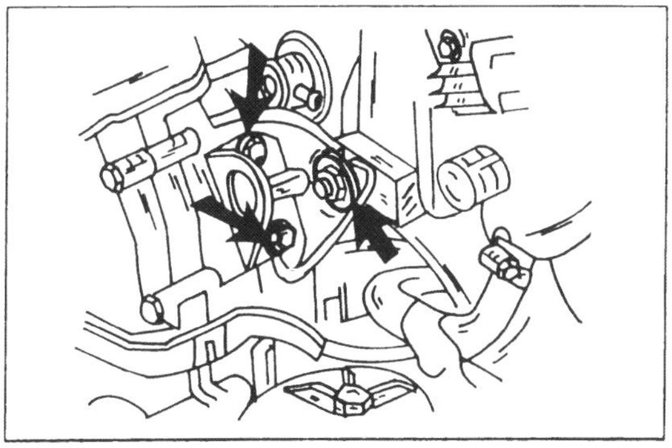

Bild 145
Befestigungsweise des Kraftstoffdruckreglers mit einer Schraube und einem Halter.

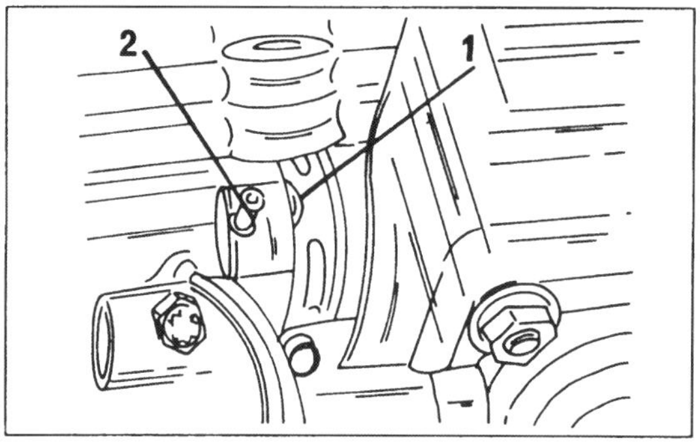

Bild 146
Richtiges Verhältnis zwischen der Aussparung (1) und dem Unterdruckanschluss (2) beim Einbau des Druckreglers.

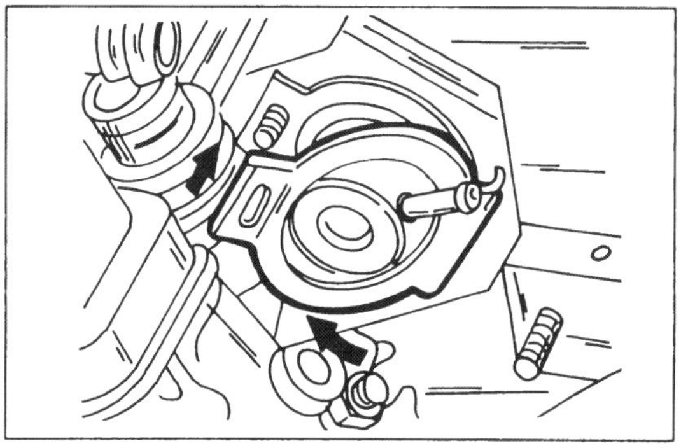

Bild 147
Richtiger Einbau des Spannbügels, falls der Druckregler in der gezeigten Weise befestigt ist.

Bild 148
Die vier Pfeile weisen auf die Befestigungsweise des Luftströmungsmesser.

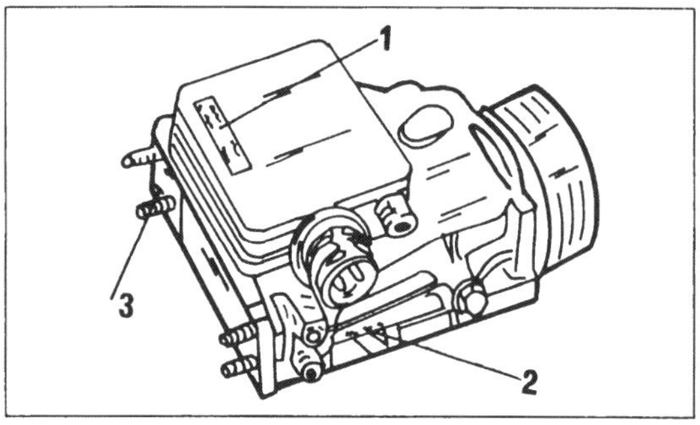

Bild 149
Ansicht des Luftströmungsmesser.
1 Kenn-Nr.
2 Fertigungsdatum
3 Dichtung

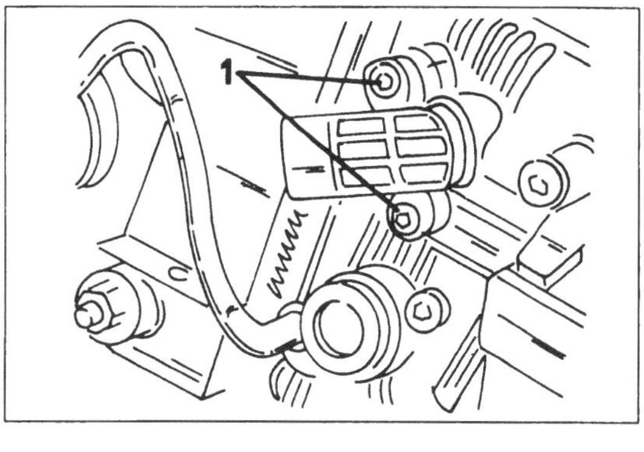

Bild 150
Die beiden Schrauben (1) halten das Drosselklappen-Potentiometer.

ring sind am Regler angebracht. Kontrollieren und ggf. erneuern.

Der Einbau geschieht in umgekehrter Reihenfolge. Die bereits angegebenen Hinweise beachten. Bei Befestigung mit Spannbügel muss der Druckregler ganz eingedrückt werden, damit der Spannbügel angelegt werden kann. Bei dieser Ausführung hält man sich an Bild 147.

Luftströmungsmesser aus- und einbauen

Hinweis: Die Dichtung des Luftströmungsmessers muss erneuert werden.

- Den Mehrfachstecker (1) in Bild 138 in Pfeilrichtung verdrehen und abziehen. Ebenfalls die im Bild mit dem Pfeil gezeigte Schraube lösen (hält die Leitung des Aktivkohlebehälters).
- Die Schlauchschelle am Luftströmungsmesser lösen und den Faltenbalg abziehen.
- Die vier Klammern des Luftfilter-Oberteils öffnen und das Oberteil zusammen mit dem Luftströmungsmesser herunterheben. Beim Einbau der genannten Teile auf guten Sitz der in Bild 139 gezeigten Schlauchanschlüsse achten.
- In der Innenseite des Luftfilter-Oberteils die in Bild 148 gezeigten Muttern entfernen und den Strömungsmesser herausziehen.

Der Einbau geschieht in umgekehrter Reihenfolge, unter Beachtung der folgenden Punkte:

- Beim Einbau eines Neuteils die Kenn-Nr. und das Fertigungsdatum beachten. Diese sind an den in Bild 149 gezeigten Stellen zu finden.
- Die Dichtung an der in Bild 149 gezeigten Stelle erneuern.
- Nach Einbau sollte man auf jeden Fall den Fehlerspeicher des DME-Steuergeräts auslesen und löschen lassen (Werkstatt).

Drosselklappen-Potentiometer ersetzen

Hinweis: Ein neuer O-Ring ist erforderlich. Die Arbeiten sind bei allen Motoren ähnlich.

- Faltenbalg ausbauen, wie es unter der letzten Überschrift beschrieben wurde, falls man sehen kann, dass der Zugang zum auszubauenden Teil leichter wird.
- Die Steckverbindung am Potentiometer trennen und die beiden in Bild 150 gezeigten Schrauben lösen. Den O-Ring in der Öffnung an der Innenseite entfernen und einen neuen O-Ring einwandfrei in die Rille legen.

Der Einbau erfolgt in umgekehrter Reihenfolge. Eine Einstellung ist nicht erforderlich. Das Potentiometer ist selbstlernend.

Bei der nächsten Gelegenheit den Fehlerspeicher auslesen und löschen lassen (Werkstatt).

Leerlaufregelventil ersetzen

Hier muss man den Unterschied zwischen Fahrzeugen mit M40-Motor und ausserdem mit M42- und M43-Motor vor und nach September 1995 beachten:

- Bei Fahrzeugen mit M40-Motor unter Bezug auf Bild 151 den Stecker (1) abziehen, die Schlauchschellen lösen und die Schläuche nach Kennzeichnung der Anschlussweise abziehen.
- Den Kabelbinder um das Ventil herum zerschneiden und danach das Ventil (2) aus der Befestigungsschelle drücken.

Der Einbau geschieht in umgekehrter Reihenfolge wie der Ausbau. Das Ventil wieder in Pfeilrichtung (rechter Pfeil) in die Schelle einschieben.

- Bei einem Fahrzeug mit den anderen Motoren vor Oktober 1995 die Klammer abdrücken und den Stecker abziehen.
- Das Leerlaufregelventil mit der Gummihalterung in Pfeilrichtung von Bild 152 herausziehen. An der Rückseite des Ventiles die beiden Schläuche abziehen (kennzeichnen) und das Leerlaufregelventil mit dem Halteband herausnehmen.

Der Einbau geschieht in umgekehrter Reihenfolge. Im Ventil ist eine Kenn-Nr. vermerkt. Der neue Leerlaufregler muss die gleiche Nummer haben. Nach dem Einbau kontrollieren, dass der Leerlauf stimmt. Falls erforderlich den Fehlerspeicher auslesen und löschen lassen (Werkstatt).

- Bei Fahrzeugen mit den anderen Motoren ab Oktober 1995 sitzt der Leerlaufsteller an der Seite des Drosselklappengehäuses.
- Die Steckverbindung nach Lösen der Klammer an der Unterseite abziehen.
- Am Unterdruckanschluss (1) in Bild 153 einen Schlauch abziehen. Die beiden Schrauben (2) entfernen und den Leerlaufregler abnehmen.

Die Dichtfläche und Dichtung des Leerlaufstellers auf Beschädigung kontrollieren, ggf. Dichtung erneuern.

Der Einbau geschieht in umgekehrter Reihenfolge wie der Ausbau. Die Zuleitung des Leerlaufstellers muss in einen Halter am Ansaugschlauch eingeclipst werden. Den Fehlerspeicher bei nächster Gelegenheit auslesen und löschen lassen.

Lambda-Sonde ersetzen

Die Lambda-Sonde sitzt im Auspuffrohr. Zum Ausbau die Steckverbindung der Lambda-Sonde trennen, das Kabel aus dem Halter ausclipsen und die Lambda-Sonde lösen. Neue Lambda-Sonden sind am Gewinde bereits mit Anti-Festfresspaste bestrichen. Wird eine Lambda-Sonde wieder eingebaut, muss sie mit Loctite-Anti-Size eingestrichen werden. Diese ist im Fachhandel erhältlich. Der in das Auspuffrohr ragende Teil der Sonde darf nicht damit auf keinen Fall bestrichen werden.

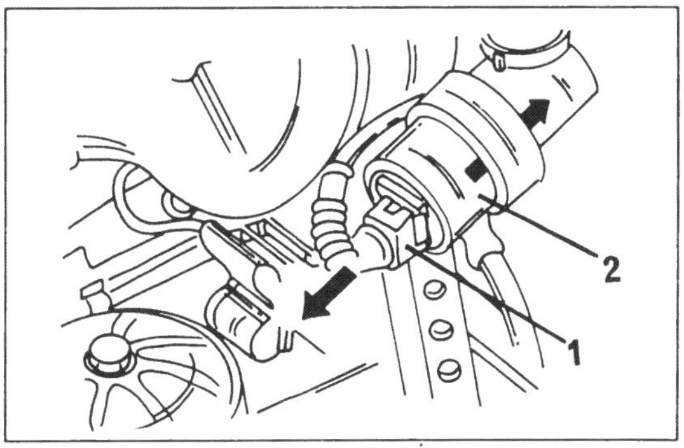

Bild 151
Einbaulage des Leerlaufregelventils (M40-Motor). Die Pfeile weisen auf Ausziehund Einsteckrichtung.
1 Steckverbinder
2 Leerlaufregler

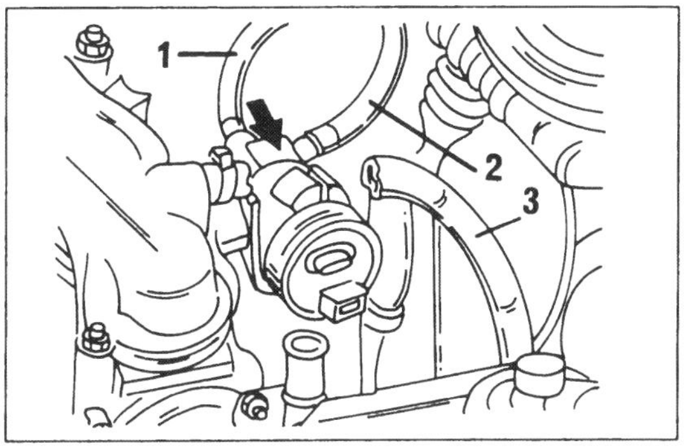

Bild 152
Leerlaufregelventil teilweise ausgebaut. Die gezeigten Schläuche (1), (2) und (3) abziehen.

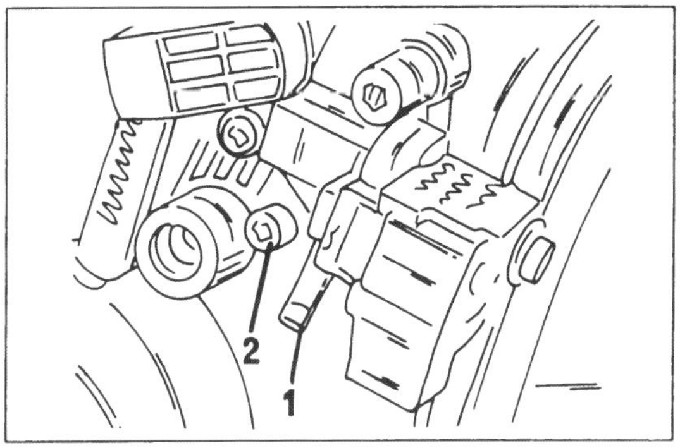

Bild 153
Einbauweise des Leerlaufregelventils ab Oktober 1995.
1 Anschluss für Unterdruckschlauch
2 Schrauben

Sammler-Oberteil aus- und einbauen

Die Beschreibung bezieht sich auf den M43-Motor. Bei anderen Motoren ist sie entsprechend anzugleichen.

- Bowdenzug für die Gasbetätigung von der Drosselklappe abbauen.
- Das Kühlmittel ablassen.
- Die Sammlerstütze vorne abbauen und den Unterdruckschlauch abziehen.
- Den Faltenbalg lösen. Weiterhin in dieser

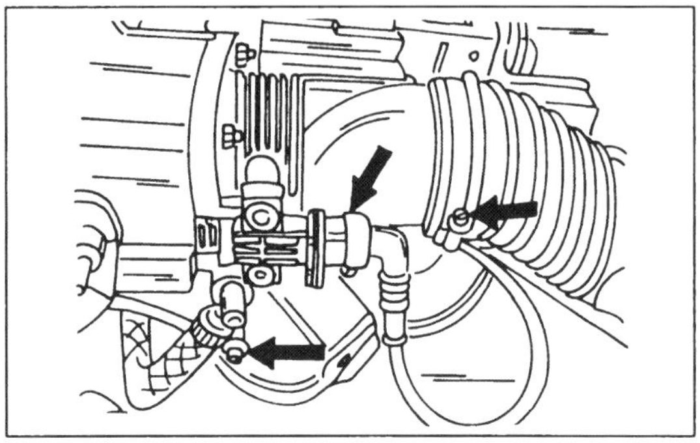
Bild 154
Zum Ausbau des Faltenbalgs.

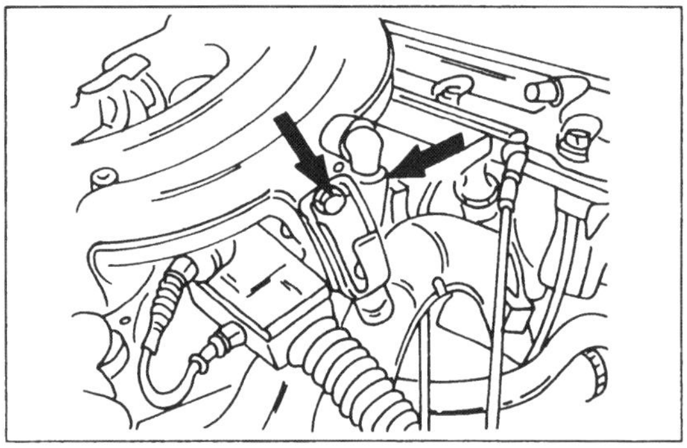
Bild 155
Die Schraube und den Schlauch des Leerlaufstellers abziehen (Pfeile).

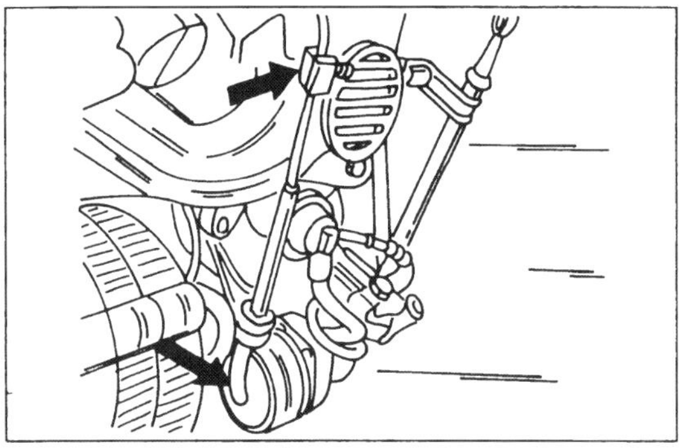
Bild 156
Den Unterdruckschlauch an den gezeigten Stellen lösen.

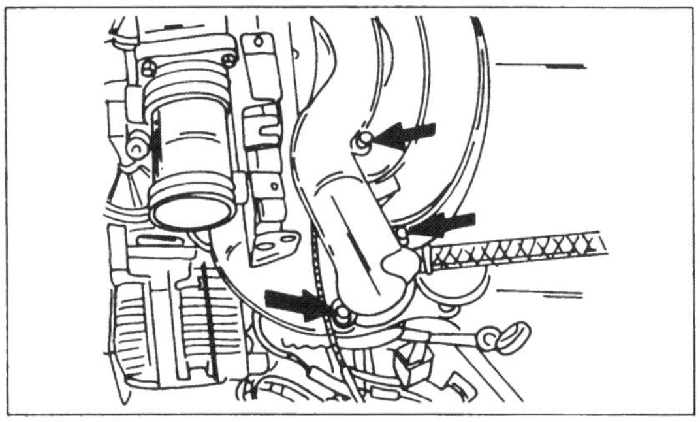
Bild 157
Befestigung des Sammelrohr-Oberteils (Pfeilstellen).

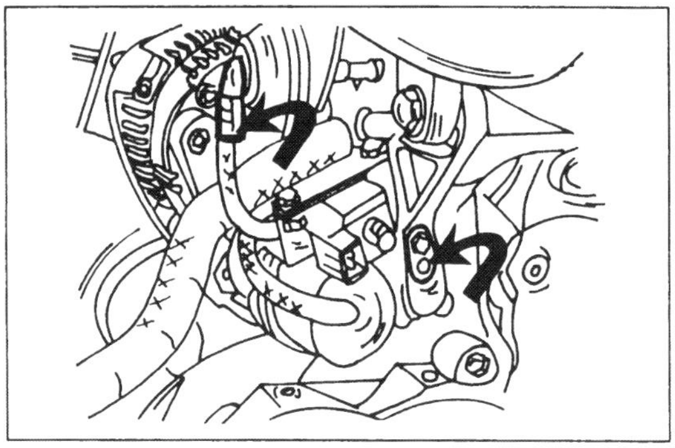
Bild 158
Ausbau des Unterdruckbehälters von der Sammlerstütze.

Nähe und unter Bezug auf Bild 154 den Stecker für das Drosselklappen-Potentiometer abziehen und den Schlauch zwischen dem Heizungsrücklaufrohr und Drosselklappenstutzen lösen.

- Alle anderen am Drosselklappenstutzen angeschlossenen Schläuche nach genauer Kennzeichnung abziehen (Schlauch für Tankentlüftung, Schlauch zwischen Druckregelventil und Drosselklappenstutzen).
- Den Entlüftungsschlauch an der Seite der Zylinderkopfhaube nach oben ausclipsen und vom Krümmer zur Seite drücken.
- An der in Bild 155 gezeigten Stelle die Sammlerstütze hinten lösen (linker Pfeil) und den Schlauch für den Leerlaufsteller abziehen (rechter Pfeil).
- Anschlussstück des Unterdruckschlauchs aus dem Bremskraftverstärker drücken (Schraubenzieher).
- Unterdruckschlauch vom Unterdruckbehälter abziehen und aus dem Schlauchhalter am Sammelrohr-Oberteil ausclipsen. Der gemeinte Schlauch ist in Bild 156 gezeigt.
- Schrauben/Muttern des Sammler-Oberteils lösen (3 Stellen, sie Bild 157) und das Oberteil abheben.

Der Einbau geschieht in umgekehrter Reihenfolge wie der Ausbau. Zu beachten:

- Den Flansch für das Druckregelventil abheben. Die Passhülse beachten, Dichtungen unter und über dem Flansch ersetzen.
- Neue Dichtungen für das Sammler-Oberteil verwenden.
- Alle Schläuche entsprechend den Kennzeichnungen aufstecken und abschliessend die Kühlanlage befüllen.

Sammler-Unterteil aus- und einbauen

Hinweis: Die Beschreibung bezieht sich auf den M43-Motor. Bei anderen Motoren sind sie entsprechend anzugleichen. Eine neue Dichtung und neue Dichtringe für das Druckregelventil sind erforderlich.

- Sammler-Oberteil ausbauen, wie es oben beschrieben wurde.
- Das Kabelbaum-Teilstück für den Motor vom Sammler-Unterteil abbauen.
- Den Kraftstoffverteiler zusammen mit den Einspritzdüsen komplett ausbauen (Seiten 68 und 69).
- Die Befestigung des Führungsrohres für den Ölmessstab vom Sammler lösen (1 Schraube).
- Den Unterdruckbehälter von der Sammlerstütze abbauen. Dazu eine Schraube lösen und den Unterdruckschlauch abziehen (Bild 158).

- Die Sammlerstütze ausbauen. Diese ist an den vier in Bild 159 gezeigten Stellen befestigt.
- Den Vorwärmschlauch am Flansch für das Druckregelventil abschliessen. Die Dichtungen über und unter dem Schlauch müssen erneuert werden.
- Die Befestigungsmuttern des Sammler-Unterteils an den in Bild 160 gezeigten Stellen lösen und das Krümmerteil abheben. Die darunterliegende Dichtung abnehmen. Sie muss immer erneuert werden.

Der Einbau geschieht in umgekehrter Reihenfolge wie der Ausbau unter Beachtung der folgenden Punkte:

- Die neue Dichtung auflegen, das Sammlerteil ansetzen und die Muttern gleichmässig über Kreuz mit dem vorgeschriebenen Anzugsdrehmoment anziehen.
- Die neuen Dichtungen auf beiden Seiten des Druckregelventils aufsetzen und das Ventil wieder montieren. Den Vorwärmschlauch wieder aufstecken.
- Die Einspritzventile und das Oberteil des Sammlers montieren, wie es bereits beschrieben wurde. Die Kraftstoffanlage abschliessend wieder unter Druck setzen (Seite 65).

Kraftstoffilter

Der Filter ist an der in Bild 133 gezeigten Stelle vorne links am Unterbau eingebaut. Um ein Auslaufen des Kraftstoffs zu vermeiden, sollte man die beiden Schläuche (1) und (2) mit einer geeigneten Zwinge abklemmen.

Die beiden Schlauchschellen lösen und den Kraftstoffschlauch oben an der Vorlaufheizung abziehen. Danach die beiden seitlichen Kraftstoffschläuche abziehen. Aus dem Filter auslaufendes Benzin auffangen.

Die Schraube unter dem Filter entfernen, das Spannband etwas öffnen und den Filter herausziehen.

Der Einbau geschieht in umgekehrter Reihenfolge. Der in den Filter eingestanzte Pfeil muss nach dem Einbau in Richtung Einspritzventile weisen. Die Kraftstoffschläuche gut mit den Schellen festziehen.

Geber für Zylindererkennung (M40-Motor)

Bei einem M40-Motor sitzt der Geber im Zündkabel des vierten Zylinders an der Verteilerkappe, an der in Bild 161 gezeigten Stelle. Bei Ausbau des Gebers wird das Zündkabel zerstört. Der Aus- und Einbau dieses Gebers bringt keine Schwierigkeiten mit sich. Die Verteilerkappe ausbauen und das vierte Zündkabel herausziehen. Neues Kabel mit Geber einsetzen.

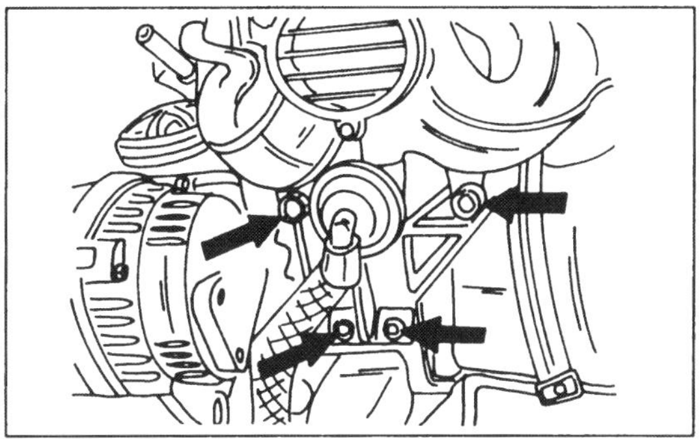

Bild 159
Die Befestigungsstellen der Sammlerstütze.

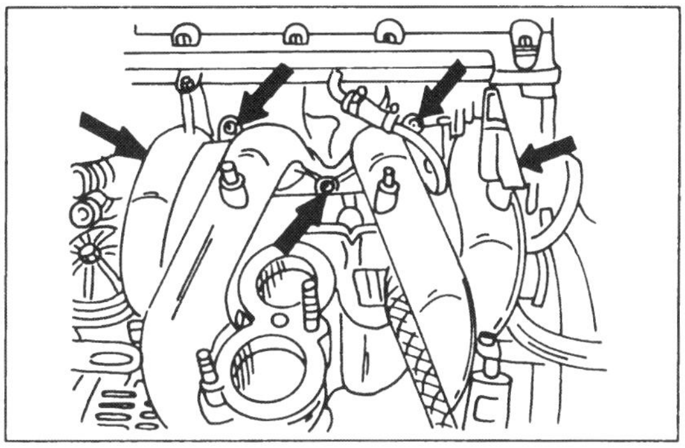

Bild 160
Die Befestigungsstellen des Sammler-Unterteils sind mit den Pfeilen gezeigt.

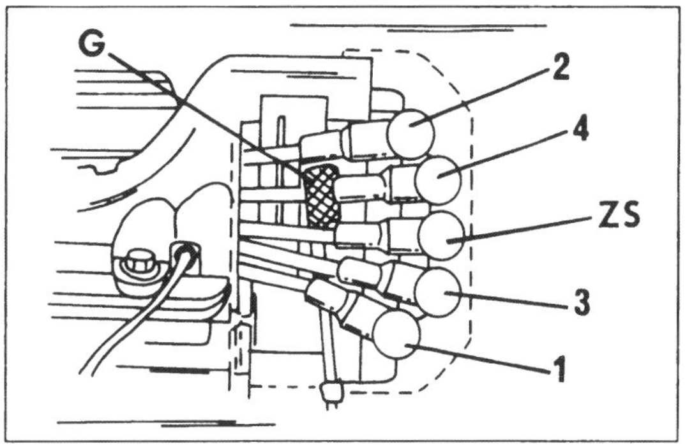

Bild 161
Anschlussweise der Zündkabel bei einem M40-Motor. Kabel für Zylinder 1 bis 4 sind mit den Zahlen gezeichnet. Der Heber (G) und die Zündspulenklemme (ZS) sind ebenfalls zu sehen.

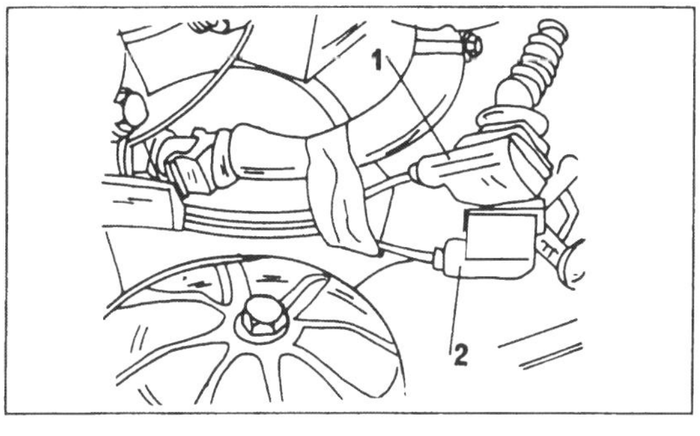

Bild 162
Einbaulage des Gebers zur Zylinderkennung bei einem Motor mit ruhender Zündverteilung.
1 Geber für Zylindererkennung
2 Impulsgeber für DME-Anlage

Geber für Zylindererkennung (Motoren mit ruhender Zündverteilung)

Bei diesen Motoren (M42, M43) sitzt der Geber in der Stirnseite des oberen Steuergehäusdekkels. Bei der Erneuerung ist auf Unterschiede zu achten:

- *Beim M42-Motor bis September 1993* die Steckverbindung am Kabelschacht trennen. Zwei Stecker kann man an der in Bild 162 gezeigten Stelle sehen. In diesem Fall ist der Stecker (1) zuständig. Stecker nicht verwechseln, falls bei-

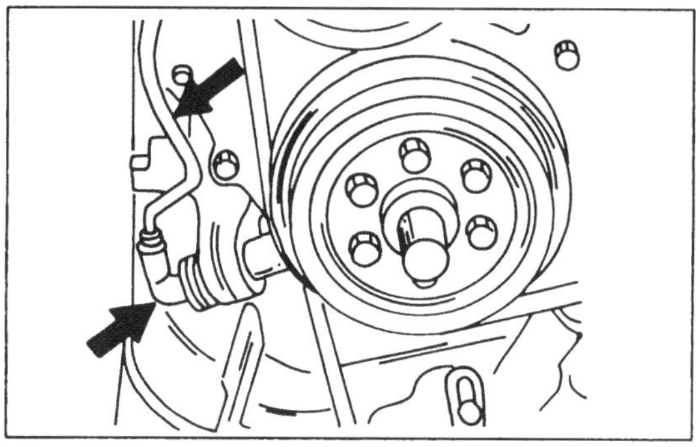

Bild 163
Lage des Impulsgebers. Die Leitung beim Einbau in die Führungsschiene (oberer Pfeil) eindrücken.

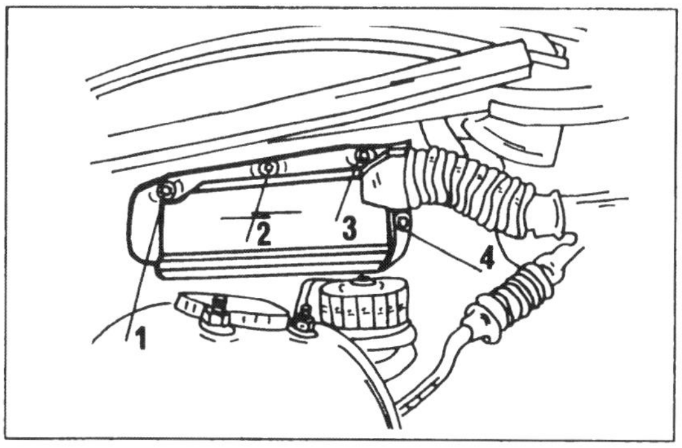

Bild 164
Nach Abschrauben der Deckelschrauben 1 bis 4 wird das Steuergerät freigelegt.

Bild 165
Nach Lösen der Befestigungsklammer den Stekker abziehen.

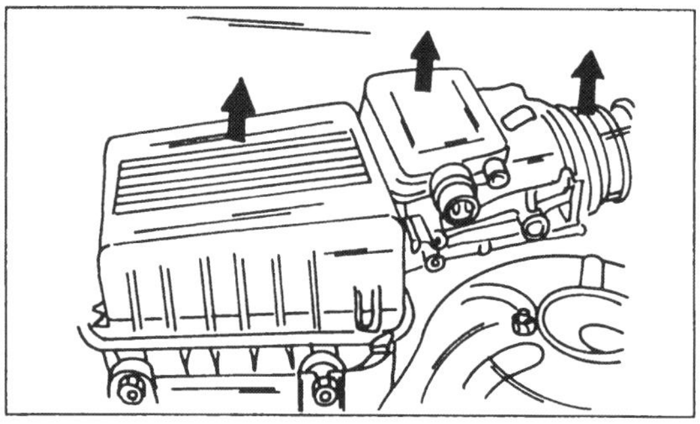

Bild 166
Ansauggehäuse-Oberteil mit Luftmengenmesser und Faltenbalg nach oben herausnehmen.

de abgezogen werden. Der zweite Stecker ist der Impulsgeber für die Anzeige der Kurbelwellenstellung.

● Eine Schraube am Geber lösen und den Geber herausnehmen. Befestigungsschraube der Kabelführung lösen und das Kabel aus der Führung nehmen. Beim Einbau des Gebers auf richtigen Sitz des O-Ringes achten.

● *Bei einem M42-Motor ab Oktober 1993 und einem M43-Motor* muss das Sammler-Oberteil ausgebaut werden, wie es bereits beschrieben wurde. Ausserdem den Kabelschacht am Sammler-Oberteil abbauen.
Der weitere Ausbau geschieht in ähnlicher Weise. Beim Einbau wieder auf den O-Ring achten.

Impulsgeber am Schwingungsdämpfer ersetzen
Die Lage des Gebers ist Bild 162 zu entnehmen. Bei einem M42-Motor ab Oktober 1993 und dem M43-Motor muss das Sammler-Oberteil ausgebaut werden (Seiten 71 und 72). Ebenfalls den Kabelschacht am Sammler-Oberteil abbauen.
Nach Abziehen der Steckverbindung (2) in Bild 162, die Schraube des Impulsgebers und die Schraube der Kabelführung lösen und den Geber herausziehen. Beim Einbau die Leitung wieder sicher in die Führungsschiene einclipsen, damit die Leitung nicht am Keilriemen scheuert. Bild 163 zeigt wo die Teile sitzen.

Klopfsensoren
Zwei Klopfsensoren sind beim M43-Motor eingebaut. Man spricht hier von einer Klopfregelung der zündenden Zylinder, wodurch der Zündzeitpunkt durch das Steuergerät entsprechend reagiert. Ein Klopfsensor überwacht die Zylinder 1 und 2, der andere die Zylinder 3 und 4. Obwohl es kaum möglich sein wird, möchten wir darauf hinweisen, dass man die Stecker der Sensoren nicht vertauschen darf — Motorschäden.
Zum Aus- und Einbau eines Sensors den Kabelschacht am Sammler-Unterteil abbauen und die Stecker der Klopfsensoren am Zylinderblock abziehen. Zu beachten ist der Einbauwinkel der beiden Sensoren. Unbedingt den Winkel (70°) des linken Klopfsensors beachten.

DME-Steuergerät aus- und einbauen
Ein neues Steuergerät muss neu codiert und programmiert werden. Wir empfehlen, dass man diese Arbeit in einer Werkstatt durchführen lässt. Das Steuergerät befindet sich in einem Kasten hinter der Batterie. Der Stecker des Geräts darf nur bei ausgeschalteter Zündung ab- bzw. aufgesteckt werden.

● Schrauben (1) bis (4) in Bild 164 lösen und den Deckel von der Spritzwand abbauen.

● Die Befestigungsklammer öffnen und den Stecker vom Steuergerät abziehen (Bild 165).

● Das Steuergerät herausziehen. Die Befestigungsschrauben der Haltefedern brauchen dabei nicht gelöst werden. Bei Erneuerung unbedingt das richtige Steuergerät einbauen.

Der Einbau erfolgt in umgekehrter Reihenfolge wie der Ausbau.

5.5 Ansaugfiltergehäuse

Der Aus- und Einbau des Ansaugfiltergehäuse-Oberteils wurde bereits auf Seite 70 im Zusammenhang mit der Erneuerung des Luftmengenmessers beschrieben. Das gesamte Gehäuse wird mit den in Bild 166 gezeigten Teilen nach oben herausgezogen.
Soll das Gehäuse-Unterteil ausgebaut werden, wird es an der Aussenseite ausgeclipst und herausgezogen. Beim Einbau den Ansaugschnorchel einsetzen und das Gehäuse wieder in die Gummiauflage einsetzen.
Falls nur der Luftfiltereinsatz erneuert werden soll (bei jeder zweiten Inspektion ist der Einsatz zu erneuern), braucht das Oberteil nicht vollkommen ausgebaut zu werden. Nach Lösen der vier Klammern den Deckel abheben, ohne dabei andere Teile unter Spannung zu bringen und den Filtereinsatz seitlich herausziehen, wie es in Bild 167 zu sehen ist. Der Einbau geschieht in umgekehrter Reihenfolge wie der Ausbau.

5.6 Die Zündanlage

Die Digitale Motor-Elektronik (DME) steuert zusammen mit der Zündung auch die Kraftstoffversorgung des Motors. Die Zündverteilung erfolgt bei der M40-Motorenreihe noch mechanisch durch einen Zündverteiler am Zylinderkopf. Dieser wird durch die Nockenwelle angetrieben. Der Verteiler übernimmt durch den Läufer die Zuführung der Zündspannung zu den einzelnen Kerzen.
Bei den anderen Motoren ist eine sogenannte "ruhende Zündverteilung" eingebaut, d.h. jeder Zylinder hat seine eigene Zündspule. Die Spulen liefern den Funken direkt an die entsprechende Zündkerze.
Bestimmte Motoren in der Baureihe sind mit Klopfsensoren versehen. Die Sensoren sind gegen Schläge und Schwingungen empfindlich und stellen fest, wenn einer der Zylinder Vorzündung hat. Dies ist das in der allgemeinen Fachsprache als "Klingeln" bekannte Geräusch. Durch eine Signalübermittlung zum Steuergerät wird die Zündung später gestellt, bis das Klopfen aufhört.
Die Klopfsensoren wurden bereits auf Seite 74 behandelt. Bei einem M42-Motor muss das Sammler-Oberteil ausgebaut werden.

5.6.1 Verteilerkappe/Läufer ersetzen (M40)

Der Zündverteiler sitzt an der Stirnseite des Zylinderkopfes.

- Die Abdeckkappe durch Ausheben der Arretierlasche lösen (oben und unten) und die Kappe abnehmen.
- Die Zündkabel in geeigneter Weise in Aufsteckreihenfolge kennzeichnen und die Kabel abziehen. Bild 161 zeigt die Aufsteckweise.

Bild 167
Zum Aus- und Einbau des Luftfiltereinsatzes.

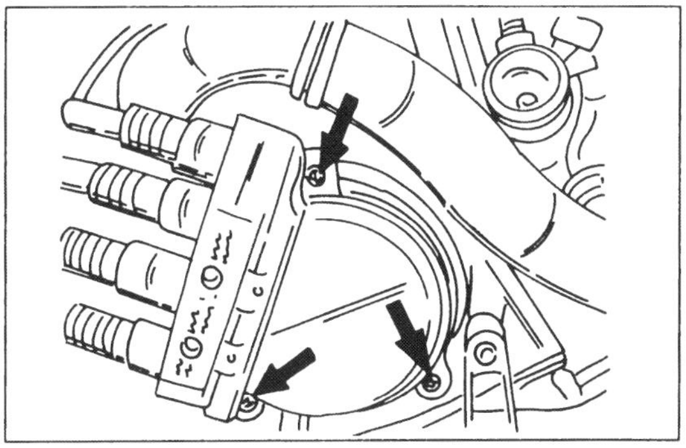

Bild 168
Die Pfeile weisen auf die Befestigungsschrauben des Verteilerdeckels (M40-Motor). Die Abdeckkappe wurde bereits abgenommen.

- Die drei in Bild 168 gezeigten Schrauben lösen und den Verteilerdeckel abnehmen. Die Kontakte im Deckel sofort auf Abbrand untersuchen. Der Deckel wird auf schwarze Spuren von Kriechströmen geprüft. Werden solche vorgefunden, oder sind die Kontakte stark verbrannt, muss der Deckel ersetzt werden.
- Den Läufer jetzt in der Innenseite der Öffnung ausschrauben (Inbusschlüssel SW3). Verschlissene oder Kriechstromspuren aufweisende Läufer müssen erneuert werden.

Beim Festziehen der Läuferschrauben das Anzugsdrehmoment von 3 Nm beachten. Vor dem Einbau alle Teile mittels fusselfreiem Lappen trocken reinigen. Alle Ölrückstände etc. entfernen.

- Beim Aufstecken der Kabelstecker auf die angegebene Reihenfolge achten.

5.6.2 Zündkerzen

Die Zündkerzen haben einen Gewindedurchmes-

ser von 14 mm. Vom Hersteller werden bestimmte Kerzen empfohlen. Da bekannterweise Kerzentypen öfters geändert werden, legen wir uns nicht auf eine bestimmte Ausführung fest. Statt dessen raten wir Ihnen bei Erneuerung der Kerzen den Empfehlungen des Ersatzteillagers Ihrer Vertragswerkstatt zu folgen, da sie da immer die richtigen Kerzen erhalten.
Der Aus- und Einbau der Kerzen ist bei den verschiedenen Motoren unterschiedlich.
Laut Empfehlung sollten die Kerzen bei jeder zweiten Durchsicht erneuert werden.

M40- und M43-Motor
Die Kerzen sind seitlich von der Auspuffseite in den Zylinderkopf eingeschraubt.

- Die Zündkabelabdeckung abnehmen und die Kerzenstecker abziehen.
- Vorhandenen Schmutz um die Zündkerzen mit Pressluft entfernen (vorausgesetzt, dass man einen an der Steckbuchse des Zigarrenanzünders einsteckbaren Kompressor zur Verfügung hat).

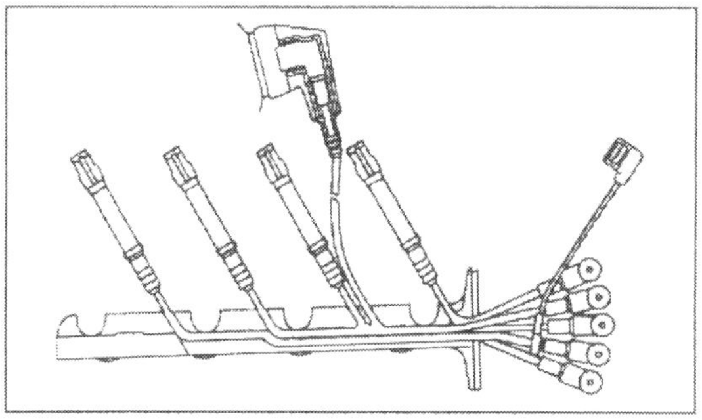

Bild 169
Anordnung der Zündleitungen beachten.

- Die Zündkerzen mit einem Kerzenschlüssel herausdrehen. Den Schlüssel dabei im rechten Winkel zur Kerze halten, Verkantung kann zum Bruch des Porzellanisolators führen.
- Die neue Zündkerze trocken eindrehen und mit einem Anzugsdrehmoment von 20 - 30 Nm anziehen. Die Zündkabel in der vorgeschriebenen Reihenfolge aufstecken.

M42-Motor
Bei diesem Motor sitzen die Zündkerzen unter einem Deckel in der Mitte des Zylinderkopfes.

- Die beiden Verschlüsse in der Oberseite des Zylinderkopfes verdrehen und den Deckel abnehmen.
- Die Zündkabel entsprechend der Aufsteckweise kennzeichnen. Das am Motor, an der Kabelkunststoffabdeckung angebrachte Abziehwerkzeug benutzen und die Kerzenstecker der Reihe nach von den Kerzen ziehen.
- Falls ein Handkompressor zur Verfügung steht, die Kerzenaufnahmen gut ausblasen.
- Die Kerzen mit einem passenden Kerzenschlüssel ausdrehen. Den Schlüssel rechtwinklig zur Kerze halten, andernfalls Isolatorbruch.
- Der Einbau erfolgt in umgekehrter Reihenfolge. Die Kerzen mit 20 - 30 Nm anziehen.

Folgende Hinweise sollte man im Zusammenhang mit den Kerzen beachten:

- Der Elektrodenabstand der Kerzen beträgt 0,7 - 0,8 mm.

Zündkerzen sollten vielleicht alle 10 000 km mit einem Sandstrahlgebläse gereinigt werden. Dabei den Elektrodenabstand auf den entsprechenden Wert stellen. Beim Einstellen des Abstandes niemals die mittlere Elektrode verbiegen, da dadurch der Porzellanisolator platzen kann.
Vor dem Ausschrauben der Kerzen kontrollieren, ob sich keine Fremdkörper in den Kerzenaufnahmevertiefungen befinden. Eine beim Ausschrauben der Kerze in die Kerzenbohrung fallende Scheibe, Schraube, ein Stein oder ähnliches kann Ventile, Ventilsitze oder den Zylinderkopf beim ersten Lauf des Motors zerstören.
Aus dem Kerzengesicht lassen sich Schlüsse auf Eignung und einwandfreies Arbeiten der Kerzen, auf den Gemischzustand der Kraftstoff/Luftmenge und den Zustand des Motors (Kolben, Kolbenringe, etc.) ziehen. Allgemein gilt dafür:

Kerzen einwandfrei
Isolatorfuss mit schwachem, graugelben bis braunen, meist pulverförmigen Niederschlag bedeckt. Die Elektroden weisen, abgesehen von der Abbrandfläche, graugelben bis braunen pulverförmigen Belag auf. Das Gehäuseinnere hat hellbraunen oder gelblichen bis schwarzbraunen Belag. Der Motor ist in Ordnung. Der Wärmewert der Kerze ist richtig gewählt.

Kerze verrusst
Isolatorfuss, Elektroden und Gehäuseinneres mit meist dickerem, pulvrigen, schwarzgrauen, samtartigen Belag bedeckt. Die Ursache dafür liegt an zu fettem Gemisch, zu wenig Luft, Starterklappe zu lange betätigt, zu grosser Elektrodenabstand, Kerze hat zu hohen Wärmewert und bleibt im Betrieb zu kalt.

Kerze verölt
Isolatorfuss, Elektroden und Kerzengehäuse mit fettem, ölglänzendem Russ bedeckt. Ölkohlebildung. Die Ursache dafür kann im Eindringen von Motoröl in den Verbrennungsraum, oder an verschlissenen Zylindern und Kolben liegen.

Kerze überhitzt
Isolatorfuss mit dunkelbraunem bis grau-schwarzem, gläsigem oder rauhem festgebackenen Niederschlag bedeckt, meist starke Krusten und

Perlenbildung am Isolatorfussende. Elektroden, besonders Mittelelektrode, angegriffen. Oberfläche meist aufgerauht, aufgequollen oder zerfressen. Als Ursache kann man ein zu mageres Gemisch, eine lose Kerze, schlecht schliessende Ventile oder eine Kerze mit zu niedrigem Wärmewert verantwortlich machen, die dadurch zu heiss wird.
Bei Verwendung von Kraftstoffen mit Bleizusatz ist der Isolatorfuss bei ordnungsgemässem Zustand grau gebrannt. Ablagerungen zwischen dem Porzellanisolator der mittleren Elektrode und dem Kerzengehäuse sind möglichst durch Sandstrahl des Kerzenprüfgeräts zu reinigen. Beim Einschrauben der Kerzen ist unbedingt darauf zu achten, dass das Kerzengewinde vorher gründlich gereinigt wird.

5.6.3 Zündspule

M40-Motor
Die Zündspule ist mit einem Halter am rechten Federbeindom im Motorraum befestigt. Zum Ausbau die Kabel abschliessen (Anschlussweise beachten) und den Halter abschrauben. Der Einbau geschieht in umgekehrter Reihenfolge.

M42-Motor
Jede Zündkerze hat ihre eigene Zündspule. Die Spulen sind zusammen am rechten Federbeinturm nebeneinanderliegend im Motorraum montiert und sind mit einem Deckel abgedeckt.
Zum Ausbau einer Spule die Kabel von den Spulen abschliessen (eventuell die Anschlussweise einprägen) und den Stecker der Spule nach Zurückdrücken der Sicherungsspange abziehen. Die Befestigung der Spule lösen und die Spule herausnehmen. Auf Massekabel achten. Falls mehr als eine Spule ausgebaut werden, darf man die verschiedenen Kabel nicht verwechseln. Der Einbau geschieht in umgekehrter Reihenfolge. Die Massekabel beachten.

M43-Motor
Jeder Zylinder hat seine eigene Spule, welche jedoch zusammen in einem Gehäuse am rechten Federbeindom im Motorraum befestigt sind. Deswegen bezeichnet man sie auch als Kompaktzündspule.
Zum Ausbau die Befestigungsschrauben an den Ecken der Zündspule lösen und die Zündspule anheben. Auf einer Seite den Primäranschluss (1) in Bild 169a von der Zündspule abschrauben und herausziehen. An der Unterseite die vier

Bild 169a
Den Primäranschluss (1) an der Zündspule in Pfeilrichtung abschrauben. Pos. 2 weist auf eine der Befestigungsmuttern. Auf der anderen Seite liegen zwei andere.

Bild 170
Die vier Zündkabel in Pfeilrichtung aus der Kompaktzündspule herausziehen.

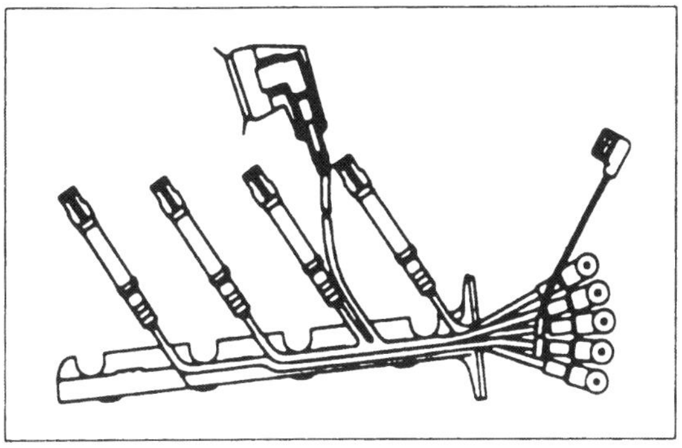

Bild 171
Verlegung der Zündkabel, gezeigt bei einem M40-Motor.

Zündleitungen aus der Kompaktzündspule herausziehen (Bild 170). Die einzelnen Zündkabel entsprechend kennzeichnen.
Der Einbau geschieht in umgekehrter Reihenfolge wie der Ausbau.

5.6.4 Zündkabel ersetzen

Zündkerzen werden immer im Satz zusammen mit den Kerzensteckern erneuert. Wie das ganze nach Ausbau aussieht, kann man in Bild 171 sehen (M40- und M43-Motor).
Obwohl Zündkerzenstecker getrennt erneuert werden können, empfehlen wir, dass man dies in der Werkstatt durchführen lässt, da eine Spezialzange zum Abisolieren und Einklemmen der Zündleitung erforderlich ist. Der Entstörstecker kann ebenfalls erneuert werden.

6 Auspuffanlage und Abgasregulierung

Die in dieser Ausgabe behandelten Fahrzeuge sind mit einem Katalysator in der Auspuffanlage versehen. Über diesen wurde bereits auf Seite 67 geschrieben.

Bei Modellen der letzten Baujahre ist ein sogenanntes Aktivkohlefiltersystem eingebaut. Bei diesem fängt ein im Motorraum untergebrachter Behälter die im Tank entwickelten Gase/Dämpfe auf, wenn das Fahrzeug nach dem Fahren abgestellt wurde. Unter Steuerung der Motorelektronik und über ein Magnetschaltventil gelangen die Dämpfe beim Lauf des Motors wieder in das Sammelrohr zurück und werden da verbrannt, sobald der Motor die dazu erforderliche Betriebstemperatur erreicht.

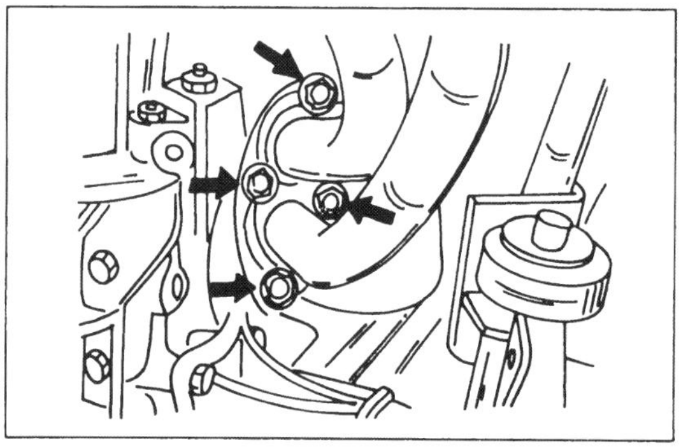

Bild 172
Die Lage der Befestigungsmuttern der Auspuffflanschverbindung.

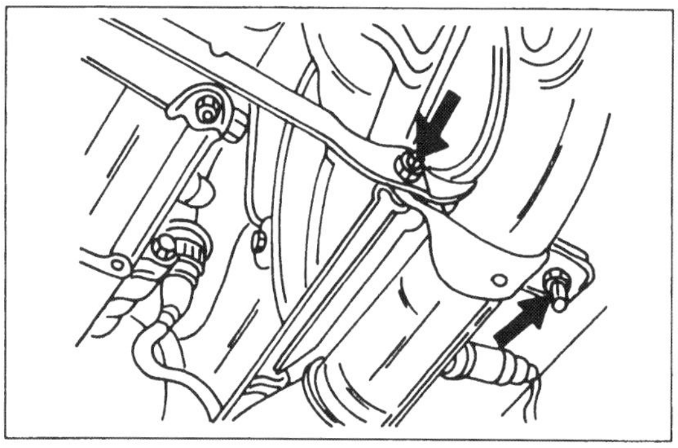

Bild 173
Die beiden Befestigungsstellen des Auspuffträgers.

Die Auspuffanlage, auch als Abgasanlage bekannt, besteht aus zwei Abschnitten. Im vorderen Abschnitt ist der Katalysator integriert. Auch ist die Lambda-Sonde hier eingeschraubt. Der mittlere Schalldämpfer vervollständigt diesen Abschnitt.

Der hintere Abschnitt besteht aus dem Nachschalldämpfer. Die gesamte Anlage wird durch Gummiaufhängungen mit entsprechenden Haltern getragen.

Ehe Teile der Auspuffanlage erneuert werden, muss man die folgenden Allgemeinanweisungen durchlesen:

- Aufgrund der Herstellung der Anlage für den betreffenden Motor dürfen nur Original-Teile oder diesen entsprechende Teile eingebaut werden. Bei Verwendung von Fremdfabrikaten (z.B. Auspuff-Center) müssen Sie sich die Gewährleistung geben lassen, dass sich die Anlage eignet.
- Die Auspuffanlage muss ab dem Auspuffkrümmer dicht sein. Dies prüft man durch Verschliessen des Auspuffendes mittels Lappen, während der Motor im Leerlauf dreht. Dadurch steigt der Druck in der Anlage an und lecke Stellen werden leicht gefunden.
- Rohrverbindungen dichtet man mit Fire-Gum ab. Korrodierte Schalldämpfer und Rohre sind komplett zu ersetzen. Gummiteile sind bei diesen Arbeiten stets zu ersetzen. Bei der Montage der Auspuffanlage ist darauf zu achten, dass sie nirgends anschlagen kann und durch Wärmestrahlung keine anderen Teile beschädigen kann.

6.1 Komplette Anlage ersetzen

Bei der folgenden Beschreibung werden sofort beim Einbau zu beachtende Anweisungen angegeben.

- Fahrzeug vorn auf Böcke setzen.
- Die Steckverbindung für die Lambda-Sonde trennen, indem man den Befestigungsring verdreht. Das Kabel aus dem Halter ausclipsen.
- Verschraubung der Flansche am Auspuffkrümmer lösen. Diese sind in Bild 172 sichtbar. Beim Einbau zu beachten: Die Muttern müssen erneuert werden, die Dichtung überprüfen und ggf. erneuern. Die Gewinde leicht mit Kupferpaste bestreichen (Werkstatt befragen).
- Die Schelle am Auspuffträger lösen. Diese ist an zwei Stellen befestigt, wie man es in Bild 173 sehen kann. Beim Einbau zu beachten: Den Auspuffträger nach fertigem Einbau der Anlage spannungsfrei ausrichten.
- Gummiring am Hinterachsträger aushängen. Die Gummiringe auf Beschädigung überprüfen, ggf. ersetzen.
- Die Halterung hinten links und rechts am Nachschalldämpfer lösen und die gesamte Auspuffanlage nach unten abnehmen. Bei bestimmten Ausführungen wird der Nachschalldämpfer mit einer Schelle befestigt. In diesem Fall die Bundmutter der Schelle lösen und die Auspuffanlage abnehmen. Beim Einbau zu beachten: Die hinteren Gummilager überprüfen und ggf. ersetzen. Das Gummilager wird unter Bezug auf Bild 174 15 mm in Fahrtrichtung vorgespannt. Bei der Montage des Nachschalldämpfers die Lage

des Endrohres zum Karosserieausschnitt überprüfen. Ggf. die Flanschverbindung und die Gummiaufhängungen lockern, die Auspuffanlage ausrichten und die Teile wieder festziehen.
Die Muttern der Flanschverbindungen (Bild 172) in zwei Stufen anziehen. Bei der ersten Stufe auf 30 - 35 Nm, bei der zweiten Stufe mit 50 - 55 Nm anziehen.

6.2 Nachschalldämpfer — Aus- und Einbau

Zwei verschiedene Ausführungen kann man hier vorfinden, da die Verbindung unter Verwendung einer Druckfeder oder ohne Druckfeder geschehen kann.

- *Bei einer Flanschverbindung mit einer Druckfeder* die Flanschverbindung lösen und die Auspuffanlage trennen. Vor dem Lösen jedoch die Länge der eingebauten Feder entsprechend Bild 175 ausmessen. Beim Einbau die selbstsichernden Muttern erneuern. Die Schraubenköpfe kommen auf die Seite der Federn. In der Innenseite der Rohrverbindung sitzt ein Dichtkonus, welcher durch das aufgestauchte Rohr sich von selbst abdichtet. Die Flanschverbindung leicht mit Kupferpaste bestreichen und den Flansch so verdrehen, dass die grösstmögliche Bodenfreiheit entsteht. Die Flansche parallel zueinander ausrichten und die Schrauben mit den Federn einsetzen und gleichmässig festziehen, bis das vorher ausgemessene Mass wieder zustandekommt.

- *Bei einer Flanschverbindung ohne Druckfeder* die Flanschverbindung lösen und die Auspuffanlage trennen. Dieses Mal müssen Schrauben und Muttern erneuert werden. Zwecks Dichtkonus siehe oben.

Beim Einbau die Flanschverbindung mit Kupferpaste einschmieren. Die beiden Flansche parallel zueinander ausrichten und die Schrauben festziehen.

6.3 Katalysator erneuern

Der Katalysator sitzt im vorderen Abschnitt der Auspuffanlage. Durch Verbindung der bereits beschriebenen Aus- und Einbauarbeiten kann man den Katalysator erneuern. Die beim Ausbau von bestimmten Teilen angegebenen Einbauanweisungen müssen beim Einbau des Katalysators beachtet werden. Auspuffanlage spannungsfrei montieren.

6.4 Aktivkohlebehälter

Wie bereits erwähnt, sitzt der Behälter im Motorraum. Folgende Arbeiten beim Ausbau durchführen:

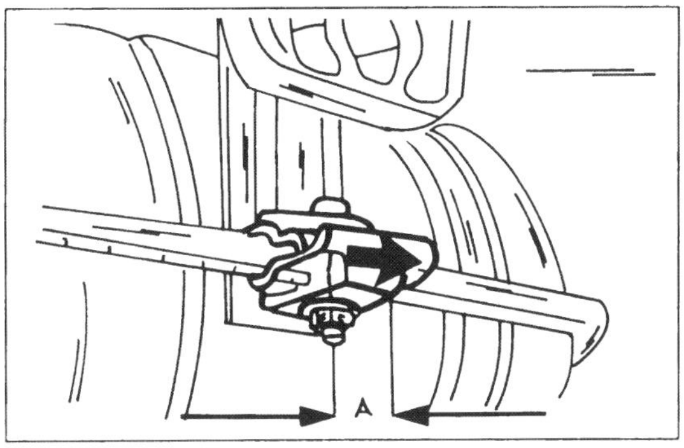

Bild 174
Vorspannen der hinteren Auspuffaufhängung. Das Mass "A" muss auf 15 mm gebracht werden.

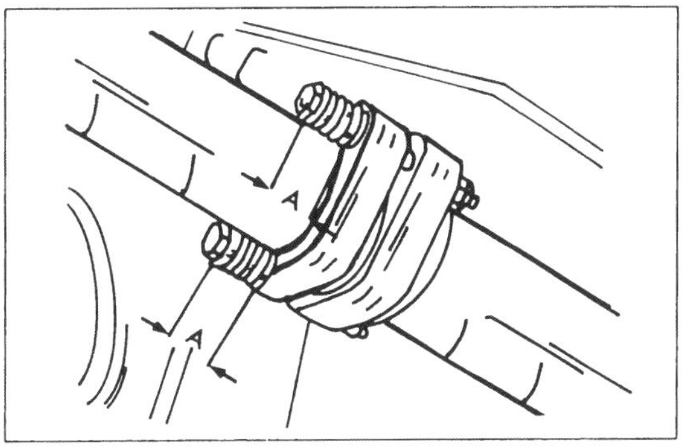

Bild 175
Falls Federn bei der Flanschverbindung eingebaut sind, muss das Mass "A" vor Trennung ausgemessen und beim Einbau wieder hergestellt werden.

- Die Schläuche vom Behälter abschliessen.

Die Tankentlüftungsleitung kann mit einem Spezialanschluss verriegelt sein. Zum Entriegeln die Enden der Kunststoffspange zusammendrücken. Den Schlauch vom Tankentlüftungsventil abziehen. Dieses sitzt an der in Bild 176 gezeigten Stelle.

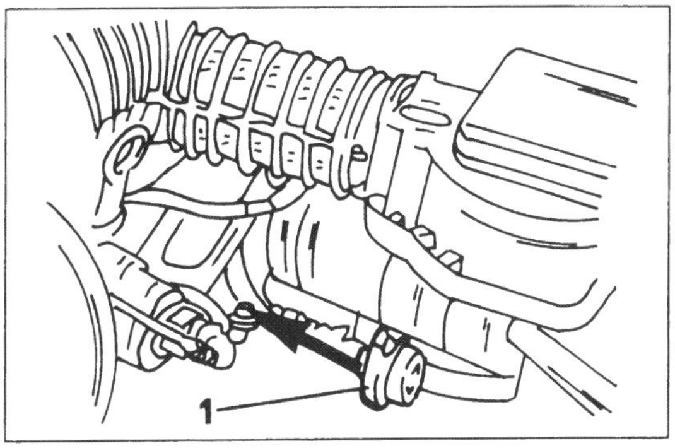

Bild 176
Das Tankentlüftungsventil (1) sitzt an der gezeigten Stelle.

- Die Schrauben des Behälters lösen und den Behälter herausnehmen.

Der Einbau geschieht in umgekehrter Reihenfolge wie der Ausbau. Schläuche vorschriftsmässig anbringen.
Das Tankentlüftungsventil neben dem Aktivkohlebehälter kann nach Abklemmen des Kabel ausgebaut und erneuert werden.

7 Die Kupplung

Bestimmte Modelle in der Baureihe werden mit einem Zweimassen-Schwungrad (Topf-Schwungrad) gebaut, welches jedoch die allgemeine Arbeitsweise der Kupplung nicht beeinflusst.
Das Ausrücken der Kupplung geschieht durch eine hydraulische Anlage, mit einem Geber- und einem Nehmerzylinder.

7.1 Aus- und Einbau der Kupplung

Bei allen Fahrzeugen, ganz gleich, welche Schwungradausführung eingebaut ist, sollte das Getriebe ausgebaut werden (es sei denn, der Motor ist ausgebaut), um an die Befestigung der Kupplung heranzukommen.

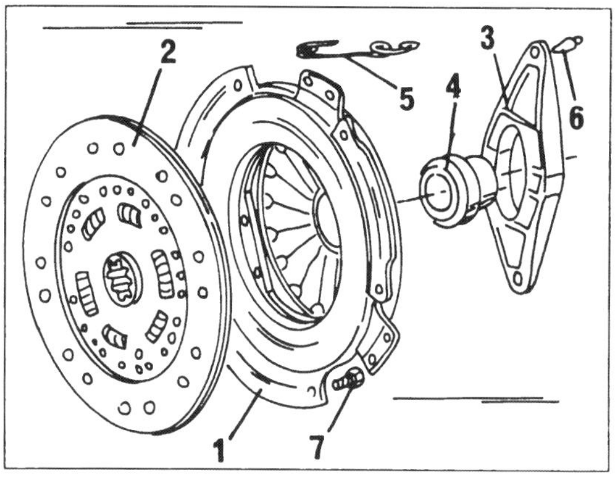

Bild 177
Die Teile der Kupplung
1 Druckplatte
2 Mitnehmerscheibe
3 Ausrückhebel
4 Ausrücklager
5 Federbügel
6 Kugelbolzen
7 Schrauben

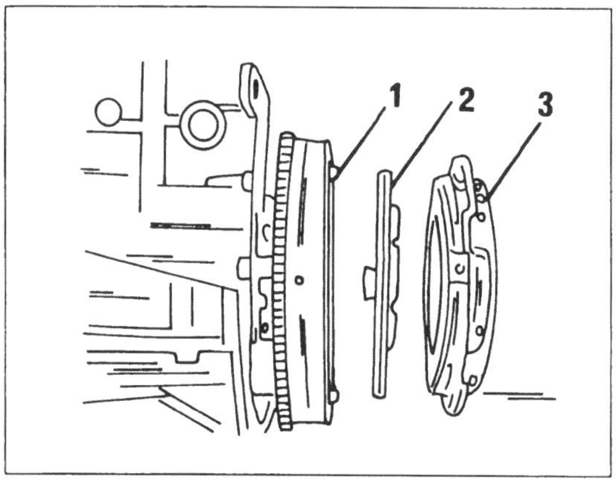

Bild 178
Einbauweise der Kupplung
1 Schwungrad
2 Mitnehmerscheibe, Einbauweise beachten
3 Kupplungsdruckplatte

Wichtiger Hinweis: Falls Sie nicht 100 %ig überzeugt sind, ob die Beläge der Mitnehmerscheibe verschlissen sind, haben Sie die Möglichkeit den Verschleiss in einer Werkstatt überprüfen zu lassen. Diese baut den Nehmerzylinder aus und benutzt eine Lehre, mit welcher der Verschleiss genau festgestellt werden kann. Aus dem Ergebnis können Sie entscheiden, ob die Scheibe erneuert werden muss.

Beim Ausbau folgendermassen vorgehen:

- Einbaulage der Kupplung im Verhältnis zum Schwungrad kennzeichnen. Dazu verwendet man einen Körner, mit welchem man in den Rand des Schwungrades und die Kupplung schlägt.
- Die sechs Schrauben der Kupplung über Kreuz lösen und die Druckplatte abnehmen. Das Schwungrad muss dazu in geeigneter Weise gegengehalten werden. Ein kräftiger Schraubenzieher kann in die Zähne des Zahnkranzes eingesetzt werden, oder man benutzt eine Schwungradsperre, wie sie bereits auf einer der vorangehenden Seiten gezeigt wurde. Die Kupplung sitzt auf Passstiften. Falls sie klemmt, kann man sie mit einem Schraubenzieher abdrükken.
- Die Kupplung abnehmen und die Mitnehmerscheibe herausnehmen. Sofort beachten, dass eine Seite der Mitnehmerscheibe mit "Getriebeseite" gekennzeichnet ist (ausserdem ist "Motorseite" auf der anderen Seite zu sehen). Beim Einbau ist dies zu beachten. Falls keine Bezeichnung sichtbar ist, kann man davon ausgehen, dass die Nabe mit der längeren Seite in Richtung von Bild 178 stehen muss.
- Mit einem Lappen sofort die Innenseite des Schwungrades auswischen (Ausblasen sollte auf jeden Fall vermieden werden) und die Reibfläche des Schwungrades überprüfen. Falls die Mitnehmerscheibe bis auf die Nietenköpfe abgenutzt ist, könnte es sein, dass sich die Niete in die Fläche des Schwungrades oder die Kupplungsdruckplatte eingearbeitet haben.

Falls der Motor und das Getriebe getrennt werden müssen, sollte die Kupplung immer abgeschraubt werden, so dass man sie kontrollieren kann.

7.2 Kupplung überholen

Druckplatte und Deckel auf Beschädigung oder Verzug kontrollieren. Bei Schäden beide Teile im Satz erneuern.
Kontrollieren, ob die Federn der Mitnehmerscheibe noch einwandfrei sind und dass die Keilverzahnungen der Scheibe nicht übermässig ausgeschlagen sind. Da verölte Kupplungsbeläge nicht gereinigt werden können, ist die Mitnehmerscheibe in derartigen Fällen zu erneuern. Die Dämpferfedern der Mitnehmerscheiben haben nicht bei allen Motoren die gleiche Kennfarbe.

Kupplungsbeläge auf Wiederverwendbarkeit kontrollieren, indem man mit einer Tiefenlehre von der Oberfläche der Beläge bis auf die Oberseite der Nietenköpfe ausmisst. Falls das Mass weniger als 0,30 mm beträgt, muss die Scheibe erneuert werden. Die Scheibe ebenfalls erneuern, falls das Mass bald erreicht ist. Man kann ebenfalls die Gesamtstärke der Mitnehmerscheibe ausmessen. Diese darf nicht weniger als 7,5 mm betragen. Da man sie jedoch dazu an der Messstelle in einem Schraubstock zusammenspannen muss, könnte man weitere Schäden anrichten.

Um Mitnehmerscheiben auf Schlag zu kontrollieren, spannt man sie auf einem passenden Dorn oder einer Kupplungswelle zwischen die Spitzen einer Drehbank. Eine Messuhr mit einem geeigneten Halter neben der Scheibe so aufsetzen, dass der Messfinger gegen den Rand der Scheibe anliegt und zwar an der Aussenkante der Scheibe (Bild 179). Die Scheibe langsam durchdrehen und die Anzeige der Messuhr ablesen. Falls die Anzeige grösser als 0,54 mm ist, kann man die Scheibe, falls erwünscht, vorsichtig mit einer Zange richten. Andernfalls die Scheibe erneuern.

Die Gleitpassung der Mitnehmerscheibennabe auf den Keilverzahnungen der Kupplungswelle kontrollieren. Dazu die Scheibe aufstecken und an der Aussenkante zwischen Daumen und Zeigefinger erfassen. Die Scheibe im Drehsinn hin- und herbewegen. Falls ein Spiel von mehr als 0,4 mm festgestellt werden kann, liegt Verschleiss in den Keilverzahnungen vor. Die Ursache dafür ist meistens bei der Mitnehmerscheibe zu finden.

Die inneren Enden der Tellerfeder auf Abnutzung hin kontrollieren. Falls tiefe Einlaufstellen festgestellt werden, muss man die komplette Kupplung erneuern.

Die Spitzen der Tellerfeder müssen alle innerhalb 0,5 mm auf der gleichen Höhe liegen. Verbogene Spitzen können wieder geradegebogen werden. Dazu wird normalerweise ein Spezialwerkzeug verwendet, jedoch kann man einen Stahlstreifen mit einem Schlitz versehen und die Enden biegen. Falls man Verschleissabnutzungen an den Spitzen feststellen kann, die bereits eine Tiefe von 0,3 mm erreicht haben, muss die Kupplung ebenfalls erneuert werden.

Ein Messlineal über die Reibfläche der Druckplatte auflegen, wie es in Bild 180 gezeigt ist, und mit Fühlerlehren den Spalt ausmessen. Falls der Spalt innen mehr als 0,3 mm beträgt, muss die Kupplung erneuert werden.

Hinweis: Neue Mitnehmerscheiben nicht mit blossen Fingern berühren.

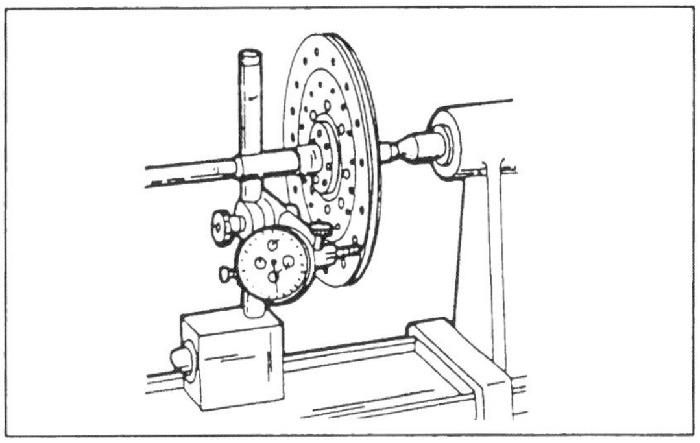

Bild 179
Kontrolle einer Mitnehmerscheibe auf Schlag.

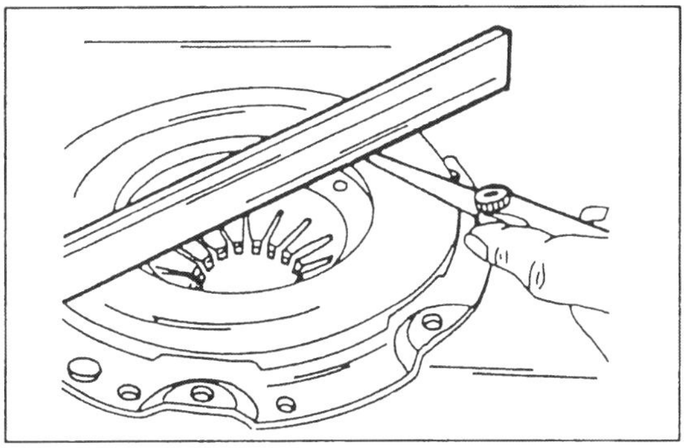

Bild 180
Kontrolle einer Druckplattenfläche auf Verzug an der Innenseite.

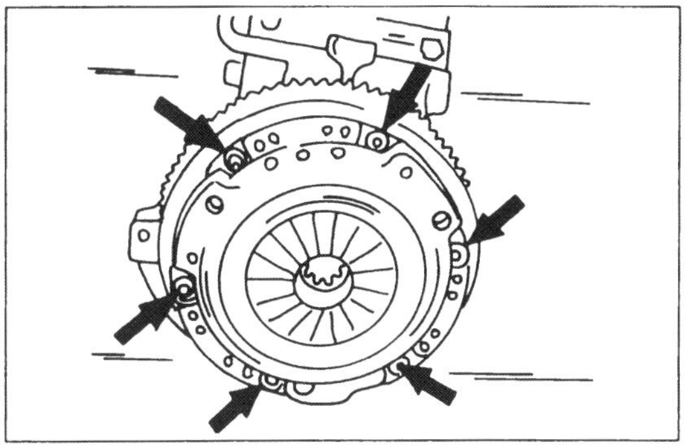

Bild 181
Die Kupplungsschrauben (Pfeile) unbedingt gleichmässig über Kreuz anziehen.

7.3 Kupplung einbauen

Der Einbau der Kupplung geschieht in umgekehrter Reihenfolge wie der Ausbau. Die folgenden Punkte sollten besonders beachtet werden:

- Bei ausgebauter Kupplung das Nadelrollenlager in der Innenseite der Kurbelwelle kontrollieren. Die Erneuerung ist auf Seite 31 beschrieben.
- Die Mitnehmerscheibe entsprechend der Markierung "Getriebeseite" in das Schwungrad einlegen, falls diese eingezeichnet ist. Andernfalls die Scheibe wie angegeben einlegen.
- Falls die alte Kupplung wieder verwendet wird, die beim Ausbau eingezeichnete Markierung wieder ausfluchten.
- Ein Zentrierdorn wird zum Zentrieren der Mitnehmerscheibe benötigt, jedoch sollte es möglich sein diese nach Augenmass auszurichten. Vielleicht kann man sich in einer Werkstatt

eine alte Kupplungswelle des eingebauten Getriebes besorgen. Werkzeugausleihstationen haben auch derartige Zentrierdorne.

- Die Kupplungsschrauben in Bild 181 gleichmässig über Kreuz anziehen. Um Deckelverspannung zu vermeiden, zieht man jede

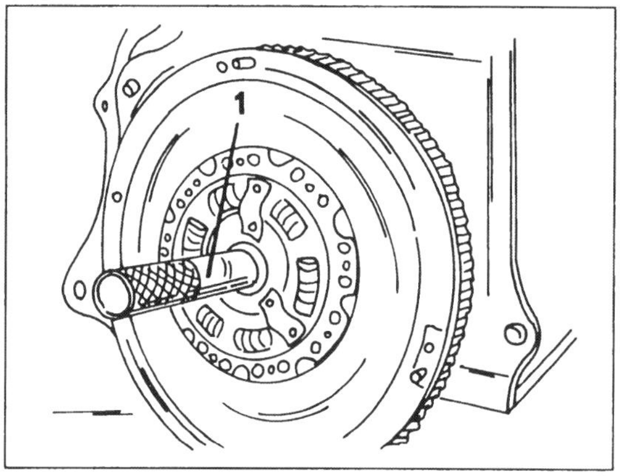

Bild 182
Zentrierdorn (1) in die Mitnehmerscheibe einer Kupplung eingesetzt. Der Dorn muss zum Getriebe passen.

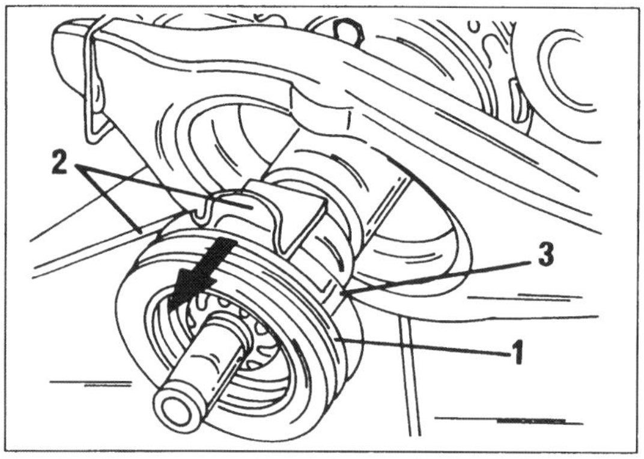

Bild 183
Zum Aus- und Einbau des Ausrücklagers (siehe Text).

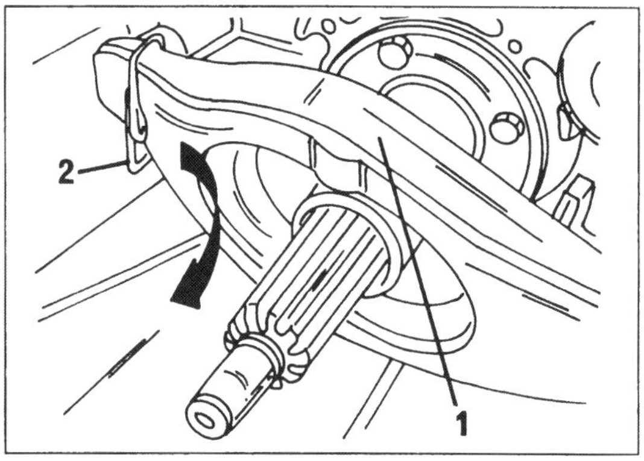

Bild 184
Zum Aus- und Einbau des Ausrückhebels. Den Hebel in Pfeilrichtung ausbauen.
1 Ausrückhebel
2 Federbügel

Schraube nicht um mehr als eine Umdrehung an, bis das Anzugsdrehmoment von 25 Nm erhalten wird. Das Schwungrad muss dabei wieder gegengehalten werden. Beim Anziehen den Zentrierdorn ständig herausziehen und wieder einschieben. Er darf sich beim Anziehen nicht verklemmen. Der Zentrierdorn ist im eingesetzten Zustand in Bild 182 gezeigt.

- Das Getriebe wieder einbauen.
- Nach fertigem Einbau die Kupplung auf Funktion überprüfen.

7.4 Kupplung im eingebauten Zustand überprüfen

Ehe man eine Kupplung zwecks Erneuerung ausbaut, kann man die folgenden Arbeiten durchführen, um festzustellen, wo der Fehler liegen könnte:

- Motor anlassen und im Leerlauf laufen lassen.
- Kupplungspedal durchtreten und ca. 3 Sekunden warten.
- Den Rückwärtsgang einlegen. Falls Kratzgeräusche vom Getriebe gehört werden können, kann man annehmen, dass die Kupplung oder die Verbindung zwischen der Kupplung und dem Schwungrad unterbrochen ist.

Um eine Kupplung auf Durchrutschen zu kontrollieren:

- Das Fahrzeug fahren, bis Getriebe und Kupplung ihre Betriebstemperatur erhalten haben.
- Fahrzeug anhalten und die Handbremse fest anziehen. Den dritten Gang einschalten.
- Kupplungspedal durchtreten, den Motor auf 3000 - 4000/min. beschleunigen und das Kupplungspedal plötzlich zurücklassen. Die Kupplung arbeitet einwandfrei, wenn der Motor sofort abstellt.

7.5 Kupplungsausrückmechanismus

7.5.1 Kupplungsausrücklager und Ausrückhebel

Das Kupplungsausrücklager und die Kupplungsausrückwelle können nur bei ausgebautem Getriebe aus- und eingebaut werden.

Beim Aus- und Einbau des Lagers folgendermassen vorgehen:

- Den in Bild 183 gezeigten Ausrücker (1) nach vorn ziehen und von der Führungsmuffe abnehmen. Zur Kontrolle das Lager einige Male durchdrehen und auf schwere Stellen bzw. Ausschlagung kontrollieren. Bei Einbau einer neuen Kupplung sollte man den Ausrücker ebenfalls erneuern.

Beim Einbau des alten Lagers die Gleitflächen gut reinigen. Das Lager aufsetzen, aber dabei beachten, dass die Gleitflächen (2) des Ausrücklagers an den Gleitflächen (3) des Ausrückhebels anliegen. Kein Fett an die Führungsmuffe schmieren (kann zum Klemmen des Ausrücklagers führen).

Falls erforderlich man kann den Ausrückhebel ausbauen. Dazu den Hebel (1) in Bild 184 aus

dem Federbügel (2) herausziehen und abnehmen.
Beim Einbau den Hebel an den Gleitflächen einfetten (in der Mitte und an den Enden).
Den Kugelbolzen des Hebels sowie den Federbügel vor Einbau des Hebels auf Beschädigung kontrollieren und ggf. ersetzen.

7.6 Hydraulische Anlage

Einige Vorsichtsmassnahmen sind bei Arbeiten an der hydraulischen Anlage zu beachten. Die in die Anlage eingefüllte Bremsflüssigkeit ist giftig, darf also nicht abgesaugt werden. Ausserdem greift sie Lackstellen an. Zum Nachfüllen des für Kupplungs- und Bremsanlage dienenden Vorratsbehälters darf man nur Bremsflüssigkeit aus einer verschlossenen Dose verwenden.

7.6.1 Kupplungsnehmerzylinder — Aus- und Einbau

- Verschlusskappe des Vorratsbehälters abschrauben und die Bremsflüssigkeit bis zum Anschluss der Nachfülleitung absaugen. Den Behälter nicht vollkommen entleeren, da man andernfalls die Bremsanlage entlüften muss.
- Vorderseite des Fahrzeuges auf Böcke setzen. Falls eingebaut das Unterschutzblech abschrauben.
- Einen Behälter unter den Leitungsanschluss am Zylinder unterhalten, die Überwurfmutter abschrauben und die Leitung herausziehen.
- Die beiden Befestigungsmuttern an den in Bild 185 gezeigten Stellen lösen und den Zylinder herausziehen.

Eine Reparatur des Zylinders ist nicht vorgesehen, d.h. bei Zylinderdefekt muss ein neuer Zylinder eingebaut werden.

- Der Einbau geschieht in umgekehrter Reihenfolge wie der Ausbau. Den Druckstössel des Zylinders und den Ausrückhebel gut reinigen und leicht einfetten. Die Kupplungsanlage abschliessend entlüften (Kapitel 7.6.3).

7.6.2 Geberzylinder

Als Empfehlung gilt, dass man den Geberzylinder nicht selbst erneuern sollte. Teile des Armaturenbretts müssen ausgebaut werden und ausserdem ist es ziemlich schwierig die Verbindung zwischen Stösselstange und Bremspedal zu trennen. Geberzylinder werden kaum einen Defekt erleiden.

7.6.3 Kupplungsanlage entlüften

Die Anlage muss entlüftet werden, falls Luft durch abgeschlossene Leitungen in die Anlage eingetreten ist oder der Flüssigkeitsspiegel im Vorratsbehälter ist unter die Leitung abgefallen.

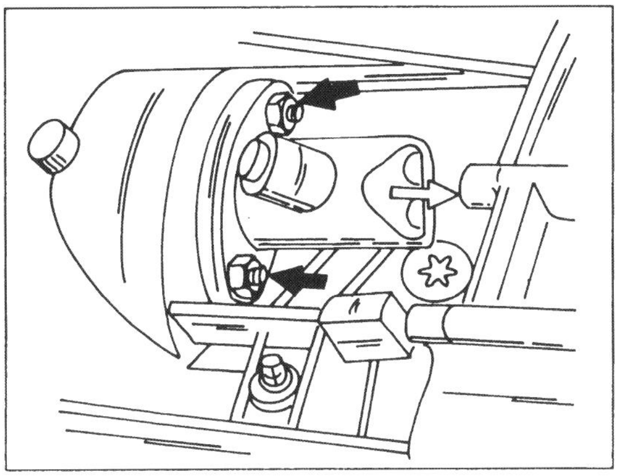

Bild 185
Die beiden mit den Pfeilen gezeigten Muttern halten den Nehmerzylinder am Getriebe.

Normalerweise wird in der Werkstatt ein Druckentlüftungsgerät benutzt, welches man natürlich nicht zur Verfügung haben wird. Ausserdem gibt es im Handel sogenannte "Einmann-Entlüftungsgeräte". Bei deren Verwendung wird man die Gebrauchsanweisung beigefügt finden. Dieser ist zu folgen. Der folgende Text beschreibt den bekannten Entlüftungsvorgang, bei welcher eine zweite Person hinzugezogen werden muss:

- Einen Gummischlauch auf die Entlüftungsschraube am Nehmerzylinder aufstecken (Staubschutzkappe abziehen) und das andere Ende des Schlauchs in einen mit etwas Bremsflüssigkeit gefüllten Glasbehälter einhängen.
- Kontrollieren, dass der Ausgleichsbehälter befüllt ist.
- Einen passenden Sechskantschlüssel an der Entlüftungsschraube ansetzen und vom Helfer das Kupplungspedal einige Male durchtreten und danach auf dem Boden halten lassen.
- Während das Pedal auf dem Boden gehalten wird, die Entlüftungsschraube öffnen. Das Kupplungspedal wird jetzt auf den Boden durchsinken und muss da gehalten werden, bis man die Schraube wieder festgezogen hat.
- Den beschriebenen Vorgang wiederholen, bis die in das Glasgefäss einströmende Bremsflüssigkeit frei von Luftblasen ist. Zwischendurch muss der Helfer immer wieder den Flüssigkeitsstand im Ausgleichsbehälter kontrollieren, um sie über der "MIN"-Marke zu halten.
- Den Entlüftungsschlauch einstweilen abziehen.
- Die beiden in Bild 185 gezeigten Muttern lösen und den Zylinder aus dem Getriebegehäuse herausziehen, ohne dabei den Schlauch unter Spannung zu bringen.

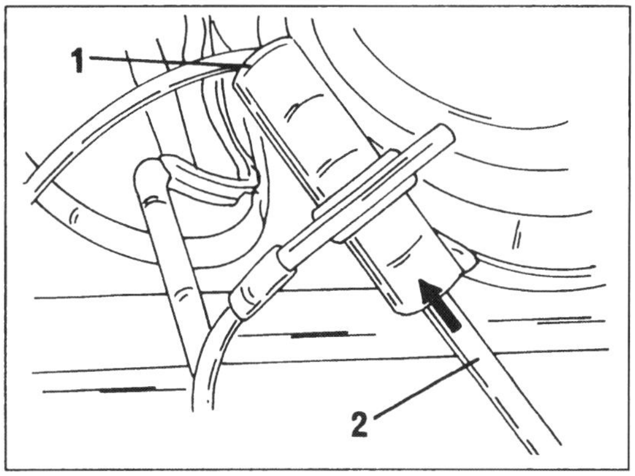

Bild 186
Entlüften des Nehmerzylinders. Um die im Zylinder befindliche Luft auszuscheiden, muss man den Zylinder abschrauben und in der im Text beschriebenen Weise behandeln.
1 Entlüftungsschraube
2 Kolbenstange

- Den Entlüftungsschlauch wieder aufstecken. Das andere Schlauchende muss immer noch im Glasgefäss hängen. Das Gefäss muss noch mit etwas Flüssigkeit gefüllt sein.
- Den Zylinder jetzt in der in Bild 186 gezeigten Schräglage halten und die Entlüftungsschraube (1) um eine Umdrehung öffnen. Die Kolbenstange (2) in Pfeilrichtung drücken, bis keine Luftblasen mehr entweichen. Die Kolbenstange in dieser Stellung halten und die Schraube festziehen.
- Die Kolbenstange langsam zurückkommen lassen. *Achtung*: Wird die Kolbenstange schnell zurückgelassen, kann sich wieder Luft durch die Manschette ansaugen.
- Den Nehmerzylinder wieder montieren und abschliesend den Flüssigkeitsstand nochmals kontrollieren/berichtigen.

In die Baureihe ist ein völlig neu konstruierter Getriebetyp eingebaut. Der 5. Gang ist 1 : 1 übersetzt. Dies wird durch Verbinden der Antriebs- mit der Abtriebswelle erreicht. Um das Schaltschema beibehalten zu können, musste die Betätigung des 5. Ganges im Getriebe geändert werden. Die Schaltmuffen des 5./Rückwärtsganges und 1./2. Ganges befinden sich auf der Sekundärwelle des Getriebes. Die Muffe für den 3./4. Gang ist neu auf der Vorgelegewelle angeordnet.

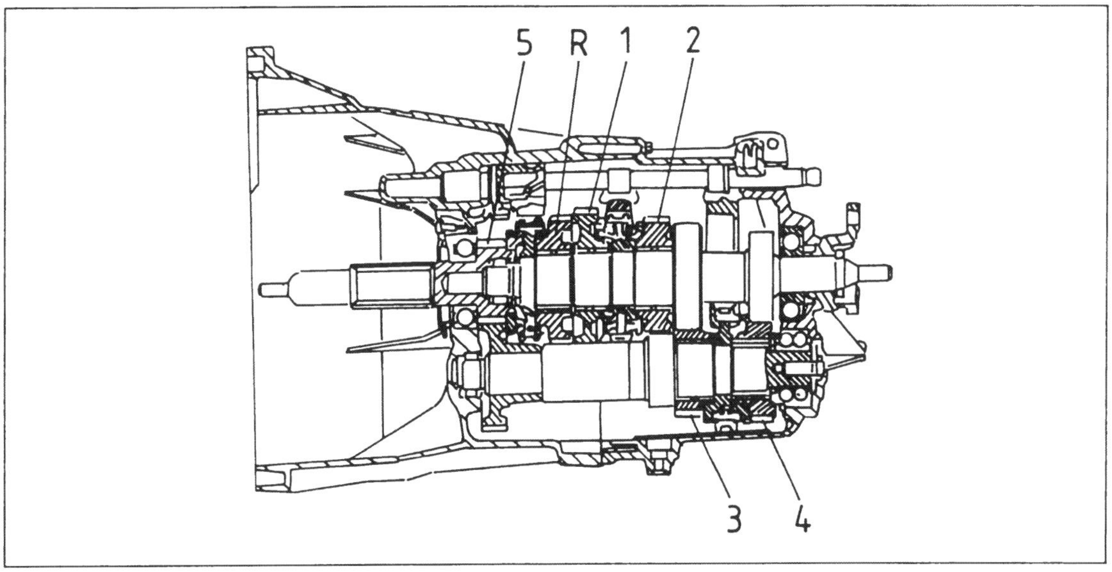

Bild 187
Schnitt durch das Getriebe. Die Ziffern weisen auf die Gangbezeichnungen hin.

Die Vorgelegewelle ist im Getriebegehäuse durch ein zweireihiges Lager gelagert, kupplungsseitig in einem Rollenlager. Der 1. und 2. Gang sind mit Doppelsynchronringen ausgerüstet, um die Schaltkraft zu reduzieren. Bild 187 zeigt einen Schnitt durch das Getriebe mit Lage der einzelnen Gänge.
Da nicht alle Getriebe die gleichen Übersetzungsverhältnisse haben, muss man beim Einbau eines anderen Getriebes immer gewährleisten, dass es dem ursprünglich eingebauten Getriebe entspricht. Aus diesem Grund sind wir auch nicht in der Lage auf die Übersetzungsverhältnisse aller Getriebe in der Mass- und Einstelltabelle einzugehen. Hier kann Ihnen nur die technische Abteilung von BMW oder die Werkstatt helfen.

8.1 Aus- und Einbau des Getriebes

Der Aus- und Einbau aller Getriebeausführungen finden in ähnlicher Weise statt, jedoch gibt es Probleme für den Heimwerker. Wir schlagen deshalb vor, dass man sich die folgenden Anweisungen genau durchliest, da bestimmte Teile beim Einbau erneuert werden müssen und man den Motor aus den Aufhängungen heben muss, um das Getriebe herauszuheben.
Unbedingt müssen Sie einen Helfer haben, welcher zumindest kritische Operationen beim Ausbau des Getriebes überwachen kann.

- Die Motorhaube in senkrechter Stellung verriegeln. Das Massekabel der Batterie unter Beachtung der Vorsichtsmassnahmen abklemmen.
- Die Vorderseite des Fahrzeuges auf Böcke setzen. Der Arbeitsraum unter dem Fahrzeug muss gross genug zum Herausheben des Getriebes sein.
- Anlasser ausbauen und Gelenkwelle abschliessen, wie es an anderer Stelle beschrieben ist.
- Die Auspuffanlage komplett ausbauen. Dazu gehört das Abschliessen des Steckers für die Lambda-Sonde. Den Stecker verdrehen und danach herausziehen. Den Halter des Steckers vom Getriebe abschrauben. Bei dieser Gelegenheit das Kabel vom Schalter der Rückfahrleuchten abklemmen. Falls vorhanden, den Halter der Aus-

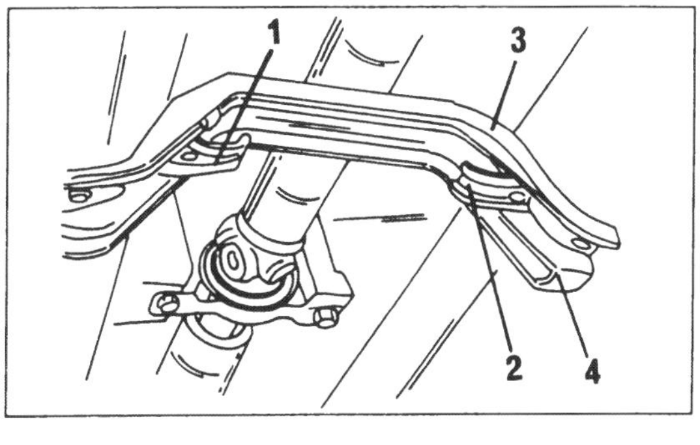

Bild 188
Auspuffaufhängung
1 Auspuffhalter
2 Auspuffhalter
3 Bügel
4 Langer Bund des Bügels

puffaufhängung unter Bezug auf Bild 188 demontieren.

- Das Schaltgestänge unter Bezug auf Bild 189 vom Getriebe abbauen. Dazu die Sicherung (1) entfernen, die Schaltstange (3) aus dem Schaltstangengelenk herausziehen und die Scheiben (2) abnehmen. Wie aus dem Bild ersichtlich ist, sitzt die Verbindung unmittelbar über dem Flansch der Gelenkwelle.

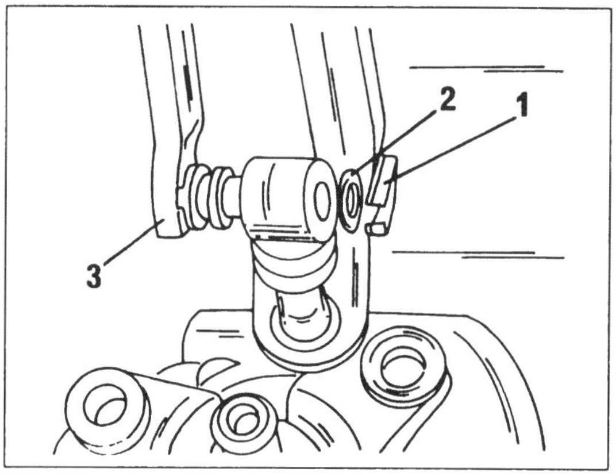

Bild 189
Lösen der Schaltstange
1 Sicherung
2 Scheiben
3 Schaltstange

- Den Kupplungsnehmerzylinder vom Getriebe abschrauben. Die Druckleitung bleibt angeschlossen.
- Falls vorhanden, das Querrohr und Versteifungskreuz unter dem Getriebe abschrauben.
- Den Luftsammelkasten im Motorraum von der Rückseite der Motorraumstirnwand ausbauen, wie es bereits beim Ausbau des Motors beschrieben wurde (nur mit M40-Motor).
- Den Kabelbaum vom Motor hinten abbauen (M40- und M42-Motor).
- Den Motor in geeigneter Weise aus dem Motorraum heben. Eine Hebeösen ist dazu am Kurbelgehäuse vorhanden. Bild 190 zeigt die in der Werkstatt benutzte Vorrichtung 00 0 200, jedoch kann man dem Bild entnehmen, wie man den Motor anheben kann.

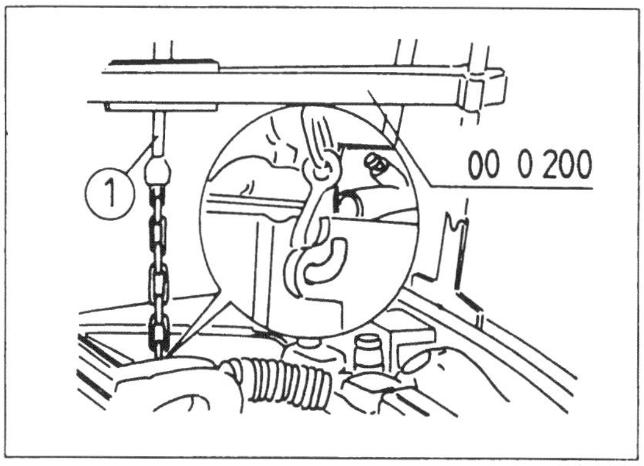

Bild 190
Benutzung der Spezialvorrichtung von BMW zum Anheben des Motors.
1 Spindel zum Vorspannen

- Bei eingebautem M43-Motor einen Wagenheber (hydraulischer Wagenheber oder auch einen Scherenwagenheber) unter die Ölwanne untersetzen. Zum Schutz wird ein Holzklotz zwischen Wagenheberteller und Ölwanne eingelegt. Den Wagenheber anheben, bis die Ölwanne soeben unter Spannung kommt.
- Bei allen Motoren jetzt einen Rollwagenheber unter das Getriebe untersetzen. Wiederum einen Holzklotz zwischen Wagenheberteller und Getriebe einlegen. Den Heber unmittelbar vor dem Kupplungsgehäuse ansetzen.
- Kontrollieren, dass Motor und Getriebe einwandfrei in der beschriebenen Weise gehalten werden und den Getriebeträger vom Getriebe und dem Unterboden abschrauben. Dieser ist links und rechts aussen angeschraubt. Eventuell muss ein eingebautes Wärmeschutzblech abgeschraubt und aus dem Weg gerückt werden, um an die Schrauben heranzukommen.
- Den Wagenheber und/oder das benutzte Hebezeug betätigen und den Motor mit dem Getriebe absenken, bis die Rückseite des Zylinderkopfes fast die Spritzwand berührt. Dabei darauf achten, dass die Heizungsschläuche nicht gequetscht werden.
- Die Schrauben zwischen Motor und Getriebe herausdrehen. Die Schraubenköpfe erfordern zum Lösen einen Torxkopf-Steckeinsatz der passenden Grösse.
- Das Getriebe nach hinten vom Motor abziehen. Dabei darauf achten, dass das Gewicht des Getriebes nicht auf der Kupplungswelle ruhen kann. Nach Trennen des Getriebes wird sich der Motor weiterhin absenken. Nochmals kontrollieren, dass die Heizungsschläuche dabei nicht zusammengequetscht werden. Wagenheber und Motorhebezeug sind entsprechend zu betätigen, um das Getriebe in der besten Weise ohne Verspannungen herauszunehmen und abzusenken.
- Den Motor mittels Hebezeug oder Wagenheber in die beste Lage bringen, um auch auf dieser Seite keine Verspannungen herzustellen.

Der Einbau des Getriebes findet in umgekehrter Reihenfolge statt. Folgende Punkte sollten beachtet werden:

- Die Kupplung vom Motor abschrauben, um die Mitnehmerscheibe zu überprüfen. Ebenfalls kann man das Ausrücklager kurz kontrollieren.
- Die Passhülsen zur Getriebeführung müssen im Zylinderblock sitzen.
- Die Schrauben zwischen Motor und Getriebe sind mit Unterlegscheiben versehen. Schrauben mit unterschiedlichem Durchmesser werden verwendet, welche unterschiedliche Anzugsdrehmomente verlangen. Diese sind in der Tabelle am Ende des Buches angegeben.
- Schaltstangenverbindung in Bild 189 leicht einfetten.

● Die Gelenkwelle entsprechend den Anweisungen im betreffenden Kapitel wieder anschliessen.
● Falls das Getriebeöl abgelassen wurde, muss es wieder entsprechend den unten gegebenen Anweisungen gefüllt werden.
● Den Anlasser wieder entsprechend den Anweisungen an getrennter Stelle montieren.

8.2 Ölwechsel im Schaltgetriebe

Um besser an die in Frage kommenden Stopfen zu kommen, muss man das Fahrzeug vorn auf Unterstellböcke setzen. Um das Öl besser aus dem Getriebe abzulassen, sollte man das Fahrzeug eine kurze Strecke fahren, damit sich das Öl erwärmen kann.
● Falls man nur den Ölstand im Getriebe kontrollieren will, den Stopfen (2) in Bild 191 herausdrehen (rechte Seite des Getriebes) und kontrollieren, dass das Öl bis zur Unterseite der Stopfenbohrung steht. Falls erforderlich Getriebeöl mit einer Ölpresse einfüllen, bis es soeben herausläuft. Den Stopfen wieder einschrauben (50 Nm).
Bei jeder zweiten Durchsicht sollte das Getriebeöl gewechselt werden. Aus Erfahrung gesprochen, könnte dies zur Ölverschmutzung des ausführenden Mechanikers führen. Folgen Sie den Anweisungen, um dies zu vermeiden:
● Den Stopfen (2) aus der Seite des Getriebes herausdrehen.
● Den Stopfen (1) an der Unterseite des Getriebes *fast* herausschrauben und den Auffangbehälter unter den Stopfen halten.
● Den Stopfen weiterhin mit der Hand ausschrauben, bis man fühlen kann, dass der letzte Gewindegang bald frei wird. Jetzt den Stopfen in die Bohrung drücken, kontrollieren, dass der Behälter richtig steht und den Stopfen schnell seitlich wegziehen. Hände und Bekleidungsstücke sollten ölfrei bleiben.
● Den Dichtring des Ablassstopfens kontrollieren. Sieht er schlimm aus, muss er erneuert werden. Andernfalls den Stopfen reinigen und wieder einschrauben (50 Nm).
● Das Getriebeöl durch die Einfüllöffnung einfüllen. Dazu verwendet man eine Ölpresse. Ebenfalls kann man eine vielleicht vorhandene Fettpresse gut reinigen und mit Öl füllen.
● Abschliessend den Öleinfüllstopfen einschrauben (50 Nm). Vorher den Dichtring kontrollieren und ggf. erneuern.

Hinweis: Eine Füllmenge von 1,1 Liter wird zum Füllen des Getriebes benötigt.

8.3 Radialdichtring für Antriebswelle ersetzen

Das Getriebe muss ausgebaut sein. Kupplungsausrücker und Ausrückhebel müssen ausgebaut werden, wie es in Kapitel 7.5.1 (Seite 82) beschrieben wurde.
● In der Innenseite des Getriebes die vier Schrauben des Führungsrohres lösen (Bild 192) und das Führungsrohr abziehen.

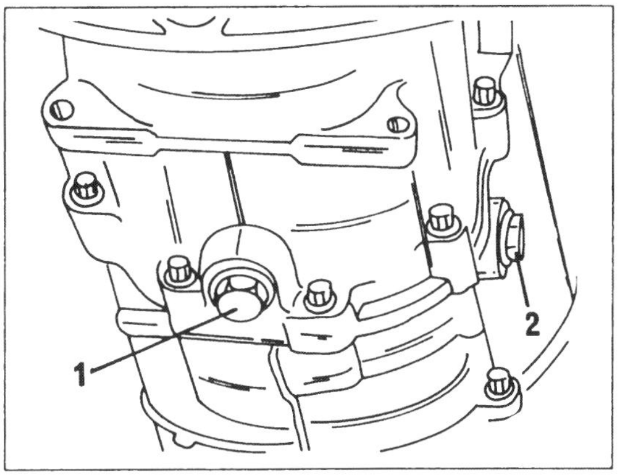

Bild 191
Die Lage des Ölablassstopfens (1) und Ölstands/Einfüllstopfens (2) am Schaltgetriebe.

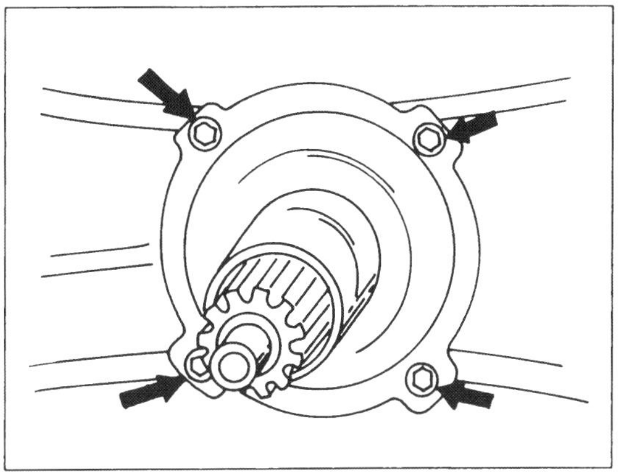

Bild 192
Die vier Schrauben zum Lösen des Führungsrohres in der Innenseite des Getriebes. Darunter sitzt der Radialdichtring.

● Die beiden Bohrungen (1) und (2) in Bild 193 mit einer Reissnadel ertasten und durchstossen. Mit einem kleinen Durchschlag den Radialdichtring jetzt auf einer Seite bis zum Anschlag nach innen treiben und an der Bohrung gegenüberliegend eine passende Blechschraube eindrehen.

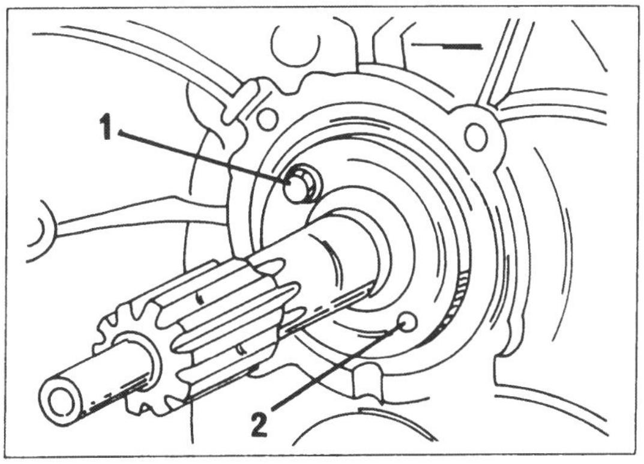

Bild 193
Einzelheiten zum Ausbau des Radialdichtringes für die Antriebswelle. In eine der Bohrungen wird die Blechschraube (1) eingeschraubt. Den Dichtring mit einem Dorn an Stelle (2) nach innen treiben.

● Die Blechschraube mit einer Zange erfassen und den Dichtring damit herausziehen.
● Die Dichtlippen des neuen Radialdichtringes mit Getriebeöl benetzen und den Dichtring in das Getriebe einschlagen. Dazu ein Rohrstück aufsetzen, welches gut auf der Aussenfläche des Dichtringes aufsitzt.

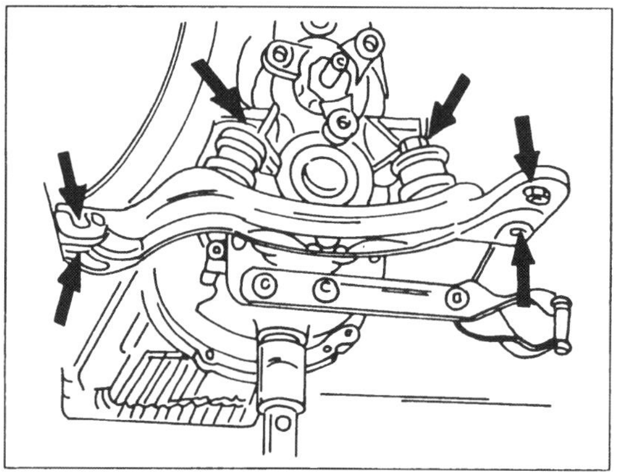

Bild 194
Die Pfeile weisen auf die Befestigungsstellen des hinteren Getriebequerträgers.

● Kupplungsausrückteile wieder montieren und das Getriebe wieder einbauen.

8.4 Radialdichtring für Antriebsflansch ersetzen

Obwohl die Arbeiten einige Spezialwerkzeuge erfordern und auch, je nach eingebautem Getriebe, unterschiedlich sind, wollen wir Sie Ihnen nicht vorenthalten, vorausgesetzt, dass Sie einen Abzieher zum Herunterziehen des Antriebs-

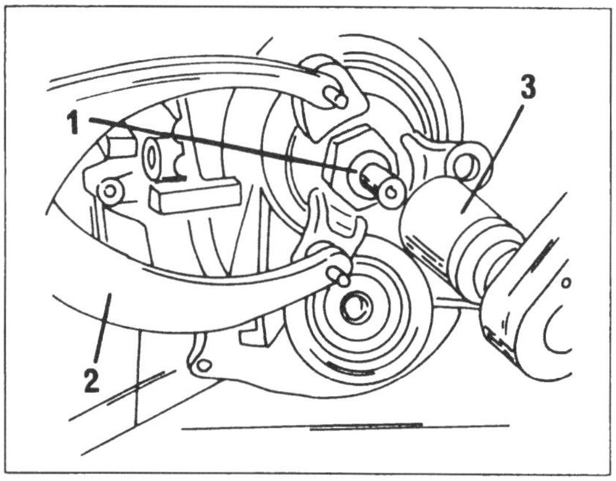

Bild 195
Verwendung der Spezialwerkzeuge zum Lösen der Mutter für die Abtriebswelle.
1 Bundmutter
2 Gegenhalter 23 0 020
3 Stecknuss 23 2 320

flansches zur Verfügung haben. Auch sollten Sie die Arbeitsbeschreibungen durchlesen, da wir die Arbeit bei bestimmten Getrieben nicht unbedingt empfehlen. Die Beschreibung gilt für alle Getriebe in der 3er-Serie.
Die Arbeit kann bei eingebautem Getriebe durchgeführt werden, ist aber dementsprechend schwieriger. Andernfalls das Getriebe ausbauen. Wir überlassen Ihnen die Wahl. Die Arbeiten werden bei eingebautem Getriebe beschrieben.
● Die Gelenkwelle vom Antriebsflansch trennen (siehe getrennte Beschreibung) und zur Seite schieben und festbinden.
● Einen Wagenheber unter das Getriebe unterfahren, das Getriebe anheben, bis es unter Spannung kommt, und die in Bild 194 gezeigten Befestigungsstellen des Querträgers lösen.
● In der Innenseite des Gelenksterns könnte ein Sicherungsblech aufgelegt sein. Dieses mit einem hakenförmigen Werkzeug herunterziehen. Es wird nicht wieder eingebaut.
● Den Antriebsflansch in geeigneter Weise gegenhalten und die Mutter in der Mitte lösen. Da die Mutter sehr fest sitzt, muss man eine gabelförmige Stange am Antriebsflansch festschrauben, so dass das Ende der Stange am Unterboden anliegen kann. Die Mutter jetzt mit einer passenden Stecknuss lösen. Unbedingt überzeugen, dass der Wagen sicher auf den Böcken ruht.
● Den Antriebsflansch jetzt mit einem Abzieher von der Welle herunterziehen. Der Abzieher wird am Flansch angeschraubt, so dass die Mittelspindel gegen die Welle drücken kann. Hier sind die Unterschiede zu beachten. Bei einem Getriebe S5D 200G oder 250G kann man den Flansch einfach herunterziehen und wieder aufziehen. Ist jedoch ein Getriebe der Ausführung S5D 260Z oder 310Z eingebaut, muss der Antriebsflansch vor dem Aufziehen auf ca. 80° C erwärmt werden. Da die Arbeiten schnell durchgeführt werden müssen, überlassen wir Ihnen, ob Sie sich diese zutrauen.
● Den alten Radialdichtring mit einem Abzieher herausziehen, den neuen Dichtring an den Dichtlippen mit Getriebeöl benetzen und wieder mit einem passenden Rohrstück einschlagen.
● Den Flansch wieder aufschlagen (je nach Getriebe, siehe oben).
● Das Gewinde der Bundmutter mit Schraubensicherung (Loctite) einschmieren und die Mutter in drei Stufen in der in der Tabelle angegebenen Weise anziehen. Wiederum muss der Flansch in geeigneter Weise gegengehalten werden.
● Gelenkwelle wieder einbauen.

Der Antrieb vom Getriebe zur Hinterachse geschieht über eine zweiteilige Gelenkwelle, welche hinter dem Mittellager mit einem Schiebestück versehen ist. Andere Ausführungen in der Baureihe haben ein Gleichlaufgelenk. Das Schiebestück oder das Gelenk erlauben eine Vor- und Rückverschiebung der Gelenkwelle. Das vordere Ende der Gelenkwelle ist mit einer Verbindungskupplung oder einem Schwingungsdämpfer versehen. Die Mitte der Gelenkwelle wird durch ein Mittellager am Unterbau verschraubt. Kreuzgelenke am Mittellager und an der Rückseite der Gelenkwelle gleichen Bewegungen des Getriebes und Achsantriebs in den Gummiaufhängungen aus.

9.1 Aus- und Einbau der Gelenkwelle

Hinweis: Die Muttern der Flanschverbindungen vorn und hinten an der Gelenkwelle, sogenannte Stoppmuttern, müssen beim Einbau erneuert werden. Ehe die Flanschverbindungen getrennt werden, sollte man die beiden Flansche mit Farbe zeichnen, damit sie beim Einbau wieder wie ursprünglich zusammenkommen.

- Rückseite des Fahrzeuges auf Unterstellböcke setzen.
- Die Auspuffanlage komplett ausbauen. Falls erforderlich, das im Wege liegende Wärmeschutzblech ausbauen.
- Falls vorhanden, den Halter (1) und (2) in Bild 188 abschrauben. Zu beachten ist der lange Bund (4), welcher nach dem Einbau des Bügels (3) nach vorne weisen muss.
- Bei Ausführungen bei denen hinten ein Gleichlaufgelenk und vorne eine Gelenkscheibe eingebaut sind, die drei in Bild 196 gezeigten Schrauben und Muttern auf der Getriebeseite entfernen. Bei Ausführungen mit Schiebestück und Gelenkscheibe die in Bild 197 gezeigten Muttern und Schrauben lösen. Die Muttern sofort wegwerfen.
- Mit einem grossen Schlüssel die Klemmbüchse in der Nähe des Mittellagers einige Umdrehungen lösen. Versuchen kann man dies auch mit einer grossen Wasserpumpenzange.
- Die Flanschverbindung an der Hinterachse trennen. Wiederum die Muttern wegwerfen.
- Die Welle von einem Helfer halten lassen und die Muttern des Mittellagers abschrauben. Die Welle jetzt herausnehmen. Falls sie noch auf den Flanschen hängt, kann man sie etwas zusammenschieben, in der Mitte etwas abknicken und dann herausnehmen. Auf keinen Fall die beiden Hälften der Gelenkwelle trennen, wenn dies durch das Schiebestück möglich ist, ohne dass man die Wellenenden entsprechend mit Farbe kennzeichnet.

Beim Einbau der Welle folgendermassen vorgehen:

- Die Zentrierbüchse auf der Getriebeseite überprüfen. Falls notwendig, kann man eine neue Büchse einbauen (Kapitel 9.3). Ist sie in Ordnung, wird die Büchse mit Longterm 2-Fett eingeschmiert (BMW-Fett).

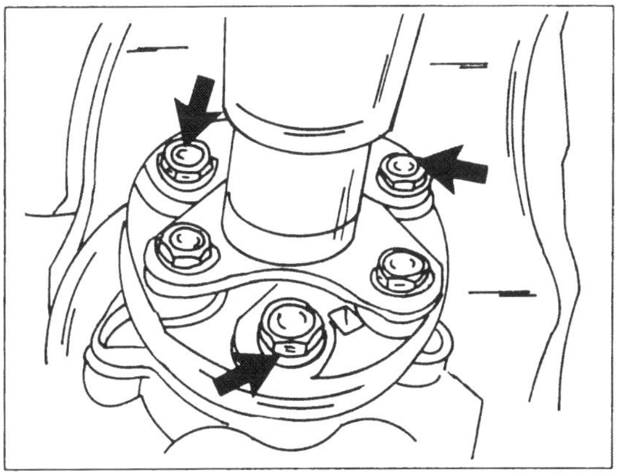

Bild 196
Befestigung der Gelenkwelle am Getriebe bei Ausführung mit Gleichlaufgelenk hinten. Nur die drei mit Pfeilen bezeichneten Schrauben lösen.

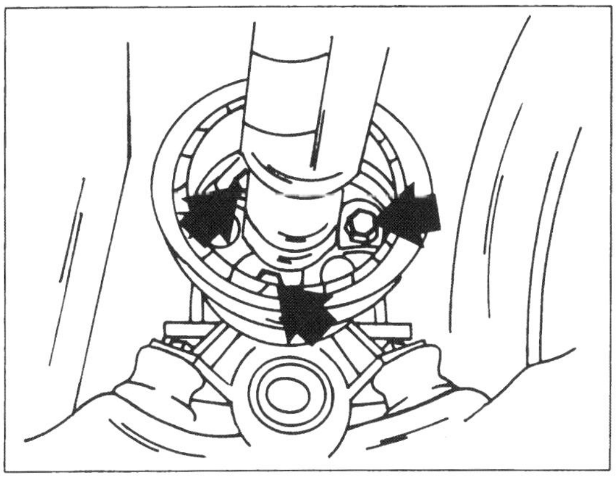

Bild 197
Befestigung der Gelenkwelle am Getriebe bei Ausführung mit Schiebestück. Nur die drei mit den Pfeilen bezeichneten Schrauben lösen.

- Die Gelenkwelle mit den Flanschen an Getriebe und Hinterachse anbringen. Vorne wird sie auf den Zentrierbolzen am Getriebe aufgesteckt. Die Kennzeichnungen müssen wieder gegenüberliegen. Die Welle anheben und das Mittellager lose am Unterbau anschrauben.
- Das hintere Gelenk der Welle mit den neuen Muttern am Hinterachsflansch festziehen. Auf die angegebenen Anzugsdrehmomente achten.
- Die Schrauben einschieben und neue Muttern aufschrauben. Um eine Verspannung der Gelenkscheibe zu vermeiden, sollten die Muttern

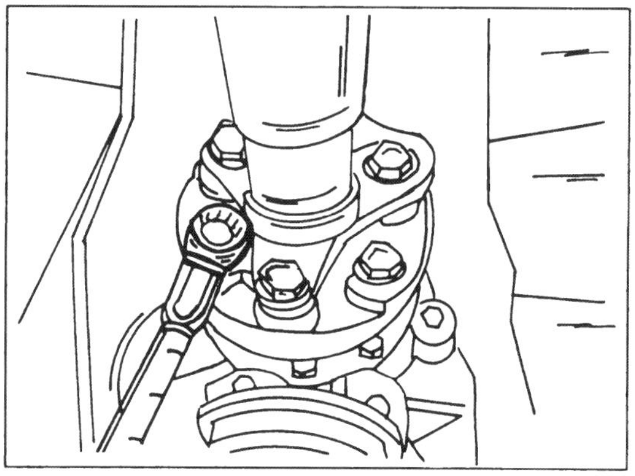

Bild 198
Anziehen der Flanschverbindung bei Ausführung mit Gleichlaufgelenk hinten.

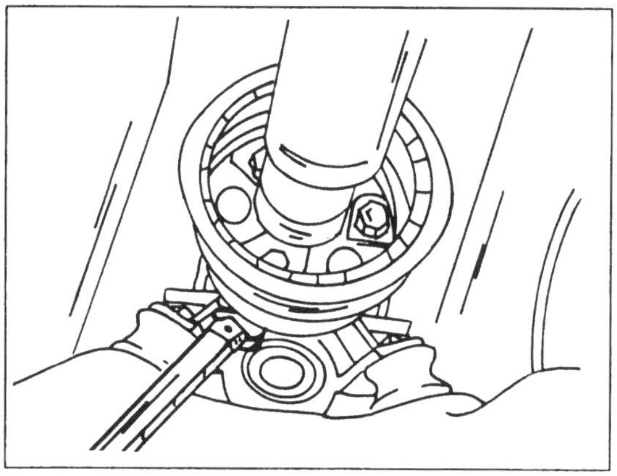

Bild 199
Anziehen der Flanschverbindung bei Ausführung mit Schiebestück.

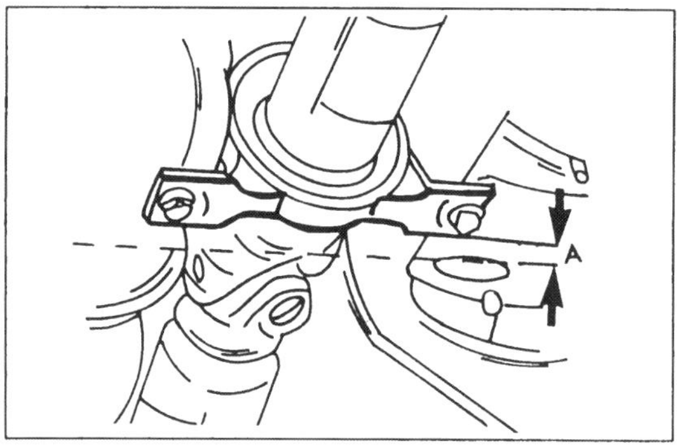

Bild 200
Das Mittellager muss in Fahrtrichtung um das Mass "A" (2 - 4 mm) vorgespannt werden, um das Lager unter Spannung zu bringen.

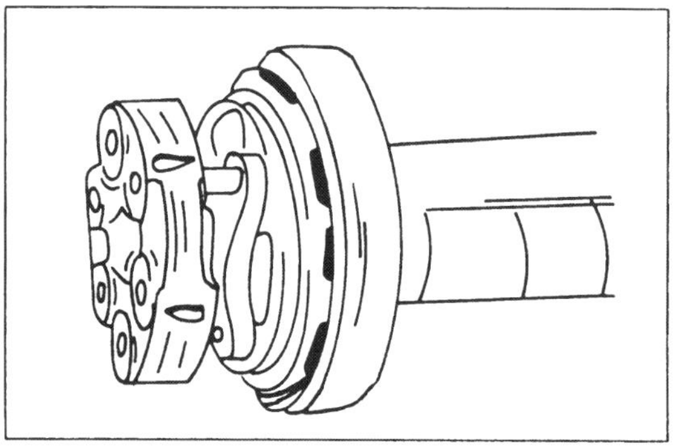

Bild 201
Die in die Gelenkwelle eingezeichneten Pfeile müssen zur Flanschverbindung weisen.

bzw. Schraube nur auf der Flanschseite gedreht werden, wie man es in Bildern 198 und 199 sehen kann. Die Schrauben/Muttern wieder entsprechend den angegebenen Anzugsdrehmomenten anziehen. Wiederum gelten unterschiedliche Anzugsdrehmomente. Wichtig dabei ist, dass man den Durchmesser kennt.

- Die Klemmbüchse am Mittellager mit dem vorgeschriebenen Anzugsdrehmoment anziehen.
- Kontrollieren, dass das Mittellager am Unterbau locker ist und das Lager nach vorne schieben, bis das Spiel ausgeschieden ist. Danach das Lager unter Druck um weitere 2 bis 4 mm in Fahrtrichtung vorspannen (Bild 200), in dieser Lage halten und die Muttern mit 21 Nm anziehen.
- Abschliessend die Auspuffanlage wieder montieren, eventuell mit den beiden Haltern und dem Bügel in Bild 188. Auf die Lage des langen Bundes (4) achten.

9.2 Gelenkscheibe ersetzen

Hinweis: Eine Gelenkscheibe ist nicht bei allen Fahrzeugen eingebaut. Bei bestimmten Modellen ist ein Gleichlaufgelenk an der Vorderseite der Welle montiert.

- Die Gelenkwelle entsprechend Kapitel 9.1 ausbauen, bis die Gelenkscheibe am Getriebe gelöst wurde. Die Gelenkwelle nach hinten schieben, bis der Zentrierzapfen aus dem Eingriff mit der Büchse kommt.
- Die Gelenkscheibe von der Gelenkwelle abschrauben. Ist ein Schwingungsdämpfer eingebaut, kann auch dieser abgeschraubt werden.
- Falls eingebaut, den Schwingungsdämpfer wieder montieren.
- Die neue Scheibe wieder anschrauben. Die Gelenkscheibe ist auf einer Seite mit Pfeilen gezeichnet, welche zur Flanschseite weisen müssen. Wo die Pfeile zu finden sind, kann man in Bild 201 sehen.
- Die Innenseite der Zentrierbüchse mit Longterm 2-Fett einschmieren, den Zapfen der Welle in Eingriff mit der Büchse bringen und die Welle wieder mit dem Flansch am Getriebe verbinden, wie es beim Einbau der Welle beschrieben wurde. Die verschiedenen Bilder sind dabei zu studieren, um die Flansche richtig anzuziehen. Ebenfalls auf die Anzugsdrehmomente achten.

9.3 Zentrierung ersetzen

Die Zentrierung der Gelenkwelle kann bei eingebauter Gelenkwelle erneuert werden. Ausbau der Welle erleichtert die Arbeit.

- Gelenkwelle am Getriebe abflanschen (das Mittellager muss dazu gelöst werden). Nach Abbau die Gelenkwelle vorne hochbinden und am Mittellager wieder anschrauben. Das Fahrzeug muss natürlich hoch genug stehen, dass man darunter arbeiten kann.

● Die Zentrierung mit zähem Fett füllen und einen genau passenden Dorn in die Büchse einführen. Mit einem Hammer auf den Dorn schlagen. Durch den Druck auf die Fettfüllung wird das Zentrierlager ausgetrieben. Bild 202 zeigt die Arbeit unter Verwendung des Spezialdorns.

● Die Zentrierung mit Longterm 2-Fett füllen (2 g) und die neue Büchse eintreiben, bis sie 4,5 mm übersteht. Das Mass wird an der in Bild 203 gezeigten Stelle gemessen.

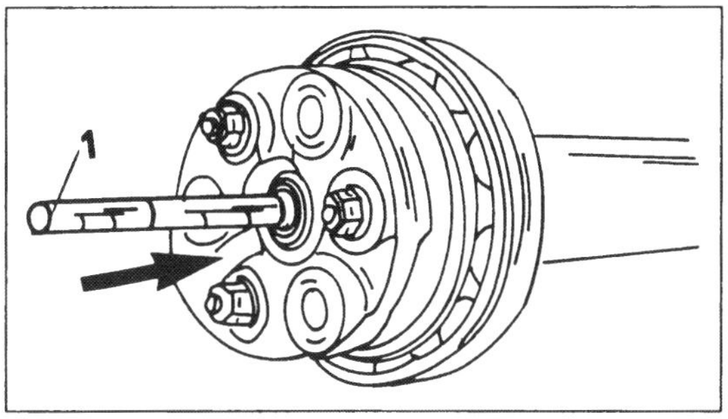

Bild 202
Ausschlagen der Zentrierung (1). Einen passenden Dorn (hier Spezialwerkzeug 11 1 310) einsetzen und darauf schlagen.

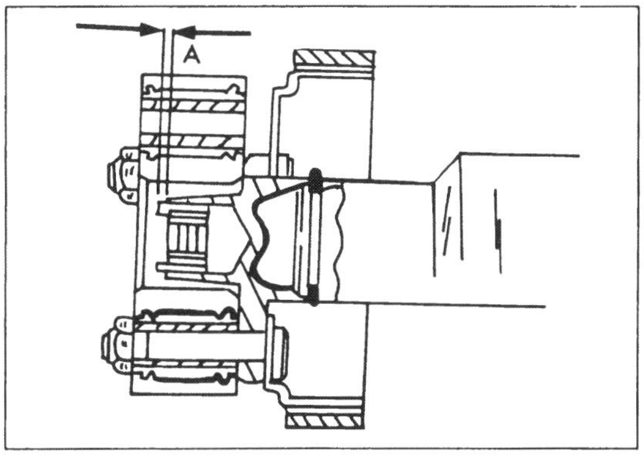

Bild 203
Das Überstehmass (A) wird an der gezeigten Stelle gemessen.

9.4 Mittellager ersetzen

Bei Erneuerung des Mittellagers muss man entsprechend der vorhandenen Ausführung vorgehen.

Ausführung mit Schiebestück

● Die Gelenkwelle ausbauen, wie es bereits beschrieben wurde und die vordere Gelenkwellenhälfte zur hinteren Hälfte kennzeichnen, wie es in Bild 204 gezeigt ist. Da die Wellenhälften ausgewuchtet sind, dürfen sie nicht falsch zusammenkommen.

● Die Klemmbüchse (1) in Bild 205 abschrauben (grosser Schlüssel) und die hintere Gelenkwellenhälfte abziehen. Auf die Teile (2) und (3) achten.

● Falls die Welle ein Kreuzgelenk an der Getriebeverbindung hat, müssen die Gelenkwellenhälften so montiert werden, dass die Kreuzgelenke in einer Ebene liegen. Wurde das Schiebestück ohne Markierung zerlegt, ist lediglich eine durch das Wuchten bedingte Falschmontage um 180° möglich.

● Den Sicherungsring (1) in Bild 206 ausheben und den Staubschutzteller (2) herunterziehen.

● Das Mittellager mit einem passenden Abzieher herunterziehen. Bei defektem Staubschutzring diesen ebenfalls abziehen.

● Den Mittellagerträger auf eine Presse auflegen und das Lager auspressen.

● Das neue Lager in den Lagerträger einsetzen und mit einem passenden Rohrstück bis zum Anschlag einpressen. Das Rohr nur auf den äusseren Lagerlaufring aufsetzen.

● Die Keilverzahnungen der Gelenkwelle gut reinigen und den neuen Staubschutzring aufpressen (Richtung beachten).

● Den Lagerträger mit dem Lager auf die Welle aufpressen. Dieses Mal muss das zum Pressen benutzte Rohr am inneren Lagerlaufring angesetzt werden. Den zweiten Staubschutzteller darübersetzen und den Sprengring anbringen. Die Teile sind in Bild 206 gezeigt.

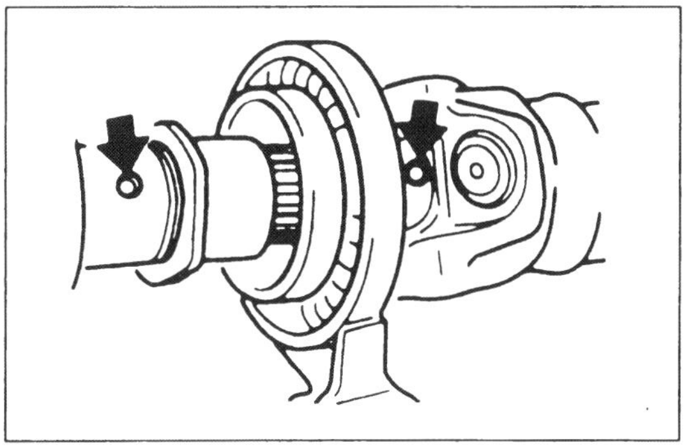

Bild 204
Wellenhälften kennzeichnen.

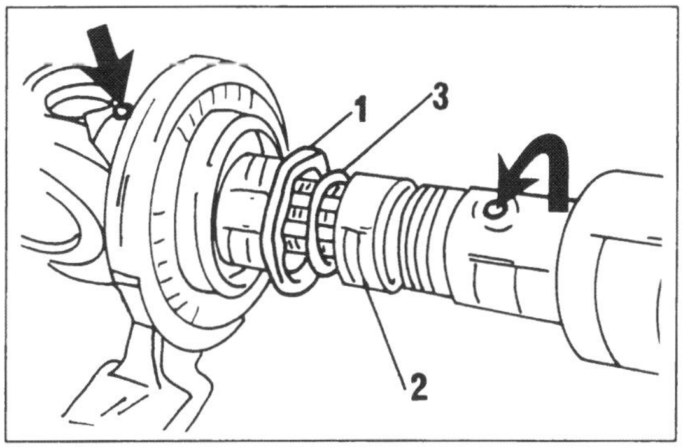

Bild 205
Zerlegung der Gelenkwelle.
1 Klemmbüchse
2 Gummibüchse
3 Druckring

● Die Keilbahnen mit Longterm 2-Fett einschmieren. Die Klemmbüchse, den Druckring und die Gummibüchse auf den Keilbahnstummel montieren.

● Die beiden Wellenhälften in der zuvor bezeichneten Montagelage zusammenbringen (Bild

204) und die Gelenkwelle wieder einbauen.

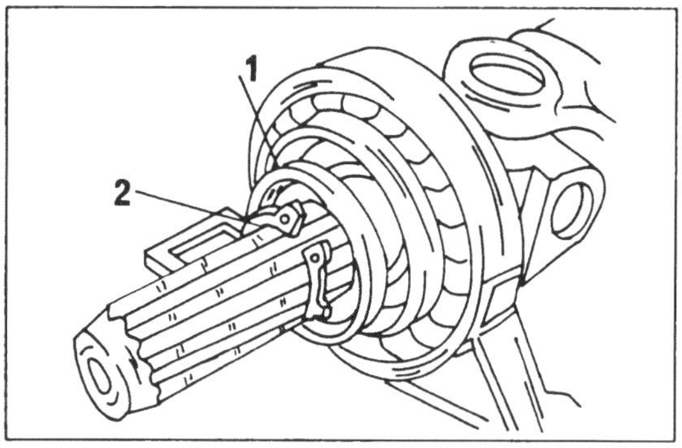

Bild 206
Nach Anbringen des Staubschutztellers (1) den Sprengring (2) einfedern.

Ausführung ohne Schiebestück

- Die Gelenkwelle ausbauen und die vordere Gelenkwellenhälfte zur hinteren Gelenkwellenhälfte zeichnen, ähnlich wie es Bild 204 zeigt.
- Die Schraube (1) in der Innenseite des Kreuzgelenks entfernen (Bild 207) und die vordere Gelenkwellenhälfte abziehen. Beim Einbau müssen die Kennzeichnungen wieder zusammenkommen.
- Das Mittellager mit einem handelsüblichen Abzieher vom Keilbahnstummel abziehen. Darunter sitzt ein Staubschutzdeckel. Auf dessen Einbauweise achten.
- Den Mittellagerträger unter eine Presse legen und das Rillenkugellager auspressen. Ein neues Lager einpressen.

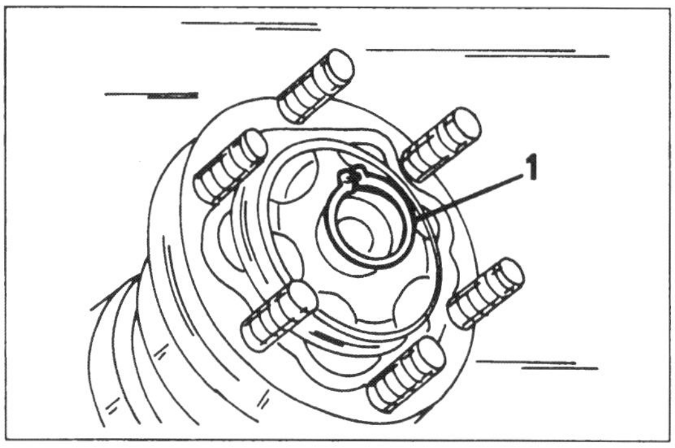

Bild 207
Ein zu erneuernder Sprengring (1) sitzt vor dem Gleichlaufgelenk.

- Das zusammengebaute Mittellager auf den Keilbahnstummel aufschlagen. Kontrollieren,

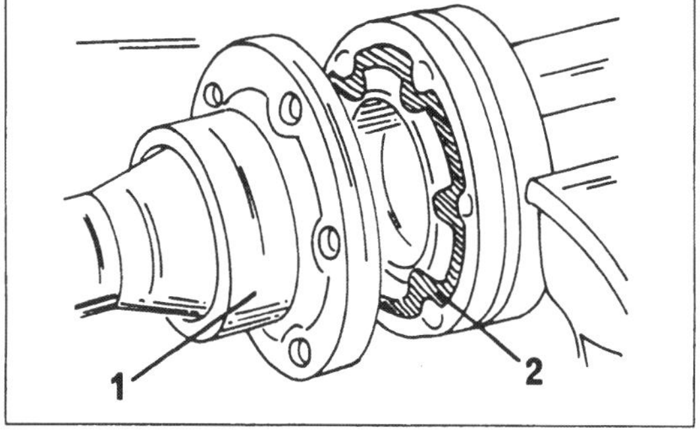

Bild 208
Der Abschlussdeckel (1) wird zusammen mit dem Faltenbalg erneuert. Dazwischen sitzt eine Dichtung (2).

dass man das Lager frei durchdrehen kann.
- Die Welle wieder entsprechend den Kennzeichnungen zusammensetzen und die Schraube (1) in Bild 207 anziehen.

9.5 Gleichlaufgelenk ersetzen

Hinweis: Zum Einbau des Gelenks muss das von BMW gehandelte Fett vorhanden sein. 80 g davon werden in das Gelenk gefüllt.

- Gelenkwelle komplett ausbauen. Hinter dem Gleichlaufgelenk sitzt eine Schlauchklemme. Diese öffnen.
- Den Sicherungsring vor dem Gelenk mit einer Aussenseegerringzange ausfedern (den Sicherungsring immer erneuern), die Manschette zurückschieben und das Gleichlaufgelenk mit einem handelsüblichen Abzieher herunterziehen.
- Das neue Gelenk mit der genannten Menge des vorgeschriebenen Fetts füllen. Dabei den Innenring mit dem Käfig nicht verkanten. Die Kugeln könnten sonst herausfallen.
- Die Keilbahnen von Welle und Gelenk einwandfrei von Fett reinigen und Schraubensicherung (Loctite) auftragen. Diese darf nicht an die Kugelbahnen kommen.
- Das Gelenk mit einem passenden Rohrstück auf die Gelenkwelle auftreiben und den Sicherungsring in die Nut einschnappen. Kontrollieren, dass der Ring ringsherum gut eingegriffen hat.
- Den Faltenbalg auf die Gelenkwelle ziehen und mit der Schlauchschelle befestigen.

9.5.1 Faltenbalg des Gelenks erneuern

Einen beschädigten Faltenbalg bei der ersten Gelegenheit erneuern. Der neue Faltenbalg kommt zusammen mit dem inneren Abschlussdeckel:

- Bei ausgebautem Gelenk die Zylinderschrauben mit einem Plastikhammer von aussen nach innen austreiben.
- Den Deckel an der Innenseite abziehen oder abklopfen. Zwischen Deckel und Gleichlaufgelenk ist eine Dichtung eingebaut. Eventuell erneuern.
- Den neuen Faltenbalg mit dem Deckel auf die Gelenkwelle bzw. am Gleichlaufgelenk aufsetzen, Zylinderschrauben mit Unterlegplatten einstecken und mit einem Plastikhammer bis zum Anschlag einsetzen.
- Den Faltenbalg auf die Gelenkwelle ziehen und die Schlauchklemme ansetzen und festziehen.

10 Hinterachsantrieb und Antriebswellen

Das Hinterachsgetriebe ist mit dem Hinterachsträger über Gummilager verschraubt. Dieser ist wiederum über Gummilager mit dem Unterbau verschraubt.
Die Antriebswellen übertragen den Antrieb von den Ausgangsflanschen des Achsantriebs zu den Hinterrädern. Die Wellen sind an beiden Enden mit Gleichlaufgelenken versehen. Die inneren Gleichlaufgelenke sind an den Flanschen des Differentialabtriebs verschraubt, die äusseren Enden greifen in die Radnaben ein und werden durch eine grosse Mutter gehalten.
Beim Austausch eines Hinterachsgetriebes auf Hinterachsübersetzung und Ausführung (mit oder ohne Sperre) achten. Beides ist in das Kennschild am Hinterachsgetriebedeckel eingeprägt.
Unterschiede zwischen den beiden Radaufhängungen sind den einzelnen Überschriften zu entnehmen.

10.1 Hinterachsgetriebe

10.1.1 Aus- und Einbau

● Rückseite des Fahrzeuges auf Böcke setzen und das Öl aus der Hinterachse ablassen.
● Mit einem Filzstift die Gegenüberstellung der Flansche an der Gelenkwelle und am Achsantrieb kennzeichnen, die Muttern lösen und die Verbindung trennen. Neue Muttern müssen beim Zusammenschrauben benutzt werden.
● Die Stabilisatorlager links und rechts abschrauben (falls angeschlossen).
● Die beiden Antriebswellen an der Innenseite abschrauben und mit einem Stück Draht an geeigneter Stelle des Unterbaus befestigen. Nicht die Wellen herunterhängen lassen. Die Schrauben müssen erneuert werden. Die Unterlegplatten (1) in Bild 209 zum Einbau aufheben.
● Den Kabelstecker des Tachosignalgebers abziehen (falls angeschlossen).
● Einen Wagenheber unter den Achsantrieb untersetzen, um das Gewicht aufzunehmen. Hier ist auf die Unterschiede zu achten:
— Beim Compact die in Bild 210 gezeigte Schraube und Mutter lösen. Die Mutter muss beim Einbau erneuert werden. Kontrollieren, dass der Achsantrieb gut gehalten wird und die in Bild 211 gezeigten Schrauben lösen. Den Wagenheber langsam absenken und das Hinterachsgetriebe nach hinten herausziehen.
— Bei den anderen Ausführungen die beiden in Bild 212 gezeigten Schrauben des hinteren Trägers lösen und eine Befestigungsschraube an der Vorderseite herausdrehen. Den Wagenheber langsam ablassen und das Achsgetriebe nach unten ausfahren.
● Die Gummilager der Achsgetriebeaufhängung sofort kontrollieren und ggf. erneuern.

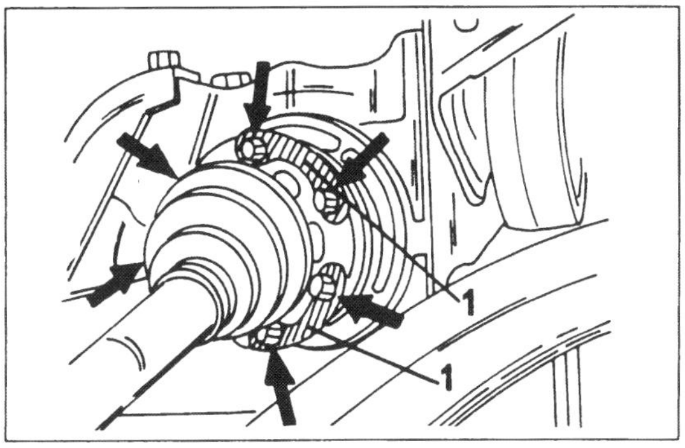

Bild 209
Flanschverbindung der Antriebswellen. Die Unterlegplatten (1) können wieder benutzt werden.

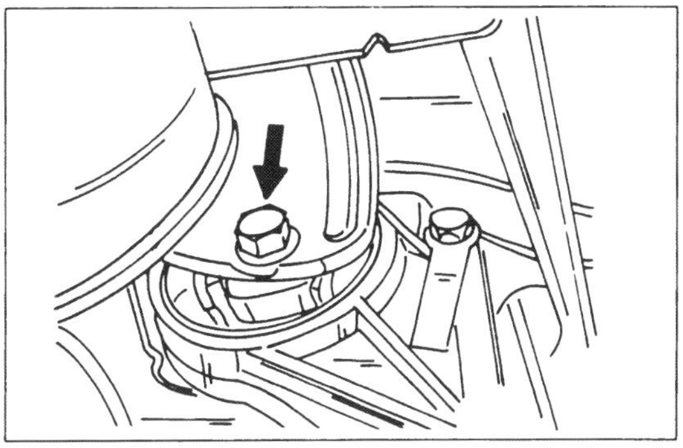

Bild 210
Die Befestigung des Achsantriebs beim Compact.

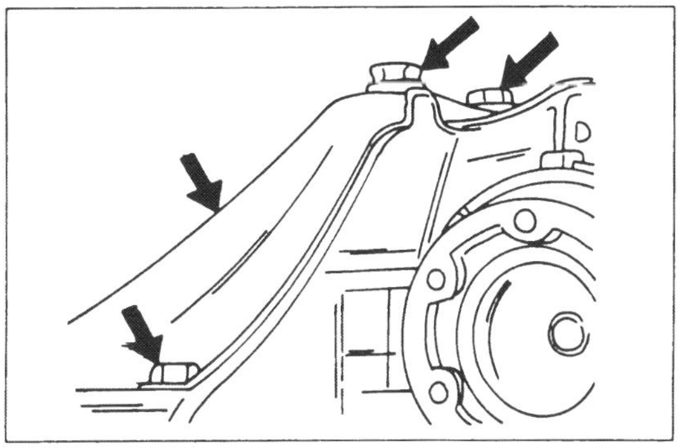

Bild 211
Die verbleibenden Befestigungsschrauben des Achsantriebs beim Compact sitzen an den gezeigten Stellen.

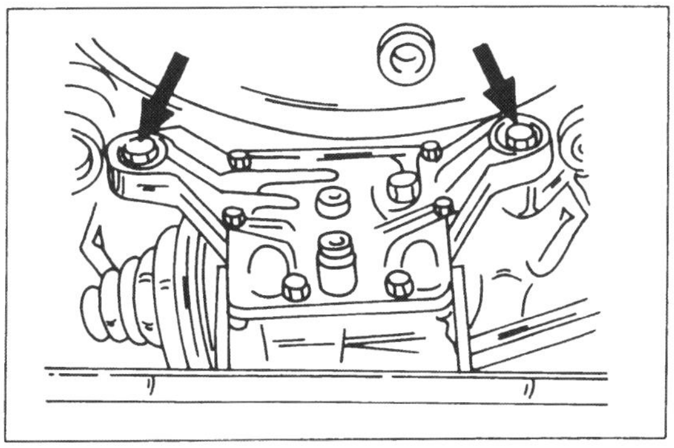

Bild 212
Die hinteren Befestigungsschrauben des Achsantriebs bei der normalen Radaufhängung. Vorn werden entweder eine oder zwei Schrauben verwendet.

Der Einbau geschieht in umgekehrter Reihenfolge wie der Ausbau. Um den Einbau zu erleichtern, kann man die Flansche von Gelenkwelle und Achsantrieb sofort zusammenbringen (Flucht beachten) und gleichzeitig den Achsantrieb in die richtige Lage heben. Die Schrauben anziehen. Die Flanschverbindung mit neuen Muttern anziehen. Falls erforderlich die Stabilisatorlager wieder anschrauben, Antriebswellen anschliessen und abschliessend das Hinterachsgetriebe mit Öl füllen oder mindestens den Ölstand kontrollieren.

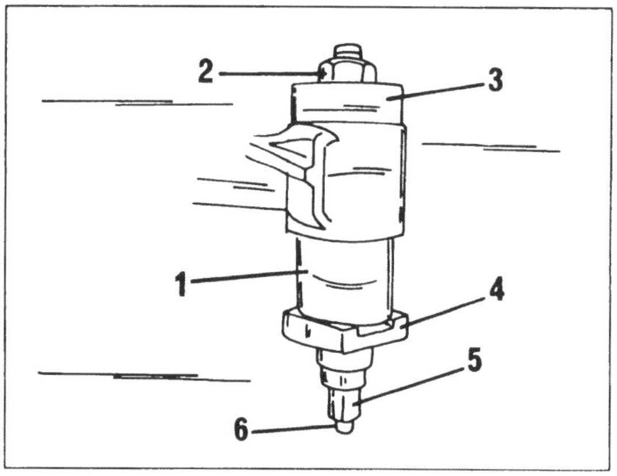

Bild 213
Einziehen von Lagerbüchsen in der Hinterachsgetriebeaufhängung.
1 Gummilager
2 Mutter
3 Gegendruckstück (33 3 222)
4 Einpressstück (33 3 232)
5 Gegenmutter (33 3 315)
6 Einziehbolzen (33 3 314)

10.1.2 Gummilager des Hinterachsgetriebes ersetzen

Die Gummilager des Hinterachsträgers können erneuert werden, jedoch muss man geeignete Aus- und Einziehwerkzeuge zur Hand haben, um die Büchsen zu ersetzen. Ausserdem sind die Arbeiten je nach eingebauter Hinterradaufhängung unterschiedlich.

Bei der normalen Radaufhängung
Bei dieser Ausführung bleibt der Hinterachsträger im Fahrzeug.

- Die Gelenkwelle vom Hinterachsflansch abschrauben.
- Den Haltebügel für die Handbremsseile lösen.
- Die Kabelstecker für Bremsbelagverschleissanzeige und ABS-Sensor aus den Schutzgehäusen am Hinterachsträger herausnehmen und trennen. Ebenfalls den Stecker vom Tachosignalgeber abziehen.
- Den Hinterachsantrieb mit einem Wagenheber anheben, um ihn gut abzustützen und die Schrauben des Hinterachsträgers von unten ausschrauben.
- Den Hinterachsträger jetzt langsam absenken, bis man an die vorderen Gummilager heran kann. Die Büchsen können mit einem Zweiarmabzieher herausgezogen werden. Ausschlagen hat wenig Zweck, da man die neue Büchse nicht einschlagen kann. Falls die Büchse sehr fest sitzt, kann man ein Heissluftgebläse (Haartrockner) benutzen. Dieses jedoch vom Tank fernhalten.
- Die neue Büchse mit Pneumontierpaste bestreichen und mit Hilfe einer Einzugsschraube mit Mutter und passenden Auflagescheiben wieder einziehen. Bild 213 zeigt anhand der Spezialwerkzeuge wie eine Büchse eingezogen wird. Daraus werden Sie erkennen, wie Sie sich anderweitig helfen können.
- Um die hinteren Büchsen zu erneuern, muss man die Auszieharme des Zweiarmabziehers an den Aussparungen des Lagers am Tragrohr ansetzen. Den Stabilisator am Hinterachsträger lösen, um besser an die Lager zu kommen. Anderweitig ist die Erneuerung mit der obigen Beschreibung identisch.

Bei der Compact-Aufhängung
(Schliesst Aus- und Einbau des Hinterachsträgers ein)

- Rückseite des Fahrzeuges auf Böcke setzen und die Räder abschrauben.
- Die Handbremsseile am Handbremshebel aushängen und aus den Führungsrohren herausziehen. *Falls nur die Büchsen erneuert werden sollen, braucht man die Handbremsseile nicht abschliessen.*
- Die Gelenkwelle ausbauen.
- Kabelstecker vom Impulsgeber des Tachometers am Hinterachsgetriebe abziehen. Ebenfalls den Stecker vom ABS-Sensor abziehen. Weitere Wahlarbeiten sind der Verbindungsstecker des Bremsbelagfühlers und das Lösen des Stabilisators von den Längslenkern.
- Die Überwurfmutter der Bremsleitung abschrauben und vorsichtig herausziehen. *Die Bremsanlage muss nach Fertigstellung der Arbeit entlüftet werden.*
- Das Hinterachsgetriebe vom Träger abschrauben (siehe Kapitel 10.1.1) und komplett herausnehmen. *Falls nur die Büchsen erneuert werden sollen, senkt man die Hinterachse ca. 20 cm ab.*

Der weitere Verlauf der Arbeitsbeschreibung entspricht den bereits gegebenen Anweisungen. Wiederum sind Ausziehwerkzeuge (Abzieher) und Einziehvorrichtung (Bild 213) erforderlich, um die Gummilager links und rechts zu erneuern.
Beim Einziehen der Gummilager muss die Aussparung am Gummilager zur Verengung im Hinterachsträger weisen.
Abschliessend die Bremsanlage entlüften. Ebenfalls die Handbremseinstellung kontrollieren und ggf. einstellen. Die Räder wieder anschrauben und das Fahrzeug auf den Boden ablassen.

10.2 Wellendichtring für Antriebsflansch erneuern

Der Hinterachsantrieb muss ausgebaut werden, wie es bereits beschrieben wurde. Den Antrieb danach in einen kräftigen Schraubstock einspannen.

Hinweis: Die Arbeit muss mit Sorgfalt durchgeführt werden. Bei Nichtbeachtung der Anzugsvorschriften für die Mutter wird der Achsantrieb unbrauchbar.

- In der Innenseite des Antriebsflansches das Sicherungsblech ausheben und die Stellung der Mutter zur Antriebswelle mit einem Körner markieren, wie es in Bild 214 gezeigt ist.
- Den Antriebsflansch in geeigneter Weise gegenhalten und die Mutter lösen. Zum Gegenhalten kann man einen Metallstab in eines der Löcher einsetzen und gegen den Schraubstock anliegen lassen.
- Den Antriebsflansch mit einem Abzieher herunterziehen, nachdem dessen Lage auf der Welle gezeichnet wurde. Sofort den Zustand des Flansches an der Dichtfläche kontrollieren. Ist diese stark eingelaufen, den Flansch wieder wie untenstehend beschrieben montieren und den Hinterachsantrieb in einer Werkstatt überholen lassen.
- Den alten Dichtring aus der Öffnung ausheben und die Aufnahmebohrung gut reinigen.
- Etwas Getriebeöl an die Dichtlippe des Dichtringes schmieren und den Dichtring mit einem passenden Rohrstück einschlagen, bis die Aussenseite bündig abschneidet.
- Staubschutzdeckel aufschieben und den Flansch entsprechend den Kennzeichnungen aufschieben.
- Die Bundmutter jetzt aufschrauben, bis die eingeschlagenen Markierungspunkte genau gegenüberstehen (Bild 214). Ein überfestes Anziehen der Mutter führt zur Untauglichkeit des Achsantriebs — Sie wurden gewarnt.
- Abschliessend das Sicherungsblech umschlagen, um die Mutter zu sichern.

10.3 Wellendichtring für Mitnehmerflansch links und rechts ersetzen

Neue Schrauben werden für die Mitnehmerflansche gebraucht. Ausserdem ist ein neuer Sprengring zur Befestigung der Flansche im Getriebe erforderlich.

- Die Abtriebswelle an der Innenseite abschrauben und hochbinden, damit sie nicht im Wege ist. Auf keinen Fall herunterhängen lassen (siehe ebenfalls Bild 209).
- Zwei Montagehebel in der in Bild 215 gezeigten Weise unter den Flansch untersetzen und den Flansch aus dem Differential ausheben. Dabei das Staubschutzblech nicht beschädigen. Dieses nach Ausbau des Flansches abnehmen.
- Den Radialdichtring vorsichtig aus der Bohrung heraushebeln und die Bohrung sofort reinigen.
- In der Innenseite den Sicherungsring mit einem kleinen Schraubenzieher aushebeln und den neuen Ring einsetzen. Die Enden des Sicherungsringes verdrehen, bis beide Enden in der Nut versenkt sind.

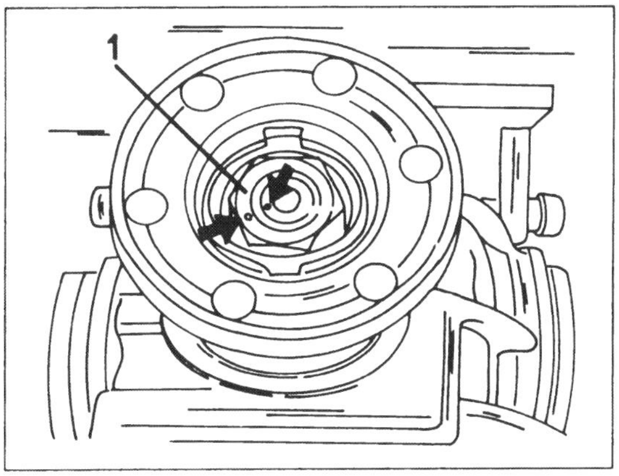

Bild 214
Die Mutter (1) und die Antriebswelle mit einem Körner an gegenüberliegenden Stellen kennzeichnen. Beim Anziehen die ursprüngliche Stellung wieder herstellen.

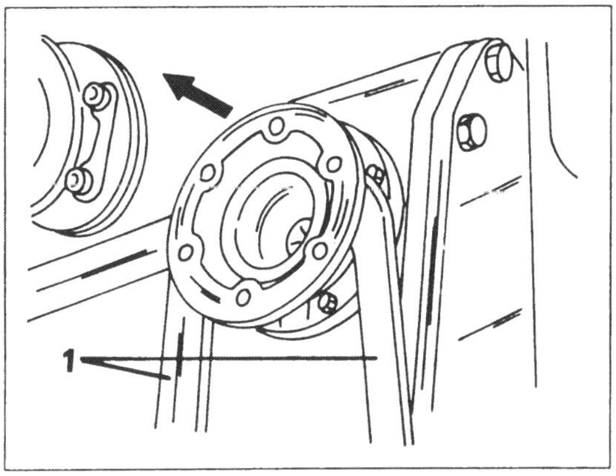

Bild 215
Abdrücken des Antriebsflansches für die Antriebswellen. Zwei Reifenhebel (1) links und rechts untersetzen.

- Den neuen Dichtring in Getriebeöl eintauchen, abtropfen lassen und bis zum Anschlag in das Gehäuse eintreiben. Das Einschlagrohr am Aussendurchmesser ansetzen, da dies die härteste Stelle ist.
- Das Staubschutzblech auflegen und den Flansch in die Bohrung einsetzen. Der Flansch wird dabei verdreht, bis die Flanschverzahnung in der Verzahnung des Ausgleichskegelrades einrastet. Danach den Flansch weiter einschieben, bis man das Einrasten des Sicherungsringes einwandfrei hören kann.

10.4 Antriebswellen aus- und einbauen

Eine neue Mutter für die Antriebswelle und neue Muttern an der Innenseite werden zum Einbau gebraucht. *Ein Abzieher könnte zum Ausdrücken der Antriebswelle aus der Hinterachse erforderlich sein.*

- Die Radschrauben sowie die Mutter der Antriebswelle lockern, wenn das Fahrzeug mit den Rädern auf dem Boden aufsteht. Bei bestimmten Ausführungen das Sicherungsblech ausheben. Danach die Rückseite auf Böcke setzen und das Rad auf der betreffenden Seite abschrauben.

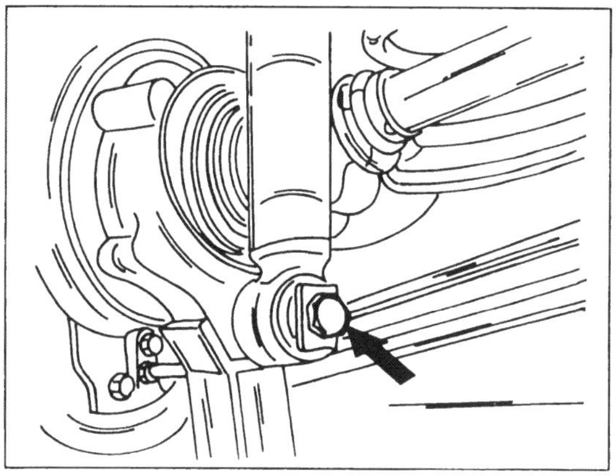

Bild 216
Die Schraube muss beim Compact gelöst werden, um den Längslenker abzusenken.

- Falls die linke Antriebswelle ausgebaut werden soll, kann man sich durch Ausbau des Auspuffendrohres mehr Arbeitsraum schaffen.
- Je nach Ausführung das linke und rechte Stabilisatorlager lösen und den Stabilisator nach unten schwingen.
- Die Mutter von der Antriebswelle entfernen.
- Antriebswelle an der Innenseite abflanschen (siehe Bild 209), die Welle zur Seite drücken und mit einem Stück Draht hochbinden. Nicht herunterhängen lassen.

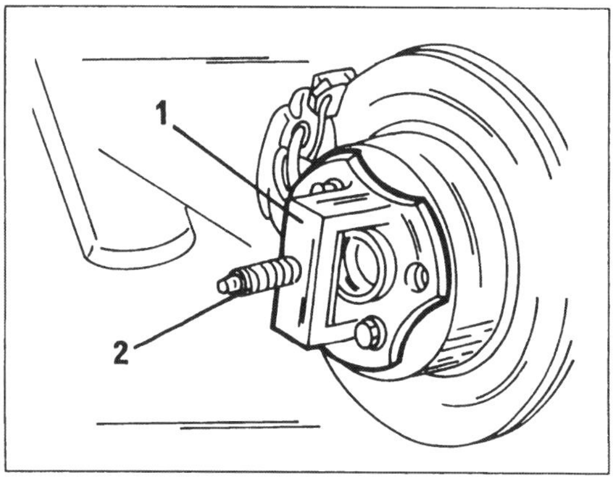

Bild 217
Abzieher zum Ausdrücken der Antriebswelle.
1 Abzieher (33 2 116)
2 Abdrückschraube (33 2 111)

- Bei einer Radaufhängung mit Längslenkern (Compact) einen Wagenheber unter den Längslenker untersetzen, den Längslenker etwas anheben und die Schraube des Stossdämpfers entfernen (Bild 216). Den Längslenker danach absenken.
- Die Antriebswelle jetzt aus der Hinterachse ausdrücken. Zuerst kann man versuchen auf das Ende der Welle mit einem Leichtmetallhammer zu schlagen. Bringt dies keinen Erfolg, muss man einen Ausdrücker benutzen, welcher auf dem in Bild 217 gezeigten Prinzip arbeitet. Der Abdrücker wird mit den Radschrauben befestigt. Beim Ausbau, gleich welcher Art, die Welle an der Innenseite führen und von innen herausziehen.

Der Einbau erfolgt in umgekehrter Reihenfolge wie der Ausbau. Den Keilstummel gut einfetten. Die Welle einschieben, bis man die Mutter aussen aufschrauben kann.

- Alle weiteren Arbeiten jetzt in umgekehrter Reihenfolge durchführen. Das Anziehen der Mutter (250 Nm) erfolgt, nachdem das Fahrzeug wieder auf den Rädern aufsteht. Unbedingt neue Muttern am inneren Flansch benutzen. Die Unterlegplatten unterlegen, wie es in Bild 209 zu sehen ist.

10.5 Faltenbalg der Antriebswellen erneuern

Die Antriebswellen müssen dazu ausgebaut sein.

- Die Welle in einen Schraubstock einspannen und den Verschlussdeckel an der Aussenseite mit einem Schraubenzieher abschlagen.
- Die Schlauchschelle an der Innenseite lösen, die Abdeckkappe mit dem Faltenbalg innen abdrücken und den Sicherungsring am Wellenende aushebeln.
- Das Gelenk unter eine Presse setzen und die Welle durchpressen. Der Pressstempel muss dem Durchmesser der Welle entsprechen. Den Faltenbalg mit dem Deckel jetzt abnehmen.
- Alle Teile gründlich reinigen. Der Faltenbalg kommt als Reparatursatz und enthält das in das Gleichlaufgelenk einzuknetende Fett. Dieses gleichmässig in die Rollen verteilen. Verbleibendes Fett in die Innenseite des Faltenbalgs einschmieren.
- Den Faltenbalg über den Keilstummel schieben, ohne ihn dabei zu beschädigen. Das Gelenk wieder auf die Welle pressen und mit dem neuen Sprengring (im Reparatursatz) befestigen.
- Den Faltenbalg wieder an Welle und Gelenk anbringen und befestigen. Der Verschlussdeckel der Welle wird mit BMW-Dichtungsmasse eingeschmiert und in die Welle gepresst.

10.6 Hinterradnaben und Radlager

10.6.1 Hinterradnaben aus- und einbauen

Hinweis: Die Hinterradnaben, bei denen es sich eigentlich um Mitnehmerflansche handelt, sollten nur ausgebaut werden, um das Hinterradlager zu erneuern. Die Radnabe ist auf den inneren Lagerlaufring aufgepresst, d.h. beim Abziehen der Radnabe wird das Radlager fast immer zerstört.
Zum Einziehen der Radnabe und/oder Radlager werden normalweise Spezialwerkzeuge benutzt. Im Text wird jedoch erwähnt, wie man sich im Notfall helfen kann. Ein Schlaghammer muss jedoch zum Herunterziehen der Mitnehmerflansche zur Verfügung stehen.

- Antriebswelle auf der betreffenden Seite ausbauen, wie es in Kapitel 10.4 beschrieben wurde.
- Die Bremstrommel bzw. die Bremsscheibe ausbauen, wie es im betreffenden Kapitel beschrieben ist (Abschnitt "Bremsen").
- Den Mitnehmerflansch jetzt mit dem genannten Schlaghammer herunterziehen. Wie ein solcher Schlaghammer aussieht, zeigt Bild 218. Ein beliebiger Schlaghammer kann benutzt werden, den man jedoch in der im Bild gezeigten Weise am Flansch anschrauben muss. Durch Schlagen des Schiebegewichts in Pfeilrichtung wird der Flansch herunterkommen. Falls der Lagerinnenring auf dem Mitnehmerflansch verbleibt, muss er mit einem passenden Abzieher heruntergezogen werden (Bild 219). Dies bedeutet auch, dass man das Lager erneuern muss (nächstes Kapitel). Bleibt der Laufring im Lager, kann man die Nabe wieder einbauen, obwohl wir keine Gewähr darauf geben können.
- Das Lager in der Innenseite der Aufnahmebohrung kontrollieren. Es muss sich frei drehen lassen.
- Die Fläche des Mitnehmerflansches gut reinigen und wieder in den inneren Lagerlaufring einsetzen. Der Mitnehmerflansch muss jetzt eingezogen werden. Einschlagen hat wenig Zweck, da man dabei das Lager zerstört. In Bild 220 kann man sehen, wie dies fachmännisch durchgeführt wird. Die gezeigten Spezialwerkzeuge können durch eine lange Schraube, Muttern und entsprechende Auflagescheiben nach Aufbau der Abbildung ersetzt werden. Den Mitnehmerflansch einziehen, bis er aufsitzt.
- Nach Abbau der Einziehwerkzeuge werden die anderen Arbeiten in umgekehrter Reihenfolge wie beim Einbau durchgeführt.

Über den Einbau der Antriebswellen in Kapitel 10.4 nachlesen.

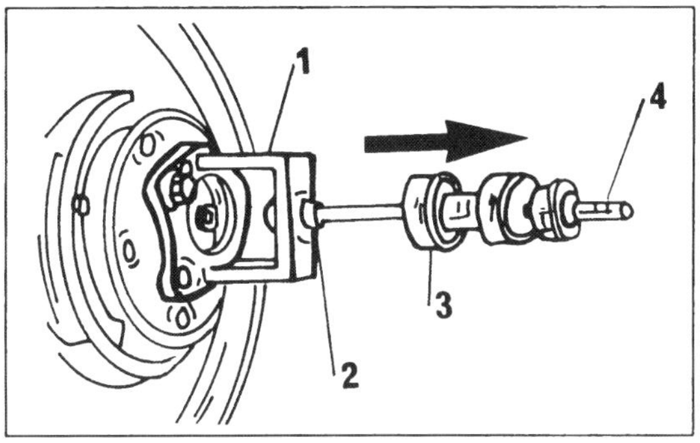

Bild 218
Spezialwerkzeuge zum Abziehen der Mitnehmerflansche an den Hinterrädern. Das Schlaggewicht in Pfeilrichtung schlagen.
1 Anbaustück
2 Anschluss der Stange
3 Schlaggewicht
4 Gleitstange

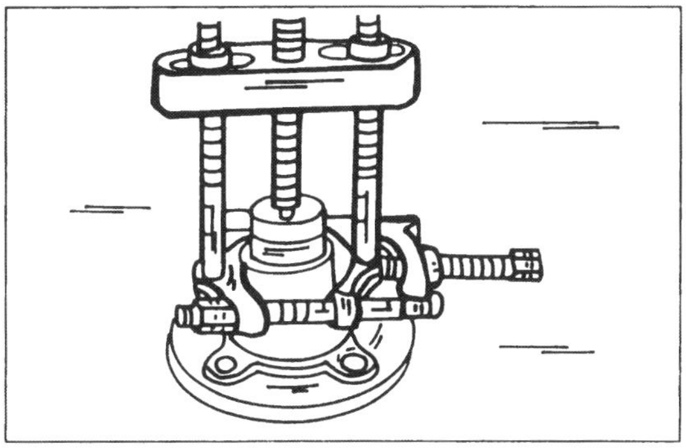

Bild 219
Abziehen des inneren Laufringes vom Mitnehmerflansch, falls dieser mit dem Flansch herauskommt.

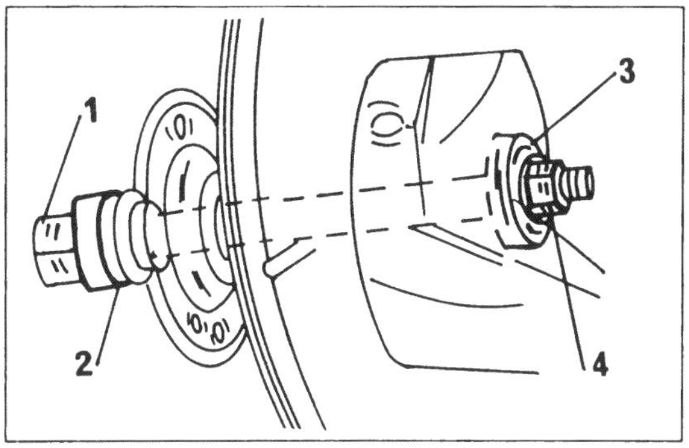

Bild 220
Einziehen des Mitnehmerflansches.
1 Lange Schraube
2 Druckstück, aussen
3 Druckstück, innen
4 Mutter

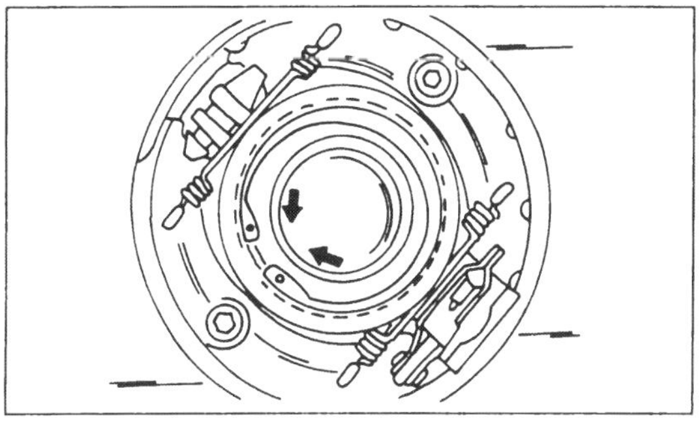

Bild 221
Die beiden "Ohren" des Lagersprengringes in Pfeilrichtung zusammendrücken. Die Ringenden müssen auf der gezeigten Seite sitzen.

10.6.2 Radlagererneuerung

Hinweis: Das Radlager wird beim Ausbau zerstört, man kann es also nicht zur Überprüfung ausbauen. Der Mitnehmerflansch muss ausgebaut sein.

- Den Sprengring aus der Innenseite des Längslenkers ausfedern (Innenseegerringzange, siehe Bild 221).

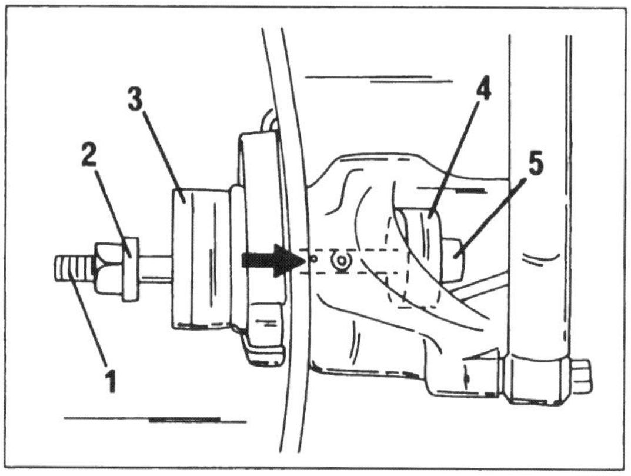

Bild 222
Einziehen eines Radlagers mit den Spezialwerkzeugen. Das Lager in Pfeilrichtung einziehen.
1 Lange Schraube
2 Mutter
3 Druckscheibe
4 Gegendruckstück, innen
5 Schraubenkopf, gegenhalten

● Das Radlager von der Innenseite aus nach aussen ausschlagen oder mit einer langen Schraube, Auflagescheiben und Muttern herausziehen. Einen Schlagdorn auf den äusseren Lagerlaufring aufsetzen.

● Die Lagerbohrung gut reinigen. Irgendwelche Grate entfernen, die den Einbau des neuen Lagers behindern könnten. Den Sprengring erneuern, falls er nicht mehr einwandfrei aussieht.

● Das neue Lager aussen mit Motoröl einschmieren und gerade in die Bohrung ansetzen. Das Lager jetzt entweder mit einem passenden Rohrstück einschlagen oder ähnlich wie in Bild 222 gezeigt, in den Längslenker einziehen. Die gezeigten Werkzeuge können wieder durch entsprechende Schraube, Scheiben und Muttern ersetzt werden.

● Nach Einziehen des Lagers den Lagersprengring einfedern. Die Enden müssen an der in Bild 221 gezeigten Stelle sitzen. Der Sprengring muss ringsherum einwandfrei eingreifen.

● Die Hinterradnabe wieder in umgekehrter Weise zusammenbauen (siehe Kapitel 10.6.1).

10.7 Hinterachsölstand/wechsel

Bei jeder zweiten Durchsicht sollte man den Ölstand in der Hinterachse kontrollieren. Zur Kontrolle den Stopfen aus der Mitte des Achsantriebs herausdrehen und den abgewinkelten Zeigefinger einführen. Falls man das Öl erfühlen kann, den Stopfen reinigen und wieder einschrauben. Andernfalls frisches Hypoidöl mit einer Ölpresse nachfüllen. Unbedingt nur freigegebene Öle verwenden.

Zum Ölwechsel den Ablassstopfen an der Unterseite des Hinterachsantriebs herausdrehen, das Öl in einen Behälter laufen lassen und den Stopfen wieder einschrauben. Die Hinterachse mit ca. 1,1 Liter des empfohlenen Hypoidöls füllen.

11 Die Hinterradaufhängung

Zwei verschiedene Radaufhängungen sind in die in dieser Ausgabe behandelten Modelle eingebaut.
Bei der normalen Radaufhängung werden die Hinterräder beidseitig durch zwei Querlenker und einen Längslenker geführt. Die Anordnung der Lenker wurde so gewählt, dass im Fahrbetrieb ein genau berechnetes Mitlenken der Hinterachse erzeugt wird. Schraubenfedern sind zwischen die oberen Querlenker und die Karosserie eingesetzt. Die Stossdämpfer sind zwischen der Karosserie und den Längslenkern eingesetzt. Bei den meisten Ausführungen ist ein Kurvenstabilisator eingebaut. Der letztere ist in Gummilagern verschraubt und mit Koppelstangen mit den oberen Querlenkern verbunden. Bild 224 zeigt eine Ansicht der zusammengebauten Hinterradaufhängung.
In der Compact-Baureihe (auch Z3) werden Schräglenker mit Schraubenfedern und Teleskop-Stossdämpfer verwendet.
Zwecks Vereinfachung der Befolgung der einzelnen Kapitel beziehen wir uns in den nachfolgenden Beschreibungen auf die normale Radaufhängung oder die Compact- (Z3)-Aufhängung.

11.1 Stossdämpfer — Aus- und Einbau

Hinweis: Die oberen Befestigungsmuttern und die Dichtung zwischen Stossdämpfer und Karosserie müssen beim Einbau erneuert werden.

- Je nach Ausführung die obere Stossdämpferbefestigung freilegen. Bei einer Limousine, dem Coupé, Compact, oder Touring die Gepäckraumverkleidung ausbauen. Diese ist mit Clips befestigt. Bei einem Cabrio befinden sich die Schrauben der Stossdämpferbefestigung unter den Kunststoffkappen im Verdeckkasten. Bei einem Z3 die Verkleidung im Verdeckkasten ausbauen.
- Rückseite des Fahrzeuges auf Böcke setzen. Das betreffende Hinterrad abschrauben, um besser an die Befestigung des Stossdämpfers an der Unterseite zu kommen.
- Einen Wagenheber unter den Längslenker untersetzen und diesen etwas anheben. Da der Stossdämpfer die Aufhängung zusammenhält, darf der Längslenker bei ausgebautem Stossdämpfer nicht abgesenkt oder angehoben werden, da man andernfalls die Antriebswelle beschädigen kann.
- Die Schraube (1) in Bild 223 lösen und herausnehmen. Eine Anlaufscheibe am Gummilager muss beim Einbau zum Schraubenkopf weisen.
- Die Kappe abziehen und die beiden in Bild

Hinweis: Falls man bei den folgenden Arbeiten Bremsleitungsverbindungen trennen muss, den Deckel des Vorratsbehälters abdrehen, den Behälter vollkommen befüllen, ein Stück einer Kunststofftüte über den Behälter legen und die Verschraubung wieder aufdrehen. Dadurch verbleibt die Bremsflüssigkeit in der Anlage. Abschliessend den Flüssigkeitsstand auf richtige Höhe bringen.

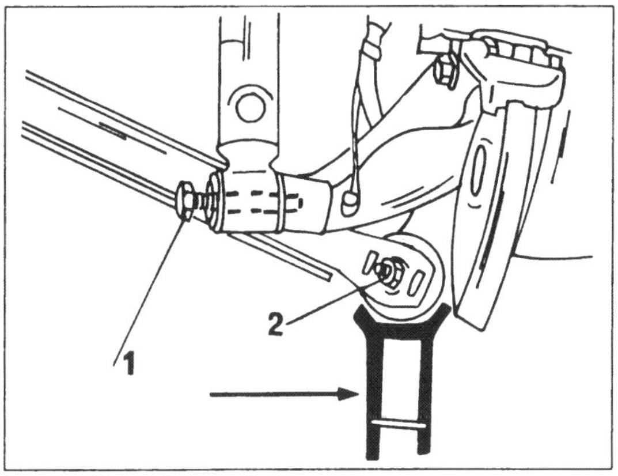

Bild 223
Lösen des Stossdämpfers an der Unterseite. Einen Wagenheber an der gezeigten Stelle untersetzen, ehe die Schraube (1) des Dämpfers gelöst wird. Die Schraubenverbindung (2) hält den unteren Querlenker.

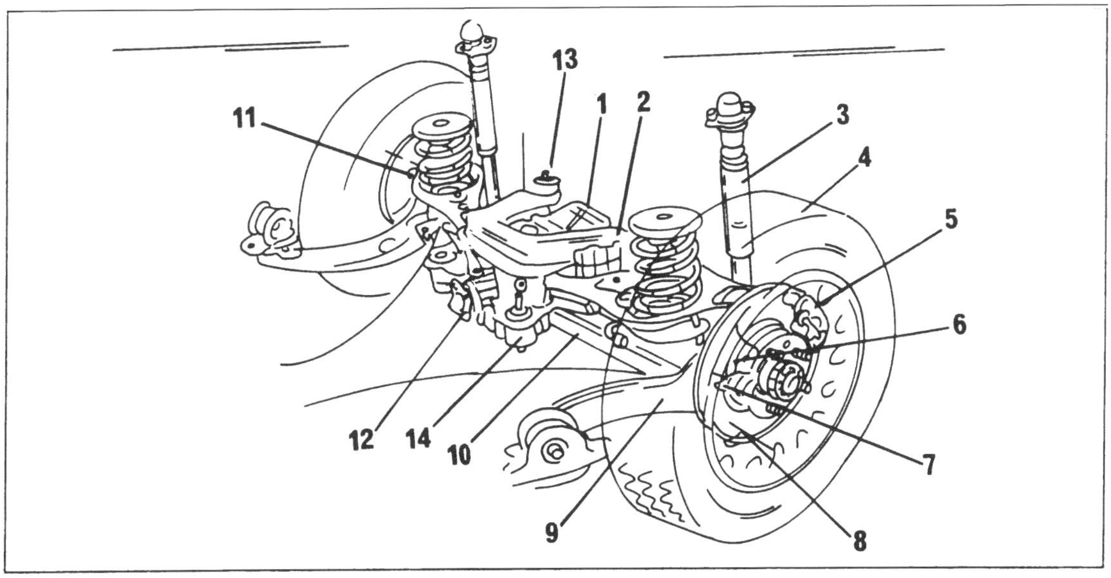

Bild 224
Ansicht der zusammengebauten Hinterradaufhängung (normale Radaufhängung).
1 Hinterachsgetriebe
2 Hinterachsträger
3 Stossdämpfer
4 Querlenker, oben
5 Bremszange
6 Impulsrad bei ABS
7 Geber, ABS
8 Bremsscheibe
9 Längslenker
10 Querlenker, unten
11 Schraubenfeder
12 Hinterachsträger-Lagerung
13 Hinterachsträger-Lagerung
14 Hinterachsträger-Lagerung

225 gezeigten Muttern entfernen. Ein Helfer sollte den Stossdämpfer von unten halten. Die Dichtung zwischen dem Stossdämpfer und Karosserie abnehmen. Beim Einbau erneuern.
Falls man einen Stossdämpfer erneuern muss, sollte man laut Vorschrift auch den zweiten erneuern.
Um einen Stossdämpfer zu erneuern, muss man die obere Montageplatte umrüsten. Eine neue Mutter für die Kolbenstange ist dazu erforderlich.

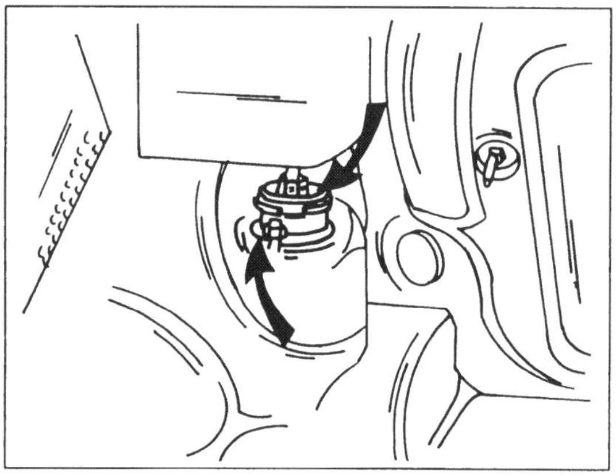

Bild 225
Die beiden Schrauben halten den Stossdämpfer an der Oberseite (mit einer Abdeckkappe versehen).

- Kappe von der Oberseite des Stossdämpfers abnehmen, das Dämpferende gut reinigen und die Kolbenstangemutter abschrauben. Darauf achten, wie der Blechteller aufgelegt ist. Die Montageplatte und die Staubschutzabdeckung abnehmen, gefolgt vom Gummianschlag und der Distanzhülse.

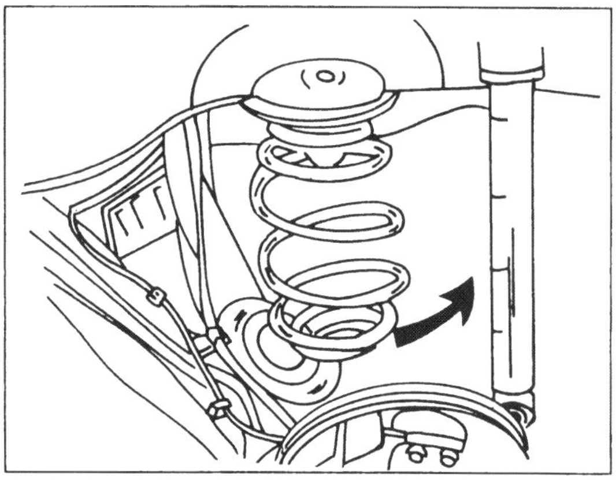

Bild 226
Eine Schraubenfeder in der gezeigten Weise herausheben.

- Zur Kontrolle den Stossdämpfer senkrecht in einen Schraubstock einspannen und auf- und abbewegen. Der Widerstand sollte gleichmässig sein. "Tote" Stellen bedeuten Verlust der Dämpferwirkung.
- Gummianschlag und Distanzhülse auf die Kolbenstange aufschieben und die Staubschutzabdeckung anbringen.
- Die Montageplatte und die Blechscheibe aufstecken, die neue Mutter aufschrauben und die Mutter fest anziehen.

Beim Einbau eines Stossdämpfers folgendermassen vorgehen:
- Anlageflächen der Montageplatte gut reinigen und eine neue Dichtung auflegen.
- Den Stossdämpfer einsetzen. Zuerst an der Unterseite mit der Schraube (1) in Bild 223 befestigen. Auf die richtige Einbauweise der Anlaufscheibe (zum Schraubenkopf) achten. Schraube einstweilen nur handfest anziehen.
- Die beiden oberen Muttern anziehen und je nach Ausführung die ausgebauten Teile wieder einbauen.
- Das Fahrzeug wieder auf den Boden ablassen und die Schraube an der Unterseite anziehen (100 Nm).

11.2 Schraubenfeder ersetzen

Rückseite des Fahrzeuges auf Böcke setzen, das Hinterrad abschrauben und die Antriebswelle auf der betreffenden Seite ausbauen (Kapitel 10.4). Darauf achten, dass die Welle nicht herunterhängen kann.
- Kurvenstabilisator, falls eingebaut, am Längslenker (Compact, Z3) lösen oder vom oberen Querlenker trennen.
- Einen Wagenheber unter den Lenkerarm untersetzen, wie es Bild 223 zeigt und den Lenkerarm anheben, bis der Stossdämpfer etwas zusammengedrückt ist. Die Schraube des Stossdämpfers jetzt lösen und herausziehen.
- Den Längslenker langsam absenken, ohne dabei irgendwelche Leitungen oder Schläuche zu verspannen, bis die Feder in der in Bild 226 gezeigten Weise herausgenommen werden kann.
- Federunterlagen an der Karosserie und am Lenkerarm abnehmen. Sofort kontrollieren und ggf. erneuern.
- Nicht den Wagenheber unter dem Lenkerarm wegnehmen, ohne dass man den Stossdämpfer wieder anschliesst.

Vor Einbau einer neuen Feder diese auf Oberflächenbeschädigung kontrollieren. Nur eine Feder mit der gleichen BMW-Nr. einbauen.
- Obere und untere Federunterlagen einlegen. Diese müssen einwandfrei mit den Führungsstiften eingesetzt werden.
- Die Feder in der richtigen Lage halten und den Wagenheber anheben lassen, während man die Feder oben und unten in die richtige Lage bringt (Bild 226). Wenn der Lenkerarm die Schraubenfeder weit genug zusammengedrückt hat, den Stossdämpfer unten befestigen, ohne die Schraube anzuziehen.
- Kurvenstabilisator wieder montieren (falls

notwendig) und die Antriebswellen wieder anschrauben.
- Fahrzeug auf die Räder anlassen und die Stossdämpferschraube mit 100 Nm anziehen.

11.3 Hintere Längslenker

11.3.1 Normale Radaufhängung

Unterschiede liegen bei Fahrzeugen mit Trommelbremsen oder Scheibenbremsen vor. Längslenker werden rechts und links in gleicher Weise ausgebaut.

- Fahrzeug hinten auf Böcke setzen, das Rad abschrauben und die Antriebswelle ausbauen (Kapitel 10.4).

Bei eingebauten Trommelbremsen:
- Die Bremstrommel ausbauen und das Handbremsseil von den Bremsbacken abmontieren. Das Handbremsseil von der Rückseite der Bremsträgerplatte freimachen und zur Seite schieben.
- Die Verbindung zwischen Bremsleitung am Radbremszylinder gut reinigen, die Überwurfmutter abschrauben und die Leitung herausziehen. Um Verlust der Bremsflüssigkeit zu vermeiden, kann man den zum Radbremszylinder führenden Schlauch an geeigneter Stelle mit einer Bremsschlauchzwinge abklemmen. Freigelegte Anschlüsse in geeigneter Weise schützen (Klebband).
- Den Bremsleitungshalter am Längslenker lösen.
- Den Stossdämpfer entsprechend Kapitel 11.1 an der Unterseite lösen.
- Falls erforderlich den Kurvenstabilisator vom Längslenker trennen.
- Die in Bild 223 gezeigte Schraubenverbindung (2) lösen, die Schraube ausschlagen und den Wagenheber absenken. Bereits jetzt zu beachten: Die Gummilagerverschraubung in Normallage anziehen.
- Die Schraubenverbindung des oberen Querlenkers an der in Bild 227 gezeigten Stelle lösen und trennen.
- Den Lagerbock des Längslenkers an den Aussenkanten mit einer Reissnadel anzeichnen und die drei in Bild 228 gezeigten Schrauben lösen. Der Längslenker kann jetzt herausgenommen werden. *Die Schraube der Längslenkerlagerung sollte nicht gelöst werden, es sei denn, dass man das Gummilager erneuern muss.* Diese Arbeit sollte man in einer Werkstatt durchführen lassen.

Bei eingebauten Scheibenbremsen
- Die beiden Schrauben der Bremssattelbefestigung entfernen, den Bremssattel über die Bremsscheibe abheben und mit einer Drahtschlinge an der Hinterradaufhängung (z.B. Schraubenfeder) festbinden. Auf keinen Fall am Schlauch herunterhängen lassen.

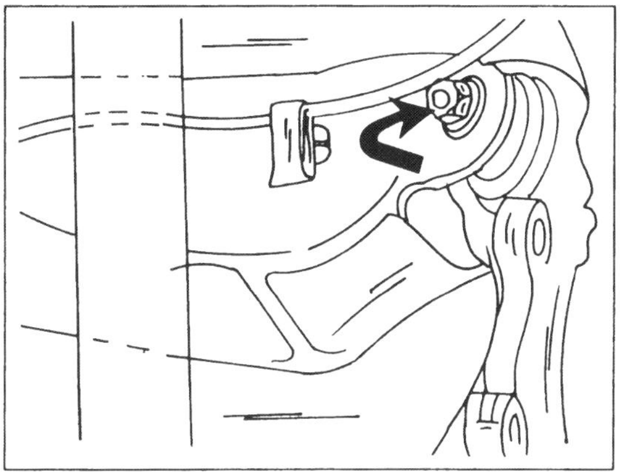

Bild 227
Die Schraube und Mutter (Pfeil) halten den oberen Querlenker an der Längslenkerverbindung.

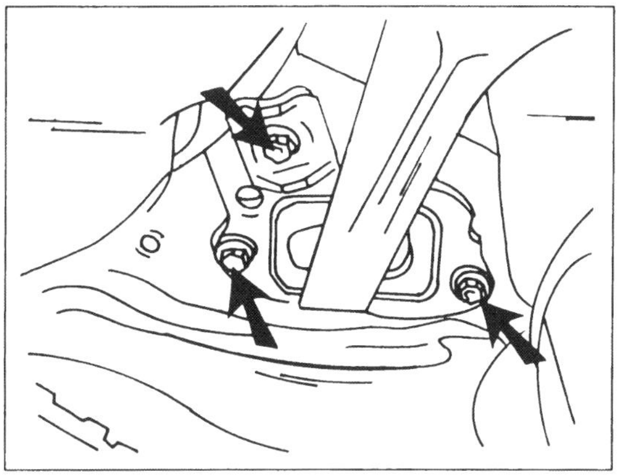

Bild 228
Die drei mit den Pfeilen bezeichneten Schrauben entfernen, nachdem man die Befestigungsplatte am Unterbau auf Einbaulage gekennzeichnet hat.

- Das Handbremsseil von der Rückseite der Bremsträgerplatte abschliesssen (siehe Kapitel "Bremsen"). Bei ABS auch den ABS-Sensor nach Abschliessen des Kabelanschlusses ausbauen.
- Den Bremsleitungshalter am Längslenker lösen.
- Die weiteren Arbeiten werden in der gleichen Weise wie bei eingebauten Trommelbremsen durchgeführt.

Falls das Lager des Längslenkers ausgeschlagen ist, sollte man den Längslenker in eine Werkstatt bringen, um die Lagerung erneuern zu lassen. Die Schraubenverbindung kann da einwandfrei angezogen werden (mit dem Lagersupport in der richtigen Lage) und ist wieder einbaufertig.

Beim Einbau folgendermassen vorgehen;
- Den Längslenker in die ungefähre Lage bringen, die drei in Bild 228 gezeigten Schrauben einsetzen und die Platte entsprechend den eingezeichneten Markierungen ausrichten. Die

drei Schrauben mit dem angegebenen Anzugsdrehmoment anziehen.

- Den oberen Querlenker mit dem Längslenker in Eingriff bringen, die Schraube einschieben und die Mutter in Bild 227 handfest anziehen.

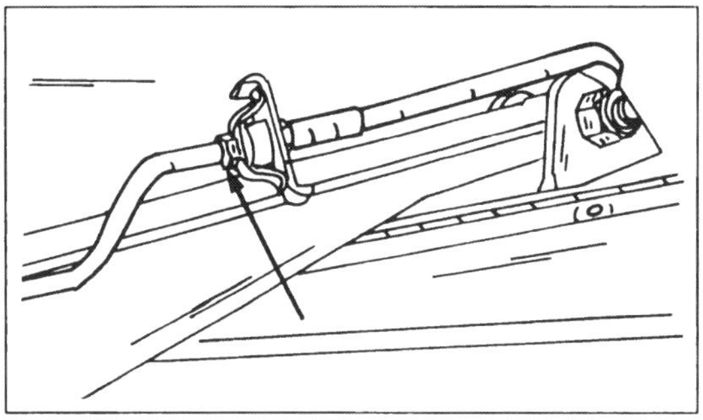

Bild 229
Die Überwurfmutter der Bremsleitung wird an der gezeigten Stelle abgeschraubt.

- Den Längslenker mit der eingesetzten Schraubenfeder mit dem Wagenheber anheben und den unteren Querlenker anschliessen. Die Schraubenverbindung in Bild 223 einstweilen handfest anziehen.

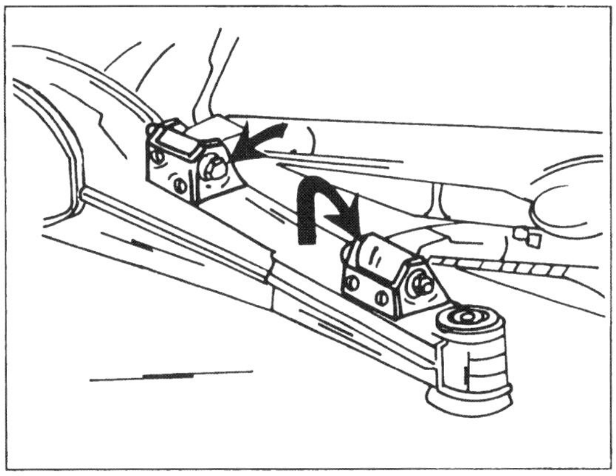

Bild 230
Die beiden Schrauben halten den Längslenker bei der Compact-Aufhängung an der Radaufhängung.

- Bremsleitungshalter am Längslenker festschrauben.
- Bei eingebauter Trommelbremse die Bremsleitung am Radbremszylinder anschliessen, das Handbremsseil an den Bremsbacken anschliessen und die Bremstrommel wieder montieren. Nicht die zum Abdrücken des Bremsschlauches benutzte Zwinge vergessen. Die Bremsanlage muss abschliessend entlüftet werden.
- Bei eingebauten Scheibenbremsen das Handbremsseil anschliessen, den Bremssattel anschrauben und den Sensor der ABS-Anlage montieren und anschliessen.
- Die Antriebswelle wieder einbauen und das Fahrzeug auf den Boden ablassen.
- Das Fahrzeug an der Rückseite einige Male durchschwingen, damit sich die Gummilager einspielen und in die richtige Lage setzen können. Den Stossdämpfer an der Unterseite und die beiden Querlenkerverschraubungen auf das vorgeschriebene Anzugsdrehmoment anziehen. Man wird natürlich einige Schwierigkeiten haben an die Schrauben/Muttern zu kommen, jedoch kann man das Anziehen nicht bei angehobenen Rädern durchführen.

Tip zum Erfolg: Man kann das Fahrzeug ohne angeschraubte Räder unter den Bremstrommeln oder den Aussenseiten der Längslenker aufbokken und die Verbindungen anziehen:

- Räder anschrauben und das Fahrzeug auf den Boden ablassen, bis die Reifen soeben den Boden berühren.
- Die Räder jetzt wieder abschrauben und einen Unterstellbock oder dergleichen unter die freigelegte Bremstrommel untersetzen (Handbremse angezogen). Wichtig ist, dass der so aufgebockte Wagen immer noch in der gleichen Höhe steht, als wären die Räder angeschraubt, d.h. die Höhe vom Boden bis zur Mitte der Antriebswelle muss gleich sein.
- Die Schraubenverbindungen können jetzt angezogen werden. *Zu beachten ist, dass das Fahrzeug nicht wacklig ist und beim Anziehen der Muttern/Schrauben herunterfällt. Zur Sicherheit "Auffangböcke" unter die Seiten der Karosserie stellen.*

11.3.2 Compact/Z3-Radaufhängung

- Rückseite des Fahrzeuges auf Böcke aufsetzen und das Rad auf der betreffenden Seite abschrauben.
- Handbremsseil am Handbremshebel aushängen (siehe Abschnitt "Bremsen").
- Die Schraubenfeder ausbauen, wie es in Kapitel 11.2 beschrieben ist.
- Den Impulsgeber für ABS abstecken. Je nach Ausführung ggf. den Bremsbelagfühler abstecken und den Kurvenstabilisator am Längslenker lösen.
- Dem Verlauf der Bremsleitung folgen, die Verbindungsstelle an der in Bild 229 gezeigten Stelle abschrauben und die Leitung herausziehen. Um ein Auslaufen der Bremsflüssigkeit zu vermeiden, kann man den zuleitenden Bremsschlauch mit einer Bremsschlauchzwinge abklemmen. Sollte man keine Zwinge zur Verfügung haben, ist der Hinweis auf Seite 99 durchzulesen.
- Den Längslenker von unten abstützen, die beiden in Bild 230 gezeigten Schrauben und Muttern lösen und den Längslenker herausnehmen. Die selbstsichernden Muttern der in Bild 230 gezeigten Verbindung müssen erneuert werden.
- Der Einbau geschieht in umgekehrter Rei-

henfolge wie der Ausbau. Die Schraubenverbindung anziehen, wenn das Fahrzeug auf Normalhöhe steht (siehe Tip zum Erfolg, letzte Seite).

11.4 Längslenkergummilager

Die beiden Gummilager des Längslenkers oben und unten bei der Normalaufhängung sowie die beiden Gummilager des Dreieckslenkers der Compact-Aufhängung können nach Ausbau erneuert werden lassen. Falls man die Arbeiten selbst durchführt, sind Auszieh- und Einziehvorrichtung erforderlich, mit welchen man die Gummilager aus- und einbaut oder man verwendet eine Presse. Vor dem Auspressen muss man den Überstand des alten Gummilagers an Stelle (A) in Bild 231 ausmessen (normale Radaufhängung). Dies gilt oben und unten. Das neue Gummilager auf das gleiche Mass wieder einpressen. Seifenwasserlösung an die Lager schmieren (in der Werkstatt wird ein unter dem Namen "Circolight" bekanntes Mittel verwendet).
Die beiden Gummilager des Dreiecklenkers der Compact/Z3-Aufhängung ausziehen oder einpressen. Beim Einziehen müssen beide Gummilager jeweils von der Aussenseite aus eingezogen werden. Wiederum die Lager mit Seifenwasserlösung oder mit "Circolight" einschmieren.

11.5 Oberer Querlenker

11.5.1 Aus- und Einbau

Hinweis: Die Schraube und Mutter der Querlenkerbefestigung am hinteren Nebenrahmen müssen beim Einbau erneuert werden.

- Die Schraubenfeder ausbauen, wie es in Kapitel 11.2 beschrieben wurde.
- Die Kabel von den Schellen an der Seite des Querlenkers lösen.
- Die Befestigungsschraube des Querlenkers vom Längslenker abschrauben. Dies ist die in Bild 227 gezeigte Schraubenverbindung.
- Das Hinterachsgetriebe vom Hinterachsträger abschrauben, ohne dabei die Antriebswellen zu lösen. Kapitel 10.1.1 gibt nähere Einzelheiten. Das Antriebsgetriebe muss mit dem Wagenheber abgesenkt werden.
- Den Querlenker an der Innenseite vom hinteren Nebenrahmen abschrauben (Schraube und Mutter) und den Querlenker herausziehen. Das Hinterachsgetriebe nach hinten ziehen, um die Schraube oder den Querlenker herauszubekommen. Falls der Raum dazu nicht ausreicht, kann man vielleicht die Gelenkwelle abflanschen.
- Nach Ausbau des Querlenkers den Achsantrieb wieder provisorisch anschrauben, es sei denn, dass der Querlenker sofort eingebaut wird. Die Gummilager können erneuert werden, jedoch sollte man die Arbeit am besten in der Werkstatt durchführen lassen.

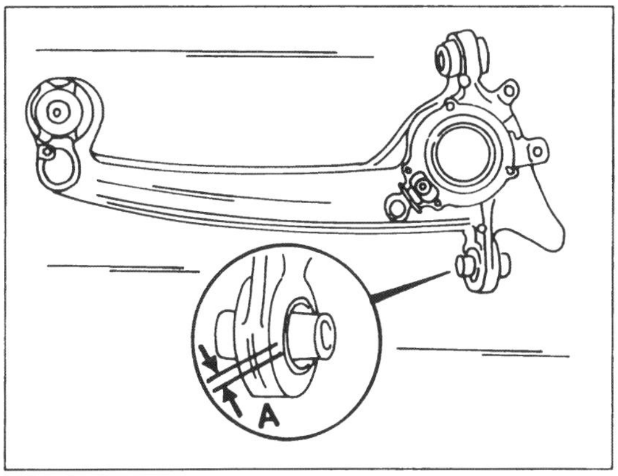

Bild 231
Erneuerung der Gummilager. Vor dem Auspressen den Überstand (A) ausmessen. Die gleiche Arbeit oben durchführen.

Beim Einbau folgendermassen vorgehen:
- Den Querlenker in die richtige Lage bringen und mit Schraube und Mutter befestigen. Die Mutter einstweilen handfest anziehen.
- Gelöste Kabel wieder anbringen.
- Die Schraubenfeder wieder entsprechend den gegebenen Anweisungen montieren.
- Nach Einbau das Fahrzeug auf die Räder ablassen, die Rückseite einige Male auf- und abschwingen und die Schraubenverbindung des Querlenkers festziehen. Daran denken, dass man ebenfalls den Stossdämpfer unten anziehen muss. Tip zum Erfolg auf Seite 102 durchlesen. Bei der nächsten Gelegenheit sollte man die Hinterräder vermessen lassen.

11.6 Unterer Querlenker

11.6.1 Aus- und Einbau

- Rückseite des Fahrzeuges auf Böcke setzen und das Hinterrad abschrauben.
- Die Gelenkwelle vom Hinterachsflansch abschrauben, Welle zur Seite schieben und mit Draht festbinden.
- Einen Wagenheber unter den Querlenker untersetzen, den Wagenheber anheben und die Schraube an der Unterseite des Längslenkers lösen. Dies ist die Schraubenverbindung in Bild 232. Die Schraube kann herausgeschlagen werden.

● Das Gewicht des Hinterachsgetriebes mit einem Wagenheber anheben und die Schrauben vom Hinterachsträger lösen. Das Hinterachsgetriebe jetzt so weit wie möglich nach hinten herausfahren.

● Die Befestigungsschraube und Mutter des Querlenkers an der Innenseite vom Hinterachsträger (Nebenrahmen) lösen. Die eingebaute Dehnschaftschraube wird beim Einbau durch eine Kombischraube mit Scheibe ersetzt.

Wie bei den unteren Querlenkern sollte man die Lagerbüchsen in einer Werkstatt erneuern lassen.

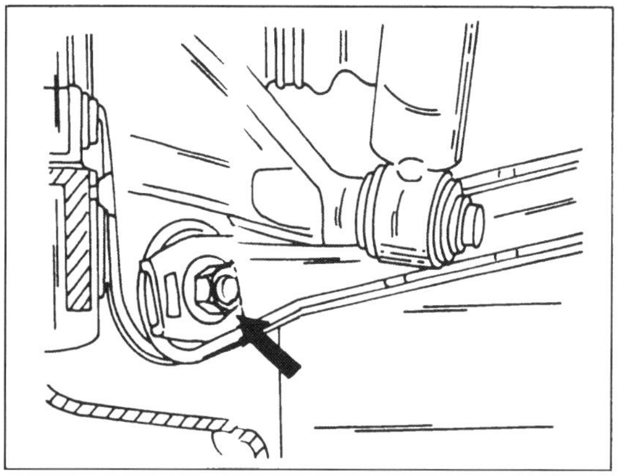

Bild 232
Die Schraube und Mutter halten den Querlenker am Längslenker.

Der Einbau geschieht in umgekehrter Reihenfolge wie der Ausbau, unter Beachtung der folgenden Punkte:

● Die Schraube an der Innenseite einsetzen, aber nur lose anziehen.

● Den Hinterachsantrieb wieder in die Einbaulage heben und anschrauben. Die Gelenkwelle wieder anflanschen.

● Die in Bild 232 gezeigte Schraubenverbindung an der Unterseite am Längslenker anschliessen.

● Fahrzeug auf die Räder ablassen, hinten einige Male durchschwingen und die Schraubenverbindungen innen und aussen anziehen. Tip zum Erfolg auf Seite 102 durchlesen, damit man sich die Arbeit erleichtern kann.

● Bei der nächsten Gelegenheit die Geometrie der Hinterräder überprüfen lassen.

11.7 Kurvenstabilisator

● Die Rückseite des Fahrzeuges auf Böcke setzen und beide Räder abschrauben.

● Die Muttern der beiden Koppelstangen von den oberen Querlenkern lösen und die Koppelstangen aushängen.

● Die Gummilager des Stabilisators hinsichtlich Einbaulage an den Montageschellen kennzeichnen und die Muttern und Schrauben der Montageschellen lösen.

● Die beiden Schellen vom Hinterachsträger abnehmen und den Kurvenstabilisator sowie die Koppelstangen unter dem Fahrzeug herausziehen. Die Gummibüchsen und die Koppelstangen von der Stange abnehmen.

Beim Einbau die Lagerbüchsen in die gekennzeichnete Lage an der Stabilisatorstange bringen. Die Büchsen müssen mit der Fläche zueinander stehen.

● Die Montageschellen ansetzen, mit den Haken am Hinterachsträger, kontrollieren, dass die Gummilager noch wie gekennzeichnet ausgerichtet sind und die Schrauben anziehen.

● Alle anderen Arbeiten in umgekehrter Reihenfolge durchführen.

11.8 Hinterradgeometrie

Spur und Sturz der Räder können eingestellt werden. Da jedoch optische Instrumente dazu erforderlich sind, muss man die Arbeit in einer Werkstatt durchführen lassen.

Die Vorderradaufhängung besteht aus McPherson-Federbeinen, unteren Querlenkern und einem Kurvenstabilisator. Die Querlenker sind über elastische Gelenke mit dem Vorderachsrahmen verbunden. Ebenfalls am Vorderachsrahmen ist das Lenkgetriebe befestigt. An der Aussenseite der Querlenker befindet sich jeweils ein Tragkugelgelenk.

Oben sind die Federbeine durch elastische Lager mit dem inneren Seitenblech des Kotflügels verbunden.

Der Stabilisator, der die beiden Radaufhängungen miteinander verbindet, ist über lange Zugstangen, auch als Druckstangen oder Koppelstangen bezeichnet, mit den Federbeinrohren verbunden. Ausnahmen bilden dabei Modellausführungen in der Baureihe, bei denen die Stangen mit dem unteren Querlenker verbunden sind, auf welche ebenfalls eingegangen werden soll.

Die Radnabenträger sind zwischen der Unterseite der Federbeine und den Querlenkern eingesetzt und enthalten das Radlager. Die Bremszange wird ebenfalls an diesen verschraubt.

Bild 234 zeigt eine Ansicht der zusammengebauten Radaufhängung und gibt die Zueinanderstellung der einzelnen Teile an.

12.1 Vordere Federbeine

12.1.1 Ausbau eines Federbeins

Hinweis: Die oberen Befestigungsmuttern, die Schrauben zwischen Federbein und Achsschenkel sowie die Mutter der Koppelstange müssen erneuert werden.

Die Federbeine werden ohne Ausbau des Achsschenkels oder des unteren Querlenkers aus der Vorderradaufhängung ausgebaut. Immer die Federbeine einer Achse ersetzen. Grundsätzlich gilt, dass Federbeine gleicher Kennzeichnung, wie original montiert, eingebaut werden müssen. Diese ist in der Nähe des oberen Endes in das Federbeinrohr eingestanzt.

Bild 233
Einzelheiten zum Aus- und Einbau der Kabel und des Bremsschlauchs am Federbein. Links (Pfeil) wird die Drahtschlinge an der Radschraube befestigt.

- Die Radmuttern lockern, das Fahrzeug vorn auf Böcke setzen und das Rad abschrauben.
- Den Kabelstrang und den Bremsschlauch aus der Halterung am Federbein lösen. Bild 233 zeigt durch die Pfeilstellen, wie die genannten Teile in den Ausnahmen an der Halterung am Federbein sitzen. Ebenfalls in diesem Bild ist der lin-

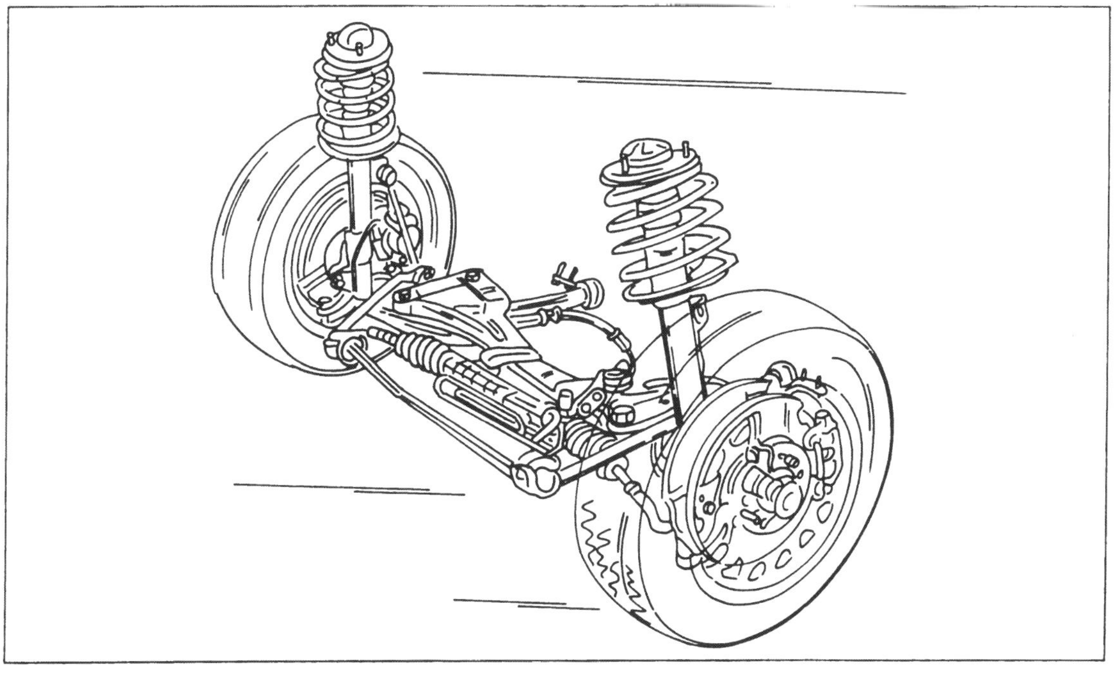

Bild 234
Ansicht der zusammengebauten Vorderradaufhängung.

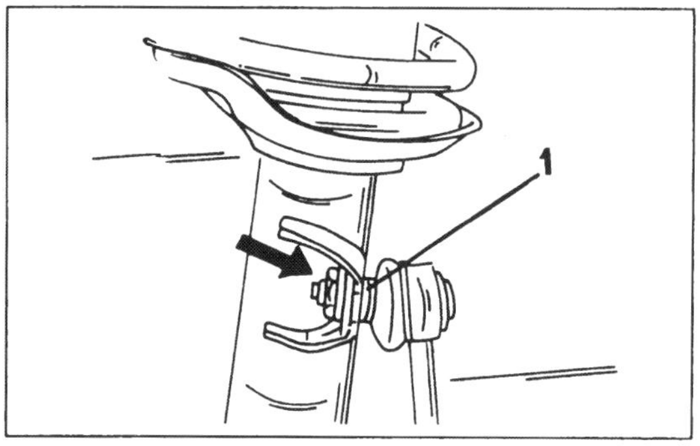

Bild 235
Anschlussstelle der Koppelstange für den Kurvenstabilisator. Auf die Schlüsselfläche (1) ist beim Einbau zu achten.

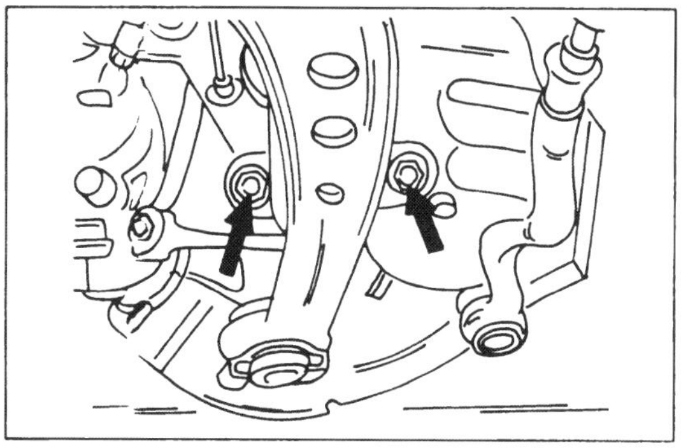

Bild 236
Die beiden Schrauben halten das Federbein von unten.

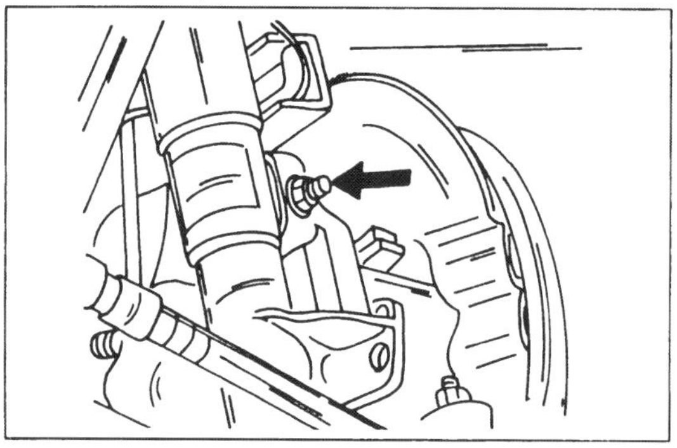

Bild 237
Die Passschraube (Pfeil) hält das Federbein an der Oberseite am Achsschenkel.

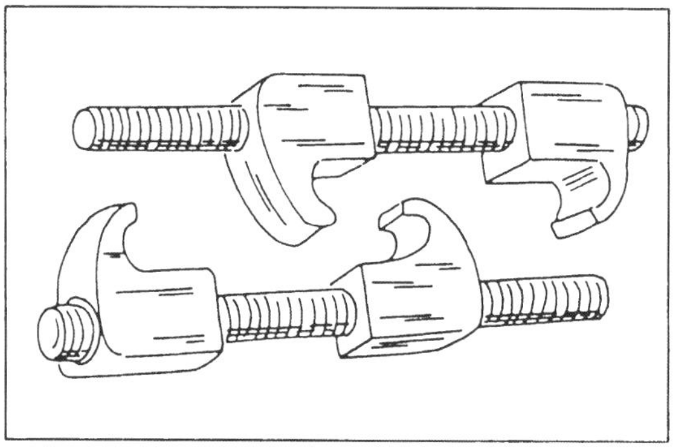

Bild 238
Geeignete Federspannhaken zum Zusammendrücken von Schraubenfedern.

ke Pfeil zu betrachten. Dies ist ein eingeschraubter Radbolzen. An diesem eine Drahtschlinge befestigen und das andere Ende des Drahts oben an der Karosserie befestigen. Der Sinn der Arbeit ist eine Verhinderung des Herunterfallens der Lagereinheit nach Abnehmen des Federbeins. Falls man einen geeigneten Wagenheber zur Verfügung hat, kann man diesen natürlich unter den Querlenker untersetzen.

● Die Mutter der Koppelstange an der in Bild 235 gezeigten Stelle lösen. *Einbauanweisungen*: Die Schlüsselfläche am Kugelbolzen muss parallel zur Federbeinachse liegen. Die Mutter erneuern und eine Scheibe auflegen. Anzugsdrehmoment beachten.

● Von der Unterseite die beiden in Bild 236 gezeigten Schrauben lösen. Diese halten das Federbein am Achsschenkel. Die sogenannten mikroverkapselten Schrauben müssen immer erneuert werden. Das Gewinde vorher nachschneiden, damit man die neuen Schrauben ohne Schwierigkeiten einschrauben kann.

● An der Oberseite des Federbeins an der in Bild 237 gezeigten Stelle die Mutter lösen und die Schraube herausschlagen. Bei der Schraube handelt es sich um eine Passschraube. Die selbstsichernde Mutter immer erneuern. Auf beiden Seiten sitzen Scheiben.

● Im Motorraum die Befestigungsmuttern des Federbeins entfernen. Ein Helfer muss dabei das Federbein von unten halten, da es sonst herunterfallen kann.

12.1.2 Einbau eines Federbeins

Bei der folgenden Beschreibung wird angenommen, dass das Federbein wieder vollkommen zusammengebaut wurde.
Der Einbau findet in umgekehrter Reihenfolge wie der Ausbau statt. Beim Ausbau wurde bereits auf bestimmte Anweisungen hingewiesen. Alle Anzugsdrehmomente beachten. Darauf achten, dass die Kabel und der Bremsschlauch gut in den in Bild 233 gezeigten Aufnahmeschlitzen des Federbeins sitzen. Unbedingt die Gewindelöcher der in Bild 236 gezeigten Schrauben reinigen, da das bei den ursprünglichen Schrauben verwendendete Sicherungsmittel noch in den Gewinden sitzt.

12.1.3 Reparatur eines Federbeins

Ein Federspanner ist zum Zerlegen eines Federbeins erforderlich. In einer Werkstatt wird natürlich eine Spezialvorrichtung benutzt. Ohne weiteres können jedoch wie in Bild 238 gezeigte Federspannhaken benutzt werden, deren Haken man über vier oder fünf der Federwicklungen legt. Beim Anziehen der Muttern wird die Feder zusammengedrückt. Nur Federspannhaken aus gutem Material benutzen.

● Das Federbein in einen Schraubstock einspannen (dabei nicht zusammenquetschen) und die Federspanner anbringen und anziehen, bis sich die Feder oben und unten angehoben hat. Kontrollieren, dass die Federspanner einwand-

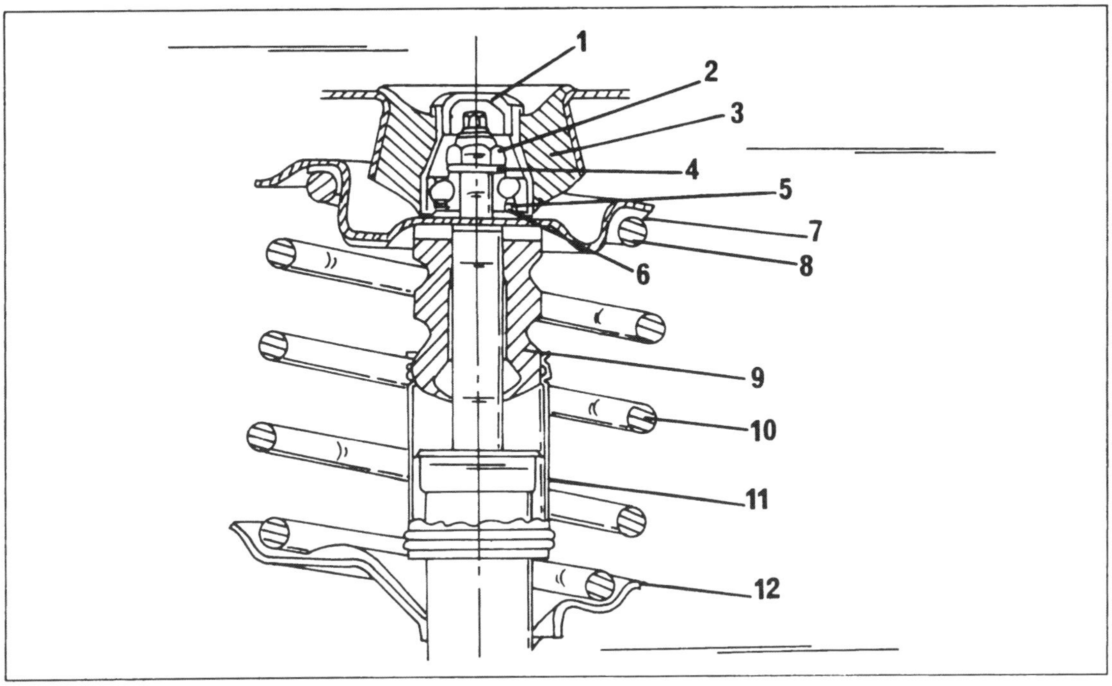

Bild 239
Schnitt durch ein Federbeinlager
1 Kappe
2 Mutter
3 Federbein-Stützlager
4 Unterlegscheibe
5 Dichtring
6 Unterlegscheibe
7 Oberer Federteller
8 Obere Federunterlage
9 Zusatzfeder (Rückprallanschlag)
10 Schraubenfeder
11 Schutzrohr
12 Obere Federunterlage

frei sitzen, ehe die weiteren Arbeiten durchgeführt werden. Bild 239 zeigt einen Schnitt durch das Federbein an der Oberseite.

- Die Kappe (1) aus der Oberseite des Federbeins drücken. Dabei kommt die Kolbenstangenmutter zum Vorschein. Die Mutter (2) der Kolbenstange jetzt lösen. Die Kolbenstange muss dabei bestimmt gegengehalten werden. Hier kann man zwei Versionen antreffen. Bei einer Version muss man die Kolbenstangenmutter entsprechend Bild 240 lösen, d.h. eine Stecknuss, in diesem Fall ein Spezialwerkzeug, wird zum Gegenhalten benutzt, während man die Mutter abschraubt. Bei anderen Ausführungen ist ein Innensechskant in die Kolbenstange eingearbeitet. Diese kann man gegenhalten, indem man einen Inbusschlüssel in das Ende der Kolbenstange einsetzt. Die Mutter dann mit einem Ringschlüssel oder einem verstellbaren Schlüssel lösen und abschrauben.
- Das Stützlager (3) und die Scheibe (4) abnehmen. Den Dichtring (5) entfernen, die Scheibe (6) herunternehmen und den Federteller (7) sowie die Federunterlage (8) abnehmen.
- Den Gummieinsatz, die sogenannte Zusatzfeder (9) von der Kolbenstange ziehen und die Schraubenfeder (immer noch zusammengespannt) herunterziehen. Ebenfallls das Schutzrohr (11) abnehmen. Die noch verbleibende, untere Federunterlage (12) kann ebenfalls abgenommen werden. Einen Vermerk machen wie die Feder eingebaut ist (oben und unten). Die Federspanner können jetzt gleichmässig entspannt werden.

Der Stossdämpfereinsatz kann nur in der Werkstatt mit Hilfe einer Stossdämpfer-Prüfmaschine kontrolliert werden. Einen Stossdämpfer kann man jedoch provisorisch kontrollieren. Dazu den Dämpfer senkrecht mit Blechbacken in einen Schraubstock einspannen und an der Kolbenstange ziehen. Die Kolbenstange auf- und abbewegen. Falls man dabei "tote" Stellen oder ruckweise Bewegungen feststellen kann, ist eine Erneuerung des Federbeins fällig. Hier ist auf die bereits genannte Kennzeichnung im Stossdämpferrohr zu achten.

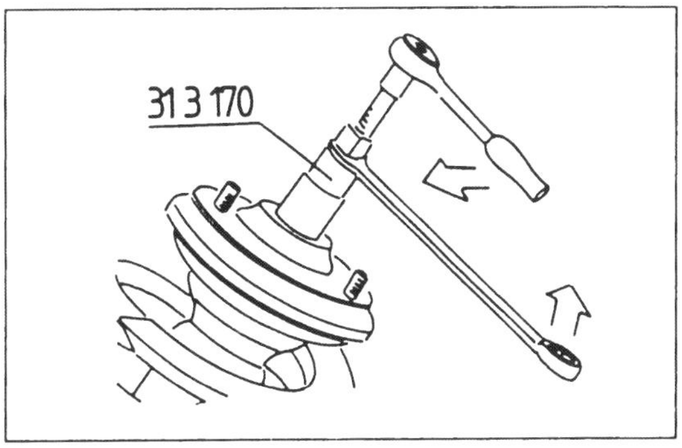

Bild 240
Lösen der Kolbenstangenmutter, wenn eine Stecknuss zum Gegenhalten erforderlich ist.

Alle anderen Teile des Federbeins kontrollieren. Besonders die Gummiteile unterliegen Verschleiss.

Der Zusammenbau des Federbeins geschieht in umgekehrter Reihenfolge wie das Zerlegen. Beim Zurücklassen der Federspannhaken muss man darauf achten, dass die Feder oben und unten richtig in die Federunterlagen, bzw. Sitze eingreift.

Hinweis: An einer Achse nur Schraubenfedern paarweise und mit gleicher BMW-Nr. verbauen.

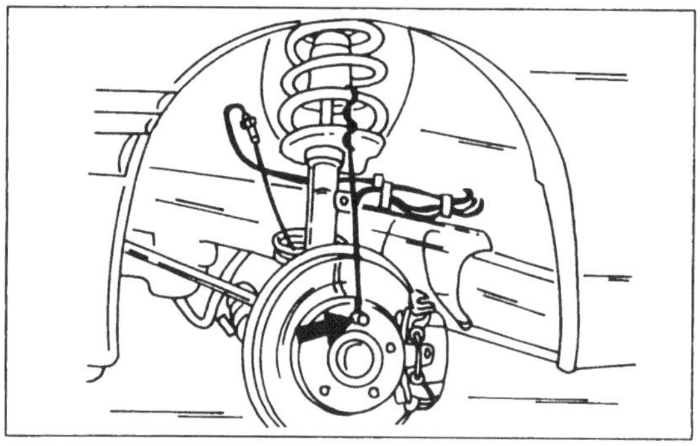

Bild 241
Die Lagereinheit (Radnabe) mit einer Drahtschlinge in der in Bild 241 gezeigten Weise hochbinden, ehe man den Querlenker ausbaut.

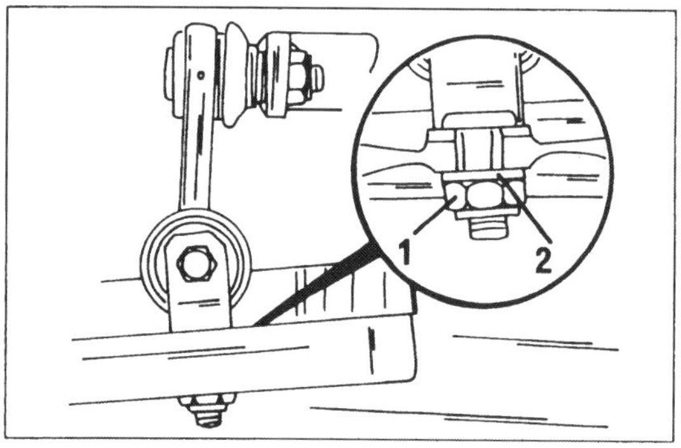

Bild 242
Befestigung der Koppelstange des Kurvenstabilisators, wenn dieser am Querlenker angelenkt ist.
1 Selbstsichernde Mutter
2 Scheibe

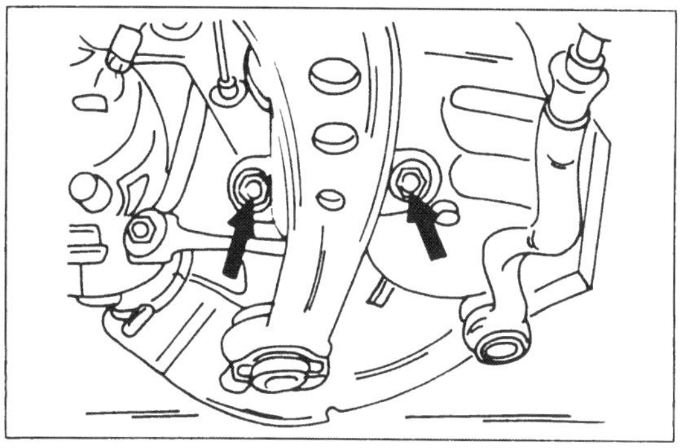

Bild 243
Die beiden Schrauben an der Unterseite des Federbeins lösen. Auf die Hinweise zum Einbau achten.

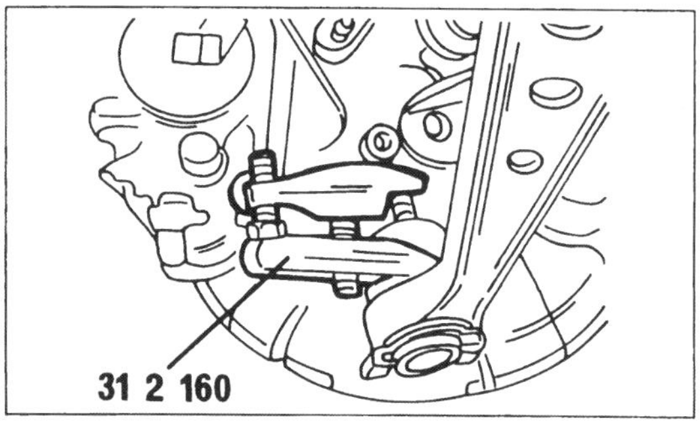

Bild 244
Abziehen des Radführungsgelenks vom Achsschenkel. Ebenfalls kann man einen Abdrückkeil benutzen, welcher zwischen Gelenk und Querlenker eingeschlagen wird.

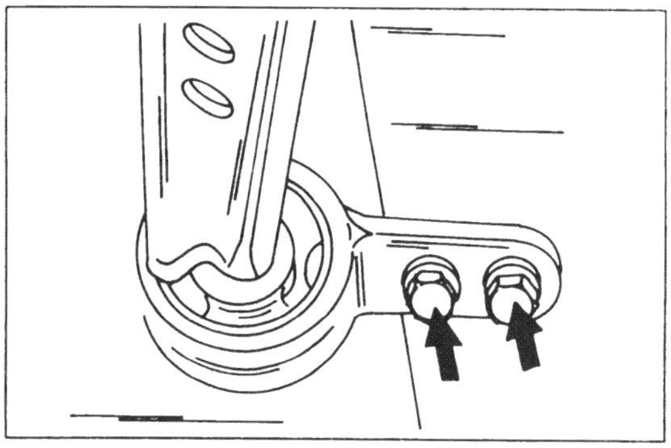

Bild 245
Die beiden Schrauben halten den Gummilagerhalter des Querlenkers.

Die Nummer ist in ein Ende der Feder in die Federwicklung eingestanzt. Die Zuordnung der Federn geschieht nach Fahrzeugtyp und ggf. Sonderausstattungen, wie z.B. Sport, mit Klimaanlage, usw. Ebenfalls spielt das Einbaudatum eine Rolle.

12.2 Querlenker ersetzen

Hinweis: Im allgemeinen müssen alle selbstsichernden Muttern sowie die in Bild 243 gezeigten Schrauben erneuert werden. Die Gewindelöcher der Schrauben vor Einschrauben der neuen mikroverkapselten Schrauben vorher mit einem Gewindeschneider "ausputzen".

- Vorderseite des Fahrzeuges auf Böcke setzen und das Rad abschrauben.
- Um zu verhindern, dass die Lagereinheit herunterhängen und dabei den Bremsschlauch ausdehnen kann, das ganze mit einer Drahtschlinge an der Schraubenfeder befestigen (siehe Bild 241).
- Falls die Koppelstange des Kurvenstabilisators am Querlenker verschraubt ist, die Mutter an der Unterseite des Querlenkers abschrauben. Diese Befestigungsweise ist in Bild 242 gezeigt. *Einbauanweisungen*: Die selbstsichernde Mutter (1) erneuern, die Schraube (2) nicht vergessen.
- Die Mutter der Kugelgelenkverbindung an der Aussenseite des Querlenkers bis zum Anschlag am Federbein losdrehen. Die Verbindung wird später getrennt.
- Die beiden in Bild 243 gezeigten Schrauben an der Unterseite lösen. *Einbauanweisungen*: Mikroverkapselte Schrauben grundsätzlich erneuern, Gewindebohrungen nachschneiden, um sie von alten Dichtungsresten zu reinigen.
- Passschraube in Bild 237 entfernen. Auf jeder Seite die Scheibe abnehmen.
- Das Federbein jetzt abdrücken und die Mutter der Kugelbolzenverbindung vollkommen abschrauben. Ein Kugelbolzenabzieher kann jetzt in der in Bild 244 gezeigten Weise angesetzt werden, um die Verbindung zu trennen. *Einbauanweisungen*: Die Mutter muss immer erneuert werden. Die Bohrung und den Kugelbolzenzapfen von Fett oder Öl reinigen.
- Das Gummilager vom Unterbau abschrauben. Dies sind die in Bild 245 gezeigten Schrauben.
- Die Mutter von der Stiftschraube der vorderen Querlenkerbefestigung entfernen (Bild 248) und den Querlenker herausnehmen. Bolzen mit einem Kunststoffhammer ausschlagen.

Falls die Gummilager ausgeschlagen sind, kann man sie in einer Werkstatt erneuern lassen. Hier

soll jedoch darauf hingewiesen werden, dass man die Gummilager des Querlenkers grundsätzlich auf beiden Seiten erneuern lassen muss, d.h. man muss beide Querlenker ausbauen, um die Lager erneuern zu lassen.
Das Radführungsgelenk kann ebenfalls erneuert werden. Da auch dieses in den Querlenker eingepresst ist, muss man wiederum eine Werkstatt aufsuchen, um es da erneuern zu lassen, da geeignete Presswerkzeuge zum Einpressen erforderlich sind. Wir möchten darauf hinweisen, dass die BMW-Werkstatt das Gelenk bei eingebautem Querlenker erneuern kann.
Beim Einbau folgendermassen vorgehen:

- Die Gewindebohrungen für die in Bild 243 gezeigten Schrauben mit einem Gewindeschneider reinigen.
- Kontrollieren, dass alle Stiftschrauben sauber und trocken sind und den Querlenker ansetzen.
- Den Bolzen des vorderen Kugelgelenks in den Querträger einsetzen und den gut gereinigten Kugelbolzen in den Achsschenkel einführen. Falls der Kurvenstabilisator wie in Bild 242 angelenkt ist, die Koppelstange gleichzeitig in den Querlenker einsetzen. Falls man Schwierigkeiten beim Einsetzen des Gummilagers über die Stiftschraube hat, kann man einen Wagenheber unter den Querlenker setzen und diesen anheben, bis man die Mutter in Bild 247 anschrauben kann. Die Mutter mit 85 Nm anziehen, die Kugelgelenkmutter mit 60 Nm, die Mutter der Koppelstange mit 47 Nm.
- Die beiden in Bild 245 gezeigten Schrauben eindrehen und mit 47 Nm anziehen.
- Den Achsschenkel wieder mit dem Federbein verbinden, wie es in Kapitel 12.1 beschrieben wurde.
- Alle anderen Arbeiten in umgekehrter Reihenfolge wie der Ausbau.

12.3 Achsschenkel ersetzen

Die bereits unter den gegebenen Hinweisen erwähnten Schrauben und Muttern müssen, je nach Zutreffen, erneuert werden. Falls der Achsschenkel erneuert werden muss, ist die Radnabe auszubauen, d.h. einige der beschriebenen Arbeitsgänge werden untenstehend wiederholt.

- Vorderseite des Fahrzeuges auf Böcke setzen und das Vorderrad abschrauben.
- Bremssattel vom Achsschenkel abschrauben und mit einer Drahtschlinge an der Schraubenfeder festbinden. Bei ABS den Drehzahl-Impulsgeber ausbauen.
- Die Mutter vom Kugelbolzen der Spurstange abschrauben und die Verbindung mit einem geeigneten Kugelbolzenabzieher trennen.
- Die beiden in Bild 243 gezeigten Schrauben an der Unterseite lösen (Querlenker an Federbein) und ebenfalls die in Bild 237 gezeigte Schraube vom Federbein entfernen.
- Die Verbindung des Radführungsgelenks an der Unterseite entsprechend Bild 244 trennen und den Achsschenkel herausnehmen.

Der Einbau geschieht in umgekehrter Reihenfolge. Beim Festschrauben der einzelnen Teile sind die bereits gegebenen Hinweise und Anweisungen der vorherigen Kapitel durchzulesen. Wichtig ist, dass man wissen muss, dass es verschiedene Auführungen des Achsschenkels gibt. In Bild 246 ist ein Achsschenkel gezeigt. An Stelle "K" (Kennzeichnung) ist eine Zahl eingeschlagen. Bei Erneuerung muss man einen Achsschenkel mit der gleichen Zahl einbauen.

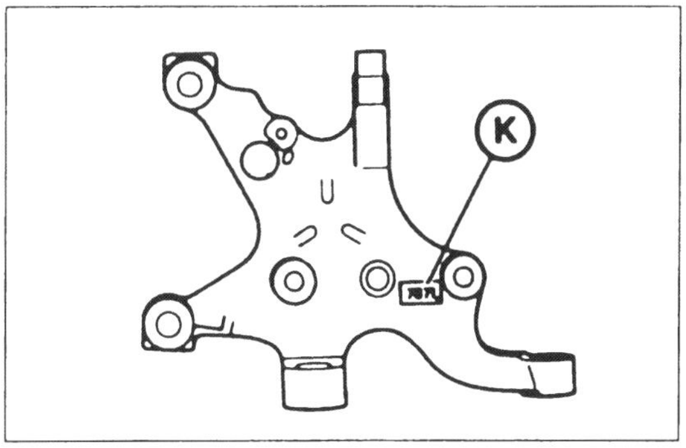

Bild 246
Die Kennzeichnung (K) gibt die Zugehörigkeit des Achsschenkels an.

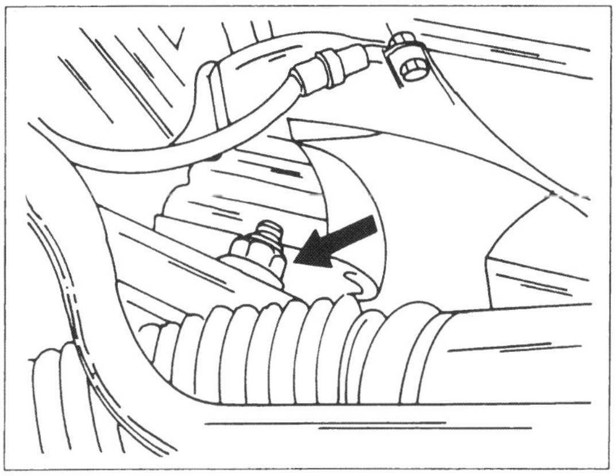

Bild 247
Die selbstsicherde Mutter (Pfeil) des Kugelgelenks an der Querlenkerbefestigung.

12.4 Kurvenstabilisator

Hinweis: Die Muttern der Montageschellen und der Koppelstangen müssen beim Einbau erneuert werden.

Beim Aus- und Einbau des Kurvenstabilisators muss man sich überzeugen, ob der Stabilisator am Federbein oder am Querlenker angelenkt ist. Die Befestigung des eigentlichen Stabilisators ist bei allen Ausführungen gleich, d.h. die Lagergummibefestigung mit den Schellen.

- Vorderseite des Fahrzeuges auf Böcke setzen und beide Räder abschrauben.
- Die Muttern von den Enden der Koppelstangen auf beiden Seiten lösen. Bei Anschlussweise am Federbein muss man darauf achten, dass die Schlüsselfläche an der Innenseite des Koppelstangengelenks nach dem Einbau parallel zur Federbeinachse steht.

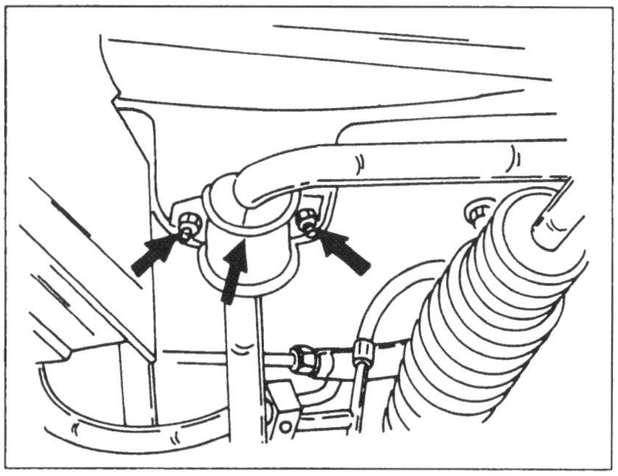

Bild 248
Befestigung des Kurvenstabilisators. Die beiden Muttern (Pfeile links und rechts) halten die Schellen. Der mittlere Pfeil weist auf den nach unten weisenden Schlitz.

- Die in Bild 248 gezeigten Muttern links und rechts lösen und den Stabilisator abnehmen. Man tut gut daran, die Lage der Lagergummi an der Stange zu kennzeichnen, damit man sie beim Einbau wieder in die gleiche Lage bringen kann.

Der Einbau geschieht in umgekehrter Reihenfolge. Die Lagergummi auf die Stange schieben und mit den Kennzeichnungen ausrichten. Die Lagergummi sind auf einer Seite mit einem Schlitz versehen. Dieser kommt an die Unterseite (mittlerer Pfeil, Bild 248). Die Montageschellen aufsetzen, auf einer Seite in den Nebenrahmen einhängen und festschrauben (47 Nm).

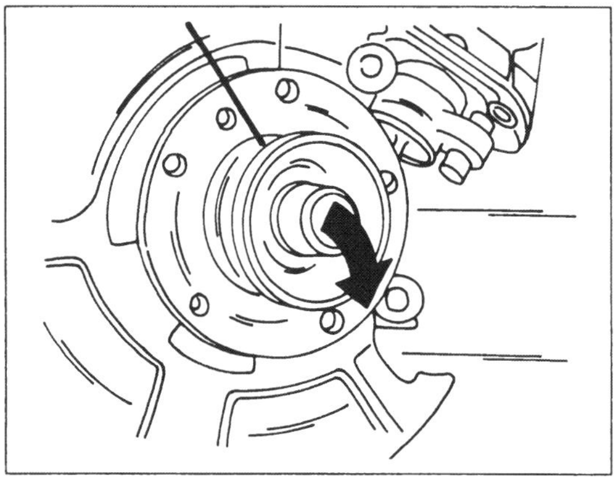

Bild 249
Die Nabenfettkappe in der gezeigten Richtung abschlagen. Die Kappe muss laut BMW immer erneuert werden. Andernfalls kann keine Gewähr für die Abdichtung gegeben werden.

- Die Koppelstangen wieder anschliessen. Bei Federbeinanlenkung den auf Seite 109 angegebenen Hinweis beachten.

12.5 Vorderradlager ersetzen

Die Vorderradnabe sollte nur ausgebaut werden, wenn das Lager erneuert werden muss. Das Radlager bildet mit dem Antriebsflansch eine Einheit. Das zweireihige Kugellager kann nicht eingestellt werden. Beim Anziehen auf das vorgeschriebene Anzugsdrehmoment wird das Laufspiel des Lagers automatisch hergestellt. Beim Ausbau der Radnabe folgendermassen vorgehen:

- Vorderseite des Fahrzeuges auf Böcke setzen und das Vorderrad abschrauben.
- Die Bremsscheibe ausbauen. Bei ABS ebenfalls den Drehzahl-Impulsgeber ausbauen.
- Die Verschlusskappe auf der Nabe entfernen. Dazu einen Schraubenzieher in der in Bild 249 gezeigten Weise ansetzen und die Kappe in Pfeilrichtung abdrücken. Die Kappe kann nur einmal verwendet werden. Ausserdem muss sie beim Einbau mit Dichtungsmittel versehen werden.
- Die sogenannte Halsbundmutter ansehen. An einer Stelle ist sie verstemmt. Die Verstemmung mit einem Kreuzmeissel entsichern.
- Die Mutter mit einer Stecknuss passender Grösse abschrauben.
- Die Radnabe mit einem Abzieher herunterziehen, dessen Klauen unter den Antriebsflansch untergreifen, mit der Mittelschraube gegen den Achsstumpf (Universal Kukko-Abzieher zum Beispiel). Falls der innere Lagerlaufring in der Innenseite verbleibt, muss man diesen ebenfalls herunterziehen.
- Den Achsstumpf auf Beschädigung kontrollieren. Eingefressene Stellen bedeuten die Erneuerung des Achsschenkels.
- Das Schutzblech kann vom Achsschenkel abgeschraubt werden (drei Schrauben).
- Die neue Nabe mit dem Lager in den Achsschenkel einsetzen und mit einem passenden Rohrstück einschlagen. Das Rohr nur am inneren Lagerlaufring ansetzen. Man wird durch das Geräusch feststellen, wenn das Lager einwandfrei sitzt.
- Eine neue Mutter auf den Achsstumpf schrauben und mit 290 Nm anziehen. Den Bund der Mutter jetzt in die Rille des Achsstumpfes einschlagen, ohne dass dabei das Mutternmaterial platzt. Man muss eine gute Verstemmung erzielen.
- Kontrollieren, dass sich die Radnabe leicht durchdrehen lässt. Den Umfang der neuen Fettkappe mit Dichtungsmasse einschmieren und die Kappe vorsichtig in die Mitte der Radnabe einschlagen. Die Kappe muss beim ersten Aufschlagen einwandfrei sitzen. Rad montieren und das Fahrzeug ablassen. Rad anziehen.

Eine Zahnstangenlenkung ist bei der in dieser Ausgabe behandelten Fahrzeug-Baureihe eingebaut, die entweder ohne oder mit Servounterstützung arbeiten kann. Bei bestimmten Modellen ist die Servolenkung serienmässig eingebaut, bei anderen auch auf Sonderwunsch erhältlich. Die Lenkung ist am vorderen Nebenrahmen angeschraubt. Obwohl die Lenkung in der Werkstatt nachgestellt (und repariert) werden kann, sind wir der Ansicht, dass man diese Arbeiten nicht selbst durchführen sollte. Falls Ihre Lenkung den Dienst nicht länger verrichtet, versuchen Sie Ihr Glück eine Austauschlenkung zu besorgen, die anstelle der alten Lenkung eingebaut werden kann.
Die Lenksäule setzt sich aus einem Mantelrohr mit einem zusammenstauchbaren Abschnitt und Lenkzwischenwelle mit einer Gummigelenkscheibe und einem Kreuzgelenk zusammen.
Ist eine Servolenkung eingebaut, so wird der erforderliche Druck in einer durch einen Keilriemen von der Kurbelwelle angetriebenen Lenkhilfspumpe hergestellt. Ein Mechanismus in der Pumpe überträgt diesen Druck auf die Lenkung.
In der folgenden Beschreibung beziehen wir uns auf die Ausdrück "Normallenkung" (mechanische Lenkung) und "Hydrolenkung" (Servolenkung).

Hinweis: In der folgenden Beschreibung weisen wir auch auf Arbeiten bei Fahrzeugen mit Airbag hin. Nur wenn die Arbeiten gewissenhaft durchgeführt werden, kann man versuchen an derartigen Fahrzeugen zu arbeiten. In einem späteren Kapitel weisen wir auf Vorsichtsmassnahmen hin, die bei Arbeiten am Airbag zu beachten sind, welche man unbedingt durchlesen muss.

13.1 Lenkrad aus- und einbauen

Fahrzeug ohne Airbag

- Massekabel der Batterie abklemmen.
- Die beiden Vorderräder in die Geradeausstellung bringen und falls möglich in dieser Stellung halten, bis das Lenkrad wieder eingebaut ist.
- Das BMW-Emblem aus der Mitte des Lenkrades ausheben (kleiner Schraubenzieher).
- Die Mutter in der Mitte des Lenkrades lösen (Lenkrad an der Felge gegenhalten) und die Lenkradnabe im Verhältnis zur Lenkradspindel zeichnen (Bleistiftstrich am Lenkrad).
- Das Lenkrad herunterziehen. Falls es klemmt, kann man es nach links und rechts herwackeln oder schlägt von unten mit dem Handballen dagegen. Dabei einmal links und einmal rechts schlagen, bis das Lenkrad locker ist.

Zum Einbau:

- Vor Einbau kontrollieren, dass der Blinkerschalter abgeschaltet ist, andernfalls kann man beim Aufstecken den Rückstellnocken beschädigen.
- Die Fläche des Schleifringes an der Rückseite mit Vaseline bestreichen. Das Lenkrad jetzt entsprechend der Kennzeichnung auf die Verzahnungen aufstecken. Die Schraube eindrehen und mit 63 Nm anziehen. Lenkradfelge dabei gegenhalten.

Fahrzeug mit Airbag

Vor Beginn der Arbeiten die Sicherheitsvorschriften durchlesen. Wir möchten nochmals warnen. Unsachgemässe Handhabung kann zur Auslösung des Airbags und dadurch zu Verletzungen führen. Ausserdem spricht man bei BMW von einem Airbag und Airbag-Ausführung II. Falls Sie nicht genau wissen, welcher Airbag eingebaut ist, können Sie die Werkstatt befragen, die anhand des Modells darüber Bescheid weiss.

Hinweis:* Laut BMW sollte zum Ausbau der Lenkung das Lenkrad ausgebaut werden. *Bei eingebautem Airbag die besonderen Vorkehrungen beachten. Wir überlassen es Ihnen.

- Batterie abklemmen und den Minuspol bzw. die Klemme gut abdecken.
- Die Airbag-Einheit ausbauen, wie es später beschrieben wird (nicht bei den neuesten Fahrzeugen mit Airbag II).
- Die weiteren Arbeiten bei der neuesten Ausführung (Airbag II) wie bei einem Fahrzeug ohne Airbag durchführen. Auch die Anweisungen zum Einbau gelten.

Bei älteren Ausführungen:

- Das Lenksäulenverkleidungs-Unterteil vom Oberteil abziehen. An der Unterseite ist eine Verriegelung angebracht, die beim Einbau zusammenkommen muss.

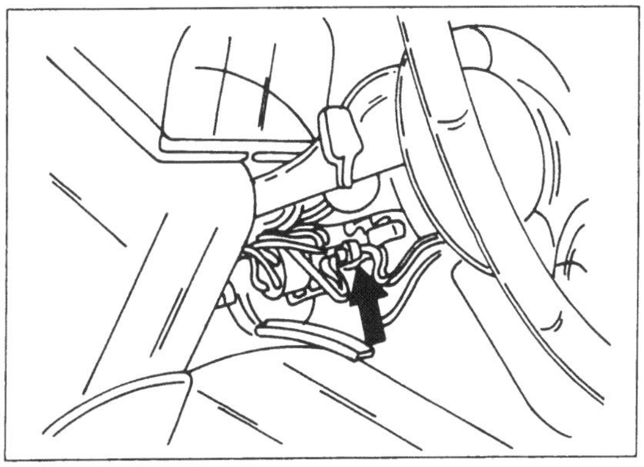

Bild 250
Der Pfeil weist auf einen orangefarbenen Steckverbinder, welcher aus der Halterung genommen und getrennt werden muss.

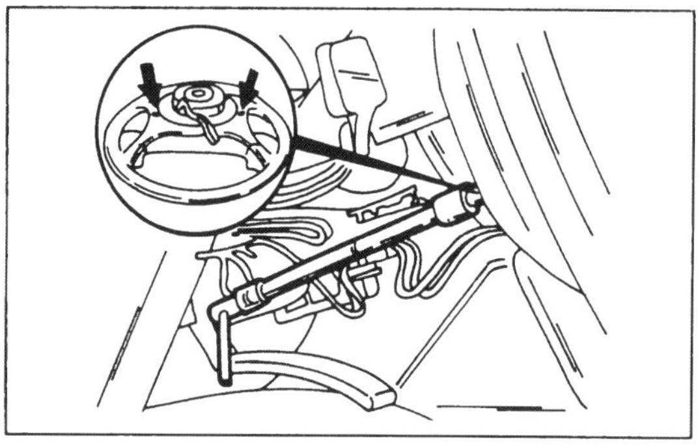

Bild 251
Die an den Pfeilstellen sitzenden Schrauben mit einem Torx-Einsatz entfernen.

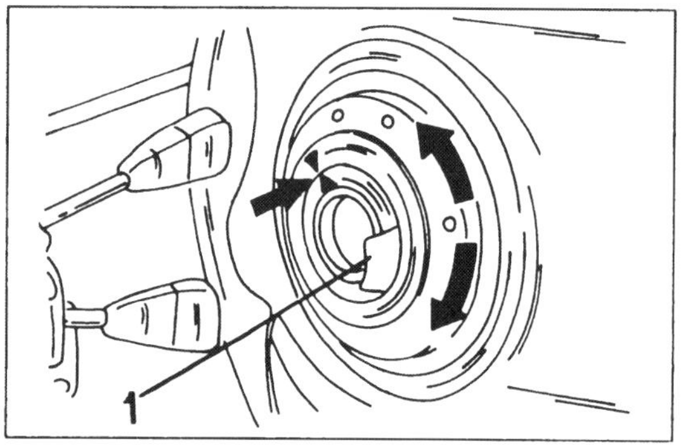

Bild 252
Zur Einstellung des Kontaktringes. Nach Niederdrücken der Feder (1) den Anschlag nach links oder rechts drehen.

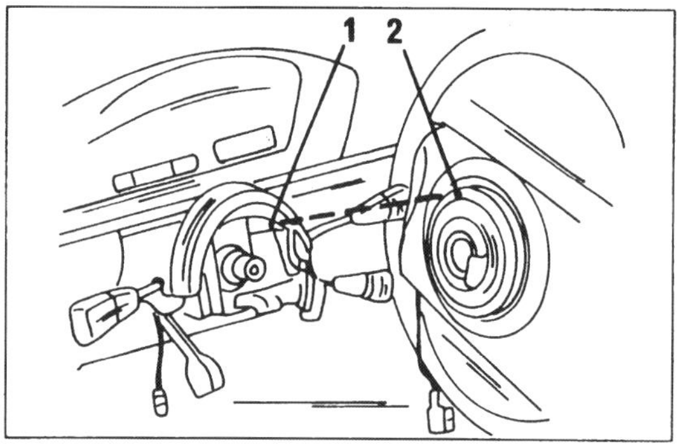

Bild 253
Zum Einbau des Lenkrades.
1 Arretierstift
2 Ausnahme

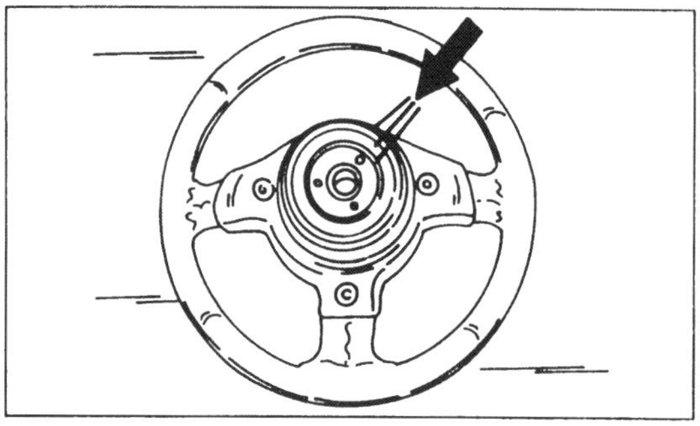

Bild 254
Die Schleifringe (Pfeile) mit dem von BMW verwendeten Fett bestreichen. Hier bei einer Ausführung mit Airbag II. Bei Airbag I ist nur ein Schleifring vorhanden.

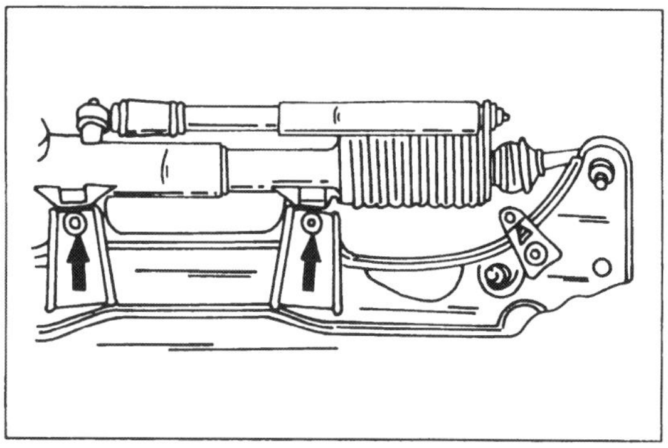

Bild 255
Die Pfeile geben an, wo die Lenkungsschrauben sitzen. Die selbstsichernden Muttern müssen erneuert werden.

- Die orangefarbene Steckverbindung an der in Bild 250 gezeigten Stelle aus der Halterung an der Lenksäule ziehen und trennen.
- Die in Bild 251 gezeigten Schrauben der Airbag-Einheit an der Rückseite des Lenkrades lösen. Diese haben Torx-Köpfe. Zum Lösen einen Torx-Einsatz der Grösse T30 benutzen. *Einbauanweisungen*: In Fahrtrichtung gesehen zuerst die rechte Schraube anziehen. Die Kabel nicht einklemmen.
- Der weitere Ausbau des Lenkrades geschieht jetzt in der bei einem Fahrzeug ohne Airbag beschriebenen Weise.

Beim Einbau sind die folgenden Punkte zu beachten:

- Bei eingebauter Airbag-Einheit II die Fläche der Schleifringe an der Rückseite des Lenkrades mit Vaseline einstreichen und das Lenkrad montieren, wie es oben beschrieben wurde.
- Bei der älteren Ausführung den Schleifring wie erwähnt einschmieren (siehe auch Bild 254). Der Kontaktring muss jetzt entsprechend Bild 252 eingestellt werden. Zuerst die Feder (1) niederdrücken und den Kontaktring links oder rechts auf Anschlag drehen. Den Kontaktring jetzt drei Umdrehungen zurückdrehen, bis die Markierungspfeile (Pfeil im Bild) fluchten.
- Das Lenkrad jetzt aufsetzen. Dabei muss man sich die Rückfläche des Lenkrades, verbunden mit Bild 253 ansehen. In diese ist ein Arretierstift eingesetzt, welcher in die Ausnahme des Kontaktringes eingreifen muss.
- Das Lenkrad jetzt festziehen, den Airbag von hinten einbauen, die Steckverbindungen an der Lenksäule wieder zusammenbringen und die Verkleidung anbauen.

13.2 Aus- und Einbau des Lenkgetriebes

13.2.1 Normallenkung

Hinweis: Bestimmte Schrauben und Muttern müssen beim Einbau erneuert werden. Man liest am besten die Arbeitsanweisungen durch (Muttern in Bild 255 erneuern).

- Fahrzeug vorn auf Böcke setzen und die Räder abschrauben.
- Massekabel der Batterie abklemmen.
- Die Vorderräder in die Geradeausstellung setzen.
- Beide Spurstangen von den Hebeln an den Achsschenkeln abschrauben und die Gelenkverbindung mit einem geeigneten Abzieher trennen.
- Mit einem Filzstift eine Kennzeichnung in die

Gummikupplung und das Lenkritzel einzeichnen, damit die Teile wieder wie ursprünglich zusammenkommen können, die Klemmschraube unter der Gummischeibe lösen und das Gelenk vom Lenkgetriebe abziehen. Beim Anschliessen der Zwischenwelle ist einiges zu beachten.

- Die Befestigungsschrauben der Lenkung an den in Bild 255 gezeigten Stellen herausdrehen und die Lenkung nach vorn abnehmen.

Beim Einbau die Lenkung in die richtige Lage bringen, die Schrauben einsetzen und neue Muttern aufschrauben. Muttern auf Anzugsdrehmoment anziehen.

- Die Lenkungszwischenwelle jetzt montieren. Dazu muss das Lenkgetriebe in Geradeausstellung stehen. Eine Markierung am Gehäuse ermöglicht dies. Die Lenkspindel jetzt verdrehen, bis die Klemmschraube (1) des oberen Kreuzgelenks senkrecht steht, wie man es in Bild 256 sehen kann. Das untere Gelenk jetzt auf das Lenkgetriebe aufstecken. Die Schraube muss in die Nut der Lenkgetriebespindel (Pfeilstelle in Bild 256) passen. Eine neue Mutter aufschrauben und festziehen (Drehmoment beachten).
- Alle verbleibenden Arbeiten in umgekehrter Reihenfolge wie beim Ausbau durchführen. Die Geometrie der Vorderräder muss nach dem Einbau kontrolliert werden oder man lässt sie in einer BMW-Werkstatt oder in einem Reifen-Center kontrollieren. Die letztgenannten haben heutzutage ebenfalls die modernsten Messgeräte und sind mit allen gängigen Fahrzeugtypen vertraut.

13.2.2 Hydrolenkung

Hinweis: Bestimmte Schrauben und Muttern an der Lenkung müssen beim Einbau erneuert werden. Man liest am besten die Arbeitsanweisungen durch.

- Fahrzeug vorn auf Böcke setzen und die Räder abschrauben.
- Massekabel der Batterie abklemmen.
- Die Vorderräder in die Geradeausstellung setzen.
- Falls erwünscht, das Lenkrad ausbauen. Auf die Vorsichtsmassnahmen bei eingebautem Airbag achten.
- Die Hydraulikflüssigkeit aus der Anlage absaugen und wegschütten. Andernfalls mit Schlauchzwingen den Zufuhr- und Rücklaufschlauch in der Nähe des Vorratsbehälters abklemmen. Dadurch wird ein Auslaufen der Flüssigkeit vermieden.
- Wurde die Anlage entleert, den Hydraulikschlauch an der Unterseite des Vorratsbehälters abschliessen.
- Die Hohlschraube der Druckleitung am Lenkgetriebe lösen. Die beiden Dichtringe links und rechts des Leitungsanschlusses entfernen. Diese müssen immer erneuert werden (Bild 257). Die Leitung an der Pfeilstelle aus dem Halter zie-

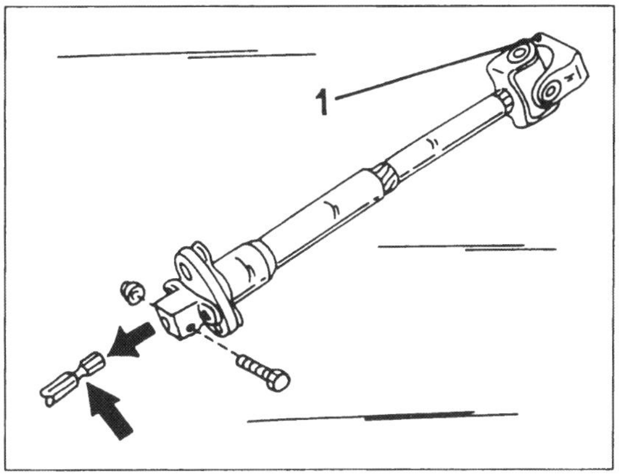

Bild 256
Zum Einbau der Lenkzwischenwelle. Die Klemmschraube (1) und die Rille des Lenkritzels (Pfeil) sind zu beachten.

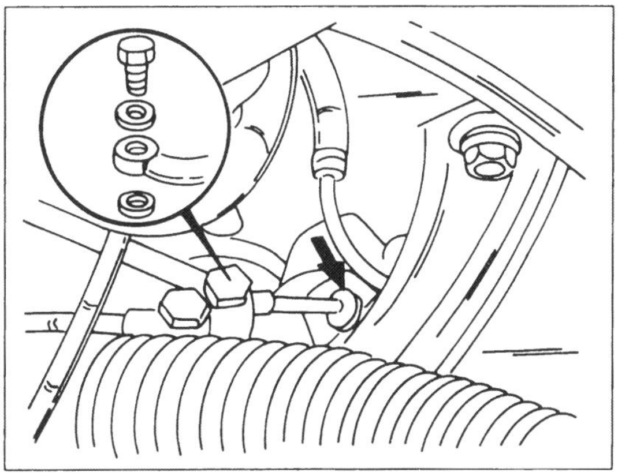

Bild 257
Befestigung der Druckleitung an der Lenkung.

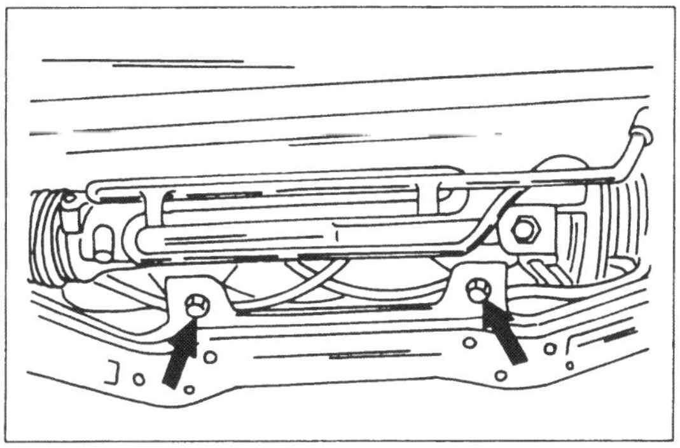

Bild 258
Die beiden Befestigungsschrauben der Hydrolenkung.

hen. Beim Einbau muss sie wieder eingedrückt werden. Die beim Abschliessen der Leitung auslaufende Flüssigkeit auffangen. Die Anschlussstellen in geeigneter Weise verschliessen.

- Beide Spurstangen von den Hebeln an den Achsschenkeln abschrauben und die Gelenkverbindung mit einem geeigneten Abzieher trennen.
- Mit einem Filzstift eine Kennzeichnung in die Gummikupplung und das Lenkritzel einzeichnen, damit die Teile wieder wie ursprünglich zusammenkommen können, die Klemmschraube unter der Gummischeibe lösen und das Gelenk

vom Lenkgetriebe abziehen. Beim Anschliessen der Zwischenwelle ist einiges zu beachten. Die notwendigen Anweisungen sind unter der betreffenden Überschrift beschrieben.

● Die Befestigungsschrauben der Lenkung an den in Bild 258 gezeigten Stellen herausdrehen und die Lenkung nach vorn abnehmen. Die selbstsichernden Muttern müssen immer erneuert werden.

Beim Einbau die Lenkung in die richtige Lage bringen, die Schrauben einsetzen und neue Muttern aufschrauben. Muttern auf Anzugsdrehmoment anziehen.

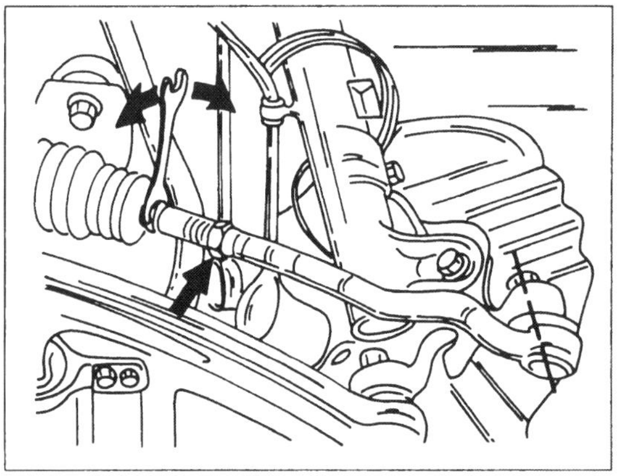

Bild 259
Spurstange mit einem Gabelschlüssel gegenhalten, während die mit dem Pfeil bezeichnete Kontermutter gelockert wird.

● Die Lenkungszwischenwelle jetzt montieren, wie es unter der betreffenden Überschrift beschrieben ist.

● Die Druckleitung mit der Hohlschraube und den neuen Dichtscheiben an der Lenkung anschrauben und die Leitung in die Halterung eindrücken.

● Die Lenkung jetzt entlüften (nächste Seite).

13.2.3 Entlüften der Hydrolenkung

● Den Vorratsbehälter bei abgestelltem Motor bis zur "Max"-Markierung füllen. Das Lenkrad dabei einige Male aus einem Anschlag in den anderen drehen, besonders, wenn die Anlage leer ist.

● Den Motor durch einen Helfer anlassen, während der Flüssigkeitsstand überwacht wird. Das Niveau darf nicht unter die MIN-Marke abfallen.

● Motor im Leerlauf laufen lassen und das Lenkrad je 2mal nach links und rechts zum Anschlag drehen. Falls man immer noch Luftblasen in der Flüssigkeit sehen kann, verdreht man das Lenkrad erneut.

● Den Motor abstellen und den Flüssigkeitsstand erneut kontrollieren und ggf. berichtigen. Die Kappe wieder fest aufschrauben.

● Das Fahrzeug stehen lassen, bis der Motor abgekühlt ist und das Flüssigkeitsniveau erneut nachprüfen.

13.3 Spurstangen

13.3.1 Ein Spurstangenendstück ersetzen

● Vorderseite des Fahrzeuges auf Böcke setzen und das Rad abmontieren.

● Die Spurstange an der in Bild 259 gezeigten Stelle mit einem Gabelschlüssel gegenhalten und die Mutter (Pfeilstelle) lockern.

● Die Mutter der Gelenkverbindung am Lenkhebel lösen und abschrauben und das Gelenk mit einem Kugelbolzenabzieher abdrücken.

● Das Spurstangenendstück jetzt unter genauer Zählung der Umdrehungen von der Spurstange abschrauben. *Die Zahl der Umdrehungen aufschreiben.*

● Das Spurstangengelenk kontrollieren. Falls es zu locker ist oder klemmt, muss das Endstück erneuert werden. Auch eine beschädigte Staubschutzkappe bedeutet Erneuerung.

● Das neue Endstück einschrauben. Die Mutter und das Klemmstück müssen auf das Gewinde des Neuteils übertragen werden. Beim Einschrauben wieder genau die Umdrehungen zählen. Die Kontermutter jetzt provisorisch anziehen.

● Kugelgelenkbolzen gut von Fett oder Öl reinigen und mit einer neuen Mutter am Lenkhebel befestigen (Anzugsdrehmoment beachten).

● Fahrzeug ablassen und die Vorspur einstellen oder bei der nächsten Gelegenheit einstellen lassen. Falls dieser Weg gewählt wird, muss man die Kontermutter der Spurstange anziehen.

13.3.2 Eine Lenkungsmanschette ersetzen

● Das Spurstangenendstück entsprechend den obigen Anweisungen ausbauen.

● Kontrollieren, wie der Faltenbalg auf der Lenkung und der Spurstange sitzt, die Befestigungsschellen lösen und die Manschette herunterziehen.

● Kontrollieren, dass man noch etwas Fett am inneren Spurstangengelenk sehen kann. Andernfalls etwas Fett einschmieren.

● Den neuen Faltenbalg auf das Lenkgetriebe aufsetzen und an der Spurstange anbringen. Kontrollieren, dass der Faltenbalg wie ursprünglich sitzt. Die beiden Befestigungsschellen anbringen und festziehen. Der Balg darf nicht verdreht werden. Ebenfalls muss man die Luft durch leichtes Zusammendrücken des Gummibalgs ausscheiden.

13.3.3 Eine Spurstange ersetzen

Zum Abschrauben des Spurstangengelenks an der Innenseite wird in der Werkstatt ein Spezialschlüssel verwendet. Andernfalls muss man einen verstellbaren Maulschlüssel benutzen.

- Faltenbalg ausbauen (obige Beschreibung).
- Den Spurstangenanschluss einwandfrei reinigen und das Sicherungsblech mit einer Zange aufbiegen. Schlagen mit einem Dorn und Hammer ist hier verboten, um die Zahnstange und die Lagerung nicht zu beschädigen.

Die Arbeiten weichen jetzt ab, je nachdem, ob die Lenkung mit oder ohne Lenkungsdämpfer arbeitet:

Bei eingebautem Lenkungsdämpfer

- Die Spurstange entsprechend Bild 260 abschrauben. Gezeigt ist das erwähnte Spezialwerkzeug.
- Ein neues Sicherungsblech auflegen und die Spurstange wieder anschrauben. Zu beachten ist die Anordnung des Sicherungsblechs. Dazu sieht man sich Bild 261 an. Die Verdrehsicherung (1) muss in der Nut (2) des Dämpferhalters liegen. Nach Festziehen (70 Nm) das Sicherungsblech mit einer Zange umbiegen.

Bei Lenkung ohne Lenkungsdämpfer

- Das Spezialwerkzeug in der in Bild 262 gezeigten Weise ansetzen, oder einen entsprechend grossen Gabelschlüssel, die Spurstange lösen und vollkommen ausschrauben.
- Ein neues Sicherungsblech auflegen. Da zwei verschiedene Sicherungsbleche verwendet werden, nimmt man das alte zum Ersatzteillager mit, damit man ein ebenbürtiges Sicherungsblech erhält. Beim Auflegen des Sicherungsblechs muss man sich an Bild 263 halten. Die Verdrehsicherung (1) muss bei dieser Ausführung in der Nut (2) der Zahnstange liegen. Die Spurstange mit 70 Nm anziehen und das Sicherungsblech mit der Zange umbiegen.

Bei allen Lenkungen

- Den Faltenbalg wieder anbringen und die Spurstange am Lenkhebel montieren, wie es aus den bereits gegebenen Anweisungen zu entnehmen ist.

13.4 Lenkzwischenwelle (untere Lenkspindel)

Da in der behandelten BMW-Baureihe einteilige oder zweiteilige Lenkzwischenwellen eingebaut sind, sollten beide Ausführungen behandelt wer-

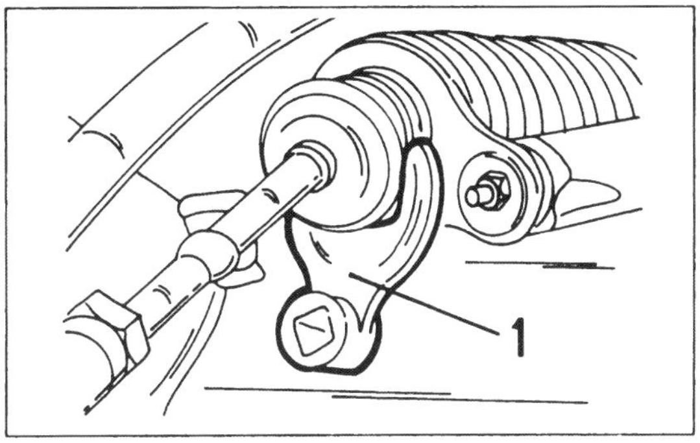

Bild 260
Abschrauben einer Spurstange bei eingebautem Lenkungsdämpfer. Das Spezialwerkzeug 32 2 110 (1) kann durch einen grossen oder verstellbaren Gabelschlüssel ersetzt werden.

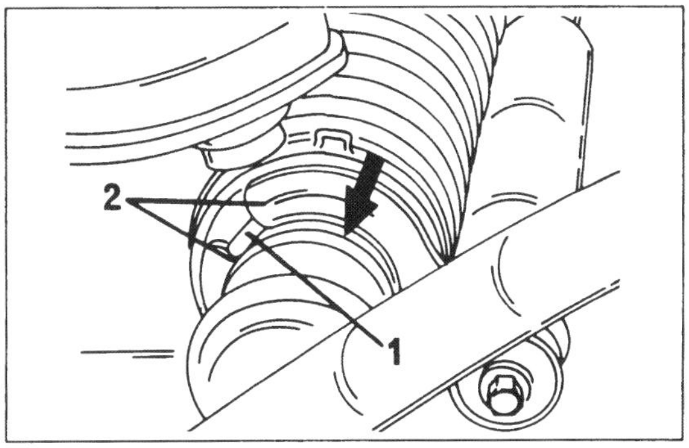

Bild 261
Richtiger Einbau des Sicherungsblechs. Die Verdrehsicherung (1) in die gezeigte Nut (2) einlegen.

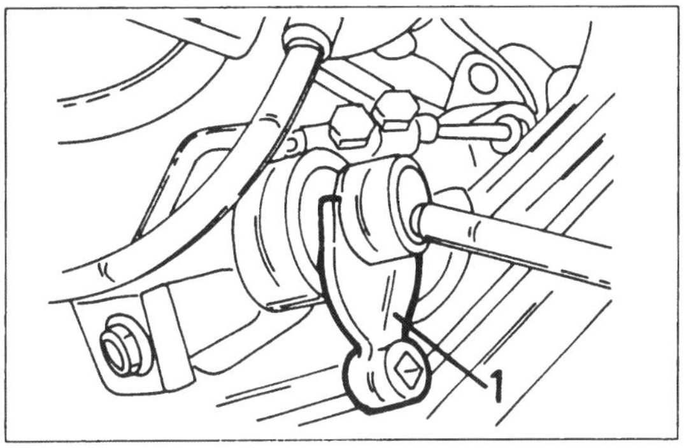

Bild 262
Lösen der Spurstange bei Lenkungen ohne Lenkungsdämpfer. Den Spezialschlüssel 32 2 110 (1) durch einen grossen oder verstellbaren Gabelschlüssel ersetzen.

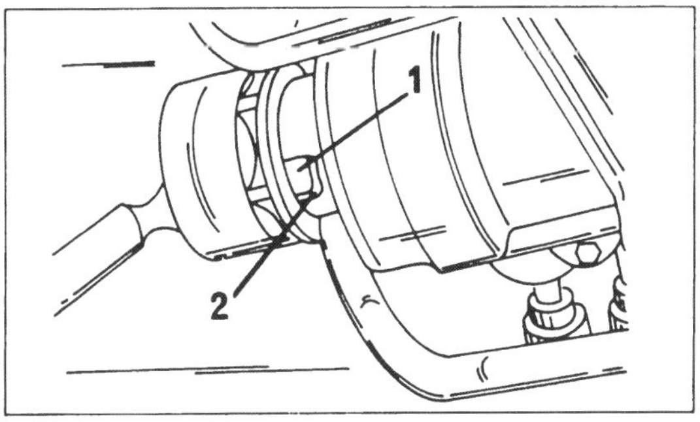

Bild 263
Anbringen des Sicherungsbleches der Spurstange (ohne Lenkungsdämpfer). Die Verdrehsicherung (1) in die Nut der Zahnstange (2) einlegen.

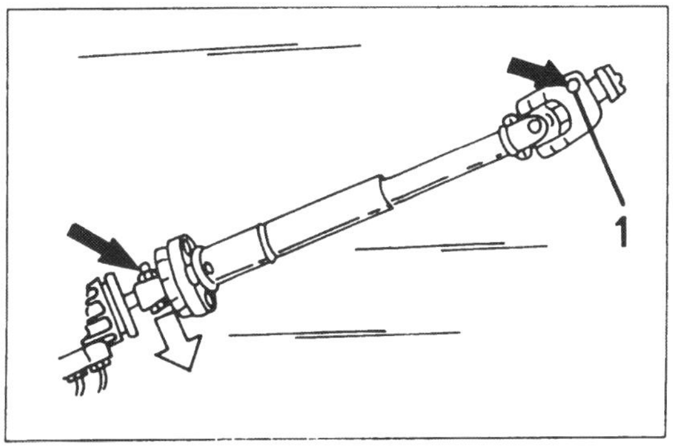

Bild 264
Ansicht der Lenkzwischenwelle (untere Lenkspindel) ohne Gelenkscheibe von oben. Die Schraube (1) auf der Motorseite muss senkrecht eingebaut werden.

den. Die Zwischenwelle ist entweder mit einer Gelenkscheibe versehen oder hat keine.

Lenkzwischenwelle ohne Gelenkscheibe

● Vorderseite des Fahrzeuges auf Böcke aufsetzen und die Räder in die Geradeausstellung drehen.

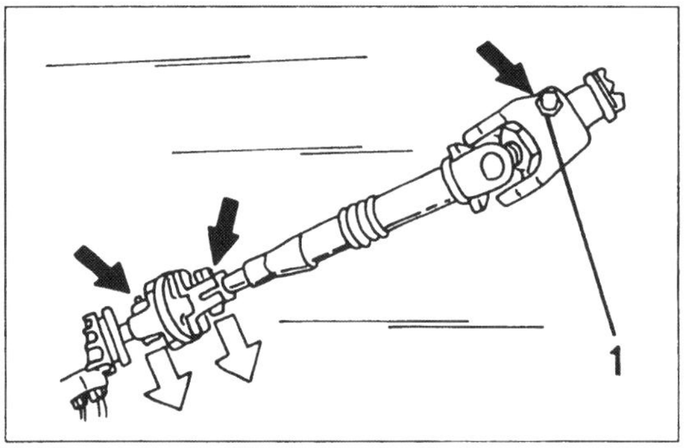

Bild 265
Ansicht der Lenkzwischenwelle (untere Lenkspindel) mit Gelenkscheibe von oben. Die Schraube (1) auf der Motorseite muss senkrecht eingebaut werden. Die Pfeile weisen auf die anderen Klemmschrauben.

● Mit einem Filzstift das Verhältnis zwischen dem Kreuzgelenk der Zwischenwelle sowie der Lenksäule und der Lenkzwischenwellenverbindung und dem Lenkritzelanschluss kennzeichnen.

● Die Klemmschraube an der Zwischenwelle oben und am Lenkgetriebe lösen und ausschlagen. Die Mutter muss erneuert werden. Bild 264 zeigt eine Draufsicht auf die Lenkzwischenwelle mit Lage der Schrauben.

● Die Lenksäule zusammenschieben (Pfeile in der Mitte der Welle in Bild 264) und die Welle herausnehmen. Ist das Kreuzgelenk ausgeschlagen, muss eine neue Welle eingebaut werden. Beim Einbau dieser Wellenausführung folgendermassen vorgehen:

● Das Lenkgetriebe in Stellung "Fahrt geradeaus" bringen (Markierung am Lenkgetriebe).

● Die Lenkzwischenwelle wieder zusammenschieben und in das Fahrzeug einsetzen. Die Schraube (1) auf der Motorseite (Bild 264) muss senkrecht eingebaut werden. Der Schlitz des unteren Gelenks muss mit der Markierung am Lenkgetriebe übereinstimmen. Noch wichtiger ist, dass die vor dem Ausbau mit dem Filzstift eingezeichneten Markierungen wieder in Linie liegen. Wird eine neue Welle eingebaut, überträgt man die Kennzeichnungen genau von der alten auf die neue Welle.

● Kontrollieren, dass die Sicherungsrille in der Zwischenwelle an der Oberseite und der Lenkgetriebespindel in der Mitte der Bohrung zu sehen ist, die Schrauben einschlagen und die neuen Muttern aufschrauben und festziehen (20 Nm).

Lenkzwischenwelle mit Gelenkscheibe

● Der Ausbau findet ähnlich wie bei der bereits beschriebenen Zwischenwelle (Lenkspindel) ohne Gelenkscheibe statt. Man muss sich jedoch an Bild 265 halten. Zu lösen sind die drei im Bild gezeigten Klemmschrauben und Muttern (Muttern erneuern). Zum Herausnehmen der Welle zuerst die Gelenkscheibe nach unten schieben, dann die Welle nach oben aus der Gelenkscheibe ziehen und schliesslich herausheben.

Beim Einbau (Lenkung wieder in "Fahrt geradeaus") die Zwischenwelle einsetzen. Die Schraube (1) in Bild 265 muss auf der Motorseite senkrecht eingebaut werden. Die Gelenkscheibe

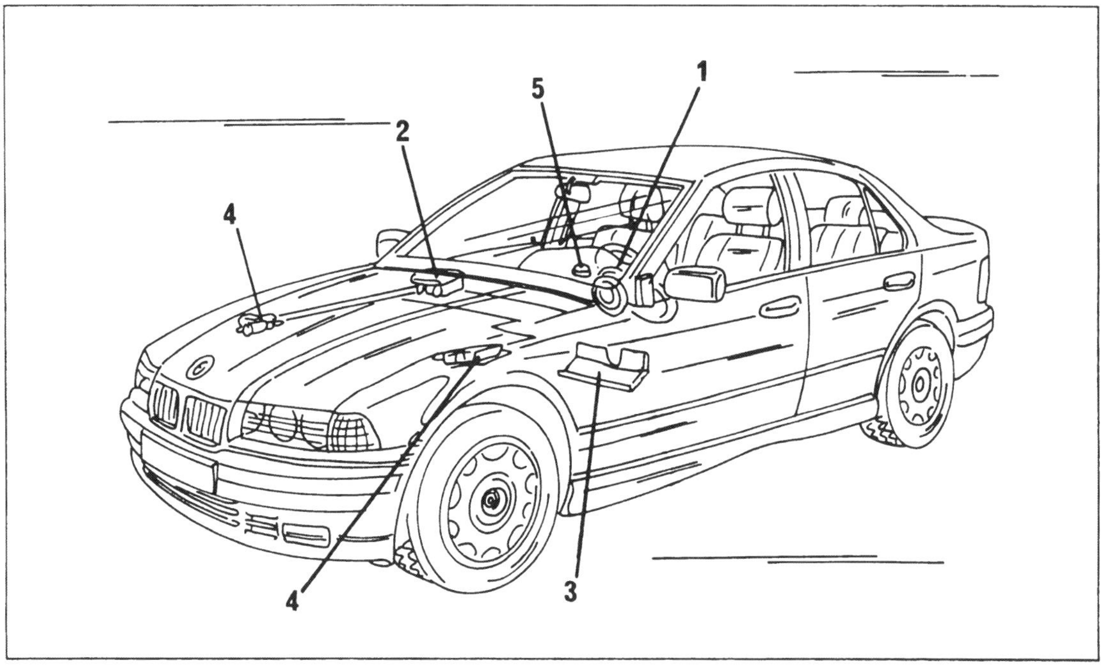

Bild 266
Die Bauteile des Airbag-Systems (Typ I).
1 Lenkrad mit Airbag-Einheit (Luftsack, Gasgenerator, Zündpille und Kontaktring)
2 Diagnose-Einheit
3 Knieschutz (nur USA)
4 Crash-Sensoren (links und rechts am Radhaus)
5 Airbag-Kontrolleuchte (in der Instrumentenkombination)

hat einen kurzen und einen langen Flansch. Der kurze Flansch kommt über das Lenkgetriebe-ritzel. Der Schlitz des Flansches muss mit der Markierung am Lenkgetriebe übereinstimmen. Nach Einbau die eingezeichneten Filzstiftkennzeichnungen überprüfen (evtl. auf neue Welle übertragen).

● Kontrollieren, dass man die Sicherungsrillen der Lenkzwischenwelle an der Oberseite und am Lenkgetriebeanschluss sehen kann, die Schrauben einschlagen und die neuen Muttern mit 20 Nm anziehen.

13.5 Airbag-System

Das Airbag-System, Typ I, ist in Bild 266 gezeigt. Die Systemauslösung erfolgt durch die Sensoren, wobei eine Fahrzeugverzögerung vorliegen muss, die einem Aufprall mit mindestens 18 km/h direkt frontal auf ein starres Hindernis entspricht.
Der Stromkreis wird dabei geschlossen und die Gasgeneratoren werden gezündet. Dabei werden ungiftige Treibgase erzeugt, welche den gefalteten Luftsack im Lenkrad und auch in der Instrumententafel innerhalb von ca. 30 msek prall füllen. Die Entleerung erfolgt über 2 Löcher an der Seite des Airbags.
Ab Zündschlossstellung 1 wird das System durch die Diagnose-Einheit laufend überwacht. Die Kontrollampe leuchtet und erlischt nach ca. 6 Sekunden. Sie signalisiert die Einsatzbereitschaft des Systems. Leuchtet die Lampe weiterhin, liegt ein erkannter Fehler vor. Über das BMW-Diagnosesystem kann der Grund für die Fehlermeldung abgefragt werden.
Beim Airbag II-System sieht die Anordnung etwas anders aus. Die wichtigen Teile dieser Anlage sind in Bild 267 gezeigt.

Sicherheitsvorschriften

Nichtbeachten von Warnhinweisen kann zu Fehlauslösungen und Verletzungen führen. Dies kann nicht genug betont werden. ***Wir erwarten von Ihnen, dass die unten angegebenen Anweisungen jederzeit durchgelesen werden, wenn wir Arbeiten beschreiben, bei denen der Airbag gelöst oder ausgebaut werden muss.***
Die Airbag-Einheit ist ein pyrotechnischer Gegenstand. Der Umgang, die Beförderung und die Lagerung unterliegenden dem Gesetz über explosionsgefährliche Stoffe (laut Sprengstoffgesetz in den verschiedenen Ländern festgelegt). Die nachfolgend aufgeführten Vorschriften beziehen sich im allgemeinen auf alle Länder.

Transport

● Obwohl es kaum vorkommen wird, müssen wir es erwähnen: Falls Sie eine neue Airbag-Einheit beziehen, darf sie nicht im Fahrgastraum transportiert werden. Die Einheit muss entweder in den Kofferraum oder in den Laderaum eines Kombis oder Transporters gelegt werden.

Demontage und Montage

● Die Airbag-Bauteile und Steckverbindungen sind sofort an der organgefarbenen Farbkennzeichnung erkennbar.

● Prüf- und Montagearbeiten dürfen nur von sachkundigem, geschultem Personal durchgeführt werden. Dabei denken wir insbesondere aus offensichtlichen Gründen an das BMW-Kundendienstnetz.

● Arbeiten am Airbag-System müssen grundsätzlich bei abgeklemmter Batterie, abgedecktem Minuspol, bzw. abgedeckter Klemme (nur Abklemmen der Batterie reicht nicht zu) und getrennter Airbag-Steckverbindung (orangefarben, an der Lenksäule) durchgeführt werden. Bei Arbeitsunterbrechung darf z.B. ein Airbag-Generator nicht ohne "Bewachung" liegengelassen werden.

● Airbag-Komponenten dürfen nicht repariert werden. Erneuerung ist hier Vorschrift.

● Eine Airbag-Einheit darf nicht mit Reinigungsmitteln oder Fett behandelt werden.

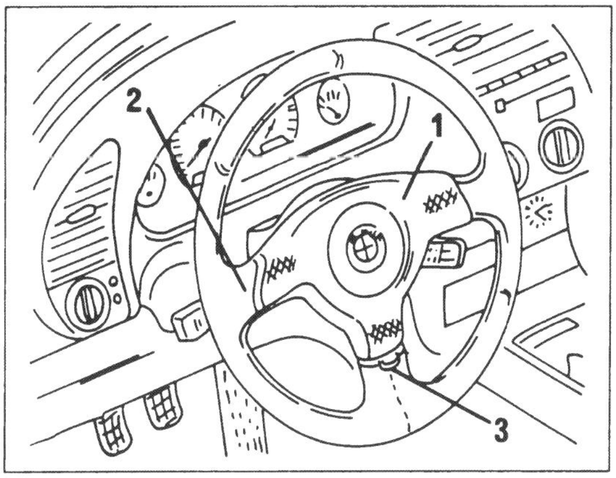

Bild 267
Ansicht eines Lenkrades mit Airbag II.
1 Airbag-Einheit (Luftsack, Gasgenerator, Zündpille)
2 Lenkrad (Kontaktringe bzw. Wickelfeder, Elektronik)
3 Kontrolleuchte im Lenkrad

● Die Airbag-Einheit darf keiner Temperatur über 100° C ausgesetzt werden.

● Airbag-Einheit, Frontsensoren und Diagnose-Elektroniken die aus mehr als 0,5 m Höhe herunterfallen, können als untauglich gewertet werden und sind zu erneuern.

● Niemals elektrische Prüfungen am System selbst durchführen. Dafür ist die Werkstatt zuständig.

● Beim Ablegen einer Airbag-Einheit diese nur mit dem Polster nach oben weisend ablegen, da

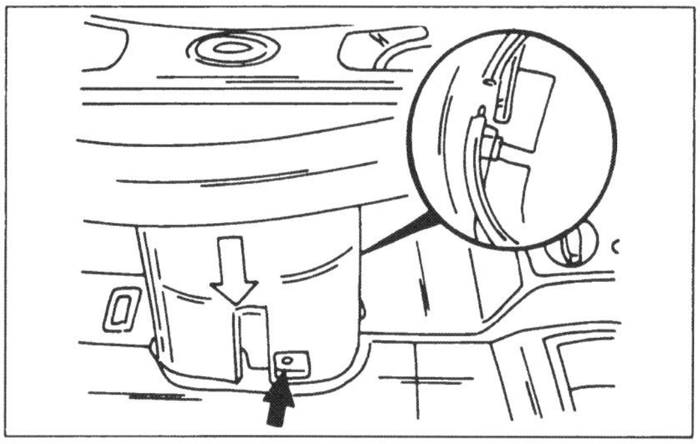

Bild 268
Zum Einbau des Lenksäulenverkleidungs-Unterteils. Auf die Verriegelung achten.

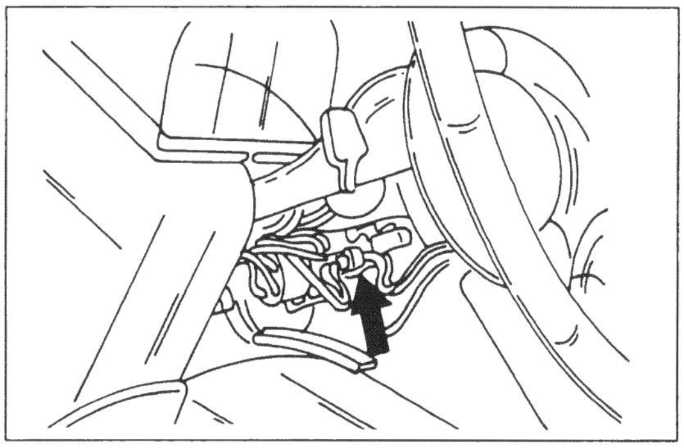

Bild 269
Der Pfeil weist auf einen orangefarbenen Steckverbinder, welcher aus der Halterung genommen und getrennt werden muss.

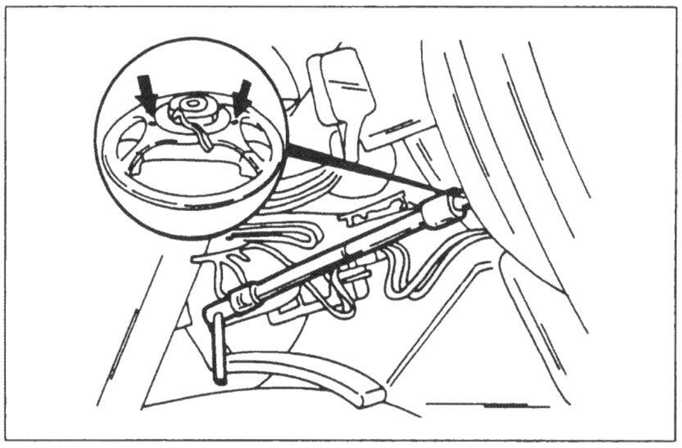

Bild 270
Die an den Pfeilstellen sitzenden Schrauben mit einem Torx-Einsatz entfernen und festschrauben.

bei eventueller Zündung des Generators mit nach unten gerichtetem Luftsack, der Generator nach oben geschleudert wird (Verletzungsgefahr).

● Die sogenannte Zündpille des Airbag-Generators darf unter keinen Umständen auf Personen gerichtet werden.

● Lassen Sie elektrische Schweissarbeiten am Fahrzeug durchführen, müssen Sie darauf hinweisen, dass mit dem BMW nicht vertraute Werkstätten grundsätzlich die Batterie abklemmen und den Minuspol bzw. die Minusklemme abdecken müssen, d.h. ein normales Abklemmen des Minuspols in der bekannten Weise reicht hier nicht aus. Ebenfalls die beiden Steckverbindungen der Frontsensoren (Crash-Sensoren) im Motorraum und die Airbag-Steckverbindung an der Lenksäule (orangefarben) trennen, damit in jedem Fall die Stromversorgung zum Airbag-Gasgenerator unterbrochen ist, d.h. der Airbag kann nicht ausgelöst werden.

Vielleicht der wichtigste Hinweis
Je nach Sprengstoffgesetz müssen Sie sich in Ihrem betreffenden Land erkundigen, ob Sie sich strafbar machen, Arbeiten an einem Airbag durchzuführen. Die Gesetze sind nicht in allen Ländern gleich. Falls Sie sich die Arbeiten nicht zutrauen, sollten Sie es den Fachleuchten überlassen.

13.5.1 Airbag-Einheit aus- und einbauen (Airbag I)

Wichtig: Die Hinweise auf den vorherigen Seiten durchlesen, ehe man mit der Arbeit beginnt.

● Die Batterie abklemmen und den Batteriepol und die Klemme in geeigneter Weise abdecken, so dass keine Metallgegenstände in Berührung mit den besagten Teilen kommen.

Ein guter Tip: Obwohl dies nur erforderlich ist, wenn sich ein Fehler in der Airbag-Einheit entwickelt hat, sollten Sie es sich zur Angewohnheit machen, bei Arbeiten am Airbag eine Wartezeit von 10 Minuten nach Abklemmen der Batterie einzulegen. Der Kondensator ist dann entladen und ein unkontrolliertes Auslösen ist nicht möglich. Obwohl diese Vorsichtsmassnahme in der Hauptsache beim Airbag II vorgeschrieben ist, schadet es nicht, wenn man die Wartezeit bei eingebautem Airbag I befolgt.

● Das Lenksäulenverkleidungs-Unterteil vom Oberteil abziehen. An der Unterseite befindet sich eine Schraube. Bei der Montage muss man sich Bild 268 ansehen. An der rechten Pfeilstelle ist eine Verriegelung, welche beim Zusammenbau wieder zusammenkommen muss.

● Die orangefarbene Steckverbindung an der in Bild 269 gezeigten Stelle aus der Halterung an der Lenksäule ziehen und trennen.

● Die in Bild 270 gezeigten Schrauben der Airbag-Einheit an der Rückseite des Lenkrades lösen. Diese haben Torx-Köpfe. Zum Lösen einen Torx-Einsatz der Grösse T30 benutzen. *Einbauanweisungen*: In Fahrtrichtung gesehen zuerst die rechte Schraube anziehen. Die Kabel beim Aufsetzen der Airbag-Einheit nicht einklemmen.

● Nach vorsichtigem Abnehmen der Airbag-Einheit den in Bild 271 gezeigten Stecker von der Rückseite abziehen und die Airbag-Einheit abnehmen und an sicherer Stelle ablegen. Unbedingt sicherstellen, dass die Polsterplatte nach oben weist. **Unbefugter Zugang zur Airbag-Einheit ist jetzt erste Voraussetzung.**
Beim Einbau sind die bereits angegebenen Punkte zu beachten. Batterie erst anklemmen, nachdem die orangefarbene Verbindung wieder

zusammengesteckt wurde. Wir raten Ihnen, dass Sie die gesamte Installation nochmals gewissenhaft überprüfen, ehe die Stromverbindung wieder hergestellt wird.

13.5.2 Airbag-Einbau aus- und einbauen (Airbag II)

Die oben angegebenen Hinweise hinsichtlich Vorsichtsmassnahmen, Abklemmen und Abdekken der Batteriepole/klemmen sowie die Anweisung über die Wartezeit gelten auch bei dieser Airbag-Ausführung. Die Airbag-Einheit kann danach in der beschriebenen Weise aus- und eingebaut werden:

- Von der Rückseite des Lenkrades die drei in Bild 272 gezeigten Schrauben (1) lösen. Die Schrauben werden beim Einbau mit 2 Nm angezogen.
- Den Stecker abziehen und die Airbag-Einheit abnehmen. Beim Ablegen der Airbag-Einheit den oben bereits erwähnten Vorsichtsmassnahmen folgen, d.h. die Polsterplatte muss nach oben weisen. In Bild 273 werden die Arbeitsgänge durch die Pfeile angegeben. Beim Einbau muss die Airbag-Einheit in das Lenkrad eingerastet werden. Beim Aufsetzen der Airbag-Einheit darauf achten, dass die Kabel nicht zwischen Lenkrad und Airbag-Einheit eingeklemmt werden. Besser mehr als einmal kontrollieren, ehe man die Einheit aufsetzt und festzieht.

13.5.3 Basis/Zentrale der Airbag-Einheit aus- und einbauen

Obwohl man diese Arbeit bestimmt in einer Werkstatt durchführen lassen wird, möchten wir Ihnen nicht vorenthalten, dass das Schaltgerät unter dem Hintersitz liegt. Ausserdem wird das Teil mit zwei Schrauben gehalten. Die bereits angeführten Sicherheitsvorschriften hinsichtlich Batterie, usw. sind auch beim Ausbau dieses Geräts zu beachten. Auf der Schalteinheit ist ein Pfeil eingezeichnet. Dieser muss immer in Fahrtrichtung weisen.

13.6 Lenkhilfspumpe

Die Lenkhilfspumpe kann von zwei verschiedenen Herstellern stammen. Die Pumpe versorgt die Lenkung mit dem erforderlichen Drucköl. Sie wird durch einen Keilriemen an der Stirnseite des Motors angetrieben. Obwohl man eine Pumpe überholen kann, weisen wir Sie an, dass Sie diese Arbeit in einer Werkstatt durchführen lassen.

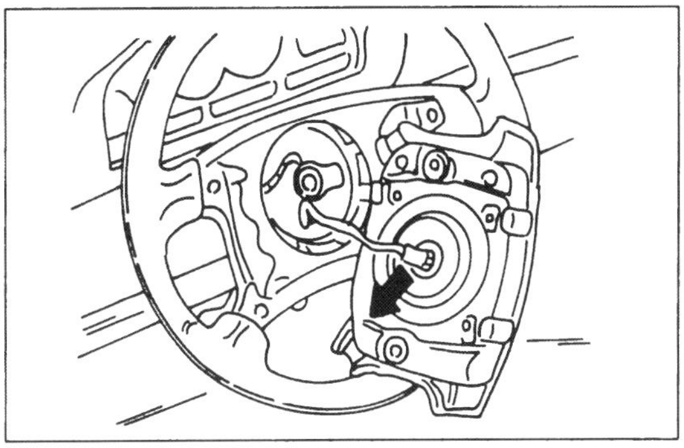

Bild 271
Den Stecker an der Innenseite der Airbag-Einheit in Pfeilrichtung abziehen.

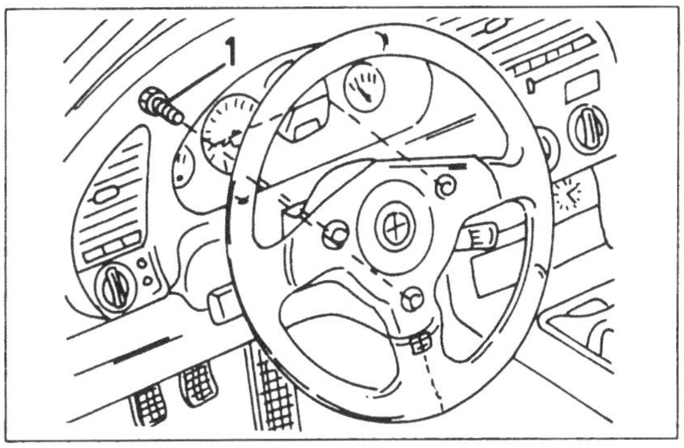

Bild 272
Die Schrauben (1) halten den Airbag II an der Rückseite des Lenkrades.

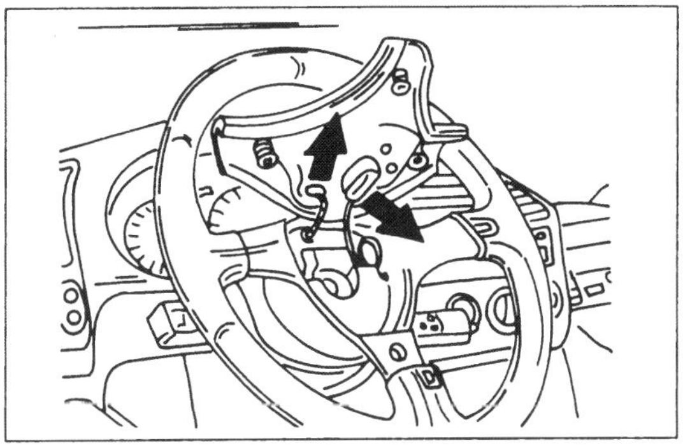

Bild 273
Ausbau der Airbag II-Einheit. Die Stecker an der Innenseite in Pfeilrichtung abziehen.

13.6.1 Pumpe aus- und einbauen

- Vorderseite des Fahrzeuges auf Böcke setzen.
- Die Spannung des Keilriemens lockern. Die Arbeiten wurden bereits in Kapitel 4.3.3 (Seite 60) beschrieben. Zu beachten sind die Unterschiede zwischen den Spannungseinrichtungen bei den letzten Motoren, d.h. dem mechanischen Riemenspanner und dem hydraulischen Riemenspanner. Den Riemen danach herunterheben. Da man die Riemenscheibe der Lenkhilfspumpe abschrauben muss, sollte man die Schrauben lösen so lange der Riemen nocht stramm ist.
- Die Riemenscheibe jetzt vollkommen abschrauben.
- Die Schläuche der Lenkungsanlage unmittelbar unter dem Vorratsbehälter mit einer Zwin-

ge abklemmen, um das Auslaufen der Flüssigkeit zu vermeiden.

- Die Anschlüsse der Leitungen an der Pumpe reinigen und lösen. Falls man nicht genau Bescheid weiss, muss man sie entsprechend ihrer Anschlussweise kennzeichnen. Etwas Flüssigkeit wird auslaufen (auffangen). Die Leitungsenden in geeigneter Weise gegen Eindringen von Schmutz schützen.

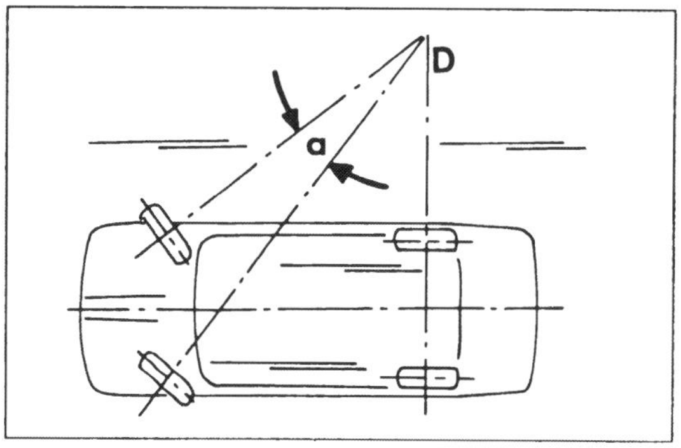

Bild 274
Darstellung des Spurdifferenzwinkels (a). "D" stellt den Laufkreismittelpunkt dar.

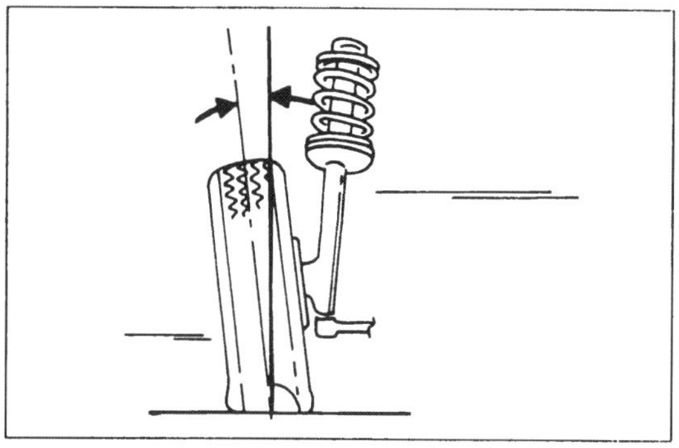

Bild 275
Darstellung des Radsturzes. Das Rad steht an der Oberseite von der Senkrechten ab.

- Die Befestigungsschrauben der Pumpe lösen und die Pumpe herausnehmen. Falls die Pumpe erneuert werden soll, muss der Befestigungshalter abgeschraubt und auf die neue Pumpe übertragen werden.
- Vor Einbau einer neuen Pumpe die Zulaufbohrung mit Flüssigkeit füllen und die Pumpe einige Male durchdrehen.
- Die Pumpe in umgekehrter Reihenfolge wieder einbauen. Neue Dichtringe auf jeder Seite der Anschlussschrauben erneuern und anziehen (Grösse des Gewindes beachten).
- Abschliessend die Riemenspannung einstellen, die Anlage mit Flüssigkeit füllen und die Luft aus der Anlage ausscheiden, wie es in Kapitel 13.2.3 (Seite 114) beschrieben ist.

13.7 Vorderradeinstellung

Eine richtige Einstellung der Vorderradgeometrie ist zur genauen Lenkungsführung und Vermeidung von unvorgesehenem Reifenverschleiss wichtig. Die Vermessung muss durchgeführt werden, wenn das Fahrzeug sein Betriebsgewicht hat. Vor der Durchführung irgendwelcher Prüfungen kontrollieren, dass die Kugelgelenke der Spurstangen und Querlenker frei von Spiel und in gutem Zustand sind. Die Vermessung sollte mit optischen Geräten durchgeführt werden, jedoch sind gute und genaue mechanische Geräte ebenfalls geeignet. Da die erhältlichen Prüfgeräte in ihrem Gebrauch voneinander abweichen, werden in den folgenden Beschreibungen nur die Grundrisse der Messung beschrieben. Sie sollten durch die Gebrauchsanweisungen des betreffenden Geräts ergänzt werden.
Da wir jedoch nicht erwarten, dass jeder Benutzer dieser Reparaturanleitung mit allen Begriffen der Radgeometrie vertraut ist, möchten wir auf die geläufigsten Ausdrücke eingehen.

Spurdifferenzwinkel und Laufkreismittelpunkt

Eine Darstellung ist in Bild 274 gezeigt. Der Spurdifferenzwinkel (a) ist die Winkelstellung des kurveninneren Rades zum kurvenäusseren Rad bei Kurvenfahrt. Die Lenkung ist so konstruiert, dass sich die Winkelstellung der Räder bei zunehmendem Lenkeinschlag ändert.
Ein richtig eingestellter Spurdifferenwinkel ergibt gleiche grosse Werte beim Links- und Rechtseinschlag unter Berücksichtigung der zulässigen Werkstoleranzen.
Beim Laufkreismittelpunkt handelt es sich um eine durch die Hinterachse gezogene Linie, welche im Verhältnis zu den durch die eingeschlagenen Räder gezogenen, gedachten Linien steht. Dies ist eine konstruktionstechnische Angelegenheit, welche keinen Einfluss auf irgendwelche Reparaturen hat.
Ungleichmässige Einstellung der Spurstangen oder ein verbogener Spurhebel am Achsschenkel sind meistens die Gründe für einen nicht stimmenden Spurdiffererenzwinkel. Dies setzt voraus, dass Nachlauf und Sturz stimmen.

Sturz

Der Sturz, auch einfach als Sturzwinkel der Räder bezeichnet, ist der Neigungswinkel des Rades zu einer vom Auflagepunkt des Reifens gezogenen senkrechten Linie, dargestellt in Bild 275. Man spricht von einem positiven oder negativen Sturz. Ein positiver Sturz bedeutet, dass die Räder an der Oberseite nach aussen stehen.
Die Sturzeinstellung ist bei der eingebauten Vorderradaufhängung konstruktionsbedingt. Sie kann gemessen aber nicht verstellt werden. Verzug von Teilen verändert den Sturz.

Nachlauf

Unter Nachlauf versteht man, dass eine durch den Achsschenkel von oben nach unten gezogene Linie vor dem Vorderrad auf den Berührungspunkt auf der Fahrbahn auftrifft, wenn man seitlich auf das Rad sehen würde. Der Nachlauf kann konstruktionsbedingt nicht eingestellt werden.

Weichen die Werte bei einer Vermessung ab, kann man annehmen, dass der Querlenker, das Federbein, das Radhaus (Befestigung des Federbein-Stützlagers) oder die Bodengruppe (Motorträger) deformiert sind. Nur durch Ersetzen der genannten Teile kann eine Abhilfe geschaffen werden.

Vorspur

Über die Vorspur wird im nächsten Kapitel in Einzelheiten eingegangen. Die Vorspur verhindert das Auseinanderlaufen der Räder während der Fahrt und damit ein Flattern und sogenanntes Radieren der Räder, einen übergrossen Reifenverschleiss, eine zu starke Beanspruchung des Lenkungsgestänges und seiner Gelenke und eine schwergehende Lenkung. Bild 275 zeigt eine Darstellung der Vorspur. Wiederum spricht man von positiver Vorspur oder negativer Vorspur, welche eigentlich eine Nachspur ist. Bei diesen Fahrzeugen wird eine positive Vorspur verlangt.

Weicht die Spureinstellung ohne besonderen Grund plötzlich ab, können die Spurstangen verbogen sein, der Spurhebel am Achsschenkel ist verbogen, die Kugelgelenke der Spurstangen sind ausgeschlagen oder die Gummilager im Querlenker sind defekt. Das Fahrzeug muss auch in richtiger Höhe in den Radaufhängungen sitzen. Nur durch Erneuerung der genannten Teile kann eine Richtigstellung erfolgen.

13.7.1 Radspureinstellung messen und einstellen

Die Spureinstellung der Vorderräder wird durch Verstellen der beiden Spurstangen um den gleichen Wert hergestellt. Dies gewährleistet, dass die Lenkradspeichen in der richtigen Stellung verbleiben. Der BMW hat soeben Vorspur, d.h. die Vorderräder stehen an der Vorderseite enger zusammen als an der Rückseite. Da die Toleranz aber zwischen 1 mm plus bis 1 mm minus betragen darf, kann man davon ausgehen, dass "Null" eine gute Spureinstellung ist. Eine Veranschaulichung dieser Einstellweise ist in Bild 275 zu sehen. Von BMW werden Einstellwerte in Graden angegeben, d.h. sie liegen zwischen plus 0° 10' und minus 0° 10'. Aus diesem Grund sollte man die Vorspureinstellung vielleicht auch in einer Werkstatt kontrollieren und ggf. einstellen lassen. Für den Heimwerker übersetzt, kann man dies als plus/minus 1 mm lesen, wenn man an den Felgenhörnern misst.

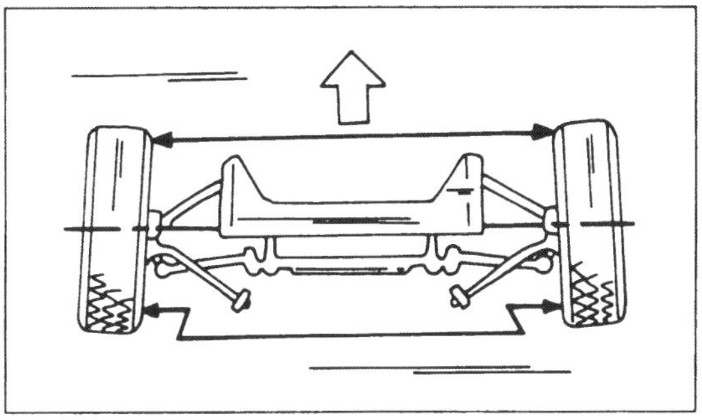

Bild 276
Darstellung der Vorspur.

Bei der Kontrolle und Einstellung der Vorspur folgendermassen vorgehen, wenn man ein Spurmass zur Verfügung hat:

- Kontrollieren, dass die Reifen auf den richtigen Druck gefüllt sind und das Fahrzeug auf einer ebenen Fläche abstellen.
- Das Spurmass auf Null stellen und an der Vorderseite der Räder in Nabenhöhe an den Felgenkanten ansetzen. Die Stellstifte entsprechend an die Felgenkanten ansetzen und festziehen. Den Ansatzpunkt der Stifte an beiden Felgen mit Kreide anzeichnen. Nochmals kontrollieren, dass die Anzeige auf Null steht.
- Das Fahrzeug um eine halbe Umdrehung der Vorderräder nach vorn schieben, bis die Kreidepunkte wieder in Höhe der Radnaben liegen.
- Das Spurmass jetzt unter das Fahrzeug schieben und die Stellstifte wieder an den Kreidepunkten gegen die Felgenränder anlegen. Falls sich die beiden Stifte nicht zwischen die Felgen einsetzen lassen, weiss man sofort, dass die Spur nicht stimmt, da das Mass hinten grösser sein muss.
- Den Stellstift mit der Messeinteilung jetzt verstellen, bis er gegen die Felge angesetzt werden kann, ihn festziehen und das Spurmass herausziehen, um den angezeigten Wert abzulesen. Liegt dieser nicht um die "Null"-Marke herum, ist eine Einstellung erforderlich.
- Das Fahrzeug vorn auf Böcke setzen und an jeder Spurstange eine Mutter am Spurstangengelenk lockern. Einen Gabelschlüssel am sichtbaren Sechskant der Spurstange ansetzen (Pfeil, Bild 259) und die Spurstange auf beiden Seiten jeweils um den gleichen Wert verdrehen. Das Verstellen sollte in Stufen von einer Viertelumdrehung geschehen.
- Die Spureinstellung in der beschriebenen Weise nachprüfen und Kontermutter anziehen.

13.7.2 Sturz und Nachlauf

Beide können nicht eingestellt werden, da sie im Werk festgelegt wurden. Der Sturz und der Nachlauf können mit einem mechanischen Gerät vermessen werden, jedoch wiederum werden nur optische Geräte genaue Anzeigen geben. Liegen die Werte ausserhalb der in der Mass- und Einstelltabelle angegebenen Werte, muss ein Verzug der Vorderradaufhängung vorliegen. Nur eine Kontrolle in der Werkstatt kann dies bestätigen.
Ein scharfes Auffahren auf einen Bordstein kann unter ungünstigen Umständen bereits zu Verzug bestimmter Teile führen.

13.7.3 Spurdifferenzwinkel

Der Spurdifferenzwinkel kann nicht verstellt werden. Zur Kontrolle sind Drehscheiben erforderlich, auf welche man die Vorderräder fahren muss, d.h. die Kontrolle des Winkels ist ausserhalb des Bereichs eines Heimwerkers.
Falls man nicht mit der Lenkungsweise des Fahrzeuges zufrieden ist, lohnt sich, dass man die Einstellung kontrollieren lässt.

Wir raten, dass man den Vorderwagen optisch in einer Werkstatt vermessen lässt. Ihre Reifen danken Ihnen dafür.

Die Vorderräder sind mit Gleitsattel-Scheibenbremsen ausgerüstet (auch als Faustsattel bezeichnet), deren Bremssattel einen Bremszylinder besitzt. Entweder Festmaterial-Bremsscheiben oder belüftete Bremsscheiben sind je nach Ausführung eingebaut. Belüftete Scheiben haben Kühlschlitze eingearbeitet. Abgesehen davon sind die belüfteten Bremsscheiben stärker. An der Hinterachse der Fahrzeuge sind entweder Trommelbremsen mit automatischer Nachstellung (mit Anlauf- und Ablaufbacken) eingebaut oder es werden Scheibenbremsen verwendet. Im letzteren Fall kommen ebenfalls die erwähnten Faustsättel zum Einbau. Fahrzeuge mit ABS, entweder auf Sonderwunsch oder serienmässig eingebaut, haben Scheibenbremsen an den Hinterrädern.
Zur Unterstützung der Bremskraft dient ein Unterdruckservo, der zwischen Bremspedal und Hauptbremszylinder angeordnet ist und durch den im Ansaugkrümmer (Sammelrohr) entwickelten Unterdruck zum Speisen des Bremsservos verwendet wird.
Am Hauptbremszylinder sind die Leitungen für den hinteren und vorderen Bremskreis angeschlossen.
Die Handbremse wirkt auf die Hinterräder.

Die Bremsanlage ist aus offensichtlichen Gründen das wichtigste Sicherheitssystem an einem Kraftfahrzeug. Ehe man irgendwelche Arbeiten an der Bremsanlage durchführt, sollte man die unten angegebenen Hinweise und Vorsichtsmassnahmen durchlesen, die sich eventuell auf den davon beeinflussten Abschnitt der Bremsanlage beziehen. Sie werden nicht noch einmal in den entsprechenden Kapiteln wiederholt.

Untenstehende Hinweise entsprechend beachten

- Die Bremsflüssigkeit muss mindestens alle 2 Jahre erneuert werden. Abgelassene Bremsflüssigkeit darf nicht wieder zum Nachfüllen benutzt werden. Sie darf jedoch nicht in die Abwässerung, im Freien oder in andere ungeeignete Anlagen gegossen werden, um einer Wasserverschmutzung vorzubeugen.
- Bremsscheiben niemals im verrieften oder rissigem Zustand wieder montieren. Ausserdem müssen die minimale Scheibenstärke, der Scheibenschlag, die Parallelität und die Rautiefe der Reibflächen stimmen. Die letztere kann natürlich nur Ihre BMW-Werkstatt bestimmen.
- Bremstrommeln niemals in unrundem, verrieftem oder rissigem Zustand wieder montieren.
- Bremsscheiben, Bremstrommel und Bremsklötze oder Bremsbacken nur achsweise erneuern. Die Teile nur unmittelbar vor dem Einbau der Verpackung entnehmen, um jegliche Verschmutzung zu vermeiden.
- Zum Lösen von Verschraubungen der Bremsleitungen gibt es spezielle Schlüssel. Falls man einen solchen nicht zur Verfügung hat, muss man unbedingt einen Gabelschlüssel (Maulschlüssel) der genauen Grösse benutzen.
- Baut man Teile der Bremsanlage aus, muss man immer Bremsleitungen lösen. Die Enden der Leitungen und die dazugehörigen Anschlussstellen in geeigneter Weise verschliessen. Eindringen von Schmutz muss unter allen Umständen vermieden werden. Beim Abwischen von Teilen nur fusselfreie Lappen benutzen.
- Bestimmte Teile der Bremsanlage sind beweglich, d.h. Nachstellvorrichtungen, Bremssattelführungen, Handbremsseile und Betätigungen. Diese müssen sich auch entsprechend leicht bewegen lassen.
- Wird die Bremsanlage geöffnet, muss man die Bremsanlage entlüften. Dabei alle Verbindungsstellen auf Dichtheit kontrollieren. Das Entlüften geschieht mit und ohne ABS in unterschiedlicher Weise statt.
- Öle oder Fette haben keinen Platz in der Bremsanlage, da dadurch Gummiteile zerstört werden können. Dies könnte zum vollkommenen Ausfall der Bremsanlage führen.
- In Fachgeschäften gibt es sogenannte Bremsenreinigungsmittel. Diese dürfen nicht in die Bremsanlage kommen. Auch kleine Rückstände von Bremsenreinigungsmitteln müssen entfernt werden.
- Bei Reparaturen von Bremssätteln, falls selbst durchgeführt, darf man nur die vom Werk freigegebenen Montagepasten benutzen. Erkundigen Sie sich in Ihrer Werkstatt darüber.
- Beim Anbringen von Bremsleitungen oder Bremsschläuchen auf scheuerfreie Verlegung achten. Besonders Leitungen dürfen nicht gegen feststehende Teile anliegen.
- Keine Bremsflüssigkeit in Verbindung mit lackierten Teilen des Fahrzeuges bringen, da der Lack zerstört wird. Kommt Bremsflüssigkeit in die Augen, sofort mit viel Wasser ausspülen. Falls im Zweifel, sofort einen Artz aufsuchen.
- Zur Vermeidung von Hautschäden die Bremsflüssigkeit nicht zu lange auf die Haut einwirken lassen. Wasser und Seife zum Waschen der Hände benutzen.
- Bremsstaub abwaschen oder absaugen. Auf keinen Fall Pressluft zum Abblasen von Teilen benutzen. Das bereits erwähnte Bremsenreinigungsmittel sollte, falls möglich, immer benutzt werden.

Lösen von Bremsleitungen (nebenstehend)

Eindringen von Schmutz vermelden (nebenstehend)

Beweglichkeit von Teilen der Bremsen (nebenstehend)

Entlüften der Bremsen (nebenstehend)

Fett und Öle von Bremsenteilen fernhalten (nebenstehend)

Bremsenreinigungsmittel (nebenstehend)

Reparatur von Bremssätteln (nebenstehend)

Bremsflüssigkeit (linke Spalte)

Richtiges Verlegen von Bremsleitungen (nebenstehend)

Bremsscheiben (linke Spalte)

Gesundheitsschäden durch Bremsflüssigkeit vermelden (nebenstehend)

Bremstrommeln (linke Spalte)

Keinen Bremsstaub einatmen (nebenstehend)

Einbau von Neuteilen (linke Spalte)

14.1 Vorderradbremsen

Hinweis: In der BMW-Werkstatt wird ein unter dem Namen "Plasti-lube" gehandeltes Bremsfett benutzt. Erkundigen Sie sich, ob Sie dieses oder ein ähnliches Schmiermittel erhalten können. Andere, von Ate oder Girling hergestellte Bremsfette werden sich ebenfalls eignen.

14.1.1 Bremsklötze erneuern

Die Bremsklötze müssen im Satz auf beiden Seiten erneuert werden. Niemals nur auf einer Seite erneuern, obwohl die Beläge auf der anderen Seite noch einwandfrei aussehen. Ein ungleichmässiges Abbremsen wäre bestimmt das Ergebnis.

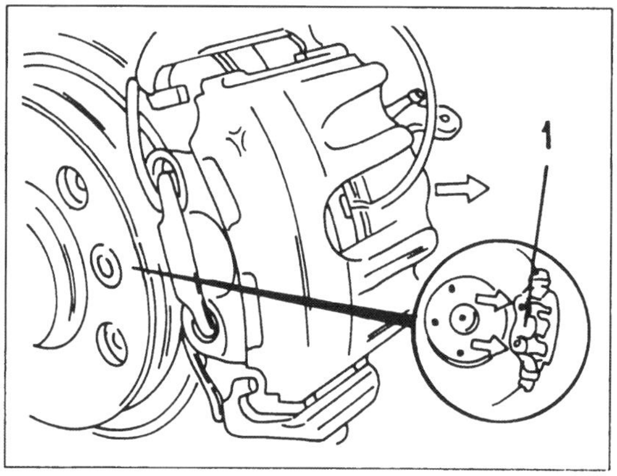

Bild 277
Befestigung der Haltefeder (1). Den Steckverbinder in Pfeilrichtung abziehen.

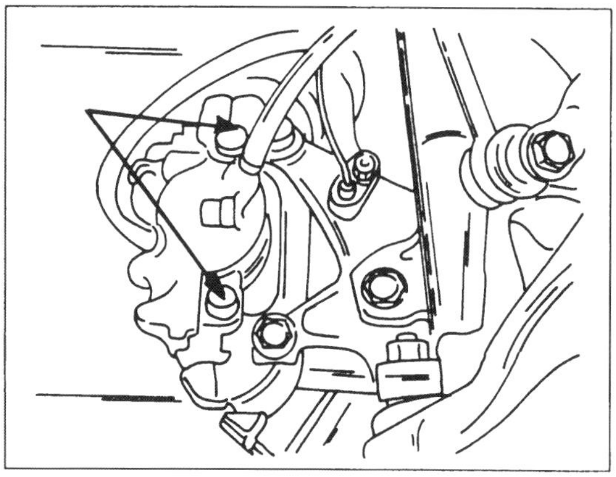

Bild 278
Die mit den Pfeilen bezeichneten Schutzkappen müssen herausgezogen werden, ehe man an die Führungsschrauben kommt.

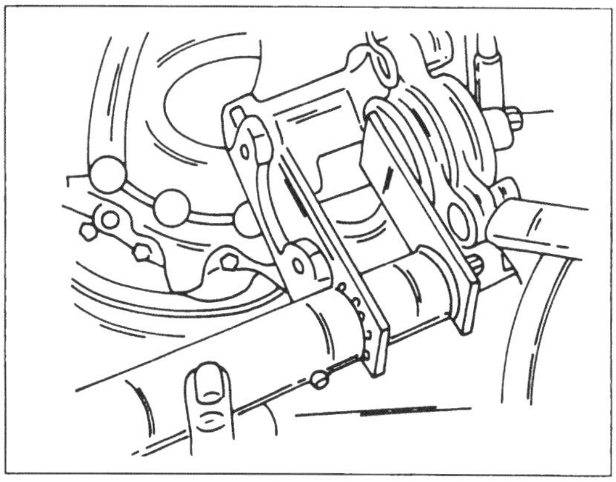

Bild 279
Kolben können mit einer Kolbenrücksetzzange in die Bohrung des Bremssattels zurückgedreht werden.

Die Hinweise auf Seite 123 vor Angriff der Arbeiten durchlesen, besonders Einatmen von Bremsstaub und Reinigen von Teilen der Bremsanlage. Handelsüblicher Brennspiritus oder spezielle Reinigungsflüssigkeiten für Bremsenteile sollten immer bereitstehen, wenn man an den Bremsen arbeitet. Beim Ausbau der Bremsklötze folgendermassen vorgehen. Die Arbeiten auf beiden Seiten durchführen:

- Handbremse anziehen und die Vorderseite des Fahrzeuges auf Unterstellböcke setzen. Die Vorderräder abschrauben.
- Die Haltefeder (1) an der in Bild 277 gezeigten Stelle abdrücken. Man muss sich einprägen wie die Feder sitzt. Auf der linken Seite den Stecker für die Verschleissanzeige abziehen und aus der Bremssattelöffnung herausnehmen. Der Stecker ist am "Fenster" des Bremssattelzylinders zu finden. Beachten, wie das Kabel verlegt und befestigt ist.
- Die beiden Abdeckkappen der Führungsbolzen an den in Bild 278 gezeigten Stellen entfernen und die Führungsschrauben mit einem Inbusschlüssel passender Grösse ausschrauben. Die Führungsschrauben dürfen nur gereinigt, nicht entfettet werden.
- Den Bremssattel und den inneren Bremsklotz abnehmen und mit einem Stück Schnur oder Draht hochbinden, d.h. der Bremssattel darf nicht am Schlauch herunterhängen.
- Den inneren Bremsklotz aus dem Bremssattelkolben herausnehmen, in welchem er durch einen Clip an der Metallplatte des Bremsklotzes gehalten wird.
- Die Führungen der Bremsklötze gut reinigen, jedoch keinen Bremsstaub einatmen.
- Um die neuen stärkeren Bremsklötze aufzunehmen, muss man den Kolben in den Zylinder zurückdrücken. In der Werkstatt wird dazu eine Rücksetzzange benutzt, die man in der in Bild 279 gezeigten Weise ansetzt. Falls man keine zur Verfügung hat, kann man zum Beispiel das breite Ende eines Reifenhebels benutzen, um den Kolben vorsichtig einzudrücken. Bei dieser Arbeit wird jedoch Bremsflüssigkeit in den Vorratsbehälter zurückgedrückt, der dabei überlaufen kann. Um dies zu vermeiden, benutzt man einen Säureheber, wie er zum Füllen der Batterie benutzt wird, oder eine Pipette, und saugt etwas Flüssigkeit ab.
- Die Staubschutzabdichtung der Kolben kontrollieren. Nasse oder feuchte Stellen weisen auf Undichtheiten hin. In diesem Fall muss man dem Bremssattel weitere Aufmerksamkeit schenken, d.h. er muss entweder erneuert werden oder man überholt ihn (siehe spätere Beschreibung).
- Etwas Bremsfett an die Anlageflächen der Bremsklötze schmieren und den inneren Bremsklotz einsetzen, so dass er richtig mit dem Sicherungs-Clip in Eingriff kommt. Dazu den Clip in den Kolben einsetzen und danach den Klotz nach oben kippen.
- Den äusseren Bremsklotz mit der Reibma-

terialseite zur Bremsscheibe weisend einsetzen und den Bremssattel über die eingebauten Bremsklötze setzen.

- Die Schraubenlöcher ausrichten und die beiden Führungsschrauben einsetzen. Zum Anziehen der Schrauben wieder den Inbusschlüssel benutzen. Da man mit diesem jedoch das Drehmoment nicht kontrollieren kann, sollte man sich einen Sechskanteinsatz (z.B. eine Stecknuss und den Inbusschlüssel einschieben) der passenden Stärke besorgen. Die Schrauben damit mit 30 Nm gleichmässig anziehen. Die Abdeckkappen über die Schrauben setzen.
- Die Halteklammer wie ursprünglich vorgefunden wieder einhängen.
- Kabel der Verschleissanzeige wieder anschliessen. Darauf achten, dass die Kabel wieder einwandfrei befestigt werden.
- Räder wieder anschrauben, Fahrzeug auf den Boden ablassen und die Radschrauben anziehen. Nach fertigem Einbau die Bremsen einige Male betätigen, um die Bremsklötze an die Bremsscheiben zu bringen. Danach den Flüssigkeitsstand im Vorratsbehälter des Hauptbremszylinders kontrollieren und ggf. berichtigen.

Neue Bremsklötze müssen sich am Anfang einwandfrei "einbetten", d.h. während der ersten 100 km sollte man heftiges Abbremsen vermeiden, soweit dies möglich ist.

14.1.2 Bremssattel — Ausbau, Überholung und Einbau

Ausbau

Ehe man mit der Zerlegung und Überholung eines Bremssattels beginnt, sollte man sich vorher erkundigen, ob ein Reparatursatz erhältlich ist. Ist dies nicht der Fall, kann man sich ein Überholen ersparen, da der Bremssattel erneuert werden muss.

- Vorderseite des Fahrzeuges auf Böcke setzen und die Räder abschrauben.
- Bremsklötze ausbauen wie es im letzten Kapitel beschrieben wurde.
- Um ein Auslaufen der Bremsflüssigkeit zu vermeiden, muss man den Vorratsbehälter verschliessen. Am besten dazu die Verschraubung des Behälters abschrauben und ein Stück Kunststoffolie über den Behälter legen. Wird die Verschraubung jetzt wieder aufgeschraubt, ist der Behälter luftdicht abgeschlossen.

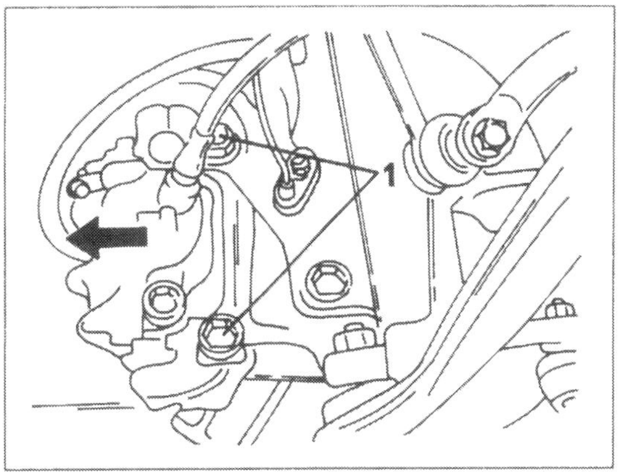

Bild 280
Nach Lösen der Schrauben (1) den Bremssattel in Pfeilrichtung abnehmen.

- Bremsleitung an der Verbindung mit dem Bremsschlauch trennen. Etwas Flüssigkeit wird dabei heraustropfen. Das Ende des Schlauchs in geeigneter Weise verschliessen (mit Klebband umwickeln).
- Den Bremssattel abnehmen. Falls erforder-

Achtung — Fahrzeuge mit ABS: Wenn wir auf den folgenden Seiten von Entlüften der Bremsanlage sprechen, nehmen wir an, dass Sie unbedingt sicher sind, dass die Anlage anschliessend einwandfrei arbeitet. Sollten die kleinsten Zweifel bestehen, fahren Sie bitte sofort bei einer BMW-Werkstatt vor, um die Leistung der Bremsen überprüfen zu lassen.

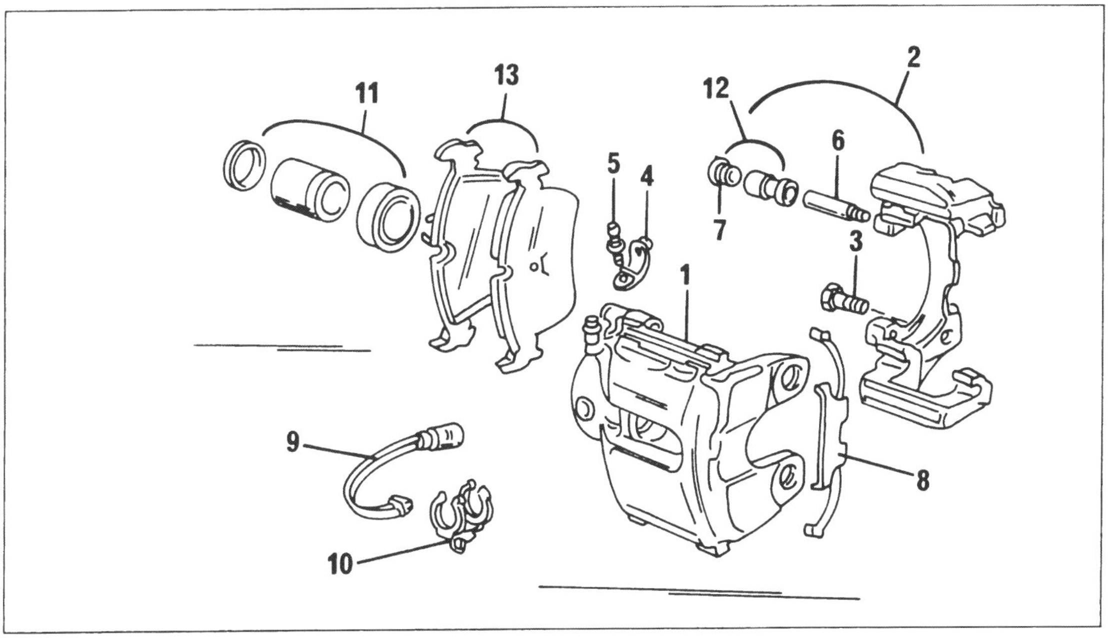

Bild 281
Anordnung der Teile eines vorderen Bremssattels.
1 Bremssattelgehäuse
2 Bremsträger
3 Sechskantschraube
4 Staubschutzkappe
5 Entlüftungsventil
6 Führungsschraube
7 Schutzstopfen
8 Haltefeder
9 Bremsbelagfühler
10 Befestigungs für Bremsbelagfühler
11 Dichtungssatz für Bremssattel
12 Reparatursatz, Führungshülse
13 Reparatursatz, Bremsklötze

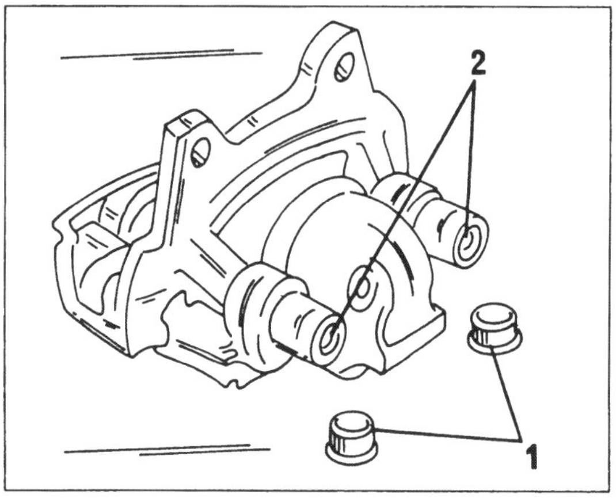

Bild 282
Die Plastikstopfen (1) sind in die Öffnungen (2) eingedrückt, in denen die Führungsschrauben sitzen.

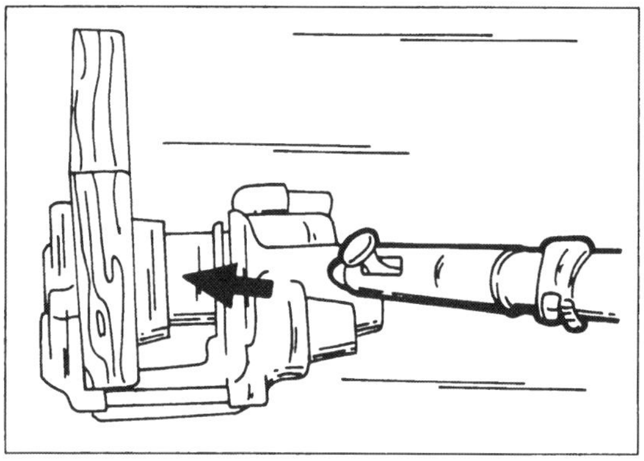

Bild 283
Ausblasen eines Bremssattelkolbens. Das Holzstück an der gezeigten Stelle einsetzen. *Finger davon fernhalten.*

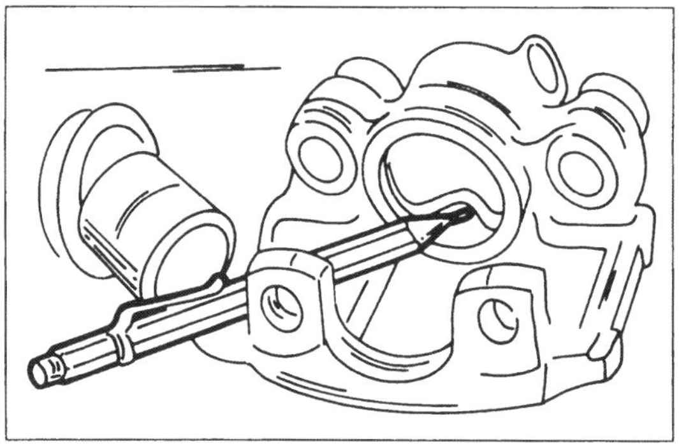

Bild 284
Ausheben des Dichtringes aus der Ringnut in der Zylinderbohrung.

lich die beiden in Bild 280 gezeigten Schrauben lösen und den Bremssattelträger in der gezeigten Pfeilrichtung vom Achsschenkel abnehmen.

Hinweis: Der Bremssattel kann auch zusammen mit den Bremsklötzen ausgebaut werden. In diesem Fall nur die beiden in Bild 280 gezeigten Schrauben lösen und den Bremssattel in Pfeilrichtung abnehmen. Ausbau der Bremsklötze und Überholung können dann auf der Werkbank durchgeführt werden.

Überholung

Die Überholung findet unter Bezug auf Bild 281 statt. Wenn beim Erneuern der Bremsklötze nasse oder feuchte Stellen in der Nähe der Staubschutzkappe des Kolbens festgestellt werden, kann man den Dichtring des Kolbens erneuern. Die Beschreibung nimmt an, dass der Bremssattel zusammen mit den Bremsklötzen ausgebaut wurde:

- Den Bremssattel gut reinigen (abwischen) und in einen Schraubstock einspannen.
- Die Plastikkappen über den Bohrungen der Führungsschrauben entfernen und die Schrauben ausdrehen (Inbusschlüssel). Diese sitzen an den in Bild 282 gezeigten Bohrungen. Die Schrauben nur abwischen, nicht mit fettlösenden Mitteln reinigen. Die Schrauben dürfen vor dem Einbau auch nicht eingefettet werden.
- Den Bremssattel zerlegen, d.h. die Bremsklötze herausnehmen.
- Mit einem Schraubenzieher die Staubmanschette vom Ende des Kolbens und vom Bremssattel abheben. Bei dieser Bremssattelausführung wird kein Sicherungsring zum Halten der Staubschutzmanschette benutzt, wie dies bei anderen Ausführungen des gleichen Herstellers der Fall ist.
- Ein Stück Holz in die Öffnung des Bremssattels einsetzen (vor dem Kolben) und eine Luftleitung am Anschluss des Bremsschlauches ansetzen. *Bild 283 zeigt wie man den Kolben ohne Verletzungsgefahr ausblasen kann.* Die Arbeit kann man vielleicht an einer Tankstelle durchführen. Auch eine Fusspumpe könnte bereits ausreichen.
- Die in den Bremssattel eingesetzten Führungshülsen prüfen. Diese sind in einem Reparatursatz enthalten und bestehen aus Gummibüchsen und den innen eingesetzten Büchsen. Alte Teile ausdrücken und neue Teile einschieben.
- Mit einem stumpfen Gegenstand (Holz oder Kunststoff) den Zylinderdichtring vorsichtig aus der Bohrung heben, wie es in Bild 284 zu sehen ist.
- Alle Teile gründlich in Bremsflüssigkeit oder Spiritus reinigen. Falls starke Verschleissanzeichen in der Bohrung festgestellt werden können, ist es am besten, wenn man den gesamten Bremssattel erneuert. Eine materialabnehmende Bearbeitung von Bremssattelbohrung oder Kolben ist nicht zulässig, d.h. auf keinen Fall mit Sandpapier abschmirgeln.
- Zum Zusammenbau einen Reparatursatz benutzen. Alle im Satz enthaltenen Teile müssen verwendet werden.
- Zuerst den Dichtring in die hintere Ringnut der Zylinderbohrung einsetzen und gut andrücken. Den Dichtring gut mit Bremsfett einschmieren (z.B. Ate-Bremszylinderpaste).
- Die Staubschutzmanschette zuerst auf den Kolben aufziehen. Danach die Dichtwulst in die vordere Nut der Zylinderbohrung einsetzen (Pfeilstellen, Bild 285), den Kolben in Bremsflüs-

sigkeit eintauchen und ihn gerade in die Bohrung einschieben. Ein Stück Holz dazu benutzen. Während dem Einpressen darauf achten, dass die Staubschutzmanschette nicht aus den Nuten springt und dass sich der Kolben nicht verkantet.

- Den Kolben weiter in die Bohrung einschieben, bis er in der richtigen Lage sitzt. Darauf achten, dass sich die Staubschutzkappe richtig in die vorgeschriebenen Falten legt. Falls angebracht, den Befestigungsring der Staubschutzkappe einsetzen.
- Falls erforderlich die Hülsen der Führungsbolzen jetzt erneuern. Dazu die Nylonbüchse jeder Lagerung zusammendrücken und dann die Büchsen aus den Bohrungen des Bremssattels drücken. Neue Büchsen werden in umgekehrter Reihenfolge wieder in den Bremssattelträger eingedrückt.
- Die Bremsklötze können jetzt wieder eingebaut werden oder man baut sie bei eingebautem Bremssattel ein. Um die Sicherungsfeder einzusetzen, muss man den Bremsklotz ganz nach aussen drücken.

Einbau des Bremssattels

- Falls abgeschraubt den Bremssattelträger am Achsschenkel befestigen und die beiden Schrauben mit 110 Nm anziehen. Diese Schrauben halten den gesamten Bremssattel an der Vorderachse (zum Unterschied der Führungsschrauben).
- Bremsschlauch am Bremssattel anschrauben, den Schlauch in die richtige Lage bringen und die Leitungsverbindung herstellen.
- Bremsklötze wieder montieren, wie es bereits beschrieben wurde, falls dies noch nicht durchgeführt wurde.
- Die Kunststoffolie auf dem Vorratsbehälter des Hauptbremszylinders entfernen, Flüssigkeitsstand ggf. berichtigen und den Deckel wieder aufschrauben.
- Alle anderen Arbeiten in umgekehrter Reihenfolge durchführen. Die Bremsanlage muss entlüftet werden, wie es später beschrieben ist, da durch das Abschliessen des Bremsschlauchs Luft in die Anlage eingedrungen ist.

14.1.3 Bremsscheiben

Ehe man eine Bremsscheibe ausbaut, sollte man sie auf Schlag kontrollieren, da Bremsscheiben sich manchmal verziehen. Die Bremsscheibe wird durch eine Schraube gehalten, die aber nicht die gesamte Scheibe unbedingt gegen die Radnabe drückt. Um dies zu gewährleisten, schraubt man eine der Radschrauben mit einem Distanzstück gegenüber der Bremsscheibenschraube in die Radnabe und zieht sie an. Die Befestigung ist dadurch links und rechts gleich.

- An der Bremszange eine Messuhr mit einem Messuhrhalter anbringen (Magnetfuss) und den Stift der Messuhr 10 mm von der Aussenkante entfernt gegen die Fläche der Bremsscheibe ansetzen.
- Die Bremsscheibe langsam durchdrehen und den Schlag an der Messuhr ablesen. Der Schlag darf nicht mehr als 0,10 mm betragen. Nicht aller Schlag ist unbedingt auf die Bremsscheibe zurückzuführen, da auch durch Radlagerspiel ein gewisser Schlag verursacht werden kann. Bild 286 zeigt wie man eine Messuhr in geeigneter Weise befestigen kann, vorausgesetzt, dass man eine solche Messuhr zur Verfügung hat.

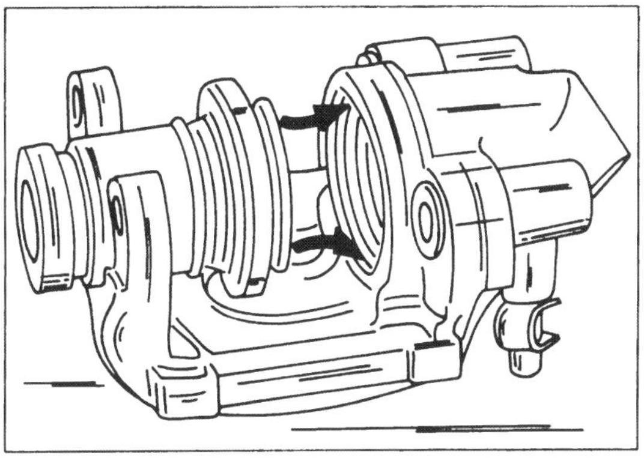

Bild 285
Einsetzen der Staubschutzmanschette in die Rille des Bremssattelzylinders. Danach den Kolben einschieben.

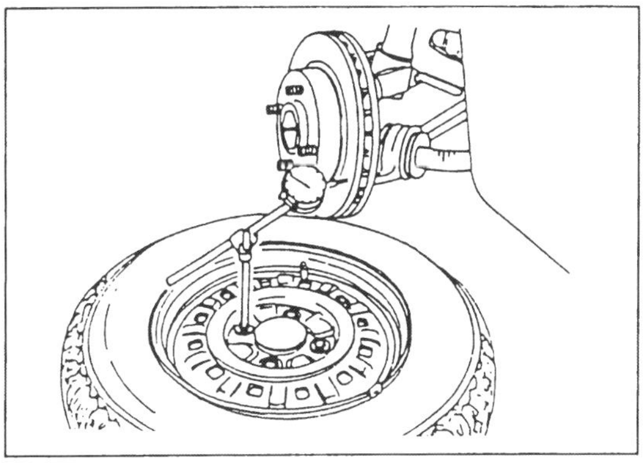

Bild 286
Bremsscheiben können in der gezeigten Weise auf Schlag gemessen werden. Andernfalls kann eine Messuhr mit Magnetfuss am Achsschenkel angesetzt werden.

- Beim Durchdrehen der Scheibe die Reibfläche auf Rillen, Narben, usw. kontrollieren. Mit diesen Schönheitsfehlern versehene Bremsscheiben müssen in den meisten Fällen erneuert werden.

Bremsscheiben können, falls erforderlich, nachgeschliffen werden, um sie wieder verwendungsfähig zu machen. Dabei ist auf die Angaben in der Mass- und Einstelltabelle zu achten, die die Mindeststärke angibt, die bei Schleifarbeiten zu beachten ist. Falls Sie die Arbeiten in einer gewöhnlichen Mechaniker-Werkstatt durchführen lassen, müssen Sie darauf hinweisen, dass die Planflächigkeit der beiden Seiten innerhalb einer Mindesttoleranz beibehalten wird.

Im allgemeinen gilt:
Falls sich die Stärke der Bremsscheibe der Mindeststärke genähert hat oder diese unterschreitet, darf der alte Bremsklotzsatz noch bis zur Verschleissgrenze aufgebraucht werden. Neue Bremsklötze darf man nur einbauen, wenn die Bremsscheibe dicker als die Mindeststärke ist. Die Erneuerung einer Bremsscheibe bedeutet ebenfalls die Erneuerung der zweiten Scheibe.

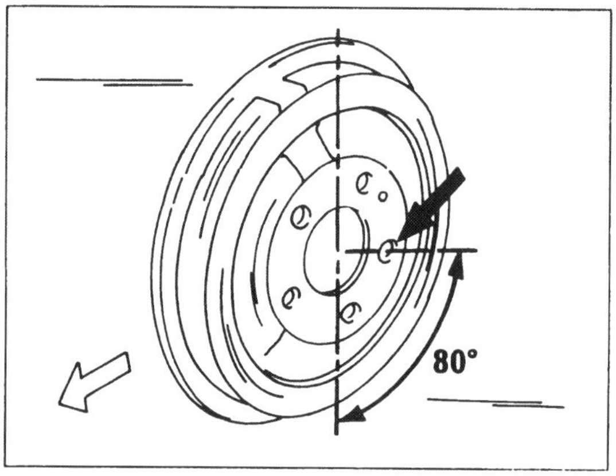

Bild 287
Die Bremstrommel in die gezeigte Lage drehen und an der mit dem Pfeil bezeichneten Stelle den Schraubenzieher wie in Bild 288 gezeigt einsetzen und nach innen drücken.

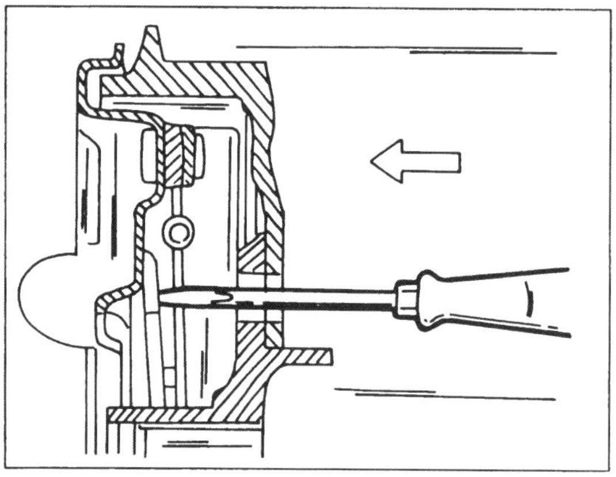

Bild 288
Zurückstellen des Handbremshebels in der Innenseite der Bremstrommel.

Zum Ausbau einer Bremsscheibe:
- Falls das Rad bereits wie oben beschrieben abgenommen wurde, die zur Schlagkontrolle benutzte Radschraube entfernen.
- Bremsklötze ausbauen, wie es in Kapitel 14.1.1 beschrieben wurde. Den Bremssattel mit einem Stück Draht hochbinden. Der Bremssattel kann auch mit eingebauten Bremsklötzen abmontiert werden, jedoch wird unserer Ansicht nach der Einbau dadurch erschwert.
- Die Schraube in der Aussenseite der Bremsscheibe entfernen und die Bremsscheibe von der Radnabe abnehmen. Falls erforderlich mit einem Gummihammer nachhelfen.

Vor Einbau der Bremsscheibe die Anlagefläche von Scheibe und Radnabe mit Schmirgelleinwand mit einer feinen Körnung säubern. Auch sichtbare Grate entfernen. Wird eine neue Bremsscheibe eingebaut, muss man sie von Fett reinigen.
- Die Bremsscheibe aufsetzen, mit einem Gummihammer gut anschlagen und die Schraube eindrehen. Die Schraube mit 16 Nm anziehen.
- Die Bremsscheibe in der oben beschriebenen Weise auf Schlag kontrollieren. Plötzlich aufgetretener Schlag kann durch Einklemmen eines Fremdkörpers zwischen den beiden Anlageflächen zustandegekommen sein. In diesem Fall die Schraube wieder abmontieren und die Flächen nochmals sauberwischen.
- Die Bremsklötze montieren, wie es in Kapitel 14.1.1 beschrieben wurde (falls sie ausgebaut wurden). Die Schrauben des Bremssattels mit 110 Nm anziehen.
- Fahrzeug wieder auf den Boden ablassen und die Radbolzen anziehen.

14.2 Hinterrad-Trommelbremsen

14.2.1 Aus- und Einbau einer Bremstrommel

Wie bei der Vorderradbremse sind auch bei der Hinterradbremse die Hinweise hinsichtlich asbesthaltiger Bremsbeläge zu beachten.
- Rückseite des Fahrzeuges auf Böcke aufsetzen, die Räder abschrauben und die Handbremse lösen.
- Die Handbremsseile am Handbremshebel lösen.
- Die Befestigungsschraube der Bremstrommel in der Stirnfläche mit einem Kreuzschlitzschraubenzieher lösen und die Bremstrommel abziehen. Falls die Trommel nicht sofort herunterkommt, muss man den Nachstellmechanismus in der Innenseite der Bremstrommel zurückstellen. Dazu eine der Radbolzenbohrungen in die in Bild 287 gezeigte Stellung bringen (genau gesagt ist dies 80° hinter der Senkrechten an der Unterseite). Danach einen Schraubenzieher in die Bohrung einführen und den Handbremshebel zurückdrücken, wie es in Bild 288 dargestellt ist. Manchmal ist es auch möglich, dass die Bremstrommel etwas angerostet ist. In diesem Fall muss man sie mit einem Gummihammer beschlagen.

Allen sichtbaren Schmutz von der freigelegten Bremse entfernen (keine Pressluft benutzen — siehe oben). Die Bremstrommeln können, falls erforderlich, nachgeschliffen werden, um sie wieder verwendungsfähig zu machen. Dabei ist

auf das in der Mass- und Einstelltabelle angegebene Höchstmass zu achten. Trommeln dürfen vor allen Dingen nicht unrund sein, da die Bremsbacken sonst nicht einwandfrei anpressen können. Die Reibfläche muss nach dem Ausdrehen sauber und glatt aussehen.
Die Anlagefläche der Trommel (an der Innenseite) und der Radnabe mit feiner Schmirgelleinwand säubern. Die Trommel aufstecken und mit einem Gummihammer anschlagen, bis man die Schraube einsetzen kann. Die Schraube mit 16 Nm anziehen.
Nach Einbau der Trommel die Fussbremse ca. 20 bis 25 mal betätigen, um den Nachsteller in Funktion zu setzen. Der Nachsteller muss hörbar klicken.
Abschliessend die Handbremsseile anschliessen und die Handbremse einstellen, wie es weiter hinten beschrieben wird. Kontrollieren, dass man die Trommel nach fertigem Einbau und gelöster Handbremse leicht drehen kann.

14.2.2 Erneuerung der Bremsbacken

Bremsbacken auf beiden Seiten erneuern, auch wenn eine Seite noch gut aussehen sollte.

- Rückseite des Fahrzeuges auf Böcke setzen und die Hinterräder abschrauben. Vorderräder sicherheitshalber gut verkeilen.
- Die Bremstrommel ausbauen, wie es bereits beschrieben wurde.
- Man sieht sich jetzt die freigelegte Bremse gut an und macht sich eine Skizze, wenn man die Arbeit zum ersten Mal durchführt. In Bild 291 ist eine linke Hinterradbremse gezeigt. Unter Bezug auf das Bild kann man die Arbeiten durchführen. Groben Schmutz vor Beginn der Arbeiten mit einem feuchten Lappen abwischen.
- Mit einem Finger von der Rückseite gegen die Backenankerstifte drücken und den Federteller an der Vorderseite des Backens mit einer Zange erfassen, wie es in Bild 289 zu sehen ist,

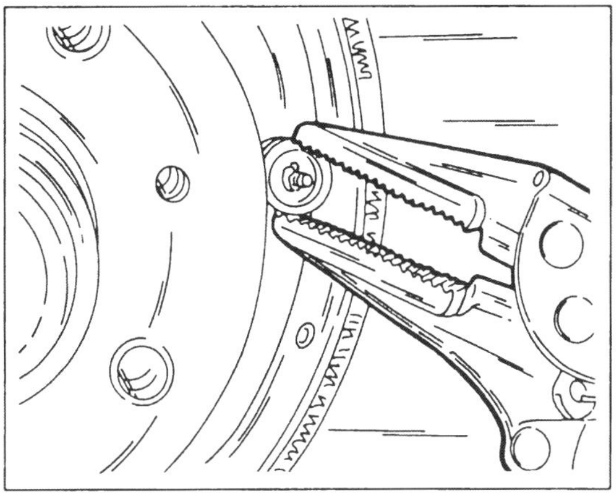

Bild 289
Federsitz mit einer Zange erfassen und verdrehen, bis man den Backenankerstift aushängen kann.

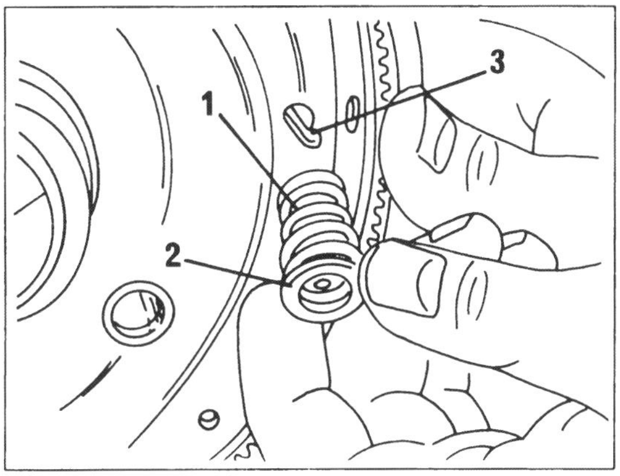

Bild 290
Feder (1) und Federteller (2) abnehmen, während man von innen gegen den Backenankerstift (3) drückt.

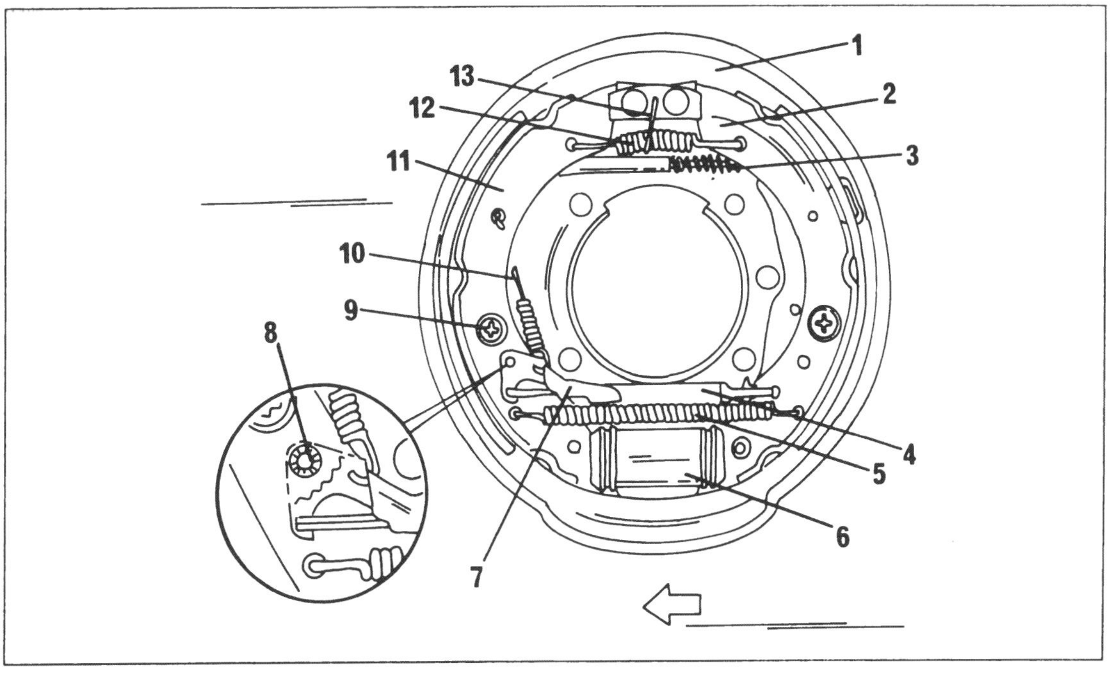

Bild 291
Ansicht der linken Hinterrad-Trommelbremse.
1 Ankerplatte
2 Bremsbacken mit Handbremshebel
3 Handbremsseil
4 Nachstelleinheit
5 Rückzugfeder am Radbremszylinder
6 Radbremszylinder
7 Nachstellhebel
8 Tellerscheibe
9 Backenankerstift
10 Rückzugfeder für Nachstellhebel
11 Ablaufbremsbacken
12 Rückzugfeder an der Abstützung
13 Federklammer

ihn nach innen drücken und verdrehen, bis der Stiftkopf durch den Federteller geführt werden kann. Federteller, Feder und Stift abnehmen. Diese Arbeiten an beiden Backen durchführen. Bild 291 zeigt das Abnehmen der Feder (2). Den Stift (3) aus der Rückseite der Bremsträgerplatte herausziehen.

- Mit einer Federzange die obere Feder aus einer Seite aushängen.
- Mit einem Schraubenzieher den Bremsbacken nach aussen drücken, bis man das Ende des Backens über das Abstützlager heben kann. Die lockere Feder jetzt herausnehmen. Unbedingt Bild 291 ansehen, damit man sich die Einbaulage der Teile einprägen kann.
- Die Rückzugfeder an der Unterseite mit einer Zange aushängen und die beiden Bremsbacken abnehmen. Dabei sind die Rückzugfeder (10) für den Nachstellhebel und das Handbremsseil auszuhängen. Beim Abnehmen der Bremsbacken nicht die Gummimanschetten des Radbremszylinders beschädigen.
- Die Nachstelleinheit abnehmen.
- Sofort ein Gummiband um die noch eingebauten Radbremszylinder wickeln, damit die Kolben nicht herauskommen können. Auf keinen Fall aus Versehen das Bremspedal betätigen, da sonst die Kolben herausspringen. Falls man nasse Stellen sehen kann, sollte man die Kante der Manschette abheben und darunter sehen. Falls mehr Flüssigkeit sichtbar ist, muss man dem Radbremszylinder weitere Aufmerksamkeit schenken.

Da die Backen beider Seiten ausgebaut wurden muss man wissen, dass man sie nicht vermischen darf. Der linke und rechte Nachsteller arbeiten in entgegengesetzte Richtungen.

Alle Teile gründlich reinigen. Der Radbremszylinder wurde bereits erwähnt. Verzogene oder schwach aussehende Rückzugfedern sollte man vorsichtshalber erneuern, da sie zum ungleichmässigen Ziehen der Bremsen führen können.

- Nach gründlicher Reinigung die Berührungsstellen der Bremsbacken an der Bremsträgerplatte mit etwas Heisslagerfett einschmieren.
- Die Nachsteller sollten immer zerlegt und gereinigt werden. Die Gewinde mit etwas Heisslagerfett einschmieren und die Teile mehrere Male zusammenschrauben und wieder auseinanderdrehen. Sie müssen sich leicht drehen lassen.
- Den Gummiring vom Radbremszylinder entfernen, den ersten Backen ansetzen und mit dem Ankerstift und den anderen Teilen in ähnlicher Weise wie beim Ausbau wieder befestigen. Den Nachsteller dazwischen einsetzen. Den anderen Backen in gleichen Weise befestigen.
- Die beiden unteren Backenenden in die Kolben des Radbremszylinders einsetzen. Das Handbremsseil oben einhängen und die Backen in die richtige Lage heben. Den Nachstellmechanismus in die Mitte der Backen einsetzen.
- Die Rückzugfeder zwischen Nachstellhebel und Bremsbacken mit einer Zange von aussen einhängen.
- Die obere Rückzugfeder auf einer Seite einhängen, mit einer Zange auf die andere Seite strecken und in das Ankerloch des anderen Backens einsetzen. Darauf achten, dass man dabei nicht mit der Zange abrutscht, da eine wegfliegende Feder zu Verletzungen führen kann.
- Die Bremsbackenankerstifte in umgekehrter Reihenfolge wieder montieren und an der Aussenseite befestigen.
- Die Bremstrommel kann jetzt wieder montiert werden. Kann man sie nicht über die Backen setzen, muss der Nachsteller zurückgestellt werden, d.h. man verringert die Länge der Verstellerstange.
- Nach Einbau der Bremstrommel das Bremspedal von einer zweiten Person betätigen lassen, während man gleichzeitig ein Ohr an die Trommel hält. Ein "Klicken" in der Innenseite der Trommel gibt an, dass der Nachstellmechanismus einwandfrei arbeiten sollte.

Neue Bremsbacken müssen sich zuerst an die Bremstrommelflächen "anbetten", d.h. beim anfänglichen Betätigen der Bremsen mit der notwendigen Vorsicht vorgehen.

14.2.3 Radbremszylinder

Ehe man einen Radzylinder zur Überholung vorsieht, muss man sich immer vergewissern, dass man einen Reparatursatz erhalten kann. Vor dem späteren Zusammenbau die Teile im Reparatursatz mit den ausgebauten Teilen vergleichen, um den Einbau der richtigen Teile zu gewährleisten.

Ausbau

- Fahrzeug hinten auf Unterstellböcke setzen, das Rad abschrauben und die Bremstrommel abmontieren. Ebenfalls die Bremsbacken ausbauen, wie es bereits beschrieben wurde, da ein Ausbau bei eingebauten Backen ziemlich schwierig ist.
- Im Motorraum den Deckel des Vorratsbehälters für den Hauptbremszylinder abdrehen, ein Stück Kunststoffolie darüberlegen und den Deckel wieder aufdrehen. Dadurch wird die Bremsflüssigkeit in der Anlage gehalten.
- Die Überwurfmutter der Bremsleitung an der Rückseite der Bremsträgerplatte abschrauben

und die Leitung herausziehen. Die Leitung vorsichtig zur Seite biegen. Auslaufende Bremsflüssigkeit mit einem Lappen aufsaugen. Das Leitungsende mit einem Stück Klebband umwickeln, um den Eintritt von Schmutz zu vermeiden.

● Die beiden Schrauben des Zylinders entfernen und den Zylinder von der Aussenseite her herausnehmen.

Hinweis: Um den Ausbau ohne Demontage der Bremsbacken durchzuführen, die untere Rückzugfeder aushängen und nach Abschrauben des Zylinders in der beschriebenen Weise die Backen unten auseinanderdrücken, bis man die Kolben des Zylinders aus dem Eingriff mit den Backenenden bringt. Dabei nicht die Staubschutzkappen auf dem Radbremszylinder beschädigen.

Überholung

Bild 292 zeigt ein Montagebild eines Radbremszylinders und die Überholungsarbeiten können unter Bezug auf dieses Bild durchgeführt werden. Ehe man einen Radbremszylinder jedoch zerlegt, muss man sich vorher erkundigen, ob man einen Reparatursatz für den Radbremszylinder erhalten kann.

Nach Abziehen einer der Gummikappen springen die Kolben normalerweise heraus (durch den Druck der Feder). Passiert dies nicht, kann man den Zylinder auf eine Holzunterlage aufschlagen. Die Manschetten herausnehmen. Dabei beachten, in welche Richtung die Dichtlippe weist.

Alle Teile gründlich reinigen und die Metallteile kontrollieren. Riefen oder Narben in der Bohrung bedeuten den Einbau eines neuen Zylinders. In einem Reparatursatz enthaltene Teile müssen alle eingebaut werden.

● Neue Manschetten mit Bremsflüssigkeit oder Bremsfett einschmieren und die erste Manschette mit der Dichtlippe nach innen weisend in die Bohrung einschieben. Den ebenfalls eingeschmierten Kolben auf dieser Seite einschieben und gegen die Manschette drücken.

● Von der anderen Seite die Rückholfeder einsetzen und die zweite Manschette in die Bohrung einführen. Den Kolben in die Bohrung schieben, ohne dass man den Kolben auf der anderen Seite dabei herausschiebt.

● Auf beiden Enden die Gummistaubschutzkappen am Kolben und am Zylindergehäuse anbringen. Den Zylinder jetzt von Bremsflüssigkeit oder Bremsfett reinigen.

Wird der Zylinder nicht sofort eingebaut, wickelt man ihn in einen Lappen ein.

Einbau

● Zylinder von aussen an der Bremsträgerplatte ansetzen. Die Bremsbacken dabei nach aussen drücken, falls sie noch eingebaut sein. Die Gummikappen nicht an den Kanten der Bremsbacken beschädigen. Die Schraube mit 10 Nm anziehen.

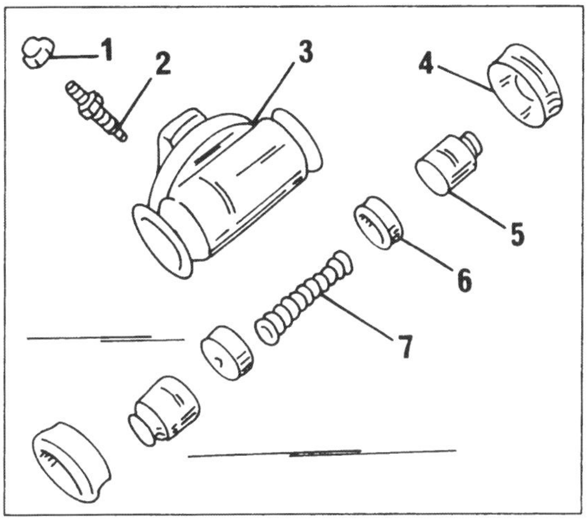

Bild 292
Montagebild eines Radbremszylinders.
1 Staubschutzkappe
2 Entlüftungsschraube
3 Radbremszylinder
4 Staubschutzkappe
5 Radbremszylinderkolben
6 Gummimanschette
7 Rückholfeder

● Bremsflüssigkeitsleitung an der Rückseite anschliessen und die Mutter mit 16 Nm anziehen. Unbedingt das Gewinde einwandfrei anfädeln, ehe man die Mutter anzieht (andernfalls wird das Feingewinde im schlimmen Fall zerstört).

● Falls die Bremsenteile noch eingebaut sind, die Bremsbacken vorsichtig in die Aufnahmen der Kolben hineinheben und die untere Rückzugfeder einhängen. Falls die Backen ausgebaut wurden, muss man sie entsprechend den Anweisungen wieder montieren.

● Bremstrommel wieder montieren, wie es bereits beschrieben wurde.

● Die Kunststoffolie vom Vorratsbehälter entfernen und die Bremsanlage entlüften, wie es später beschrieben wird.

14.2.4 Bremsträgerplatten — Aus- und Einbau

Die Bremsbacken, der Radbremszylinder und die Radnabeneinheit müssen ausgebaut werden, um die Bremsträgerplatte abzunehmen. Die diesbezüglichen Arbeiten sind in den betreffenden Kapiteln beschrieben — siehe Kapitel "Hinterachsantrieb und Antriebswellen", Seite 97.

14.3 Hinterrad-Scheibenbremsen

Bei den Bremssätteln handelt es sich um soge-

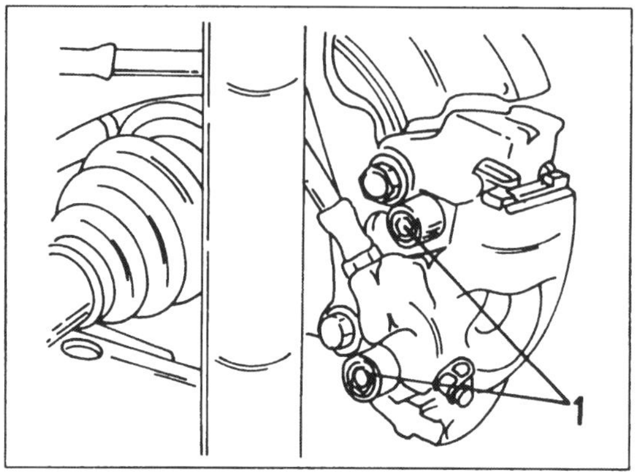

Bild 293
Die mit den Pfeilen bezeichneten Führungsschrauben (1) mit einem Inbusschlüssel herausdrehen, nachdem man die darüber sitzenden Plastikkappen entfernt hat.

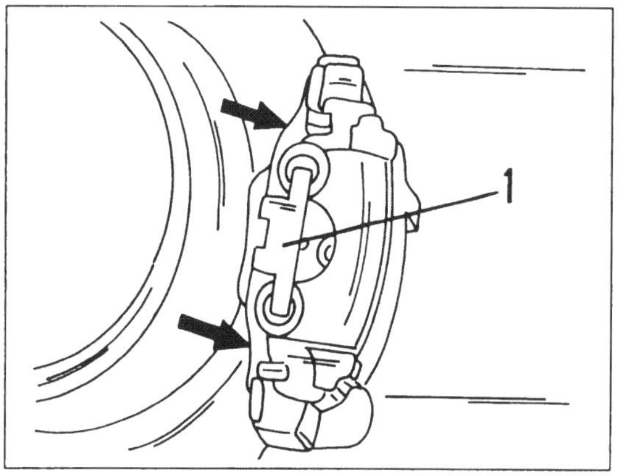

Bild 294
Befestigung der Haltefeder (1). Den Bremssattel in Pfeilrichtung von der Achse abnehmen und hochbinden.

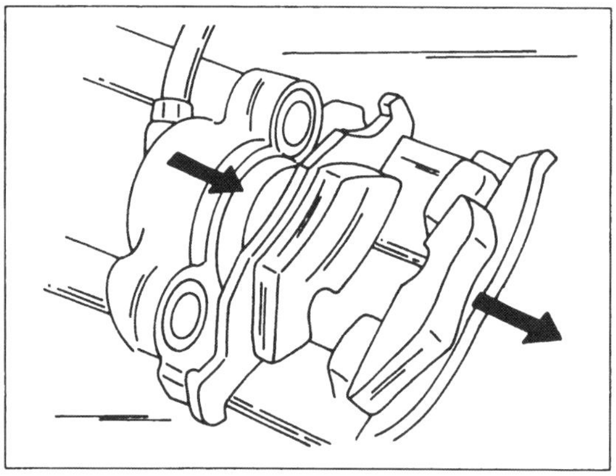

Bild 295
Die beiden Bremsklötze in gezeigter Weise aus dem Bremsattel herausnehmen. Der Halte-Clip am inneren Bremsklotz ist in Bild 296 zu sehen.

nannte Gleitsättel. Sie haben einen Kolben, welcher durch den Druck der Bremsflüssigkeit einen Bremsklotz gegen die Bremsscheibe drückt. Kann sich der Kolben nicht weiter nach aussen bewegen, wird der Bremssattel auf den Gleitbolzen gegen die andere Seite gedrückt und bringt den zweiten Bremsklotz gegen die Bremsscheibe. Beide Bremsklötze reiben jetzt gegen die betreffenden Flächen der Bremsscheibe.

14.3.1 Aus- und Einbau der Bremsklötze

Die Bremsklötze müssen im Satz auf beiden Seiten erneuert werden. Niemals nur auf einer Seite erneuern, obwohl die Beläge auf der anderen Seite noch einwandfrei aussehen. Ein ungleichmässiges Abbremsen wäre bestimmt das Ergebnis.

Die Hinweise auf Seite 123 vor Angriff der Arbeiten durchlesen, besonders Einatmen von Bremsstaub und Reinigen von Teilen der Bremsanlage. Handelsüblicher Brennspiritus oder spezielle Reinigungsflüssigkeiten für Bremsenteile sollten immer bereitstehen, wenn man an den Bremsen arbeitet. Beim Ausbau der Bremsklötze folgendermassen vorgehen. Die Arbeiten auf beiden Seiten durchführen:

- Vorderräder verkeilen und die Rückseite des Fahrzeuges auf Unterstellböcke setzen. Die Hinterräder abschrauben.
- Auf der rechten Seite den Stecker der Verschleiss-Warnanzeige abziehen und aus der Bremssattelöffnung herausnehmen. Beachten, wie das Kabel verlegt ist.
- Die beiden Abdeckkappen der Führungsbolzen an den in Bild 293 gezeigten Stellen entfernen und die Führungsschrauben mit einem Inbusschlüssel passender Grösse ausschrauben. Die Führungsschrauben dürfen nur gereinigt, nicht entfettet werden. Auch beim Einbau darf kein Fett an die Schrauben geschmiert werden.
- Die Haltefeder unter Bezug auf Bild 294 ausbauen und den Bremssattel nach hinten herausziehen und mit einem Stück Schnur oder Draht hochbinden, d.h. der Bremssattel darf nicht am Schlauch herunterhängen.
- Den inneren Bremsklotz aus dem Bremssattelkolben herausnehmen, in welchem er durch einen Clip an der Metallplatte des Bremsklotzes gehalten wird. Bild 295 zeigt die Ausbauweise der Teile.
- Die Führungen der Bremsklötze gut reinigen, jedoch keinen Bremsstaub einatmen.
- Um die neuen stärkeren Bremsklötze aufzunehmen, muss man den Kolben in den Zylinder zurückdrücken. In der Werkstatt wird dazu eine Rücksetzzange benutzt, die man in der in Bild 279 bei der Vorderradbremse gezeigten Weise ansetzt. Falls man keine zur Verfügung hat, kann man zum Beispiel das breite Ende eines Reifenhebels benutzen, um den Kolben vorsichtig einzudrücken. Bei dieser Arbeit wird jedoch Bremsflüssigkeit in den Vorratsbehälter zurückgedrückt, der dabei überlaufen kann. Um dies zu vermeiden, benutzt man einen Säureheber, wie er zum Füllen der Batterie benutzt wird, oder eine Pipette, und saugt damit etwas Flüssigkeit ab.
- Die Staubschutzabdichtung der Kolben kontrollieren. Nasse oder feuchte Stellen weisen auf Undichtheiten hin. In diesem Fall muss man dem Bremssattel weitere Aufmerksamkeit schenken, d.h. er muss entweder erneuert werden oder

man überholt ihn (siehe spätere Beschreibung).

Vor Erneuerung der Bremsklötze
Bremsklötze dürfen nur erneuert werden, wenn die Stärke der Bremsscheibe grösser als die Mindeststärke ist oder dieser gleichkommt. Dies bedeutet, dass man die Stärke der Bremsscheibe ausmessen muss, wie es beschrieben ist.

Beim Einbau der Bremsklötze folgendermassen vorgehen:
- Etwas Bremsfett an die Anlageflächen der Bremsklötze schmieren (siehe Hinweis, Seite 124) und den inneren Bremsklotz einsetzen, so dass er richtig mit dem Sicherungs-Clip in Eingriff kommt. Dazu den Clip in den Kolben einsetzen und danach den Klotz nach oben kippen. In Bild 296 kann man die mit dem Bremsfett einzuschmierenden Stellen sehen. Der Clip am inneren Bremsklotz ist ebenfalls zu sehen.
- Den äusseren Bremsklotz mit der Reibmaterialseite zur Bremsscheibe weisend einsetzen und den Bremssattel über die eingebauten Bremsklötze setzen.
- Die Schraubenlöcher ausrichten und die beiden Führungsschrauben einsetzen. Zum Anziehen der Schrauben wieder den Inbusschlüssel benutzen. Da man mit diesem jedoch das Drehmoment nicht kontrollieren kann, sollte man sich einen Sechskanteinsatz (z.B. eine Stecknuss und den Inbusschlüssel einschieben) der passenden Stärke besorgen. Die Schrauben damit mit 35 Nm gleichmässig anziehen. Die Abdeckkappen über die Schrauben setzen.
- Die Halteklammer wie ursprünglich vorgefunden wieder einhängen (Bild 294).
- Kabel der Verschleissanzeige wieder anschliessen. Darauf achten, dass die Kabel wieder einwandfrei befestigt werden. Unbedingt kontrollieren, dass das Kabel nach Anschrauben des Rades nicht an der Felge scheuern kann.
- Räder wieder anschrauben, Fahrzeug auf den Boden ablassen und die Radschrauben anziehen. Nach fertigem Einbau die Bremsen einige Male betätigen, um die Bremsklötze an die Bremsscheiben zu bringen. Danach den Flüssigkeitsstand im Vorratsbehälter des Hauptbremszylinders berichtigen.

Neue Bremsklötze müssen sich am Anfang einwandfrei "einbetten", d.h. während der ersten 100 km sollte man heftiges Abbremsen vermeiden, soweit dies möglich ist.

14.3.2 Bremssattel — Ausbau, Überholung und Einbau

Die auf Seite 123 gegebenen Hinweise müssen vor Beginn irgendwelcher Arbeiten durchgelesen werden, damit man sich alle auf die folgenden Arbeiten gezielten Vorsichtsmassnahmen einprägen kann.

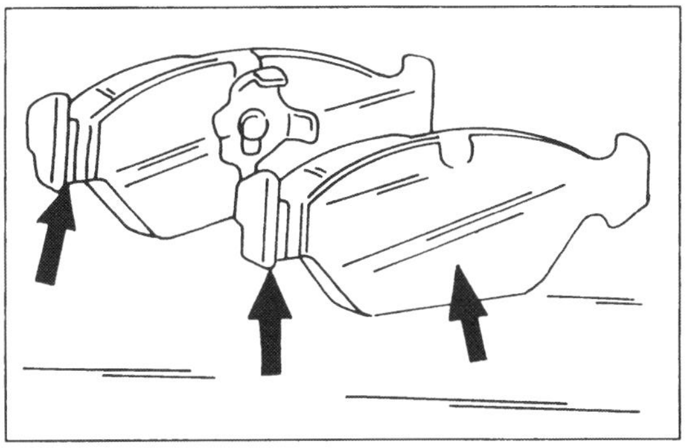

Bild 296
Die mit den Pfeilen gezeigten Stellen mit Bremsfett einschmieren.

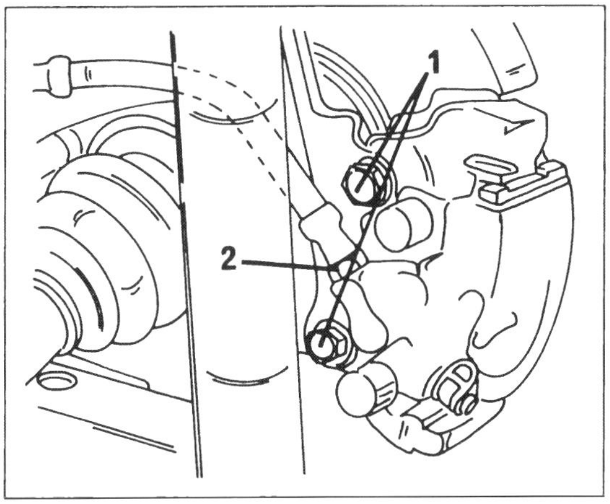

Bild 297
Ein eingebauter, hinterer Bremssattel.
1 Schlauchanschluss
2 Bremssattelschrauben

Ausbau
Ehe man mit der Zerlegung und Überholung eines Bremssattels beginnt, sollte man sich vorher erkundigen, ob ein Reparatursatz erhältlich ist. Ist dies nicht der Fall, kann man sich ein Überholen ersparen, da der Bremssattel erneuert werden muss.
- Rückseite des Fahrzeuges auf Böcke setzen und die Räder abschrauben.
- Bremsklötze ausbauen wie es im letzten Kapitel beschrieben wurde. Man kann den Bremssattel jedoch auch mit eingebauten Bremsklötzen abmontieren.
- Um ein Auslaufen der Bremsflüssigkeit zu vermeiden, muss man den Vorratsbehälter verschliessen. Am besten dazu die Verschraubung des Behälters abschrauben und ein Stück Kunststoffolie über den Behälter legen. Wird die Verschraubung jetzt wieder aufgeschraubt, ist der Behälter luftdicht abgeschlossen.
- Das in Bild 297 gezeigte Sechskant des Bremsschlauches (2) lockern und die beiden gezeigten Schrauben (1) der Bremssattelbefestigung lösen. Den Bremsschlauch durch Drehen vom Bremsschlauch abschliessen. Wird der

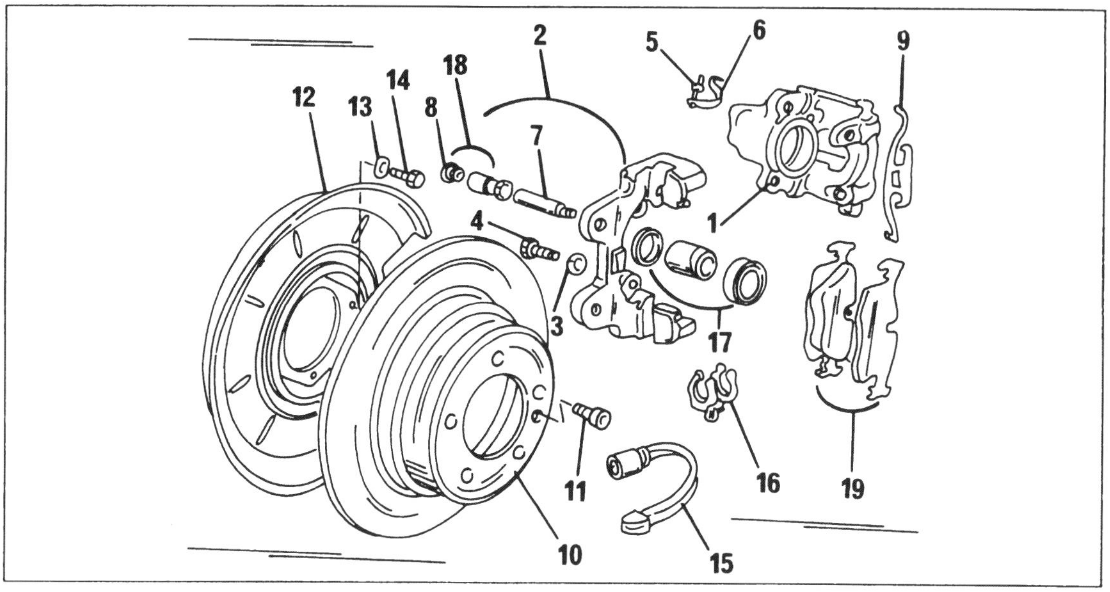

Bild 298
Anordnung der Teile eines hinteren Bremssattels.
1 Bremssattelgehäuse
2 Bremsträger
3 Sechskantschraube und Scheibe
4 Bundschraube
5 Entlüftungsventil
6 Staubschutzkappe
7 Führungsschraube
8 Plastik-Schutzstopfen
9 Haltefeder
10 Bremsscheibe
11 Innensechskantschraube
12 Schutzblech
13 Scheibe
14 Sechskantschraube
15 Bremsbelagfühler
16 Halter
17 Kolbenabdichtungen (im Satz)
18 Führungsbüchse, kpl.
19 Bremsklotzsatz

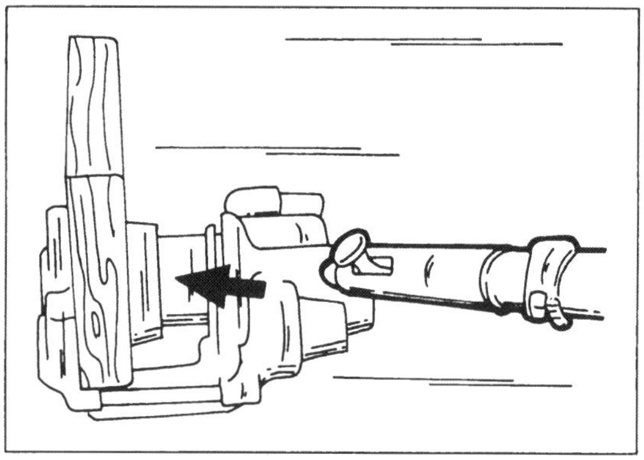

Bild 299
Ein Kolben kann ohne Verletzungsgefahr und Beschädigung des Kolbens ausgeblasen werden, wenn man ein Holzstück an der gezeigten Stelle einsetzt.

Bild 300
Die Führungsbüchsen sind an den Stellen (1) links und rechts in den Bremssattel eingesetzt. Sie kommen im Satz.

rechte Bremssattel ausgebaut, muss der Stecker für die Verschleissanzeige vorher abgeschlossen werden.

Überholung

Die Überholung findet unter Bezug auf Bild 298 statt. Wenn beim Erneuern der Bremsklötze nasse oder feuchte Stellen in der Nähe der Staubschutzkappe des Kolbens festgestellt werden, kann man den Dichtring des Kolbens erneuern.

Die Beschreibung nimmt an, dass der Bremssattel zusammen mit den Bremsklötzen ausgebaut wurde:

- Den Bremssattel gut reinigen (abwischen) und in einen Schraubstock einspannen.
- Die Plastikkappen über den Bohrungen der Führungsschrauben entfernen und die Schrauben ausdrehen (Inbusschlüssel). Diese sitzen an den in Bild 294 gezeigten Bohrungen. Die Schrauben nur abwischen, nicht mit fettlösenden Mitteln reinigen. Die Schrauben dürfen vor dem Einbau auch nicht eingefettet werden.
- Den Bremssattel zerlegen, d.h. die Bremsklötze herausnehmen.
- Mit einem Schraubenzieher die Staubmanschette vom Ende des Kolbens und vom Bremssattel abheben. Bei dieser Bremssattelausführung wird kein Sicherungsring zum Halten der Staubschutzmanschette benutzt, wie dies bei anderen Ausführungen des gleichen Herstellers der Fall ist.
- Ein Stück Holz in die Öffnung des Bremssattels einsetzen (vor dem Kolben) und eine Luftleitung am Anschluss des Bremsschlauches ansetzen. *Bild 299 zeigt wie man den Kolben ohne Verletzungsgefahr ausblasen kann.* Die Arbeit kann man vielleicht an einer Tankstelle durchführen. Auch eine Fusspumpe könnte bereits ausreichen.
- Die in den Bremssattel eingesetzten Führungshülsen prüfen. Diese sind in einem Reparatursatz enthalten und bestehen aus Gummibüchsen und den innen eingesetzten Büchsen. Alte Teile ausdrücken und neue Teile einschieben. Die Zusammensetzung der Büchsen ist in Bild 300 zu sehen.
- Mit einem stumpfen Gegenstand (Holz oder Kunststoff) den Zylinderdichtring vorsichtig aus

der Bohrung heben, wie es in Bild 301 zu sehen ist.

● Alle Teile gründlich in Bremsflüssigkeit oder Spiritus reinigen. Falls starke Verschleissanzeichen in der Bohrung festgestellt werden können, ist es am besten, wenn man den gesamten Bremssattel erneuert. Eine materialabnehmende Bearbeitung von Bremssattelbohrung oder Kolben ist nicht zulässig, d.h. auf keinen Fall mit Sandpapier abschmirgeln.

● Zum Zusammenbau einen Reparatursatz benutzen. Alle im Satz enthaltenen Teile müssen verwendet werden.

● Zuerst den Dichtring in die hintere Ringnut der Zylinderbohrung einsetzen und gut andrücken. Den Dichtring gut mit Bremsfett einschmieren (z.B. Ate-Bremszylinderpaste).

● Die Staubschutzmanschette zuerst auf den Kolben aufziehen. Danach die Dichtwulst in die vordere Nut der Zylinderbohrung einsetzen (Pfeilstellen, Bild 302), den Kolben in Bremsflüssigkeit eintauchen und ihn gerade in die Bohrung einschieben. Ein Stück Holz dazu benutzen. Während dem Einpressen darauf achten, dass die Staubschutzmanschette nicht aus den Nuten springt und dass sich der Kolben nicht verkantet.

● Den Kolben weiter in die Bohrung einschieben, bis er in der richtigen Lage sitzt. Darauf achten, dass sich die Staubschutzkappe richtig in die vorgeschriebenen Falten legt. Falls angebracht, den Befestigungsring der Staubschutzkappe einsetzen.

● Falls erforderlich die Hülsen der Führungsbolzen jetzt erneuern. Dazu die Nylonbüchse jeder Lagerung zusammendrücken und dann die Büchsen aus den Bohrungen des Bremssattels drücken. Neue Büchsen werden in umgekehrter Reihenfolge wieder in den Bremssattelträger eingedrückt.

● Die Bremsklötze können jetzt wieder eingebaut werden oder man baut sie bei eingebautem Bremssattel ein. Um die Sicherungsfeder einzusetzen, muss man den Bremsklotz ganz nach aussen drücken.

Einbau des Bremssattels

● Den Bremsschlauch am Bremssattel anschrauben und provisorisch festziehen. Wichtig ist, dass der Schlauch nach dem endgültigen Festziehen wieder die ursprüngliche Lage einnimmt.

Den Bremssattelträger wieder montieren und die beiden Schrauben mit 67 Nm anziehen. Ein Innensechskantschlüssel (Inbusschlüssel) ist zu benutzen, um die Führungsschrauben des Bremssattels anzuziehen, falls die Bremsklötze später eingebaut werden.

● Bremsschlauch am Bremssattel jetzt festziehen. Jetzt kontrollieren, dass der Schlauch einwandfrei sitzt. Sollte dies nicht der Fall sein, muss man die Verbindung am anderen Ende lösen und den Schlauch entsprechend verdrehen.

● Bremsklötze wieder montieren, wie es bereits beschrieben wurde, falls dies noch nicht durchgeführt wurde.

● Die Kunststoffolie auf dem Vorratsbehälter des Hauptbremszylinders entfernen, Flüssigkeitsstand ggf. berichtigen und den Deckel wieder aufschrauben.

● Alle anderen Arbeiten in umgekehrter Reihenfolge durchführen. Die Bremsanlage muss entlüftet werden, wie es später beschrieben ist, da durch das Abschliessen des Bremsschlauchs Luft in die Anlage eingedrungen ist.

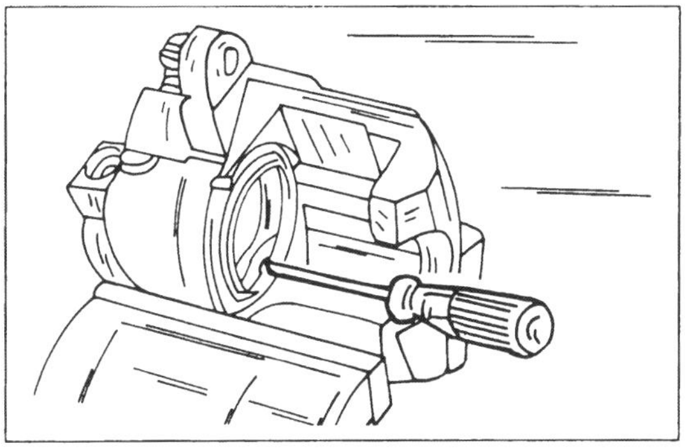

Bild 301
Ausheben des Dichtringes aus der Rille der Zylinderbohrung.

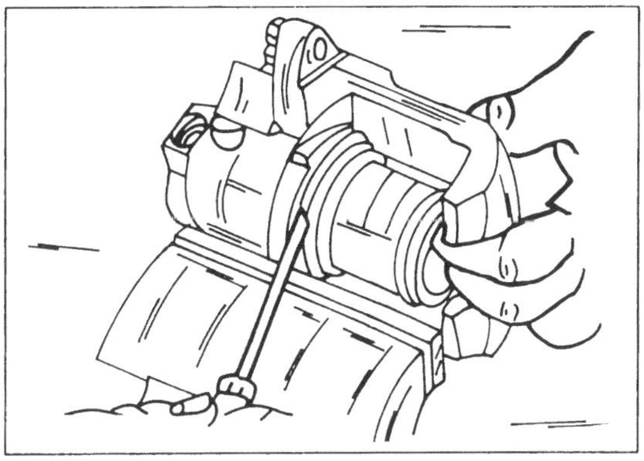

Bild 302
Einsetzen der Staubschutzmanschette in die Rille des Bremssattelzylinders. Danach den Kolben einschieben.

14.3.3 Bremsscheiben

Ehe man eine Bremsscheibe ausbaut, sollte man sie auf Schlag kontrollieren, da Bremsscheiben sich manchmal verziehen. Die Bremsscheibe wird durch eine Schraube gehalten, die aber nicht die gesamte Scheibe unbedingt gegen die Radnabe drückt. Um dies zu gewährleisten, schraubt man eine der Radschrauben mit einem Distanzstück gegenüber der Bremsscheibenschraube in die Radnabe und zieht sie an (oder man benutzt zwei Schrauben). Die Befestigung ist dadurch links und rechts gleich.

● An der Bremszange eine Messuhr mit einem Messuhrhalter anbringen (Magnetfuss) und den Stift der Messuhr 10 mm von der Aussenkante entfernt gegen die Fläche der Bremsscheibe ansetzen.

● Die Bremsscheibe langsam durchdrehen, indem man die Radschraubenkurbel in der in Bild 303 gezeigten Weise ansetzt, und den Schlag an der Messuhr ablesen. Der Schlag darf nicht mehr als 0,10 mm betragen. Nicht aller Schlag ist unbedingt auf die Bremsscheibe zurückzuführen, da auch durch Radlagerspiel ein gewisser Schlag verursacht werden kann.

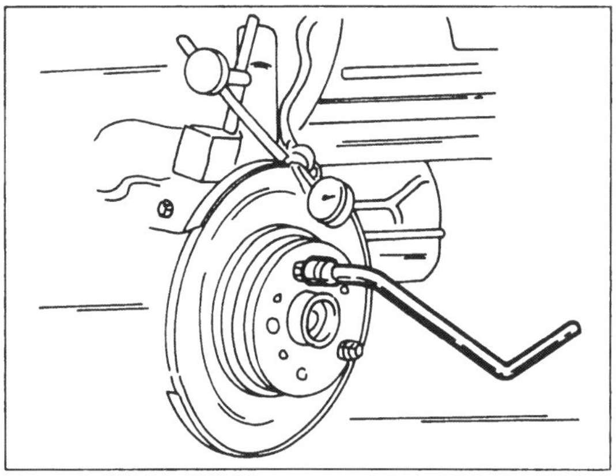

Bild 303
Ausmessen einer hinteren Bremsscheibe auf Schlag. Die Bremsscheibe kann mit einer Radmutternkurbel gedreht werden.

● Beim Durchdrehen der Scheibe die Reibfläche auf Rillen, Narben, usw. kontrollieren. Mit diesen Schönheitsfehlern versehene Bremsscheiben müssen in den meisten Fällen erneuert werden.

Bremsscheiben können, falls erforderlich, nachgeschliffen werden, um sie wieder verwendungsfähig zu machen. Dabei ist auf die Angaben in der Mass- und Einstelltabelle zu achten, die die Mindeststärke angibt, die bei Schleifarbeiten zu beachten ist. Falls Sie die Arbeiten in einer gewöhnlichen Mechaniker-Werkstatt durchführen lassen, müssen Sie darauf hinweisen, dass die Planflächigkeit der beiden Seiten innerhalb einer Mindesttoleranz beibehalten wird. Bremsscheiben sollten an mindestens 8 Stellen des Umfangs ausgemessen werden, um das Mittelmass zu erhalten.

Im allgemeinen gilt:
Falls sich die Stärke der Bremsscheibe der Mindeststärke genähert hat oder diese unterschreitet, darf der alte Bremsklotzsatz noch bis zur Verschleissgrenze aufgebraucht werden. Neue Bremsklötze darf man nur einbauen, wenn die Bremsscheibe dicker als die Mindeststärke ist. Die Erneuerung einer Bremsscheibe bedeutet ebenfalls die Erneuerung der zweiten Scheibe, um ein ungleichmässiges Ziehen der Bremsen zu vermeiden.

Zum Ausbau einer Bremsscheibe:

● Falls das Rad bereits wie oben beschrieben abgenommen wurde, die zur Schlagkontrolle benutzte Radschraube entfernen.

● Bremsklötze ausbauen, wie es in Kapitel 14.3.1 beschrieben wurde. Den Bremssattel mit einem Stück Draht hochbinden. Der Bremssattel kann auch mit eingebauten Bremsklötzen abmontiert werden, jedoch wird unserer Ansicht nach der Einbau dadurch erschwert. In diesem Fall die beiden Sechskantschrauben lösen.

● Die Schraube in der Aussenseite der Bremsscheibe entfernen und die Bremsscheibe von der Radnabe abnehmen. Falls erforderlich mit einem Gummihammer nachhelfen.

Vor Einbau der Bremsscheibe die Anlagefläche von Scheibe und Radnabe mit Schmirgelleinwand mit einer feinen Körnung säubern. Auch sichtbare Grate entfernen. Wird eine neue Bremsscheibe eingebaut, muss man sie von Fett reinigen.

● Die Bremsscheibe aufsetzen, mit einem Gummihammer gut anschlagen und die Schraube eindrehen. Die Schraube mit 16 Nm anziehen.

● Die Bremsscheibe in der oben beschriebenen Weise auf Schlag kontrollieren. Plötzlich aufgetretener Schlag kann durch Einklemmen eines Fremdkörpers zwischen den beiden Anlageflächen zustandegekommen sein. In diesem Fall die Schraube wieder abmontieren und die Flächen nochmals sauberwischen.

● Die Bremsklötze montieren, wie es in Kapitel 14.2.1 beschrieben wurde (falls sie ausgebaut wurden). Die Schrauben des Bremssattels mit 67 Nm anziehen.

● Fahrzeug wieder auf den Boden ablassen und die Radbolzen anziehen.

14.4 Hauptbremszylinder

Achtung — Fahrzeuge mit ABS: Unter keinen Umständen einen Hauptbremszylinder selbst ausbauen, wenn das Fahrzeug mit ABS ausgerüstet ist. Falls durch das Abschliessen von Leitungen Luft in das Hydrogerät der Anlage eindringen kann, muss die Hochdruckanlage in der Werkstatt entlüftet werden. *Durch Falschmontage können lebensgefährliche Situationen hervorgerufen werden.*

Die folgende Beschreibung bezieht sich aus diesem Grund nur auf Fahrzeuge bei denen kein ABS eingebaut ist.

Vor Durchführung der Arbeiten alle auf Seite 123 angeführten Vorsichtsmassnahmen durchlesen.

Ein Hauptbremszylinder, gleich welcher Ausführung, kann nicht repariert werden. Ein Zylinder ist als verschlossenes Gerät zu betrachten.
Beim Ausbau folgendermassen vorgehen:

- Massekabel der Batterie unter Beachtung der Vorsichtsmassnahmen (Seiten 1 und 2) abklemmen.
- Um besseren Zugang zum Hauptbremszylinder zu erhalten, kann man die im Wege liegenden Stecker abziehen.
- Verschlussverschraubung des Ausgleichsbehälters abschrauben und die Flüssigkeit aus dem Behälter absaugen. Falls Sie daran denken, dazu einen Schlauch zu benutzen, um die Flüssigkeit mit dem Mund auszusaugen, sollten Sie dies sofort vergessen. *Bremsflüssigkeit ist giftig.* Entweder benutzt man einen Sauger mit Gummiball oder besser noch, man öffnet eine der Entlüftungsschrauben an einer Bremse, schiebt einen Schlauch aus und "pumpt" die Anlage durch Betätigen des Bremspedals leer. Die Flüssigkeit wird natürlich in ein untergehaltenes Gefäss geleitet.
- Den Verbindungsstecker an der Seite des Zylinders vom Geber des Bremsflüssigkeitsstands abziehen.
- Den Ausgleichsbehälter vorsichtig mit einem Schraubenzieher aus den Gummitüllen des Zylinders herausdrücken. Die Dichtgummi abnehmen, falls sie mit herausgekommen sind. Am Ausgleichsbehälter angeschlossene Schläuche abziehen. Der Behälter wird in der in Bild 305 gezeigten Weise herausgekippt.
- Die Anschlussgegend der Bremsleitungen gut reinigen, einen dicken Lappen unter die Leitungsanschlüsse legen und die Überwurfmuttern lösen und ausschrauben. Die Leitungen kann man in geeigneter Weise zeichnen, falls es Zweifel über die Anschlussstelle gibt. Leitungsenden in geeigneter Weise gegen Eindringen von Schmutz schützen.
- Die beiden Befestigungsmuttern des Zylinders am Bremskraftverstärker lösen und den Zylinder vorsichtig abheben. Die Muttern müssen immer erneuert werden.

Der Einbau geschieht in umgekehrter Reihenfolge wie der Ausbau. Die beiden Dichtringe in der Oberseite des Hauptbremszylinders erneuern, falls sie nicht mehr einwandfrei aussehen. Zum Einschmieren der Dichtringe kein Bremsfett benutzen, nur Bremsflüssigkeit.
Der Ausgleichsbehälter wird nach Montage des Zylinders ähnlich wie in Bild 305 wieder in die richtige Lage gedrückt.
Nach fertigem Einbau die Bremsanlage mit Bremsflüssigkeit auffüllen und entlüften, wie es später für Fahrzeuge ohne ABS beschrieben wird.

14.5 Bremskraftverstärker

Achtung — Fahrzeuge mit ABS: Da der Hauptbremszylinder dieser Fahrzeuge nicht in Eigenregie aus- und eingebaut werden kann und der Bremskraftverstärker (Bremsservo) hinter dem Zylinder sitzt, muss man das genannte Teil in einer Werkstatt erneuern lassen.

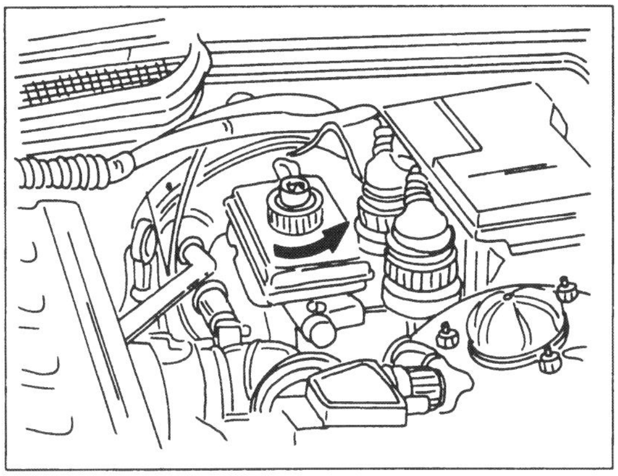

Bild 304
Die Verschlusskappe abschrauben (Pfeilrichtung) und die Flüssigkeit absaugen.

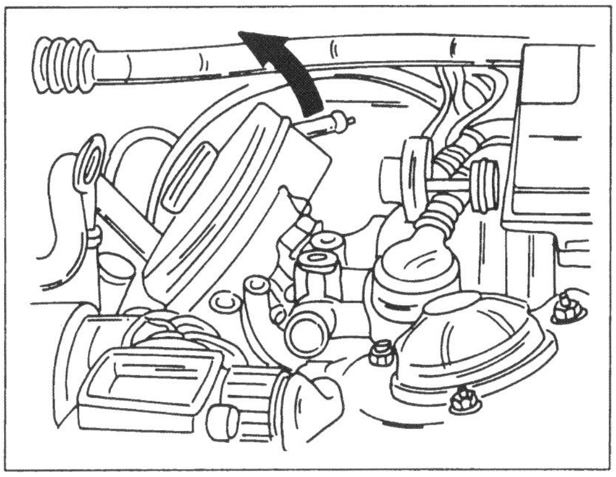

Bild 305
Den Ausgleichbehälter in Pfeilrichtung ankippen und herausheben. Die Schläuche (unten) sind nicht unbedingt aufgesteckt.

Die folgenden Anweisungen beziehen sich nur auf Fahrzeuge ohne ABS:
Um die Arbeitsweise des Bremskraftverstärkers zu kontrollieren, das Bremspedal bei stehendem Motor einige Male betätigen, um den ausgespeicherten Unterdruck auszuscheiden. Den Fuss auf dem Pedal halten und den Motor anlassen. Während sich der Unterdruck aufbaut, sollte man fühlen, dass das Bremspedal nachgibt, sich also dem Boden nähert. Den Motor ca. 2 Minuten im Leerlauf laufen lassen (Fuss immer noch auf dem Pedal) und den Motor abstellen. Der Fussdruck sollte sich nicht verändert. Bei weiteren Betätigungen des Pedals muss dieses jedoch wieder absinken.
Ehe man sofort den Bremskraftverstärker verdächtigt, sollte man vorher das Rückschlagventil überprüfen, da dieses defekt sein könnte. Andernfalls muss der Bremsservo erneuert werden, da keine Reparaturen daran möglich sind (mit Ausnahme des Rückschlagventils).

Beim Ausbau des Bremskraftverstärkers folgendermassen vorgehen:

- Hauptbremszylinder ausbauen, wie es bereits beschrieben wurde.
- Den Unterdruckschlauch vom Rückschlagventil abziehen.
- Die Befestigungsschrauben der Verkleidungstafel für die Instrumententafel unten links lösen, die Tafel von den Clips lösen und herausnehmen.
- Die Rückzugfeder am Bremspedal mit einer Zange aushängen, die Sicherungsklammer aus dem Splintbolzen der Pedal-Druckstangen-Verbindung herausnehmen und den Bolzen aus dem Gabelkopf ziehen.
- Die vier Befestigungsmuttern des Bremskraftverstärkers lösen (Bild 306) und das Gerät aus dem Fahrzeug heben.

Der Einbau geschieht in umgekehrter Reihenfolge wie der Ausbau, unter Beachtung der folgenden Punkte:

- Falls der Bremskraftverstärker erneuert wurde, das Material der Schallisolierung vom alten auf das neue Gerät übertragen.
- Die Pedalverbindung zur Stösselstange mit etwas Fett einschmieren. Den Bolzen einschieben und mit der Klammer sichern.
- Nach fertigem Einbau das Bremsservogerät kontrollieren, wie es oben beschrieben wurde.

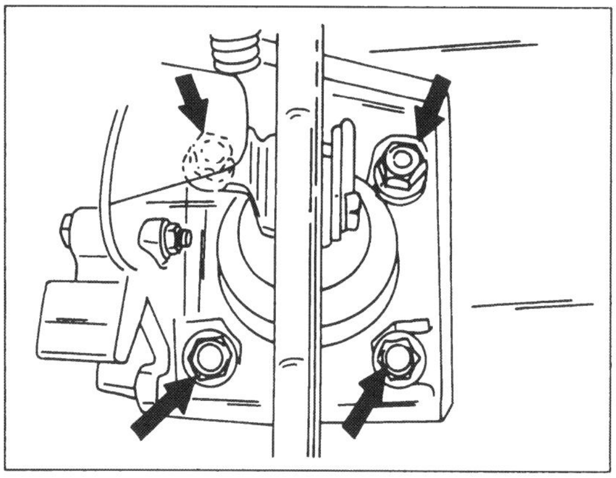

Bild 306
Der Bremskraftverstärker ist an den gezeigten Stellen mit Muttern befestigt.

14.5.1 Rückschlagventil im Bremskraftverstärker ersetzen

Zum Ausbau den Unterdruckschlauch vom Bremskraftverstärker abziehen und das Ventil durch Hin- und Herwackeln herausziehen. Dabei nicht die Gummitülle stören.

Das Ventil könnte verstopft sein. Zur Kontrolle das Ventil gut reinigen und von der Bremsservoseite durch das Ventil blasen. Falls man durchblasen kann, liegt keine Verstopfung vor. Falls die Gummitülle nicht mehr einwandfrei aussieht, kann man sie erneuern.

Der Einbau des Rückschlagventils geschieht in umgekehrter Reihenfolge. Wiederum darauf achten, dass man die Gummitülle nicht verschiebt oder gar beschädigt. Nach Einbau den Bremskraftverstärker in der beschriebenen Weise auf Funktion überprüfen.

14.6 Handbremse (Feststellbremse)

14.6.1 Handbremse einstellen

Falls Trommelbremsen an den Hinterrädern montiert sind, muss man vor Kontrolle und Einstellung der Handbremse das Bremspedal einige Male durchtreten, damit sich die Bremsbacken an die Bremstrommeln heranstellen können.

Ganz gleich, welche Bremsen-Kombination eingebaut ist, muss man den Handbremshebel aus der Ruhestellung unter gleichzeitiger Zählung der "Rasten" anziehen. Bei einer guten Einstellung darf sich der Hebel nicht mehr als 7 bis 8 Rasten ziehen lassen (10 Rasten sind noch soeben zulässig). Andernfalls die Handbremse folgendermassen einstellen.

Die Handbremse muss immer nach Durchführung der folgenden Arbeiten eingestellt werden:

- Die Bremsbacken wurden erneuert.
- Die Bremstrommel oder Bremsscheiben wurden erneuert.
- Die Nachstelleinrichtung der Trommelbremsen wurde zurückgestellt. Dazu folgendes: Um zu gewährleisten, dass die Nachstelleinrichtung einwandfrei arbeitet, kann man die Räder abschrauben und die Trommel mit zwei der Radbolzen (evt. mit Scheiben) wieder fest anziehen. Die Trommel verdrehen, bis man durch eine der Radbolzenbohrungen das Verstellerrädchen sehen kann (mit Taschenlampe hineinleuchten). Ein Helfer betätigt jetzt das Bremspedal, während man innen sehen kann, ob sich das Rädchen bewegt.

Mit Trommelbremsen der Hinterräder

- Den Handbremshebel einige Male anziehen und wieder in die Ruhestellung zurückbringen.
- Vorderräder verkeilen und die Rückseite des Fahrzeuges auf Böcke setzen.
- Um an die Einstellmuttern der Handbremsseile zu kommen, muss man die Abdeckmanschette ausheben. Bild 307 zeigt, wie dies durchgeführt wird.
- Die Kontermutter mit einem Gabelschlüssel lockern. Wir möchten darauf hinweisen, dass man schlecht an die Mutter kommt. Deswegen wird in der Werkstatt auch ein Spezialschlüssel

benutzt. Die Muttern sitzen an der Unterseite des Handbremshebels. Bild 308 zeigt wie man die Mutter eines Handbremsseils lockert. Das andere Seilende hat ebenfalls zwei Muttern.

- Den Handbremshebel auf die sechste Raste anziehen und die beiden Einstellmuttern gleichmässig anziehen, bis man die beiden Hinterräder fast nicht mehr durchdrehen kann.
- Die Handbremse wieder zurücklassen und kontrollieren, dass sich die Räder frei durchdrehen lassen.
- Den Hebel von einem Helfer auf die zweite Raste anziehen und kontrollieren, dass die Bremsbacken bereits "beissen". Auf den 6. bis 7. Zahn müssen die Räder feststehen.
- Die Einstellmuttern in der Endstellung lassen und die Kontermuttern dagegen anziehen.
- Fahrzeug wieder auf den Boden ablassen. Die Kontrolleuchte "Handbremse angezogen" sollte auf Funktion überprüft werden.

Mit Scheibenbremsen an den Hinterrädern

Aufgrund der in der Innenseite der Bremsscheiben eingebauten Backen zur Betätigung der Handbremse, müssen einige Vorbereitungsarbeiten durchgeführt werden, ehe die eigentliche Nachstellung der Handbremsseile in der oben beschriebenen Weise am Handbremshebel durchgeführt wird. Um den richtigen Ausdruck zu brauchen, man spricht bei der Handbremse von einer Duo-Servo-Handbremse.

- Einen Radbolzen aus den beiden Hinterrädern ausschrauben, die Vorderräder verkeilen und die Rückseite des Fahrzeuges auf Böcke setzen.
- Das Rad verdrehen, bis die Gewindebohrung in Fahrtrichtung gesehen, ca. 65° hinter der Senkrechten an der Oberseite steht, wie man es in Bild 309 sehen kann.
- Die Einstellschraube wird jetzt mit einem Schraubendreher verdreht, bis sich das Rad bzw. die Bremsscheibe nicht mehr verdrehen lässt. Der Schraubendreher wird entsprechend Bild 310 eingeschoben, jedoch ist die Verstellrichtung zu beachten:

— Beim linken Rad den Schraubendreher in Richtung (a) verstellen, um die Bremsscheibe festzustellen.
— Beim rechten Rad den Schraubendreher in Richtung (b) verstellen.

14.6.2 Handbremsbacken ersetzen

Darunter fallen natürlich auch der Aus- und Einbau der Bremsbacken der Duo-Servo-Bremse. Wir möchten darauf hinweisen, dass in der Werkstatt ein Spezialwerkzeug zum Lösen der Spannstifte, d.h. der Backenankerstifte benutzt

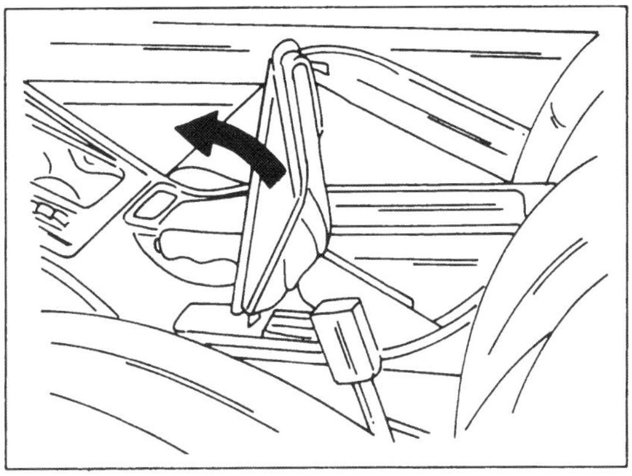

Bild 307
Die Abdeckung über dem Handbremshebel abnehmen, ehe man an die Kontermuttern und Einstellmuttern heran kann.

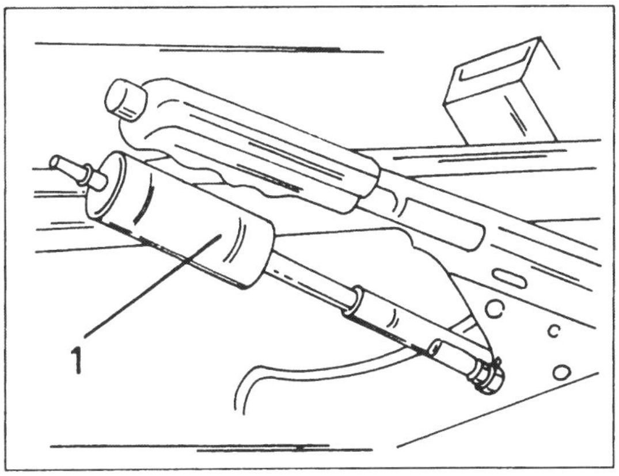

Bild 308
Das Spezialwerkzeug 34 1 030 (1) ermöglicht ein gleichzeitiges Lockern der Kontermutter und Verstellen der Einstellmutter. Andernfalls muss man sich mit zwei Gabelschlüsseln behelfen.

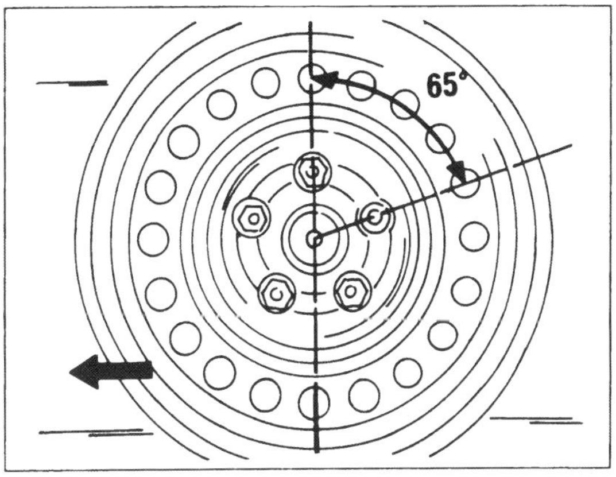

Bild 309
An der gezeigten Stelle sitzt das Verstellrädchen in der Innenseite der Bremsscheibe. Der Radbolzen muss ausgeschraubt werden.

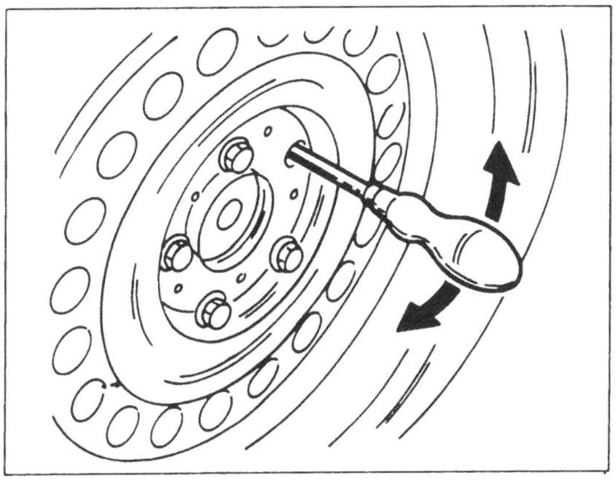

Bild 310
Schraubendreher einsetzen und entsprechend den Angaben im Text bewegen.

Bild 311
Als erste Stufe beim Ausbau wird die obere Rückzugfeder ausgehängt.

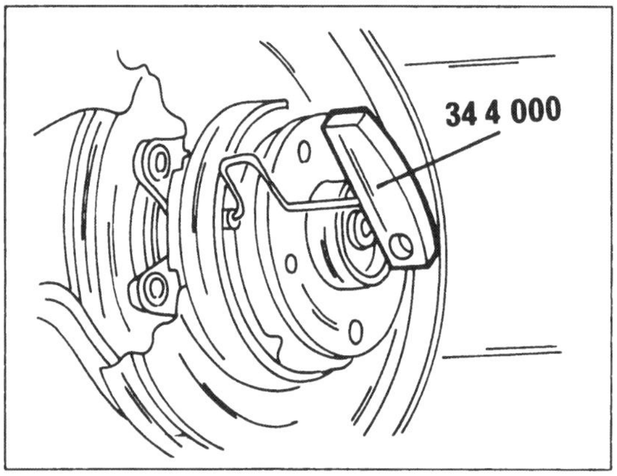

Bild 312
Benutzung des Spezialwerkzeuges 34 4 000 zum Lösen der Bremsbakkenankerstifte.

wird. Das Werkzeug wird im Verlauf der Beschreibung erwähnt und ausserdem ist eine Ausweichmöglichkeit angegeben, doch wird die Arbeit dabei etwas erschwert.

Werden die Bremsbacken in der Werkstatt erneuert, gelten die untenstehenden Vorschriften. Machen Sie die Arbeiten selbst, sollten sie ebenfalls beachtet werden:

- Die Handbremse muss einwandfrei und gleichmässig eingestellt sein.
- Bei nachlassender Bremswirkung, oder Austausch der Bremsscheiben oder der Bremsbacken, unterzieht man das Fahrzeug einer Probefahrt. Bei einer Fahrgeschwindigkeit von ca. 40 km/h die Handbremse betätigen, bis man einen Widerstand der Bremsen spüren kann.

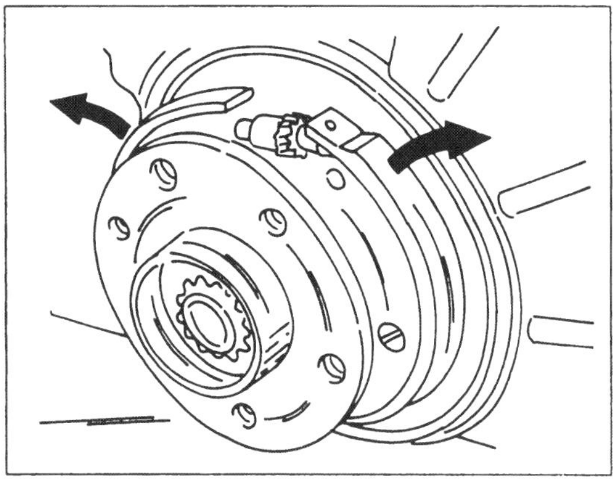

Bild 313
Abnehmen der Bremsbacken. Oben rechts ist das Rädchen des Verstellers zu sehen. Dessen Lage zum dazugehörigen Bremsbacken seitenmässig kennzeichnen.

Anschliessend den Handbremshebel um eine weitere Raste anziehen und in dieser Stellung weitere 400 Meter fahren (am Tagestacho ablesen). Natürlich gilt als selbstverständlich, dass man eine verkehrsarme Strasse benutzt und dass Ihnen keine anderen Fahrzeuge folgen.

- Die Handbremse steht in keiner Verbindung mir der Betriebsbremse und unterliegt daher nur einem kleinen Verschleiss. Aufgrund von Strassenschmutz, Korrosion und dergleichen ist es aber schon mal möglich, dass sich die Beläge der Handbremse nach langer Zeit abnutzen.

Beim Erneuern der Backen folgendermassen vorgehen:

- Die Bremsscheibe hinten ausbauen, wie es auf Seite 135 beschrieben wurde.
- Die an Bild 311 mit dem Pfeil gezeigte Rückzugfeder aushängen.
- Die Bremsbackenankerstifte ausbauen. Das in Bild 312 gezeigte Spezialwerkzeug ist am Ende mit einem Sechskant versehen, welches in das Innensechskant der Ankerstifte eingreift. Die Stifte werden um 90° verdreht, um sie zu befreien. Die Stifte und die Federn danach abnehmen. Man kann jedoch einen Inbusschlüssel benutzen, welcher durch eine der Schraubenlöcher im Antriebsflansch eingesetzt wird. Den Flansch dazu in die entsprechende Stellung drehen. Beide Ankerstifte ausbauen.
- Die Bremsbacken jetzt oben erfassen und auseinander drücken, wie man es in Bild 313 sehen kann. Dabei kommt der Versteller heraus. Da er nicht auf beiden Seiten gleich eingebaut ist, muss man sofort kennzeichnen, auf welcher Seite das Zackenrädchen liegt.
- Die Backen an der Unterseite lösen und nach oben herausnehmen.

Vor dem Einbau der Backen die beiden Versteller auseinanderschrauben und gründlich reinigen. Die Gewinde mit etwas Molykote G-Paste einschmieren (von BMW benutzt) und die Versteller wieder zusammenschrauben. Sie müssen sich leicht drehen lassen.

Der Einbau geschieht in umgekehrter Reihenfolge wie der Ausbau. Zu beachten ist das Einsetzen des Verstellers in der richtigen Stellung. Beim Einhängen der Feder mit einer Zange darauf achten, dass man nicht abrutscht — Unfallgefahr. Man kann auch eine Drahtschlinge am Federhaken einhängen und die Feder strecken, bis man den Haken mit einem kleinen Schraubenzieher in das Ankerloch einhängen kann.

Die Bremsscheibe wieder montieren. Die Handbremse wird jetzt eingestellt, wie es auf Seite 139 beschrieben wurde. Siehe auch Bilder 309 und 310. Danach wird das Fahrzeug wie oben beschrieben probegefahren.

14.7 Bremsanlage entlüften

Achtung: Wir müssen darauf hinweisen, dass man die hydraulische Anlage nicht selbst entlüften sollte, falls ein Eingriff in die ABS-Hydraulik gemacht wurde. In den bereits beschriebenen Arbeitsanweisungen wurde auf einige Bauteile hingewiesen, welche bei eingebautem ABS nicht ausgebaut werden sollten. Befüll- und Entlüftungsvorschriften sind einzuhalten und nur eine BMW-Werkstatt ist in der Lage dies durchzuführen. Zur Sicherheit möchten wir nochmals die Teile erwähnen, welche man nicht ausbauen soll:

- Den Tandemhauptbremszylinder
- Das Hydroaggregat der ABS-Anlage
- Alle Bauteile, die zwischen den oben angegebenen Aggregaten verbaut sind.

Bei allen sonstigen Arbeiten am Bremssystem, wie z.B. beim Austausch von Bremssätteln kann die Anlage entsprechend den nachfolgenden Anweisungen entlüftet werden. Sich auf die Bremsflüssigkeit beziehende Vorsichtsmassnahmen sind auf Seite 123 angegeben und sollen nicht noch einmal erwähnt werden.
Aufgrund verschiedener Entlüftungsweisen möchten wir kurz auf diese eingehen:

- Im Handel sind bestimmte "Ein-Mann"-Entlüftungsgeräte erhältlich. Da diese im Gebrauch voneinander abweichen, möchten wir Ihnen keine bestimmten Anweisungen geben. Wichtig ist, dass Sie der Gebrauchs-, bzw. Bedienungsanweisung folgen.
- Die Entlüftung wird von zwei Personen durchgeführt, d.h. eine Person betätigt, oder in der Fachsprache gesagt, "pumpt" das Bremspedal, während die zweite Person die Entlüftungsschraube am betreffenden Bremssattel oder Radbremszylinder öffnet.
- Eine weitere Methode, die wir natürlich am geeignetsten finden, aber mit Schwierigkeiten verbunden ist, wäre die Entlüftung der Bremsen unter Druck. Dazu benutzt man ein Entlüftungsgerät. In Werkzeug-Ausleihstationen werden diese Geräte manchmal angeboten. Das Gerät wird mit Bremsflüssigkeit gefüllt und danach mit Pressluft gefüllt (ähnlich wie man einen Reifen füllt, z.B. an der Tankstelle) und kann dann benutzt werden. BMW empfiehlt, dass man einen Druck von 2 bar nicht übersteigt. Daran müssen Sie sich halten.

Auch nach einer Entlüftung der Anlage ohne Eingriff in die oben angegebenen Bremskreise sollten Sie die Anlage bei der ersten Gelegenheit in einer Werkstatt, vielleicht auf dem Bremsenprüfstand, wie er bei der TÜF- oder DEKRA-Prüfung benutzt wird, überrpüfen lassen.

Bei allen beschriebenen Methoden muss das Fahrzeug sicher auf Unterstellböcken stehen, entweder vorn oder hinten.

Reihenfolge der Entlüftung

Falls nur ein bestimmter Abschnitt der Bremsanlage geöffnet wurde und man hat die notwendigen Massnahmen ergriffen, um den Verlust der Bremsflüssigkeit zu vermeiden, reicht es zu, wenn man nur diesen Leitungsabschnitt entlüftet.
Falls man annimmt, dass die gesamte Bremsanlage entlüftet werden muss, muss die folgende Reihenfolge immer eingehalten werden:

- Rechte Hinterradbremse
- Linke Hinterradbremse
- Rechte Vorderradbremse
- Linke Vorderradbremse

Herkömmliches Entlüften — Zwei Personen

Vor der Entlüftung der Anlage sind Schmutz und Fremdkörper von den Entlüftungsstellen und dem Einfüllverschluss des Vorratsbehälters zu entfernen.
Bei der folgenden Beschreibung halten wir uns an die gut bekannte Methode, d.h. manuelles Öffnen der Entlüftungsschrauben.

- Kontrollieren, dass die Flüssigkeit im Ausgleichsbehälter an der "Max"-Markierung steht. Dies kann man aussen am Behälter sehen (Bild 314). Die Verschraubung des Behälters abschrauben, auch wenn das Niveau stimmt.

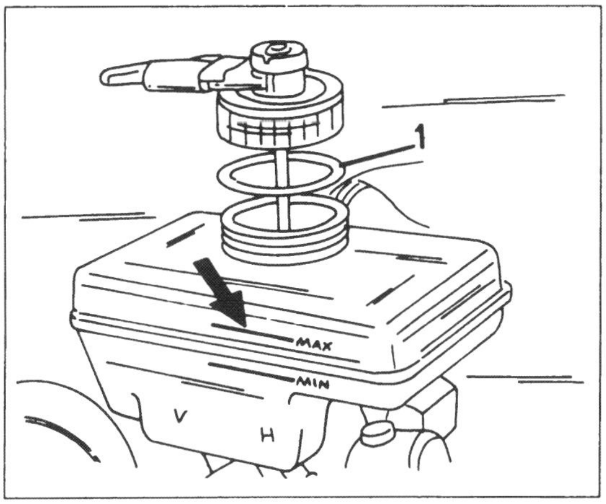

Bild 314
Die Flüssigkeit muss vor der Entlüftung der Bremsen an der "Max"-Marke stehen. Der Dichtring (1) muss in gutem Zustand sein.

- Einen durchsichtigen Gummischlauch nach Entfernen der Staubschutzkappe auf das betreffende Entlüftungsventil aufstecken. Das andere Ende des Schlauches in einen mit etwas Flüssigkeit gefüllten Behälter einhängen.
- Das Bremspedal von einer zweiten Person in mehreren Hüben auf den Boden durchtreten lassen. Die Entlüftungsschraube um ca. eine halbe Umdrehung öffnen, wenn das Pedal so

nahe wie möglich am Boden sitzt. Die Bremsflüssigkeit wird dabei durch den Schlauch in das Gefäss strömen. Sobald der Helfer bekanntgibt, dass das Bremspedal vollkommen aufsitzt, die Entlüftungsschraube festziehen und das Pedal langsam zurückkehren lassen. Den Flüssigkeitsstand im Vorratsbehälter sofort berichtigen.

- Den gleichen Vorgang wiederholen, bis die in das Glasgefäss einströmende Flüssigkeit keine Luftblasen aufweist, wenn sie aus dem Schlauch austritt.

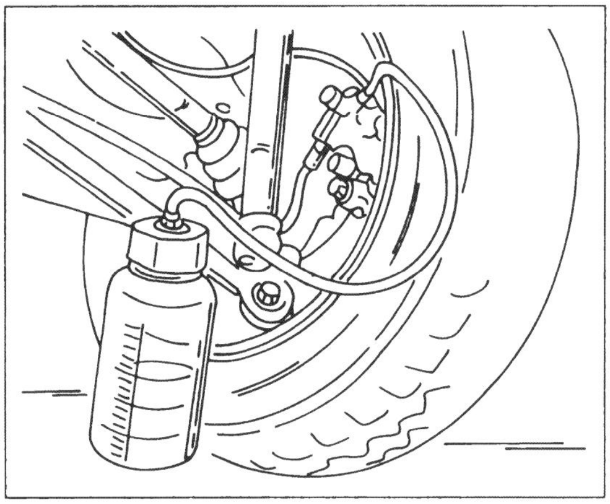

Bild 315
Anschlussweise des Auffangbehälters an einer Hinterradbremse. Wird die Anlage in herkömmlicher Weise entlüftet, stellt man einen Behälter in ähnlicher Weise unter, mit dem Unterschied, dass der Schlauch nur in das Gefäss hineingehalten wird.

- Gleiche Arbeiten an den anderen Entlüftungsschrauben in der angegebenen Reihenfolge durchführen. Es wird nochmals darauf hingewiesen, dass der Flüssigkeitsstand im Vorratsbehälter laufend kontrolliert werden muss, da beim Neueindringen von Luft der betreffende Bremskreis erneut entlüftet werden muss.

Noch etwas über die Bremsflüssigkeit. Nur eine gute Flüssigkeit benutzen, am besten die von Opel empfohlene. Niemals aus der Anlage ausgepumpte Flüssigkeit wieder in den Behälter einfüllen. Auch keine Flüssigkeit verwenden, die längere Zeit ohne Verschluss gestanden hat. Bremsflüssigkeit saugt Feuchtigkeit auf.

Die Bremsflüssigkeit enthält bestimmte Schadstoffe, welche giftig sind und auch die Haut irritieren können. Falls Flüssigkeit an die Haut gelangt, sofort waschen. Falls Flüssigkeit in die Augen spritzen sollte, raten wir Ihnen sofort einen Arzt aufzusuchen. Dass Bremsflüssigkeit auch lackierte Flächen und bestimmte Kunststoffmaterialien angreift, ist wohl im allgemeinen bekannt.

Entlüften mit "Ein-Mann"-Gerät

Obwohl, wie der Name besagt, man die Arbeiten allein durchführen kann, schlagen wir vor, dass ein Helfer dabei den Flüssigkeitsstand im Ausgleichsbehälter überwacht.

Das Arbeitsprinzip liegt in der Verwendung eines Rückschlagventils im Verbindungsschlauch zwischen der Entlüftungschraube und dem Behälter mit der Bremsflüssigeit, welches ein Zurückströmen der Flüssigkeit (und Luft) in die Anlage vermeidet.

Den mit Bremsflüssigkeit gefüllten Behälter mit dem Schlauch an der Entlüftungsschraube anschliessen und die Schraube öffnen. Es verbleibt nur das Betätigen des Bremspedals, mit langsamen und gleichmässigen Hüben, um die Luft auszustossen. Dies geht ziemlich schnell, d.h. der Helfer muss laufend nachfüllen. Die Flüssigkeit darf niemals unter die "Min"-Marke abfallen.

Entlüften mit Entlüftungsgerät

Auch hier sind die Anweisungen des Geräteherstellers zu beachten. Zum Gerät gehört ein Auffangbehälter, welcher mit den Entlüftungsschrauben zu verbinden ist. Wir beziehen uns nur auf die allgemeine Arbeitsweise. Es wird angenommen, dass das Gerät, wie oben erwähnt, mit dem richtigen Druck gefüllt ist sowie ausreichende Flüssigkeit enthält.

- Das Entlüftungsgerät am Ausgleichsbehälter anschliessen.
- Den Entlüftungsschlauch mit dem Auffangbehälter auf die Entlüftungschraube des zu entlüftenden Radbremszylinders stecken. Dies sieht dann meistens wie in Bild 315 gezeigt aus.
- Die Schraube öffnen. Die Flüssigkeit wird sofort in das Auffanggefäss einströmen.
- Die Entlüftungsschraube wieder anziehen, sobald die einströmende Flüssigkeit keine Luftblasen zeigt.
- Auffangbehälter wieder abschliessen und in der genannten Reihenfolge an den anderen Bremsen anschliessen. Die Arbeiten wiederholen.
- Nach Abbau des Geräts den Flüssigkeitsstand im Ausgleichsbehälters berichtigen und die Kappe wieder aufschrauben. Der Dichtring (1) in Bild 314 muss sich in gutem Zustand befinden.

Hinweis — Alle Methoden

Es wird immer wieder festgestellt, dass viele Heimwerker die Staubschutzkappen nach der Entlüftung nicht auf die Entlüftungschrauben stecken (manchmal gehen sie verloren). Die kleinen Bohrungen der Schrauben verstopfen sich schnell durch Strassenschmutz und ein späteres Entlüften ist nicht möglich. Auch wenn eine Kappe verlorengeht, muss man unbedingt eine neue beziehen und aufstecken.

14.8 ABS-System

Was ABS bedeutet wird Ihnen ja bekannt sein. Die Anlage setzt sich kurz gesagt aus einem elektronischen Steuergerät, den ABS-Sensoren an den Rädern, einem Hydroaggregat und den erforderlichen Ventilen und Relais zusammen.

Das ABS-Gerät ist zwischen dem Hauptbremszylinder und den Bremsen eingesetzt. Bremskraftverstärker und Hauptbremszylinder sind bei Ausführungen mit und ohne ABS in ähnlicher Weise aufgebaut. Die vorderen ABS-Sensoren sind in die Achsschenkel eingesetzt und überwachen die Drehzahl der Räder in Verbindung mit Zahnkränzen, die an der Innenseite der Radnaben angebracht sind. Die Abstände zwischen den einzelnen Zähnen entwickeln dabei die zu übertragenden Impulse. Bei den Hinterrädern sind die Sensoren in die Achse eingesetzt. Die Zahnkränze befinden sich an den äusseren Gelenken der Antriebswellen. Sie sind auf diese aufgepresst. Obwohl Sie vielleicht ABS in Ihrem Fahrzeug haben, nehmen Sie dies als selbstverständlich hin. Wir möchten jedoch kurz auf die Funktion der Anlage eingehen.

Zur Arbeitsweise der ABS-Anlage wird als Grundlage des Bremsvorganges die Reibung zwischen den Reifen und der Fahrbahnfläche genommen. Zum Bremsen muss der Reifen auf die Fahrbahn eine Reibungskraft übertragen. Dabei stellt sich ein Schlupf zwischen dem Reifen und der Fahrbahnoberfläche ein, d.h. die Radumfanggeschwindigkeit bleibt hinter der Fahrgeschwindigkeit zurück.

Für technisch begeisterte Leser möchten wir Ihnen nicht vorenthalten, was jetzt passiert.

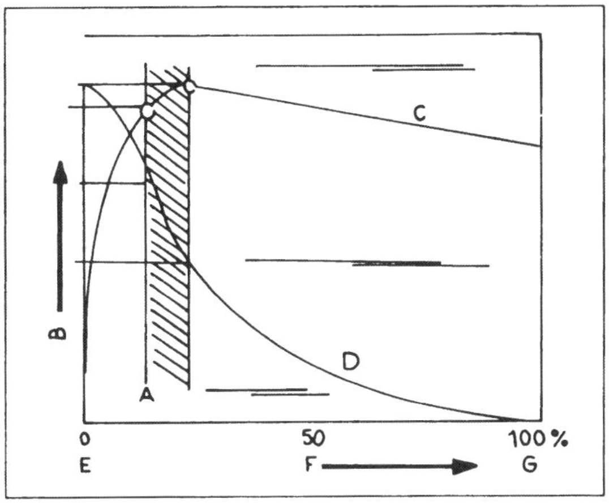

Bild 316
Brems- und Seitenkraft in Abhängigkeit des Schlupfes.
A ABS-Arbeitsbereich
B Brems- und Seitenkraft
C Bremskraft
D Seitenkraft
E Rollendes Rad
F Schlupf
G Blockiertes Rad

Bild 316 zeigt den Zusammenhang zwischen der Reibungskraft und dem Schlupf für einen typischen Fall, Strasse trocken. Im schattierten Bereich, im Bild durch "A" angegeben, erreicht die übertragbare Bremskraft ihre Höchstgrenze. Diese wird zur Wirkungsweise des ABS ausgenutzt.

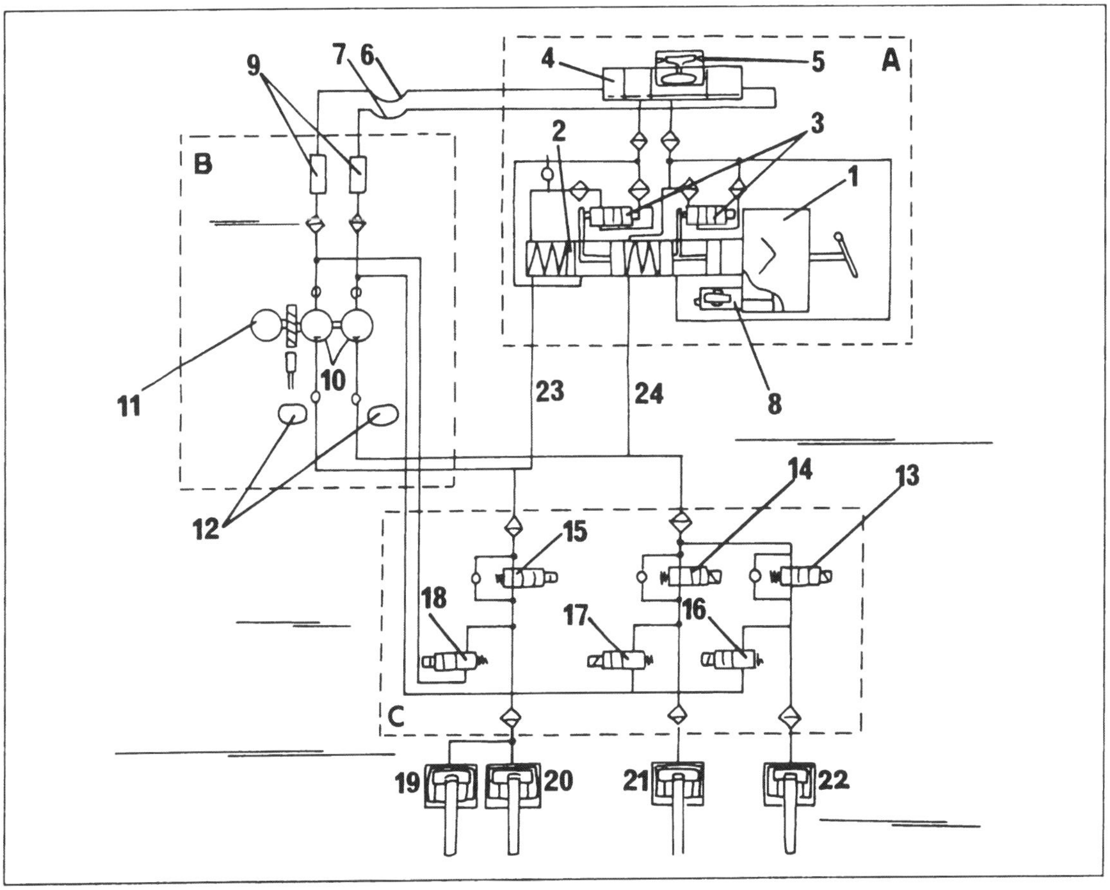

Bild 317
Hydraulischer Schaltplan des ABS. Die eingebaute Anlage beträgt die Bezeichnung Teves Mark IV/3. Abschnitt 'A' gehört zur Betätigung, Abschnitt "B" zur Energieversorgung, Abschnitt "C" ist der Ventilblock.
1 Bremsgerät
2 Tandemhauptbremszylinder
3 Zentralventil
4 Ausgleichsbehälter
5 Warneinrichtung
6 Saugschlauchleitung
7 Saugschlauchleitung
8 Wegsensor
9 Anschluss-Kniestück
10 Hydraulikpumpe
11 Gleichstrommotor mit Drehzahlsensor
12 Dämpferkammer
13 Einlassventil, vorn links
14 Einlassventil, vorn rechs
15 Einlassventil, hinten rechts
16 Auslassventil, vorn links
17 Auslassventil, vorn rechts
18 Auslassventil, hinten rechts
19 Bremse, hinten rechts
20 Bremse, hinten links
21 Bremse, vorn rechts
22 Bremse, vorn links
23 Schwimmkreis (Primär)
24 Druckstangenkreis (Sekundär)

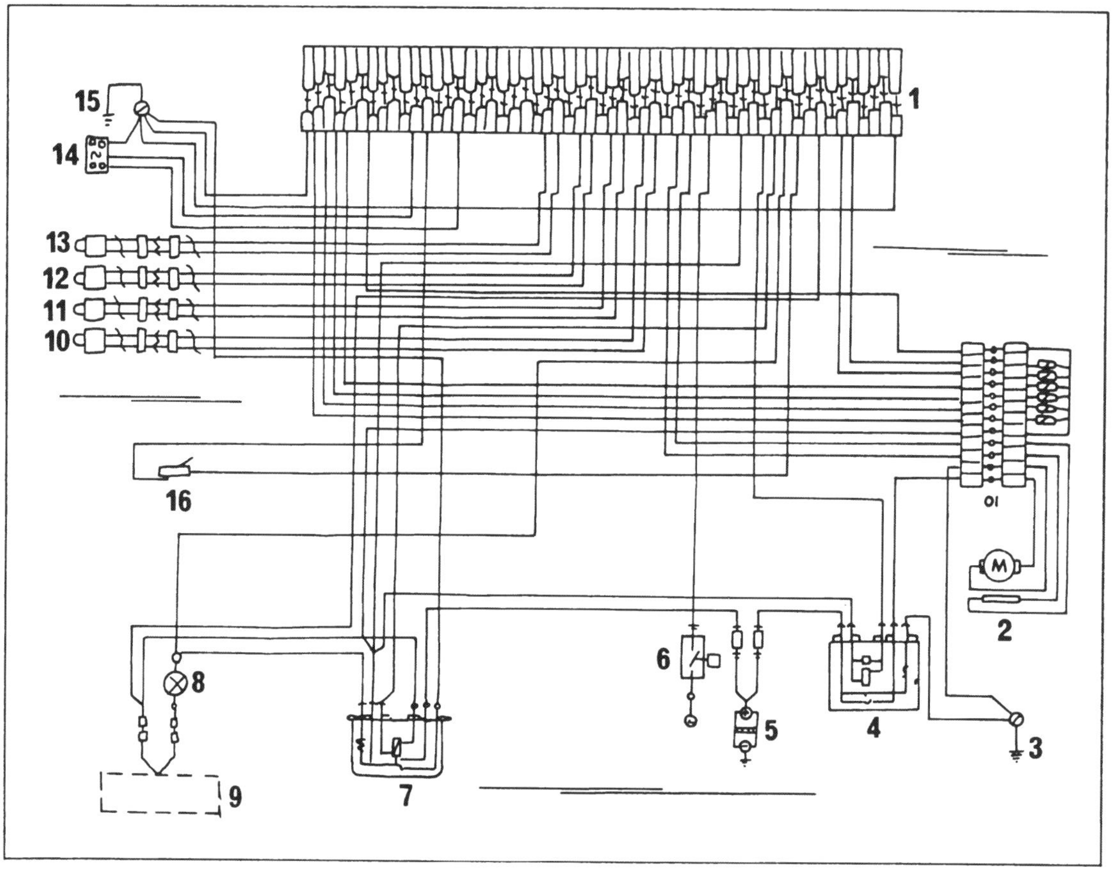

Bild 318
Elektrischer Schaltplan (ABS)
1 Steuergerät, ABS
2 Motor-Sensor
3 Masse
4 Pumpenrelais
5 Batterie
6 Bremslichtschalter
7 Hauptrelais
8 ABS-Warnlampe
9 Zündschloss, Klemme 15
10 Sensor, vorn links
11 Sensor, vorn rechts
12 Sensor, hinten links
13 Sensor, hinten rechts
14 Diagnose-Stecker
15 Masse
16 Weg-Sensor

Dies ist auch der Regelbereich des ABS. Bei blockiertem Rad, also bei 100, daher den Bremsdruck im Radbremszylinder gerade so bemessen, dass der Schlupf in dem schattierten Bereich bleibt, weil hier die höchste Reibungskraft zur Verfügung steht.

Gleichzeitig verbleibt eine ausreichend hohe Seitenführungskraft für die Lenkfähigkeit und Richtungsstabilität des Fahrzeuges.

Die Grösse des Schlupfes, bei dem das Reibungskraft-Maximum auftritt, sowie die Grösse der Reibungskraft selbst hängen wesentlich von dem gefahrenen Reifen ab. Bauart, Profil und Gummimischung des Herstellers beeinflussen diese Werte. Dazu kommt noch die Oberfläche der Fahrbahn. Diese ist je nach Materialbeschaffenheit, Oberfläche, Nässe und Vereisung unterschiedlich. Wichtig ist natürlich auch die Fahrgeschwindigkeit und der sogenannte Schräglaufwinkel der Räder.

Was macht die ABS-Anlage. Sie erfasst die augenblicklichen Reibungsverhältnisse zwischen den Reifen und der Fahrbahn. Es wird jetzt technisch, d.h. man spricht von einem Fahrbahn-Reifen-Kraftschluss, auf welchen sich ABS automatisch auf Änderungen einstellt und den höchsten Reibungskoeffizienten ausnutzt, ohne das Fahrzeug durch Blockierphasen ins Rutschen oder Schleudern zu bringen.

Ungleichmässige Reibungsverhältnisse zwischen den einzelnen Rädern werden ebenso beherrscht wie sprunghafte Änderungen der Fahrbahnoberfläche, wie z.B. plötzlich auftretende Vereisung.

Bilder 317 und 318 zeigen die Anordnungen der elektrischen und hydraulischen Bauteile der Anlage, um Ihnen zu zeigen, wie die Teile miteinander in Verbindung stehen.

14.8.1 Arbeiten an der ABS-Anlage

Unter den folgenden Überschriften werden nur die Arbeiten beschrieben, welche nicht die auf Seite 141, links oben, angegebenen Bauteile betreffen.

Aus- und Einbau der ABS-Impulsgeber vorn

- Vorderseite des Fahrzeuges auf Böcke setzen und das Rad auf der betreffenden Seite abschrauben.
- Das Kabel vom Impulsgeber zum anderen Ende verfolgen. Hier wird man eine Schutzbox sehen, welche die Steckerverbindung abdeckt. Den Deckel der Schutzbox in der in Bild 319 gezeigten Weise öffnen. Die Steckverbindung kann

jetzt herausgehoben und danach getrennt werden. Bild 320 zeigt durch die Pfeile wie die Arbeit durchgeführt wird.

- Eine Innensechskantschraube an der in Bild 321 gezeigten Stelle herausdrehen und den Impulsgeber aus dem Achsschenkel herausziehen. Der Einbau geschieht in umgekehrter Reihenfolge wie der Ausbau. Die Passbohrung im Achsschenkel muss gut gereinigt und eingefettet werden. Dazu muss man sich allerdings etwas eines bestimmten Fetts besorgen. Dieses wird unter dem Namen Staborax NBU 12/k gehandelt. Wir können nur vorschlagen, dass Sie sich etwas davon in einer Werkstatt besorgen. Die Schraube wird mit 10 Nm angezogen.

Aus- und Einbau der ABS-Impulsgeber hinten

- Rückseite des Fahrzeuges auf Böcke setzen und das Hinterrad abschrauben.
- Das Kabel vom Impulsgeber zum anderen Ende verfolgen. Hier wird man eine Schutzbox sehen, welche die Steckerverbindung abdeckt. Den Deckel der Schutzbox in der in Bild 322 gezeigten Weise öffnen. Die Steckverbindung aus der Schutzbox herausheben und die Steckverbindung trennen, ähnlich wie es in Bild 320 gezeigt ist.
- Die Schraube an der in Bild 323 gezeigten Stelle mit einem Inbusschlüssel herausdrehen und den Sensor ausheben.
- Die Passbohrung für den Sensor gut reinigen und den Sensor mit dem bereits oben erwähnten Fett einschmieren. Der weitere Einbau geschieht in umgekehrter Reihenfolge. Die in Bild 323 gezeigte Schraube mit 10 Nm anziehen.

Vordere Zahnkränze der Drehzahlfühler

Falls man feststellen kann, dass die Zähne der Zahnkränze abgesplittert oder ausgebrochen sind, muss man die Vorderradnabe ausbauen, um den Zahnkranz zu erneuern. Dies bedeutet natürlich die Erneuerung des Radlagers.

Hintere Zahnkränze der Drehzahlfühler

Falls man feststellen kann, dass die Zähne der Zahnkränze abgesplittert oder ausgebrochen sind, muss man die Antriebswelle ausbauen, wie es im betreffenden Kapitel beschrieben wurde. Der Zahnkranz ist auf die Antriebswelle aufgepresst, jedoch muss man leider die komplette Antriebswelle erneuern, da sich der Zahnkranz nicht getrennt erneuern lässt.

Man wird feststellen, dass die Zahnkränze lange Zeit halten, d.h. die Erneuerung der Welle aus diesem Grund wird kaum erforderlich sein.

Bild 319
Den Deckel der Schutzbox eines vorderen Impulsgebers in Pfeilrichtung ausclipsen.

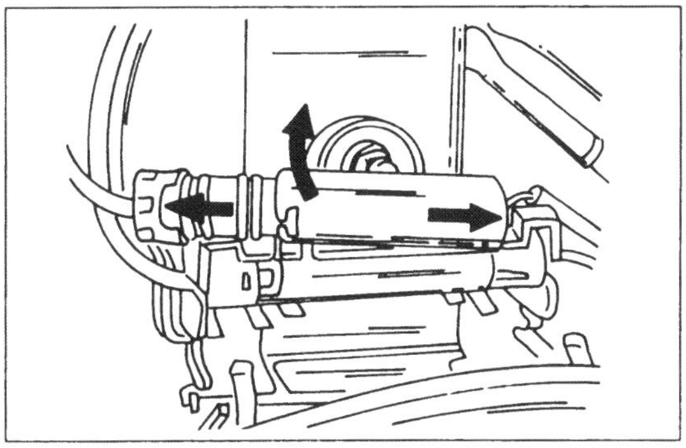

Bild 320
Steckverbindung entsprechend den Pfeilrichtungen auseinanderziehen.

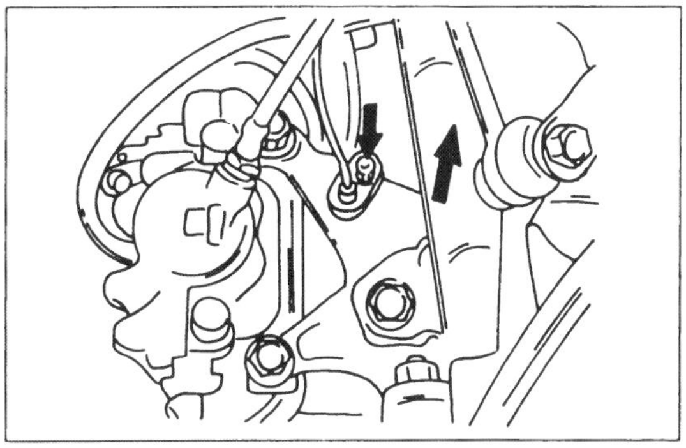

Bild 321
Die Befestigungsschraube eines vorderen Impulsgebers. Den Geber danach in Pfeilrichtung herausziehen.

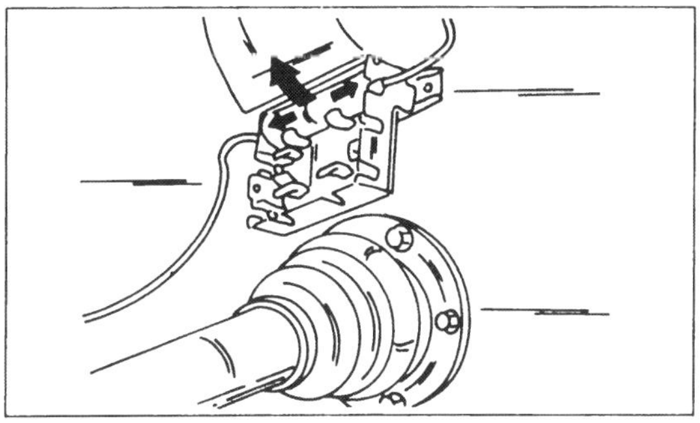

Bild 322
Den Deckel der Schutzbox in der Pfeilrichtung ausclipsen.

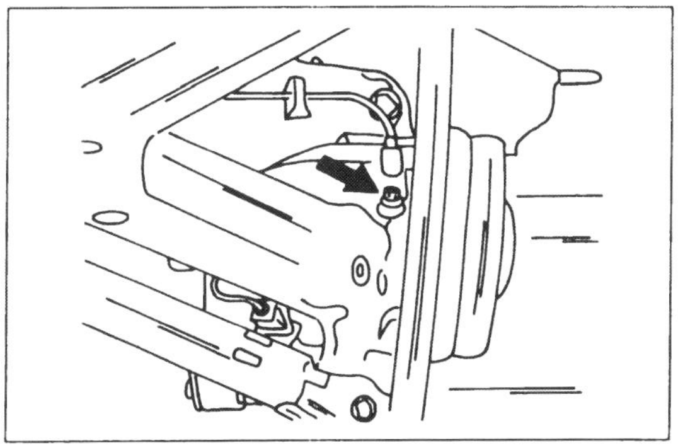

Bild 323
Die Lage der Befestigungsschraube eines hinteren Impulsgebers.

15 Die elektrische Anlage

Die Fahrzeuge sind mit einer elektrischen Anlage mit einer Spannungsstärke von 12 Volt ausgerüstet. Die Masserückstromführung erfolgt über die Minusklemme der Batterie. Die Batterie befindet sich im Motorraum.
Ein Schubtriebanlasser wird zum Anlassen des Motors verwendet. Ein Bosch-Anlasser ist normalerweise eingebaut, dessen Leistung jedoch nicht bei allen Fahrzeugen gleich ist. Der Anlassschalter bildet einen Teil des Zündschalters und erregt bei Betätigung einen im Anlasser montierten Einrückmagnetschalter.

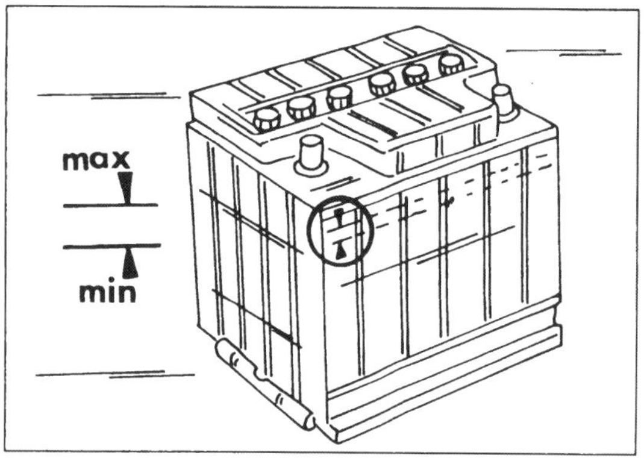

Bild 324
Der Säurestand der Batterie kann an der Aussenseite des Gehäuses abgelesen werden.

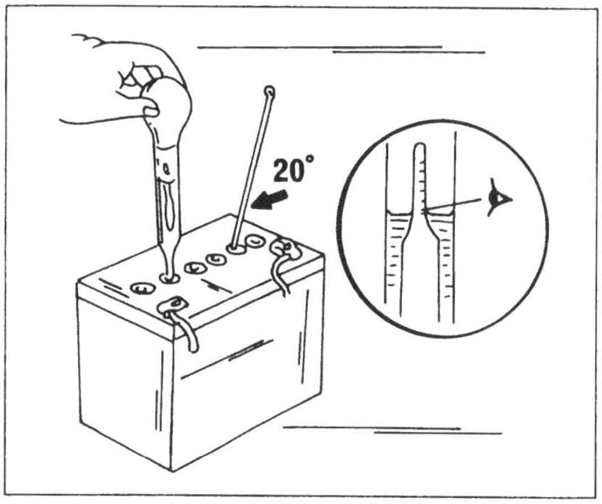

Bild 325
Benutzung eines Säurehebers.

Die eingebauten Drehstromlichtmaschinen stammen von verschiedenen Herstellern. So können Lichtmaschinen von Motorola, Valeo oder Bosch zum Einbau kommen. Lichtmaschinen haben entweder eine Leistung von 65 oder 80 A (Motorola) oder 65, 90, 115 oder 140 A (Bosch). Einige der genannten Lichtmaschinen werden jedoch nur beim Einbau eines Sechszylindermotors verwendet. In den meisten Fällen wird man eine Lichtmaschine mit einer Leistung von 65 A vorfinden.
Die Lichtmaschine wird über einen Keilriemen von der Kurbelwelle aus angetrieben. Ein Spannungsregler dient zur Regulierung des Ladestromes und befindet sich auf dem hinteren Deckel.

Eine in die Instrumententafel eingesetzte Ladekontrolleuchte gibt eine Anzeige über das einwandfreie Funktionieren der elektrischen Anlage, soweit die Aufladung der Batterie betroffen ist. Erlischt die Leuchte bei laufendem Motor nicht, kann man sofort einen Fehler in der Aufladung der Batterie vermuten.

15.1 Die Batterie

Die eingebaute 12 Volt-Batterie besitzt sechs Zellen, die aus positiven und negativen Platten bestehen, welche in eine Schwefelsäurelösung eingetaucht sind. Die Batterie hat die Aufgabe, den Strom zum Anlassen des Fahrzeugs, zur Beleuchtung des Fahrzeugs, zur Funktion der Zündung und Einspritzanlage sowie für andere Stromverbraucher zu liefern.

Ehe man eine Batterie abklemmt, immer die auf den Seiten 1 und 2 angeführten Vorsichtsmassnahmen und Hinweise durchlesen.

Wie Sie ja wissen werden, ist Ihre Batterie praktisch wartungsfrei, doch sollte der Elektrolytstand mindestens einmal im Jahr kontrolliert werden und bei Bedarf mit destilliertem Wasser bis zur vom Batteriehersteller angegebenen Höchstmarke aufgefüllt werden.
Da Sie aber nicht unbedingt eine der Originalbatterie entsprechende, wartungsfreie Batterie einbauen müssen, sollten Sie auch die folgenden Anweisungen durchlesen, um sich mit einer solchen Batterie vertraut zu machen. In diesem Fall sind die folgenden Arbeiten von Zeit zu Zeit durchzuführen, um der Batterie eine lange Lebensdauer zu geben und deren Leistung immer auf dem Höhepunkt zu halten.

- Batterie und die sie umgebenden Teile immer sauber halten. Die Oberfläche der Batterie muss immer gut trocken sein, da sich sonst zwischen den einzelnen Zellen Kriechströme entwickeln können, wovon sich die Batterie von selbst entladen kann (gilt auch bei einer wartungsfreien Batterie).
- Die Batteriesäure muss jederzeit bis zur Höhe der beiden Markierungen an der Aussenseite des Batteriegehäuses stehen (meistens sieht dies wie in Bild 324 gezeigt aus). Zum Nachfüllen destilliertes Wasser verwenden.

Bei kaltem Wetter die Batterie nicht in ungeladenem Zustand stehen lassen, da sie sonst einfriert. Schwach geladene Batterien frieren eher ein als geladene (gilt auch bei einer wartungsfreien Batterie).

15.1.1 Prüfen der Batterie

Säurestand: Die Batterie ist mit Schwefelsäure gefüllt, die mit destilliertem Wasser verdünnt wurde. Da die Wasseranteile verdunsten können, muss man gelegentlich den Säurestand überprüfen und ggf. destilliertes Wasser nachfüllen. Die Batteriesäure muss zwischen den Markierungen am Batteriegehäuse liegen (Bild 324). Zum Nachfüllen den Batteriestopfen herausdrehen und destilliertes Wasser einfüllen, bis dieses sichtbar wird.

Ladezustand: Zur Kontrolle des Ladezustandes ist ein Säureheber erforderlich. Zur Kontrolle die Verschlussstopfen herausdrehen und die Spitze des Säurehebers in die Batteriesäure halten. Falls die Oberseite der Batterie keine Stopfen besitzt, haben Sie bestimmt eine Wartungsanweisung für die von *Ihnen eingebaute Batterie*. Mit Hilfe des Gummiballs genügend Säure ansaugen, dass der Schwimmer frei schwimmen kann (Bild 325). Je nach Ladezustand besitzt die Säure ein unterschiedliches spezifisches Gewicht, welches durch das Eintauchen des Schwimmers in die Säure angezeigt wird. Bei einer Anzeige von 1,285 ist die Batterie voll geladen; bei 1,11 ist die Batterie vollkommen entladen. Dies sind Richtwerte. Wiederum sollten Sie die genauen Werte Ihrer Batterie wissen. Dazwischenliegende Werte weisen auf die entsprechende Ladestärke hin (1,22 bedeutet zum Beispiel, dass die Batterie nur zur Hälfte geladen ist). Die Anzeigen am Säureheber sind in kg/l gegeben.

Aufladen der Batterie: Falls die Batterie einen sehr niedrigen Ladezustand hat (d.h. Sie haben beim Starten Schwierigkeiten den Motor durchzudrehen), schlagen wir vor, dass Sie die Batterie zum Nachladen zu einem Spezialisten bringen, da diese Leute wissen, wie man eine Batterie behandelt.
Eine im Leben Ihres Fahrzeuges eingebaute, herkömmliche Batterie ist natürlich unterschiedlich zu behandeln. Eine sehr entladene Batterie sollte erst nach dem Aufladen mit destilliertem Wasser voll aufgefüllt werden. Beim Laden steigt der Säurestand an und eine vorschriftsmässig gefüllte Batterie könnte aus diesem Grund "überkochen". Der Ladestrom sollte am Anfang 10% der Batteriekapazität nicht überschreiten. Je nach Aufbau des verwendeten Batterieladegeräts, wird sich der Ladestrom allmählich automatisch verringern. *Es wird vorausgesetzt, dass Sie der Betriebsanleitung Ihres Ladegeräts folgen.* Die Batterie ist voll geladen, wenn sich die Säuredichte innerhalb zwei aufeinanderfolgenden Stunden nicht verändert.
Die Verschlussstopfen der Batterie sollten im allgemeinen herausgeschraubt und lose auf die Einfüllöffnungen gelegt werden. Damit kann das aus Sauerstoff und Wasserstoff entstehende Knallgas entweichen. *Wiederum müssen Sie den Anweisungen für Ihre betreffende Batterie folgen.* Da bei lebhafter Aufladung ein Spritzen der Säure unvermeidlich ist, sollte man die Umgebung der Batterie mit Zeitungen oder ähnlichem schützen. Wird die Aufladung in einem geschlossenen Raum durchgeführt, muss dieser gut belüftet sein. Auf keinen Fall mit nackter Flamme in die Batterieöffnungen leuchten.
Bei Verwendung mit einem Heimladegerät kann die Batterie im Auto verbleiben, jedoch raten wir Ihnen die Kabel abzuschliessen. Beide Batteriekabel abklemmen um die Dioden der Drehstromlichtmaschine, die elektronischen Schaltgeräte, das Autoradio, usw. nicht zu gefährden.

Aus- und Einbau: Die Batterie sitzt im Motorraum, aber Achtung: Die beiden Batteriekabel sind von gleicher Farbe und sollten vor dem Abklemmen gekennzeichnet werden. Der grosse Pol ist jedoch der Pluspol.
Falls damit versehen, als erstes die Batterieabdeckung zurückklappen. Die Batterie ist auf einer Konsole verschraubt.

- Das Minuskabel von der Batterie trennen. Dazu einen Schraubenschlüssel benutzen.
- Das Plus-Kabel von der Batterie trennen.
- Schraube zur Befestigung des Halters am Fuss der Batterie herausdrehen und die Batterie aus dem Motorraum herausheben. Dabei die Batterie nicht kippen oder hart absetzen.

Der Einbau geschieht in umgekehrter Reihenfolge. Das Minuskabel muss immer als letztes angeschlossen werden.
Beim Einbau der gleichen Batterie zuerst die Polköpfe reinigen und mit einem guten Polfett einschmieren.

Start mit leerer Batterie: Am einfachsten ist die Verwendung von Starthilfekabeln, die aber einen kräftigen Querschnitt und starke Anschlussklemmen haben müssen, um den Strom von einer Batterie zur anderen durchzulassen. Beim Anschaffen solcher Kabel sollte man immer etwas tiefer in die Tasche greifen, um Kupferkabel zu kaufen. Aluminiumkabel sind zwar billiger, werden aber sehr heiss, so dass die Isolierung schmilzt und man sich beim Abnehmen der Klemmen die Finger verbrennen kann. Zu-

erst das Pluskabel an die beiden Pluskabel anklemmen und danach erst die Minuskabel anschliessen. Aus Sicherheitsgründen sollte man das schwarze Starthilfekabel nicht an den Minuspol der Batterie des zu startenden Fahrzeuges anschliessen. Durch Funkenbildung könnte sich dabei entstehendes Knallgas entzünden. Die Klemme des Kabels wird an Motor- oder Karosseriemasse angeklemmt. Unbedingt darauf achten, dass sich die Blechteile der Karosserie der beiden Fahrzeuge nicht berühren (Gefahr von Masseschluss). Der "Helfer" sollte den Motor anlassen und mit mittleren Drehzahlen laufen lassen, damit die Lichtmaschine zusätzlichen Strom aufbauen kann.
Anschieben oder Anrollenlassen sowie Anschleppen in der bekannten Weise sind die bekanntesten Methoden zum Anlassen eines Motors mit schwacher Batterie.

Batterie-Ruhestromprüfung
Falls sich Ihre Batterie ständig entladet, ohne dass triftige Gründe vorliegen, könnte es sein, dass überhöhter Ruhestromverbrauch eine Entladung der Batterie verursacht. Ist dies der Fall, hat es auch keinen Zweck eine neue Batterie einzubauen. Wenden Sie sich an eine Werkstatt, welche eine Ruhestromprüfung durchführen kann, um den versteckten Verbraucher zu isolieren und den Schaden zu beheben.

15.2 Die Drehstromlichtmaschine

15.2.1 Vorsichtsmassnahmen bei Arbeiten an der Ladestromanlage

Ehe irgendwelche Arbeiten an der Ladestromanlage durchgeführt werden, müssen die folgenden Vorsichtsmassnahmen unbedingt eingeprägt werden:

- Niemals die Batterie oder den Spannungsregler abklemmen, während der Motor und somit die Lichtmaschine laufen.
- Niemals die Erregerklemme (Feldklemme) der Lichtmaschine oder das daran befestigte Kabel in Berührung mit Masse kommen lassen.
- Niemals die beiden Leitungen des Spannungsreglers verwechseln.
- Niemals den Spannungsregler in Betrieb bringen, wenn er mit Masse verbunden ist (sofortige Beschädigung von Spannungsregler und/oder Drehstromlichtmaschine).
- Niemals die Lichtmaschine ausbauen, wenn die Batterie nicht vorher aus dem Stromkreis genommen wurde.
- Beim Einbau der Batterie darauf achten, dass die Minusklemme an Masse angeschlossen wird. Obwohl die Klemmen einen unterschiedlichen Durchmesser haben, könnte man auch aus Versehen die falsche Klemme auf den Batteriepol auflegen.
- Niemals eine Prüflampe verwenden, die direkt an das Hauptstromnetz (110 oder 220 V) angeschlossen ist. Nur eine Prüflampe mit einer Spannungstärke von 12 V benutzen.
- Falls eine Batterie im eingebauten Zustand mit einem Batterieladegerät aufgeladen wird, müssen die beiden Batteriekabel abgeklemmt werden. Die positive Klemme des Ladegerätes an den positiven Pol der Batterie und die negative Klemme des Ladegerätes an den negativen Pol der Batterie anschliessen.
- Falsches Anschliessen der Leitungen führt zur Zerstörung der Gleichrichter und des Spannungsreglers.
- Bei Erneuerung des Aggregats auf die vorliegende Ampèreleistung achten.

15.2.2 Eingebaute Drehstromlichtmaschine prüfen

Während normaler Fahrt muss die Ladekontrollleuchte erlöschen. Falls dies nicht der Fall ist, liegt ein Fehler in der Drehstromlichtmaschine oder im Spannungsregler vor.
Als erstes alle Stromverbindungsanschlüsse der Drehstromlichtmaschine prüfen.
Kontrollieren, ob der Keilriemen einwandfrei durch die eingebaute Spannvorrichtung gespannt wird oder einwandfrei eingestellt ist, falls eine manuelle Spanneinrichtung vorhanden ist.
Die weiteren Überprüfungsarbeiten können nur bei ausgebauter Drehstromlichtmaschine durchgeführt werden. In diesem Fall empfehlen wir, dass man das Fahrzeug in eine Werkstatt bringt. Diese ist mit den modernsten Prüfinstrumenten ausgerüstet, die eine schnelle Feststellung des Fehlers erlauben.
Leuchtet die Ladekontrolle ständig auf, kann man in den meisten Fällen annehmen, dass die Mindestlänge der Kohlebürsten der Lichtmaschine erreicht ist. Dazu den Spannungsregler ausbauen und die Länge der Bürsten ausmessen, wie es später beschrieben ist.

15.2.3 Aus- und Einbau

Bei allen Ausführungen das Massekabel der Batterie abklemmen. Dazu müssen wir wieder auf die auf den Seiten 1 und 2 angeführten Vorsichtsmassnahmen hinweisen.

● Das Luftfilteroberteil entsprechend Bild 326 zusammen mit dem Luftmengenmesser ausbauen (gezeigt beim Motor mit Kettenantrieb).
● Den Antriebsriemen für den Generator ausbauen, wie es auf den Seiten 60 und 61 beschrieben wurde.
● Die Anschlussbox hinten am Generator lösen und die Anschlüsse des Generators abklemmen.
● Bei einem M40-Motor die in Bild 120 gezeigten Befestigungen des Generators lösen und den Generator herausnehmen.
● Ist ein hydarulischer Riemenspanner eingebaut, muss die Umlenkrolle ausgebaut werden, um an die obere Befestigung des Generators zu kommen. In diesem Fall die in Bild 327 gezeigte Schraube lösen. Der Antriebsriemen ist im Bild bereits abgenommen.
● Falls ein Antriebsriemen mit einem mechanischen Riemenspanner eingebaut ist, die Schraube der oberen Umlenkrolle lösen. Wir wollen bereits jetzt etwas über den Einbau sagen.

Bei einem hydraulischen Antriebsriemenspanner wird die Schraube der oberen Umlenkrolle in die Bohrung (1) in Bild 328 eingeschraubt. Bei einem mechanischen Antriebsriemenspanner wird die Schraube der oberen Umlenkrolle (1) in Bild 329 in die Gewindebohrung (2) eingedreht. In diesem Fall bleibt das Gewinde an Stelle (3) frei.

● Bei allen Ausführungen jetzt die beiden in Bild 328 gezeigten Befestigungsschrauben des Generators an der Oberseite und der Unterseite entfernen. Die an der Rückseite sitzenden Muttern müssen dabei mit einem Gabelschlüssel gegengehalten werden.

Der Einbau des Generators geschieht in umgekehrter Reihenfolge wie der Ausbau. Der Einbau der Umlenkrolle bei den genannten Motoren wurde bereits oben erwähnt.

Zwecks Auflegen und Spannen des Antriebsriemens ist auf den Seiten 60 und 61 nachzulesen, jedoch ist dabei auf die Unterschiede der Spannvorrichtungen mit mechanischer und hydraulischer Wirkungsweise zu achten.

Nach dem Einbau des Generators den Motor anlassen und kontrollieren, dass die Ladekontrollleuchte in der gewohnten Weise erlöscht.

15.2.4 Keilriemenspannung einstellen

Die Spannung des Antriebsriemens für die Drehstromlichtmaschine sowie alle anderen mit den Spannvorrichtungen verbundenen Arbeiten wurden bereits in Kapitel 4.3.3 auf den Seiten 60 und 61 für die verschiedenen Motoren beschrieben.

Bild 326
Das Luftfilteroberteil in Pfeilrichtung herunterheben, nachdem es an den Stellen mit den schwarzen Pfeilen gelöst wurde.

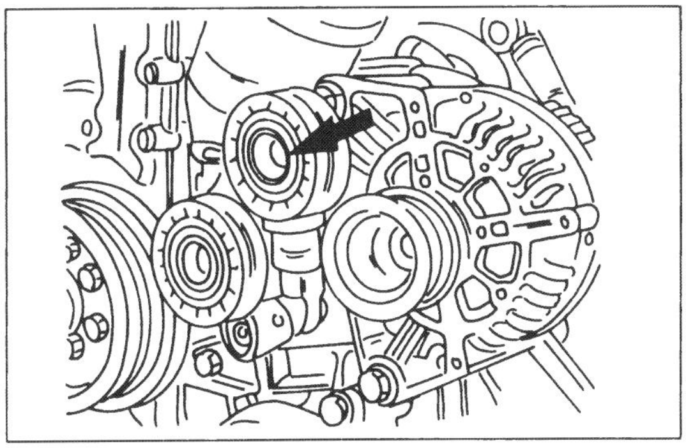

Bild 327
Die Schraube (1) zum Ausbau der Umlenkrolle lösen.

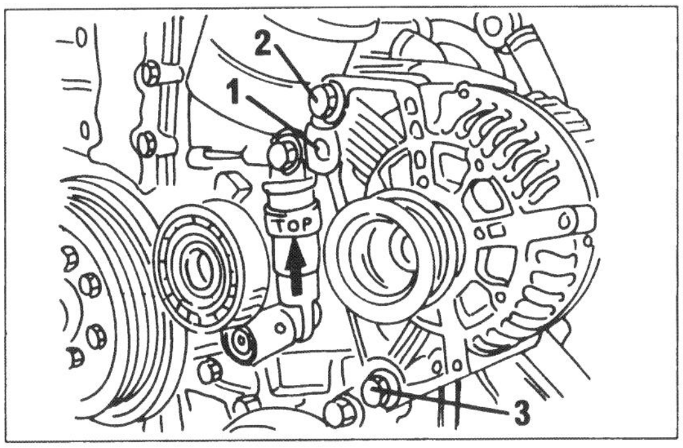

Bild 328
Bei einem hydraulischen Antriebsriemenspanner kommt die Schraube der Umlenkrolle in die Gewindebohrung (1). Die Schrauben (2) und (3) halten den Generator.

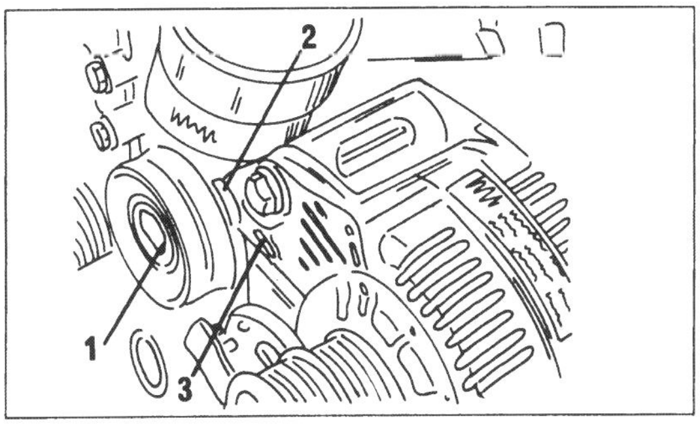

Bild 329
Bei einem mechanischen Antriebsriemenspanner kommt die Schraube (1) der Umlenkrolle in die Gewindebohrung (2). Das Gewinde (3) bleibt hier frei.

15.2.5 Arbeiten an der Drehstromlichtmaschine

Falls die Lichtmaschine ausgefallen ist, hat sich meistens ein grösserer Defekt entwickelt. In diesem Fall lohnt es sich auch nicht die Lichtmaschine überholen zu lassen. Es ist weitaus besser, wenn man sich ein Austauschaggregat gegen Rückgabe des Original-Teils besorgt.

Die Schleifkohlen der Drehstromlichtmaschine

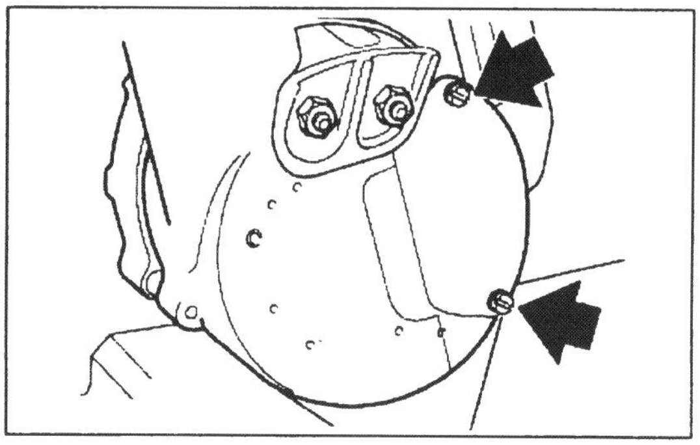

Bild 330
Die beiden Schrauben halten die Bürstenträger/Spannungsreglereinheit an der Rückseite der Drehstromlichtmaschine (Bosch).

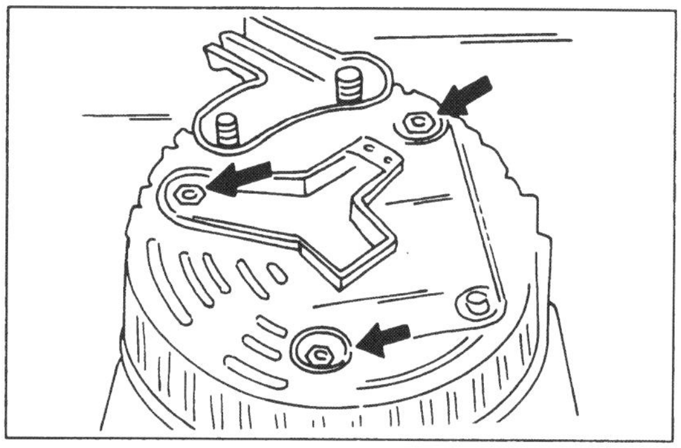

Bild 331
Die drei Schrauben der Abdeckung lösen, um Zugang zum Spannungsregler zu erhalten (Valeo).

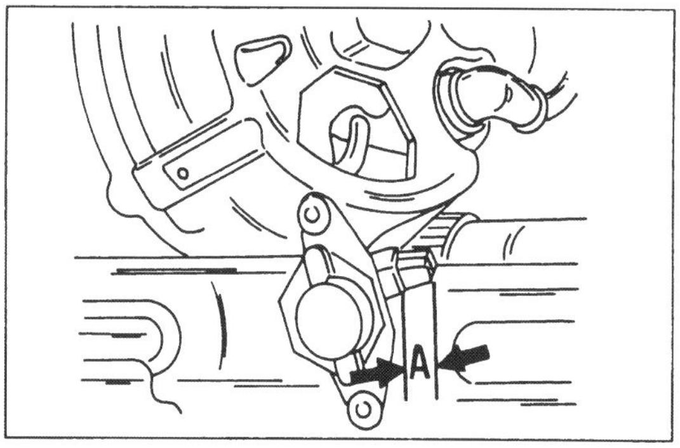

Bild 332
Nach Abnehmen des Spannungsreglers und Bürstenträgers kann man das Mass der Bürsten ausmessen (Bosch).

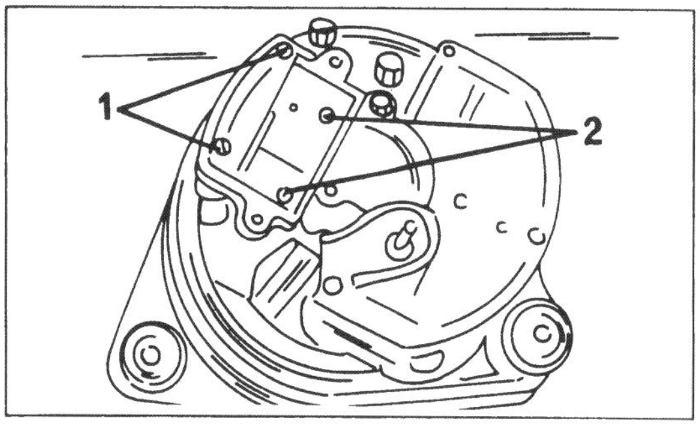

Bild 333
Die Schrauben (1) und (2) halten den Kohlebürstenhalter an der Rückseite der Lichtmaschine (Motorola).

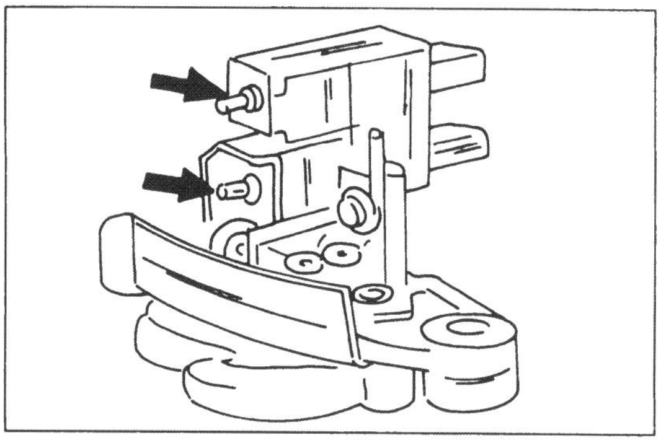

Bild 334
Die Zuleitungslitzen der Kohlebürsten an den Pfeilstellen ablöten (Bosch).

können getrennt erneuert werden, da diese sich nach langem Betrieb bis unter das Mindestmass abnützen werden.
Bei allen Lichtmaschinen kann die Arbeit bei ausgebauter Lichtmaschine durchgeführt werden, jedoch muss man dazu Erfahrungen mit einem Lötkolben haben.

- An der Rückseite der Lichtmaschine die Schrauben der Abdeckung lösen. Je nach Lichtmaschine sind dies die beiden in Bild 330 oder Bild 331 gezeigten Schrauben. Bei der Motorola-Lichtmaschine wird die viereckige Box abgeschraubt. Den Spannungsregler jetzt herausziehen. Die beiden Schrauben lösen und das lose Teil in der in Bild 332 gezeigten Weise abnehmen. Dies ist die Kombination Bürstenhalter/Spannungsregler bei der Bosch-Maschine. Bei der Motorola-Lichtmaschine die beiden in Bild 333 gezeigten Schrauben herausdrehen und den Kohlebürstenhalter abnehmen.

Als erstes die beiden herausstehenden Bürsten in ihrer Länge ausmessen (siehe Bilder 332 und 334). Falls das Mass weniger als 5 mm beträgt oder sich bald diesem Mass nähert, muss man die Bürsten erneuern. Sind die Bürstenenden länger, muss man sie durch Hineinschieben auf Beweglichkeit kontrollieren. Sie müssen wieder unter eigener Spannung zurückkommen. Ist dies nicht der Fall, die Bürsten ebenfalls erneuern. Bei einer Motorola-Lichtmaschine wird der Kohlebürstenhalter komplett erneuert. Ehe man den Bürstenträger oder die Kohlebürsten erneuert, sieht man sich den Zustand der Schleifringe an. Dazu kann man durch die durch Ausbau des Spannungsreglers/Bürstenträgers freigelegte Öffnung sehen. Falls Riefen oder andere Defekte sichtbar sind, sollte man die Teile wieder anschrauben und in eine Werkstatt bringen oder man baut eine neue Lichtmaschine ein.
Zum Ablöten die Bürstenzuleitung mit einer Zange halten (zur Wärmeableitung) und die Leitung von der Bürste ablöten.
Neue Bürsten mit neuen Bürstenfedern in die Führung einsetzen. Auch hier kontrolliert man, dass die Bürsten nicht klemmen. Andernfalls die Seiten der Bürsten etwas mit Sandpapier glätten. Die Bürstenzuleitung wieder anlöten. Hier muss man aufpassen, dass der Lötzinn nicht entlang der Zuleitung verlaufen kann, da diese dabei unbeweglich wird.
Die durch die Öffnung in der Lichtmaschine sichtbaren Schleifringe mit einem in Benzin angefeuchteten Lappen abreiben und den Bürstenhalter wieder anschrauben. Darauf achten, dass die Schleifkohlen über die Schleifringe kommen. Mit Sorgfalt arbeiten. Die in den verschiedenen Abbildungen gezeigten Schrauben anziehen. Die Lichtmaschine wieder einbauen.

15.3 Der Anlasser

Ein Schubtriebanlasser, der der Leistung des Motors angepasst wurde, ist in den BMW eingebaut.
Der Anlasser wird normalerweise von Bosch geliefert.

15.3.1 Anlasser prüfen

Falls der Anlasser plötzlich ausfallen sollte, sollte man als erstes die folgenden Prüfungen vornehmen, wobei wir uns aber auf den in den meisten Fällen eingebauten Bosch-Anlasser beziehen (Anschlussklemmen, siehe Bild 335):

- Kontrollieren, dass die Batterie geladen ist und dass die Batterieklemmen/pole nicht oxidiert sind. Besonders das Massekabel verliert seine Wirkung, falls es nicht fest angezogen ist.
- Um den Anlasser unter voller Batteriespannung zu kontrollieren, sind die Klemmen "30" (grosse Klemme) und "50" (Steckzunge rechts von der grossen Klemme) mit einem Kabel von mindestens 4,0 mm^2 Querschnitt zu verbinden. Falls der Anlasser jetzt einwandfrei arbeitet, ist die Zuleitung zum Anlasser zu kontrollieren. Spurt der Anlasser nicht ein, muss er ausgebaut und überprüft werden.
- Eine einwandfreie Prüfung des Anlassers in einer Prüfbank sollte von einer Elektrowerkstatt durchgeführt werden.

15.3.2 Aus- und Einbau des Anlassers

Je nach eingebautem Motor sind die folgenden Unterschiede zu beachten. Bei allen Motoren das Massekabel der Batterie abklemmen.

M40-Motor

- Den Luftfilter zusammen mit dem Luftmengenmesser ausbauen, wie es für den Motor beschrieben wurde.
- Befestigungsspangen lösen und die Leitungen vom Ölmessstab-Führungsrohr befreien.
- Das Leerlaufregelventil aus der Gummiführung herausnehmen und auf eine Seite schieben.
- Den oberen Stützwinkel des Ölmessstab-Führungsrohres am Motor lösen und danach das Rohr aus dem Zylinderblock herausziehen.
- Alle den Zugang zum Anlasser versperrenden Teile entsprechend lösen und zur Seite schieben. Wichtig ist, dass man an die Befestigungsschrauben des Anlassers kommt.
- Die Muttern der Anschlussklemmen an der Rückseite des Anlassers entfernen und die Leitungen abziehen. Auf die Anschlussweise achten. Die in Bild 335 gezeigten Anschlussklemmen gelten auch bei diesem Anlasser.
- Den Stützwinkel des Anlassers abschrauben, die Muttern und Schrauben des Anlassers lösen und den Anlasser mit dem Stützwinkel herausheben. Dabei muss er entsprechend verdreht werden.

Der Einbau des Anlassers geschieht in umgekehrter Reihenfolge wie der Ausbau. Am Ölmessstabrohr sitzt ein "O"-Ring. Dieser muss sich noch in gutem Zustand befinden.

Andere Motoren

Bei diesen Motoren ist der Ausbau weitaus komplizierter. Der Anlasser wird auch in diesem Fall von der Unterseite des Fahrzeuges aus ausgebaut. Die Batterie ist natürlich abgeklemmt.

- Die Anschlussleitungen an der Rückseite des Anlassers abschrauben. Bild 335 zeigt die Anschlussweise zusammen mit den Klemmenbezeichnungen.

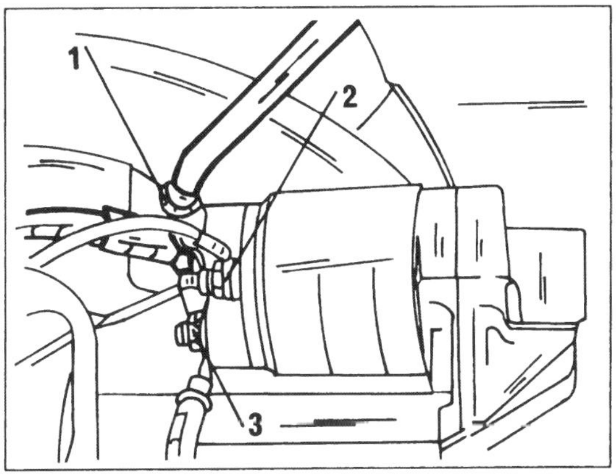

Bild 335
Die Anschlüsse an der Rückseite des Anlassers.
1 Klemme 30
2 Klemme 30h
3 Klemme 50

- Die obere Anlasserschraube vom Motorraum aus herausdrehen. Diese sitzt zwischen der Sauganlage und der Stirnwand, ist also ziemlich schlecht zu erreichen. Das Führungsrohr des Ölmessstabs sollte ausgebaut und zur Seite geschoben werden, um an die Schraube zu kommen.
- Fahrzeug vorn auf sichere Unterstellböcke setzen.
- Von der Unterseite des Fahrzeuges her die untere Schraube des Anlassers an der in Bild 336 gezeigten Stelle lösen. Der Anlasser wird da durch eine Schraube mit Mutter gehalten.
- Den Anlasser jetzt nach unten herausnehmen. Nachdem er aus dem Eingriff mit dem Zahnkranz des Schwungrades gebracht wurde, muss man ihn so verdrehen, dass der Magnetschalter nach oben zeigt. Danach kann er nach unten herausgeschwenkt werden. Die daneben-

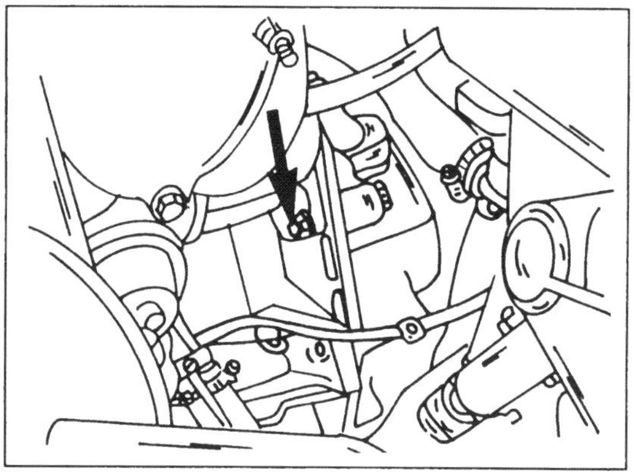

Bild 336
Die untere Befestigungsschraube des Anlassers kann an der mit dem Pfeil gezeigten Stelle gefunden werden.

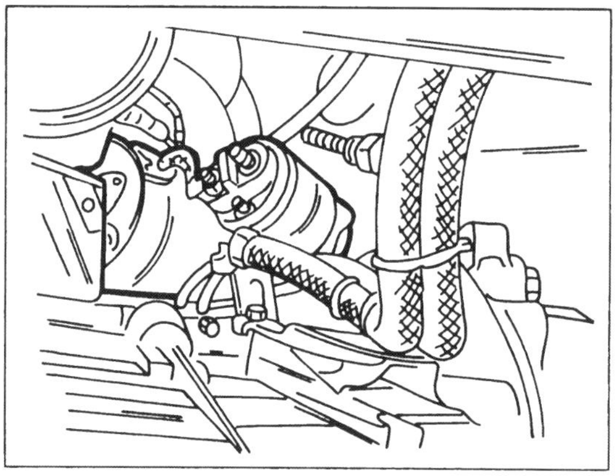

Bild 337
Der Anlasser muss die gezeigte Lage einnehmen, ehe man ihn vollkommen einschieben kann.

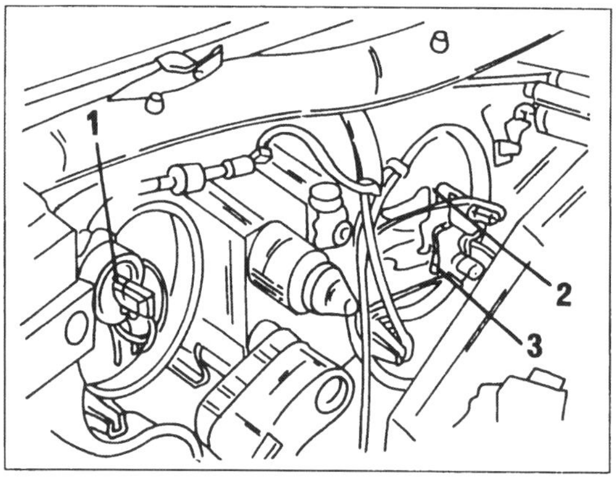

Bild 338
Anschlussweise der Scheinwerfer bei den im Text genannten Fahrzeugmodellen.
1 Fahrlicht
2 Fernlicht
3 Standlicht

liegenden Schläuche dabei nicht mit dem Anlasser verletzen. Es könnte sein, dass man mehr als einen Versuch vornehmen muss, um den Anlasser herauszubekommen.
Der Einbau geschieht in umgekehrter Reihenfolge wie der Ausbau, jedoch muss man den Anlasser wiederum verdrehen und kippen, um ihn am Ende in der in Bild 337 gezeigten Weise in die Öffnung des Getriebes einzusetzen. Solbald dies der Fall ist, wird er vollkommen eingeschoben. Die Schrauben mit dem angegebenen Anzugsdrehmoment anziehen. Alle gelösten oder ausgebauten Teile wieder montieren. Falls erforderlich den "O"-Ring am Führungsrohr des Ölmessstabs erneuern. Abschliessend die Arbeitsweise des Anlassers kontrollieren.

15.3.3 Anlasserreparaturen

Falls der Anlasser nicht mehr seine Funktion verrichtet und die bereits beschriebene Kontrolle ergibt, dass der Fehler im Inneren des Anlassers liegt, sollte man ihn ausbauen und in eine Elektro-Werkstatt oder BMW-Werkstatt bringen. Anlasser können im Austausch bei Rückgabe des alten Anlassers bezogen werden und da sie die gleiche Garantie wie ein Neuteil haben, ist es weitaus wirtschaftlicher einen derartigen Anlasser einzubauen.
Ist das Ritzel des Anlassers abgenutzt, muss man auch die Zähne des Schwungradkranzes durch die Öffnung im Getriebe kontrollieren. Verschleiss an den Ritzelzähnen wird auf die Zähne des Zahnkranzes übertragen. In sehr schlimmen Fällen muss man das Getriebe ausbauen, um das Schwungrad, bzw. den Zahnkranz zu erneuern.
Die Anlasserbürsten, die sich nach sehr langem Fahrbetrieb abnutzen, können leicht erneuert werden. Dazu die Rückseite des Anlassers freilegen (kleinen Deckel abschrauben, Durchgangsschrauben herausdrehen und Kollektordeckel abnehmen) und die Bürsten nach Abheben der Bürstenfedern herausnehmen und erneuern. Auch diese Arbeit lässt man aus Erfahrung gesprochen besser in einer Elektro-Werkstatt durchführen.

15.4 Beleuchtungseinrichtungen

Der BMW "3" ist mit Scheinwerferleuchten versehen, die Stadt- und Fernlicht enthalten. Das Standlicht ist in die Scheinwerfergehäuse integriert. Nebelscheinwerfer befinden sich unterhalb der Scheinwerfer.
Die Heckleuchten umfassen die vorgeschriebenen Leuchten.

15.4.1 Aus- und Einbau einer Scheinwerfer-Glühbirne

Dies sind die Halogen-Glühlampen, die den Fahr- und Fernscheinwerfern das Licht geben. Beim Erneuern einer Birne folgendermassen nach Ausführung vorgehen. Nach Öffnen der Motorhaube:

Limousine, Coupé, Cabrio

- Die Haltespange an der Rückseite des Scheinwerfers niederdrücken und den Glühlampendeckel abziehen.
- Unter Bezug auf Bild 338 den Stecker von der Rückseite des Scheinwerfers abziehen. Die

zum betreffenden Scheinwerfer gehörenden Stecker sind in Bild 338 gezeigt.

Hinweis: Die Erneuerung der Glühlampe für das Standlicht erfolgt entsprechend der angeführten Arbeitsbeschreibung. In diesem Fall die Glühlampe (3) in Bild 339 verdrehen und herausziehen.

- Den Federdrahtbügel aushängen und die Glühlampe an den Kontakten erfassen und herausziehen.
- Die neue Birne mit sauberem Tuch (Papiertaschentuch) anfassen, nicht den Lampenkolben mit den blossen Fingern berühren.
- Neue Glühlampe so einsetzen, dass die Fixiernase am Lampensockel in die Aussparung an der Reflektoröffnung eingreift.

Der weitere Einbau geschieht in umgekehrter Reihenfolge wie der Ausbau. Abschliessend muss man die Scheinwerfereinstellung kontrollieren oder kontrollieren lassen (meistens sollte sie stimmen).

Compact-Ausführungen

Einzelheiten der Rückseite der Scheinwerfer sind in Bild 339 gezeigt. Die Arbeiten finden nach Abziehen des Steckers in ähnlicher Weise statt. Die Lampe wird nach links gedreht und herausgezogen. Unbedingt darauf achten, dass man beim Einbau den Lampentyp nicht vertauscht, d.h. man muss sich an die Abbildung halten.

15.4.2 Scheinwerfer aus- und einbauen

Das Ansaugfiltergehäuse muss zusammen mit dem Luftmengenmesser ausgebaut werden, um an die Befestigung des linken Scheinwerfers zu kommen. In allen Fällen muss die Batterie abgeklemmt sein.

- Den Stecker (1) in Bild 340 an der Rückseite des Scheinwerfers in Pfeilrichtung verdrehen und abziehen. Die Steckverbindung (2) trennen und von der Haltespange abnehmen.
- Die Blinkleuchte ausbauen, wie es später beschrieben wird.
- An der Oberseite des Kühlers die Kühlerabdeckung abschrauben (5 Befestigungsstellen) und die Abdeckung abnehmen.
- Die Befestigungsschrauben des Scheinwerfers an den in Bild 341 gezeigten Stellen lösen und die Leuchteinheit nach unten abnehmen (Richtung grosser Pfeil). Hierbei muss man mit Vorsicht vorgehen. Zur Scheinwerferbefestigung werden Spreizniete benutzt, die an den in Bild 342 gezeigten Stellen (1) sitzen. Durch diese

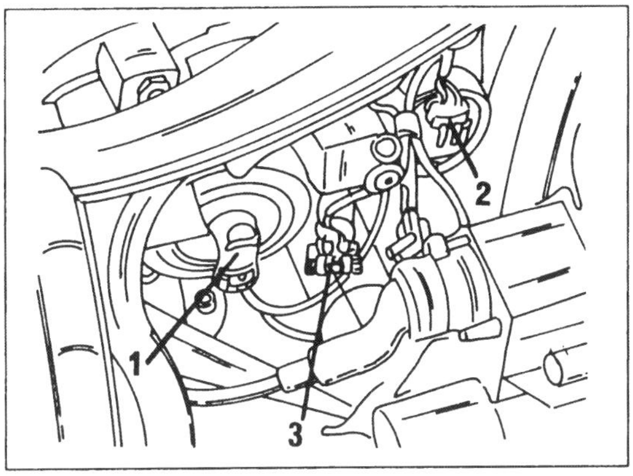

Bild 339
Anschlussweise der Scheinwerfer beim Compact.
1 Fahrlicht, HB4-Lampe
2 Fernlicht, HB3-Lampe
3 Standlicht

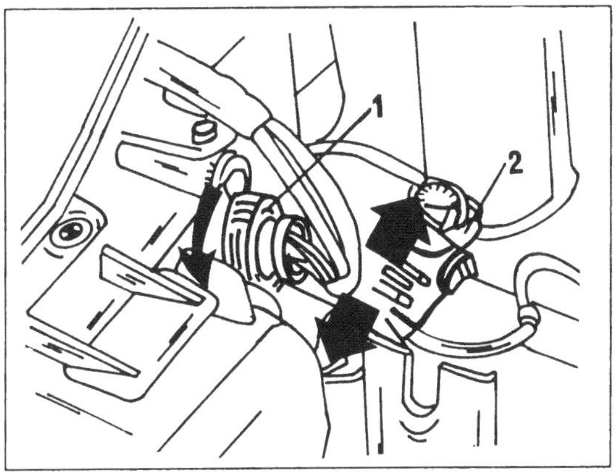

Bild 340
Zum Ausbau der Scheinwerfer
1 Stecker verdrehen und abziehen
2 Stecker abziehen und ausclipsen

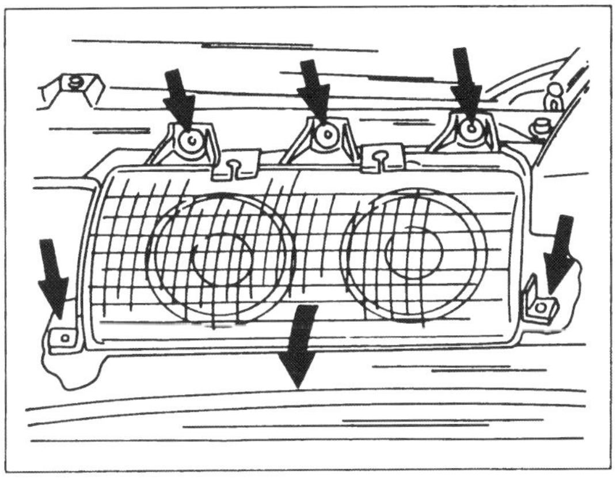

Bild 341
Die Befestigungsstellen eines Scheinwerfers.

Bild 342
Vorschriftsmässiges Lösen der Scheinwerferschrauben von den Spreiznieten (1). Diese werden in gezeigter Weise gegengehalten.

Spreizniete wird der Scheinwerfer an die Karosserie angepasst. Um ein Verschieben der ge-

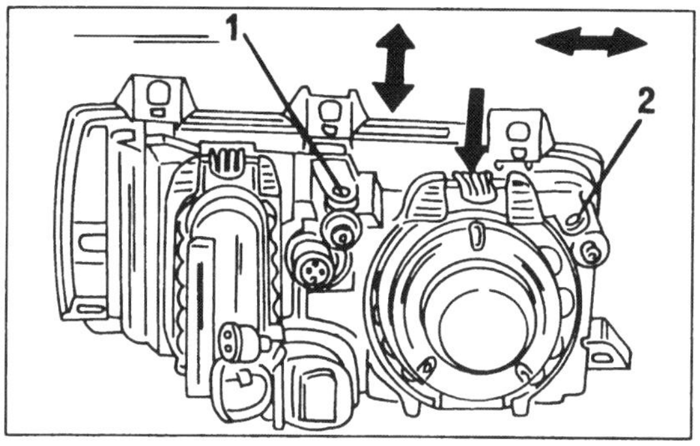

Bild 343
Die Lage der Einstellschrauben eines Scheinwerfers, wenn es sich um eine Limousine, ein Coupé oder ein Cabrio handelt.
1 Einstellschraube zur Höheneinstellung
2 Einstellschraube zur Seiteneinstellung

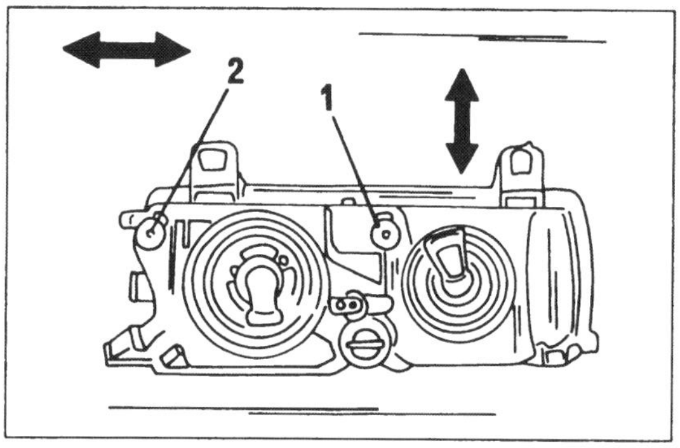

Bild 344
Die Lage der Einstellschrauben eines Scheinwerfers, wenn es sich um einen Compact handelt.
1 Einstellschraube zur Höheneinstellung
2 Einstellschraube zur Seiteneinstellung

samten Einheit zu vermeiden, muss man die Niete von der Rückseite mit einem Gabelschlüssel gegenhalten. Bei eingebauter Leuchtweitenregulierung kann der Reguliermotor von der Rückseite abgenommen werden. Dazu den Motor nach links verdrehen und die Kugelgelenkverbindung trennen.
Beim Scheinwerfereinbau werden zuerst alle Schrauben bis zum letzten Gewindegang angezogen. Die Spreizniete dabei wieder gegenhalten. Der Scheinwerfer muss richtig am Frontblech ansitzen. Dazu Blattfühlerlehren einer Stärke von 2,5 mm herstellen und zwischen der Streuscheibe des Scheinwerfers und dem Frontblech einschieben. Die Messung entlang der Breite des Scheinwerfers vornehmen. Falls sich die Fühlerlehren nicht einschieben lassen oder der Spalt ist zu gross, verdreht man die unteren Spreizniete. Danach die Spreizniete wieder gegenhalten und die Schrauben anziehen.
● Ebenfalls muss der Spalt bei geschlossener Motorhaube kontrolliert werden. Die richtige Lage des Scheinwerfers wird durch Verstellen der oberen Spreizniete hergestellt. Die Niete wieder beim Anziehen der Schrauben gegenhalten. Abschliessend die Scheinwerfer einstellen oder einstellen lassen (wir schlagen das letztere vor).

15.4.3 Scheinwerfereinstellung

Die Einstellschrauben dieser Scheinwerfer befinden sich, je nach vorliegender Modellausführung, an den in Bild 343 oder 344 gezeigten Stellen. Die Lage der Schrauben ist bei ausgebauten Scheinwerfern gezeigt, mann muss sich also vorstellen, dass sie eingebaut und von hinten gesehen werden.
Die Einstellung der Scheinwerfer sollte mit einem speziellen Einstellgerät durchgeführt werden und nur im Notfall sollte man versuchen die Einstellung zu berichtigen oder zu verändern. Aus diesem Grund möchten wir die folgende Beschreibung der Einstellung nicht als Empfehlung geben, da Sie dadurch gegen das Gesetz verstossen.
Da man manchmal die Einstellung jedoch selbst durchführen will, geben wir Ihnen die wichtigen Voraussetzungen zur Kontrolle der Einstellung und zur Einstellung selbst.
- Reifendruck kontrollieren und ggf. berichtigen.
- Fahrzeug mit einer Person belasten (Mindestgewicht 75 kg).
- Eine eingebaute Leuchtweitenregulierung auf Stellung "0" setzen.
- Das Fahrzeug auf einer ebenen Fläche abstellen.
- Der Scheinwerfer muss einwandfrei mit der Motorhaube ausgerichtet sein.
- Die folgenden Anweisungen müssen genau befolgt werden.

Das Fahrzeug zur Einstellung im rechten Winkel vor eine Garagentür oder eine Wand fahren und die Scheinwerfer einschalten. Der Abstand zur Wand oder Tür sollte ca. 10 Meter betragen. Die in Bild 345 angegebenen Masse auf die Einstellfläche übertragen.
Um einen Scheinwerfer einzustellen, die betreffenden Schrauben verstellen, um die Höhen- und

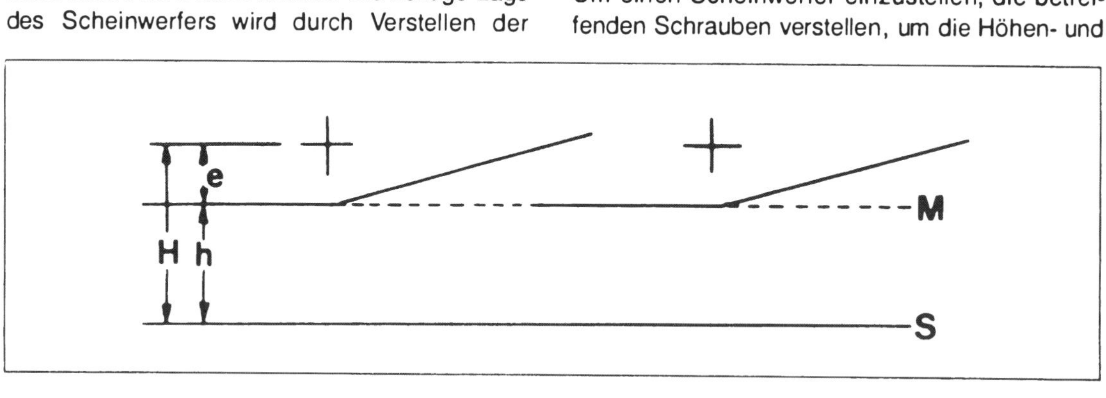

Bild 345
Einstellmarkierungen für die Scheinwerfer.
e 10 cm bei Fahrzeugen mit Leuchtweitenregulierung
e 12 cm bei Fahrzeugen mit normalen asymmetrischen Scheinwerfern
H Höhe der Scheinwerfermitte über der Bodenfläche
h-e Höhe der Markierungslinie über der Bodenfläche
+ Zentralmarke (Scheinwerfermittelpunkt)
M Markierungen hier einzeichnen
S Standfläche des Fahrzeuges

Seiteneinstellung genau herzustellen.

Es wird nochmals darauf hingewiesen, dass dies wirklich nur eine Noteinstellung ist, die man bei der ersten Gelegenheit in einer Elektro-Werkstatt kontrollieren und vorschriftsmässig berichtigen lassen muss.

Eine wie oben beschriebene Einstellung wird Sie jedoch in die nächste Werkstatt bringen.

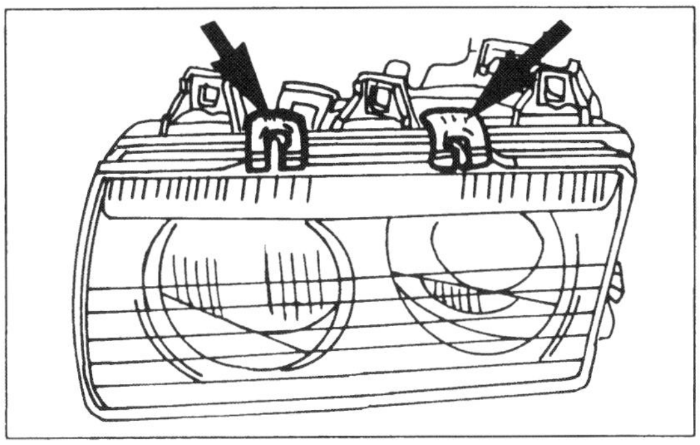

Bild 346
Bei einem ZKW-Scheinwerfer wird die Streuscheibe oben und unten mit den gezeigten Klammern gehalten. Klammern sind oben und unten unterschiedlich. Zu beachten.

15.4.4 Streu/Abdeckscheibe eines Scheinwerfers erneuern

Ist die Streuscheibe, d.h. das Glas des Scheinwerfers zerschlagen, kann man eine neue Scheibe einsetzen, ohne den gesamten Scheinwerfer zu erneuern. Hier gibt es jedoch Unterschiede zwischen den Scheinwerferherstellern.
Ist der Scheinwerfer von "ZKW" hergestellt, die beiden Klammern oben und unten an den in Bild 346 gezeigten Stellen ausclipsen. Die Klammern nicht verwechseln, da sie oben und unten nicht gleich sind. Danach die Halter links und rechts aushebeln und den Rahmen mit der Scheibe abnehmen. Eine neue Scheibe in umgekehrter Reihenfolge montieren und mit den Haltern und Klammern befestigen.
Bei einem Bosch-Scheinwerfer müssen die in Bild 347 gezeigten Klammern oben und unten ausgeclipst werden. Danach den Rahmen mit der Streuscheibe abnehmen. Der Einbau geschieht in umgekehrter Reihenfolge wie der Ausbau.

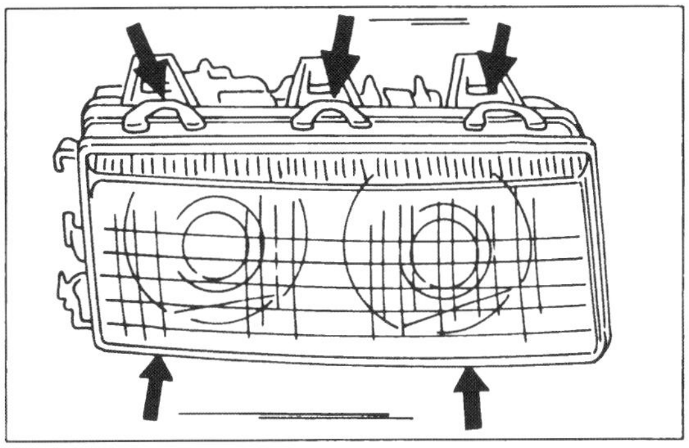

Bild 347
Die Klammern an der Ober- und Unterseite halten die Streuscheiben eines Bosch-Scheinwerfers.

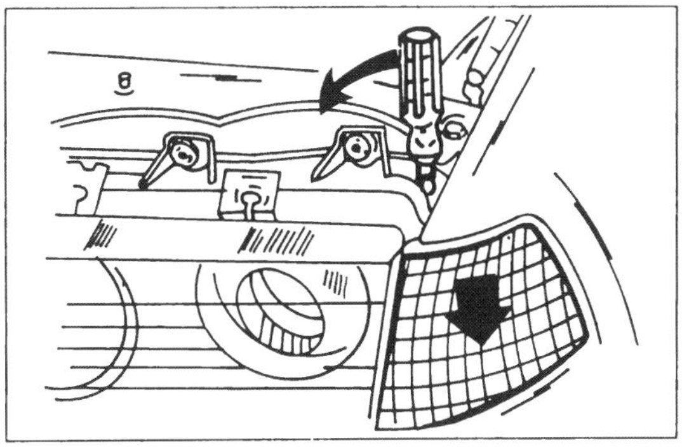

Bild 348
Ausbau einer vorderen Blinkleuchte.

15.4.5 Vordere Standleuchten

Der Lampenwechsel folgt der Beschreibung zum Aus- und Einbau des Scheinwerfers. Die Lage der Glühbirnen sind den Bildern zu entnehmen.

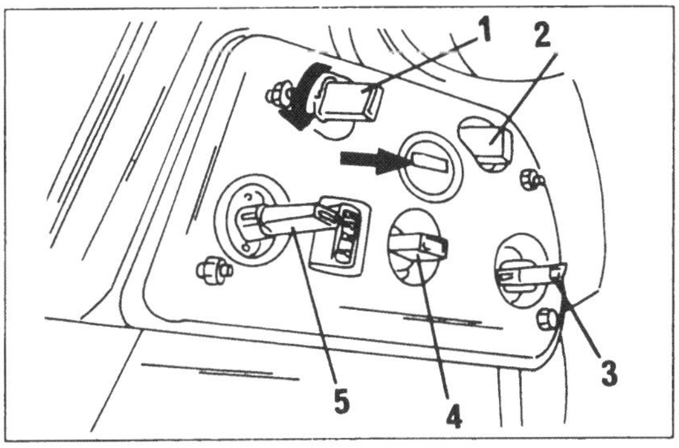

Bild 349
Die Lage der einzelnen Glühlampen (ausser Compact).
1 Rückfahrscheinwerfer
2 Blinkleuchte
3 Schlussleuchte, Nebelschlussleuchte
4 Schlussleuchte, Rückstrahler
5 Bremsleuchte

15.4.6 Vordere Blinkleuchten

Die Halteklammer in der in Bild 348 gezeigten Weise von oben aushebeln und die Blinkleuchte aus dem Kotflügel ziehen. Den Glühlampenhalter entriegeln und abnehmen. Die Glühlampe nach innen drücken und nach links verdrehen (Bayonettverschluss) und herausziehen. Die Glühlampe nicht mit den blossen Fingern anfassen.
Vor Einbau der Leuchte kontrollieren, dass die Moosgummiabdichtung noch in einwandfreiem Zustand ist. Andernfalls muss man eine neue Dichtung einbauen.

15.4.7 Heckleuchten

Bei Limousine, Coupé und Cabrio von der Innenseite des Kofferraums den Clip in der Innenseite der Abdeckung um 90° drehen und die Lampenabdeckung abnehmen.
Die entsprechende Lampenfassung nach Bild 349 drehen und herausnehmen. Die Glühlampe wird nach innen gedrückt und herausgezogen. Der Einbau geschieht umgekehrt.

Unbedingt die richtige Glühlampe eindrehen (siehe Glühlampentabelle).
Bei einem Compact im Kofferraum den Clip in der Innenseite der Lampenabdeckung um 90°

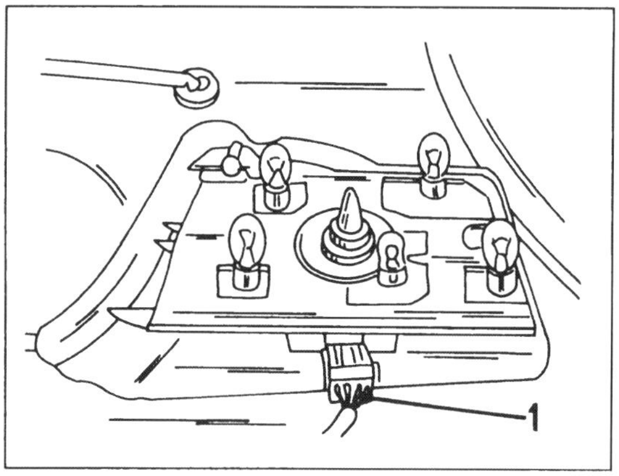

Bild 350
Die Lage der einzelnen Glühlampen beim Compact. Der Stecker (1) muss zum Ausbau der Leuchte abgezogen werden.

verdrehen und die Abdeckung abnehmen. Die defekte Glühlampe entsprechend Bild 350 nach innen drücken und herausziehen (Bayonettverschluss). Unbedingt die richtige Glühlampe einbauen (siehe Glühlampentabelle).

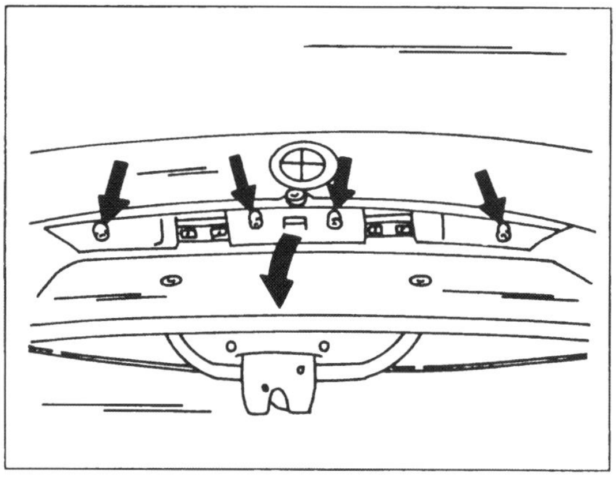

Bild 351
Nach Lösen der gezeigten Schrauben die Blende der Kennzeichenleuchte nach unten ziehen (Pfeilrichtung).

Eine Heckleuchte erneuern
Bei allen Ausführungen von der Innenseite des Kofferraums den Clip in der Innenseite der Lampenabdeckung um 90° verdrehen und die

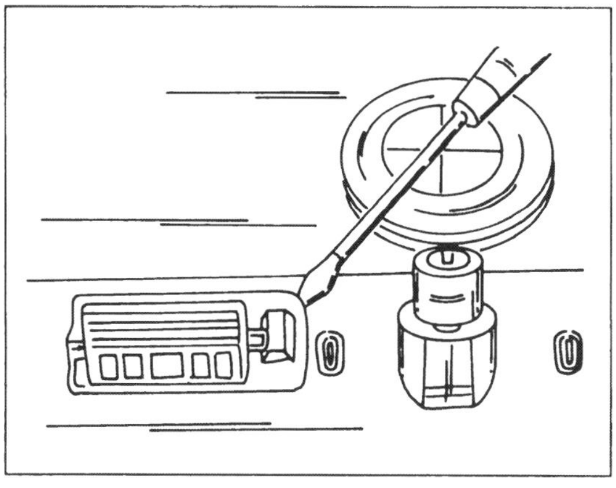

Bild 352
Abdrücken der Kennzeichenleuchte.

Abdeckung abnehmen. Den Stecker abziehen (in Bild 350 beim Compact gezeigt), die vier Muttern oder Schrauben (Compact) entfernen und das Lampenglas von aussen herausziehen. Die Gummiabdichtung zwischen Lampenglas und Karosserie abnehmen und ggf. erneuern. Der Einbau geschieht in umgekehrter Reihenfolge. Auf guten Sitz des Abdichtgummis achten.

15.4.8 Kennzeichenleuchte

Leuchte und Glühlampe erneuern
Die in Bild 351 gezeigten Schrauben entfernen und die Blende der Leuchte in Pfeilrichtung herausnehmen. Einen kleinen Schraubenzieher unter die rechte Seite der Lampe untersetzen und diese von rechts ausclipsen. Der Schraubenzieher wird an der in Bild 352 gezeigten Stelle angesetzt. Nicht die Lackierung des Kofferraumdeckels zerkratzen. Die Glühlampe kann man jetzt aus den Kontakten befreien. Der Einbau geschieht in umgekehrter Reihenfolge. Soll die Leuchte erneuert werden, die Verriegelungsklappe anheben und den Stecker auf der einen Seite der Leuchte auseinanderziehen.

15.4.9 Nebelschlussleuchte

Nebelscheinwerfer und Glühlampe erneuern
Der Nebelscheinwerfer wird mit einem Schraubenzieher durch die obere Öffnung ausgehakt. Dies ist vielleicht leichter geschrieben als durchgeführt. In Bild 353 kann man sehen, wie der Schraubenzieher eingesetzt wird. Nach Ausbau den Stecker abziehen, den Federdrahtbügel aushängen und die Glühlampe herausziehen. Der Einbau geschieht in umgekehrter Weise.

15.4.10 Seitliche Blinkleuchten

Zum Ausbau der Leuchte die Befestigungsschrauben an der Seite des Kotflügels entfernen und die Leuchte herausziehen. Die Birnenfassung nach links verdrehen und aus der Leuchte herausziehen. Die Glühlampe ist einfach eingesteckt. Der Einbau findet in umgekehrter Reihenfolge statt. Die Schrauben des Abdeckglases nicht zu fest anziehen.

15.5 Scheibenwischer

15.5.1 Aus- und Einbau der Wischerarme

Scheibenwischer einschalten und wieder aus-

Stromverteilerübersicht

Stromverteiler Motorraum

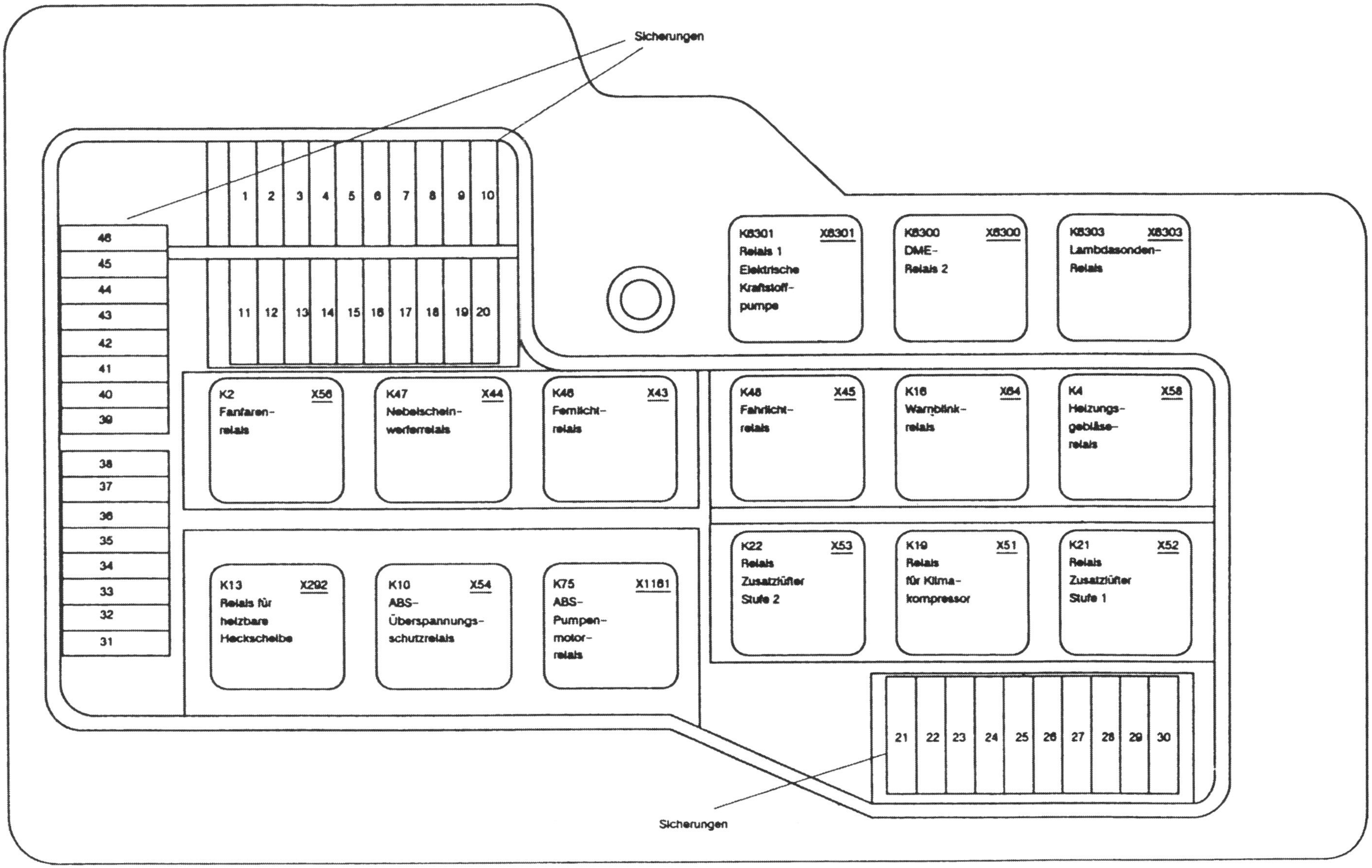

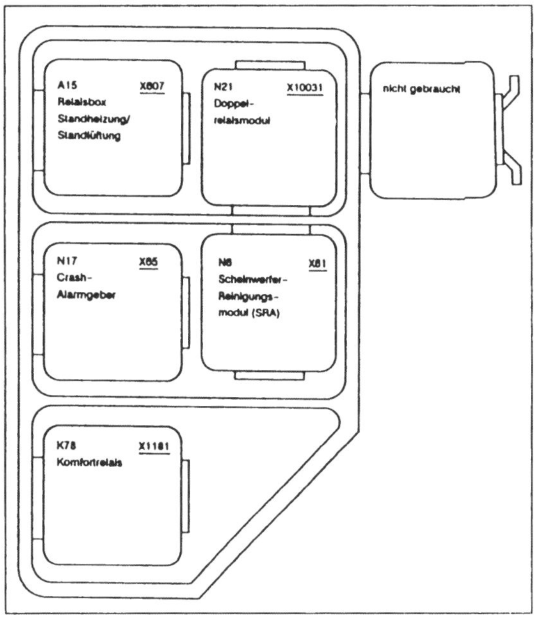

Bild 353
Relais-Bestückung des Trägers unter dem Armaturenbrett links.

schalten. Die Ruhestellung beider Wischerblätter auf einem Stück aufgeklebten Klebband anzeichnen, damit man sie wieder in gleicher Stellung aufstecken kann.

- Die Abdeckkappe über dem Wischerlager nach oben klappen, die darunterliegende Mutter und Scheibe entfernen und den Wischerarm von der Spindel ziehen. Falls erforderlich mit einem kleinen Schraubenzieher nachhelfen, ohne den Lack zu zerkratzen. Falls beide Wischerarme ausgebaut werden, muss man sie kennzeichnen, da sie nicht gleich sind.

Der Einbau geschieht in umgekehrter Reihenfolge. Nach Einbau kontrollieren, dass die Wischerblätter wieder ihre ursprüngliche Lage eingenommen haben.

15.5.2 Scheibenwischermotor

Die Erneuerung des Scheibenwischermotors ist eine umfangreiche Arbeit, da man den Luftsammelkasten ausbauen muss, um an den Motor und das Gestänge heranzukommen. Da man den Scheibenwischermotor nur ausbauen muss, um ihn zu ersetzen und der Motor eine lange Lebensdauer haben wird, sollten Sie die Arbeiten in der Werkstatt durchführen lassen, falls es einmal vorkommen sollte, dass die Motorwicklungen ausbrennen. Dies ist praktisch der einzige Defekt, der sich im Motor entwickeln kann.

15.6 Relaisbestückung und Hauptsicherungen

Ein Relais ist ein elektrisch betätigter Schalter, welcher je nach Funktion folgendes verrichten kann:

- Ein Relais kann einen Starkstrom entfernt vom eigentlichen Stromkreis schalten und ermöglich damit die Benutzung von schwächeren Kabeln und Schalterkontakten.
- Ein Relais ist in der Lage mehr als einen Regelstrom zu schalten.
- Ein Relais kann zur Zeitschaltung eines Stromkreises benutzt werden, wie dies zum Beispiel bei der Intervall-Schaltung der Scheibenwischer der Fall ist.

Die meisten der Relais sind in den Sicherungskasten in der linken, hinteren Ecke des Motorraums eingesetzt. Deren genaue Zuordnung ist auf Seite 157 gezeigt. Abgesehen von der Kennzeichnung sind ebenfalls die von BMW zugeord-

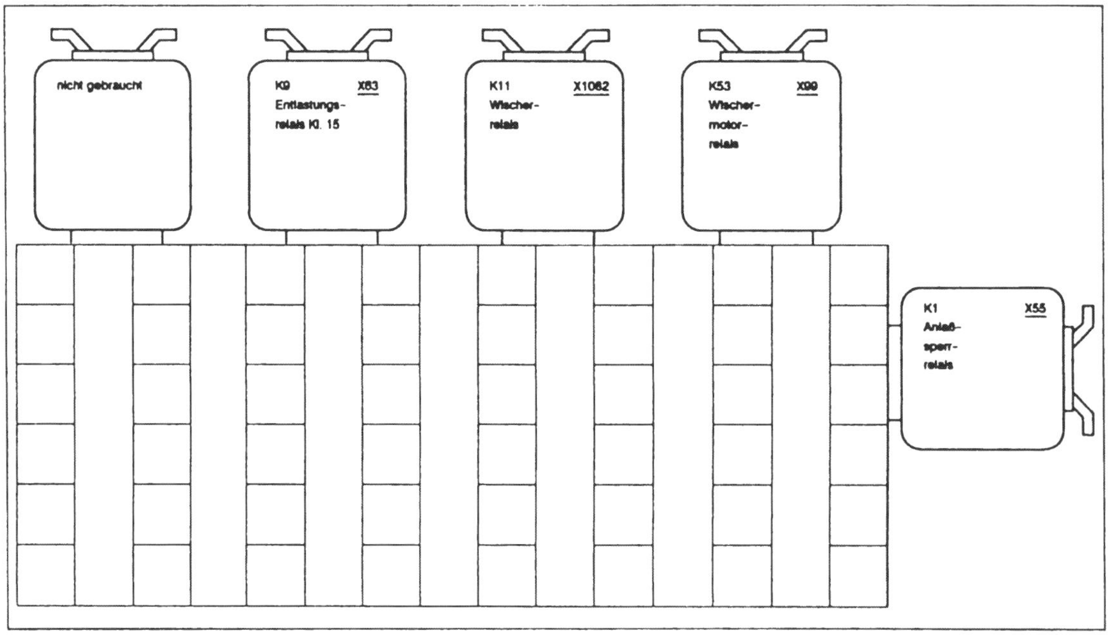

Bild 354
Relais-Bestückung der Verbinderleiste unter dem Armaturenbrett links.

neten Stromabnehmerkennzeichnungen angegeben. Ein weiterer Relaisträger befindet sich unter der linken Seite des Armaturenbretts. Dessen Bestückung ist in Bild 353 gezeigt. Je nach Ausrüstung sind jedoch noch weitere Relais eingebaut. Diese sind in Verbinderleisten unter dem Armaturenbrett auf der linken und auf der rechten Seite eingesteckt. Die Bestückung der Verbinderleiste auf der linken Seite ist in Bild 354 gezeigt. Auf der rechten Seite sind von links nach rechts unten ein Relais für die rechte Standleuchte und die Kennzeichenleuchte, ein Relais für die linke Standleuchte und ein Relais für die Zentralverriegelung der Türen eingesetzt. Ein weiteres Relais in dieser Reihe wird entweder nicht gebraucht oder ist einem Sonderwunsch-Zubehör zugeordnet.

Um den Zugang zu ermöglichen, müssen der vordere Befestigungsclip gelöst und der Deckel ausgeclipst werden. Darunter wird man auch die auf Seite 157 gezeigten Sicherungen finden.

Falls ein Stromkreis oder eine durch ein Relais gesteuerte Anlage eine Störung entwickelt hat, kann man zur Kontrolle den betreffenden Stromabnehmer einschalten lassen. Falls das Relais einwandfrei arbeitet, sollte man ein Klicken hören. Falls dies der Fall ist, kann man annehmen, dass die Störung im Stromabnehmer oder den dazugehörigen Kabeln liegt. Falls das Relais nicht unter Strom kommt, bedeutet dies, dass die Stromzufuhr unterbrochen ist, eine Schaltspannung kann das Relais nicht erreichen oder das Relais ist defekt. Im letzteren Fall kann man dies nur durch Einstecken eines Relais herausfinden, von welchem man weiss, dass es einwandfrei funktioniert. Unter diesen Umständen ist es am besten, wenn man sich an eine Werkstatt wendet, da diese schnell in der Lage sein wird, ein ebenbürtiges Relais eines anderen Fahrzeuges zu versuchen.

Falls man sicher ist, dass das Relais erneuert werden muss, ist daran zu denken, dass Relais manchmal das gleiche Aussehen jedoch eine unterschiedliche Funktion haben.

Vor Auswechseln eines Relais die Zündung ausschalten. Ein Relais wird einfach herausgezogen und das neue eingesteckt.

Sicherungen unterbrechen den Stromkreis, wenn dieser eine vorbestimmte Stromstärke erreicht. Dadurch werden der betreffende Stromabnehmer und der dazugehörige Stromkreis vor Schäden geschützt. Bei einem Kurzschluss zum Beispiel, brennt die Sicherung durch, ohne den Stromkreis zu beschädigen.

Die Hauptsicherungen sind an den auf Seite 157 gezeigten Stellen eingesetzt und werden Ihnen auch bestimmt aus der Betriebsanleitung bekannt sein. Die Sicherungen sind eingesteckt und können zur Erneuerung einfach herausgezogen werden.

Bei der Erneuerung der Sicherung ist es wichtig, dass man nur eine mit der gleichen Kapazität verwendet. Ebenfalls ist es wichtig, dass man die Ursache des Sicherungsschadens feststellt, ehe man einfach eine neue Sicherung einsteckt. Sicherungen wurden zur Hilfe farbig gezeichnet. Ausserdem ist die Sicherungsstärke an der Oberseite in die Sicherung eingestanzt. Immer eine ebenbürtige Sicherung einsetzen.

16 Das automatische Getriebe

Die Automatik-Modelle sind mit einem Getriebe von GM, Typ THM ausgerüstet. Beim Getriebe handelt es sich um eine Vierstufen-Automatik. Das Getriebe ist über die Glocke des Wandlers direkt mit dem Motor verbunden.

An dieser Stelle werden nur einfache Wartungs- und Einstellarbeiten beschrieben. Das Zerlegen und Revidieren von automatischen Getrieben ist eine Arbeit, welche nebst dem Vorhandensein spezieller Werkzeuge und Prüfvorrichtungen, Erfahrung und sehr viel Fachkenntnisse voraussetzt. Solche Arbeiten sollten dem Spezialisten vorbehalten bleiben.

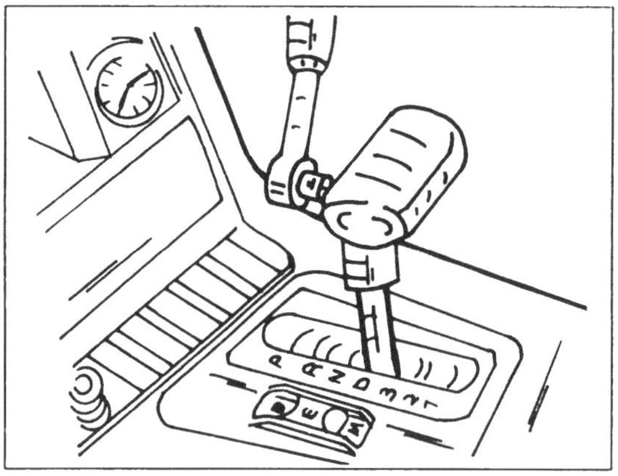

Bild 355
Die Zylinderschraube in der Seite des Schalthebelgriffs an der gezeigten Stelle lösen.

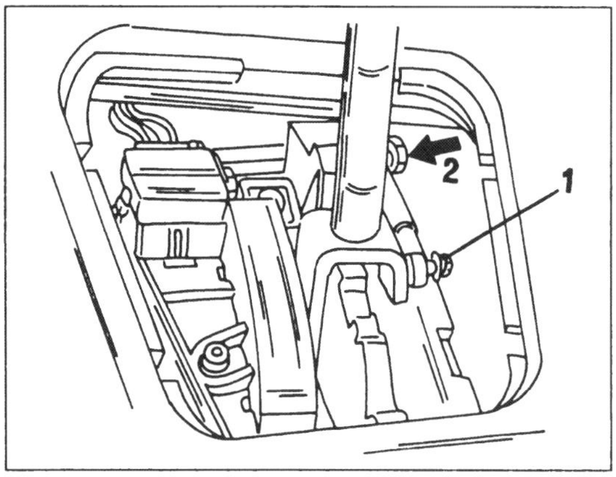

Bild 356
Der Seilzug ist an der Stelle (1) mit einem Clip am Hebel befestigt und wird durch ein Gegenlager (2) gehalten.

16.1 Schaltseil erneuern und einstellen

Das Schaltseil kann schon mal nach einer hohen Kilometerleistung reissen. Der Schalthebel, die Zeituhr oder sogar das Bord-Display müssen allerdings ebenfalls ausgebaut werden, um an das Schaltseil zu kommen.

- Batterie abklemmen (siehe Vorsichtsmassnahmen Seiten 1 und 2).
- Die Befestigungsschraube an der Seite des Schalthebels mit einem 3 mm-Inbusschlüssel lösen (Bild 355) und den Griff herunterziehen. Eventuell muss man dazu eine Zange benutzen.
- Die Zeituhr oder das Bord-Display ausbauen.
- Die Abdeckung für den Schalthebel ausbauen. An der Innenseite sind zwei Steckverbindungen aufgesteckt. Beide abziehen.
- An der Seite des Schalthebels die Sicherungsspange an der in Bild 356 gezeigten Stelle ausclipsen, den Seilzug vom Gegenlager abbauen (Pfeilstelle) und den Seilzug nach vorn herausziehen.
- Fahrzeug vorn auf Böcke setzen, um an der Unterseite zu arbeiten. Die Mutter (1) in Bild 357 am Ende des Schaltseils muss jetzt gelöst werden. Um jedoch zu vermeiden, dass sich der Seilzug verformen kann, muss man die Schraube auf der anderen Seite in geeigneter Weise gegenhalten. Danach die Befestigungsschraube (2) vom Gegenlager abschrauben und den Seilzug herausziehen.

Der Einbau geschieht in umgekehrter Reihenfolge wie der Ausbau. Beim Anbringen des Seils am Haltebügel ist auf die Verdrehsicherung zu achten. Dazu sieht man sich Bild 358 an. Die Verdrehsicherung kommt mit der Bohrung in den Noppen des Bügels. Die Mutter am Seilende erst festziehen, nachdem man die Schaltung eingestellt hat. Aufmerksamkeit erfordert auch der Zu-

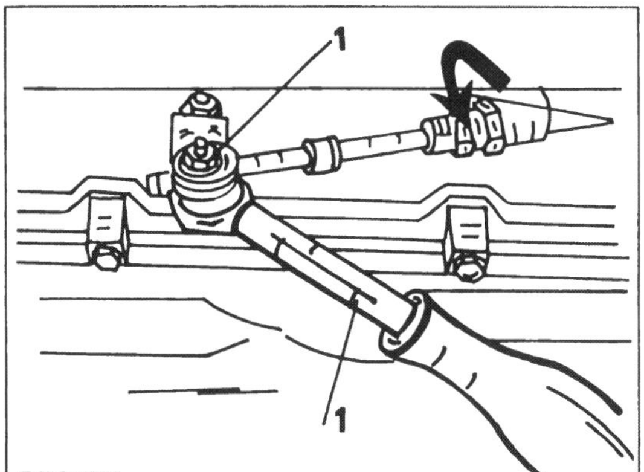

Bild 357

Bild 357
Beim Lösen der Klemmmutter (1) muss die Schraube auf der anderen Seite gegengehalten werden.

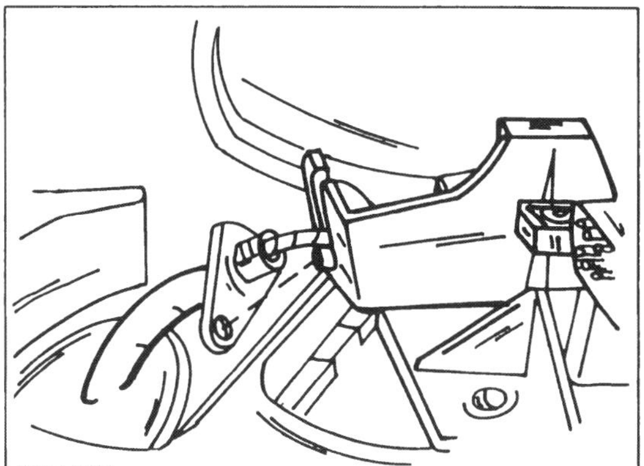

Bild 358

Bild 358 (rechts)
Anbringen des Seilzuges. Auf den Eingriff der Verdrehsicherung achten.

sammenbau des Schalthebelgriffs. Bild 359 wird hier hinzugezogen. Die Taste muss ungedrückt sein. Der Stift der Taste (1) unter dem Griff muss in die Bohrung (2) der Zugstange kommen.

Die Kontrolle und/oder Einstellung erfolgt jetzt in folgender Weise. Bei Erneuerung des Seilzuges muss dies natürlich immer durchgeführt werden. Lassen sich Gänge schwer schalten, muss man die Einstellung überprüfen. Bild 360 zeigt Einzelheiten der Einstellung.

- Den Schalthebel in Stellung "P" stellen.
- Falls die in Bild 357 gezeigte Mutter am Ende des Seilzuges noch nicht gelockert wurde, muss man dies jetzt durchführen (Fahrzeug vorn auf Böcke setzen). Die Schraube auf der gegenüberliegenden Seite der Mutter gegenhalten, damit sich das Seil nicht verformen kann.
- Den Hebel (2) in Bild 360 in Pfeilrichtung drücken, d.h. nach vorne zur Parkstellung, und die Seilzugstange (4) entgegen der Fahrtrichtung drücken und wieder loslassen.
- Die Seilzugstange (4) mit der Mutter (3) festklemmen (Schraube wieder gegenhalten).
- Fahrzeug auf den Boden ablassen, die Handbremse fest anziehen und den Motor anlassen. Die Gänge jetzt der Reihe nach durch alle Positionen schalten, um die Einstellung zu überprüfen.

16.2 Aus- und Einbau des Getriebes

Hinweis: Ehe man mit dem Ausbau des Getriebes beginnt, sollte man sich die Arbeitsbeschreibung durchlesen, um zu gewährleisten, dass man alle Kriterien erfüllen kann.

- Massekabel der Batterie abklemmen (siehe Hinweise, Seiten 1 und 2).
- Fahrzeug vorn auf Böcke setzen. Man muss genügend Raum schaffen, um das Getriebe nach unten abzusenken.
- Anlasser ausbauen.
- Die Auspuffanlage ausbauen und das Wärmeschutzblech abschrauben. Eventuell die Lambda-Sonde von der Halterung am Getriebe lösen.
- Das Getriebeöl ablassen. Hat das Öl einen verbrannten Geruch und eine schwärzliche Verfärbung, könnte es sein, dass das Getriebe innerlich Schaden erlitten hat. In diesem Fall muss man auch daran denken den Ölkühler und die Ölleitungen zu reinigen (mit Pressluft durchblasen).
- Den Querträger unter der Gelenkwelle ausbauen und die Gelenkwelle vom Getriebe abflanschen und die Gelenkwelle vollkommen ausbauen, wie es an anderer Stelle beschrieben wurde.
- Den Seilzug der Gangschaltung vom Getriebe lösen, wie es im letzten Kapitel beschrieben wurde.

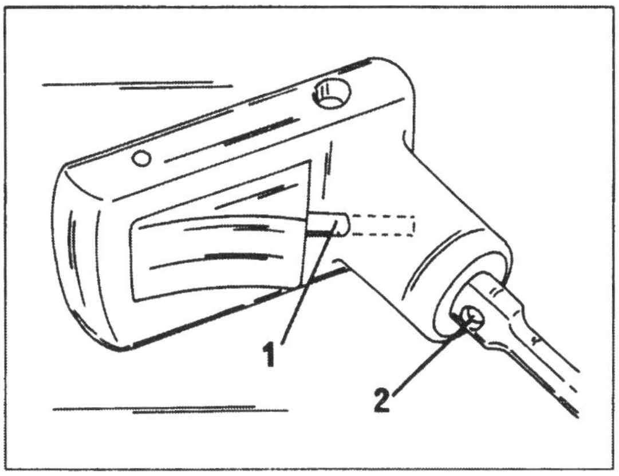

Bild 359
Zusammenbau des Schalthebelgriffs.
1 Stift
2 Bohrung

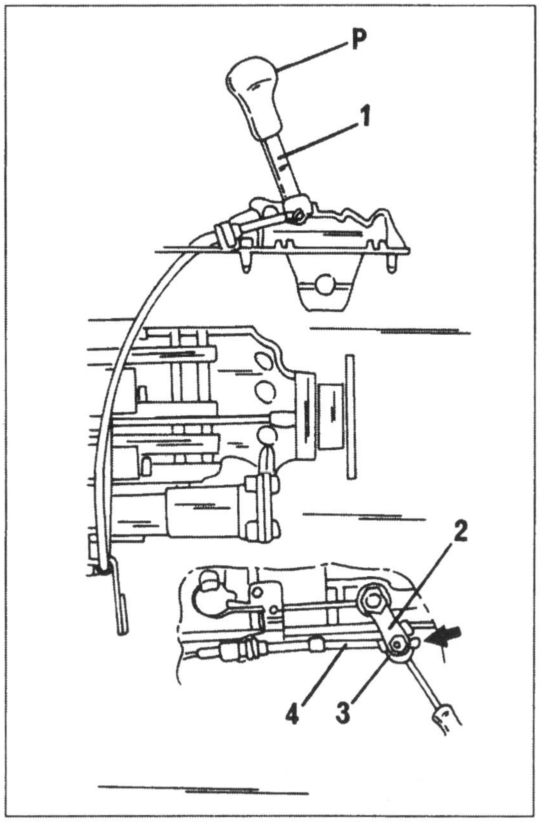

Bild 360
Zum Einstellen der Schaltung. Der Schalthebel muss in Parkstellung (P) stehen.
1 Schalthebel
2 Hebel
3 Mutter
4 Schaltstange

- Die Halteschellen der Flüssigkeitsleitungen lösen und die Leitungen aus der Ölwanne herausziehen.
- Den elektrischen Anschluss des Getriebes abnehmen. Dazu den Bajonettverschluss nach links drehen und den Stecker abziehen.
- Den Stecker vom Drehzahlgeber abziehen.
- Einen Stopfen aus dem Kurbelgehäuse ausschrauben, um an die Schrauben der Mitneh-

merscheibe zu kommen. Durch die Öffnung den Drehmomentwandler von der Mitnehmerscheibe abschrauben. Die Kurbelwelle muss dabei durchgedreht werden, bis die Schrauben der Reihe nach in der Öffnung erscheinen.

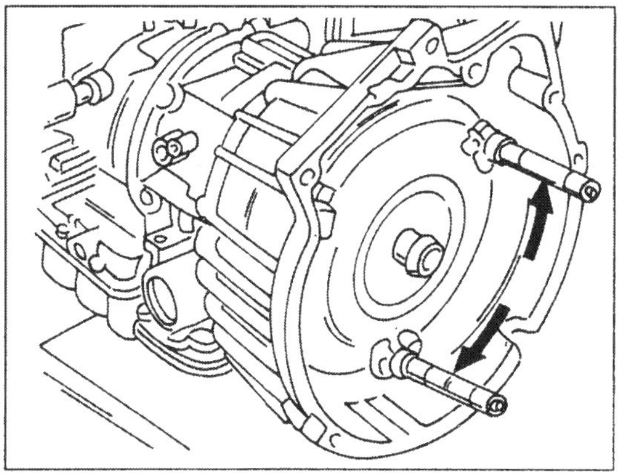

Bild 361
Zwei Führungsbolzen an den gezeigten Stellen in die Bohrungen des Wandlers einschrauben. Normalerweise ist da die Mitnehmerscheibe befestigt.

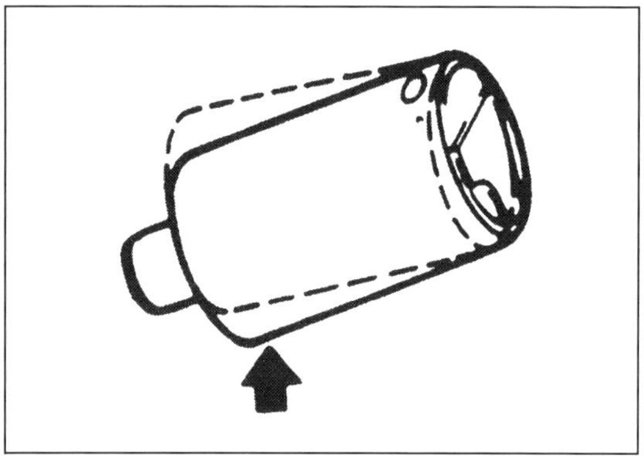

Bild 362
Verriegelung des Flüssigkeitsmessstabs.

- Einen Wagenheber unter das Getriebe untersetzen. Der Wagenheber muss jedoch kräftig genug zum Tragen des Getriebes sein. Einen Holzklotz zwischen Wagenheber und Getriebe einlegen.
- Bei eingebautem Motor mit Zahnriemenantrieb muss jetzt der Luftsammelkasten ausgebaut werden, wie es beim Ausbau des Motors auf Seite 31 erwähnt wurde.
- Den Kabelkanal des Motors hinten ausbauen.
- Den Motor an einem geeigneten Hebezeug befestigen und das Hebezeug betätigen, bis der Motor soeben unter Spannung kommt.
- Den Querträger der Getriebeaufhängung vom Unterbau abschrauben.
- Kontrollieren, dass Motor und Getriebe sicher gehalten werden und die Gummilager vom Getriebe abschrauben, den Getriebeträger vom Unterbau abschrauben und die Schrauben zwischen Motor und Getriebe entfernen. Während dem gesamten Arbeitsvorgang muss man sich überzeugen, dass Getriebe und Motor zu allen Zeiten auf dem Wagenheber aufsitzen, bzw. durch das Hebezeug gehalten werden.
- Das Getriebe jetzt nach hinten herausziehen. Ehe es sich aber vollkommen gelöst hat, kann man einen Metallstab durch die Öffnung in der Unterseite der Gehäuseglocke einschieben, um den Drehmomentwandler in seiner Lage zu lassen. Dieser kommt zusammen mit dem Getriebe weg.
- Getriebe vollkommen herausziehen und auf dem Wagenheber ablassen. Immer beobachten, dass der Wandler nicht herausfallen kann.

Falls man den Drehmomentwandler ausbauen will, werden zwei Führungsbolzen gebraucht, die man an den in Bild 361 gezeigten Stellen einschraubt. Die gezeigten Bolzen sind natürlich Spezialbolzen, jedoch können beliebige Bolzen mit dem passenden Gewinde eingeschraubt werden. Die Bolzen werden dann erfasst und der Wandler wird herausgezogen.
Beim Einbau folgende Hinweise beachten:

- Wurde der Wandler ausgebaut, kann er wieder laut Bild 361 eingesetzt werden.
- Kontrollieren, dass die Passhülsen im Zylinderblock sitzen.
- Die Kurbelwelle entsprechend verdrehen und die Schrauben der Mitnehmerscheibe mit dem angegebenen Anzugsdrehoment am Wandler anziehen.
- Alle anderen Arbeiten in umgekehrter Reihenfolge durchführen. Abschliessend das Getriebe mit Flüssigkeit füllen.

16.3 Getriebeflüssigkeit

Da sich die Flüssigkeit im warmen Zustand ausdehnt, ist es wichtig, dass man den Stand der Flüssigkeit nur bei warmem Getriebe kontrolliert. Dazu muss aber auch gesagt werden, dass man das Getriebe mindestens 30 Minuten lang abkühlen lassen muss, nachdem das Fahrzeug z.B. lange Zeit im Stadtverkehr oder mit hoher Geschwindigkeit gefahren wurde. Als Richtlinie können wir sagen, dass die Flüssigkeit die richtige Temperatur hat, nachdem man ein Fahrzeug ca. 30 km fährt.
BMW baut Automatiks mit und ohne Flüssigkeitsmessstab ein. Obwohl nicht in alle Modelle eingebaut, behandeln wir beide Ausführungen.

- Fahrzeug auf einer ebenen Fläche abstellen, die Feststellbremse anziehen und den Motor anlassen. Das Fussbremspedal durchtreten und die Gänge der Reihe nach aus Stellung "P" durchschalten und wieder in "P" zurückschalten.
- Den Flüssigkeitsmessstab in der linken, hinteren Ecke des Motorraums herausziehen. Dazu die Haltekappe entsprechend Bild 362

kippen, um den Messstab zu entriegeln.

- Den Messstab gut reinigen (nicht mit flusenden Lappen) und wieder einsetzen. Nach erneutem Herausziehen wird man die Flüssigkeit am Peilstab sehen. Zwei Markierungen sind in den Stab eingeprägt und die Flüssigkeit muss in der Mitte liegen.
- Falls Flüssigkeit fehlt, wird sie durch das Rohr des Messstabs eingefüllt. Dazu braucht man eine Trichter, den man wie in Bild 363 gezeigt einsetzt. Um den Flüssigkeitsstand zum Beispiel von der Niedrigmarke auf die Hochmarke zu bringen, braucht man einen Liter. Normalerweise gilt, dass man die Flüssigkeit langsam einfüllt und laufend Kontrollen durchführt. Nur von BMW zugelassene Flüssigkeiten verwenden.

Falls kein Ölmessstab verwendet wird (nicht auf die in dieser Anleitung behandelten Modelle zutreffend), hat die Ölwanne in der Seite einen Stopfen. Die Flüssigkeit muss bis zur Unterkante der Stopfenbohrung stehen. Zur Kontrolle das Fahrzeug vorn auf Böcke setzen und den Stopfen ausschrauben. Die zum Prüfen erforderlichen Bedingungen entsprechen den oben angegebenen Anweisungen, jedoch ändert sich das Befüllen. Hierzu benutzt man einen Füllstutzen, wie er in Bild 364 gezeigt ist. Die Flüssigkeit wird eingefüllt, bis sie soeben an der Unterkante der Stopfenbohrung heraustropft. Den Stopfen mit einer neuen Dichtscheibe einschrauben.

Um die Flüssigkeit zu wechseln, schraubt man den Ablassstopfen aus der Ölwanne heraus. Der Stopfen sitzt an der in Bild 365 gezeigten Stelle. Die Flüssigkeit gut ablaufen lassen, den Stopfen wieder einschrauben (ggf. mit neuem Dichtring) und das Getriebe füllen, wie es oben beschrieben wurde.
Getriebe dürfen nicht überfüllt werden, da deren Arbeitsweise darunter leidet.

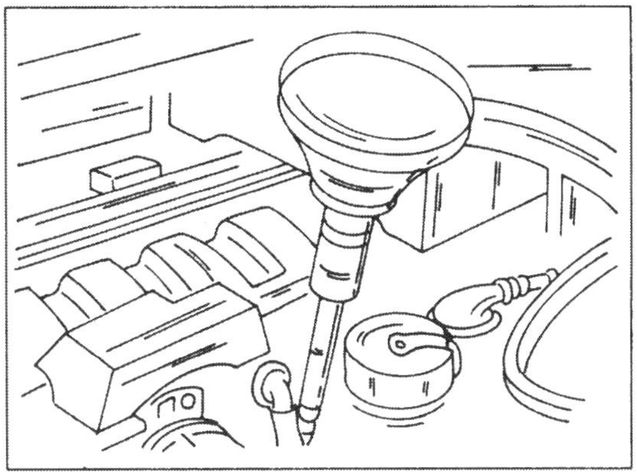

Bild 363
Einfüllen der Getriebeflüssigkeit.

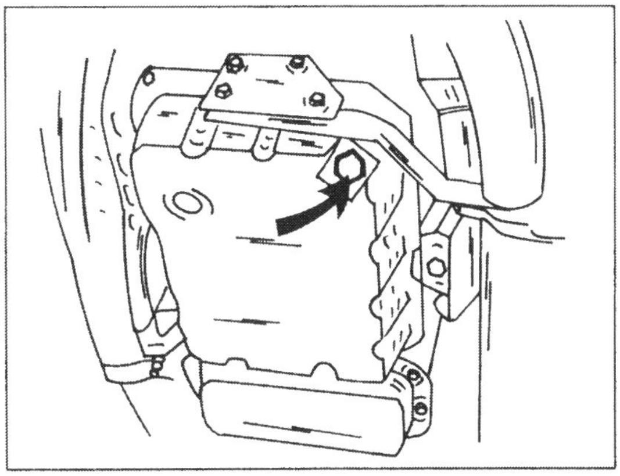

Bild 364
Der Pfeil zeigt wo die Ablassschraube an der Ölwanne der Getriebeautomatik sitzt.

Bild 365
Getriebeflüssigkeit in der gezeigten Weise nachfüllen (ohne Messstab).

NOTIZEN

Abmessungen, Füllmengen

Abmessungen und Gewichte (typische Angaben)

Länge über alles:	
— Ausser Compact	4435 mm
— Compact	4210 mm
Breite über alles, alle Modelle	1710 mm oder 1700 mm
Höhe über alles (unbeladen):	
— Limousine	1393 mm
— Coupé	1365 mm
— Compact	1395 mm
Radstand, alle Modelle	2700 mm
Spurweite vorn:	
— Ausser Compact	1410 oder 1420 mm
— Compact	1420 mm
Spurweite hinten:	
— ausser Compact	1420 oder 1430 mm
— Compact	1450 mm
Bodenfreiheit	110 mm

Füllmengen

Motorölwechsel (mit Filter):	
— Ausser M42-Motor	4,0 Liter
— M42/M44-Motor	4,5/6,0 Liter
Motorölwechsel ohne Filter	ca. 0,5 Liter weniger
Unterschied zwischen "Min" und "Max"	1,0 Liter
Mechanisches Getriebe	1,1 Liter
Automatisches Getriebe	3,0 Liter (bei Flüssigkeitswechsel)
Servolenkung	1,5 Liter, ungefähr
Kühlanlage:	
— Ausser M42-Motor	6,0 Liter
— M42-Motor	6,5 Liter
Kraftstofftank	65 Liter (Compact 52 Liter)

Motoren — Allgemein

Eingebauter Motor:	
— 1,6 Liter bis Ende 1993	M40
— 1,6 Liter ab 1994	M43
— 1,8 Liter bis Ende 1993	M40
— 1,8 Liter ab Baujahr 1994	M43
— 1,8 Liter, Zwillingsnockenwellen	M42
— 1,9 Liter	M44
Bauart	Vierzylinder-Otto-Motor mit einer obenliegenden Nockenwelle oder zwei Nockenwellen
Anzahl der Zylinder	4
Anordnung der Zylinder	In Reihe
Ventilsteuerung	Hängende Ventile. Nockenwelle je nach Motor entweder durch Zahnriemen (M40) oder Kette angetrieben. Mit hydraulischen Stösseln.
Zündfolge	1—3—4—2

Max. Leistung:	
— 1,6 Liter-Motor	100 PS (73 kW) oder 102 (75 kW)
— 1,8 Liter-Motor	113 PS(83 kW) oder 115 PS (85 kW)
— 1,8 Liter-Motor, M42-Motor	140 PS (103 kW)
— 1,9 Liter	140 PS (103 kW)
Max. Drehmoment:	
— 1,6 Liter, M40-Motor	143 Nm bei 4250/min
— 1,6 Liter, M43-Motor	150 Nm bei 3900/min
— 1,8 Liter, M40-Motor	165 Nm bei 4250/min
— 1,8 Liter, M42-Motor	172 Nm bei 4600/min
— 1,8 Liter, M43-Motor	168 Nm bei 4600/min
— 1,9 Liter-Motor	183 Nm bei 4300/min
Zylinderbohrung:	
— Alle 1,6/1,8 Liter	84,00 mm
— 1,9 Liter	85,00 mm
Kolbenhub:	
— Alle 1,6 Liter	72,00 mm
— Alle 1,8 Liter	81,00 mm
— 1,9 Liter	83,50 mm
Verdichtungsverhältnis:	
— 1,6 Liter, M40-Motor	9,0 : 1
— 1,6 Liter und 1,8 Liter, M43-Motor	9,7 : 1
— 1,8 Liter, M40-Motor	8,8 : 1
— 1,8 Liter, M42-Motor	10,0 : 1
— 1,9 Liter-Motor	10,0 : 1
Eingebaute Einspritzanlage	Bosch Motronic, DME M1.7
— 1,9 Liter-Motor	Bosch Motronic, DME M5.2
— Leerlauf und CO-Anteil	Automatisch reguliert

Die obigen Angaben sind aufgrund der Vielfalt der verschiedenen Zulassungsländer nach bestem Wissen und Gewissen gegeben. Kleine Abweichungen in Leistungswerten könnten aus diesem Grund vorhanden sein.

Motor — Mechanisch

Zylinderkopf

Höhe des Zylinderkopfes (Dichtfläche zu Dichtfläche):	
— Motoren mit einer Nockenwellen	141,0 mm
— Motoren mit zwei Nockenwellen	140,0 mm
Max. Verzug der Zylinderkopffläche:	
— Motoren mit einer Nockenwelle	0,030 mm
— Motoren mit zwei Nockenwellen	0,050 mm
Max. Zylinderkopfhöhe nach Nachbearbeitung:	
— Motoren mit einer Nockenwelle	140,55 mm
— Motoren mit zwei Nockenwellen	139,55 mm
Verzug der Krümmerflächen	0,00 - 0,10 mm
Verzug der Fläche des Nockenwellenlagergehäuses	0,050 mm (Motor mit zwei Nockenwellen)
Stärke der Zylinderkopfdichtung	Falls mehr als 0,30 mm Materialstärke vom Kopf abgespant wurde, muss beim Einbau des Zylinderkopfes eine stärkere Zylinderkopfdichtung eingebaut werden.
Ventilsitzbreite im Zylinderkopf:	
— Einlassventile	1,4 - 1,9 mm
— Auslassventile	1,75 - 2,25 mm

Spiel der Ventilschäfte in Führungen:	
— Einlassventile	0,018 - 0,052 mm
— Auslassventile	0,038 - 0,072 mm

Ventilsitze

Ventilsitzwinkel	45°
Unterer Korrekturwinkel	75°
Oberer Korrekturwinkel	15°
Breite der Ventilsitze (Neuwerte)	Siehe oben

Ventile

Ventilschaftdurchmesser — Motor mit einer Nockenwelle:	
— Einlassventile — Sollmass	6,975 mm
— 1. Übergrösse	7,100 mm
— 2. Übergrösse	7,200 mm
— Auslassventile — Sollmass	6,960 mm
— 1. Übergrösse	7,100 mm
— 2. Übergrösse	7,200 mm
Ventilschaftdurchmesser — Motoren mit zwei Nockenwellen bis Ende 1992:	
— Einlassventile — Sollmass	6,975 mm
— 0,2 mm Übergrösse	7,075 mm
— 0,4 mm Übergrösse	7,175 mm
— Auslassventile — Sollmass	6,960 mm
— 0,2 mm Übergrösse	7,060 mm
— 0,4 mm Übergrösse	7,160 mm
Ventilschaftdurchmesser — Motoren mit zwei Nockenwellen ab Baujahr 1993:	
— Einlassventile — Sollmass	5,975 mm
— 0,2 mm Übergrösse	6,075 mm
— 0,4 mm Übergrösse	6,175 mm
— Auslassventile — Sollmass	5,960 mm
— 0,2 mm Übergrösse	6,060 mm
— 0,4 mm Übergrösse	6,160 mm
Max. Verschleiss der Ventilführungen	0,50 mm, am Ventilteller gemessen, Oberseite des Ventilschaftes muss bündig mit Ende der Ventilführung abschneiden
Laufspiel der Ventilschäfte:	
— Einlassventile	0,018 - 0,052 mm
— Auslassventile	0,038 - 0,072 mm
Ventiltellerdurchmesser:	
— Einlassventile — Mit einer Nockenwelle	42,00 mm
— Mit zwei Nockenwellen	33,00 mm
— Auslassventile — Mit einer Nockenwelle	36,00 mm
— Mit zwei Nockenwellen	30,50 mm

Nockenwelle(n)

Axialspiel:	
Einbaulage	Im Zylinderkopf
— Motor mit einer Nockenwelle	0,065 - 0,150 mm
— Motor mit zwei Nockenwellen	0,150 - 0,330 mm
Lagerlaufspiel:	
— Motor mit einer Nockenwelle	0,020 - 0,061 mm
— Motor mit zwei Nockenwellen	0,020 - 0,054 mm

Kolben und Pleuelstangen

Einbaurichtung der Kolben	Pfeil zur Steuerseite

Kolbendurchmesser, 1,6 und 1,8 Liter, M40- und M43:
Es sind nur die eigentlichen Hauptdurchmesser, ohne Herstellungstoleranzen angegeben.

Nenndurchmesser — Produktion 0	83,985 mm
Nenndurchmesser — Produktion 00	84,075 mm
0,25 mm Übergrösse	84,235 mm
0,50 mm Übergrösse	84,485 mm

Kolbendurchmesser, 1,8 Liter, M42:

Nenndurchmesser — Grundstufe	83,980 mm
Nenndurchmesser — Zwischenstufe	84,060 mm
1. Übergrösse	84,230 mm
2. Übergrösse	84,480 mm

Kolbendurchmesser, 1,9 Liter

Nenndurchmesser	84,985 mm
1. Übergrösse	84,735 mm
2. Übergrösse	84,485 mm

Laufspiel der Kolben in Bohrung	0,01 - 0,04 mm, alle Motoren
Max. erlaubtes Laufspiel	0,15 mm

Kolbenringe

Anzahl der Ringe	2 Verdichtungsringe, 1 Ölabstreifring

Kolbenringstossspiele — Alle Motoren:

— Verdichtungsringe	0,20 - 0,40 mm
— Ölabstreifringe	0,40 - 0,45 mm
— Max. Stossspiel	ca. 1,0 mm

Höhenspiele der Ringe in den Nuten (Richtwerte):

— Oberer Ring	0,020 - 0,052 mm
— Mittlerer Ring	0,020 - 0,052 mm
— Ölabstreifring	0,020 - 0,055 mm
— Max. Höhenspiel	ca. 0,10 mm

Pleuellager

	Lagerzapfendurchmesser — Siehe unter Kurbelwelle
Bauart	Lagerschalen
Axialspiel der Pleuellager — Alle Motoren	0,07 - 0,24 mm

Zylinderblock

Bohrungs-Nenndurchmesser	Bohrungsdurchmesser sind jeweils 0,02 mm grösser als die für die bestimmte Klasse angegebenen Kolbendurchmesser.
Höchstzulässiger Zylinderdurchmesser	0,5 mm über Sollmass
Max. Unrundheit und Verjüngung der Bohrungen	0,013 mm
Kolbenlaufspiel	0,01 - 0,04 mm
Messstelle des Kolbendurchmessers	An der Unterkante des Kolbenmantels, im rechten Winkel zur Kolbenbolzenbohrung

Kurbelwelle

Anzahl der Lager	5
Bauart der Lagerung	Lagerschalen

Hauptlagerzapfendurchmesser — Alle Motoren

Solldurchmesser — gelbe Kennzeichnung	59,984 - 59,990 mm
— grüne Kennzeichnung	59,977 - 59,963 mm
— weisse Kennzeichnung	59,971 - 59,976 mm
1. Untergrösse — gelbe Kennzeichnung	59,734 - 59,740 mm
— grüne Kennzeichnung	59,727 - 59,733 mm
— weisse Kennzeichnung	59,721 - 59,726 mm
2. Untergrösse — gelbe Kennzeichnung	59,484 - 59,490 mm
— grüne Kennzeichnung	59,477 - 59,483 mm
— weisse Kennzeichnung	59,471 - 59,476 mm

Axialspiel der Kurbelwelle, alle Motoren	0,080 - 0,163 mm
Zul. Laufspiel der Hauptlager:	
— Motoren mit einer Nockenwelle	0,020 - 0,046 mm
— Motoren mit zwei Nockenwellen	0,020 - 0,058 mm
Zul. Laufspiel der Pleuellager:	
— Motoren mit einer Nockenwelle	0,010 - 0,052 mm
— Motoren mit zwei Nockenwellen	0,020 - 0,055 mm
Zul. Seitenspiel der Pleuelstangen	0,07 - 0,24 mm

Pleuelzapfendurchmesser

Motoren mit einer Nockenwelle:	
— Solldurchmesser	44,975 mm
— 1. Untergrösse	44,725 mm
— 2. Untergrösse	44,475 mm
Motoren mit zwei Nockenwellen:	
— Solldurchmesser	45,000 mm
— 1. Untergrösse	44,750 mm
— 2. Untergrösse	44,500 mm

Motorschmierung

Ölfüllmenge	Siehe unter "Füllmengen", Seite 165
Unterschied zwischen "Min." und "Max":	1,0 Liter
Öldruck im Leerlauf — OHC-Motoren	1,5 bar
— DOHC	1,3 - 2,0 bar
OHC = eine Nockenwelle	
DOHC = zwei Nockenwellen	
Ölpumpe:	
— Bauart	Innenzahnradpumpe (Eaton-Pumpe)
— Spiele der Pumpenläufer:	
Zwischen Aussenläufer und Pumpenbohrung	0,120 - 0,196 mm
Axialspiel des Innenläufers	0,020 - 0,065 mm
Axialspiel des Aussenläufers	0,040 - 0,090 mm
Ölfilter, Bauart	Hauptstromfilter

Kühlanlage

Bauart	Thermosyphonanlage mit Flügelradwasserpumpe. Thermostatregelung. Getrenntes Dehngefäss. Elektrischer Lüfter, aus- und eingeschaltet durch Thermoschalter.
Füllmenge der Kühlanlage	Siehe Seite 165

Frostschutzmittel	50 % Wasser und 50 % Frostschutzmittel gibt ausreichenden Schutz für zu erwartende Temperaturen.
Kühlerbauweise	Querstromkühler
Kühlungsventilator	
Antrieb	Elektrischer Motor
Verschlussdeckel des Dehngefässes	
Öffnungsdruck	1,2 - 1,6 bar
Thermostat	
Öffnungstemperatur — OHC-Motoren	88° C
Öffnungstemperatur — DOHC-Motoren	95° C
Vollkommen geöffnet bei — Alle Motoren	107° C
Keilriemen/Keilrippenriemen	
Länge	Nur einen Riemen für den betreffenden Motor einbauen. Unterschiedliche Längen, je nach Ausrüstung oder Anordnung
Keilrippenriemenspannung	Automatische Spannung durch Spannrolle oder manuelle Einstellung

Kraftstoffeinspritzung

Eingebaute Anlage	Bosch Motronic M1.7 oder M5.2 (1,9 Liter)
Kraftstoffpumpe	Im Tank eingebaut
Kraftstoffdruck	3,0 bar
Leerlauf:	
— M40-Motor	800 ± 40/min (nicht verstellbar)
— M42-Motor	850 ± 40/min (nicht verstellbar)
— DOHC-Motoren	850 ± 40/min (nicht verstellbar)
CO-Anteil:	
— Ohne Katalysator	0,7 ± 0,5 %
— Mit Katalysator	0,5 - 1,5 % (nicht verstellbar)

Kupplung

Bauart	Einscheibentrockenkupplung mit Tellerfeder
Betätigung	Durch hydraulische Anlage
Kupplungsdurchmesser	215,0 mm (typischer Einbau)
Belagmaterial	Asbestfrei
Mindestbelagstärke	7,5 mm
Kupplungsausrücklager	Verkapseltes Kugellager
Andere Prüfwerte	Siehe Abschnitt "Kupplung"

Mechanisches Getriebe

Eingebauter Getriebetyp	Je nach eingebautem Motor unterschiedlicher Getriebetyp

Getriebekennzeichnung	In Getriebe eingezeichnet
Getriebefüllmenge	ca. 1,0 Liter
Getriebeöl	Getriebeflüssigkeit Dexron II, wie sie in einem automatischen Getriebe verwendet wird (ATF)
Ölstand	An der Unterkante der Einfüllstopfenbohrung

Lenkung

Hersteller und Bauart	Zahnstangenlenkung, mit oder ohne Servounterstützung
Lenkungsflüssigkeit	Dexron II, wie sie in automatischen Getrieben verwendet wird (ATF)
— Füllmenge	1,2 Liter
Einstellungen	Nicht möglich

Radeinstelldaten

Sturzeinstellung (optisch vermessen lassen):	
— Grund-Modelle	—40' ± 30'
— Mit Sportaufhängung	—58' ± 30'
— Max. Unterschied zwischen Seiten	30'
Nachlaufwinkel (optisch vermessen lassen):	
— Grund-Modelle	3° 44' ± 30'
— Mit Sportaufhängung	3° 50' ± 30'
— Max. Unterschied zwischen Seiten	30'
Spureinstellung	+0° 10' Vorspur, entspricht ca. 1,0 ± 1 mm

Reifen

Serienmässige Reifen, je nach Modell	185/65 R13, 205/60 R15, 225/55 R15, 225/50 R16
Reifendrücke	Siehe Betriebsanleitung für betreffende Reifen

Vorderradaufhängung

Bauart	Siehe Seite 105
Radeinstelldaten	Siehe oben
Vorderfederkennzeichnung	Durch Farbmarkierungen gekennzeichnet. Nur eine Feder mit der gleichen Kennzeichnung einbauen. Federn anhand von Chassis-Nummer und Baujahr beziehen. Federn immer auf beiden Seiten erneuern
Vorderradlager	In Achsschenkel eingesetzt, wird beim Ausbau zerstört

Hinterradaufhängung und Hinterachse

Bauart	Siehe Seite 99

Radeinstelldaten

Sturz — Grund-Modelle — Optisch vermessen lassen	—1° 30' ± 15' (neueste Modelle 1° 40' ± 15')

Sturz — Mit Sport-Radaufhängung	—2° ± 15'
Spureinstellung (über beiden Räder)	+ 24' ± 6'
Prüfbedingungen	Unbeladen, Betriebsgewicht
Hinterfedern	Dem eingebauten Motor angeglichen. Nur Federn mit der gleichen Kennzeichnung einbauen. Federn anhand von Chassis-Nummer und Baujahr beziehen. Federn nur paarweise ersetzen.
Hinterachsantrieb	
Ölfüllmenge	0,9 Liter
Ölsorte	Hypoidöl, nur von BMW empfohlenes Öl einfüllen
Antriebsuntersetzung	Je nach eingebautem Motor und Modell von 3,45 : 1 bis 4,45 : 1, letztere Untersetzung bei eingebauter Getriebeautomatik

Bremsanlage

Bauart	Zweikreisbremsanlage, Leitungen diagonal geteilt, Scheibenbremsen vorn und Trommelbremsen hinten oder Scheibenbremsen an allen Rädern. Modelle mit ABS haben immer ringsherum Scheibenbremsen. Handbremse wirkt auf Hinterräder, mit getrennten Bremsbacken bei eingebauten Scheibenbremsen hinten. Mit unterdruckbetätigtem Bremskraftverstärker.
Vorderradbremsen	Scheibenbremsen mit Gleitsätteln (Faustsätteln), selbsteinstellend.
Hinterradbremsen	Trommelbremsen oder Scheibenbremsen mit Gleisätteln (Faustsätteln), selbsteinstellend
Handbremse	Wirkt auf Hinterradbremsen. Getrennte Bremsbacken in der Innenseite der hinteren Bremsscheiben
Vorderradbremsen	
Bremsscheiben	
— Ausführung	Festmaterialscheiben oder belüftet, je nach eingebautem Motor
— Durchmesser	286,0 mm. Nicht alle Modelle haben Bremsscheiben des gleichen Durchmessers. Immer den Ersatzteillisten und Spezifikationen folgen
Bremsscheibenstärke — Neu, Festmaterialscheiben	12,0 mm
— Neu, belüftet	22,0 mm
Bremsscheibenstärke (in Scheiben eingestanzt):	
— Festmaterialscheiben	10,4 mm
— Belüftete Scheiben	20,4 mm
Max. Schlag der Bremsscheiben	0,20 mm (gemessen 10 mm von Aussenkante)
Min. Bremsklotzmaterialstärke	2,0 mm
Hinterradscheibenbremsen	
Bremsscheibenausführung	Festmaterial
Bremsscheibendurchmesser	280,0 mm
Bremsscheibenstärke	10,0 mm
Min. zul. Scheibenstärke (nur einen weiteren Satz Bremsklötze montieren)	8,4 mm (in Scheiben eingeschlagen)

Max. zul. Schlag der Bremsscheiben	0,20 mm (gemessen 10 mm von der Aussenkante)
Min. Bremsklotzmaterialstärke	2,0 mm
Min. zul. Bremsklotzstärke (mit Metallplatte)	7,0 mm
Min. zul. Stärke des Belagmaterials	ca. 2,0 mm
Bremsflüssigkeit	Muss Norm J1703F entsprechen
Vorgeschriebener Flüssigkeitswechsel	Alle Jahre

Elektrische Anlage

Batterie	
Spannung	12 V
Kapazität	Je nach Motor und Ausrüstung, typische Batterie hat 46 Ah, 1,8 Liter-Modell mit 50 Ah-Batterie, 1,9 Liter-Modell mit 55 Ah-Batterie
Bauweise	Weitgehend wartungsfrei
Drehstromlichtmaschine	
Verwendete Lichtmaschinen	Bosch, Valeo oder Motorola, je nach Motor mit verschiedenen Leistungen, typisch 70 oder 80 A
Bosch-Lichtmaschine	
Stromstärke	70 A
Spannung	14 V
Stromabgabe bei 1500/min	28 A
Stromabgabe bei 6000/min	70 A
Min. Schleifringdurchmesser	27,20 mm
Vorstehende Länge der Kohlebürsten	Mindestens 5 mm
Widerstand der Erregerwicklungen	2,6 + 0 %
Widerstand der Ständerwicklungen	0,10 + 10 %
Bosch-Anlasser	
Prüfung ohne Belastung:	
— Stromaufnahme	1,4 kW
— Spannung	11,5 V
Kurzschlussprüfung:	
— Spannung	5,5 V
Min. Kohlebürstenlänge	10,0 mm
Glühbirnentabelle	
Scheinwerfer, Fern- und Fahrlicht	55 Watt (H7)
Nebelleuchte	55 Watt (H1)
Vordere Standleuchte	5 Watt
Vordere Blinkleuchte	21 Watt
Seitenblinkleuchte	5 Watt
Bremsleuchten	21 Watt
Schlussleuchten	5 Watt
Rückfahrscheinwerfer	21 Watt
Nebelschlussleuchte	21 Watt
Kennzeichenleuchte	5 Watt
Innenleuchte	10 Watt
Hintere Deckenleuchte	5 Watt
Kofferraumleuchte	10 Watt
Handschuhkastenleuchte	5 Watt
Instrumente, Beleuchtung	3 Watt
Warnleuchten, Armaturenbrett	1,5 Watt

Motor

Hauptlagerdeckelschrauben:	
— Erste Stufe	20 Nm
— Zweite Stufe	50°-Drehwinkel
Ablassschraube für Kühlflüssigkeit	25 Nm
Zylinderkopfschrauben (erneuern, waschen, einölen):	
— Erste Stufe	30 Nm
— Zweite Stufe	90°-Drehwinkel
— Dritte Stufe	90°-Drehwinkel
Aufhängelasche an Zylinderkopf	22 Nm
Zylinderkopfhauben:	
— M6-Schrauben	10 Nm
— M7-Schrauben	15 Nm
Ölablassstopfen:	
— M12-Gewinde	25 Nm
Muttern und Schrauben des oberen und unteren Steuerkettenkastendeckels:	
— M6-Gewinde	10 Nm
— M8-Gewinde	22 Nm
— M10-Gewinde	47 Nm
Schrauben des Zahnriemengehäuses:	
— M6-Schrauben	10 Nm
— M8-Schrauben	22 Nm
Schrauben des hinteren Dichtringflansches:	
— M6-Schrauben	10 Nm
— M8-Schrauben	22 Nm
Schwungradschrauben	120 Nm
Schwingungsdämpfer an Nabe	22 Nm
Riemenscheibe an Nabe	22 Nm
Zahnriemenrad an Nabe (M40)	310 Nm
Zahnriemenrad an Nabe (andere)	330 Nm
Pleuellagerdeckel:	
— Erste Stufe	20 Nm
— Zweite Stufe	70°-Drehwinkel
Muttern der Nockenwellenlagerdeckel:	
— M6-Muttern	10 Nm
— M7-Muttern	15 Nm
— M8-Muttern	20 Nm
Schraube des Nockenwellenrades (M40)	65 Nm
Schrauben, Nockenwellenrad, andere Motoren:	
— M6-Schrauben	10 Nm
— M7-Schrauben	15 Nm
Stopfen des Kettenspanners (M42)	50 Nm
Ölpumpendeckel	10 Nm
Muttern, Ansaugsammelrohr:	
— M6-Muttern	10 Nm
— M7-Muttern	15 Nm
— M8-Muttern	22 Nm
Muttern Auspuffkrümmer:	
— M6-Muttern	10 Nm
— M7-Muttern	20 Nm
— M8-Muttern	2 Nm
Schraube des Impusgebers, Kurbelwelle	7 Nm
Schraube des Gebers, Zylindererkennung	7 Nm
Klopfgeber an Zylinderblock	20 Nm
Schrauben, Kraftstoffverteilerrohr	10 Nm
Lambda-Sonde in Auspuffrohr	55 Nm
Gummilager an Vorderachsträger:	
— M8-Schrauben	25 - 28 Nm
— M10-Schrauben	43 - 48 Nm
Gummilager an Motortragbock	43 - 48 Nm
Motortragbock an Motor:	
— M8-Schrauben	22 - 24 Nm
— M10-Schrauben	43 - 48 Nm
Zündkerzen, ungefettet	20 - 30 Nm
Riemenscheibe, Generator	45 Nm
Anlasserschrauben	47 - 50 Nm
Anlasserstütze an Anlasser	5 Nm
Anlasserstütze an Motor	47 Nm
Öldruckschalter	40 Nm
Schrauben, Verteilerläufer, M40	3 Nm
Verteilerdeckelschrauben	4 Nm
Ölspritzdüse an Motorblock	12 Nm

Kraftstoffversorgung

Kraftstoffleitung an Druckregler	25 - 30 Nm
Rücklaufleitung an Druckregler	26 - 28 Nm
Temperaturzeitschalter	20 - 25 Nm
Temperaturfühler, Wasser	12 - 14 Nm
Temperaturschalter, 45° C	25 - 30 Nm
Einspritzventile an Saugrohr	9 - 11 Nm
Benzinpumpe an Schwingmetall	6 - 7 Nm
Halter an Kraftstoffpumpe	6 - 7 Nm

Kupplung

Kupplung an Schwungrad	25 Nm
Kupplungsgehäuse an Kurbelgehäuse:	
— M8-Schrauben	27 Nm
— M10-Schrauben	50 Nm
Nehmerzylinder an Getriebe	22 Nm
Hydraulikleitung an Zylinder	17 Nm

Fünfgang-Schaltgetriebe

Öleinfüll/Ablassstopfen	47 - 52 Nm
Getriebe an Motor (Torx):	
— M8-Schrauben	22 Nm
— M10-Schrauben	43 Nm
— M12-Schrauben	72 Nm
Bundmutter des Antriebsflansches:	
— Erste Stufe (vorspannen)	190 Nm
— Zweite Stufe	Mutter vollkommen lösen
— Dritte Stufe (festziehen)	120 Nm
Getriebequerträger an Unterbau:	
— M8-Schrauben	21 Nm
— M10-Schrauben	42 Nm
Getriebelager an Getriebe:	
— M8-Muttern	21 Nm
— M10-Muttern	42 Nm
Führungsrohr für Drucklager, M8	25 Nm
Führungsrohr für Drucklager, M6	10 Nm

Automatisches Getriebe

Getriebe an Motor (Torx):	
— M8-Schrauben	21 Nm
— M12-Schrauben	63 Nm
Wandlerglocke	23 - 26 Nm
Ölablassstopfen	25 Nm
Einfüllstopfen	25 - 40 Nm
Bundmutter, Antriebsflansch	100 Nm
Schaltgerät an Getriebe	20 Nm
Druckregler an Ventilgehäuse	8 - 11 Nm
Magnetventil an Ventilgehäuse	8 - 11 Nm
Steckdose an Getriebe	12 - 16 Nm
Drehmomentwandler/Antriebsscheibe	45 Nm
Getriebehebel an Getriebe	15 - 25 Nm
Seilzughülle an Halter	10 Nm
Klemmschraube an Getriebe	11 Nm
Schaltblock an Tunnel	7 Nm
Schalter an Schaltblock	4,5 Nm

Gelenkwelle

Vorderes Kreuzgelenk an Getriebe	64 Nm
Gelenkscheibe an Getriebe/Welle:	
— M10-Schrauben (Güte 8,8)	48 Nm
— M10-Schrauben (Güte 10,9)	64 Nm
— M12-Schrauben (Güte 8,8)	81 Nm
— M12-Schrauben (Güte 10,9)	100 Nm

Hinweis: Die Güte ist in den Kopf eingezeichnet

Muttern des Stützlagers	21 Nm
Hinteres Kreuzgelenk an Antriebsflansch:	
— Stoppmutter	64 Nm
— Gerippte Mutter	90 Nm
Klemmring, Schiebestück	17 Nm

Hinterachswellen

Wellen an Antriebsflansch:	
— M10-Schrauben, Inbusschrauben:	
Mit Sperrzähnen	96 Nm
Ohne Sperrzähne	83 Nm
— M12-Schrauben	110 Nm
— M10-Schrauben, Torx:	
Mit Sperrzähnen	100 Nm
Ohne Sperrzähne	83 Nm
— M8-Schrauben	64 Nm
Antriebswelle an Radflansch	250 Nm
Radbolzen	100 Nm

Vorderradaufhängung

Querlenker an Vorderachsträger	85 Nm
Vorderachsträger an Unterbau	110 Nm
Querlenker an Achsschenkel (Kugelgelenk)	62 Nm
Querlenkerhalter an Motorträger	47 Nm
Halsmutter der Radnabe	290 Nm
Achsschenkel an Federbein	107 Nm
Federbeinstützlager an Radhaus	22 Nm
Stossdämpfer an Stützlager — M12-Gewinde:	
— Kolbenstange mit Sechskantende	64 Nm
— Kolbenstange mit Innensechskantende	44 Nm
Stossdämpfer an Stützlager:	
— M14-Gewinde	64 Nm
Stabilisatorverbindungen:	
— Gestänge am Federbein befestigt	60 Nm
— Gestänge am Querlenker befestigt	47 Nm
Stabilsator an Vorderachsträger	22 Nm
Radbolzen	100 Nm

Lenkung

Lenkgetriebe an Vorderachsträger	42 Nm
Ventilkörper an Gehäuse	18 Nm
Leitungen, M14-Gewinde	35 Nm
Leitungen, M16-Gewinde	40 Nm
Spurstange an Zahnstange	71 Nm
Kontermutter der Spurstange	45 Nm
Lenkgetriebe an Lenkspindel	19 Nm
Lagerbock, Lenkradverstellung	22 Nm
Lenkrad an Lenkwelle	63 Nm
Airbag an Lenkrad	8 Nm
Crash-Sensor an Radhaus	10 Nm
Radschrauben	100 Nm

Hinterradaufhängung

Hinterachsgetriebe an Hinterachsträger:	
— Vorn	110 Nm
— Hinten	77 Nm
Gehäusedeckel	45 Nm
Öleinfüllschraube	50 Nm
Ölablassschraube	50 Nm
Geber für Tacho, M6	10 Nm
Hinterachsträger an Unterbau	77 Nm
Längslenker an Lagerbock	110 Nm
Längslenkerlagerbock an Unterbau	77 Nm
Querlenker an Längslenker	110 Nm
Querlenker an Hinterachsträger	40 Nm + 130° Drehwinkel
Hinterachswelle an Antriebsflansch	250 Nm
Stossdämpfer an Längslenker	100 Nm
Stossdämpfer an Unterbau	21 Nm
Radschrauben	100 Nm

Bremsen

Bremsschlauchanschlüsse:	
— M10-Gewinde	17 Nm
— M12-Gewinde	19 Nm

ANZUGSDREHMOMENTE

Vordere Bremssättel:	
— Führungsschrauben	35 Nm
— Bremssattel-Montageschrauben	110 Nm
Hintere Bremssättel:	
— Führungsschrauben	35 Nm
— Bremssattel-Montageschrauben	67 Nm
Radzylinder an Bremsträger, hinten	10 Nm
Schrauben, Bremsträgerplatte	65 Nm
Schrauben, ABS-Impulsgeber	10 Nm
Schraube, Bremsscheiben	16 Nm
Schraube, Bremstrommel	16 Nm
Mutter, Hauptbremszylinder	25 Nm
Muttern, Bremsservo	22 Nm
Radschrauben	100 Nm

Die Schaltpläne teilen das gesamte elektrische System des Fahrzeuges in einzelne Schaltkreise auf. Elektrische Bauteile, die miteinander verbunden sind, sind auf einem gemeinsamen Plan dargestellt. Der Stromlauf wird von Plus (oben) nach Minus (unten) angordnet, so dass man ihn leicht verfolgen kann.

Aufgrund der Vielzahl der verschiedenen elektrischen Systeme ist es natürlich unmöglich sie alle in dieser Reparaturanleitung zusammenzufassen. Wir haben versucht die wichtigsten Schaltkreise zu zeigen, jedoch wird man vielleicht feststellen, dass bestimmte Abschnitte der Anlage fehlen, die einfach aufgrund von Platzmangel nicht gezeigt werden können. Darin inbegriffen sind z.B. Zentralverriegelung, elektrische Fensterheber, Schiebedach, Bordcomputer, Infrarot-Schliess-System und andere, mehr spezialisierte Einrichtungen und Systeme. Die gedruckte Auswahl ist auf dem Modell Compact mit 1,6 Liter-Motor aufgebaut.

Verzeichnis der Schaltpläne

Verbindungsnetz der digitalen Motorelektronik (DME)	Seiten 178 bis 180
Schaltkreise der digitalen Motorelektronik	Seiten 181 bis 185
Generator	Seite 185
Anlasser	Seite 186
Instrumentenkombination-Anzeigen	Seiten 187 bis 189
Scheinwerfer/Nebelscheinwerfer	Seiten 189 bis 191
Leuchtweitenregulierung	Seite 191
Fahrtrichtungsanzeiger/Warnblinkanlage	Seiten 192 bis 193
Standlicht/Rücklicht/Motorraumbeleuchtung	Seite 194
Kennzeichen-/Gepäckraumbeleuchtung	Seite 195
Rückfahrscheinwerfer	Seite 196
Bremsleuchten	Seite 196
Innenraumbeleuchtung	Seite 197
Heckscheibenbeheizung/-antenne	Seite 198
Sitzheizung	Seite 199
Antiblockiersystem (ABS)	Seite 200
Wisch-Wasch-Modul, Wascher, Scheinwerferreinigung	Seiten 201 bis 202

Kabelfarbenerklärung

BL	= blau	RS	= rosa
BR	= braun	RT	= rot
GE	= gelb	SW	= schwarz
GN	= grün	VI	= violett
GR	= grau	WS	= weiss
OR	= orangefarben	TR	= naturfarben

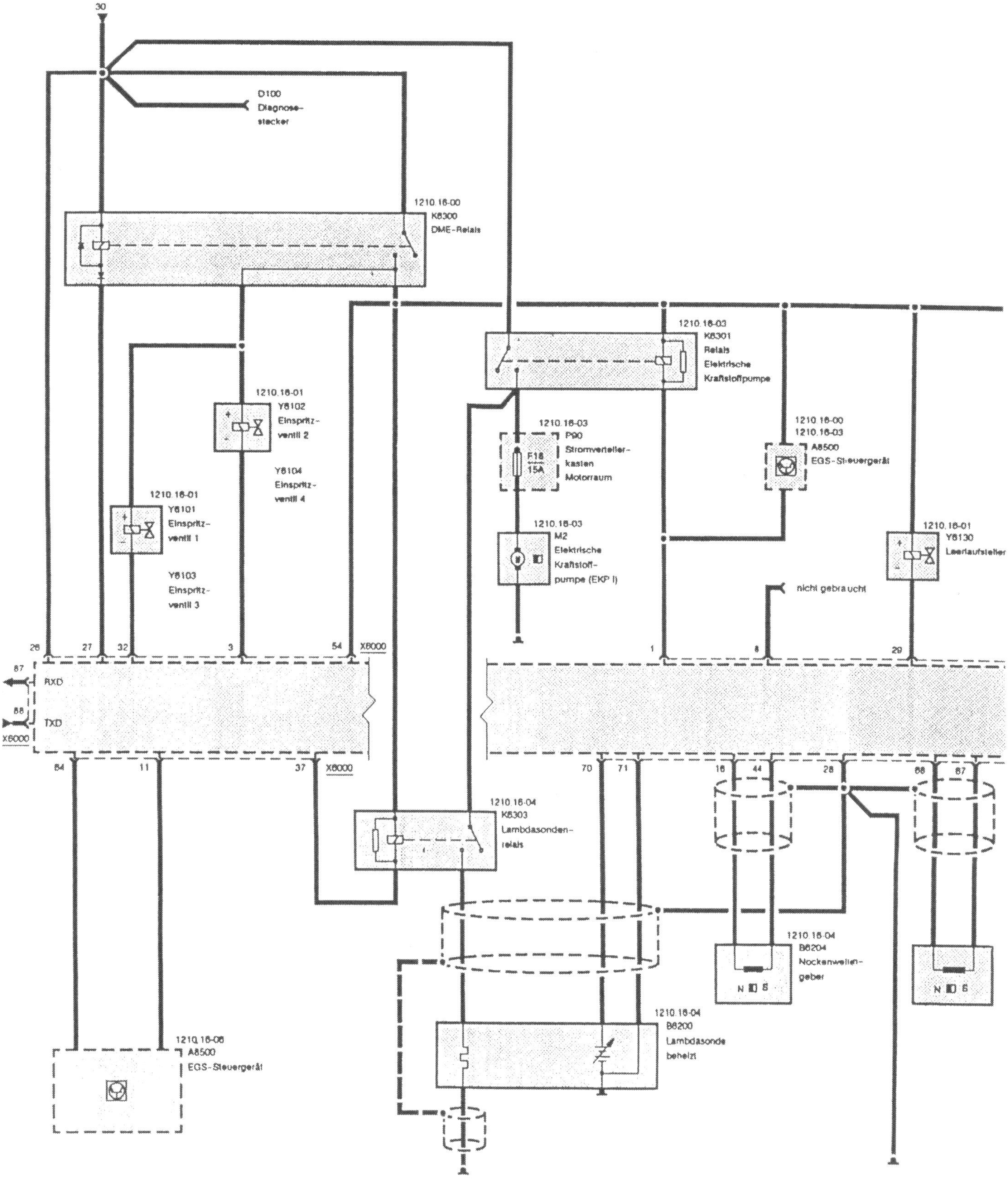
30
D100
Diagnose-
stecker
1210.16-00
K6300
DME-Relais
1210.16-03
K6301
Relais
Elektrische
Kraftstoffpumpe
1210.16-01
Y6102
Einspritz-
ventil 2
Y6104
Einspritz-
ventil 4
1210.16-01
Y6101
Einspritz-
ventil 1
Y6103
Einspritz-
ventil 3
1210.16-03
P90
Stromverteiler-
kasten
Motorraum
F18
15A
1210.16-00
1210.16-03
A8500
EGS-Steuergerät
1210.16-03
M2
Elektrische
Kraftstoff-
pumpe (EKP I)
1210.16-01
Y6130
Leerlaufsteller
nicht gebraucht
X6000
RXD
TXD
1210.16-04
K6303
Lambdasonden-
relais
1210.16-04
B6204
Nockenwellen-
geber
1210.16-04
B6200
Lambdasonde
beheizt
1210.16-06
A8500
EGS-Steuergerät

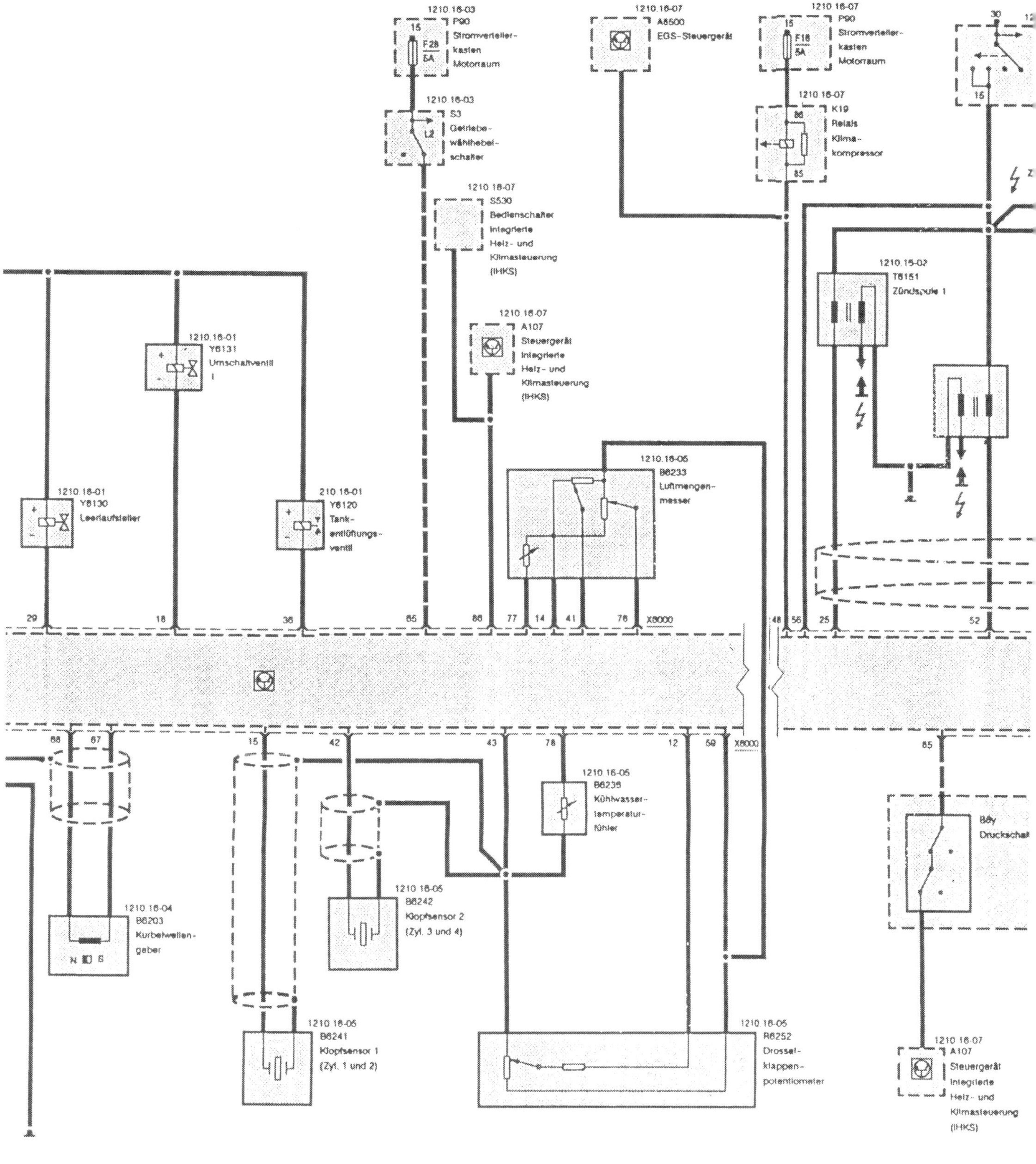
1210.16-03
P90
Stromverteiler-
kasten
Motorraum
15
F28
5A
1210.16-03
S3
Getriebe-
wählhebel-
schalter
L2
1210.16-07
S530
Bedienschalter
integrierte
Heiz- und
Klimasteuerung
(IHKS)
1210.16-07
A107
Steuergerät
integrierte
Heiz- und
Klimasteuerung
(IHKS)
1210.16-07
A8500
EGS-Steuergerät
1210.16-07
P90
Stromverteiler-
kasten
Motorraum
15
F18
5A
1210.16-07
K19
Relais
Klima-
kompressor
86
85
30
15
1210.15-02
T6151
Zündspule 1
1210.16-01
Y6131
Umschaltventil
I
1210.16-01
Y6130
Leerlaufsteller
210.16-01
Y6120
Tank-
entlüftungs-
ventil
1210.16-05
B6233
Luftmengen-
messer
29
18
36
65
66
77
14
41
76
X6000
48
56
25
52
68
67
15
42
43
78
12
59
X6000
85
1210.16-05
B6235
Kühlwasser-
temperatur-
fühler
1210.16-05
B6242
Klopfsensor 2
(Zyl. 3 und 4)
1210.16-04
B6203
Kurbelwellen-
geber
N S
1210.16-05
B6241
Klopfsensor 1
(Zyl. 1 und 2)
1210.16-05
R6252
Drossel-
klappen-
potentiometer
B6y
Druckschal
1210.16-07
A107
Steuergerät
integrierte
Heiz- und
Klimasteuerung
(IHKS)

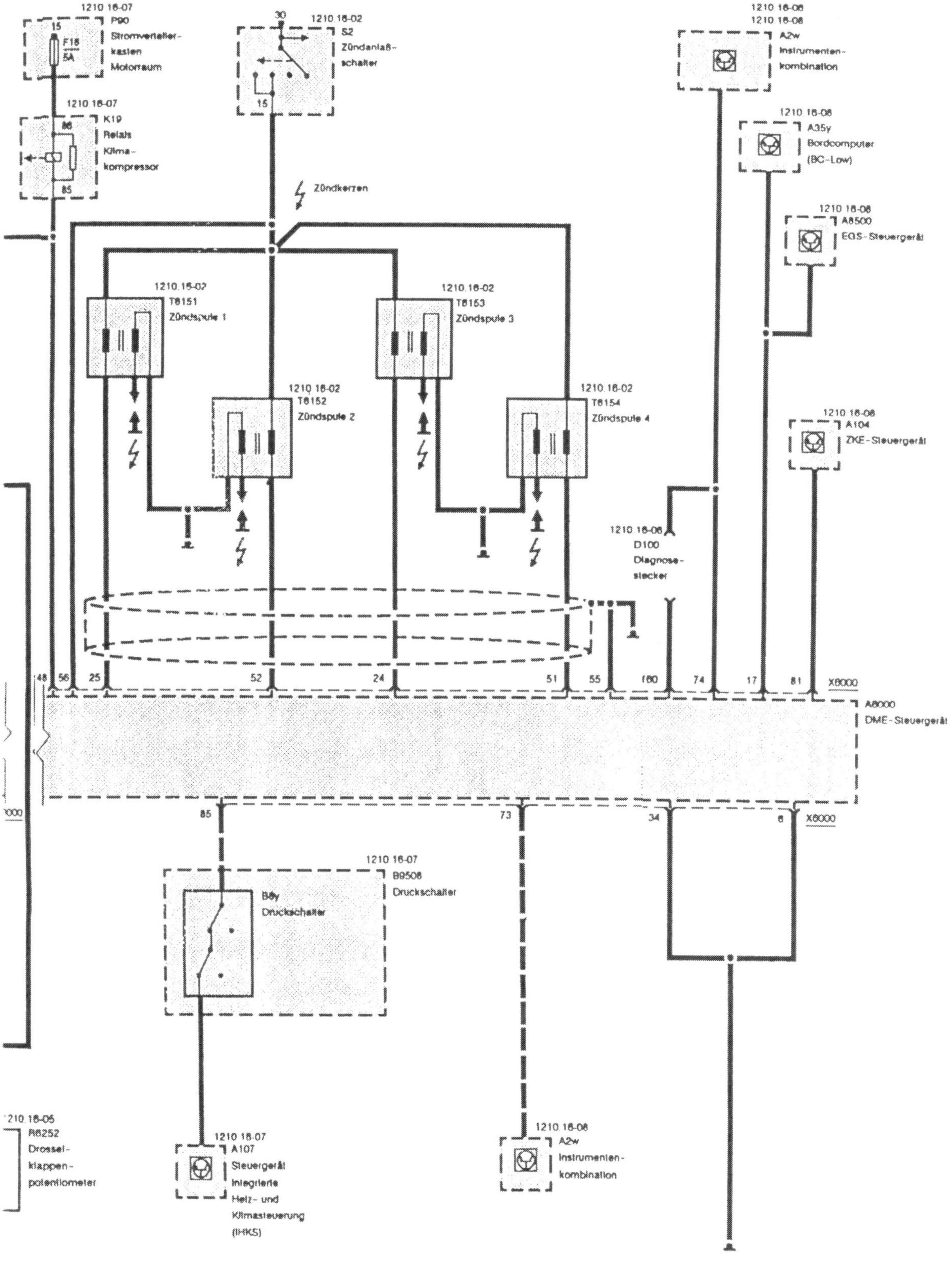
1210 16-07
P90
Stromverteiler-
kasten
Motorraum
F18
5A
1210 16-07
K19
Relais
Klima-
kompressor
30
1210 16-02
S2
Zündanlaß-
schalter
Zündkerzen
1210 16-02
T6151
Zündspule 1
1210 16-02
T6152
Zündspule 2
1210 16-02
T6153
Zündspule 3
1210 16-02
T6154
Zündspule 4
1210 16-08
1210 16-08
A2w
Instrumenten-
kombination
1210 16-08
A35y
Bordcomputer
(BC-Low)
1210 16-08
A8500
EGS-Steuergerät
1210 16-08
A104
ZKE-Steuergerät
1210 16-08
D100
Diagnose-
stecker
X6000
A6000
DME-Steuergerät
1210 16-07
B9508
Druckschalter
1210 16-05
R6252
Drossel-
klappen-
potentiometer
1210 16-07
A107
Steuergerät
Integrierte
Heiz- und
Klimasteuerung
(IHKS)
1210 16-08
A2w
Instrumenten-
kombination

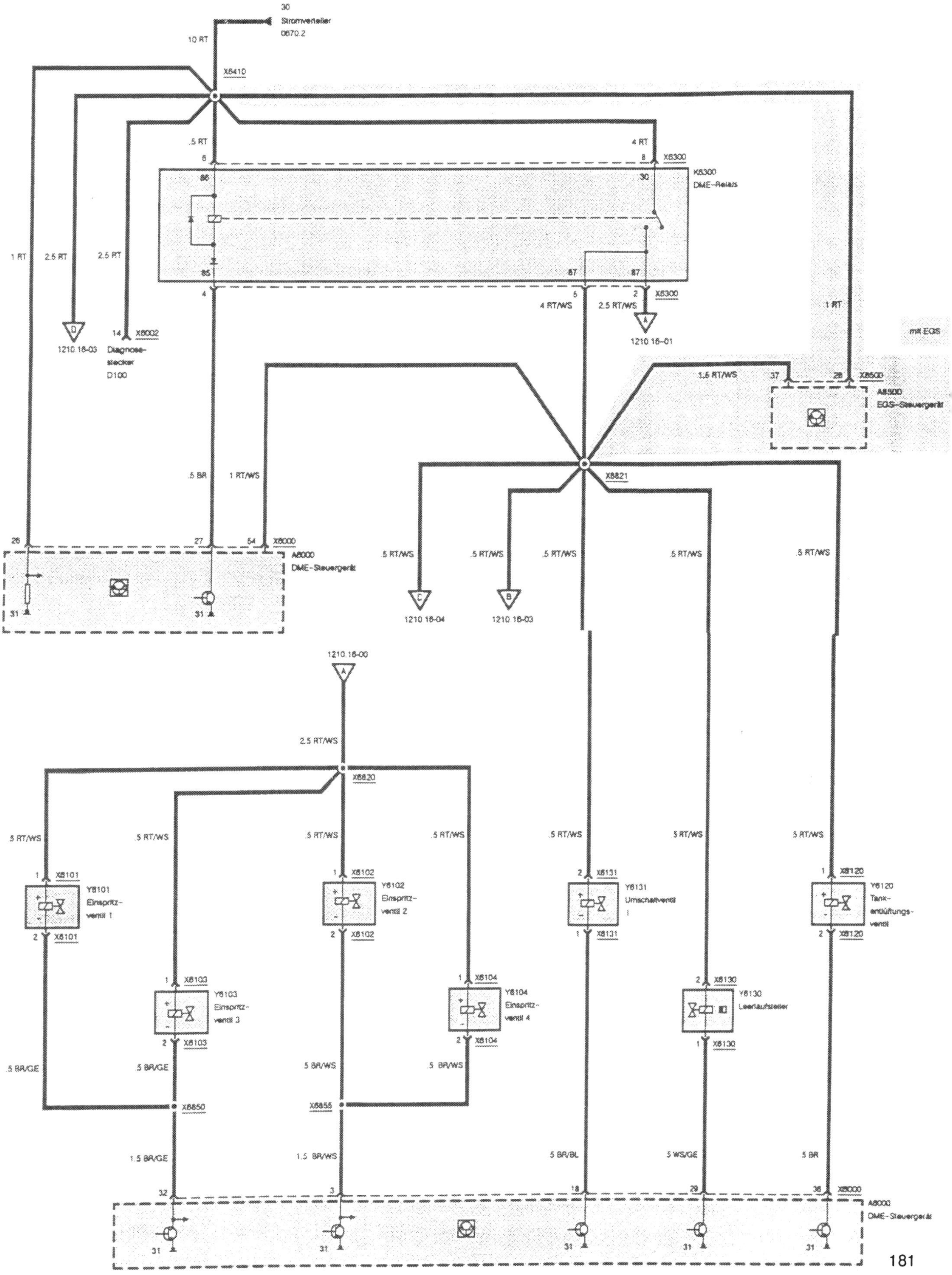

30
Stromverteiler
0670.2
10 RT
X6410
.5 RT
4 RT
X6300
K6300
DME-Relais
86
30
85
87
87
1 RT
2.5 RT
2.5 RT
4 RT/WS
2.5 RT/WS
X6300
1210.16-03
14 X6002
Diagnose-
stecker
D100
1210.16-01
1 RT
mit EGS
1.5 RT/WS
37
28
X8500
A8500
EGS-Steuergerät
.5 BR
1 RT/WS
X6821
26
27
54
X6000
A6000
DME-Steuergerät
31
.5 RT/WS
1210.16-04
1210.16-03
1210.16-00
2.5 RT/WS
X6820
Y6101
Einspritz-
ventil 1
Y6102
Einspritz-
ventil 2
Y6103
Einspritz-
ventil 3
Y6104
Einspritz-
ventil 4
Y6131
Umschaltventil
I
Y6130
Leerlaufsteller
Y6120
Tank-
entlüftungs-
ventil
.5 BR/GE
.5 BR/WS
X6850
X6855
1.5 BR/GE
1.5 BR/WS
.5 BR/BL
.5 WS/GE
.5 BR
32
3
18
29
36
X6000
A6000
DME-Steuergerät

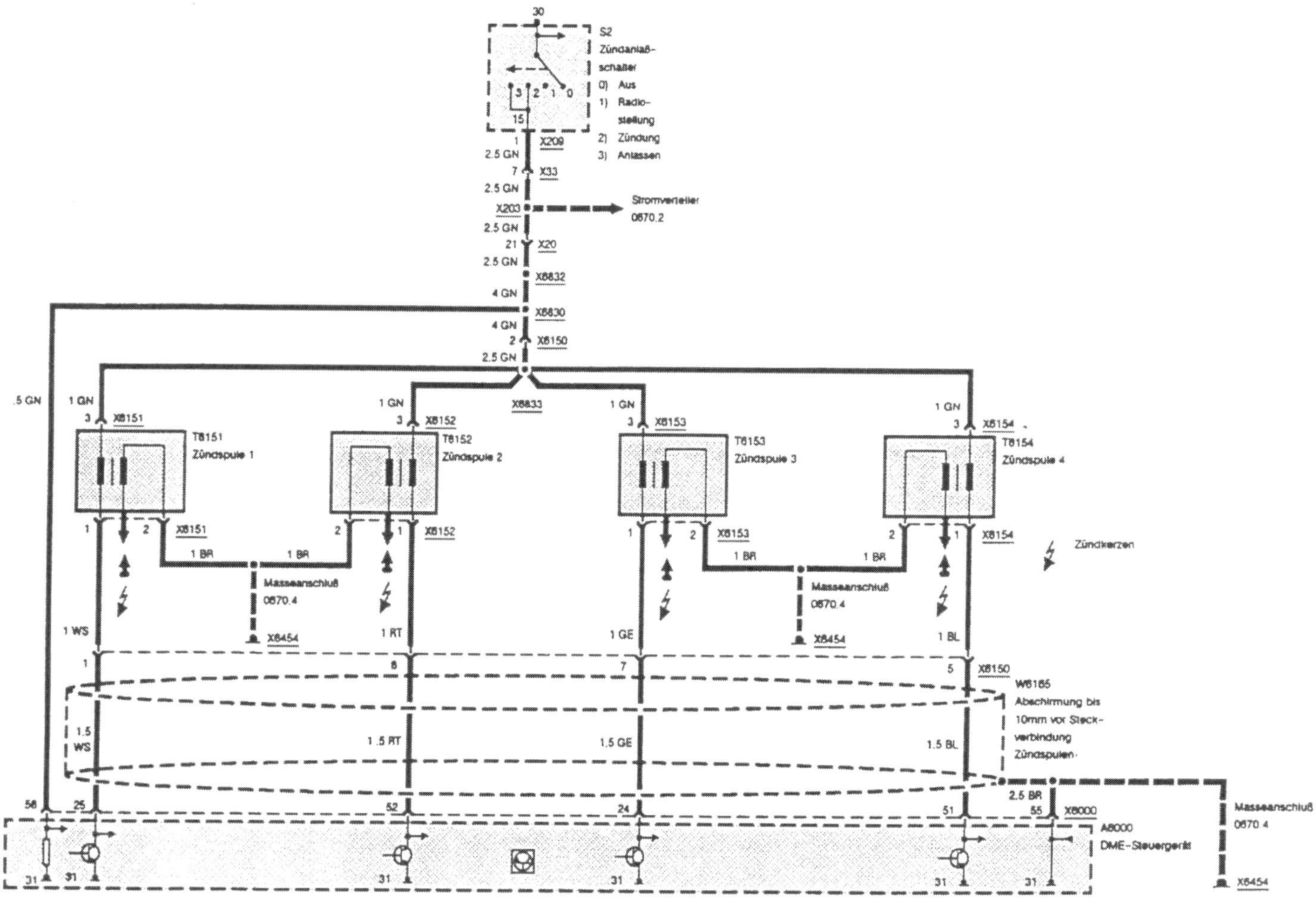

Kraftstoffpumpe

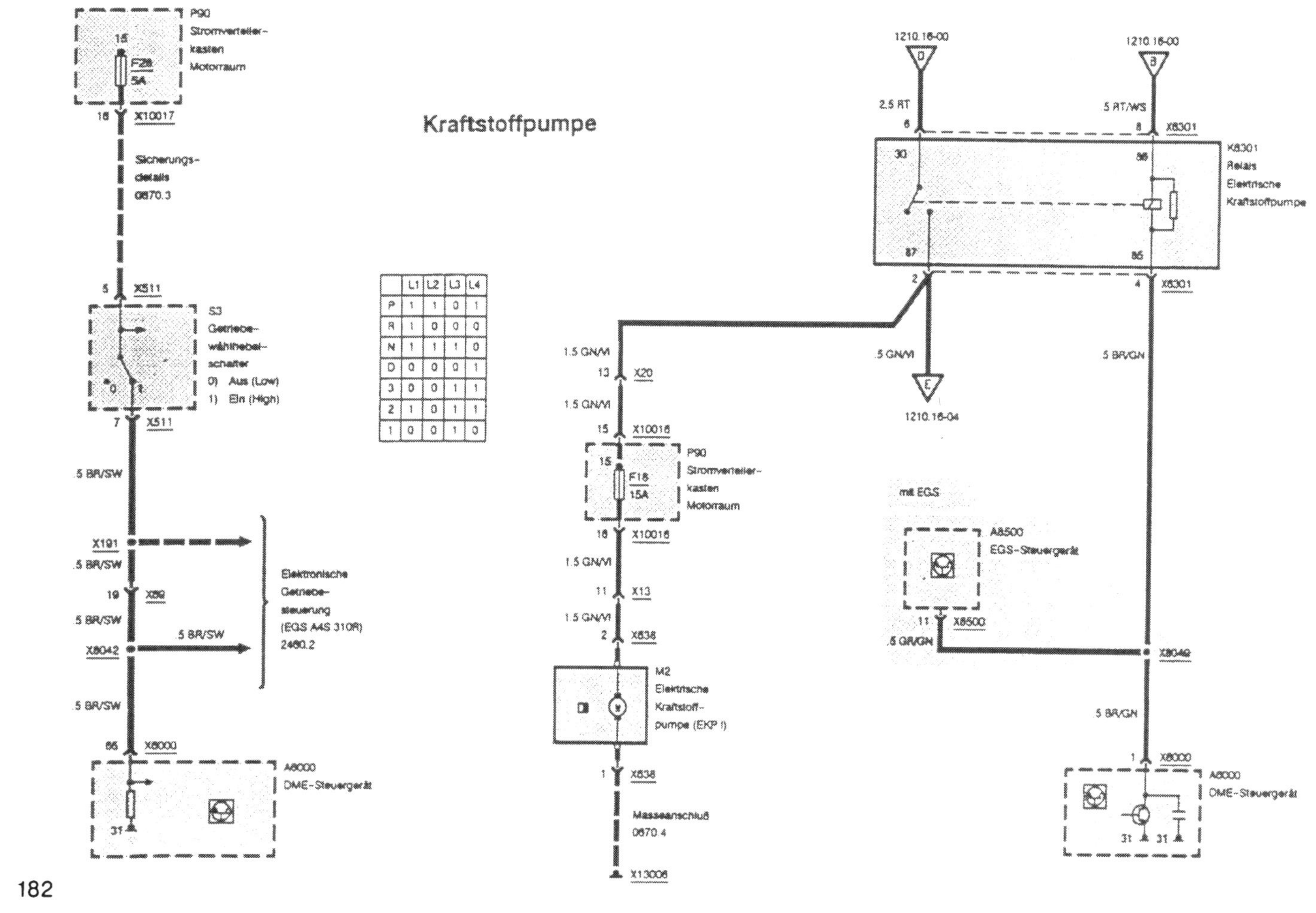

	L1	L2	L3	L4
P	1	1	0	1
R	1	0	0	0
N	1	1	1	0
D	0	0	0	1
3	0	0	1	1
2	1	0	1	1
1	0	0	1	0

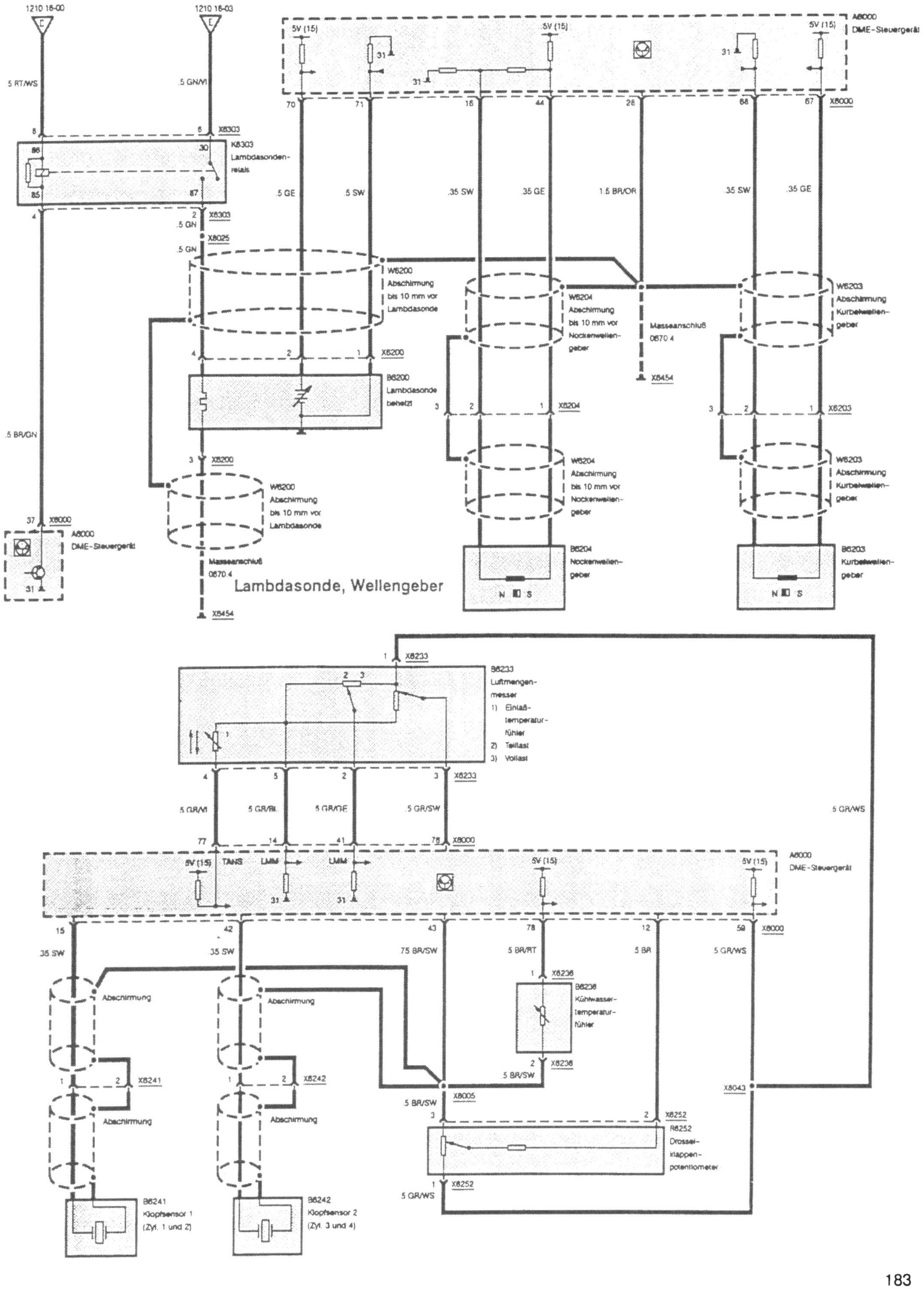
Lambdasonde, Wellengeber
1210 16-00
1210 16-03
5 RT/WS
.5 GN/VI
X6303
K6303
Lambdasonden-
relais
5 GN
X6025
A6000
DME-Steuergerät
5V (15)
X6000
.5 GE
.5 SW
.35 SW
.35 GE
1.5 BR/OR
W6200
Abschirmung
bis 10 mm vor
Lambdasonde
W6204
Abschirmung
bis 10 mm vor
Nockenwellen-
geber
Masseanschluß
0670 4
X6454
W6203
Abschirmung
Kurbelwellen-
geber
X6200
B6200
Lambdasonde
beheizt
X6204
X6203
.5 BR/GN
B6204
Nockenwellen-
geber
B6203
Kurbelwellen-
geber
X6233
B6233
Luftmengen-
messer
1) Einlaß-
temperatur-
fühler
2) Teillast
3) Vollast
5 GR/VI
5 GR/BL
5 GR/GE
.5 GR/SW
5 GR/WS
TANS
LMM
.35 SW
.75 BR/SW
5 BR/RT
5 BR
X6236
B6236
Kühlwasser-
temperatur-
fühler
5 BR/SW
Abschirmung
X6241
X6242
X6005
X6043
X6252
R6252
Drossel-
klappen-
potentiometer
B6241
Klopfsensor 1
(Zyl. 1 und 2)
B6242
Klopfsensor 2
(Zyl. 3 und 4)

Diagnoseverbindung

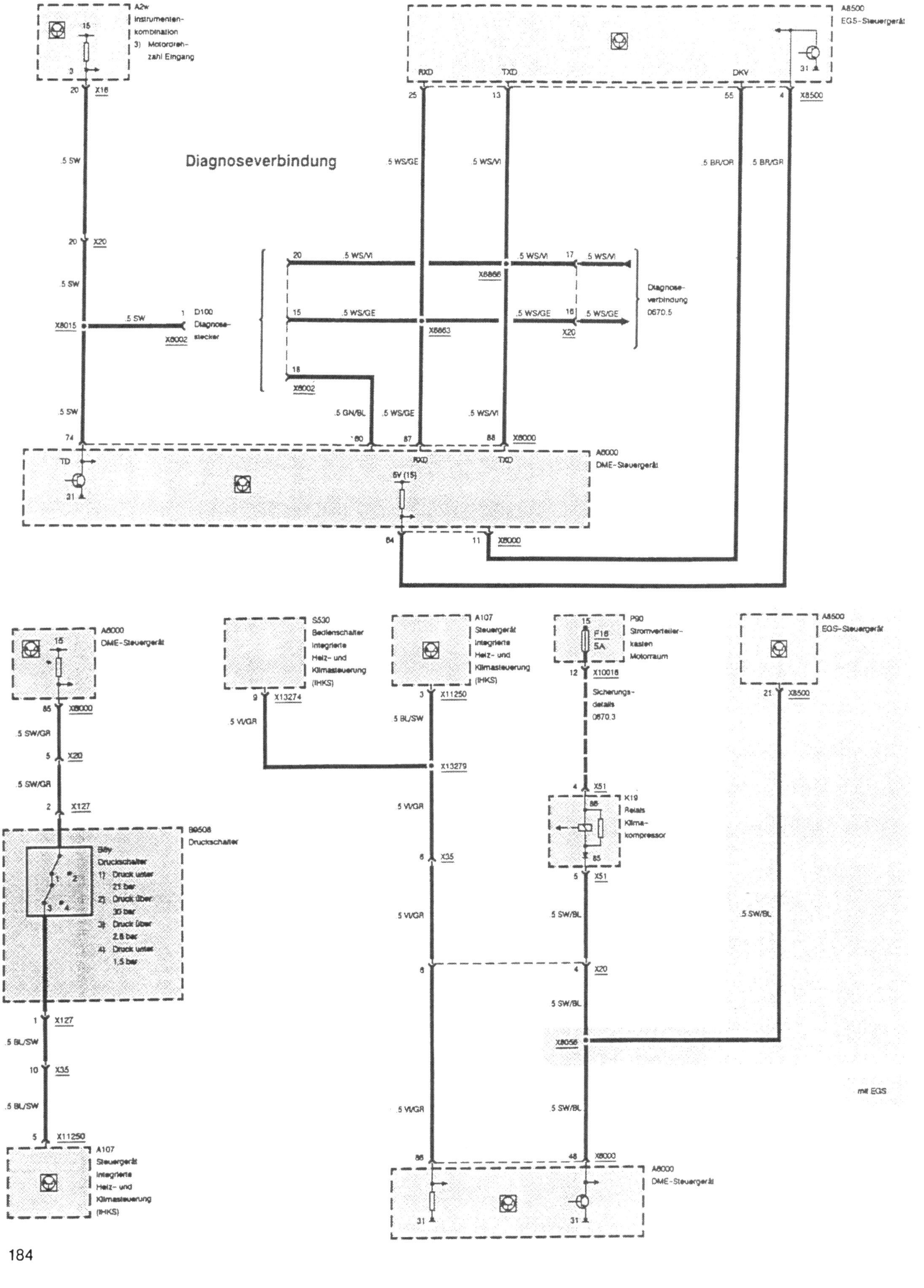

Eingänge, Wegfahrsicherung

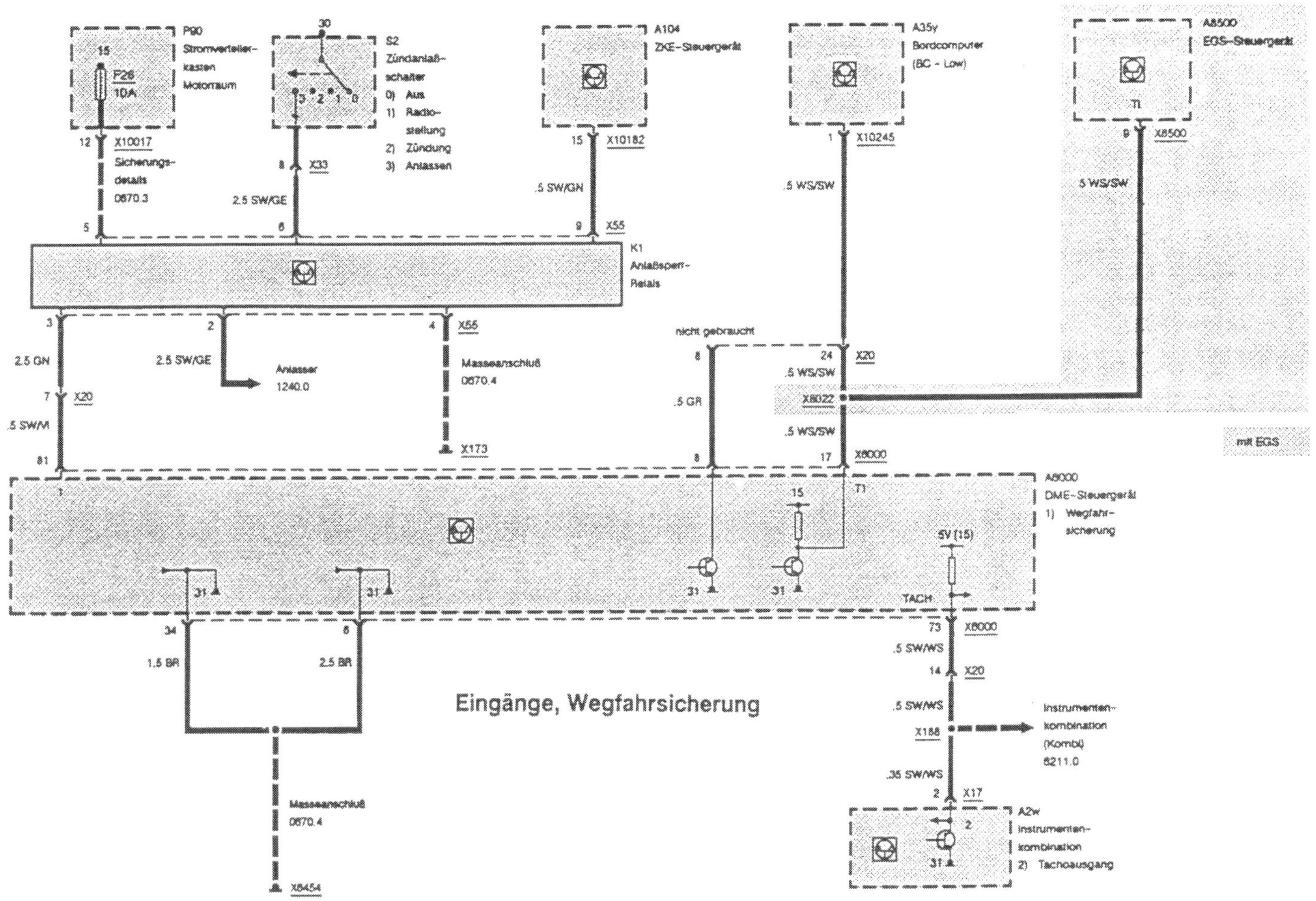

Generator

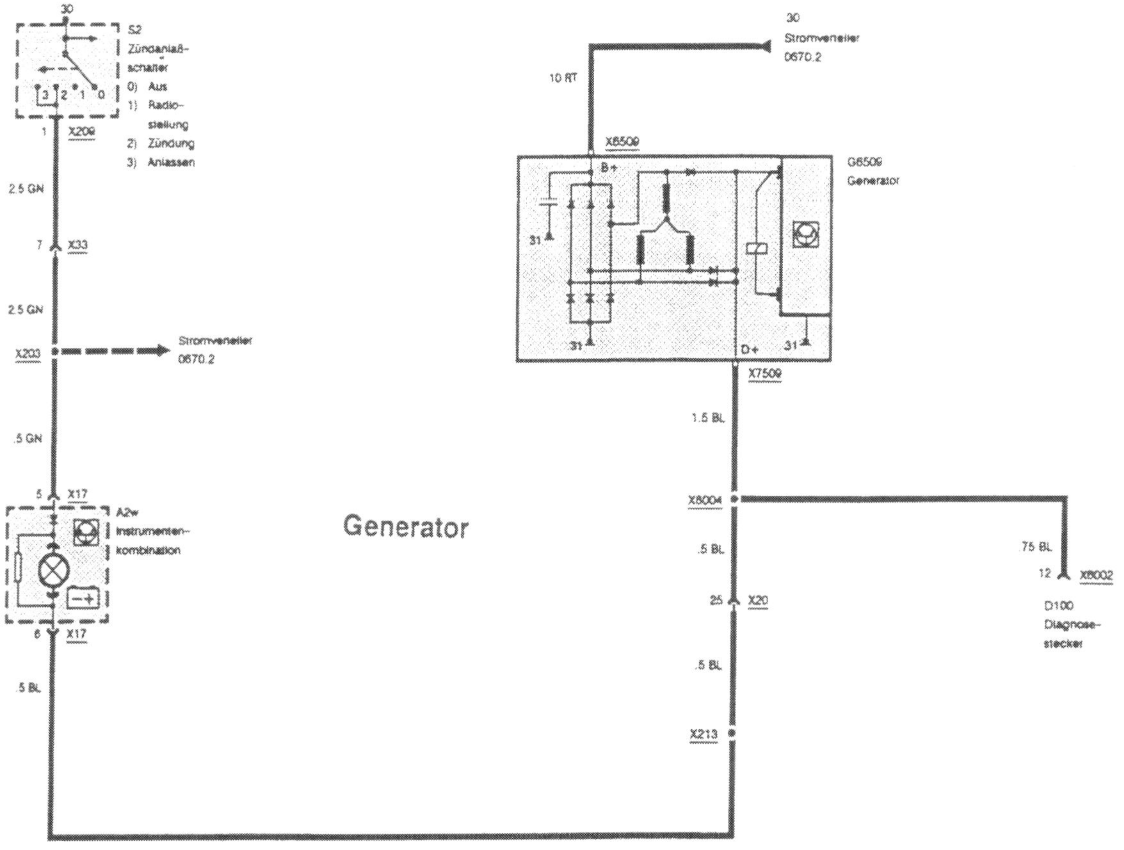

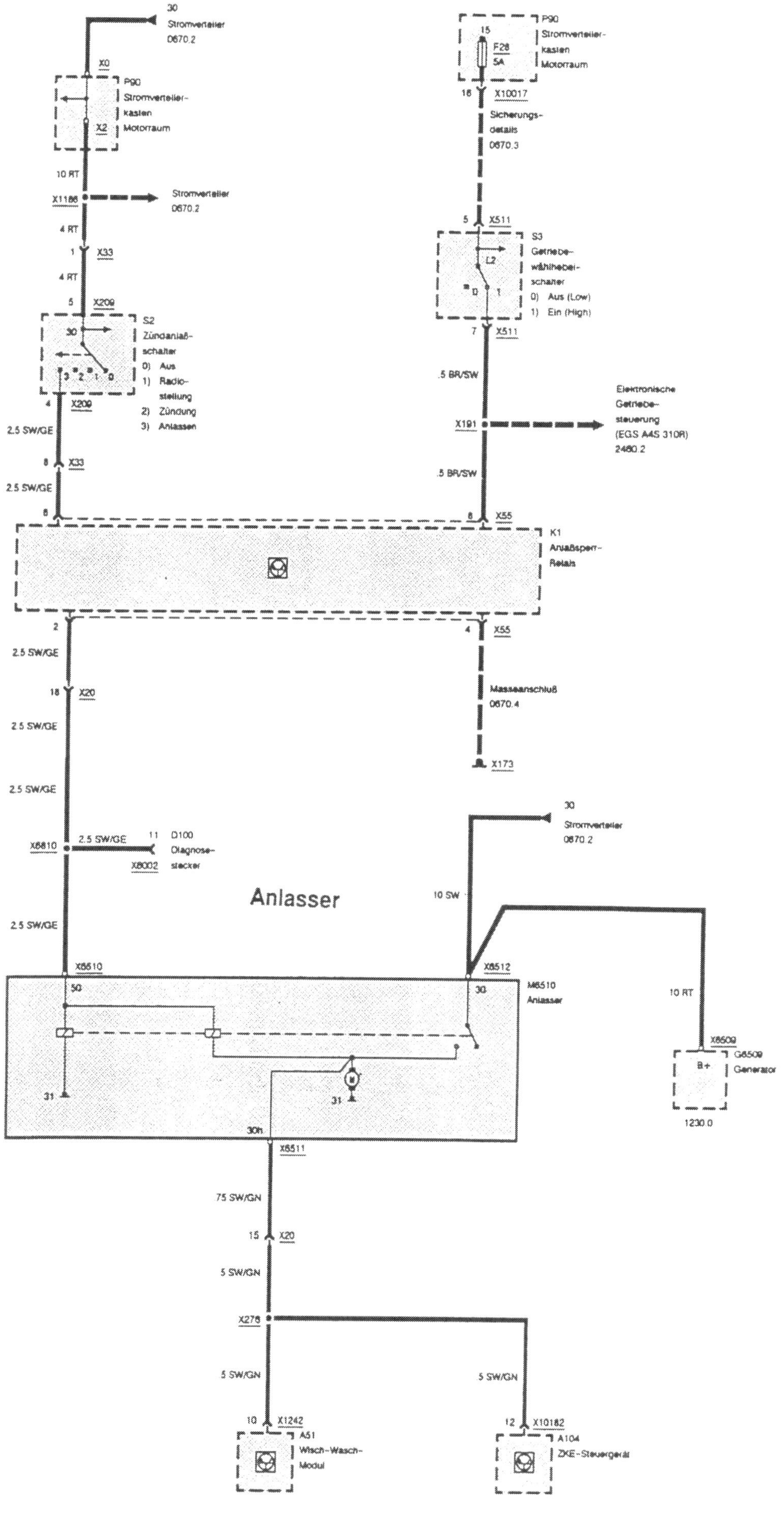
30
Stromverteiler
0670.2
X0
P90
Stromverteiler-
kasten
Motorraum
X2
10 RT
X1186
Stromverteiler
0670.2
4 RT
X33
X209
S2
Zündanlaß-
schalter
0) Aus
1) Radio-
stellung
2) Zündung
3) Anlassen
2.5 SW/GE
15
F28
5A
X10017
Sicherungs-
details
0670.3
X511
S3
Getriebe-
wählhebel-
schalter
0) Aus (Low)
1) Ein (High)
.5 BR/SW
Elektronische
Getriebe-
steuerung
(EGS A4S 310R)
2460.2
X191
X55
K1
Anlaßsperr-
Relais
Masseanschluß
0670.4
X173
X20
X6810
D100
Diagnose-
stecker
X6002
Anlasser
10 SW
X6510
X6512
M6510
Anlasser
10 RT
X6509
G6509
Generator
B+
1230.0
X6511
75 SW/GN
5 SW/GN
X276
X1242
A51
Wisch-Wasch-
Modul
X10182
A104
ZKE-Steuergerät

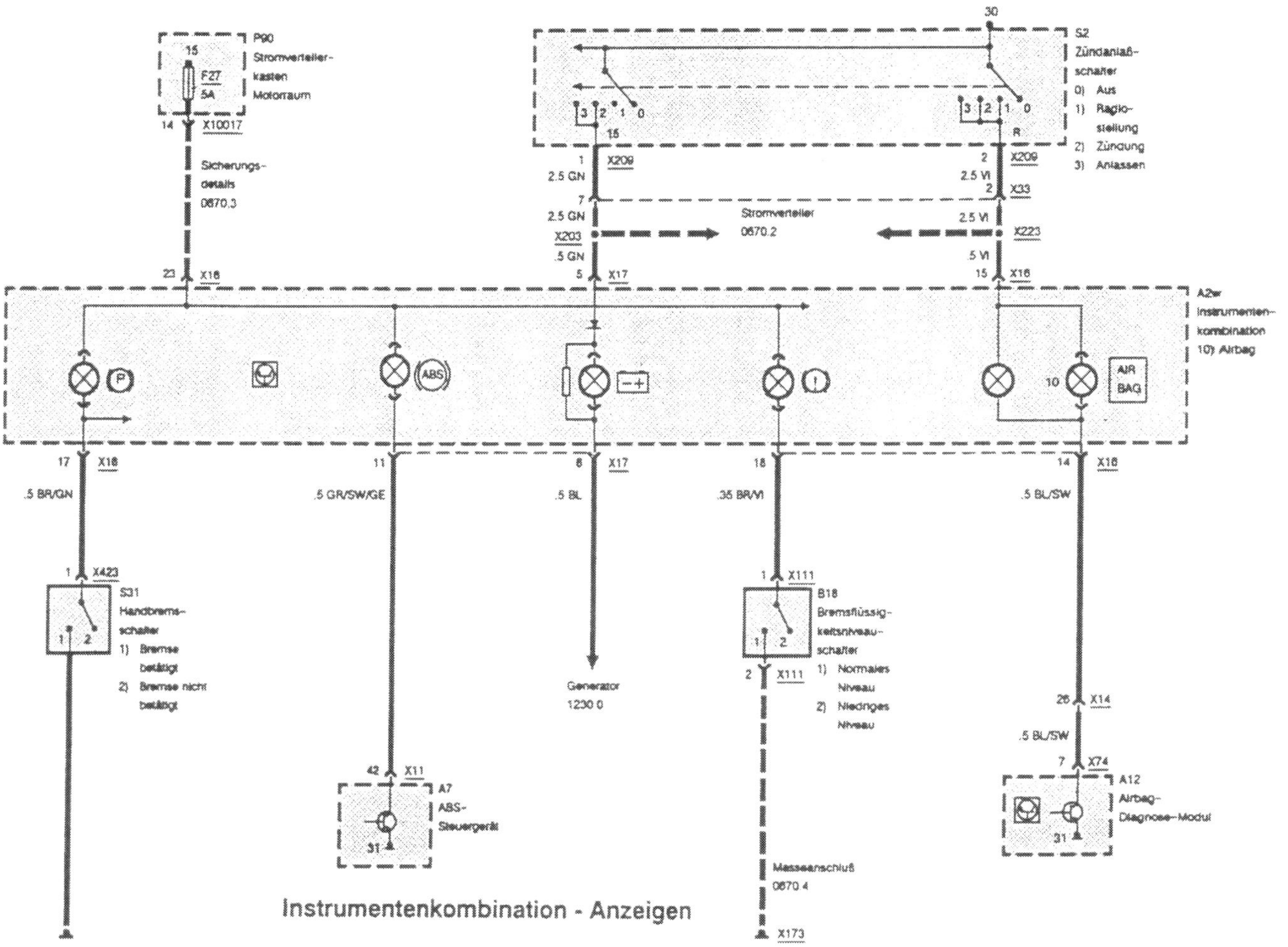

Instrumentenkombination - Anzeigen

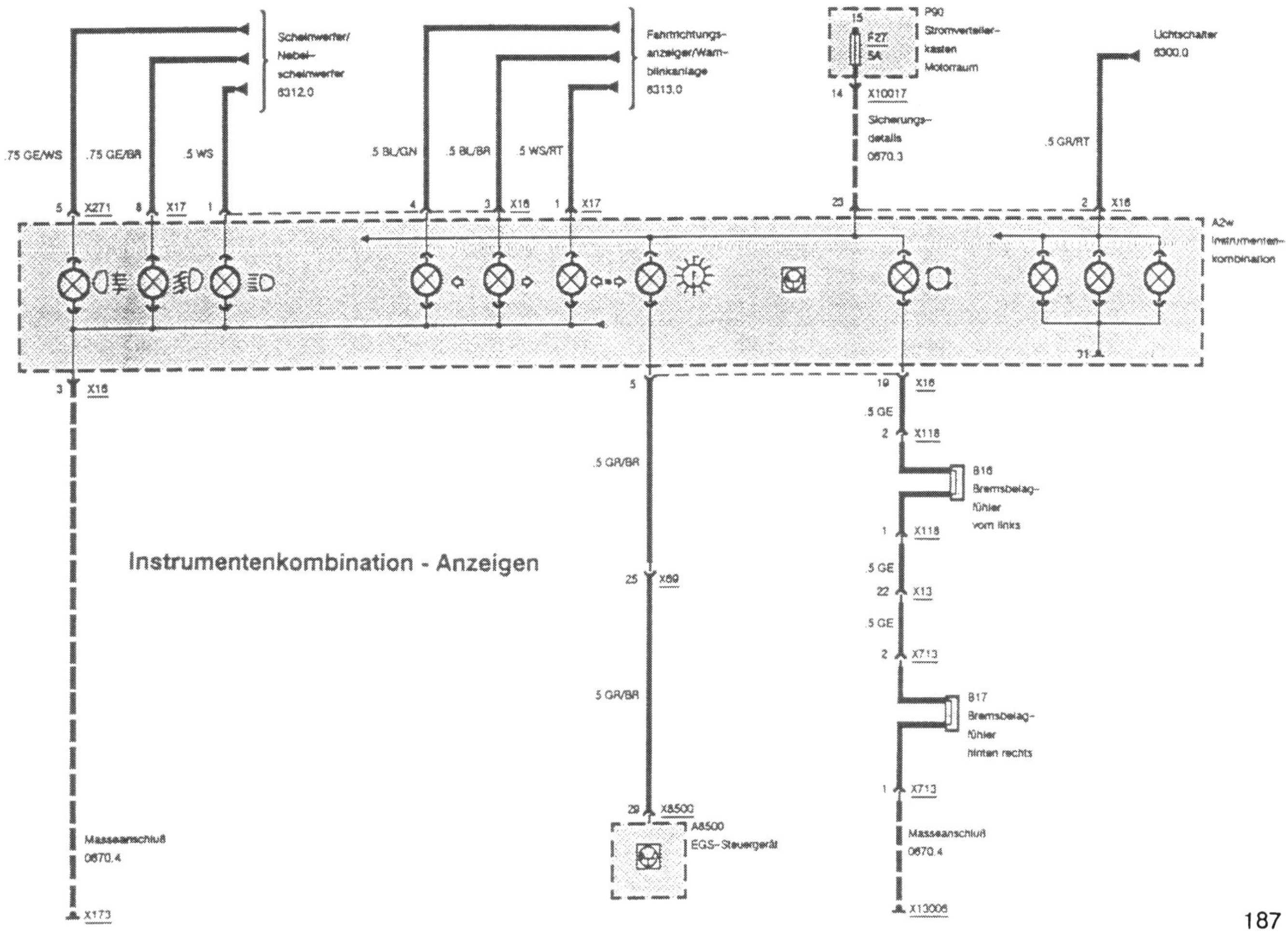

Instrumentenkombination - Anzeigen

Instrumentenkombination - Anzeigen

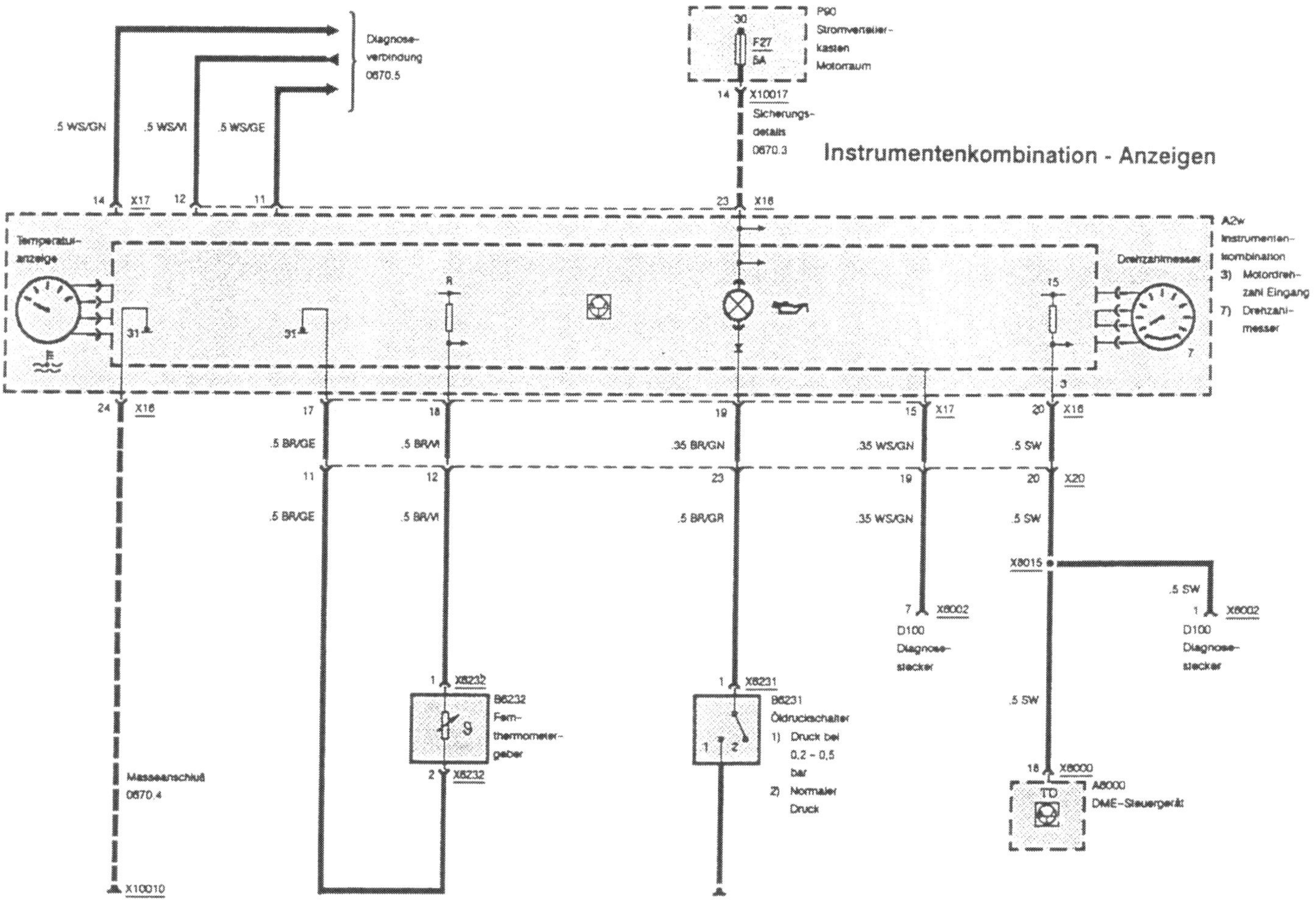

Tacho-Ausgangssignal

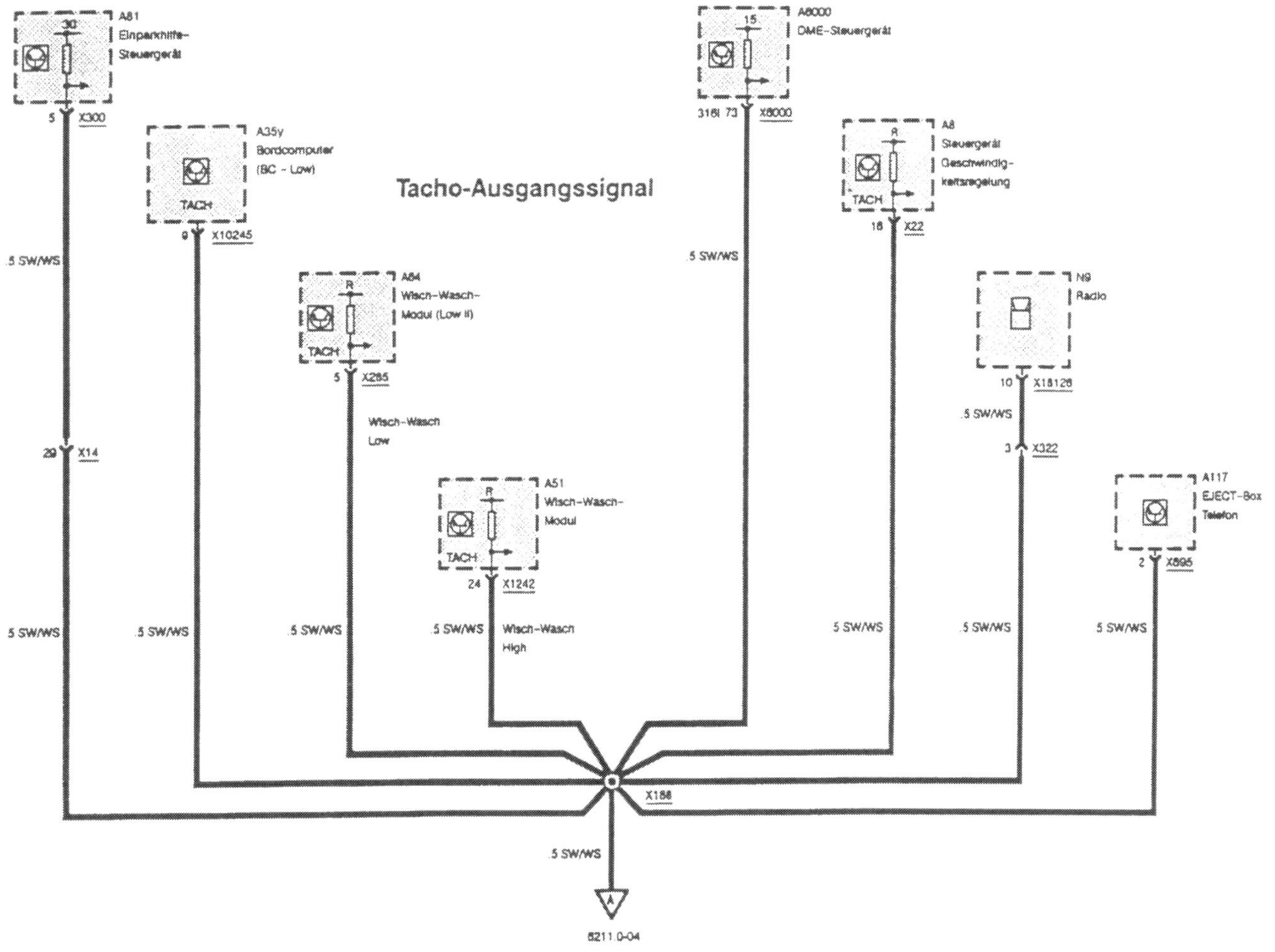

8211.0-04

Instrumentenkombination - Anzeigen

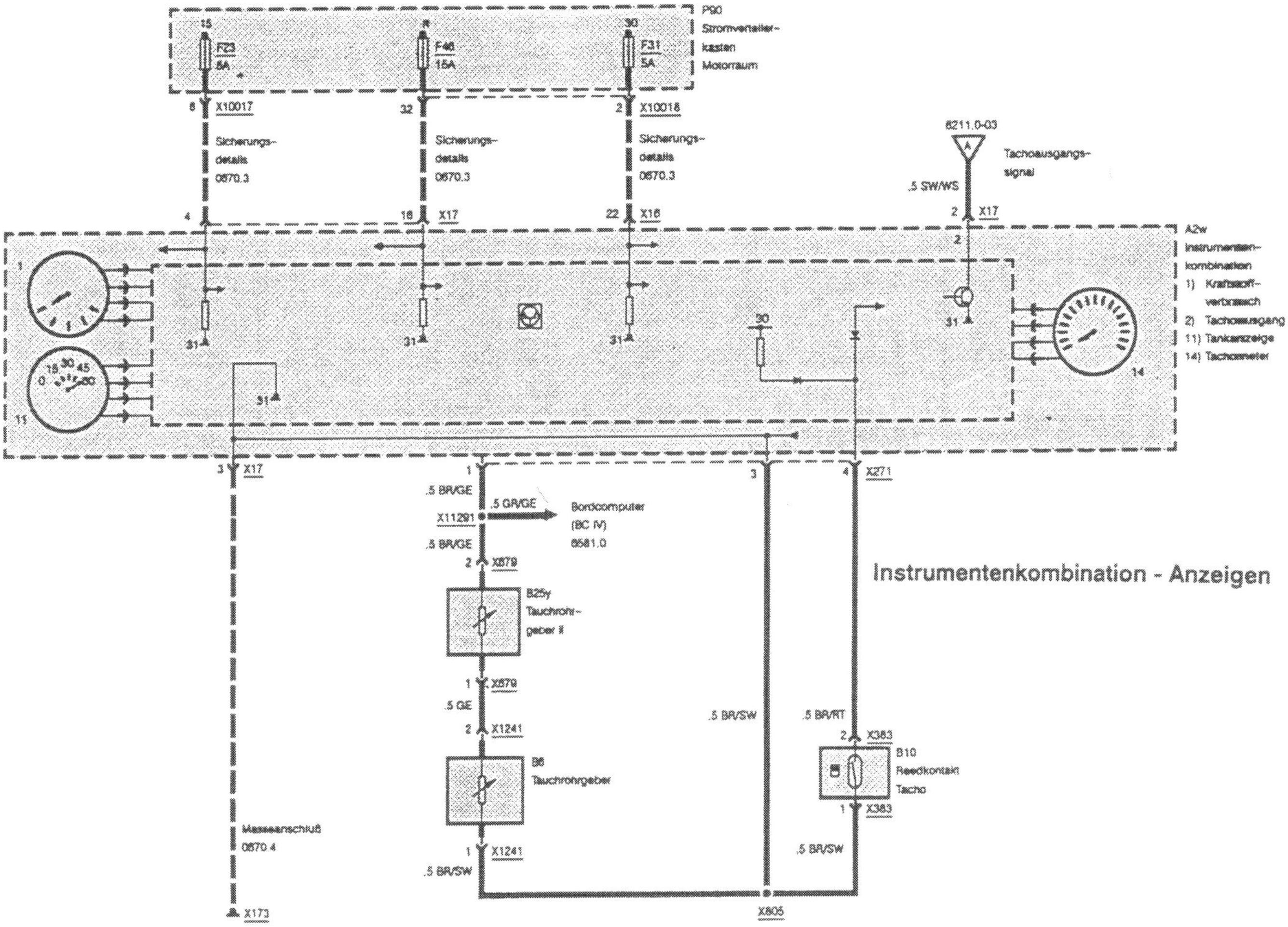

Scheinwerfer/ Nebelscheinwerfer

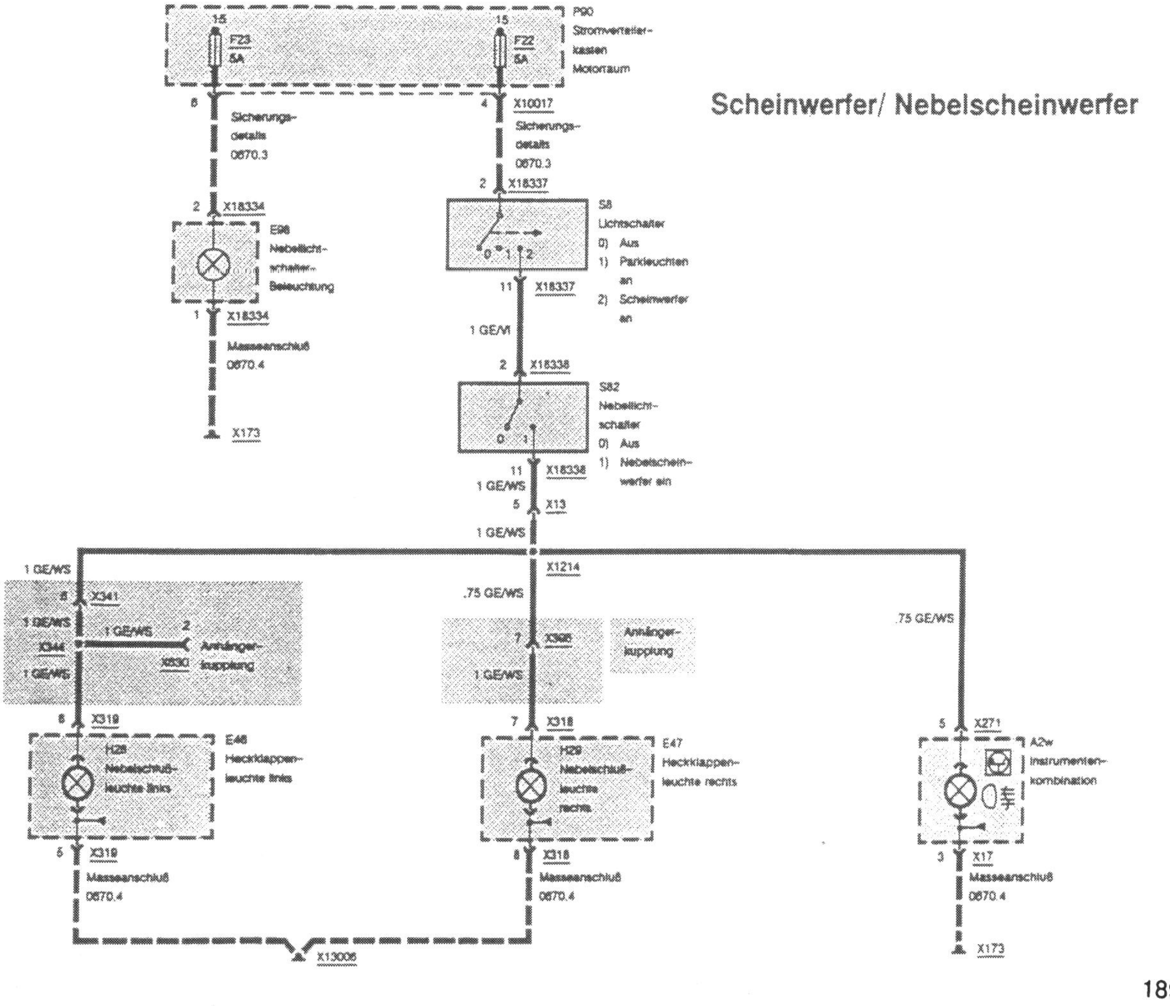

Scheinwerfer/ Nebelscheinwerfer

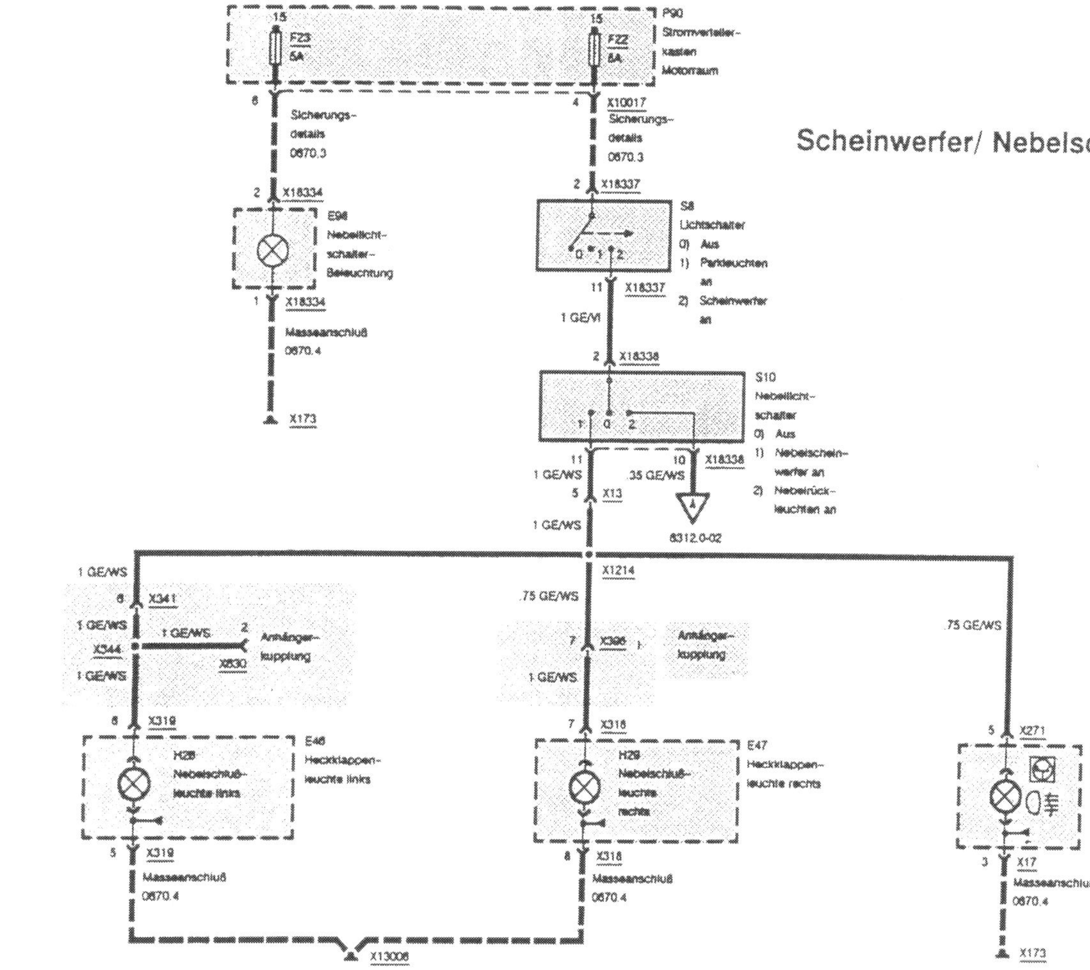

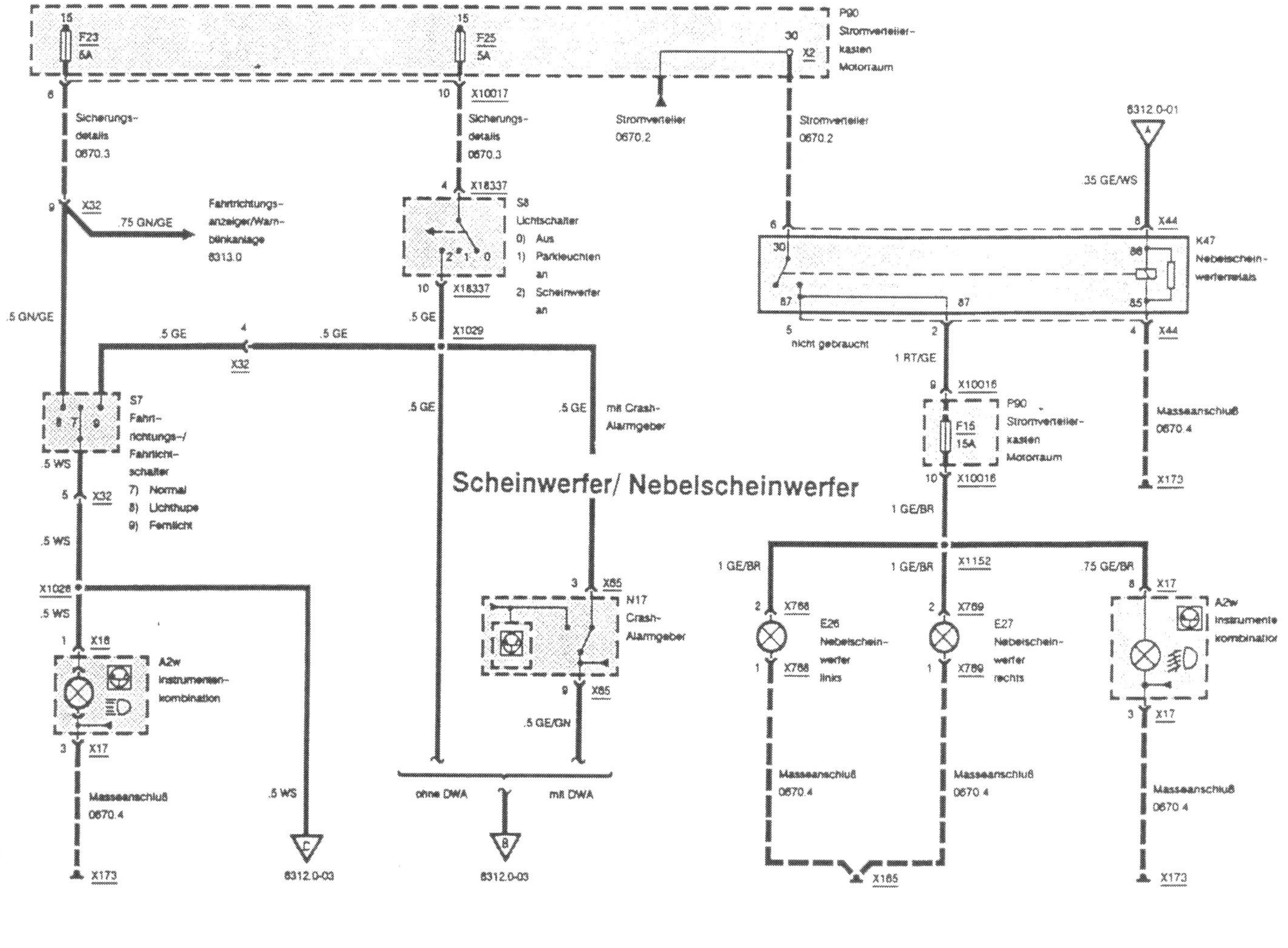

Scheinwerfer/ Nebelscheinwerfer

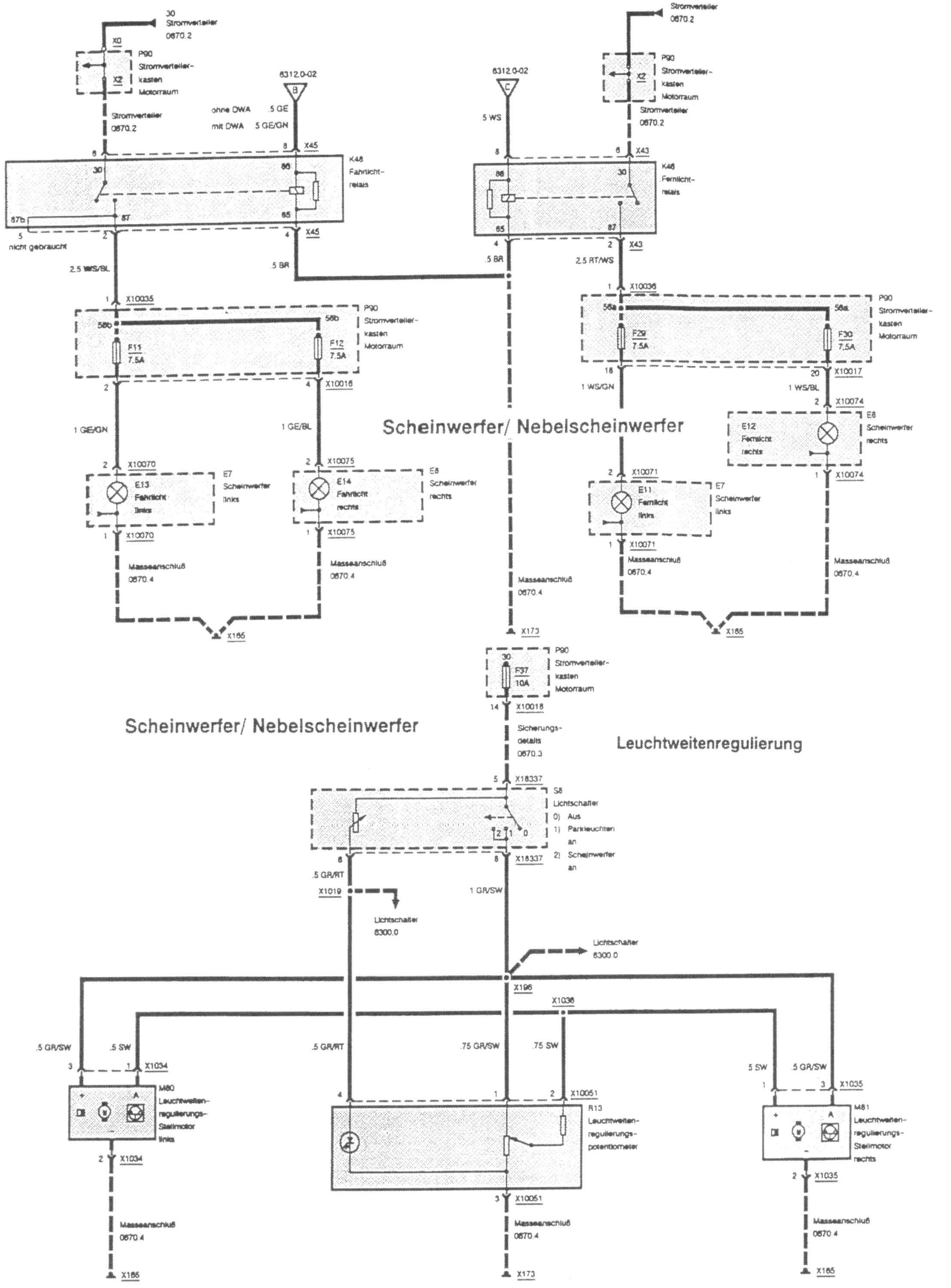

Scheinwerfer/ Nebelscheinwerfer
Leuchtweitenregulierung
30 Stromverteiler 0670.2
P90 Stromverteiler-kasten Motorraum
6312.0-02
ohne DWA .5 GE
mit DWA .5 GE/GN
5 WS
K48 Fahrlicht-relais
K46 Fernlicht-relais
nicht gebraucht
2.5 WS/BL
.5 BR
2.5 RT/WS
F11 7.5A
F12 7.5A
F29 7.5A
F30 7.5A
1 GE/GN
1 GE/BL
1 WS/GN
1 WS/BL
E7 Scheinwerfer links
E8 Scheinwerfer rechts
E13 Fahrlicht links
E14 Fahrlicht rechts
E11 Fernlicht links
E12 Fernlicht rechts
Masseanschluß 0670.4
F37 10A
Sicherungs-details 0670.3
S8 Lichtschalter
0) Aus
1) Parkleuchten an
2) Scheinwerfer an
.5 GR/RT
1 GR/SW
Lichtschalter 6300.0
.5 GR/SW
.5 SW
.75 GR/SW
.75 SW
M80 Leuchtweiten-regulierungs-Stellmotor links
R13 Leuchtweiten-regulierungs-potentiometer
M81 Leuchtweiten-regulierungs-Stellmotor rechts

Fahrtrichtungsanzeiger/Warnblinkanlage

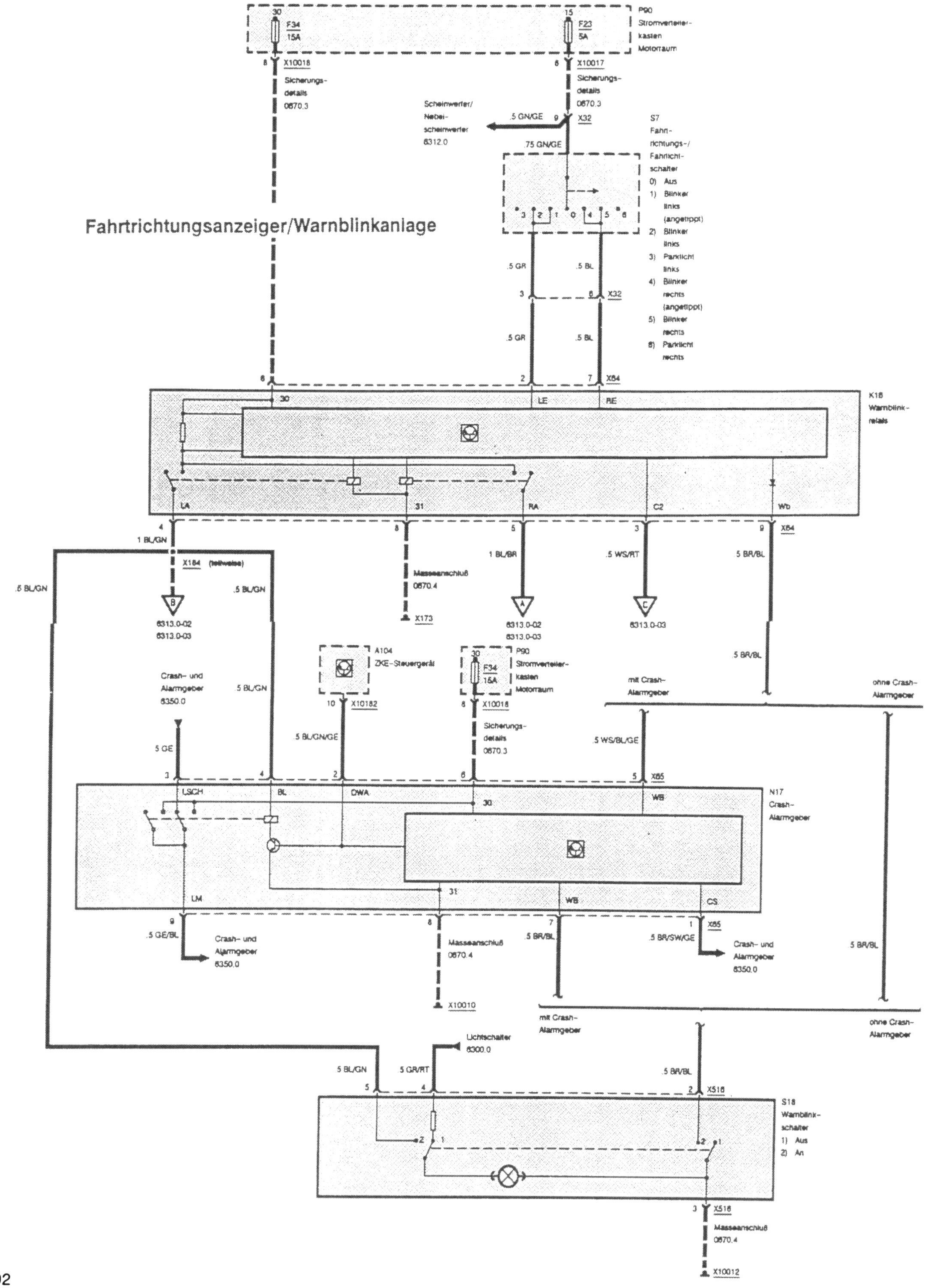

Fahrtrichtungsanzeiger/Warnblinkanlage

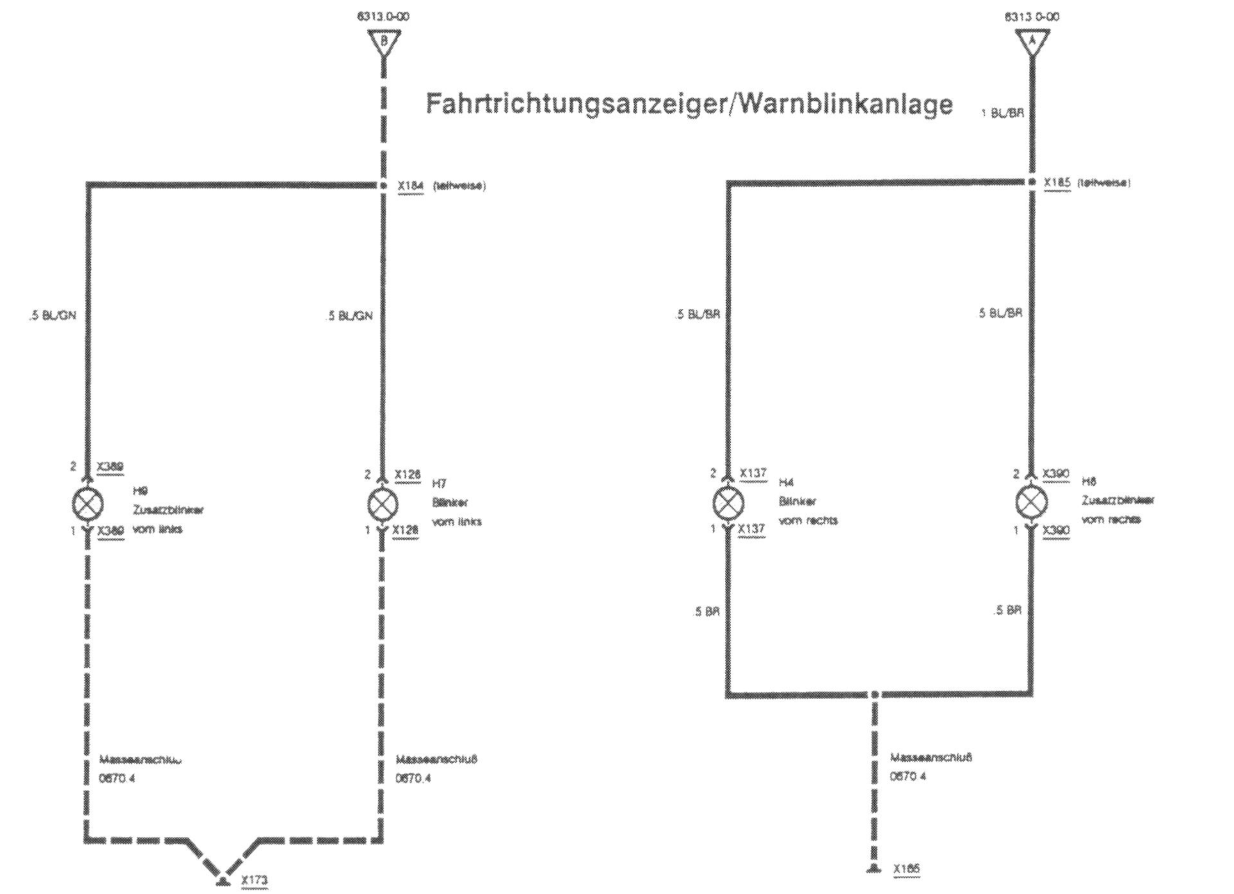

Fahrtrichtungsanzeiger/Warnblinkanlage

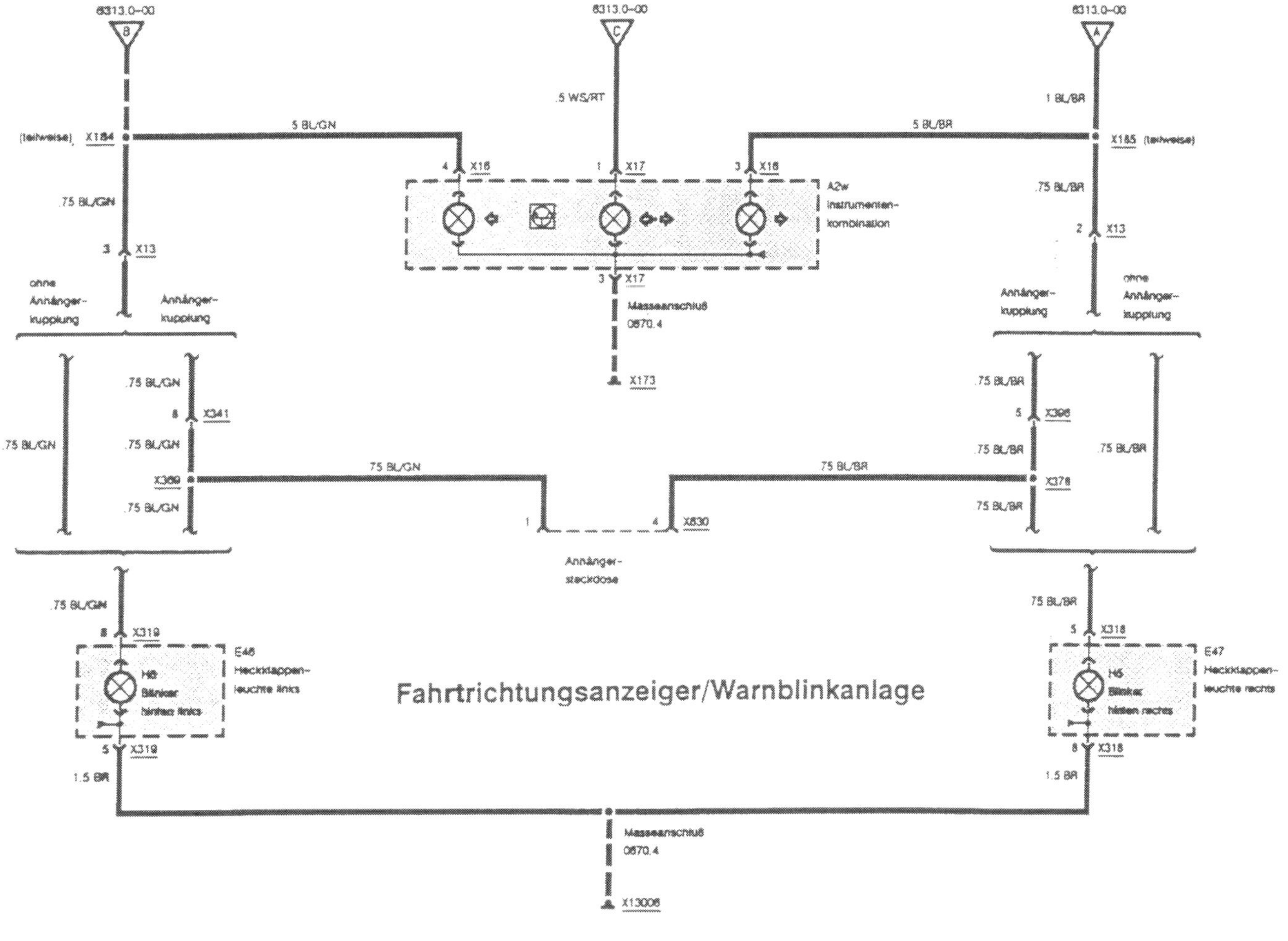

Standlicht/ Rücklicht/ Motorraumbeleuchtung

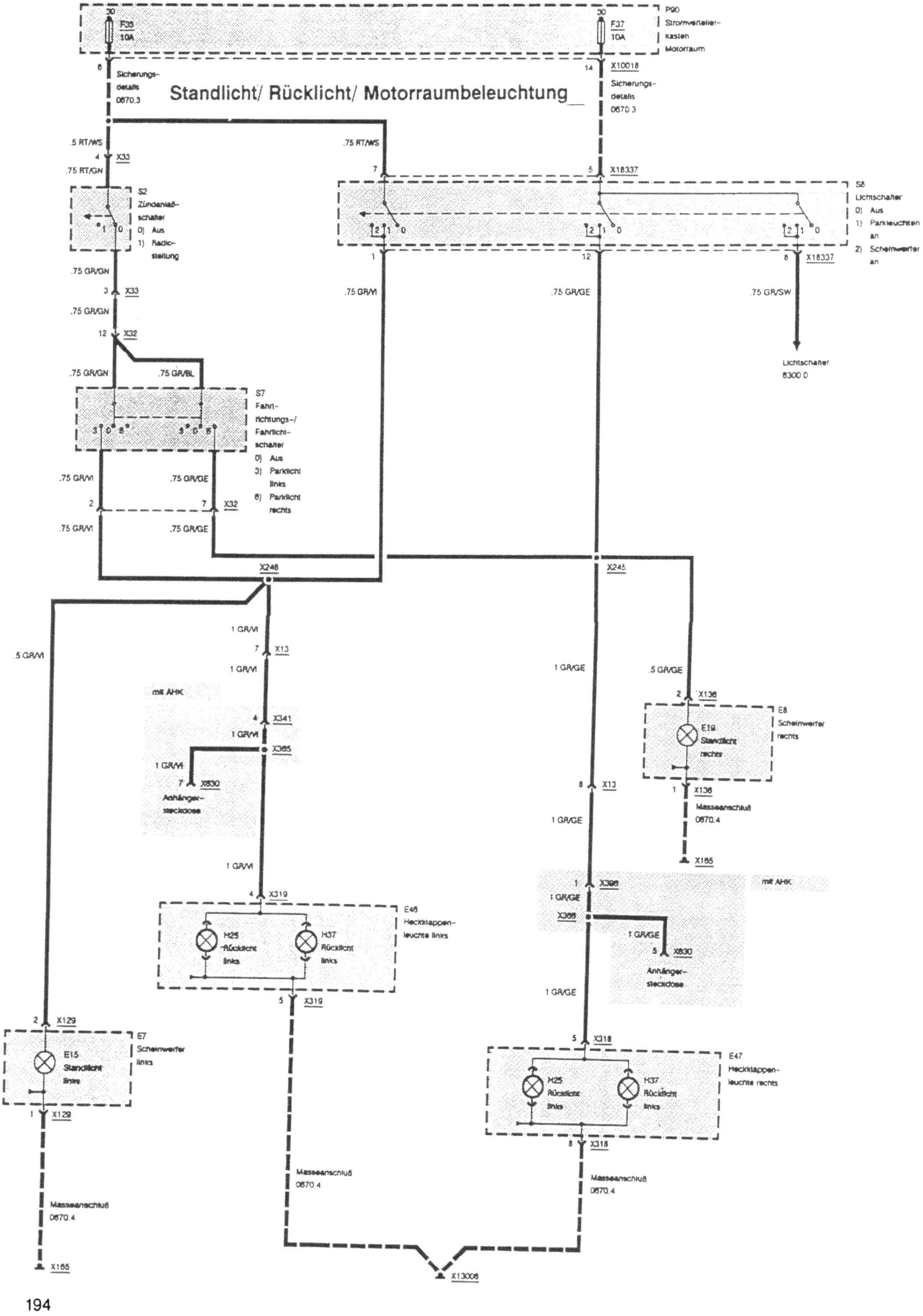

Kennzeichen-/ Gepäckraumbeleuchtung

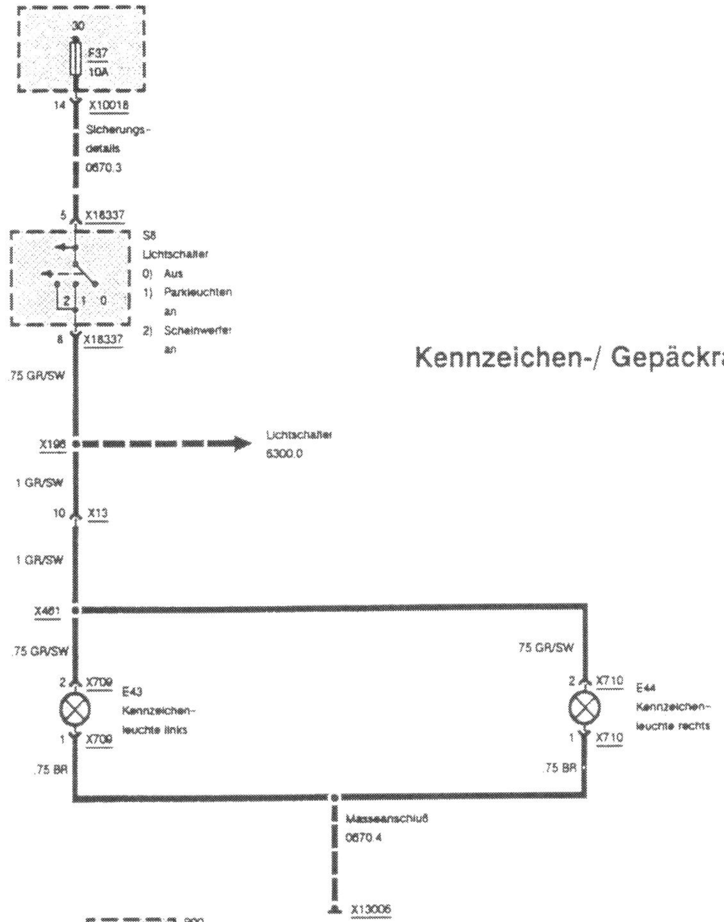

Kennzeichen-/ Gepäckraumbeleuchtung

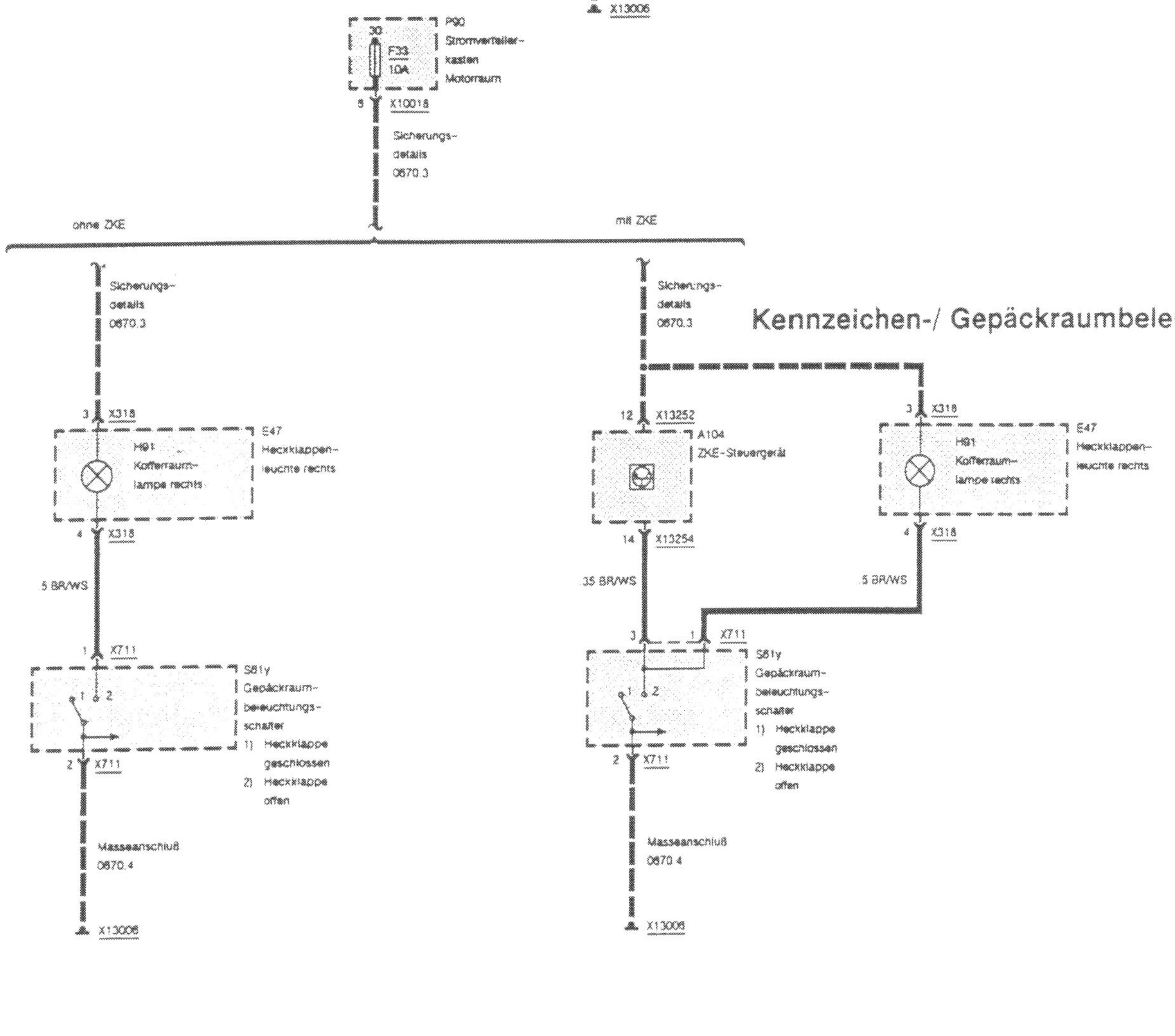

Rückfahrscheinwerfer

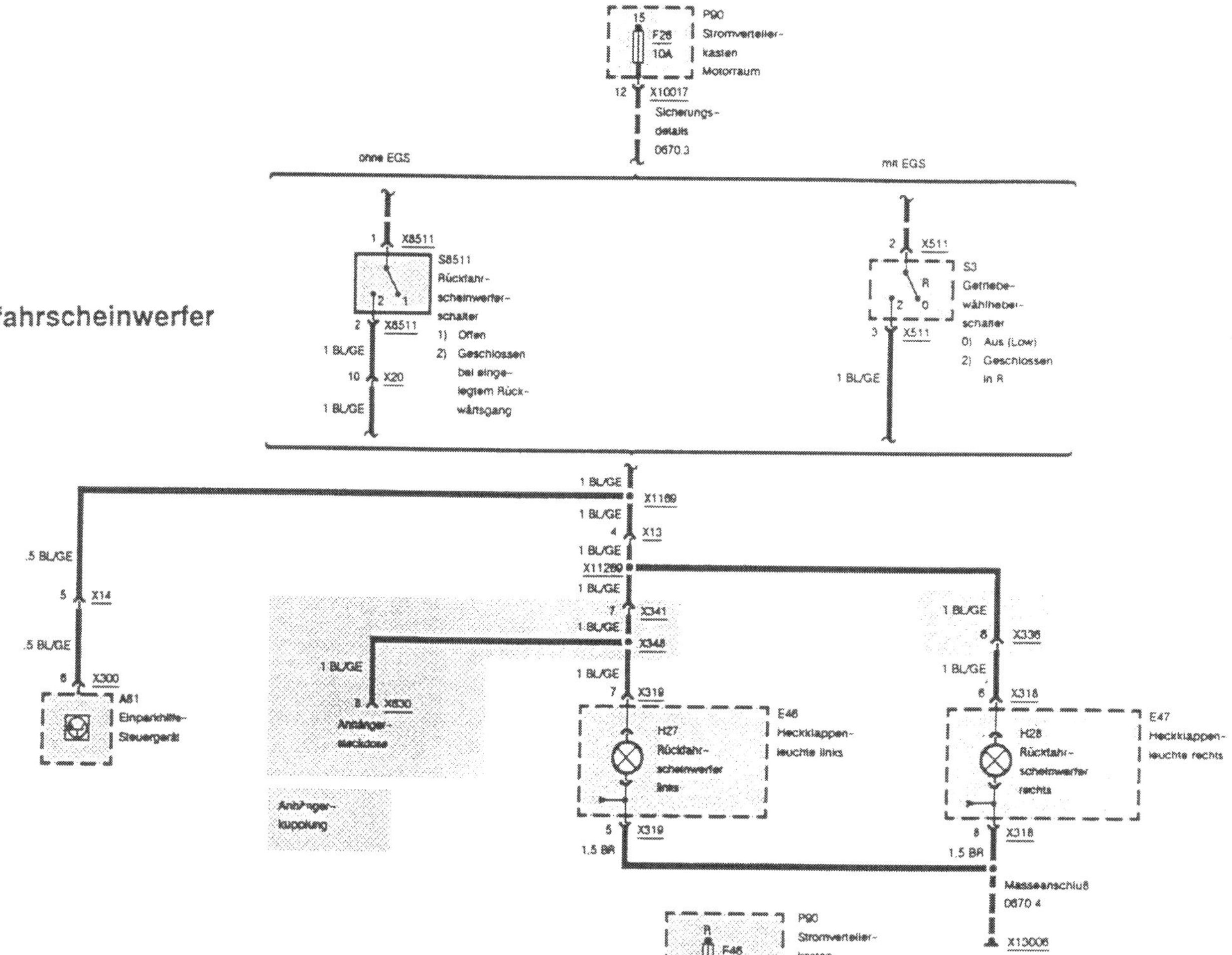

Bremsleuchten

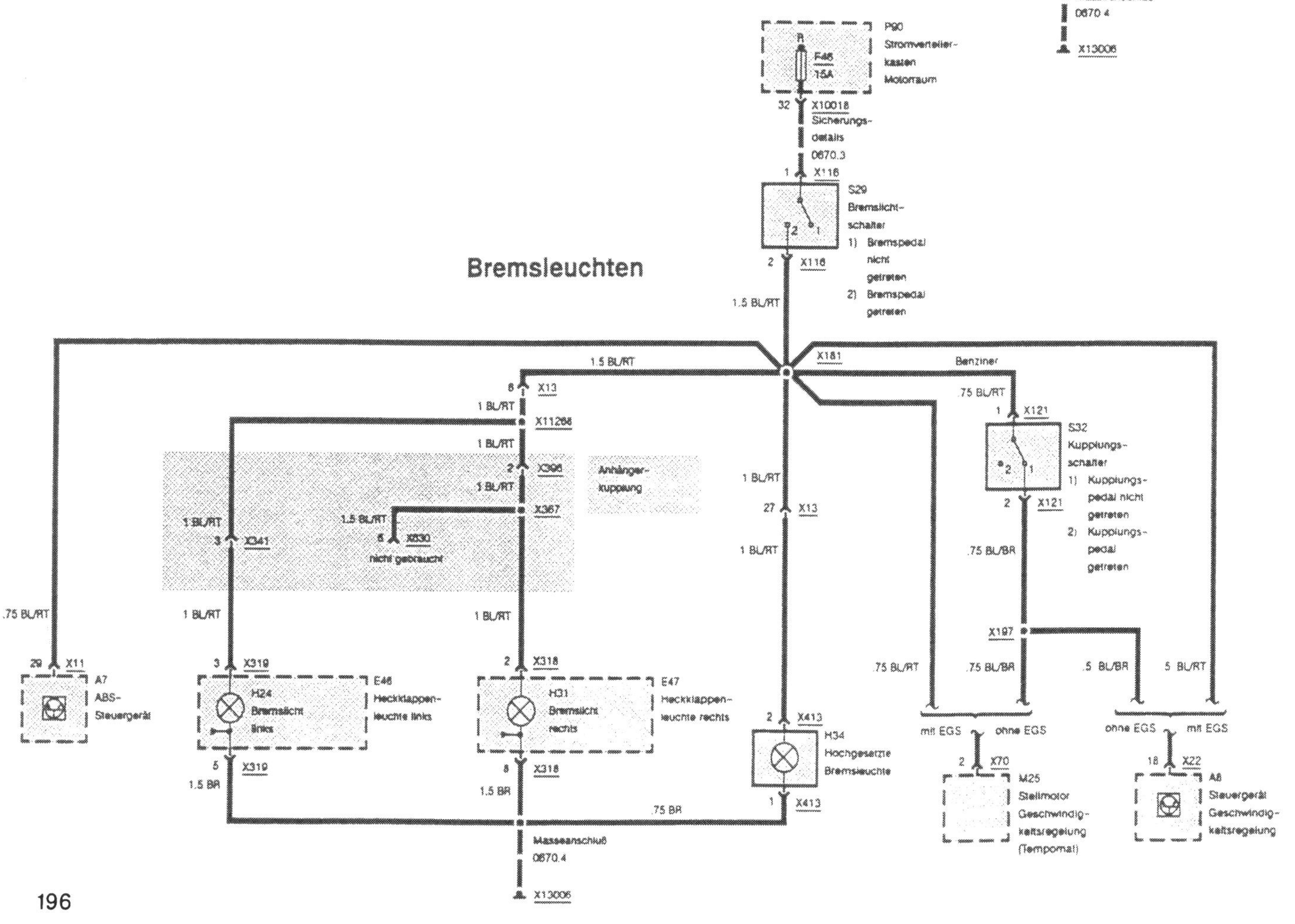

Innenraumbeleuchtung
Ohne ZKE

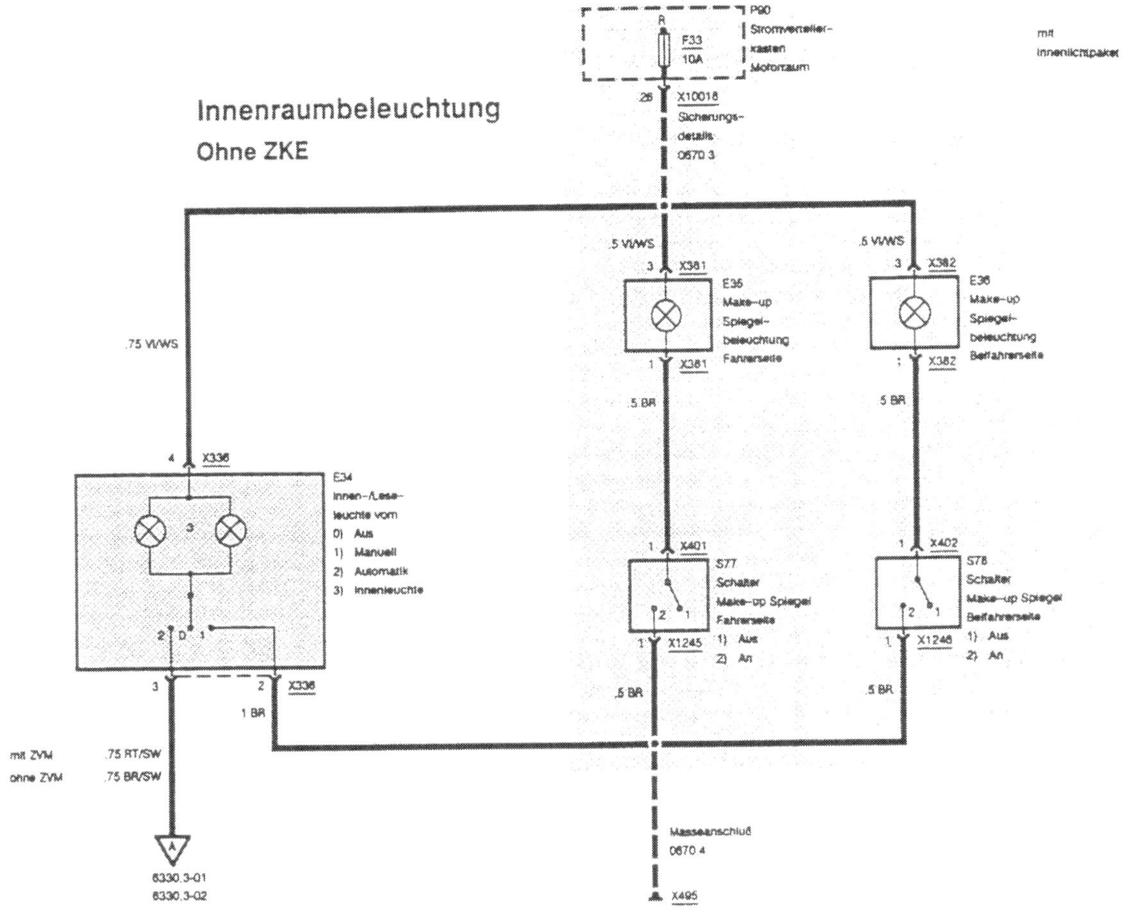

Innenraumbeleuchtung
ZKE

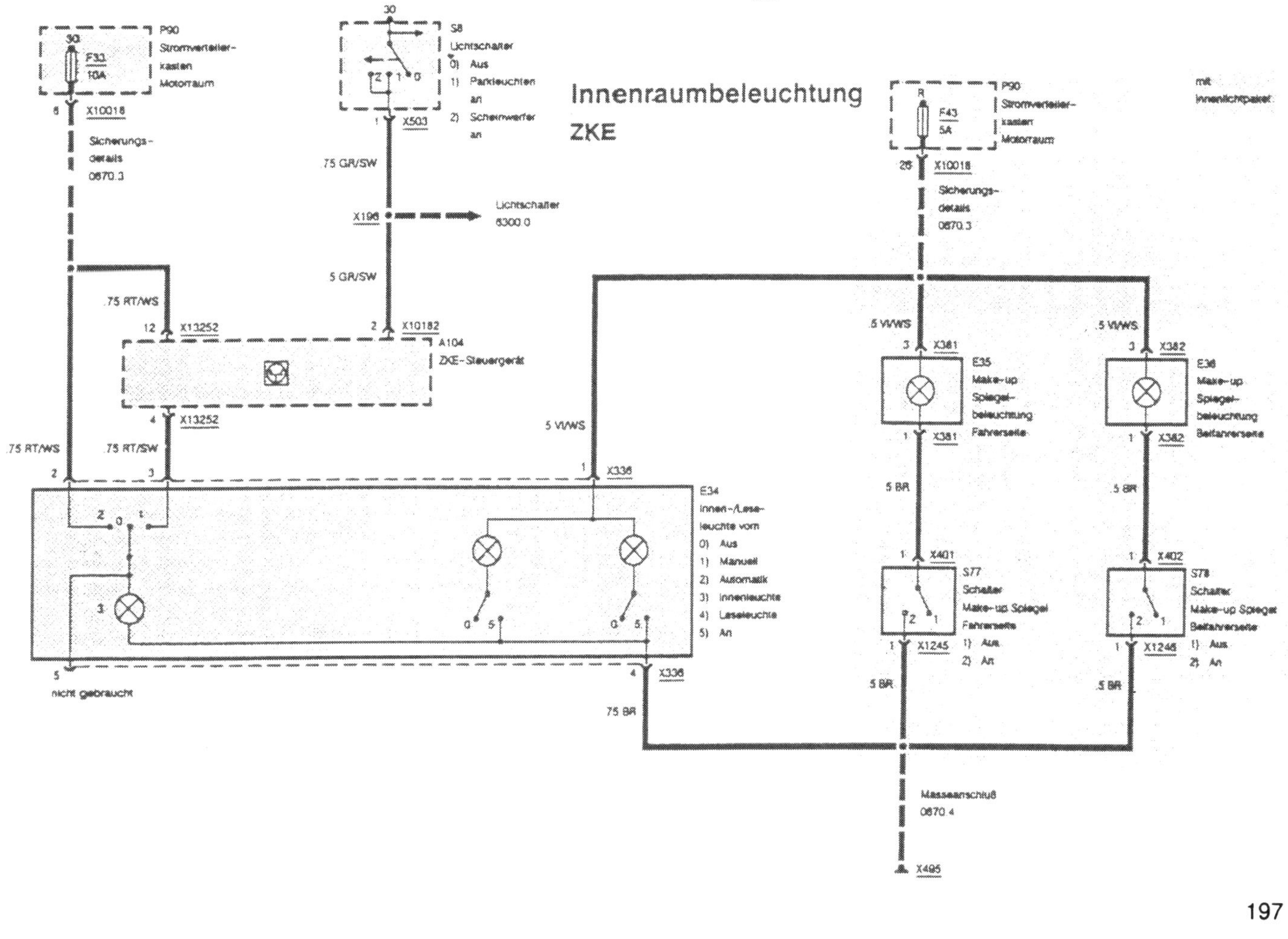

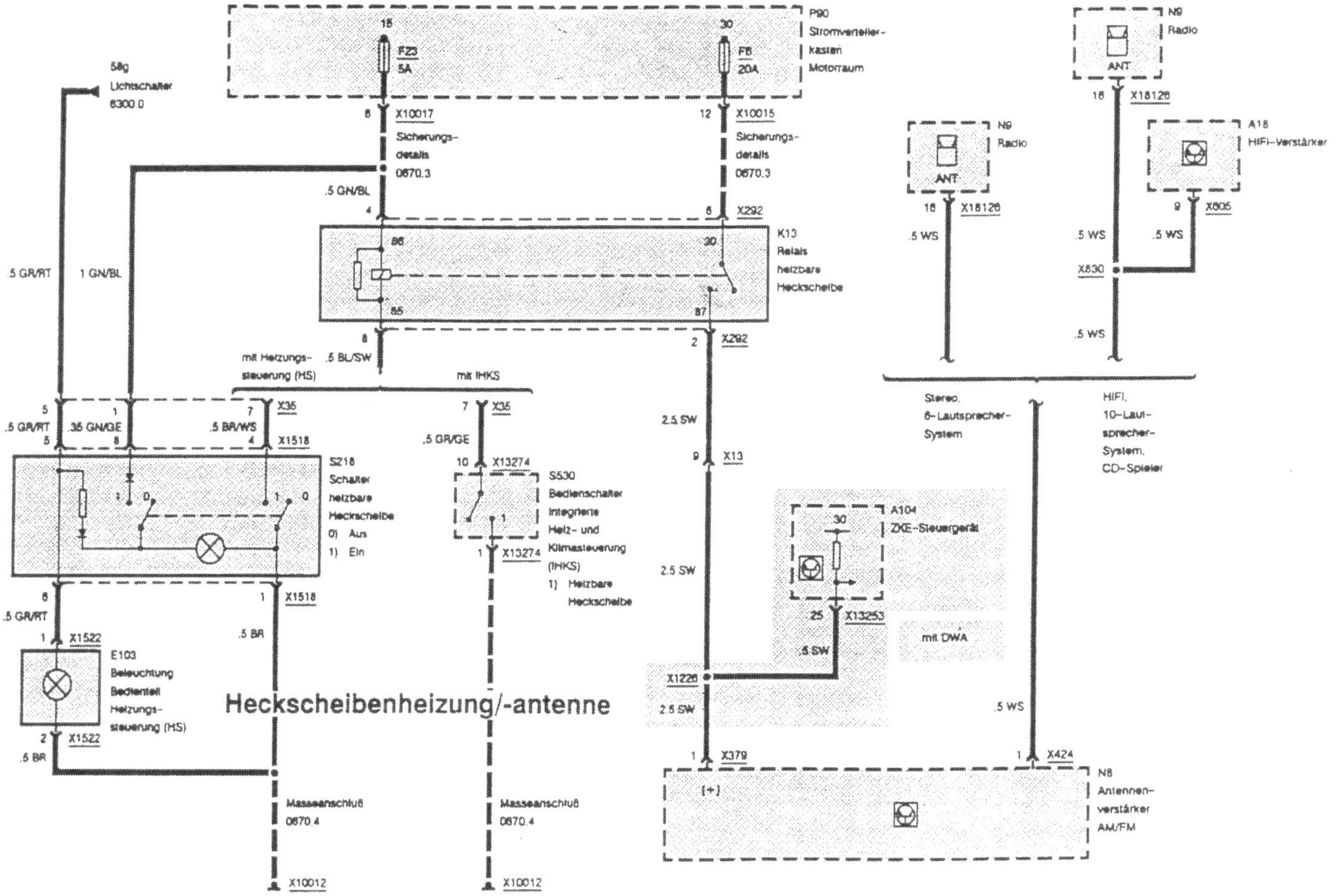

Heckscheibenheizung/-antenne

Heckscheibenantenne

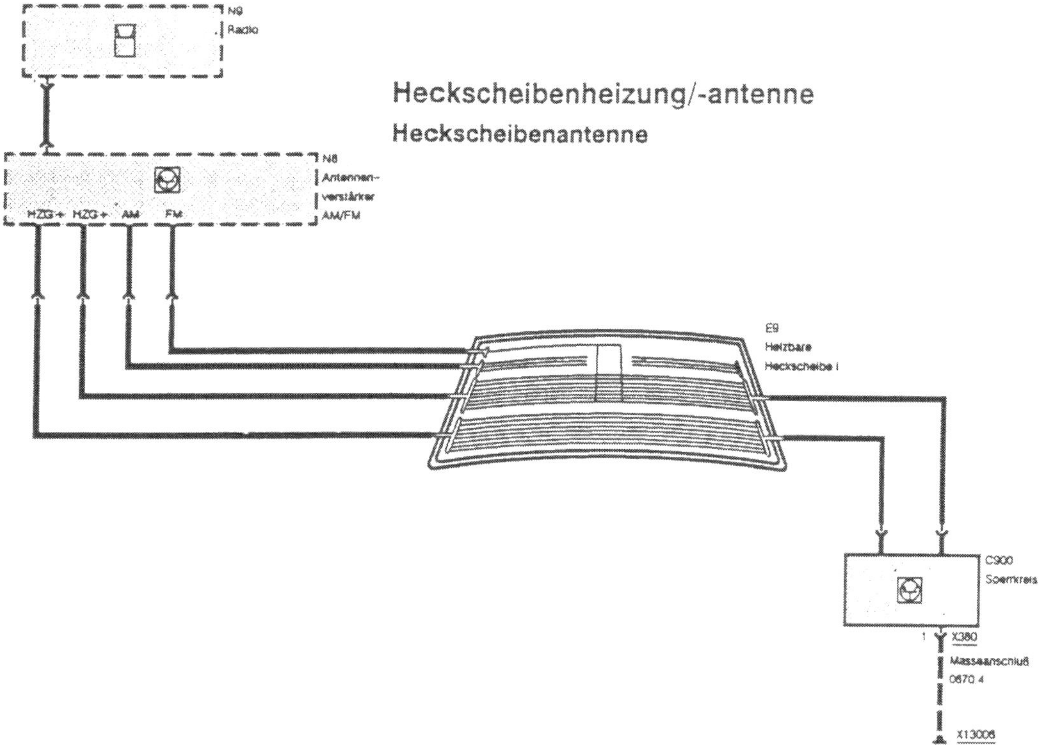

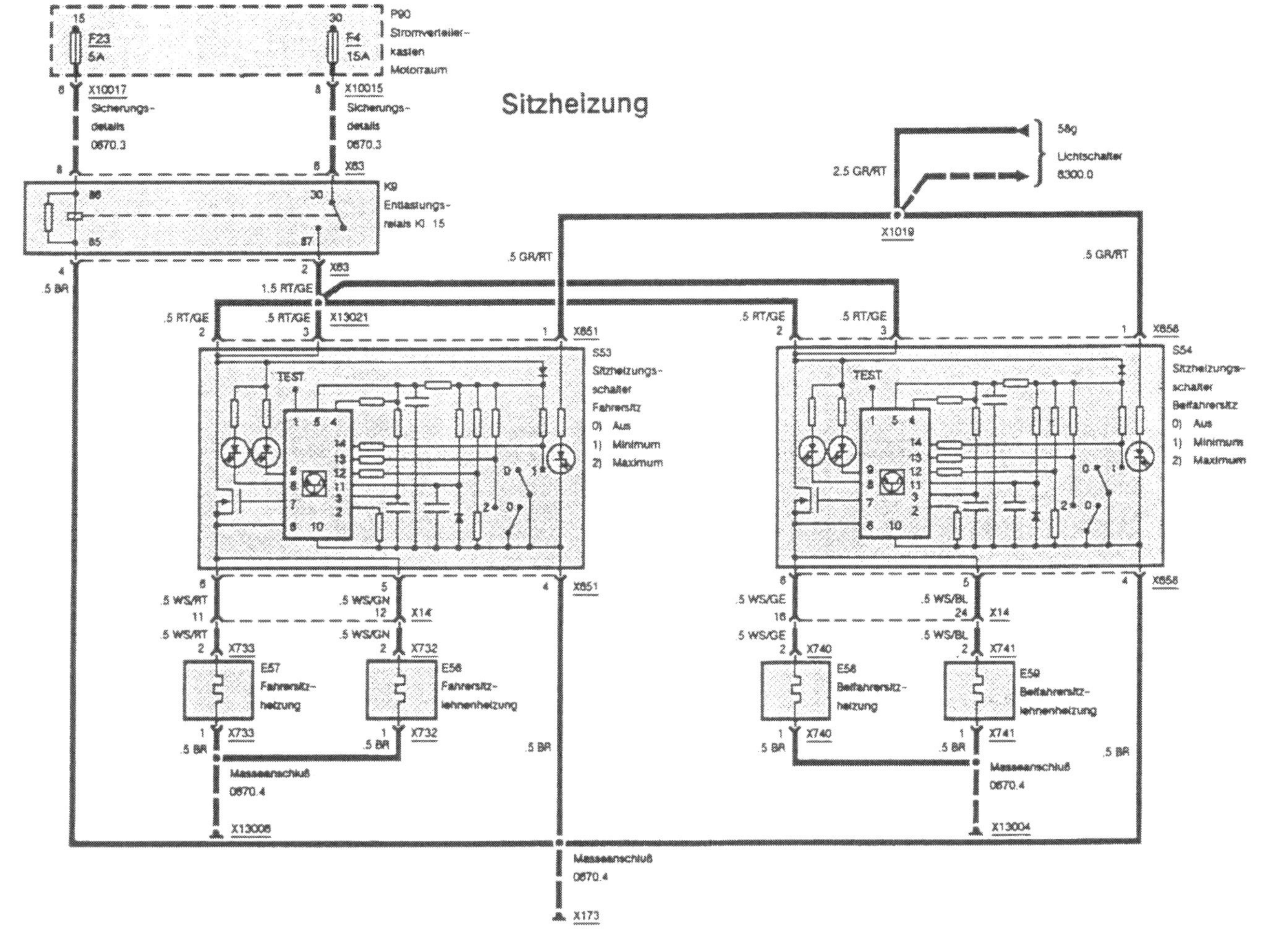
Sitzheizung
P90
Stromverteiler-
kasten
Motorraum
15
F23
5A
30
F4
15A
X10017
Sicherungs-
details
0670.3
X10015
Sicherungs-
details
0670.3
X83
K9
Entlastungs-
relais Kl 15
86
85
30
87
.5 BR
1.5 RT/GE
X13021
.5 RT/GE
.5 GR/RT
X1019
2.5 GR/RT
58g
Lichtschalter
6300.0
X651
S53
Sitzheizungs-
schalter
Fahrersitz
0) Aus
1) Minimum
2) Maximum
TEST
X658
S54
Sitzheizungs-
schalter
Beifahrersitz
0) Aus
1) Minimum
2) Maximum
.5 WS/RT
.5 WS/GN
X14
.5 WS/GE
.5 WS/BL
X733
E57
Fahrersitz-
heizung
X732
E56
Fahrersitz-
lehnenheizung
X740
E58
Beifahrersitz-
heizung
X741
E59
Beifahrersitz-
lehnenheizung
Masseanschluß
0670.4
X13008
X13004
X173

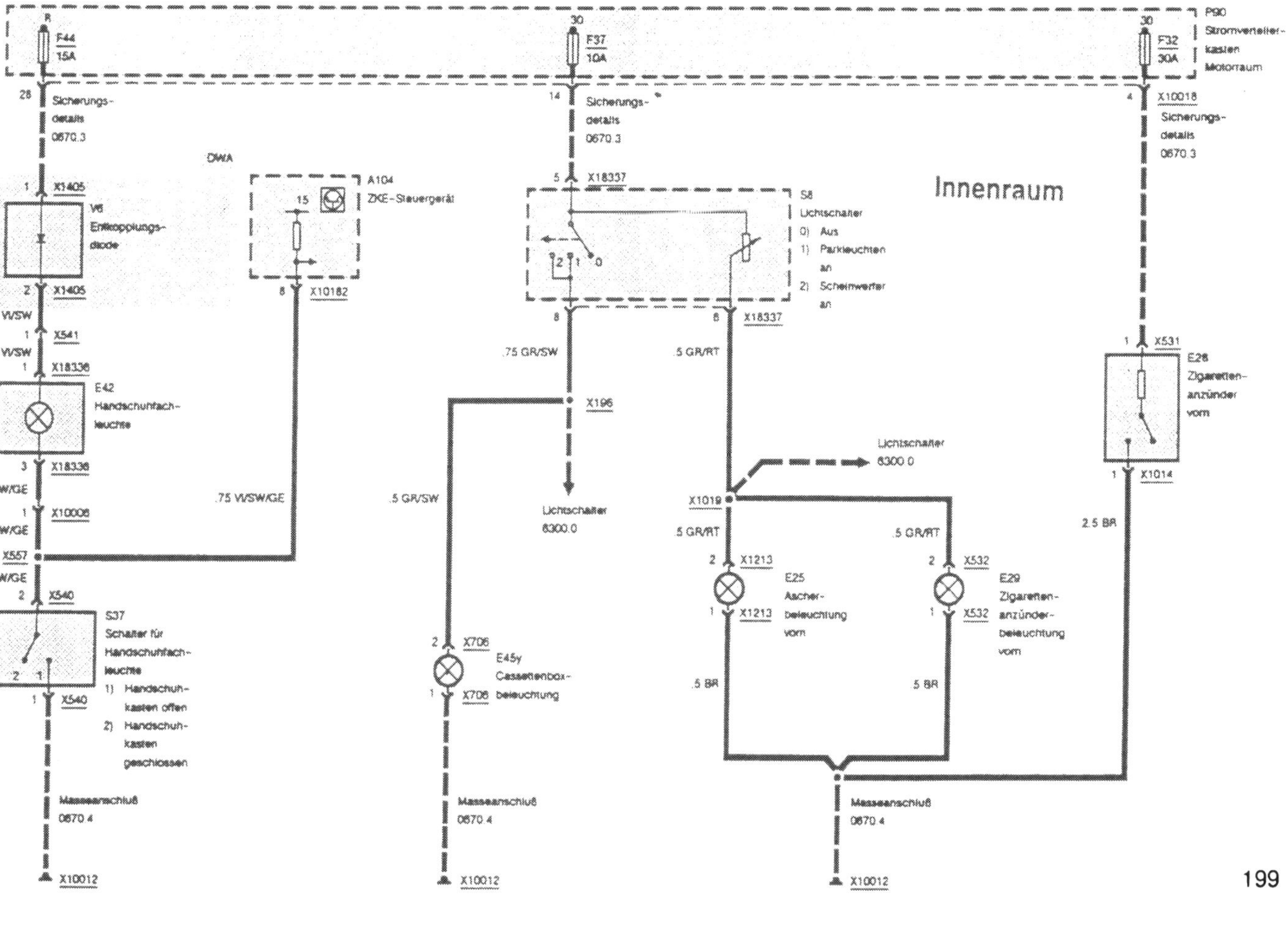
Innenraum
P90
Stromverteiler-
kasten
Motorraum
R
F44
15A
30
F37
10A
30
F32
30A
Sicherungs-
details
0670.3
X10018
DWA
A104
ZKE-Steuergerät
X10182
X1405
V6
Entkopplungs-
diode
X18337
S8
Lichtschalter
0) Aus
1) Parkleuchten
an
2) Scheinwerfer
an
.75 WSW
X541
X18336
E42
Handschuhfach-
leuchte
.75 WSW/GE
X10006
X557
X540
S37
Schalter für
Handschuhfach-
leuchte
1) Handschuh-
kasten offen
2) Handschuh-
kasten
geschlossen
.75 GR/SW
X196
.5 GR/SW
Lichtschalter
6300.0
X706
E45y
Cassettenbox-
beleuchtung
.5 GR/RT
X1019
X1213
E25
Ascher-
beleuchtung
vorn
X532
E29
Zigaretten-
anzünder-
beleuchtung
vorn
.5 BR
X531
E26
Zigaretten-
anzünder
vorn
X1014
2.5 BR
Masseanschluß
0670.4
X10012

Antiblockiersystem (ABS)

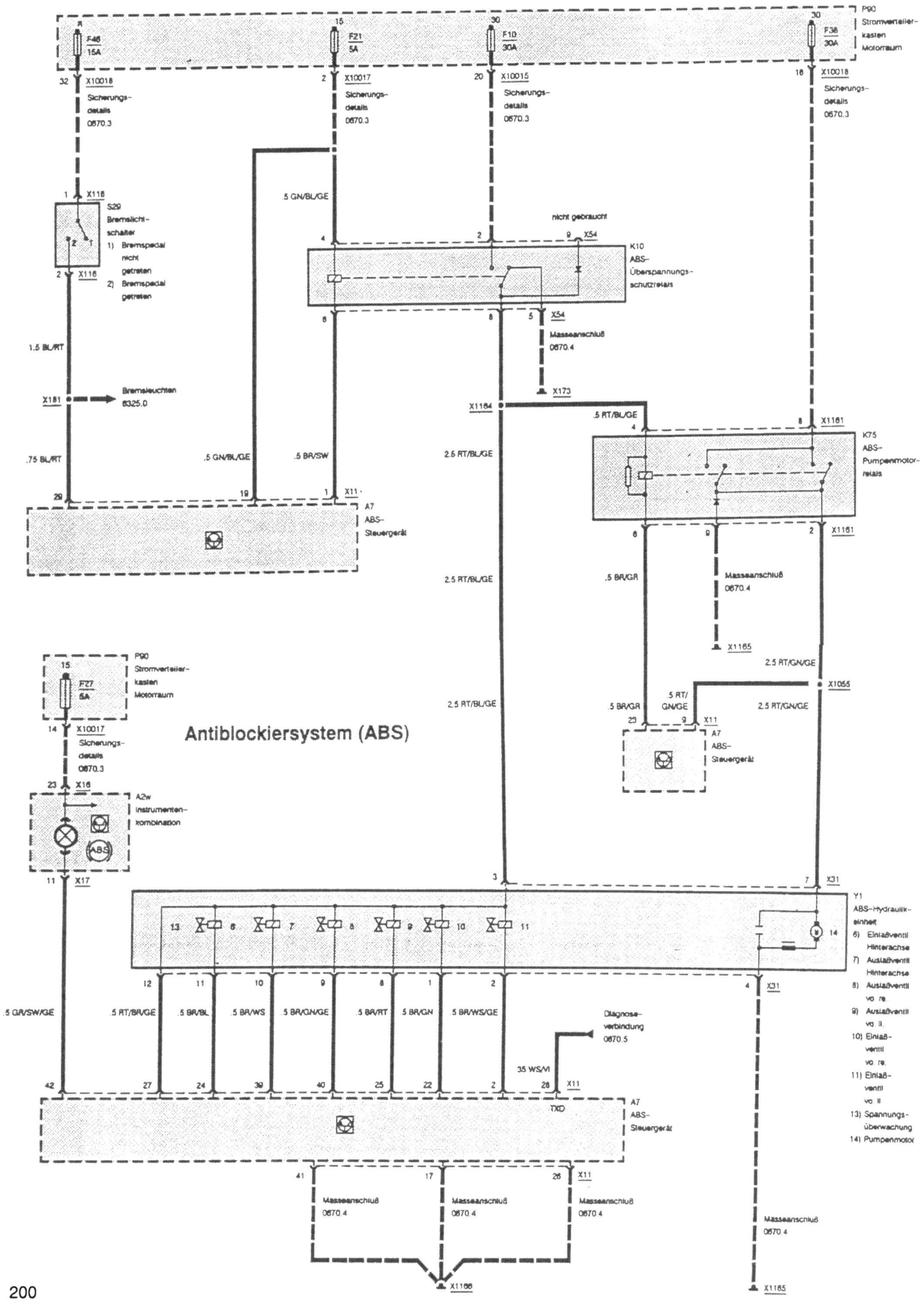

Wisch-Wasch- Modul (WWM)

Wascher - Low

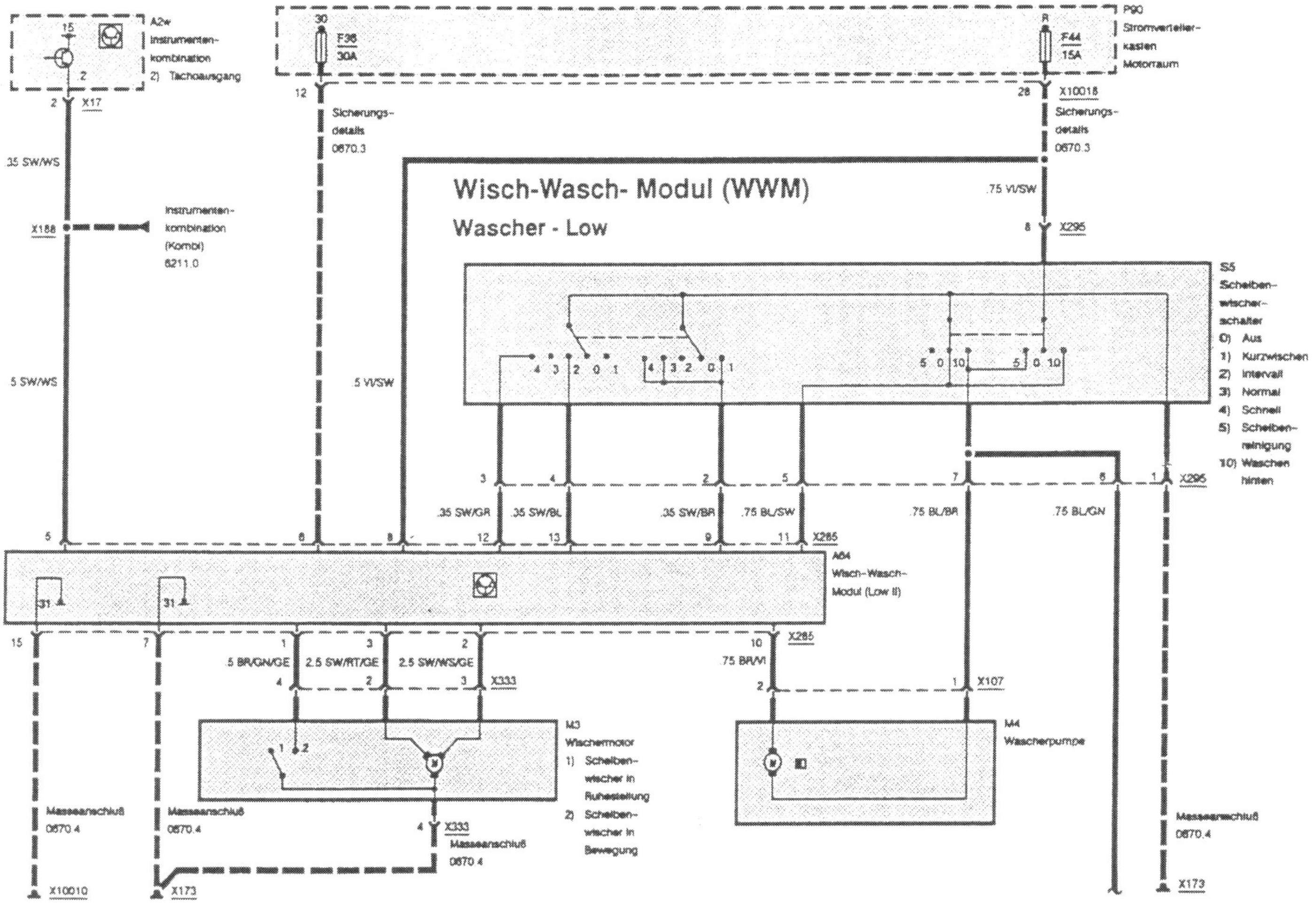

Wisch-Wasch- Modul (WWM)

Wascher, Scheinwerferreinigung - High

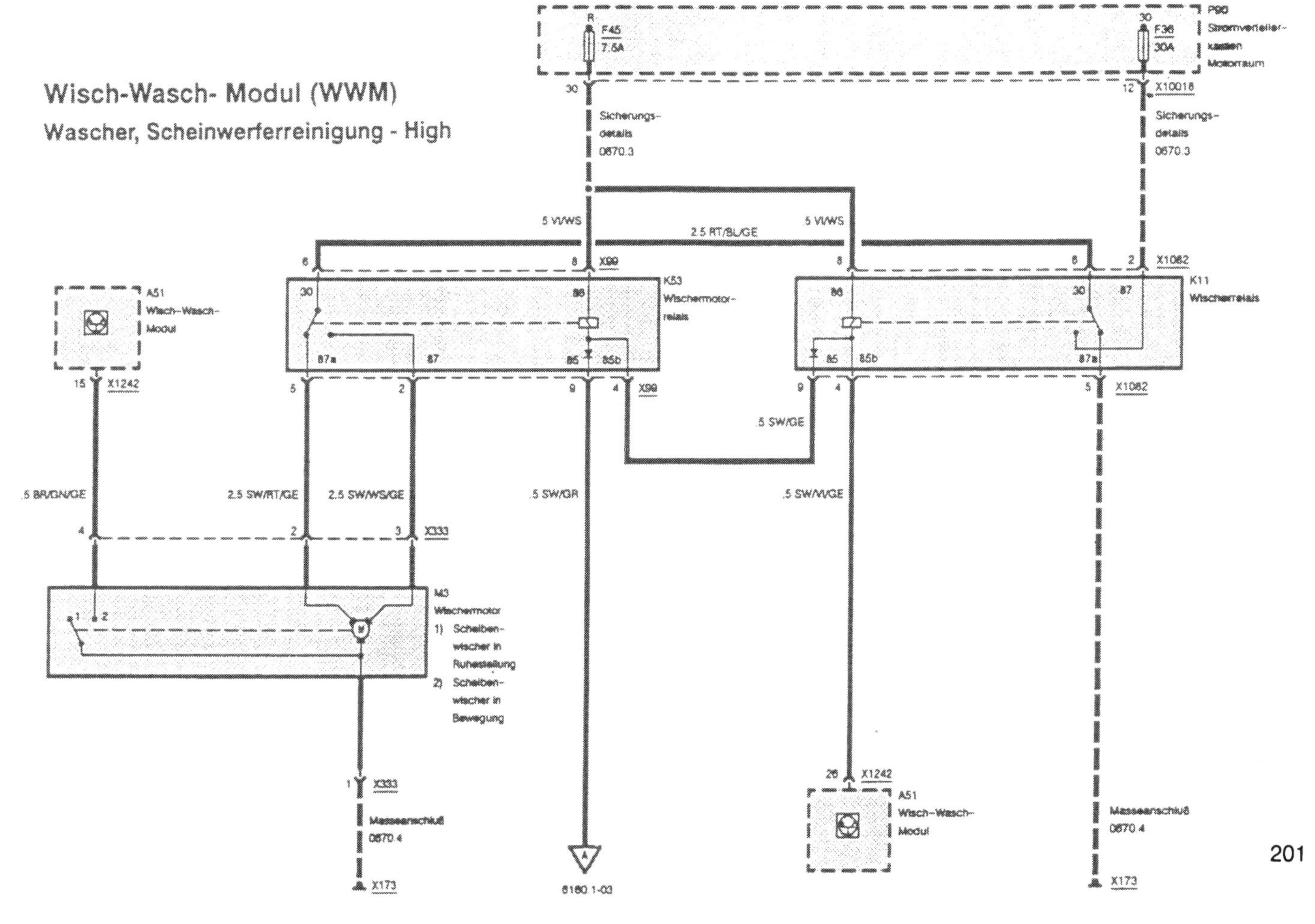

Wisch-Wasch- Modul (WWM)
Wascher, Scheinwerferreinigung - High

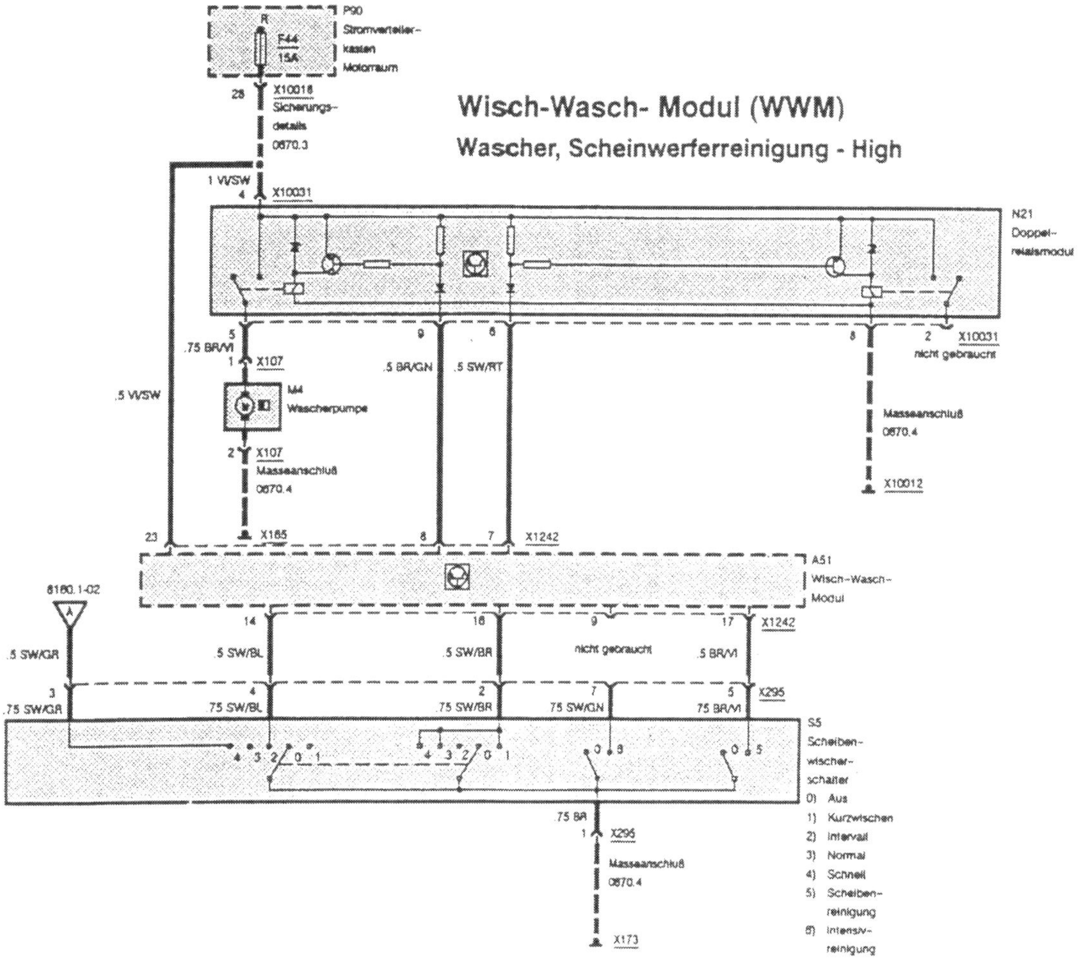

Wisch-Wasch- Modul (WWM)
Wascher, Scheinwerferreinigung - High

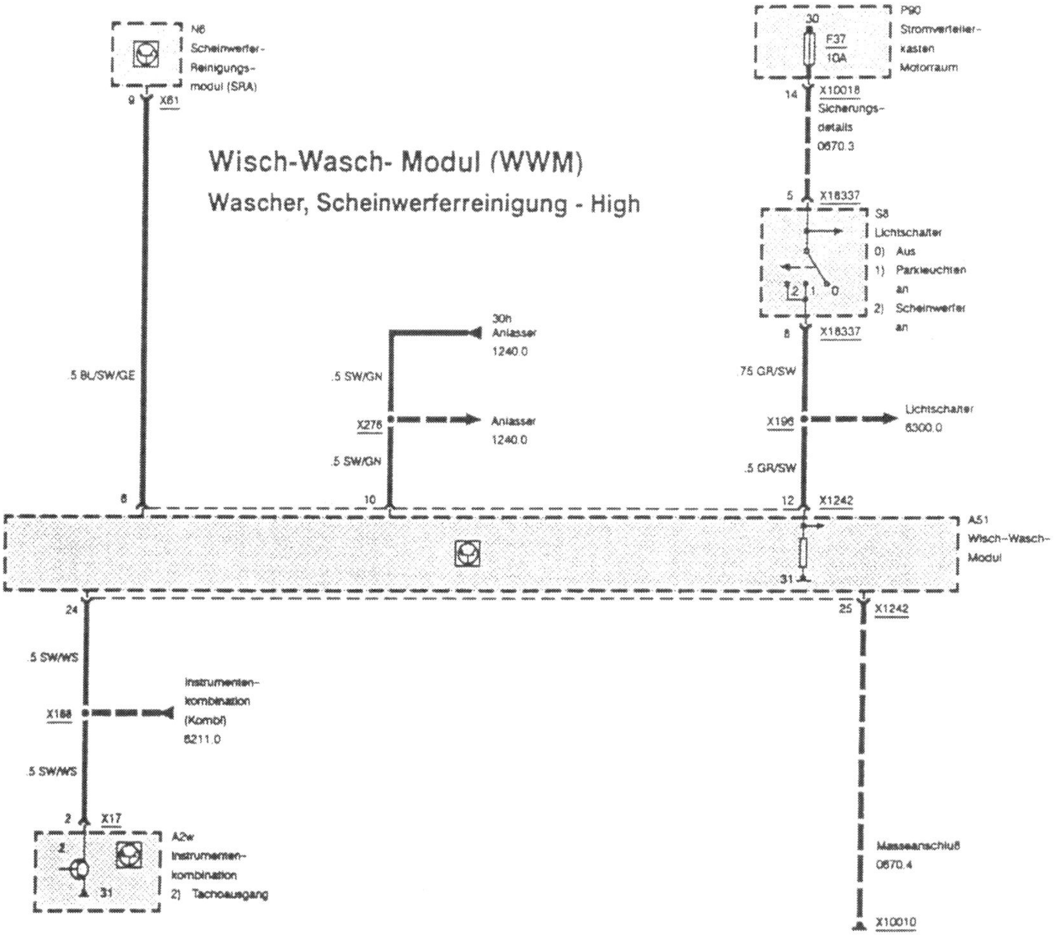

In der folgenden Aufstellung sind die von BMW angegebenen und auch unsere Empfehlungen angeführt. In ***Kursivschrift*** angegebene Wartungsarbeiten muss man in einer Werkstatt durchführen lassen.

Regelmässige Wartungsarbeiten

- Funktion der Standleuchten, Rückleuchten, Bremsleuchten, Nebelleuchten, Nebelschlussleuchte, Blinkanlage, Rundumblinkanlage und Signalhupe kontrollieren ☐
- Funktion der Scheibenwischer und Scheibenwaschanlage sowie der Scheinwerfer-Reinigungsanlage überprüfen. Falls erforderlich Flüssigkeit nachfüllen ☐
- Motor auf Ölleckstellen kontrollieren ☐
- Stand des Kühlmittels überprüfen. Falls erforderlich durch Nachfüllen von zusätzlichem Frostschutzmittel berichtigen. Den Zustand aller Kühlmittelschläuche überprüfen ☐
- Motorölstand überprüfen ☐
- Flüssigkeitsstand im Vorratsbehälter der Lenkung überprüfen ☐
- Bremsen prüfen ☐
- Reifendruck prüfen. Nach angemessener Zeit die Profiltiefe der Reifen kontrollieren ☐

Kleine Inspektion

- Motoröl und Ölfilter wechseln ☐
- Flüssigkeitsstand im automatischen Getriebe kontrollieren ☐
- Alle im Motorraum befindlichen Teile und Schlauchanschlüsse auf Leckstellen prüfen ☐
- Zustand des Antriebsriemens der Aggregate kontrollieren ☐
- Bauteile der Lenkung und Radaufhängung auf guten Zustand und Festigkeit kontrollieren, Manschetten der Lenkung auf Leckstellen oder Schäden kontrollieren, Spurstangenkugelgelenke auf übermässiges Spiel und Zustand der Staubschutzkappen kontrollieren, Staubschutzkappen der Aufhängungsgelenke der Vorderradaufhängung überprüfen ☐
- Stärke der Bremsklotzbeläge an Vorder- und Hinterachse kontrollieren. Bei dieser Gelegenheit den Zustand der Bremsscheiben kontrollieren ☐
- Stärke der Bremsbackenbeläge bei eingebauter Trommelbremse kontrollieren ☐
- Funktion der Handbremse kontrollieren ☐
- Bremsanlage auf Leckstellen und Beschädigung oder Anrostung der Bremsleitungen sowie Risse der Bremsschläuche kontrollieren ☐
- Auspuffanlage auf Dichtheit und deren Aufhängungen kontrollieren ☐
- Zustand der Sitzgurte kontrollieren ☐
- Alle Züge, Gelenke, Schlösser, usw. schmieren und auf Leichtgängigkeit überprüfen ☐
- ***Scheinwerfereinstellung kontrollieren lassen*** ☐
- Funktion der Scheibenwaschanlage und Scheinwerferreinigungsanlage kontrollieren ☐
- Radschrauben auf vorgeschriebenes Anzugsdrehmoment kontrollieren und den Zustand der Reifen kontrollieren. Tiefe des Reifenprofils (1,6 mm), Abnutzung der Reifen an den Kanten unbedingt prüfen ☐
- Flüssigkeitsstand im Vorratsbehälter der Servolenkung kontrollieren und ggf. berichtigen ☐
- Alle Kontrollinstrumente und Warnleuchten auf einwandfreie Funktion kontrollieren ☐
- ***Service-Intervallanzeige zurücksetzen lassen***. Falls Sie dafür kein Geld ausgeben wollen, kann man sich an den Wartungsplan halten. Warten Sie Ihren Wagen nach Ablauf der Garantiezeit, geht es auch ohne Intervallanzeiger, wenn man den Kilometerstand registriert ☐
- Wagen probefahren und allgemeine Leistung der Handbremse, Fussbremse, Lenkung, Motorleistung und aller anderen wichtigen Faktoren kontrollieren ☐
- Alle Beleuchtungskörper der Reihe nach durchschalten und auf einwandfreie Funktion überprüfen. Beschädigte Glühbirnen erneuern ☐
- Säurestand in der Batterie kontrollieren und ggf. berichtigen (bei wartungsfreien Batterien hinfällig). Vielleicht Batteriepole säubern und leicht einfetten ☐
- Motor auf einwandfreien Lauf kontrollieren. ***Werkstatt aufsuchen, falls man damit nicht zufrieden ist*** ☐

Grosse Inspektion

Die auf Seite 203 angegebenen Arbeiten und Kontrollen durchführen und zusätzlich die folgenden Arbeiten durchführen:

Abgasüberprüfung durchführen lassen. Laut Landesgesetz alle 2 oder 3 Jahre. . . . . ☐
Radlagerspiel der Vorder- und Hinterräder kontrollieren . . . . ☐
Bremsflüssigkeit wechseln ***oder wechseln lassen. Mindestens alle Jahre.*** Bitte halten Sie sich an diesen Wartungs-Intervall . . . . ☐
Staub- und Pollenfilter wechseln lassen. . . . . ☐
Öl im Achsantrieb wechseln . . . . ☐
Zündkerzen erneuern . . . . ☐
Luftfiltereinsatz erneuern . . . . ☐
Flüssigkeit in einem automatischen Getriebe erneuern oder ***erneuern lassen*** . . . . ☐
Zustand der Faltenbälge der Antriebswellen kontrollieren . . . . ☐
Zustand der Bremsklotzbeläge der Handbremse kontrollieren (Scheibenbremsen hinten). . . . . ☐
Service-Intervallanzeige zurücksetzen lassen. Falls Sie dafür kein Geld ausgeben wollen, kann man sich an den Wartungsplan halten. Warten Sie Ihren Wagen nach Ablauf der Garantiezeit, geht es auch ohne Intervallanzeiger, wenn man den Kilometerstand registriert . . . . ☐

Bei jeder zweiten, grossen Inspektion

Die folgenden Arbeiten sind zusätzlich bei jeder zweiten, grossen Inspektion durchzuführen:

Ölwechsel in einem Schaltgetriebe durchführen . . . . ☐
Kraftstoffilter erneuern . . . . ☐
Arbeitsweise der Kupplung kontrollieren . . . . ☐
Bei einem Motor mit Zahnriemenantrieb der Nockenwelle (M40) den Zahnriemen erneuern ***oder erneuern lassen. Den Riemen bei dieser Inspektion oder alle 4 Jahre erneuern, je nachdem, welcher Zeitpunkt eher eintritt . . . .*** ☐
Kühlmittel erneuern. Mindestens alle zwei Jahre wird vom Hersteller empfohlen . . . . ☐
Servolenkung auf undichte Stellen kontrollieren . . . . ☐
Funktion des Bremskraftverstärkers kontrollieren . . . . ☐
Alle Kraftstoffleitungen auf Korrosion kontrollieren . . . . ☐
Service-Intervallanzeige zurücksetzen lassen. Falls Sie dafür kein Geld ausgeben wollen, kann man sich an den Wartungsplan halten. Warten Sie Ihren Wagen nach Ablauf der Garantiezeit, geht es auch ohne Intervallanzeiger, wenn man den Kilometerstand registriert . . . . ☐

FSC
www.fsc.org
MIX
Papier | Fördert gute Waldnutzung
FSC® C083411

Kolibri 360 GmbH
Ferdinand-Jühlke-Straße 7
99095 Erfurt, Deutschland
produktsicherheit@kolibri360.de

Druck:
CPI Druckdienstleistungen GmbH
im Auftrag der
Kolibri 360 GmbH
Ferdinand-Jühlke-Str. 7
99095 Erfurt